可重构计算

魏少军 刘雷波 尹首一 著

科 学 出 版 社
北 京

内 容 简 介

本书从数字系统的高层次综合理论和经典的计算技术入手引出可重构计算的概念，介绍可重构计算处理器的高层软硬件架构，重点分析动态重构和部分重构、计算密集型和控制密集型可重构计算、可重构计算处理器的中断控制、软件流水、嵌套循环优化和能耗感知编译等关键技术，给出设计实例并展望了可重构计算技术的发展方向。

本书适合电子科学与技术和计算机科学与技术专业的科研人员、高年级研究生，以及相关行业的电子工程师阅读。

图书在版编目(CIP)数据

可重构计算/魏少军，刘雷波，尹首一著．—北京：科学出版社，2014
ISBN 978-7-03-041634-6

Ⅰ．可… Ⅱ．①魏… ②刘… ③尹… Ⅲ．可编程序逻辑器件 Ⅳ．TP332.1

中国版本图书馆 CIP 数据核字(2014)第 181587 号

责任编辑：魏英杰 / 责任校对：桂伟利
责任印制：赵 博 / 封面设计：陈 敬

科学出版社 出版
北京东黄城根北街 16 号
邮政编码：100717
http://www.sciencep.com
北京厚诚则铭印刷科技有限公司印刷
科学出版社发行 各地新华书店经销
*
2014 年 7 月第 一 版 开本：720×1000 1/16
2025 年 1 月第五次印刷 印张：33 1/2 插页：10
字数：680 000

定价：228.00 元

作 者 简 介

魏少军，清华大学教授，博士生导师。1991 年获比利时蒙斯理工学院应用科学博士学位。曾任大唐电信科技股份有限公司总经理、电信科学技术研究院总工程师。现任清华大学微纳电子系主任、微电子学研究所所长，工业和信息化部电子科技委委员、中国电子学会会士、中国半导体行业协会副理事长、中国通信学会通信专用集成电路委员会主任委员，同时担任北京大学兼职教授。

魏少军教授主要从事超大规模集成电路设计方法学、移动计算技术和可重构计算技术等方向研究，SCI、EI 收录论文 100 余篇，申请发明专利 70 余项。主持完成的科研项目曾获国家科技进步奖二等奖，教育部技术发明奖一等奖，北京市科技进步奖一等奖，中国电子学会电子信息科学技术奖一等奖，信息产业部“重大技术发明奖”，国家知识产权局和世界知识产权组织专利金奖等。

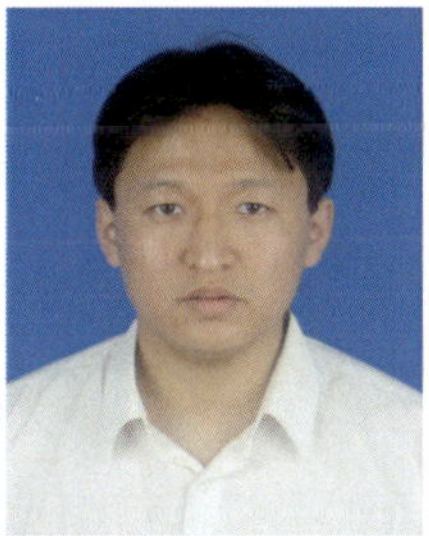

刘雷波，清华大学副教授，博士生导师。1999 年取得清华大学学士学位，2004 年取得博士学位。先后在欧洲微电子中心和美国麻省理工学院访问。现任清华大学微电子学研究所所长助理。

刘雷波长期从事可重构计算、集成电路设计、VLSI 数字信号处理的研究工作。主持承担了国家自然科学基金、国家 863 计划重点项目等 10 余项。SCI 收录论文 40 余篇，申请发明专利 60 余项，授权 30 余项，翻译出版 4 部著作，曾获教育部技术发明奖一等奖。

尹首一，清华大学副研究员，博士生导师。2005 年取得清华大学博士学位，2005～2007 年在英国帝国理工大学从事博士后工作。现任清华大学 CAD 技术研究室主任。

尹首一研究领域包括可重构计算、高层次综合、SoC 与嵌入式系统设计等。主持承担了国家科技重大专项子课题、国家 863 计划项目、国家自然科学基金等 10 余项。SCI 收录论文 40 余篇，申请发明专利 28 项，授权 6 项，获得软件著作权 5 项，曾获教育部技术发明奖一等奖。

序　一

欣闻魏少军教授等的学术著作《可重构计算》即将付梓，为此写序自然是乐而为之。

回忆起我与少军的友谊已有近 20 年的时间，特别是 1998 年北京大学百年校庆之际，清华大学与北京大学互聘 10 位教授，以加强两校间的学术交流与合作，少军成为清华大学、北京大学在微电子领域的互聘教授。从那时起，他一直在北大和清华讲授“数字 VLSI 系统的高层次综合”课程。他肩负着教学与人才培养、研究与科技创新两大任务，同时又担负着国家重大科技计划的主持工作。不管有多忙，任务有多繁重，他始终坚持在北大为年轻学子讲课，16 年来从未耽误，坚持履行着一位双聘教授的神圣职责，他的敬业精神、执著和诚信，使我深受感动，也赢得了北大微电子同仁和青年学子们的尊重。

集成电路从 1958 年被发明以来，迅速发展，极大地推动了社会进步和经济发展，深刻影响了人们生产生活方式和意识形态。集成电路产业已成为国家战略性和基础性的支柱产业。集成电路产业和科学技术的发展水平已经成为衡量一个国家综合实力的标志之一。

集成电路具有战略性和市场性的双重特性，它的高速发展是需求牵引和技术推动作用的结果。战略性与市场性的双重特性的重要体现之一是它的泛在性，即无处不在。反过来，各应用领域的发展又直接反映了需求牵引；为了能在信息时代有自己强大的产业和科学技术基础，就必须有自主创新的技术和技术体系。

发展一个高性能、低功耗和低成本的集成微系统是人们的不懈追求，而在这个过程中软件和硬件的结合是关键。最开始是采用软件固化技术来提高硬件的处理能力。随着集成电路技术和软件技术的发展，出现了专用芯片可以解决相应领域的问题，但不能适应演化需求，从而不能适应当今泛在和应用发展的需要。该书采用可重构设计思想，综合应用系统结构技术、数据流分析技术、编译技术、平台技术和系统集成技术等，提出了硬件随软件变化而变化的思路、软件硬件双编程方法，构建了实现可重构计算模式的系统平台，用以设计面向领域、可重构的处理器芯片，从而提高系统性能功耗比，在 10nm 量级集成电路技术代中可以降低研发和生产成本，拓展产品的应用领域，顺应发展趋势。这样的研究方向涉及集成微系统设计方法学、软件和软件工程、计算机系统结构等学科领域，因此是一个复合交叉的创新研究，同时也是作者多年来在教学积累和科学研究实践基础上提炼探索的成果，厚积薄发值得称道和关注。

近来《国家集成电路产业推进纲要》公布和实施，将使我国集成电路产业和科学技术进入一个新的高速发展期，在产业链中设计是优先发展的领域。作者创新的研究成果已在一些相关领域进行了实践。但事物总是在不断发展的，希望作者在教学科研和应用诸方面实践中进一步完善，为我国集成电路产业的跨越式发展多作贡献。

2014 年暑夏于北京大学燕园

序　二

就像追求“更高、更快、更强”的奥林匹克精神一样，人类一直在不懈地探索“更快速、更节能、更灵活”的计算技术。尤其是在大数据时代来临的今天，计算技术已经不仅仅是生产工具，还在深刻地改变着我们的认知方式，对人类认识世界、认识自身将产生深远的影响。

现代计算机技术可以追溯到 1946 年世界第一台多用途电子计算机 ENIAC 的诞生。经过半个多世纪的发展，计算机已经从 ENIAC 占地 170 平方米、重 30 吨、耗电量 150 千瓦的庞然大物，进化成我们可以随身携带的平板电脑、移动电话，甚至智能手表。这一切成功都得益于集成电路技术的进步。在摩尔定律的推动下，丰富多彩的应用需求被设计成各类微处理器、专用集成电路芯片和系统芯片，推动了整个电子信息产业的飞速发展。然而，随着半导体技术逐渐逼近硅工艺尺寸的极限，摩尔定律指出的“芯片集成度每两年提升 100%，性能提升 40%，功耗降低 50%”的规律将不再适用。我们目前已经置身于后摩尔时代。在后摩尔时代，集成电路面临着研发成本高昂、功耗不断攀升和产品形态变化快速等巨大挑战。这些挑战将促使全世界的学者去探索一种能兼顾能量效率和灵活性的新型计算模式与实现架构。

魏少军教授是国内集成电路设计领域的资深学者，长期致力于超大规模集成电路设计方法学方面的研究。近年来，他带领的团队坚持不懈地深耕可重构计算领域。当我拿到这本书的书稿时，真的非常高兴，终于看到有我国自己的研究团队在这一广受国际关注的领域里取得了重要的原创性成果。可重构计算模式打破了传统的指令驱动计算模式，转而采用更为高效的配置流和数据流共同驱动方式。特别是粗粒度动态可重构计算系统架构，兼具传统处理器架构的灵活性和专用集成电路的高能量效率，是一种非常有发展前景的计算模式。魏少军教授带领的研究团队突破的配置信息快速动态加载机制、配置信息层次化组织结构、电压可调的运算单元阵列架构，以及基于多面体模型的嵌套循环映射优化技术等一系列可重构计算关键技术都是该领域国际领先的科研成果，对于提高可重构芯片的计算效率将起到决定性的作用。这些重要成果都给我留下了很深的印象。

该书不仅包含了可重构计算的基本概念和基础知识，还详细讲解了可重构计算研究领域的最新研发成果，并对未来的发展态势进行了展望。全书的内容丰富全面，文字深入浅出，既适合想要从事相关研究的学生用于入门学习，也适合该领域的和技术人员在实际研发工作中参考。这正是我愿意向读者推荐本书的原因。

我相信，该书介绍的可重构计算关键技术一定会推动我国集成电路技术的持续进步。

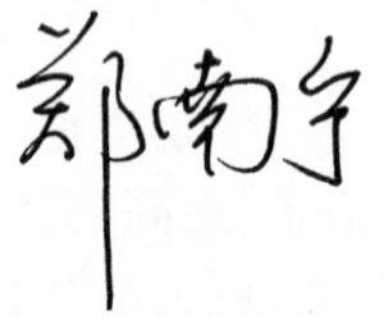

2014 年 7 月于西安交通大学

序　三

我们生活在信息时代，信息化渗透到社会经济生活的方方面面，以广泛使用的移动通信终端为例，到2014年6月底我国移动通信普及率达到92.6%，其中有8个省市达到100%，全国3G和4G用户占移动用户总数的38.5%，平均每月提高一个百分点。从20世纪80年代的1G到现在的4G，几乎十年一代，而每一代较上一代的峰值速率提高上千倍，手机越做越精致而功能越来越强，现在的iPhone 4智能手机的运算性能就超过了1975年美国航空航天局花500万美元购买的当时最好的计算机Cray-1。移动通信终端的发展印证了其中集成电路的技术进步，过去的几十年集成电路基本遵循摩尔定律发展，即18～24个月芯片工艺线宽缩窄30%，单位面积上的集成度加倍，现在工艺线宽进入到纳米级，芯片上每个逻辑门的成本下降到百万分之一美分的量级。随着集成电路工艺技术不断迈向更小的尺寸，面临性能和功耗等诸多瓶颈，要想靠尺寸等比缩小来获得好处已经越来越难了，而且生产线的成本不断攀升，很多系统设备企业因专用集成电路过高的研制开发费望而却步。

现在科技界和产业界都在探索后摩尔时代的集成电路技术，在多种努力方向中可重构计算技术受到特别的关注。可重构计算技术利用软件编程实现算法到计算引擎的空间映射，使得领域通用集成电路在制成后仍具有定制能力，即硬件可编程。可重构计算处理器与目前广泛使用的现场可编程逻辑门阵列相比，实时可重构而无需停电操作，资源利用率高，性能好且功耗低，可重构计算处理器实现了通用集成电路和ASIC间的折中。可重构计算技术在冯·诺依曼计算机体系架构的基础上优化了数据通路和控制器的硬件结构，发展了编译系统，开创了集成电路设计新技术。

《可重构计算》一书从计算技术和集成电路设计技术的发展历史导入，引出可重构计算的产生背景，说明了可重构计算原理和硬件及软件架构，重点论述了可重构计算的关键技术，通过一些设计实例介绍了可重构计算处理器的设计方法和技巧，最后讨论了可重构技术的发展方向。该书作者在微电子专业领域有长期的教学和科研开发经验，对可重构计算处理器有深入的研究和工程实践，全书反映了作者近年的研究成果。该书写作学术严谨、内容新颖、条理清晰、逻辑性强、可读性好，既有理论价值，也有实用意义。相信从事集成电路研究、设计、生产和应用的科技人员可以得到有益的启发。集成电路是网络强国的基础，在我国向集成电路强国发展的征途中，本书将发挥正能量的作用！

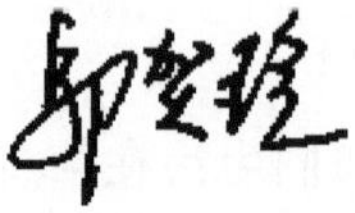

2014 年 7 月于北京

序　四

信息和通信技术(ICT)改变了并仍在深刻改变着世界的面貌。过去,国民经济和社会生活中的几乎所有变化都与ICT有关;今后,所有可预见的变化,诸如将极度改变人们生活的泛在智能,也将在ICT驱动下发生。

ICT的进步受到两个关键因素的驱动,一个是半导体技术,一个是计算架构。半导体技术按照摩尔定律几乎以一本万利的等比例缩小,提供既好又多的晶体管;协同计算架构不断创新,促进了ICT几乎在不增加相对成本的条件下,获得指数式增长。但是,进入21世纪以来,经典等比例缩小已不再有效,而通过改变晶体管结构和增加创新材料的等效等比例缩小也遇到了越来越多的困难。现在虽然还能通过立体晶体管创新,引入所谓的三维降耗节能,继续集成更小、更多的晶体管,但这些晶体管按照以往的标准,已不是最好、最便宜,且遇到了参数涨落等问题。这些情况表明,在非硅器件实用化(目前看不到,在可以预见的未来也看不到)之前,计算架构将是关注热点并成为发展的主要驱动因素,众多资源也会转移到计算架构的创新上来。事实上,在单核性能无法进一步提升的前提下,主流计算架构已经在向多核演进,通过操作系统调度多核资源进行并行计算。并行计算的大趋势为可重构计算提供了一个发展的大好机遇。

二十多年前,我在对集成电路产品发展规律进行研究时发现,每经过十年时间,集成电路产品会在通用和专用之间循环波动、持续演进,并在2018～2028年进入用户可重构为特征的通用产品发展阶段,而产品特征也由软编程(MPU)、硬编程(FPGA)过渡到软硬双编程。值的指出的是,最近国际上有些人也修正了牧村浪潮,在其SoC波动之后扩展并得到了与我们完全一样的推测。半导体产品应用特征循环已通过历史与现状的验证,相信下一波以计算架构创新为重点的集成电路产品也会得到市场的印证。这里要指出的是,软件编程的概念虽然早已深入人心,硬件编程也不再是新事物,但是要做到软硬件均可以编程,让原来不可更改的硬件在软件的控制下,动态地变换自己的功能,则是一个巨大的挑战。

魏少军教授团队正在从事的可重构计算技术研究恰好契合了我之前的预测,或者说正在努力赶上即将到来的产品特征浪潮,这是很令人鼓舞的事情。

该书作者在过去近20年的时间里一直在研究高层次综合的理论和方法,并在清华大学和北京大学教授“数字VLSI系统的高层次综合”课程,对高层次综合方法有着深入的理解。因此,借用高层次综合的基本思路,如数据通道的互连动态构建方法，开展可重构计算技术的研究，可以说是厚积薄发，十年磨一剑，这项研究反映了作者的学术作风，他们耐得住寂寞，工作十分扎实。此外，书中介绍的可重构计算技术在媒体处理、加解密计算、计算机视觉处理和通信基带处理中的应用，均是在国家自然科学基金和 863 计划重点项目支持下取得的成果，提高了含金量。这是该书的一大特点。

该书的另一个特点是对可重构计算处理器的主要关键技术进行了深入的探索。例如，配置信息的组织、管理和应用。配置信息是驱动可重构计算处理器硬件实现功能变换的推手，其重要性不言而喻。一个复杂的可重构计算硬件，需要极其复杂的配置信息，这些信息的生成、存储、组织、管理和应用有可能占用很多资源，影响到可重构计算处理器的性能。书中对配置信息的阐述比较系统，介绍了作者在这一方向上的研究成果，使读者可以比较清晰、系统地了解配置信息的生成、存储、组织、管理和应用方法；又如，可重构计算处理器的编译技术。编译器作为与处理器配套的工具，是处理器研究中不可或缺的重要组成部分。在软硬件双双可编程的可重构计算技术研究中，编译器不仅承担着对软件进行划分，从软件中提取控制流和数据流并生成配置流的任务，还负责实现控制流、数据流和配置流向硬件架构的映射。书中用了很大篇幅系统地介绍了面向可重构计算处理器的编译技术，包括流程、架构、嵌套循环和软件流水等，使得读者可以清晰地了解可重构计算处理器编译技术的全貌。

此外，作者还论述了可重构计算处理器架构的理论完备性，从冯·诺依曼体系架构出发，通过变换，在不改变其架构实质的情况下，得到完全适用于可重构计算的通用架构。两者体系架构相同，不同的是编程方式，即由基于指令流的软件变成基于改变硬件结构的配置件。尽管这一变化引出了不同的计算模式，但是就其基本体系架构而言，可重构计算在体系架构上仍然符合冯·诺依曼体系架构，因而其完备性也是圆满的。

该书的作者是在集成电路领域辛勤工作的一线学者，不仅承担着繁重的科研任务，也在国家集成电路产业政策制订和科技计划中发挥着重要作用。因此，他们的研究工作在一定程度上也反映出我国集成电路技术领域的研究热点和发展方向，对我国集成电路科技和产业的发展有着重要的推动作用。《可重构计算》是我国在该领域的第一部专著，既反映了作者对集成电路技术长远发展趋势的洞察力，也体现出作者的战略眼光。

我非常欣慰看到该书的出版，这不仅仅是因为该书凝聚了作者及其团队的长期研究成果和付出的心血，更因为该书介绍的可重构计算技术顺应了集成电路的发展趋势，符合集成电路发展的规律，具有很高的价值和强大的生命力。可重构计算的优势随着技术的进步毫无疑问将得到越来越多的体现，也必然会得到更多人的重视。该书作为一部系统介绍可重构计算技术的著作，可以作为高校的教材用于培养可重构计算方面的专门人才，也可以作为重要的参考书，为工业界的技术人员拓展思路。因此，我很愿意向读者推荐这本著作。

2014 年 7 月于无锡

序　　五

计算如同空气一样，正在成为人类生存活动不可或缺的基本要素。随着集成电路技术的飞速发展，计算技术广泛渗透到国民经济和社会生活的方方面面，大到可以每秒进行千万亿次浮点运算的超级计算机，小到我们须臾不可分离的移动通信终端。智能家居、可穿戴设备、云计算、物联网和大数据等时尚名词的背后计算技术都在起着关键性的作用。美籍匈牙利科学家冯·诺依曼 20 世纪 40 年代提出的通用计算机体系架构，使得计算机能够自动执行人们预先设计好的程序。崛起于 20 世纪 70 年代的大规模集成电路工艺和技术，其魔幻般的进步使计算机迅速走下神台成为人类各个领域活动的主要助手和依靠。

按照摩尔定律发展的集成电路已经步入纳米时代，等比例缩小带来的性能、功耗和成本优势不再。受此影响，一方面，CPU 等计算部件正在走向多核，乃至众核结构，期盼以更多的计算资源实现性能和效率的提升，但也引发了计算功耗剧增、资源利用率低下、系统可用性骤降和大规模并行化壁垒等应用难题。同时，单 CPU 多核架构仍然采用传统的取址－译码－取数－执行这种基于指令流驱动的计算模式，数据传输能量效率很难大幅度提高，计算资源集中复用的传统设计理念正在受到前所未有的挑战。另一方面，集成电路本身也面临着在单个硅片上集成数十亿只晶体管带来的系统复杂度飙升和功耗快速增大的发展瓶颈。显然，创新计算模式是寻求更高的计算性能、更高的能量效率和更合理计算成本的必由之路。

2008 年，我与清华大学魏少军教授在讨论计算技术与集成电路技术未来走向的时候，都意识到传统的计算架构在现阶段面临诸多的挑战，需要发展创新的动态可变架构来适应越来越多的高效灵活计算应用的需求。之后，我带领的团队在计算机系统架构层面，提出了拟态计算理论并于 2013 年研制成功世界上第一台拟态计算机。如同行驶中的汽车在发动机转速一定的情况下可以用变速箱来调节速度和扭矩一样，拟态计算的核心是功能等价条件下的动态变结构计算，期望通过适时变结构来解决包括互联网应用在内的高性能和高效能计算之间的矛盾。魏教授及其团队则在 CPU 芯片层面上对可重构计算进行了系统且富有成效的研究，许多成果与拟态计算在理论层面能互为参照，在技术层面能相互支撑，并在工程实现层面佐证了动态可变计算架构芯片级呈现的可行性。

相比传统计算的指令流驱动模式，可重构计算引入了更为高效的配置流和数据流共同驱动的方法。这种计算模式兼具传统指令流驱动的计算架构的灵活性，同时又具备与专用集成电路相仿的能量效率，具有广阔的发展前景。更重要的是，可重构计算与拟态安全防御技术的有机融合，可以有效弥补当前网络空间被动防御体系对未知漏洞或后门无法设防的安全缺陷，使构筑与器件、构件安全性弱相关的高安全等级的主动防御网络或系统设备成为可能。该书的内容是魏少军教授团队在可重构计算领域长期研究的成果，书中介绍的配置流协同数据流驱动的快速动态重构计算模式、层次化配置信息组织结构及其调度方法、基于动态电压的可重构运算单元及阵列架构和基于多面体模型的嵌套循环映射优化技术等关键技术，能够使可重构计算处理器在保证灵活性的前提下，大大提高性能，降低功耗，满足绝大多数计算密集型、数据密集型和一部分控制密集型应用高性能高效能的需求。尤其值得欣慰的是，书中介绍的可重构计算技术可以在几个时钟周期内动态地改变芯片的计算结构，而付出的功耗和面积代价却非常小，这正是动态变结构计算所期待的构件层的关键实现技术之一。此外，书中的内容既体现了我国科技工作者勇于创新，在前沿领域冲刺的拼搏精神，也反映了我国在这一领域的研究已经达到国际领先水平。

该书内容十分丰富，不仅包含了可重构计算的基础知识，可重构计算处理器的软硬件基本架构，还收进了本书作者自主研发的一系列可重构计算关键技术，并引用了作者团队的大量学术和学位论文。全书首先回顾了计算机技术发展的历史，特别是计算机体系结构的变迁，从而引出了可重构计算出现的动因；第一部分较为详细的分析了传统计算体系架构的缺陷，给出了可重构计算相关基本概念、特征和分类；第二部分详细讲述了可重构处理器的硬件架构和软件编译系统设计方法；第三部分详细列举了作者所在科研团队近年来在可重构计算领域取得的相关核心成果；第四部分介绍了我国第一款动态可重构计算处理器芯片的软硬件核心部件的设计过程，并给出了在该处理器芯片上的应用实例。最后，对未来可重构计算技术的发展前景进行了大胆的展望和预测。

该书有关可重构计算的相关定义准确、阐述明晰，同时又浅显易懂，让人读起来有一种淋漓畅快的感觉。该书既适合那些想要从事相关研究的学生和教师学习，也适合该领域的科技工作者参考，对于推动拟态计算和主动防御技术，以及可重构计算技术的深入发展具有很高的学术及工程价值，应该向读者大力推荐。

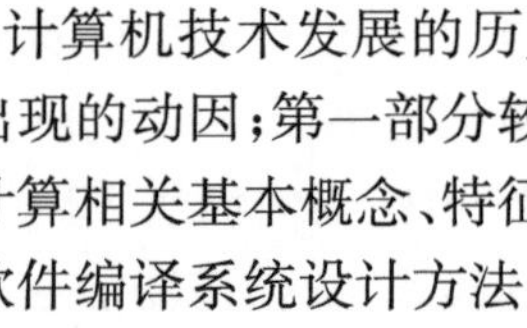

2014 年 7 月于郑州

前　　言

本书写作的一个大背景是集成电路设计方法学的不断演进和发展。

20 世纪 80 年代是集成电路设计方法学大发展的年代，我们今天使用的电子设计自动化(electronics design automation，EDA)工具的基本方法几乎都是基于那个时期的研究成果，如逻辑综合和形式验证等。高层次综合(high-level synthesis)也是那个时期研究的热点，涌现出以 Raul Camposano 为代表的一批杰出人物，形成了高层次综合的基本理论和方法框架。令人遗憾的是，高层次综合并没有被工业界开发成 Design Compiler 那样的实用化工具。尽管集成电路设计工程师在复杂系统的研发过程中一直在采用高层次综合的方法，但受限于没有可用的工具，其应用还停留在系统级的手工设计上。近两年，高层次综合再次引起工业界的重视，基于高层次综合理论和方法的实用化电子设计自动化工具有望在未来进入市场。这也许恰好反映了从研究成果到工业应用需要走过漫长道路的现实。

高层次综合的输入是描述电路功能的硬件描述语言程序。这种描述包含了要实现所需功能的电路架构。逻辑综合通过一系列的转化，将该描述转化成一组复杂的逻辑方程组，并通过计算机进行逻辑化简以得到一个优化的实现。因此，原始描述中隐含的对电路架构的影响也一直存在于设计的整个过程，即电路的优化程度也取决于原始描述的优劣。高层次综合尝试将该描述映射到一个通用的优化架构上，最大限度地避免原始描述中隐含的对电路架构的影响，从而获得优化的设计。高层次综合研究表明，逻辑综合只是高层次综合的一种特例。在理论体系上，高层次综合更加系统、完备。无论是逻辑综合还是高层次综合，其目标都是设计一个符合描述功能定义的集成电路芯片。

可重构计算是针对一个精心设计、功能可动态改变的可重构计算处理器芯片，通过编译器将一个软件中包含的控制流信息和数据流信息提取出来，生成配置该处理器的配置流信息，并将控制流、数据流和配置流一并映射到处理器上运行，完成软件定义的计算。显然，可重构计算处理器和编译器构成了完整的可重构计算系统。我们的研究表明这样的系统仍然没有超出传统的冯·诺依曼体系架构，差别是可重构计算处理器不再是指令流驱动的运行模式，而是控制流、数据流和配置流共同驱动的系统。可重构计算系统的优点是可以充分发掘软件中隐含的并行度，并充分利用众多的运算资源进行计算，具有较高的能效比和功能灵活性。可重构计算系统用到很多高层次综合的理论和方法，如系统划分、算子调度、资源优化与分配、控制码生成等。与高层次综合不同的是，在可重构计算系统中，这些工作全部由编译器完成，在可重构计算处理器上运行，而高层次综合是在芯片设计过程中完成上述工作的。不难理解，可重构计算是要用好一个芯片。由于目的不同，可重构计算的关键技术具有其自身的特点。

本书写作的另外一个背景是集成电路工艺走进纳米时代后给集成电路产品领域带来的困惑。在过去的半个世纪，集成电路一直按照摩尔定律高速发展，现在已经走进 1Xnm。一方面，工艺技术的进步给这个产业带来无穷的动力，支撑集成电路成为今天电子整机系统不可或缺的核心部件。另一方面，工艺进步引发的巨额投资也让集成电路产业面临巨大的挑战。以等比例缩小为代表的集成电路按照每代工艺集成度提升 100%、性能提升 40%、功耗下降 50%的规律已经发展了很长时间，但是 28nm 之后等比例缩小的上述三项优点逐渐消失。最直接受到影响的是 20 世纪 90 年代兴起的以多品种小批量为主要特征的专用集成电路。据估计，16/14nm 节点上，一颗芯片的研发费用高达 1.5～2 亿美元。要收回研发成本，需要销售 3000～4000 万颗。所以，在 1Xnm 时代，继续找到一种能够在硅后通过软件重新定义芯片功能以适应不同应用需求的解决方案，通过扩大销量来摊销成本。虽然 20 世纪 80 年代后期出现的现场可编程逻辑阵列部分满足了这一需求，但是它的静态重构、资源利用率低、高功耗和高成本等缺点也非常突出。可重构计算通过计算模式和架构的创新，不但可以完全克服上述缺点，而且可以实现现场可编程逻辑阵列不擅长的其他计算功能。

本书的写作历时 2 年，从大纲的讨论，到内容的取舍，从各类文献的筛选到精华的提炼，都凝聚了我们的大量心血。全书分为五大部分，第一部分给出计算技术的概述，包含计算技术发展历史和可重构计算两章，简要介绍计算技术的发展历程，引入可重构计算的基本概念。第二部分涉及可重构计算处理器高层架构，包含可重构计算处理器硬件架构和可重构计算处理器编译系统，分别从硬件和编译两个角度介绍可重构计算系统的核心基础架构。第三部分集中介绍可重构计算的关键技术，包括动态重构与部分重构、运算密集型与控制密集型重构计算、可重构计算处理器的中断控制、可重构计算处理器的软件流水技术、面向可重构阵列的嵌套循环优化和可重构计算处理器的能耗感知编译等。这是全书的技术精华，比较全面地介绍了可重构计算的核心关键技术和我们的研究成果。第四部分是可重构计算处理器设计实例，包含 REMUS 系统和算法映射实现等。集中展示了我们与合作者在前期研究成果的基础上构建的验证系统，从而证明可重构计算技术的可实现性、有效性和先进性。值得说明的是，这部分内容加入了不少实测数据，以及对前人工作的比较。第五部分讨论了可重构计算的发展方向，包含通用可重构计算和大规模并行计算两章。这里的一部分内容是本书作者正在从事的研究，也有相当一部分内容是基于作者对可重构计算技术的理解和对未来发展的畅想。

本书相关成果的取得和总结凝聚了集体的智慧。刘雷波副教授和尹首一副研究员是青年教师，也是我的得力助手。刘雷波副教授主攻可重构计算处理器的硬件设计，领导了处理器架构创新，配置信息生成、优化、组织管理和应用技术的研究。尹首一副研究员主攻可重构计算处理器编译器的研究，主持了是编译器框架、流程和编译技术的研究。他们二位精力充沛、基础扎实，具有极强的进取心和创新思维，是我们在从事可重构计算技术研究中的中坚力量。更为难能可贵的是，他们具有扎实、严谨、认真、求实的工作作风，在充斥浮躁的今天，能够守得住心灵的净土，踏踏实实地教书育人，这实属不易。

特别感谢东南大学的时龙兴教授、上海交通大学的毛志刚教授，以及他们的团队。在前期的研究工作中，我与他们结下了深厚的友谊，形成了难得的默契。东南大学的杨军研究员、上海交通大学的何卫峰副教授是我们在承担 863 计划重点课题时的骨干，没有他们的参与，可重构计算技术的研究成果不会像今天这样丰满。我也要感谢众多的博士和硕士研究生，包括朱敏、王延升、朱建峰、梁爽、刘大江、欧阳鹏、李兆石、王博、石瑞、徐兵、张怀博和罗凯等。他们在读研究生期间为可重构计算技术的研究和发展做出了贡献。

2014 年 7 月于清华园

目　　录

第三部分 可重构计算关键技术

第四部分 可重构计算处理器设计实例

第0章 绪　　论

计算(computation)是人类生活的基本需要,小到物体计数,大到气象预报、地震分析和核爆模拟,计算无处不在。人们日常生活中不可或缺的各类电子装备的基本运行原理都基于计算,如MP3、数字电视、移动通信终端、计算机等。随着科学技术的发展,计算的载体也在不断演进,从最初的人脑,到20世纪前叶的机械计算装置,再到后来的电子计算设备。今天,计算的主要载体是集成电路(integrated circuit,IC),虽然它在智能方面还无法完全替代人脑,但依赖于其在计算速度上的优势,在很多方面,电子计算装置的能力已经远远超过了人脑。计算的根本是对数字的处理,数学原理构成了计算的基础。尽管当今的电子计算机技术功能十分强大,但究其基本原理仍然是过去200年来人类在数学领域的发现,尤其是以布尔代数为基础的二进制运算。

集成电路是人类的一项伟大发明。如果说1947年发明的晶体管(transistor)提供了实现布尔运算的基本单元,那么1958年集成电路技术的发明就提供了将成千上万只晶体管进行集成的工程途径。有赖于硅基精密加工技术的发展,今天我们已经可以把数十亿只晶体管集成在单个硅片上完成异常复杂的运算。集成电路不但能以非常高的速度完成各类基本运算,而且可以实现信息的存储、外界信息的获取,以及对信息的处理。正是因为集成电路具备强大的信息获取、存储和处理功能,实现了部分人脑的功能,以集成电路为核心构成的电子计算机系统又被称为电脑。

尽管目前的集成电路具有极高的集成度,但从单位体积的计算能力而言,还远未达到人脑的水平,尤其是对信息的智能化处理。一方面,集成电路技术的发展受到加工技术的限制。在现行的技术路线上,要实现超越人脑的计算和处理能力,还有许多路要走。事实上,人们对人脑工作原理的了解还十分有限。人脑的计算方式显然与我们熟知的计算机有很大的差别。另一方面,能量是以电脑为代表的电子计算装置面临的另一严峻挑战,要具备人脑的处理能力,电子计算装置所需的能量是巨大的。更重要的是,既然电子计算装置是工程学的产物,就必然受到成本等经济因素的影响。在性能、功耗和成本上寻求更优的解决方案是人们长期以来孜孜以求的目标。不可否认的是,如果不对现行的计算架构进行变革,要达到上述目标是不可能的。

0.1　计算与集成电路

计算架构的创新是根本,集成电路则是实现创新架构的途径。纵观过去 60 多年信息技术的发展,不难看出,没有计算架构的创新就不会有今天强大的电子计算机和各类电子装置,而没有集成电路的出现,计算机仍然只能为极少数人服务。计算与集成电路的相互促进、相互支撑和协调发展,催生了今天异彩纷呈的生活,推动了信息技术在人类生活和社会发展各个领域的渗透。虽然硅基集成电路的发展在走向纳米尺度时遇到了诸多挑战,但时至今日,人们尚未找到可以替代硅基集成电路的新技术。在未来可以预见的 10～20 年,硅基集成电路仍然是电子计算装置的主要实现途径。面对硅基集成电路加工技术逐渐逼近极限的残酷现实,对计算架构的创新势必成为主要任务,这也是延续电子计算装置持续发展的唯一道路。

0.1.1　计算机与冯·诺依曼体系架构

1946 年,世界第一台电子数值积分计算机 ENIAC 在美国宾夕法尼亚大学诞生,标志着人类从此进入计算机时代。ENIAC 的运算方式与今天的计算机有很大的不同。首先,ENIAC 不具备今天的“软件”功能,其运算模式必须事先确定且通过硬连线实现,要完成任意一个不同的计算,需要工作人员对机器的互连线进行人工更改,以实现硬件的重组。其次,ENIAC 不具备存储功能,数据从输入到输出,完成运算后就消失,不能为其他计算所用。ENIAC 卓越的计算能力就这样在不断地变更硬件互连的过程中被大大地抵消了。

美籍匈牙利科学家冯·诺依曼(图 0.1(a))在对计算架构深入研究的基础上提出了著名的冯·诺依曼计算架构(图 0.1(b))。

(a) 冯·诺依曼　　(b) 冯·诺依曼计算架构

图 0.1　冯·诺依曼和冯·诺依曼计算架构

冯·诺依曼计算架构是所谓存储-程序通用电子计算机的设计模型，它使用中央处理器(central processing unit，CPU)进行运算，使用存储器来存储指令和数据。冯·诺依曼计算架构中包括存储器、算术逻辑单元(arithmetic logic unit，ALU)、控制单元、输入设备和输出设备。

这一架构对后世的影响恐怕冯·诺依曼本人都没有预料到。今天，不仅是计算机，几乎所有的数字集成电路基本上都遵循这一架构，可见其影响之深远。虽然后人在图0.1(b)的基础上不断演进，推出了哈佛架构、流水线、多线程、多发射、乱序(out of order)执行、超长指令字(very long instruction word，VLIW)，甚至双核、多核和众核处理器，但基本架构仍然没有超出冯·诺依曼计算架构的范畴。

冯·诺依曼计算架构的另一个重要贡献是提出了指令的概念。指令的方便性和灵活性，更是人们无法放弃的基础。由指令衍生的程序语言已成为人们不可替代的工具。指令在提供诸多灵活性和便利性的同时，也存在一些显而易见的缺点(图0.2)。首先，要完成一个运算需要大量的准备工作，包括将指令从指令存储器中取出并进行译码。其次，根据指令的要求，将参与计算的数据从存储器中取出。有的时候，根据计算的要求，取数据的操作要重复多次；完成数据的运算；将运算结果回送到存储器。显然，在一个依靠时钟驱动的硬件装置中，这一过程要占用很多的时间，因为指令和数据的存取涉及存储器的读出和写入，而存储器的读写本身就

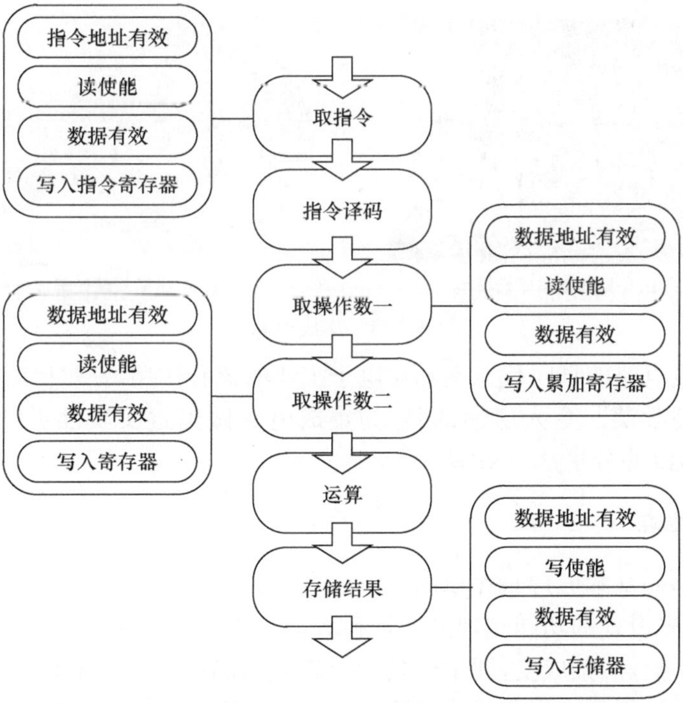

图0.2 指令的执行过程

要占用多个时钟周期。

不难看出，提高运算速度的实质是缩短指令的执行时间。由于运算本身只是指令执行中的一步，要提高运算速度就不得不加快所有环节。由于运算本身在指令执行过程中只占很小的一部分，也许一个时钟周期，因此真正的运算实际上只占整个指令执行时间的十分之一甚至更少，大量的时间用在为完成运算而做的各种准备上。

由于涉及大量的外部存储器读写，芯片上互联通信十分繁忙，因此导致了所谓存储墙、功耗墙和性能墙的出现。这是因为频繁地读写存储器需要系统运行在很高的时钟频率上，各种器件的开关功耗急剧上升。硅基器件的散热能力限制了时钟频率无限制的上升，当时钟频率高到一定程度后将无法再提升，性能、功耗和存储器能力仿佛遇到了一面“墙”。如果能够避免使用传统意义上的指令，则有可能翻过这面“墙”，这就意味着必须对计算架构进行创新。

0.1.2　集成电路与摩尔定律

1958 年，在德州仪器公司工作的基尔比发明了集成电路的原型(图 0.3(a))。1959 年，同在德州仪器公司工作的诺伊斯发明了现代集成电路(图 0.3(b))，人类从此进入集成电路时代。

(a) 基尔比与集成电路原始模型　　(b) 诺伊斯与现代集成电路

图 0.3　集成电路

由于集成电路的划时代意义和对电子工业的核心作用，基尔比获得了 2000 年的诺贝尔物理学奖。令人遗憾的是，为集成电路做出过实质性贡献的诺伊斯在 1990 年去世，没能分享这一荣耀。

1. 集成电路

集成电路的基本原理是在单晶片上通过外延、扩散、光刻、刻蚀和金属淀积等工艺，按照事先设计的功能实现晶体管和基本元件的网络，将原来的分立器件集成到单晶片上。显然，集成度，即单个晶片上集成的晶体管和元器件的数量，表征了集成电路的先进程度。当前集成电路的发展大大超出了人们最初的构想。在集成电路发展初期，人们对在单个晶片上到底能够集成多少个晶体管心里是没底的。所以，对于集成度的表征采用了小规模集成电路(small scale integrated circuit，SSI)、中规模集成电路(medium scale integrated circuit，MSI)和大规模集成电路(large scale integrated circuit，LSI)的说法。小规模集成电路是指单个晶片上集成的晶体管和元件数量大于10、小于100；中规模集成电路是指单个晶片上集成的晶体管和元件数量大于100、小于1000；大规模集成电路是指单个晶片上集成的晶体管和元件数量大于1000。

随着集成电路制造工艺的进步，人们在20世纪70年代就突破了1000个晶体管和元件的集成度，因而又出现了甚大规模集成电路(super large scale integrated circuit，SLSI)，晶体管和元件数量大于10 000，及超大规模集成电路(very large scale integrated circuit，VLSI)，晶体管和元件数量大于100 000。今天，由于我们能够在单个晶片上集成数十亿只晶体管，一方面已经很难找到更贴切的表述方式，另一方面集成的晶体管数量巨大，可以实现的功能极其复杂，因此统称其为系统芯片(system on chip，SoC)。

集成电路已经成为现代电子整机系统的核心，事实上不使用集成电路的电子整机已经不存在了。研发新型电子整机的首要任务是寻找或自行研发适用的集成电路芯片。在人们日常生活的方方面面，从我们居家使用的电视机、音响、收音机等家用电器，到我们办公的计算机、电话机、传真机、打印机，以及已经成为我们不可须臾离开的移动通信终端，集成电路都在扮演核心角色。因此，集成电路又被誉为现代电子整机系统的心脏。

2. *摩尔定律*

集成电路从一诞生就引起工业界的广泛关注，而集成电路集成度的快速上升也成为人们高度关注和津津乐道的话题。1965年，在美国仙童半导体公司担任研发实验室总监的摩尔(图0.4(a))应《电子学》杂志的邀请，发表了一篇题为*Cramming More Components onto Integrated Circuits*的文章[1](图0.4(b))，引发了人们的广泛关注。在这篇文章中，摩尔预测："随着每个电路上元件数量的上升引发单位成本的下降，到1975年，经济因素可能要求将多达65 000个元件塞进单个硅芯片。"在当时的工艺条件下，这一大胆预测无异于是天方夜谭。1968年，摩尔与另外一位同事(集成电路发明人之一的诺伊斯)离开仙童公司与葛洛夫一起创办了Integrated Electronics公司，即后来的Intel公司。

Intel公司1971年推出了世界上第一颗微处理器(microprocessor)芯片Intel 4004，为20世纪80年代个人计算机的诞生和普及、计算机最终进入家庭、成为我们今天工作和生活不可或缺的一部分奠定了坚实的技术基础。摩尔作为时任Intel公司首席执行官也因此获得了广泛赞誉，名声大震。摩尔成名之后，人们重新

(a) 摩尔

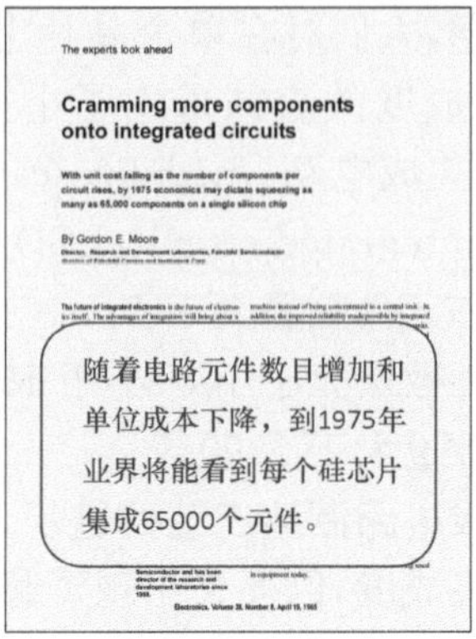

The experts look ahead

Cramming more components onto integrated circuits

With unit cost falling as the number of components per circuit rises, by 1975 economics may dictate squeezing as many as 65,000 components on a single silicon chip

By Gordon E. Moore

Electronics, Volume 38, Number 8, April 19, 1965

(b) 摩尔1995年发表的论文

图 0.4　摩尔

审视其在 1965 年发表的论文，注意到摩尔发现了影响集成电路产业发展的著名规律，后来被称为摩尔定律。今天，人们把摩尔定律简单地理解为：每 18 个月，单个硅晶片上的晶体管数量翻一番，每 6 年集成电路的集成度增加 10 倍。事实上，如果人们仔细阅读摩尔 1965 年发表的那篇文章，就会发现他并没有给出上述如此精确的描述。而提出使集成电路能够实现单个硅晶片上的晶体管数量每 18 个月翻一番的具体方法的则是美国商用机器公司（IBM）的科学家迪纳德（图 0.5(a)）。

3. 迪纳德定律

1974 年，在 IBM 任职的迪纳德在 Proceedings of IEEE 上发表了一篇著名的论文 *Design of Ion-Implanted MOSFET's with Very Small Physical Dimensions*[2]（图 0.5(b)）。

(a) 迪纳德

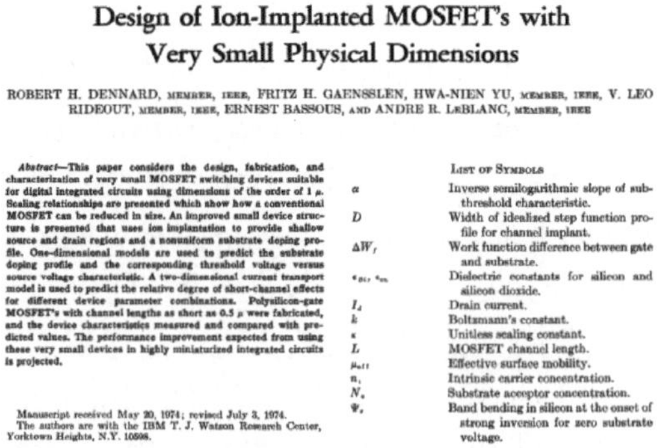

Design of Ion-Implanted MOSFET's with Very Small Physical Dimensions

ROBERT H. DENNARD, MEMBER, IEEE, FRITZ H. GAENSSLEN, HWA-NIEN YU, MEMBER, IEEE, V. LEO RIDEOUT, MEMBER, IEEE, ERNEST BASSOUS, AND ANDRE R. LEBLANC, MEMBER, IEEE

Abstract—This paper considers the design, fabrication, and characterization of very small MOSFET switching devices suitable for digital integrated circuits using dimensions of the order of 1 μ. Scaling relationships are presented which show how a conventional MOSFET can be reduced in size. An improved small device structure is presented that uses ion implantation to provide shallow source and drain regions and a nonuniform substrate doping profile. One-dimensional models are used to predict the substrate doping profile and the corresponding threshold voltage versus source voltage characteristic. A two-dimensional current transport model is used to predict the relative degree of short-channel effects for different device parameter combinations. Polysilicon-gate MOSFET's with channel lengths as short as 0.5 μ were fabricated, and the device characteristics measured and compared with predicted values. The performance improvement expected from using these very small devices in highly miniaturized integrated circuits is projected.

Manuscript received May 20, 1974; revised July 3, 1974.
The authors are with the IBM T. J. Watson Research Center, Yorktown Heights, N.Y. 10598.

LIST OF SYMBOLS

α	Inverse semilogarithmic slope of subthreshold characteristic.
D	Width of idealized step function profile for channel implant.
ΔW_f	Work function difference between gate and substrate.
$\epsilon_{Si}, \epsilon_{ox}$	Dielectric constants for silicon and silicon dioxide.
I_d	Drain current.
k	Boltzmann's constant.
κ	Unitless scaling constant.
L	MOSFET channel length.
μ_{eff}	Effective surface mobility.
n_i	Intrinsic carrier concentration.
N_a	Substrate acceptor concentration.
Ψ_s	Band bending in silicon at the onset of strong inversion for zero substrate voltage.

(b) 迪纳德1974年发表论文

图 0.5　迪纳德

在这篇文章中，迪纳德将影响晶体管特性的 20 多个参数进行了统一的整理，并通过一个系数 $\alpha(\alpha=\sqrt{2})$ 来表征集成电路主要参数的演进规律。例如，集成电路栅极氧化层的厚度为 T_{ox}/α、电源电压为 V/α、扩散浓度为 X_d/α、线宽为 W/α、晶体管栅长为 L/α、P 型沉底掺杂为 αN_A 等。按照迪纳德的方法，每一代集成电路工艺与上一代相比都受到 α 的约束，集成度的增长为 α^2，性能提升 α 倍等。由于 $\alpha=\sqrt{2}$，因此每一代集成电路的集成度翻番。由于集成电路制造装备的研发进度大概是 18 个月，所以出现了集成电路制造工艺每 18 个月进步一代的现象。迪纳德提出的方法在保证晶体管特性持续演进的同时，指出了工艺进步的途径，后人称为迪纳德定律，也称为等比例缩小方法。

应该说摩尔指出了密度增加的一般趋势，而迪纳德则给出了实现集成度倍增的方法，后人将这两个人的贡献统称为摩尔定律。摩尔定律不仅指出了集成电路密度倍增的大趋势，还给出了具体的实现路径。更令人称奇的是，摩尔定律在随后的几十年中一直被工业界遵循，集成电路的集成度也按照这一定律不断倍增。如果将 1965 年单个晶片上的晶体管数量作为基数，2013 年这个倍数达到了惊人的 $2^{32}=42.9$ 亿倍。在人类历史上，尚没有任何一个其他的技术能够在长达数十年的时间里一直以 2^n 的指数速率增长，由此导致的成本下降潜力也没有任何一个其他技术可以比拟。

4. 摩尔定律与功耗

值得关注的是，摩尔定律确定的等比例缩小技术并非没有极限。按照迪纳德给出的方法，每一代集成电路的集成度是上一代的 2 倍，性能提升约 $\alpha=\sqrt{2}=1.4$ 倍，功耗则下降 $1/\alpha^2=0.5$ 倍，功率密度（W/cm^2）约为常数。这是一个令人兴奋的结果，因为它预示着集成电路的集成度可以一直提升，而不会受到功耗的影响。遗憾的是，在实际工作中，晶体管栅极氧化层的厚度不可能无限制减小，否则将引发漏电流（leakage current）的急剧上升，电源电压也不可能无限降低，因为电源电压的高低极大地影响着晶体管性能，所以实际器件的功率密度并不是常数。当我们将更多的晶体管和元件集成到单个晶片上的时候，突出的问题是如何将其产生的热散出。一个典型的例子是，如果不加限制地发展，单个集成电路芯片上产生的热将使芯片的温度达到数千摄氏度。目前，影响集成电路集成度和性能进一步提升的主要因素不单是集成工艺，还包括功耗及由此产生的热。功耗已经成为限制摩尔定律继续有效的最大障碍。

在集成电路的发展史上，功耗问题一直是困扰其发展的重要因素。20 世纪 80 年代中期，集成电路的基本单元是所谓双极型晶体管（bipolar transistor），而不是今天的平面体硅（planar bulk）互补型金属氧化物半导体（complementary metal oxide semiconductor，CMOS）晶体管。双极型晶体管虽然在结构上只采用单管结构，密度很高，但由于其运行时存在偏置电流（bias current），所以即使电路不工作的时候也存在较大的静态工作电流（static current），而电路工作时还要叠加大量的开关功耗。随着集成度的不断提升，集成电路芯片的静态功耗（static power）也在大幅上升，导致最终人们不得不放弃双极型晶体管（图 0.6）。幸运的是，人们发现采用 CMOS 晶体管可以大幅度地降低功耗，这是因为 CMOS 电路采用 N 型晶体管＋P 型晶体管的结构，当电路工作时，总有一只晶体管处在关断状态，所以除了电路翻转时存在开关功耗外，其他时间电路几乎不耗电。虽然 CMOS 电路使用了 2 只晶体管，密度上不占优势，但 CMOS 工艺的良好特性，尤其是良好的等比例缩小特性弥补了这一缺陷，成为过去 30 年集成电路的主流。

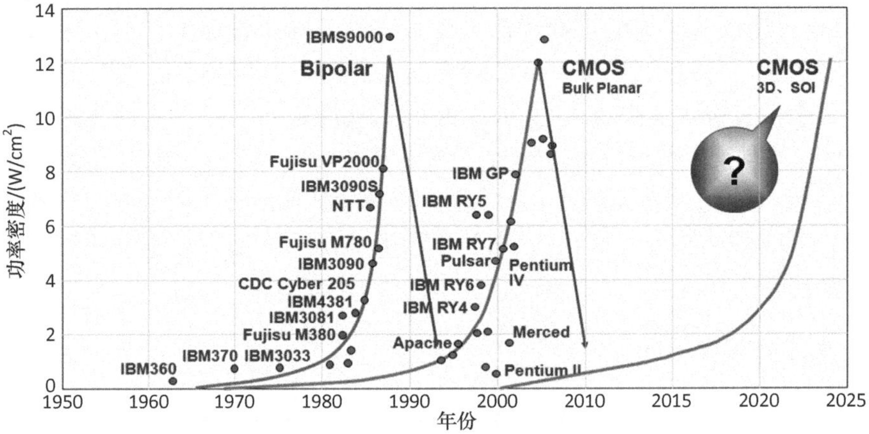

图 0.6　晶体管架构和功率密度

事物的发展总有极限，平面体硅 CMOS 电路在经过数十年的发展之后，再次遇到了和双极型电路同样的困境。当双极型电路不再可行的时候，人们找到了平面体硅 CMOS，但当平面体硅 CMOS 遇到同样问题的时候，人们却还没有找到可以完全替代 CMOS 电路的新型电路单元结构。技术进步是无止境的。在找不到可以替代 CMOS 电路的新器件的时候，人们转而在电路架构上寻找出路，为集成在单个晶片上的数十亿只晶体管提供了广阔的创新空间。最直接的结果就是在微处理器领域，人们不再继续追求单个计算核心的性能，而是采用双核、多核，甚至众核计算架构。同时，人们也没有放弃 CMOS 电路。近年来，以 FinFET 为代表的三维器件和采用绝缘硅（silicon on isolator，SOI）材料制备晶体管的探索一直在继续并取得了重要的进展。现在看来，FinFET 在 14nm 节点已经成为工业界的共识，但在 20nm 节点，全耗尽型绝缘硅（fully depleted SOI，FD SOI）具有很强的竞争力，成为关注的重点。未来几年，围绕 FinFET 和 FD SOI 的争论会一直持续下去。最终哪个器件能够获得工业界的青睐并成为主流，还需让时间来证明。

0.2 计算架构

如果狭义地认为计算就是对十进制数字的运算，那么也可以认为数字集成电路就是对二进制数字进行运算。所以，广义的计算也包含了今天数字集成电路的各种运算功能，这些运算既包含我们熟知的加、减、乘、除等算术运算，也包含与、或、非和比较等逻辑运算。随着计算载体的不同，计算架构也不同。尽管我们对人类大脑是如何完成运算的机理尚不清楚，但冯·诺依曼提出的计算架构却实实在在主宰了计算机过去60多年的发展。一个重要的问题是，采用集成电路技术实现的计算机CPU无疑遵循冯·诺依曼计算架构，但几乎无所不能的数字集成电路的架构是什么？它是否也遵循了冯·诺依曼计算架构呢？

0.2.1 冯·诺依曼体系架构的变形

为了回答这一问题，有必要回到冯·诺依曼计算架构作深入的探究。图0.7(a)重画了图0.1(b)给出的经典冯·诺依曼计算架构，包括算术逻辑单元、控制单元(control unit，CU)、存储器(memory)、输入(input)和输出(output)五大部件。图0.7(b)～图0.7(f)针对这一架构进行一系列的变形，在不改变冯·诺依曼计算架构实质的同时，寻求它对现代数字集成电路的深刻影响。

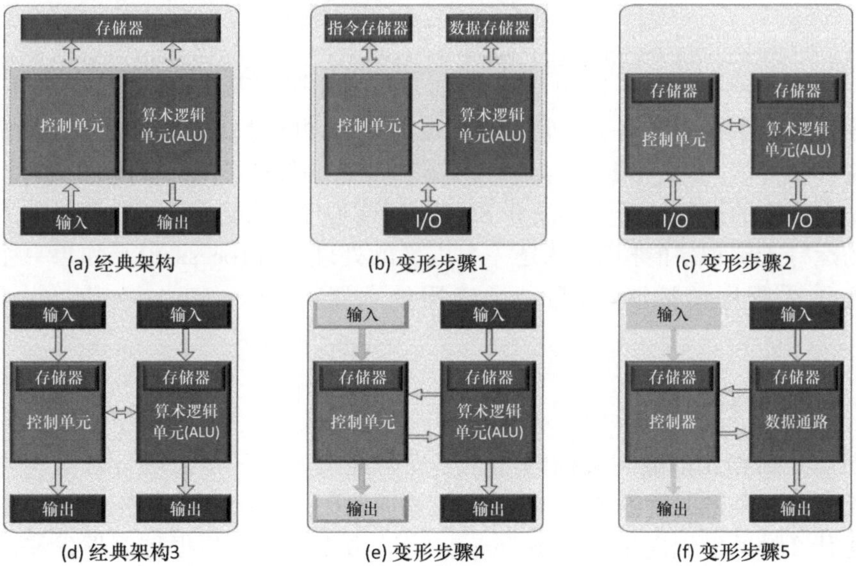

图0.7　冯·诺依曼计算架构变形

图0.7(b)将存储器拆分为指令存储器(I-Memory)和数据存储器(D-Memory)，同时将输入和输出合并为一个部分(I/O)；图 0.7(c)将 I-Memory 放入 CU，将 D-Memory 放入 ALU，这是因为 I-Memory 用于存储指令，仅与 CU 相关，与 ALU 无关，而 D-memory 仅参与 ALU 的运算，与 CU 无关。同时，将 I/O 拆为两部分，分别对应于 CU 和 ALU；图 0.7(d)则进一步将 I/O 分拆为输入和输出，分别对应于 CU 的输入和输出，ALU 的输入和输出；图 0.7(e)与图 0.7(d)是一样的，只是为了区分与 CU 相关的输入输出和与 ALU 相关的输入输出，将前者的颜色做了改变；图 0.7(f)将 CU 的名称改为控制器(controller)，ALU 的名称改为数据通路(datapath)。

显然，图 0.7(f)所示的架构与经典的冯·诺依曼计算架构没有区别，只是后者的另外一种表现形式罢了。进一步，将图 0.7(f)逆时针转 90 度，得到图 0.8(b)，并将图 0.8(b)重画为图 0.8(c)。

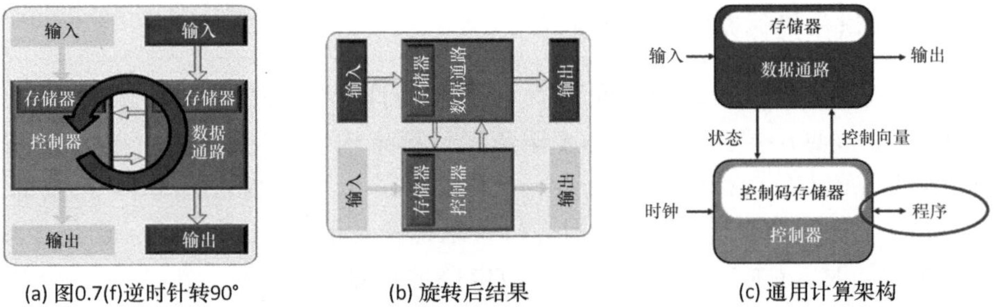

图 0.8　冯·诺依曼计算架构的进一步变形

图 0.8(c)给出了一个通用计算架构，不仅适用于 CPU 这样的计算部件，也适用于今天的数字集成电路。尽管很多集成电路设计师对自己的设计是否遵循这样的架构并不清楚，但究其根本，实际上很难摆脱这一架构。这一架构的魅力也就存在于一个系统的运行是否受到图 0.8(c)中所谓程序(program)的控制。如果一个系统的运行受到程序的控制，就是一个广义的处理器(processor)。如果一个系统的运行不受程序的控制，就是一个专用处理器(application specific processor，ASP)。

0.2.2　通用计算架构

图 0.8(c)给出的通用架构的工作原理与经典的冯·诺依曼计算架构基本一致。控制器在外部时钟的控制下，依据数据通路回送的状态和程序，决定向数据通路发送什么样的控制向量(control vectors)。数据通路则根据控制器发来的控制向量决定要进行的运算，运算过程会使用输入的数据并将产生的结果送到系统外(输出)。如果说程序给出的是一组指令集合，则控制向量是通过控制器给出的一组控制数据通路运行的微码(micro-codes)。

数据通路通常由运算资源(resources)、存储单元(registers)和开关网络(switching networks)组成,完成对输入数据的运算,并将结果输出。数据通路的运行受控制器控制,但不直接受系统时钟的控制。数据通路根据需要将一些状态回送到控制器,以便控制器决定下一步数据通路的运行。

控制器实际上是一个有限状态机(finite state machine,FSM),由状态发生器和控制向量发生器组成。控制器的运行直接受时钟的控制,向数据通路发送控制向量。

1. 专用集成电路架构

20 世纪 90 年代兴起的专用集成电路(application specific integrated circuits,ASIC)的架构实际上就是图 0.8(c)的进一步简化,如图 0.9 所示。

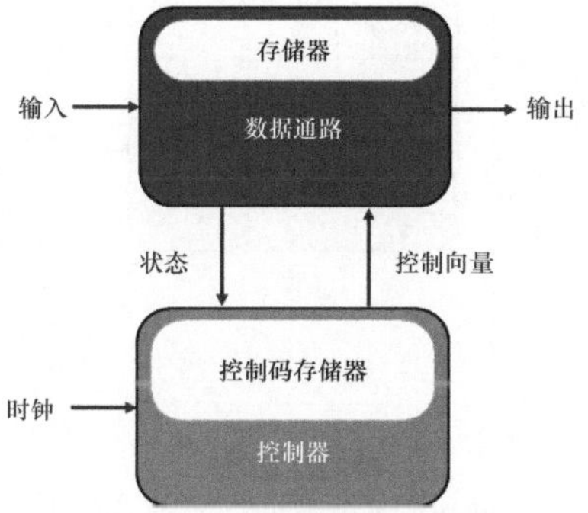

图 0.9 专用集成电路架构

与图 0.8(c)相比,这一架构的最大差别在于系统的行为都是确定的,控制器向数据通路发送什么控制向量仅仅依赖于数据通路回送的状态,控制向量是事先确定并存储在控制器的存储器中的。

也许 ASIC 设计师对其设计是否遵循了上述架构还心存疑虑,但是如果仔细分析一下就可以清晰地看到,要么其设计是计算密集型(computation intensive),控制十分简单,甚至控制器几乎简化为零;要么是控制密集型(control intensive),计算非常简单,甚至数据通路几乎简化为零;要么两者都有,数据通路和控制器两部分都存在。事实上,任何一个 ASIC 几乎都可以分解成数据通路和控制器两部分。

2. 通用处理器架构

图 0.8(c)给出的是一个通用处理器(general purpose processor,GPP)的架构程序,这一架构与 ASIC 架构的差别就在于它的控制向量需要根据状态和程序实时产生。这意味着,控制向量不是事先确定并存储在控制器中,而是需要根据外部

的程序确定。这就要求控制器内部的 FSM 必须是一个可编程的有限状态机器。通用处理器架构一定包含数据通路和控制器两部分，且复杂度都相当的高。

程序是实现通用处理器必须考虑的因素。今天，一个外部输入的程序通常被称为软件，由高级编程语言写成。实际上，一个程序也包含了两部分信息，即计算流信息（computation flow）和控制流信息（control flow）。图 0.10 给出了相应的解释。

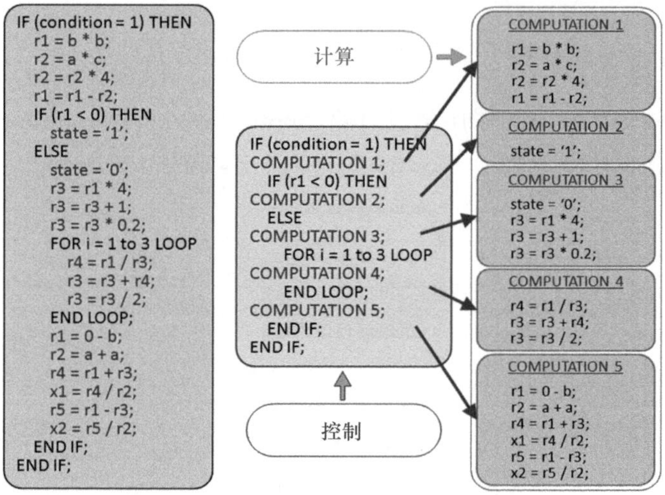

图 0.10　Program 中包含的计算流和控制流信息

计算流信息作用于数据通路，给出了数据通路必须完成的计算内容，而控制流信息则作用于控制器，给出了控制器控制数据通路运行的计算流程。

0.3　数字系统的高层次综合技术

从上面的介绍不难得出，ASIC 的架构是从冯 · 诺依曼体系架构导出的，是冯 · 诺依曼体系架构的一个特例。不难想象，如果图 0.10 中的程序不是一个软件程序，而是一个用硬件描述语言（hardware description language，HDL）描述的芯片功能，那么这个 HDL 描述对应的就是一个具备特定功能的 ASIC。20 世纪 80 年代出现的所谓逻辑综合就是一种能够自动地将这个硬件描述转换成电路的集成电路设计方法。其基本思路是将硬件描述语言描述直接转换为逻辑表达式，并利用计算机进行逻辑表达式化简，从而得到一个最简的逻辑表达式。然后，用逻辑电路符号，如与门、与非门、或门、或非门及异或门等代替逻辑表达式中的对应符号，就可以得到一个优化的电路图（电路设计）。这一方法导致了后来被广泛采用的逻辑综合工具的诞生，如美国 Synopsys 公司的 Design Compiler。不过，虽然逻辑综合工具可以化简逻辑表达式，但 HDL 描述中隐含的电路结构未改变。这带来了严重的困扰。例如，两位工程师开发同一功能的芯片，由于对 HDL 的理解和应用方式不同，写出的 HDL 描述也不同，进而逻辑综合的结果也不同。芯片设计的优劣取决于工程师使用 HDL 进行电路设计的经验。其深层次的原因是不同的 HDL 描述代表了不同的电路架构。显然，要想得到一个优化的电路设计，首先要将设计统一到一个优化的架构上。如果可以将不同工程师写的 HDL 描述通过一种方法统一到某个优化架构上，那么设计的优化程度就可以得到保证。这种方法就是本章要介绍的高层次综合(high-level synthesis，HLS)。

高层次综合是 20 世纪 80 年代中后期兴起的集成电路设计方法学，经过集成电路设计领域科学家和工程师近 10 年的共同努力，到 90 年代中期基本成熟，形成了一个全新的集成电路设计方法学体系。高层次综合以 HDL 写成的系统行为描述(behavior description)为输入，通过一系列处理，最终输出一个满足系统初始功能要求、资源优化的结构化行为描述。高层次综合在理论上比较完备，将前期人们熟知的逻辑综合成功地作为一个特例纳入该理论。与逻辑综合要求硬件描述必须给出优化的电路结构不同，集成电路设计工程师可以将输入的硬件描述简单地看成行为描述，忽略其中包含的结构信息，而通过高层次综合生成一个含有优化结构的新行为描述。高层次综合的核心理念是通过将硬件描述映射到一个优化的架构，从而获得更优的设计，其突出特点是实现计算资源的复用，大幅减少代价高昂的计算资源的数量。

令人遗憾的是，高层次综合的理论和方法并没有像之前的逻辑综合方法那样很快地被工业界转化成为帮助设计工程师工作的电子设计自动化(electronic design automation，EDA)工具。但是，高层次综合一直是集成电路设计领域的重要理论和方法，被集成电路设计工程师所使用。高层次综合倡导的计算资源复用的概念深入人心，极大地影响着集成电路设计工程师的设计活动。

0.3.1 基本概念

以超高速集成电路硬件描述语言(very high speed integrated circuits hardware description language，VHDL)和 Verilog 为代表的硬件描述语言已经成为今天数字集成电路设计工程师不可或缺的设计输入工具。VHDL 和 Verilog 是标准化的语言，是面向模拟和综合的语言，也是使用最为广泛的硬件设计语言。与程序语言一样，VHDL 和 Verilog 采用人们熟知的基本语句来描述所要实现的基本功能。图 0.11(a)给出了一些基本定义。不失一般性，可以将一个语句称为操作(operation)，将定义语句功能的运算符，如加法＋，称为算子，将参与运算的操作数及运算结果称为变量。之所以将操作数和运算结果称为变量，是因为参与运算的数据和运算结果通常都存放在存储单元(寄存器)中，而寄存器的内容可以改变。语句在程序员的眼里仅仅是运算功能的描述，但在硬件工程师眼里却包含了硬件的实现信息，这是因为图 0.11(a)的语句可以直接想象成图 0.11(b)的硬件架构。

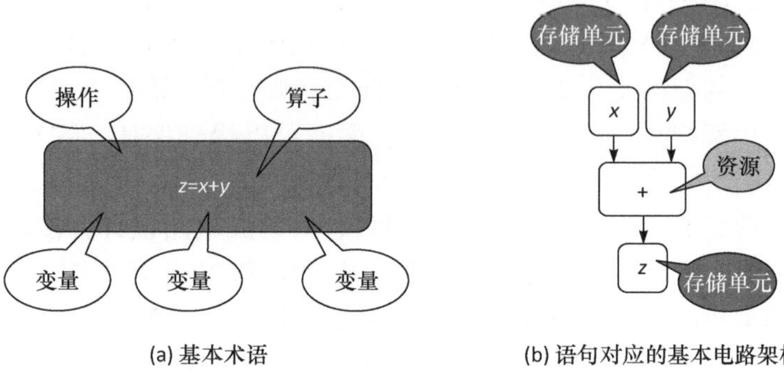

图 0.11　基本定义

这个架构的基本内容是将包含操作数的两个变量 x 和 y 的内容送到运算资源＋的输入，并将运算资源的输出回送到变量 z。因此，在硬件架构中，又将 x、y 和 z 称为存储单元，将＋称为资源。根据这一架构，可以想象一条语句的执行过程是将数据从寄存器中取出，经过运算将结果回送到寄存器。执行完一条语句被称为走了一步(step)，执行一条语句所需的时间被称为步长(step length)。由于语句的执行是在控制下完成的，所以 step 又被称为控制步(control step)。数据从寄存器出发，经过运算再回到寄存器的过程又被称为寄存器-传输(register transfer)。使用硬件描述语言进行的电路设计又被称为寄存器-传输级(register transfer level)设计，简称 RTL 设计。

以硬件描述语言写成的设计描述(design description)通常由一组经过精心选择的语句组成，包含各类算术运算和逻辑运算。这些语句的组合能够完成设计人员最初设定的功能。作为一种语言描述，设计描述可以在计算机上运行以验证功能的正确性，也就是模拟。现在的设计工具可以提供非常精确的功能模拟，甚至可以将电路的延迟信息在模拟过程中展现，从而帮助设计工程师不仅确认功能的正确性，还确认时序(timing)的正确性。通过将设计描述转化为所谓的数据流图(data flow graph，DFG)和控制流图(control flow graph，CFG)，可以更清晰地看出设计描述中隐含的数据依赖关系(data dependence)和语句的执行顺序。图 0.12 给出了 DFG 和 CFG 的解释。

显然，DFG 关注的是数据间的依赖关系，例如从图 0.12(b)可以看出 r2＝r2×4操作只能在 r2＝a×c 操作之后执行，因为 r2＝r2×4 操作所需的 r2 的值必须通过 r2＝a×c 操作获得。图 0.12(c)表现的是先执行 r2＝a×c 对应的乘法操

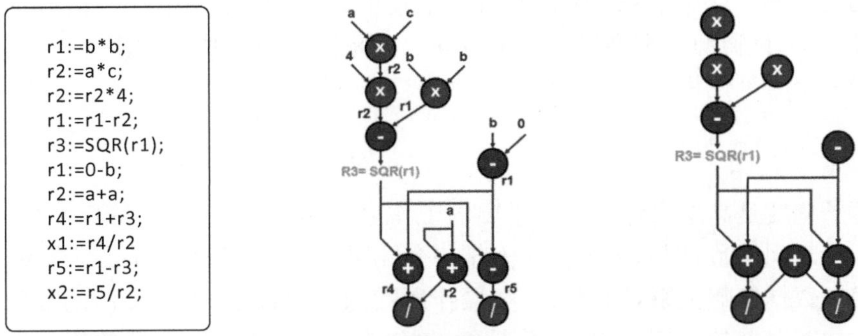

(a) 设计描述　(b) 数据流图　(c) 控制流图

图 0.12　数据流图和控制流图

作，再执行 r2＝r2×4 对应的乘法操作。同样，因为 r2＝a×c 对应的乘法操作与 r1＝b×b 对应的乘法操作不存在数据依赖关系，所以两个操作之间没有必然的执行顺序。这种数据间依赖关系的确认对于发现设计描述中潜在的并行关系具有十分重要的作用，也正是这种并行关系的发现使得高层次综合可以最大限度地实现各类操作的并行，从而提升系统性能。更为重要的是，由于 r2＝r2×4 与 r2＝a×c 之间存在数据依赖关系，两个操作的执行在时间上不重叠，所以提供了两个操作共用一个乘法器资源的可能性，从而可以大幅度减少运算资源的数量，实现所谓的资源复用。

0.3.2　数据通路设计

结合图 0.10，不难发现，图 0.9 架构中的数据通路应该与图 0.11(b)具有某种相似性，而图 0.11(b)实际给出了实现设计描述的硬件架构。不失一般性，可以将图 0.11(b)的架构通用化成为图 0.13，其中存储单元用于表示变量，资源用于表示运算单元(processing element，PE)，而总线提供了从存储单元到资源，从资源到存

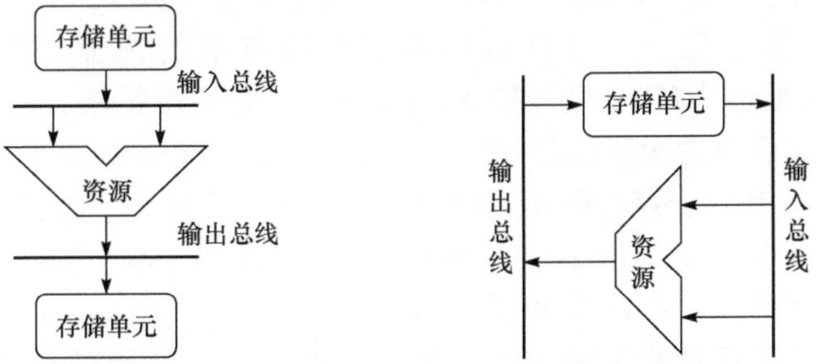

(a) 数据通路形式一　(b) 数据通路形式二

图 0.13　数据通路的表现形式

储单元的互连。存储单元和资源都可以不是单数,即可以使用多个存储单元和多个运算资源,且资源的类型可以完全不同。这是因为设计描述中潜在的并行性允许在同一个时刻使用不同的运算资源,完成不同的操作。

1. 算子调度

算子调度是高层次综合中最重要的工作之一,其核心任务是给每个操作确定一个执行时间位置,即为每个操作安排一个控制步。通过调度,可以根据设计描述中的潜在数据依赖关系,确定每一类操作所需的资源数量,实现资源的复用,甚至可以优化寄存器的使用数量,并为后续的控制单元设计提供重要的指导性意见。图 0.14 解释了算子调度的基本原理。

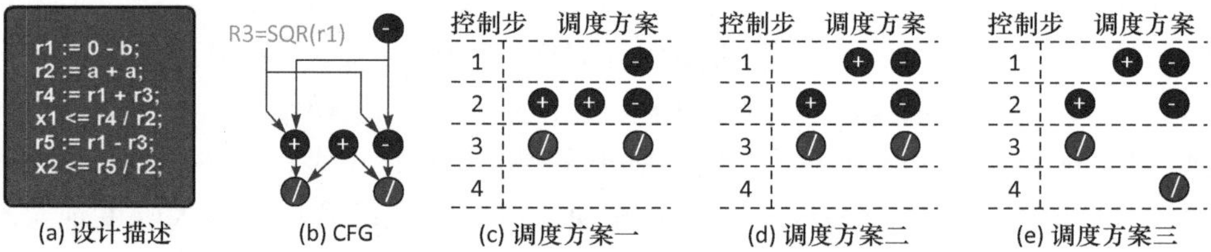

图 0.14 算子调度的基本原理

调度策略的不同给出不同的实现方案,导致不同的资源配置。图 0.14(c)的调度方案给出了使用 1 个减法器、2 个加法器和 2 个除法器的方案。考虑到 r2=a+a与 r4=r1+r3 之间不存在数据依赖关系,可以把 r2=a+a 对应的加法操作挪到控制步 1 执行,因此得到图 0.14(d)的实现方案。这个调度方案使用 1 个减法器、1 个加法器和 2 个除法器,比图 0.14(c)的方案少用 1 个加法器。图 0.14(c)和图 0.14(d)两个调度方案的时间特性是相同的,即都使用 3 个控制步。如果允许使用更多的控制步,则可以将 2 个除法操作中的一个挪到第 4 个控制执行,则得到了图 0.14(e)的调度方案。这个方案仅使用 1 个减法器、1 个加法器和 1 个除法器,但付出了时间(性能)上的代价,因为它多用了 1 个控制步。

图 0.15 给出了另一个设计描述及其调度方案的例子。在这个例子中,图 0.15(a)是原始的 VHDL 设计描述,图 0.15(b)是调度结果。调度方案给出了实现该设计描述所需的运算资源,即 2 个乘法器、2 个除法器、1 个加法器、1 个减法器、1 个比较器和 5 个存储单元,及其他指标,包括需要 21 个控制步。控制步包含的最大操作数量为 2,即最多有 2 个操作需要并行执行等。显然,如果希望整个系统的运行速度达到 1MHz,就要求每个控制步的步长为 $1\mu s/21 \approx 47.62ns$,也就是要求所有的运算都必须在 47.62ns 完成,或者换句话说,所有的运算资源的延迟必须小于 47.62ns。调度方案还包含了有关连线网络的基本信息,如设计实现需要最多 6 条总线等,读者可以在本章的后半部分进一步了解。

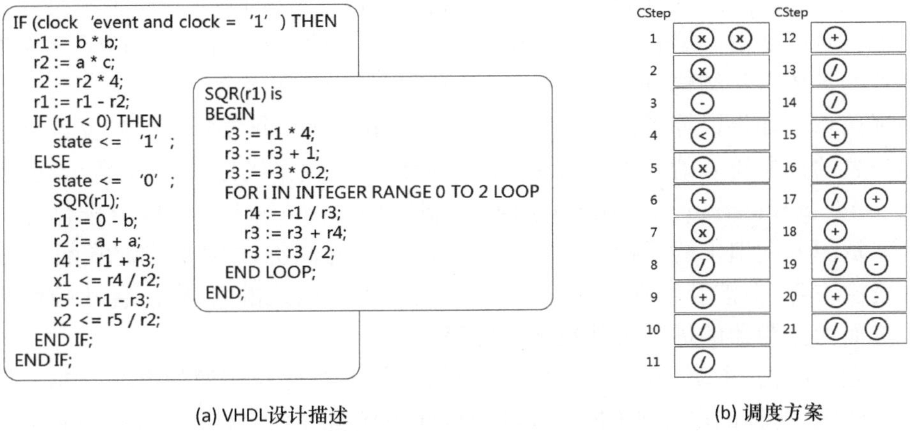

图 0.15　算子调度举例

算子调度直接关系到设计电路系统的性能和代价，曾经是高层次综合研究的重点。20 世纪 80 年代，全球众多的研究人员集中于研究算子调度的算法，产生了一大批研究成果，包括尽可能早和尽可能迟的调度算法[3]、基于自由度的调度算法[4]、基于机动性的调度算法[5]、表格调度算法[6]、分支与边界调度算法[7]、基于路径的调度算法[8]和力量引导调度算法[9]等。根据算法的特点，这些算法又可以被分成尝试型算法和穷举型算法等。最著名的是加拿大学者保兰提出的力量引导调度算法(force-directed algorithm)。这个算法揭示了算子调度的实质是将各个控制步中同一类运算的数量尽可能平均，以达到运算资源复用的最大化，进而减少资源的使用数量。这个算法的出现宣告了算子调度研究工作的终结。至今，力量引导调度算法的优异性能和优化结果仍然无人超越。

虽然算子调度可以发现设计描述中潜在的并行关系，并通过巧妙利用各个操作间的数据依赖关系，最大限度地实现资源的复用，减少电路的实现代价，不可否认的是，算子调度只是使用而不能提升设计描述中的并行性。设计描述本身的质量决定了电路系统的最终性能和代价上限。但是算子调度的研究也为设计空间的探索提供了有效的途径，可以最大限度地发掘设计描述中的潜力，其重要性不言而喻。

2. 资源分配

算子调度确定了每个操作执行的时间位置，确定了所需运算资源的类型和数量，同时也确定了系统的时间特性。资源分配(resource allocation)的任务是为每个操作指定一个具体的运算资源，为每个变量分配一个存储单元/寄存器，并提供存储单元与资源之间的连线网络。资源分配不再尝试确定或改变运算资源的类型和数量，也不去考虑系统的时间特性是否满足设计要求，而是实现从抽象符号到某种物理符号的映射。尽管在资源分配阶段，设计工程师并不需要知道运算资源和寄存器的具体电路结构，但使用的运算资源和寄存器，在概念中已经有了比较明确的物理信息。如果说算子调度只是对抽象符号的处理，资源分配则涉及含有一定物理信息的抽象符号的处理。资源分配一般包含寄存器优化、运算资源分配、连线网络(inter-connection networks)生成、控制码(control codes)生成与优化等四个部分。资源分配追求的目标包括进一步降低系统的代价，这些代价的降低不涉及运算资源本身，但涉及寄存器和连线网络；减少连线网络的复杂性；优化控制码的数量进而为控制器的优化设计奠定基础等。

有理由相信，资源分配将给出与人们熟知的电路比较相像的电路架构。但必须强调的是，这样的电路架构仅仅是相像，并不包含任何具体的、与物理实现相关的信息。资源分配输出的还是一个行为描述，是一个包含了结构信息的行为描述。

1）寄存器优化

寄存器是一个广泛采用的存储单元。由于其存取速度快，在电路设计中，寄存器往往扮演缓存(buffer)的角色，如微处理器中的一级缓存等。但是，寄存器的实现需要比较多的逻辑门(logic gate，通常是 6 个)，每个逻辑门平均要使用 4 只晶体管，所以寄存器是比较昂贵的器件。在成本敏感的 ASIC 设计中，避免使用过多的寄存器是降低芯片成本的一个重要途径。不幸的是，尽管减少寄存器数量是一个公知的需求，但在使用硬件描述语言进行电路设计的过程中，由于比较容易引入数量众多的变量，最终导致寄存器的数量大增。即使设计者本身也通常搞不清楚在其设计中一共用到了多少个寄存器，因此寄存器优化就成为一个重要的任务，其核心目标是减少寄存器的数量。

寄存器优化可以通过分析寄存器的“存活”和“死亡”时间，并复用寄存器来实现[10]。寄存器的“存活”时间被定义为：从一个新值被写入算起到该值被最后一次使用为止；“死亡”时间被定义为：从它所存储的数据被最后一次使用算起到一个新值被写入为止。显然，一个寄存器的“存活”时间和“死亡”时间永远不重叠，且“存活”时间与“死亡”时间之和就是系统运行的全周期。根据上述定义，一个处在“死亡”时间的寄存器处于空闲状态，可以被挪作他用。这也意味着，如果一个寄存器的所有“存活”时间与其他一个或多个寄存器的“死亡”时间重叠，则该寄存器的功能可以被其他寄存器替代，即可以省掉这个寄存器。图 0.16 通过一个例子给出了寄存器优化的基本原理。

这个例子使用图 0.15 给出的设计描述，包含 5 个寄存器，需要 21 个控制步的设计描述。图 0.16(a)对 5 个寄存器的“存活”和“死亡”时间进行了分析，寄存器下方实心竖条代表寄存器的“存活”时间，意味着在这些实心条确定的时间间隔内，寄存器的内容不可改变，或者不能挪作他用。例如，寄存器 R_1 在控制步 $Step_1$ ～

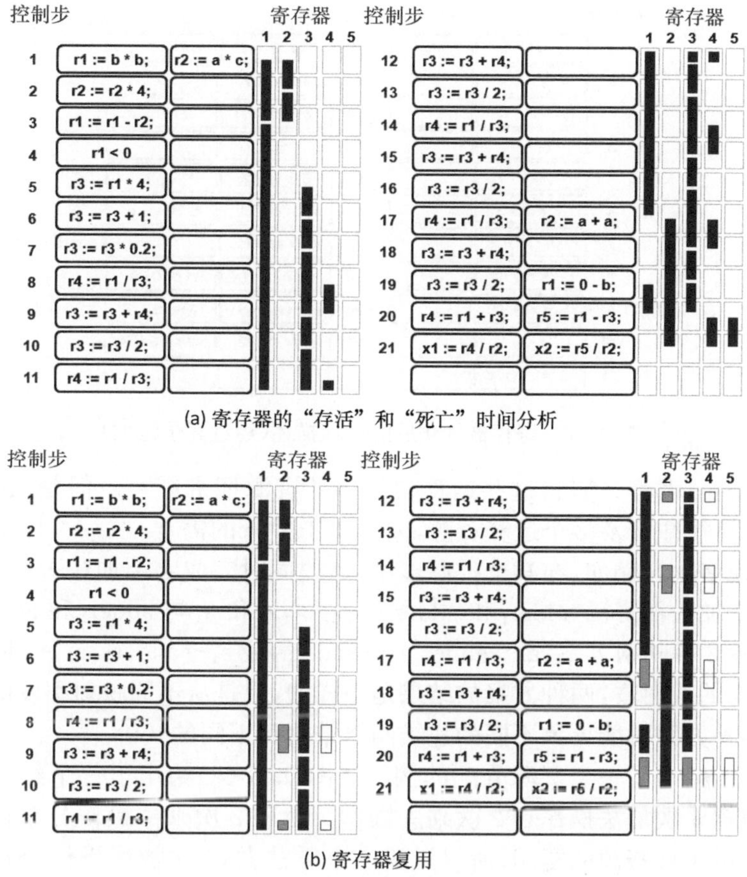

图 0.16 寄存器优化

$Step_{17}$，$Step_{19}$～$Step_{20}$都处在“存活”状态，其他时间则处在“死亡”状态。图 0.15(b)则给出了寄存器复用的结果。根据对寄存器 R_1～R_5的“存活”时间分析，可以得出 R_2的“存活”时间是 $Step_1$～$Step_3$和 $Step_{17}$～$Step_{21}$，其他时间处在“死亡”状态，因此 R_4在 $Step_8$～$Step_9$，$Step_{11}$～$Step_{12}$和 $Step_{14}$～$Step_{15}$时间段可以使用 R_2。同样，由于 R_1在 $Step_{17}$～$Step_{18}$和 $Step_{20}$～$Step_{21}$期间也处在“死亡”状态，R_4可以使用 R_1。因此，R_4可以被去掉，其功能在不同的时间段分别被 R_2和 R_1所替代。根据这一原理，R_5的“存活”时间仅出现在 $Step_{20}$～$Step_{21}$期间，可以被 R_3替代。在这个例子中，5 个寄存器最终被简化为 3 个寄存器，对应的设计描述也被重写，如图 0.17 所示。

2）资源分配

资源分配的主要任务是为每个算子分配一个具体的运算资源。不难理解，如果算子调度方案给出的每种类型算子各自只需要一个资源的话，资源分配的工作

控制步			控制步		
1	r1 := b * b;	r2 := a * c;	12	r3 := r3 + r2;	
2	r2 := r2 * 4;		13	r3 := r3 / 2;	
3	r1 := r1 - r2;		14	r2 := r1 / r3;	
4	r1 < 0		15	r3 := r3 + r2;	
5	r3 := r1 * 4;		16	r3 := r3 / 2;	
6	r3 := r3 + 1;		17	r1 := r1 / r3;	r2 := a + a;
7	r3 := r3 * 0.2;		18	r3 := r3 + r1;	
8	r2 := r1 / r3;		19	r3 := r3 / 2;	r1 := 0 - b;
9	r3 := r3 + r2;		20	r1 := r1 + r3;	r3 := r1 - r3;
10	r3 := r3 / 2;		21	x1 := r1 / r2;	x2 := r3 / r2;
11	r2 := r1 / r3;				

图 0.17　寄存器优化后的设计描述(经过算子调度)

实际上不需要,因为只需将这些运算与相应的资源捆绑即可。但是,在实际设计中,某类运算往往涉及多个运算资源,因为出于并行的需要,在一个控制步中该类运算会出现多次。例如,在某个控制步中,需要同时完成 2 个加法运算 a_1 和 a_2,因此需要 2 个加法器资源 $adder_1$ 和 $adder_2$。这样,a_1 和 a_2 与 $adder_1$ 和 $adder_2$ 之间的映射就存在 2 种映射方案,$a_1 \rightarrow adder_1$,$a_2 \rightarrow adder_2$ 或 $a_1 \rightarrow adder_2$,$a_2 \rightarrow adder_1$。纯粹从资源本身的映射看,两种方案的结果是一样的,但是从不同映射引发的连线网络上考虑,两种方案可能导致不同的连线网络结构和不同的代价。

图 0.18 给出了一个资源分配的例子。图 0.18(a)给出了一个经过调度的设计描述,包含 4 次加法操作和 2 次乘法操作。由于 2 次乘法操作分布在不同的控制步中,可以实现资源的复用,所以只需一个乘法器;4 次加法操作分布在 3 个控制步中,且有 2 次加法操作处在同一个控制步中(控制步 2),所以需要 2 个加法器。图 0.18(b)给出了第一种资源分配方案,即 a_1、a_3 和 a_4 与加法器 $adder_1$ 捆绑,a_2 与加法器 $adder_2$ 捆绑。这个方案产生的连线网络包括 2 个 2 选 1 的多路选择开关和 1 个 3 选 1 的多路选择开关,对应的需要 4 个控制端对这些多路选择开关进行

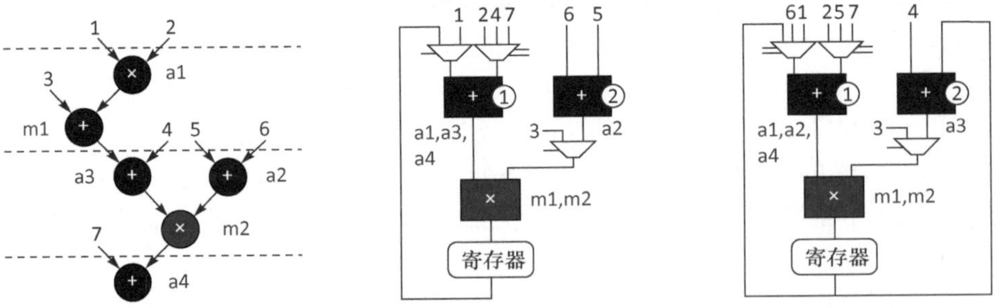

(a) 调度方案　(b) 映射方案一　(c) 映射方案二

图 0.18　资源分配

控制。

图 0.18(c)给出了第二种资源分配方案，即 a_1、a_2 和 a_4 与加法器 $adder_1$ 捆绑，而 a_3 与加法器 $adder_2$ 捆绑。这个方案对应的连线网络包括 1 个 2 选 1 的多路选择开关和 2 个 3 选 1 的多路选择开关，需要 5 个控制端对这些多路选择开关进行控制。如果以多路选择开关的复杂性，输出端与输入端数量之比和控制端数量来表征连线网络的复杂度，显然图 0.18(c)方案的优化程度不如图 0.18(b)的方案。

针对图 0.17 给出的经过算子调度和寄存器优化的设计描述，图 0.19 给出了一种资源分配方案。由于该设计描述使用 2 个乘法器和 2 个除法器，所以资源分配方案仅需考虑 2 个乘法器和 2 个除法器的分配。资源分配方案最大限度地将存在数据依赖关系的同类操作捆绑到同一个运算资源。

Step 01	r1 := b * b;	x ①	r2 := a * c;	x ②	Step 12	r3 := r3 + r2;	+		
Step 02	r2 := r2 * 4;	x ②			Step 13	r3 := r3 / 2;	/ ①		
Step 03	r1 := r1 - r2;	–			Step 14	r2 := r1 / r3;	/ ①		
Step 04	r1 < 0	<			Step 15	r3 := r3 + r2;	+		
Step 05	r3 := r1 * 4;	x ②			Step 16	r3 := r3 / 2;	/ ①		
Step 06	r3 := r3 + 1;	+			Step 17	r1 := r1 / r3;	/ ①	r2 := a + a;	+
Step 07	r3 := r3 * 0.2;	x ②			Step 18	r3 := r3 + r1;	+		
Step 08	r2 := r1 / r3;	/ ①			Step 19	r3 := r3 / 2;	/ ①	r1 := 0 - b;	–
Step 09	r3 := r3 + r2;	+			Step 20	r1 := r1 + r3;	+	r3 := r1 - r3;	–
Step 10	r3 := r3 / 2;	/ ①			Step 21	x1 := r1 / r2;	/ ①	x2 := r3 / r2;	/ ②
Step 11	r2 := r1 / r3;	/ ①							

图 0.19　图 0.17 所示设计描述的一个资源分配方案

在高层次综合方法的研究过程中，资源分配也是一个重要的研究领域，曾经产生出众多的研究成果[11]，包括贪婪(greedy)算法、全通图算法和基于距离的资源分配算法(distance based allocation algorithm)等。值得一提的是，基于距离的算法忽略了运算的类型，基于最相似的两个运算应绑在同一个资源的理念，在一个资源可以执行多种不同运算的假设前提下，能够实现资源间连线网络的复杂度最小化，且提供了根据需求设计运算资源的途径，从而在真正意义上实现自顶向下(top-down)的设计。在系统高度复杂，连线网络延迟对集成电路性能产生巨大影响的今天，这一算法确有其现实意义。

3) 连线网络生成

连线网络提供存储单元/寄存器与运算资源之间的信号通路。从图 0.13 给出的数据通路架构可以看出，连线网络实际上可以分为输入端连线网络和输出端连线网络两部分，这里输入和输出的概念是从运算资源的角度定义的。事实上，连线网络也存在两种不同的架构，一种是基于总线的架构，另一种是基于点对点连接的架构。

(1) 总线架构

总线架构是相对比较规整的连线网络架构。使用总线可以将数据分时地从寄存器传送给资源和从资源回传给寄存器。图 0.20 给出了总线架构的基本原理。根据前述分析，总线架构可以分为输入端总线和输出端总线。输入端总线的架构由图 0.20(a)给出，其作用是提供从存储单元/寄存器到资源输入端的信号通路；输出端总线的架构由图 0.20(b)给出，它提供的是从资源输出端到存储单元/寄存器的信号通路。无论是输入端总线还是输出端总线都各自包含 2 组多路选择开关，一组将数据加载到总线上，另一组将总线上的数据传送到接收端，包括资源或者是寄存器。

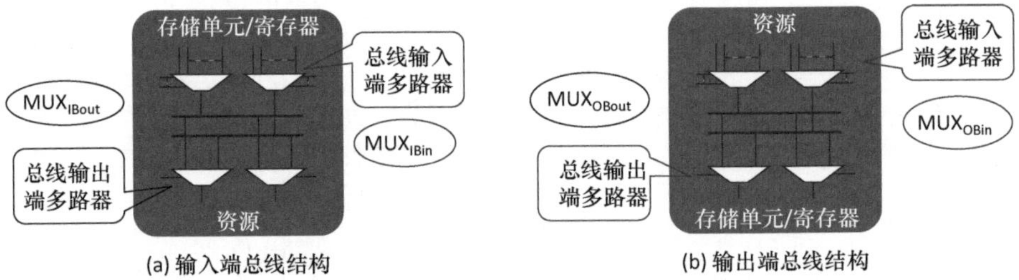

图 0.20　总线架构

总线架构的基本参数包括：总线的数量 N_{bus}，分为输入端总线的数量 N_{inbus} 和输出端总线的数量 N_{outbus} ($N_{bus}=N_{inbus}+N_{outbus}$)，及多路选择开关的数量 N_{mux}，又分为 $N_{muxibin}$、$N_{muxibout}$、$N_{muxobin}$ 和 $N_{muxobout}$，分别对应于输入端总线的 MUX_{IBin} 和 MUX_{IBout}(图 0.20(a))，输出端总线的 MUX_{OBin} 和 MUX_{OBout}(图 0.20(b))。如果 N 表征需并行工作的最大资源数，则 $N_{outbus}=N$，$N_{inbus}=2N$，$N_{bus}=3N$。在实际设计中，$N_{bus}=3N$ 给出了总线数量的上界。由于总线是分时使用的连线架构，在任何时候只允许一个数据被放到总线上，所以 $N_{muxibin}$ 的数量由 N_{inbus} 决定，$N_{muxibin}=N_{inbus}=2N$，而 $N_{muxobin}=N_{outbus}=N$。$N_{muxibout}$ 由资源的数量 N_{rsc} 决定，不失一般性，假设每个资源包括 2 个输入端，则 $N_{muxibout}=2N_{rsc}$。$N_{muxobout}$ 由寄存器的数量(假设系统输出也是寄存器的话) N_{rgt} 决定，有 $N_{muxobout}=N_{rgt}$。这里可以再次看出寄存器数量对连线网络的影响。

连线网络架构确定之后，结合图 0.13 的数据通路架构，并根据图 0.19 给出的资源分配方案，可以方便地生成图 0.15(a)设计描述的数据通路，如图 0.21(b)所示(为了方便，将图 0.19 重画于图 0.21(a))。

图 0.21(c)采用集成电路设计工程师熟知的网表形式(netlist),相同的标号表示对应的端口在物理上是相互连接在一起的。b_1、b_2、b_3和 b_4对应输入端总线,b_5和 b_6对应输出端总线,Rgt_1、Rgt_2和 Rgt_3对应 3 个寄存器,sta 对应图 0.15(a)中的 state 变量。

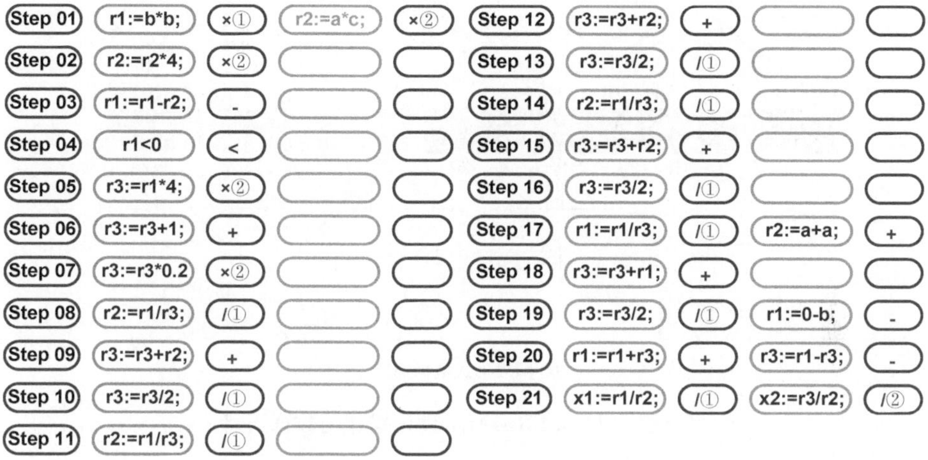

(a) 经算子调度、寄存器优化和资源调度的设计

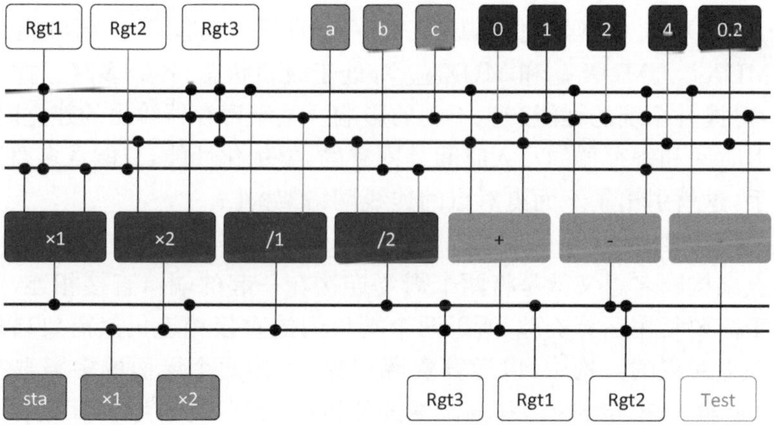

(b) 数据通路

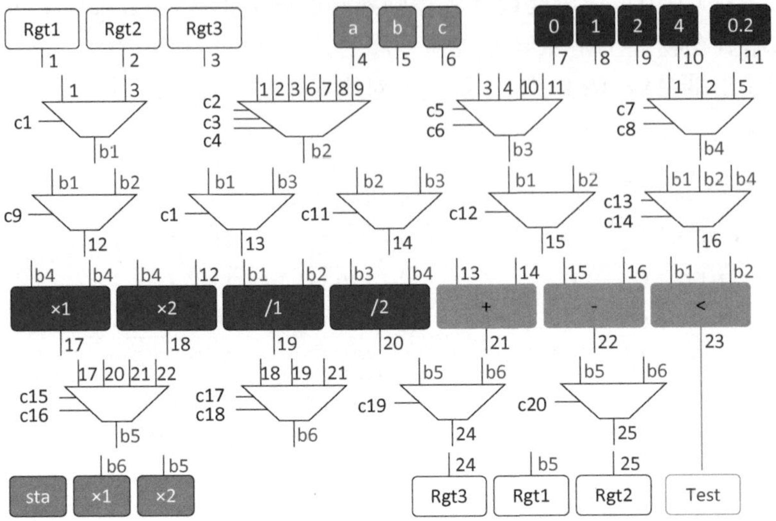

(c) 网表形式数据通路

图 0.21　图 0.15(a)所示设计描述的数据通路

总线架构最大的好处是灵活性和可扩展性，但是由于总线架构存在 MUX_{IBin}、MUX_{IBout}、MUX_{OBin}和 MUX_{OBout}等 4 级多路选择开关，系统的总延迟 D_{total}将由寄存器的输出建立时间、MUX_{IBin} 和 MUX_{Bout} 的延迟时间、运算资源的延迟时间、MUX_{OBin}和 MUX_{OBout}的延迟时间，以及寄存器的写入时间等 5 部分组成。由于 MUX_{IBin}、MUX_{IBout}、MUX_{OBin}和 MUX_{OBout}等处于级联状态，各级多路选择开关的延迟相叠加，对提升系统的性能产生不利的影响。鉴于寄存器输出的建立时间、运算资源的延迟时间和寄存器的写入时间是固有的，要优化性能，只能从多路选择开关的架构入手，这就引出了下面点对点的连线网络架构。

(2) 点对点架构

点对点架构顾名思义就是将两个需要连接在一起的端口直接相连，而不通过总线。由于需要复用运算资源，所以两个端口间的直接相连仍然需要通过多路选择开关。在点对点的架构中，以运算资源划界，存在两个层面的多路选择开关网络，分别对应输入端连线网络和输出端连线网络，可以表征为 MUX_{in}和 MUX_{out}。MUX_{in}连接存储单元/寄存器的输出和运算资源的输入，MUX_{out}连接运算资源输出和存储单元/寄存器输入。MUX_{in}的数量 N_{MUXin}取决于运算资源的数量 N_{rsc}，一般情况下有 $N_{MUXin} \leqslant 2N_{rsc}$，$MUX_{out}$的数量 N_{MUXout}取决于存储单元/寄存器的数量 N_{rgt}，一般情况下有 $N_{MUXout} \leqslant N_{rgt}$。

与总线架构相比，MUX_{in}和 MUX_{out}的确定比较简单，图 0.22 给出了它们的确定方法。按照图 0.19 给出的资源分配方案，图 0.22(a)按照资源将所有操作分类。由于乘法器×①仅与操作 r1=b×b 捆绑,所以乘法器×①的输入端不需要多路选择开关,直接与 b 相连即可,但乘法器×②与 4 个操作捆绑,分别是 r2=a×c, r2=r2×4,r3=r1×4 和 r3=r3×0.2,因此乘法器×②的一个输入端需要与 4 个不同的变量 a、r2、r1 和 r3 相连,另一个输入端需要与 3 个不同的变量 c、4 和 0.2 相连,需要设定一个 4 选 1 和一个 3 选 1 的多路选择开关(图 0.22(b))。依此类推,可以得出所需的全部输入端多路器 $\mathrm{MUX_{in}}$。值得注意的是,加法和乘法操作符合交换律,可以通过交换 2 个操作数的位置来降低多路选择开关的复杂性。

可以采取类似的方法来确定 $\mathrm{MUX_{out}}$。图 0.22(c)按照寄存器对所有操作分类。由于 $\mathrm{Rgt_1}$ 与 5 个操作相关,分别是 r1=b×b,r1=r1−r2,r1=r1/r3,r1=0−b 和 r1=r1+r3,涉及的运算类型包括乘法、减法、除法和加法,所以 $\mathrm{Rgt_1}$ 输入端需要一个 4 选 1 的多路选择开关(图 0.22(d))。依此类推,可以得到全部的 $\mathrm{MUX_{out}}$。这里之所以需要考虑不同的运算种类,是因为 $\mathrm{MUX_{out}}$ 连接的是运算资源的输出到寄存器的输入。

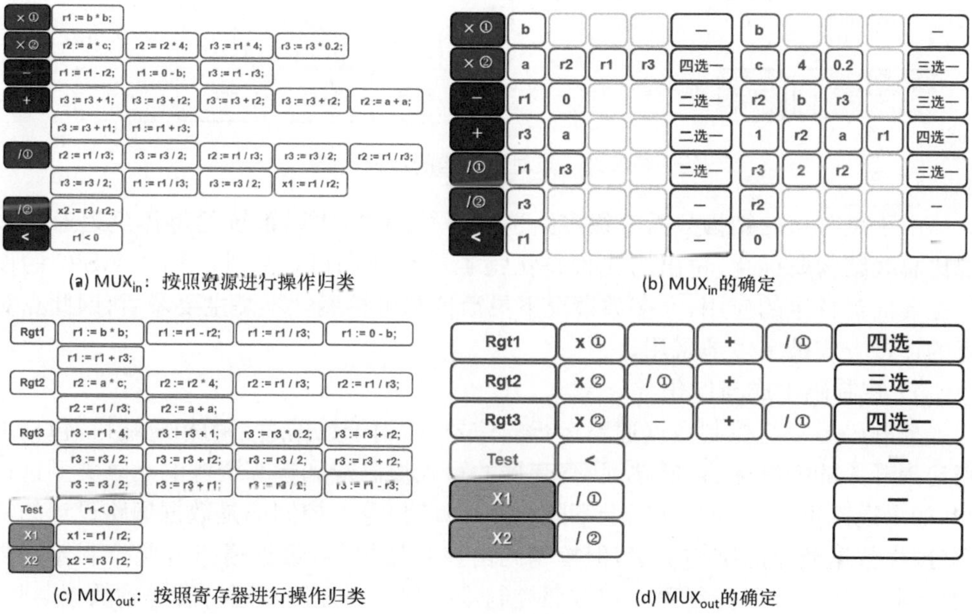

图 0.22　点对点架构中多路选择开关的确定方法

细心的读者可能已经注意到,图 0.22 使用的例子就是图 0.19 的描述。因此,其连线网络的具体实现为,$\mathrm{MUX_{in}}$ 包括 2 个 4 选 1、3 个 3 选 1 和 3 个 2 选 1 的多路选择开关;$\mathrm{MUX_{out}}$ 包括 2 个 4 选 1 和 1 个 3 选 1 的多路选择开关。图 0.23 给出了点对点结构的网表形式的数据通路。

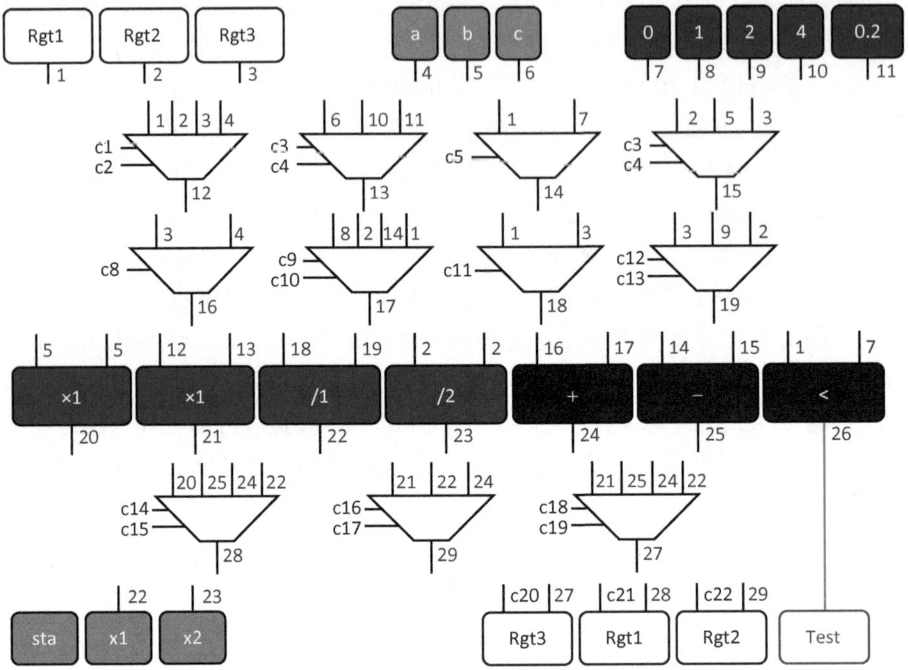

图 0.23　点对点结构的数据通路

由于点对点的结构只需 2 级多路选择开关网络，所以系统的整体延迟通常来说比总线结构要优化，付出的代价是牺牲了灵活性和可扩展性。由于 ASIC 的设计主要面对特定的应用，大多数情况下灵活性和可扩展性不是主要矛盾，因此点对点的连接方式被更多地采用。

4）控制码生成与优化

控制码是一组控制数据通路运行的信号，作用于数据通路的相应端口，包括多路选择开关的控制端、存储单元/寄存器的写入控制端和运算资源的运算类型选择端（如果运算资源支持一种以上不同类型运算时）等。控制码是数据通路设计的一部分，由数据通路的结构决定，但控制码由控制器提供，数据通路按照控制器提供的控制码运行，因此控制码一定按照控制步排列并由控制器逐行发送到数据通路。由于控制码通常是一组一组地发送，所以控制码又被称为控制向量。控制码的复杂度决定了控制器的代价。

（1）控制码生成

控制码的生成是数据通路设计中非常重要的一步，一般在数据通路设计基本完成后进行。下面以图 0.23 的数据通路为例说明控制码的生成过程。图 0.23 的数据通路中只包含两类控制码，即控制多路选择开关的控制码和控制存储单元/寄存器写入控制码。前者的作用是显然的。之所以需要后者，是因为存储单元/寄存器的写入端与某些多路选择开关的输出相连，在不同的控制步，多路选择开关的输出将发生变化，且这些变化在大多数情况下并不是系统功能需求的，因此如果不在存储单元/寄存器上增加一个写入控制，则多路选择开关输出端的变化会改变存储单元/寄存器的内容，造成错误。因此，必须在每个存储器/寄存器上增加一个写入控制端，并施加相应的控制码，以确定存储单元/寄存器内容的正确性。这样，图0.23的数据通路共需要22位控制码，其中3位控制码用于存储单元/寄存器写入控制，19位用于多路选择开关控制。

要产生控制码，首先需要对多路选择开关控制端的编码进行定义，称为标注。例如，一个2选1的多路选择开关，含有2个输入in_1和in_2，1个输出out，和1个控制端c。当c=0或c=1时，分别将2个输入之一送到out。这就要求明确c=0时，out=in_1，还是c=1时，out=in_1；如果是前者，则c=1时，out=in_2；如果是后者，c=0时，out=in_2。图0.24给出了一种标注方案，在这个方案中，同时确定了存储单元/寄存器写入端控制位为0时，禁止写入；控制位为1时，允许写入。

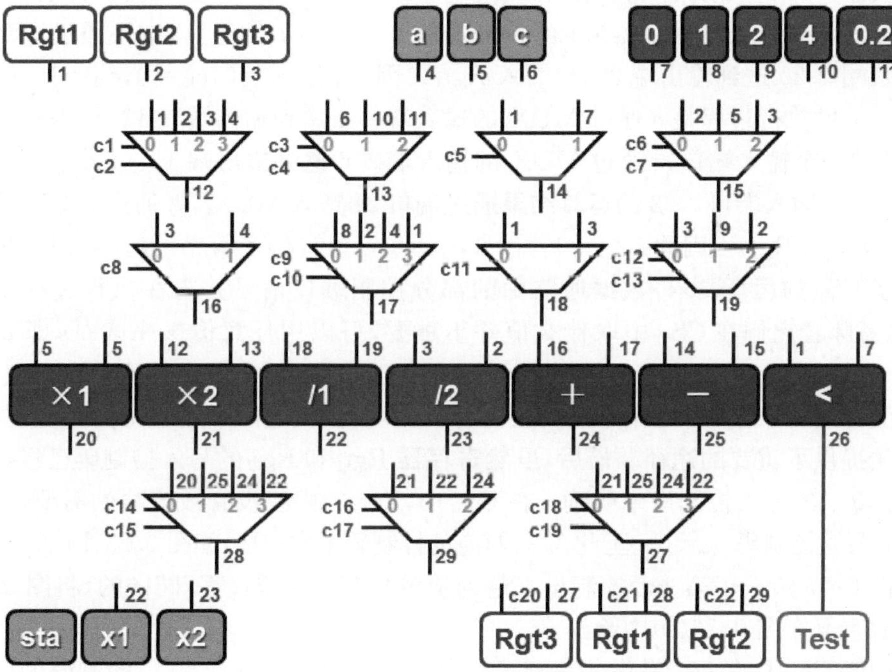

图0.24 多路选择开关标注

在对多路选择开关进行标注后，就可以方便地生成相应的控制码了。由于控制码的作用是控制数据通路按照设计描述的要求实现所需的运算功能，所以控制码必须按照控制步一步一步生成。图0.25给出了第1行控制码的生成过程。为了方便起见，将图 0.17 的内容重复在图 0.25(a)中给出。

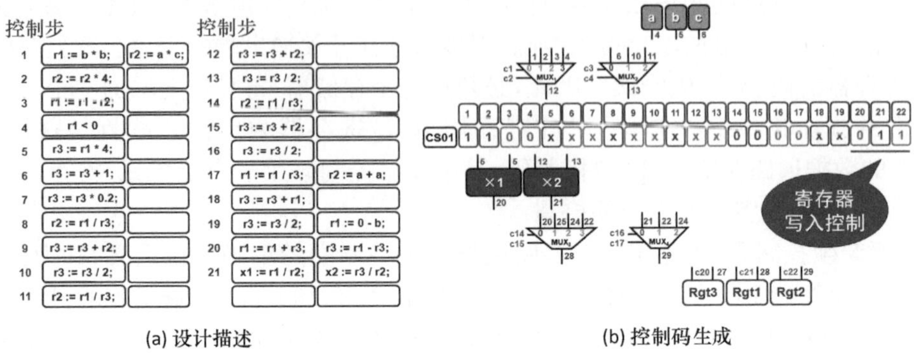

图 0.25　控制码的生成(第 1 行)

第 1 个控制步 CS_{01} 中要完成 2 个操作，r1＝b×b 和 r2＝a×c，所以会用到 2 个乘法器×1 和×2，结果将存储于 Rgt_1 和 Rgt_2。操作 r1＝b×b 的执行过程是直接将 b 的结果引入到乘法器×1 的输入端口 5，通过×1 的运算，结果通过 MUX_3 的输入端口 20 送到输出端 28，再写入 Rgt_1。因此，有 $c_{14}=0$，$c_{15}=0$，$c_{21}=1$。操作 r2＝a×c 的执行过程是 a 通过 MUX_1 的输入端口 4 送到输出端口 12，再进入乘法器×2 的一个输入端口，c 通过 MUX_2 的输入端口 6 送到输出端 13，进入乘法器×2 的另一个输入端口，×2 的运算结果通过端口 21 送入 MUX_4，并通过 MUX_4 输出端口 29 写入 Rgt_2。因此有 $c_1=1$，$c_2=1$，$c_3=0$，$c_4=0$，$c_{16}=0$，$c_{17}=0$，$c_{22}=1$。根据控制步 CS_{01} 的运行要求，数据通路中的部分控制端口信号并未在执行过程中确定，这意味着它们在 CS_{01} 中取什么值并不重要，可以用任意值 x 来表征，即 $c_5=c_6=c_7=c_8=c_9=c_{10}=c_{11}=c_{12}=c_{13}=c_{18}=c_{19}=x$。在实际电路中并不存在 x 值，必须取值 0 或者取值 1。在本章的后续内容中会发现，正是由于这个特性，为控制码的优化提供了重要的途径。最后，虽然寄存器 Rgt_1 和 Rgt_2 的写入控制码已经确定了，但 Rgt_3 的写入控制尚未明确。在 CS_{01} 中，Rgt_3 的内容没有被改写的需要，所以 Rgt_3 的写入控制码 $c_{20}=0$。至此，CS_{01} 对应的控制码生成完毕，如图 0.25(b)所示。

图 0.26 给出了第 2 个控制步 CS_{02} 对应的控制码生成过程，同样的，将图 0.17 的内容重复在图 0.26(a)中给出。

由于 CS_{02} 只有一个操作 r2＝r2×4，所以将只涉及乘法器×2。控制码的生成过程如下：Rgt_2 的值通过 MUX_1 的端口 2 送到乘法器×2 的输入端口 12，操作数 4(常数)通过 MUX_2 的端口 10 送到乘法器×2 的另一个输入端口 13，运算结果通过 MUX_4 的输入端口 21 到达 Rgt_2 的输入端口 29。因此，$c_1=0$，$c_2=1$，$c_3=0$，$c_4=1$，$c_{16}=0$，$c_{17}=0$，$c_{20}=0$，$c_{21}=0$，$c_{22}=1$，其他的控制码都取值 x。CS_{02} 对应的控制码如图 0.26(b)所示。

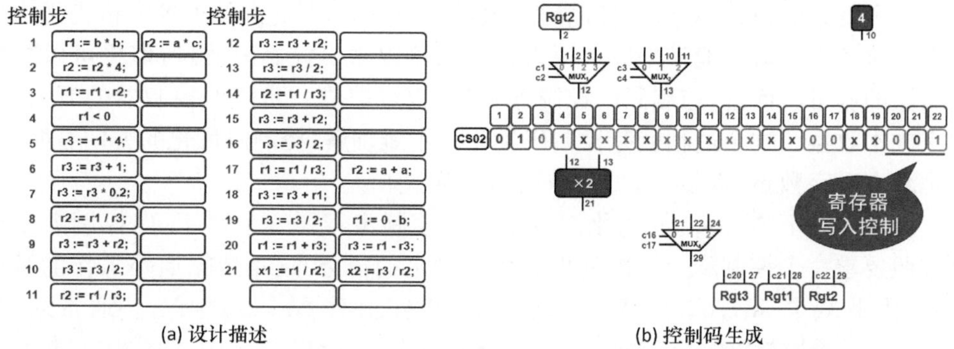

图 0.26 控制码的生成(第 2 行)

(2) 控制码优化

控制码的生成过程虽然繁琐,但是有章可循,通过计算机软件工具可以方便地生成。控制码与控制步紧密相关,有多少个控制步就会有多少行控制码。一行控制码被称为一个码字(code word),一个码字的长度被称为码长(code length)。图 3.7给出的设计描述有 21 个控制步,且对应的数据通路(图 0.23)包含 22 个控制端,因此全部控制码是一个 21 行、22 列的控制码阵列(图 0.27,通常称为码表)。这个码表包含 21 个码字,每个码字的长度是 22 位。在集成电路设计中,控制码通常存储在存储器中,因此需要一个 21×22 位的存储器。

	1	2	3	4	5	6	7	8	9	10	11	12	13	14	15	16	17	18	19	20	21	22
CS01	1	1	0	0	x	x	x	x	x	x	x	x	x	0	0	0	0	x	x	0	1	1
CS02	0	1	0	1	x	x	x	x	x	x	x	x	x	x	x	0	0	x	x	0	0	1
CS03	x	x	x	x	0	0	0	x	x	x	x	x	x	0	1	x	x	x	x	0	1	0
CS04	x	x	x	x	x	x	x	x	x	x	x	x	x	x	x	x	x	x	x	0	0	0
CS05	0	0	0	1	x	x	x	x	x	x	x	x	x	x	x	x	x	0	0	1	0	0
CS06	x	x	x	x	x	x	x	0	0	0	x	x	x	x	x	x	x	1	0	1	0	0
CS07	1	0	1	0	x	x	x	x	x	x	x	x	x	x	x	x	x	0	0	1	0	0
CS08	x	x	x	x	x	x	x	x	x	x	0	0	0	x	x	0	1	x	x	0	0	1
CS09	x	x	x	x	x	x	x	0	0	1	x	x	x	x	x	x	x	1	0	1	0	0
CS10	x	x	x	x	x	x	x	x	x	x	1	0	1	x	x	x	x	1	1	1	0	0
CS11	x	x	x	x	x	x	x	x	x	x	0	0	0	x	x	0	1	x	x	0	0	1
CS12	x	x	x	x	x	x	x	0	0	1	x	x	x	x	x	x	x	1	0	1	0	0
CS13	x	x	x	x	x	x	x	x	x	x	1	0	1	x	x	x	x	1	1	1	0	0
CS14	x	x	x	x	x	x	x	x	x	x	0	0	0	x	x	0	1	x	x	0	0	1
CS15	x	x	x	x	x	x	x	0	0	1	x	x	x	x	x	x	x	1	0	1	0	0
CS16	x	x	x	x	x	x	x	x	x	x	1	0	1	x	x	x	x	1	1	1	0	0
CS17	x	x	x	x	x	x	x	1	1	0	0	0	0	1	1	1	0	x	x	0	1	1
CS18	x	x	x	x	x	x	x	0	0	0	x	x	x	x	x	x	x	1	0	1	0	0
CS19	x	x	x	x	1	0	1	x	x	x	1	0	1	0	1	x	x	1	1	1	1	0
CS20	x	x	x	x	0	1	0	0	1	1	x	x	x	1	0	x	x	0	1	1	1	0
CS21	x	x	x	x	x	x	x	x	x	x	0	1	0	x	x	x	x	x	x	0	0	0

图 0.27 图 0.23 设计描述对应的完整码表

一个复杂的设计，对应的控制码的数量十分巨大，因此存储器的容量也必须足够大。这就不可避免地带来成本压力。如果可以减少控制码的量，似乎可以减少存储器的容量。而且，控制码由控制器管理，也可以进一步降低控制器的复杂度，带来成本收益。这个过程就是控制码优化。不难理解，控制码优化的方向有两个，一是减少码字数量 $N_{CodeWord}$，二是缩短码长 $W_{CodeLength}$。

首先看一下 $N_{CodeWord}$ 的优化。由于每个控制步需要一个码字，以控制数据通路按照要求一个控制步一个控制步地完成设定的任务，这是数据通路工作的基本模式，因此减少 $N_{CodeWord}$ 显然是不可能的，事实上有 $N_{CodeWord} \equiv N_{cs}$。通常来说，$N_{CodeWord}$ 由设计描述的关键路径(critical path)决定，所以 $N_{CodeWord}$ 的优化方向只能是减少存储码字所需的存储空间。一个可能的做法是：如果两个码字完全相同，则只需存储一个码字，在不同的控制步控制器找出该码字并送到数据通路。对图 0.27 给出的控制码表进行分析可以得出，CS_{10}、CS_{13} 和 CS_{16} 对应的控制码字 $code_{10}$、$code_{13}$ 和 $code_{16}$ 完全一样，即 $code_{10} = code_{13} = code_{16}$，所以只需存储一个码字样本即可。同理，$code_4 = code_{21}$，$code_6 = code_{18}$，$code_8 = code_{11} = code_{14}$，$code_9 = code_{12} = code_{15}$。这样，图 0.27 的控制码表所需的存储空间可以缩小到 13 行，如图 0.28(b)所示。显然，必须找到一种机制，可以允许控制器在每个控制步都能找到对应的控制码。一种简单的做法是采用间接寻址的方式(图 0.28(a))。控制器首先按照控制步查找地址翻译表，将表中对应单元的数据取出，并作为地址去查找控制码存储表，最后取出相应的控制码字并送到数据通路。例如，控制器需要向数据通路发送 CS_{14} 的控制码，那么控制器先去查找地址翻译表，并取出 CS_{14} 对应单元的数据 CD_{08}，再用 CD_{08} 做地址去查找控制码存储表，取出该地址内的码字送到数据通路。需要再次提请注意的是，控制码数量 $N_{CodeWord}$ 的优化只会减少控制码的存储量，但是在系统运行过程中所需的控制码数量不会减少。

然后研究如何优化 $W_{CodeLength}$，即如何缩短码长。与 $N_{CodeWord}$ 不能减小不同，$W_{CodeLength}$ 是可以减小的。如果存在两个控制端口在所有控制步上的控制码完全一样，则从物理上来看，这两个端口可以合并，即可以将两个端口连接起来。更进一步，如果两个端口在所有控制步上的控制码都符合某种逻辑运算关系，如逻辑非，则意味着可以在一个端口加上一个非逻辑门，再与另外一个端口连接起来。利用这一原理对图 0.28(b)的码表进行优化，可以获得图 0.29(a)进一步简化的结果，图 0.29(b)给出了相应的数据通路。

图 0.29(a)只有 14 列，比原来的 22 列减少 8 列。原因是 c_1 与 c_4 的逻辑值恰好相反，可以通过在 c_4 端加一个非门，从而减少 1 列控制码；同样，$c_{11} = c_{13}$、$c_5 = c_7$，可以减少 2 列；充分利用 x 可以是 0 也可以是 1，可以得到 $c_3 = c_8$、$c_6 = c_9$、$c_{15} = c_{16}$、$c_2 = c_{10} = c_{12}$，因此可以减少 5 列，因此一共减少了 8 列。$W_{CodeLength}$ 的优化不仅可以减少控制码所需的存储空间，也可以简化控制器的复杂度，且付出的代价不大。

CS01	CD01
CS02	CD02
CS03	CD03
CS04	CD04
CS05	CD05
CS06	CD06
CS07	CD07
CS08	CD08
CS09	CD09
CS10	CD10
CS11	CD08
CS12	CD09
CS13	CD10
CS14	CD08
CS15	CD09
CS16	CD10
CS17	CD11
CS18	CD06
CS19	CD12
CS20	CD13
CS21	CD04

(a) 间接寻址机制

	1	2	3	4	5	6	7	8	9	10	11	12	13	14	15	16	17	18	19	20	21	22
CD01	1	1	0	0	x	x	x	x	x	x	x	x	x	0	0	0	0	x	x	0	1	1
CD02	0	1	0	1	x	x	x	x	x	x	x	x	x	x	x	0	0	x	x	0	0	1
CD03	x	x	x	x	0	0	0	x	x	x	x	x	x	0	1	x	x	x	x	0	1	0
CD04	x	x	x	x	x	x	x	x	x	x	x	x	x	x	x	x	x	x	x	0	0	0
CD05	0	0	0	1	x	x	x	x	x	x	x	x	x	x	x	x	x	0	0	1	0	0
CD06	x	x	x	x	x	x	x	0	0	0	x	x	x	x	x	x	x	1	0	1	0	0
CD07	1	0	1	0	x	x	x	x	x	x	x	x	x	x	x	x	x	0	0	1	0	0
CD08	x	x	x	x	x	x	x	x	x	x	0	0	0	x	x	0	1	x	x	0	0	1
CD09	x	x	x	x	x	x	x	0	0	1	x	x	x	x	x	x	x	1	0	1	0	0
CD10	x	x	x	x	x	x	x	x	x	x	1	0	1	x	x	x	x	1	1	1	0	0
CD11	x	x	x	x	x	x	x	1	1	0	0	0	0	1	1	1	0	x	x	0	1	1
CD12	x	x	x	x	1	0	1	x	x	x	1	0	1	0	1	x	x	1	1	1	1	0
CD13	x	x	x	x	0	1	0	0	1	1	x	x	x	1	0	x	x	0	1	1	1	0

(b) N_{CodeWord}优化后的码表

图 0.28 N_{CodeWord}优化

	1	2	3	4	5	6	7	8	9	10	11	12	13	14
CD01	1	1	0	x	x	x	0	0	0	x	x	0	1	1
CD02	0	1	0	x	x	x	x	x	0	x	x	0	0	1
CD03	x	x	x	0	0	x	0	1	x	x	x	0	1	0
CD04	x	x	x	x	x	x	x	x	x	x	x	0	0	0
CD05	0	0	0	x	x	x	x	x	x	0	0	1	0	0
CD06	x	x	x	x	x	x	x	x	x	1	0	1	0	0
CD07	1	0	1	x	x	x	x	x	x	0	0	1	0	0
CD08	x	x	x	x	x	0	x	x	1	x	x	0	0	1
CD09	x	x	x	x	x	x	x	x	x	1	0	1	0	0
CD10	x	x	x	x	x	1	x	x	x	1	1	1	0	0
CD11	x	x	x	x	x	0	1	1	0	x	x	0	1	1
CD12	x	x	x	1	0	1	0	1	x	1	1	1	1	0
CD13	x	x	x	0	1	x	1	0	x	0	1	1	1	0

(a) $W_{\text{CodeLength}}$优化后的码表

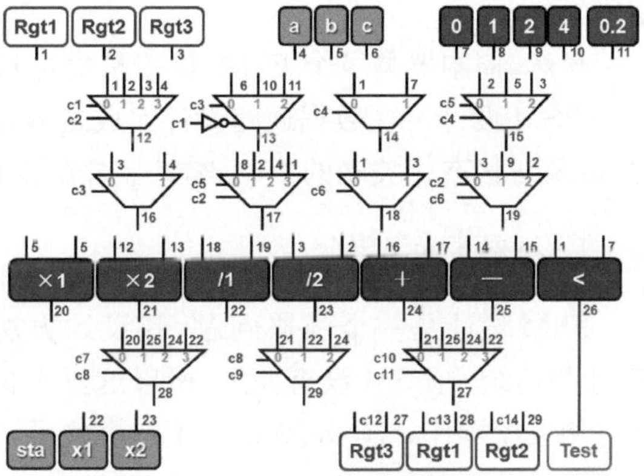

(b) 相应的数据通路

图 0.29 $W_{\text{CodeLength}}$优化

控制码优化，即 N_{CodeWord} 和 $W_{\text{CodeLength}}$ 的优化是一个经典问题，被称为微码压缩(microcode compaction)。其研究一直在进行，而且研究的内容不仅涉及存储空间的优化，还涉及低功耗。例如，一个控制端口的控制码如果在不停地做不必要的翻转，从 0 到 1 或从 1 到 0，就会产生开关功耗。由于控制端口的数量比较大，由此产生的无用开关功耗也会很大。研究如何避免控制端口电平出现不必要的翻转就是一个研究课题，而一个可能的解决途径就是充分利用未定值 x。通过设定 x 为 0 或者为 1，可以在一定程度上降低端口控制电平的翻转率，从而降低开关功耗。

0.3.3 控制器设计

控制器是指挥数据通路运行的中枢。在 0.2.2 专用集成电路架构一节中，说明了 ASIC 与通用计算架构中控制器的差别：ASIC 的行为是确定的，控制器向数据通路发送什么控制码仅依赖于数据通路回送的状态，而控制码则根据设计描述定义的功能，在数据通路设计中确定并存储在控制器的控制码存储器中。

状态的作用是向控制器提供必要的逻辑判断结果，以帮助控制器决定将哪些控制码送到数据通路。状态通常与设计描述中的逻辑判断语句，如 if…then…else；分支语句，如 case、switch 等相联系。例如，图 0.15 给出的设计描述中，if (r1＜0) then state＜＝1 else state＜＝0；…endif。是否执行 state＜＝1，取决于 r1＜0 是否成立。由于数据通路拥有计算资源，r1＜0 的逻辑运算由数据通路执行，因此数据通路将 r1＜0 的逻辑判断结果回送到控制器。控制器检测判断结果；如果判断为真，执行 state＜＝1；如果判断为假，执行 state＜＝0。因为 state＜＝1 和 state＜＝0 对应的控制码可以存放在不同的地方，所以状态又决定了控制器对控制码的寻址。

显然，控制器是一个 FSM，状态是决定状态跳转的条件。控制器的设计就是一个 FSM 设计。在数据通路设计完成之后，控制器设计所需的状态、状态转移条件，以及与状态相关联的控制码，控制器的结构也因此完全确定。

1. 控制器的 FSM

FSM 设计是一个经典问题，其设计方法早已成熟。ASIC 设计中控制器的 FSM 与传统的 FSM 没有差别，所以这里不再赘述。下面讨论如何确定状态及与状态相关的操作。图 0.30 给出了一个例子，包含 s_1、s_2 和 s_3 共 3 个状态。

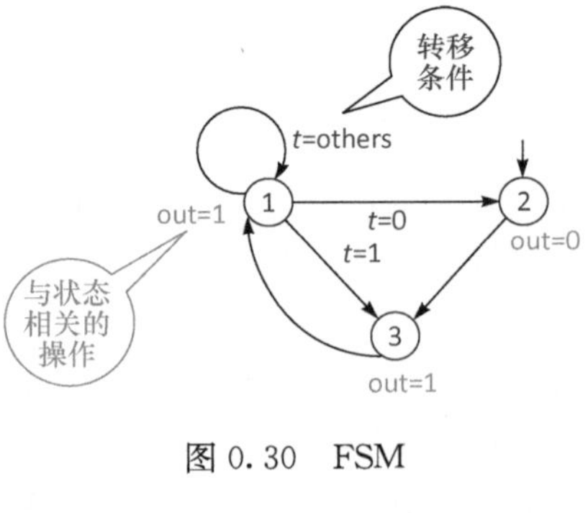

图 0.30 FSM

从 s_1 向其他状态转移的条件由 t 决定，$t=1$ 时，转向 s_3；$t=0$ 时，转向 s_2；其他条件时，停留在 s_1；s_2 无条件转向 s_3，s_3 无条件转向 s_1。在相关状态需要完成一些预定的操作，被称为与状态相关的操作，例如与 s_1 相关的操作是 out＝1，与 s_2 相关的操作是 out＝0，与 s_3 相关的操作是 out＝1。

在控制器设计中，首先要确定状态。状态确定方式的不同导致控制器架构的不同。图 0.31(a)给出了不同状态定义的 FSM 例子。

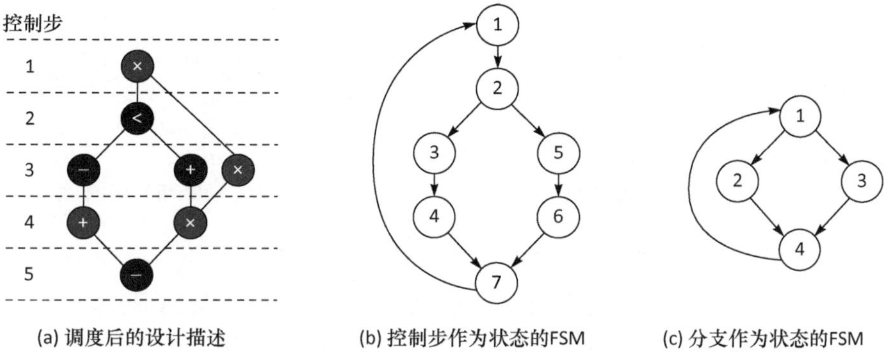

图 0.31　不同状态定义的 FSM

图 0.31(a)给出的设计描述共包含 7 个操作，5 个控制步。如果将每个控制步当做一个状态，则其对应的 FSM 流程如图 0.31(b)所示，包含 7 个状态。5 个控制步产生了 7 个状态的原因是操作 2 是一个产生分支的判断语句。根据操作 2 的运算结果，系统或者沿着左边的分支运行，或者沿着右边的分支运行，左右两个分支互斥，所以控制左右两个分支运行的控制码不同，在控制器设计中应该存放在不同的存储区域。当然，也可以将每个分支作为一个状态，如图 0.31(c)所示。这时 FSM 包含 4 个状态，状态 1 包含图 0.31(b)中状态 1 和状态 2，状态 2 包含图 0.31(b)中状态 3 和状态 4，状态 3 包含图 0.31(b)中状态 5 和状态 6，状态 4 与图 0.31(b)中状态 7 相同。

不难理解，在控制器设计中，以分支作为状态实际上是采用了状态的二级寻址，即进入某一状态(分支)后，再进入该分支对应的以控制步为状态的分 FSM (sub-FSM)执行。这个 sub-FSM 有个特点，它不再包含分支，且每个状态对应的操作可以顺序排列，因此对应的控制码寻址只要采取地址递进(address increment)即可。图 0.32 给出了图 0.15(a)设计描述的有限状态机，其中图 0.32(a)给出了与状态相关的操作。

2. 基于状态的控制码

从图 0.32 可以得出，在状态确定之后，控制器设计的最后一步就是将每个状态所需的操作与对应的状态关联起来。在控制器运行的时候，在相应的状态下，把所关联的控制码取出并逐行送给数据通路。采用图 0.28(a)的间接寻址机制，可

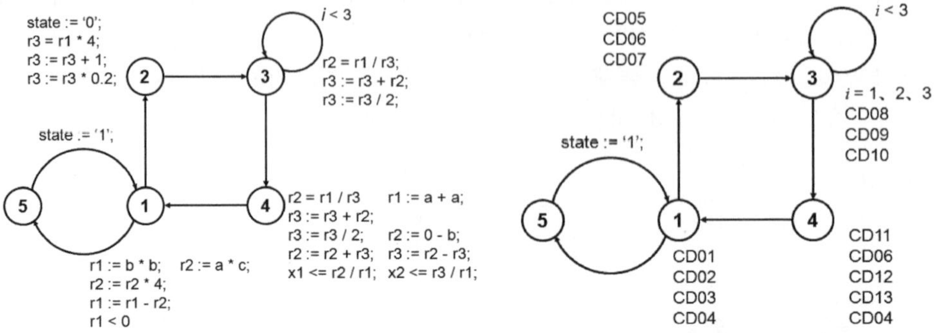

(a) FSM及与状态相关的操作　　(b) FSM及与状态相关的控制码

图 0.32　图 0.15(a)设计描述的 FSM(操作相关)

以得到图 0.32(b)。控制器实际上就是一个 FSM,而设计 FSM 所需的各种条件均已具备,因此利用 FSM 设计的知识,可以方便地完成控制器的设计。

0.3.4　小结

通过本节的介绍,读者可以清晰地了解高层次综合方法的脉络,即从一个硬件描述语言写的行为设计描述出发,通过算子调度、资源分配、控制码生成等步骤,得到一个运算资源优化的数据通路;根据算子调度和生成的控制码,可以确定控制器的架构并完成控制器的设计,数据通路和控制器一起构成一个完整的系统。通常,在高层次综合中,设计活动主要集中在数据通路设计上,控制器的设计则相对简单。

高层次综合面对的是一个详细定义了待设计系统功能的设计描述(输入描述),这个描述是确定的,在设计(综合)过程中不会改变。高层次综合的任务是生成一个满足输入描述功能要求、资源优化的结构化行为描述(输出描述)。输入描述和输出描述都是行为描述,但输出描述中包含了比较确切的电路结构信息。可以将输出描述看做输入描述的某种含有物理信息的具体实现,且输出描述和输入描述两者一一对应。或者换句话说,输入描述→高层次综合→输出描述(结构化)。

高层次综合依据的是图 0.9 的专用集成电路架构,但该架构并没有明确说明会用到多少个 ALU(运算资源)。从本章的内容可以得出,高层次综合实际上根据需要来确定 ALU 的数量,因此对图 0.9 的架构进一步细化可以得到图 0.33(a)的架构。在这个架构中,数据通路涉及多个 ALU,且它们在一个控制器的统一控制下运行。

这是一个很有意思的结果。传统的单核心微处理器架构如图 0.33(b)所示,因此图 0.33(a)实际上给出了一个多核心专用处理器 ASP 的通用架构。尽管图 0.33(a)给出的架构包含多个 ALU,但就架构本身而言,它仍然属于冯·诺依曼计

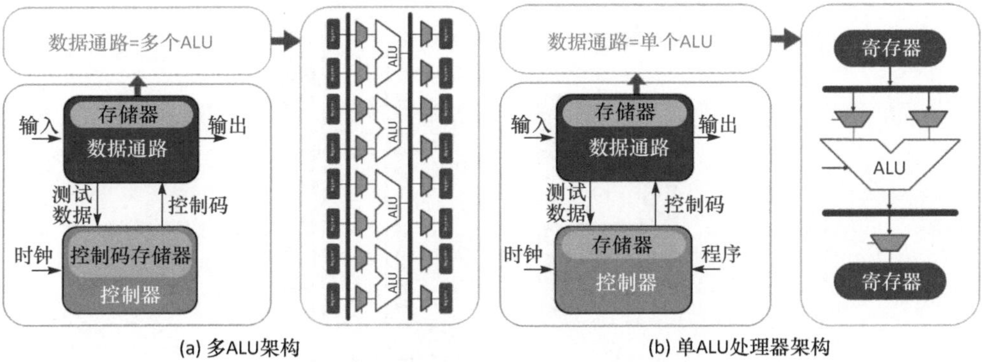

图 0.33　高层次综合方法定义的电路架构

算架构的范畴。这也再次说明了冯·诺依曼计算架构的影响力。

高层次综合技术不仅给出了一个优化的 ASP 设计方法,而且将集成电路的架构都统一到冯·诺依曼计算架构上,提供了一个系统化的 ASP 设计流程。更进一步,高层次综合还提供了下一章将介绍的可重构计算技术的原始技术基础。鉴于本节的目的是通过介绍高层次综合的方法引出下节要介绍的可重构计算,而不是要详细介绍高层次综合方法本身,有兴趣的读者可以参考作者之前参与写作的《ULSI 器件、电路与系统》第 7 章[12]和参考文献[13]。

0.4　可重构计算技术

从图 0.33(a)给出的 ASP 架构可以清楚地看到,高层次综合实现了从设计描述到结构化电路描述的映射。给定一个设计描述,就可以系统地"推导"出对应的结构化电路描述。中间经过的步骤包括算子调度、寄存器优化、资源分配和连线网络生成,从而得到数据通路;依据数据通路架构,可以生成和优化控制码,确定控制器中 FSM 对应的架构以及控制码的发送机制,完成控制器的设计。显然,高层次综合方法的核心思路是按照设计描述的要求生成数据通路和控制器。

如果换一个方式考虑高层次综合方法,将图 0.33(a)中的数据通路和控制器设想为完全可编程(fully programmable),并采用如图 0.34 所示的架构,则图 0.34 与图 0.33(a)有两点不同。

首先,图 0.34 中的数据通路与图 0.33(a)中的数据通路不同。后者的数据通路虽然也包含多个 ALU,但这些 ALU 及它们之间的连接是按照设计描述的要求确定的,而前者包含的多 ALU 网络则是完全可编程的。所谓完全可编程的定义是从任意一个存储单元/寄存器的输出端出发,经过输入端连线网络可以到达任意一个运算资源(ALU)的输入端,ALU 的运算结果可以经过输出端连线网络到达

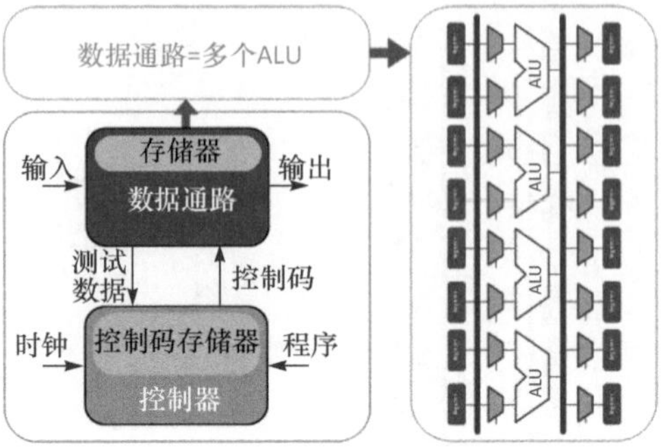

图 0.34　一个完全可编程的系统架构

任意一个存储单元/寄存器的输入端，则这样的多 ALU 网络是完全可编程的，或者说是完全可重构的(fully reconfigurable)。这里说的可重构更多地是指数据通路中的互联网络可以被重新构架及 ALU 的功能可以被重新定义，即硬件可重构。图 0.35 给出了一个完全可编程或可重构数据通路的原理图。

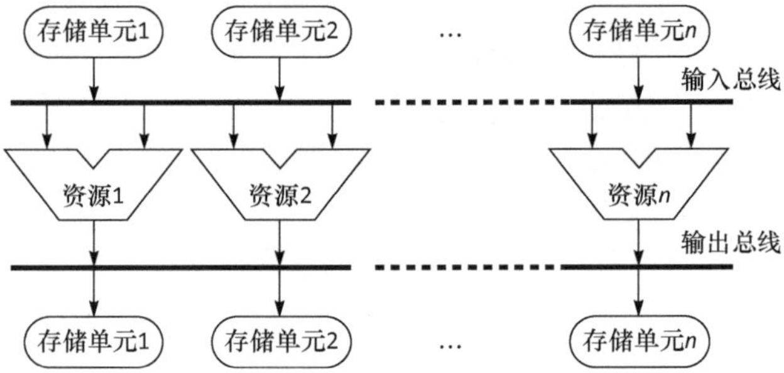

图 0.35　可重构数据通路原理

其次，图 0.34 中的控制器与图 0.33(a)中的控制器不同。后者的控制器是根据设计描述生成的 FSM，是固定的，而前者的控制器则是受外部程序控制的 FSM，是一个可编程的 FSM。图 0.34 给出了一个硬件和软件都可编程的新型系统。

软件编程的概念早已深入人心，硬件可编程或可重构也不是一个新概念，目前广泛使用的现场可编程逻辑阵列(field programmable logic array，FPGA)就是一个可编程或可重构的硬件(programmable hardware)。不过，FPGA 的可编程或可重构有两个基本特点：一是它是静态重构的(static configuration)，即 FPGA 在使用时的内部结构取决于上电时从配置存储器(通常为片外的闪存)读进的配置信息，FPGA 运行中间不可以改变；二是 FPGA 内部的基本逻辑单元(主要采用查找表(look-up table，LUT)实现)通常不可以被复用。这两个特点决定了 FPGA 的灵活性只体现在 FPGA 上电运行之前，而在运行中则毫无灵活性可言。同时，FPGA

必须提供众多的逻辑单元,以满足复杂设计的要求。正因为如此,虽然 FPGA 的规模很大,现在已经达到上千万逻辑门,但能够提供给用户实际使用的有效编程逻辑门数量不过 50 万～100 万个,而且 FPGA 的性能受其结构限制不会很高,但功耗却非常大。

通过构建可重构数据通路和可编程控制器,可以有效克服 FPGA 的上述两个缺点,实现系统运行过程中的实时重构,同时允许硬件资源的复用。更进一步,由于可重构数据通路可以提供给用户运算资源,而不仅仅是逻辑门,它能够涵盖更多的功能,不仅可以实现逻辑运算,还可以实现通用计算。

0.4.1 可重构计算处理器

如果拥有了一个内部连线网络可以被重构的可重构数据通路(reconfigurable datapath,RCD),那么就可以根据需要随时调整 RCD 的 ALU 网络。显然,这里所说的需要就是大家熟悉的程序(program)或者软件(software)。一个 RCD 可以按照软件的要求,变换成与之相适应的硬件网络,并实现其功能,这被称为可重构计算(reconfigurable computing)。与高层次综合尝试构建一个数据通路的目标不同,可重构计算拥有一个 RCD,且可以根据软件的要求,调整数据通路中 ALU 互联网络,以便用最少的 ALU 实现软件功能。当然,要达到这样的目的,控制器也必须是可编程或可重构的,即可重构控制器(reconfigurable controller,RCC),也就是说控制器的 FSM 必须可编程或可重构。因此,构建一个可编程有限状态机(programmable FSM,PFSM)就成为控制器设计的关键。同时,控制数据通路运行的控制码不是事先确定并存储在控制器中的控制码存储器中,必须根据软件的要求随时生成。因此,必须拥有一个编译器,它可以根据软件生成所需的控制码和控制流程,送入 RCC,再控制 RCD 运行。

1. 可重构计算处理器架构

RCD 与基于 PFSM 的 RCC 一起构成了所谓的可重构计算处理器(reconfigurable processor,RCP)。图 4.3 给出了一个可重构计算处理器的基本架构。

图 0.36(a)给出了可重构计算处理器的硬件架构,图 0.36(b)给出了对应编译器的架构。编译器高级编程语言编写的软件翻译成可重构计算处理器可以执行的配置信息(configuration context)。这些配置信息被送入控制器,再由控制器控制可重构计算处理器执行。可重构计算处理器一旦设计完成,其架构就固定了(事实上可重构计算处理器就是一颗集成电路芯片,一旦制造完成就无法再改变),软件则可以不断变换。一个软件只要经过编译器的编译,就可以产生一组可重构计算处理器可执行的配置信息。通过在可重构计算处理器上的运行获得所需的结果。显然,如果把配置信息换成指令(instruction),它就是一个 CPU,因此可重构计算

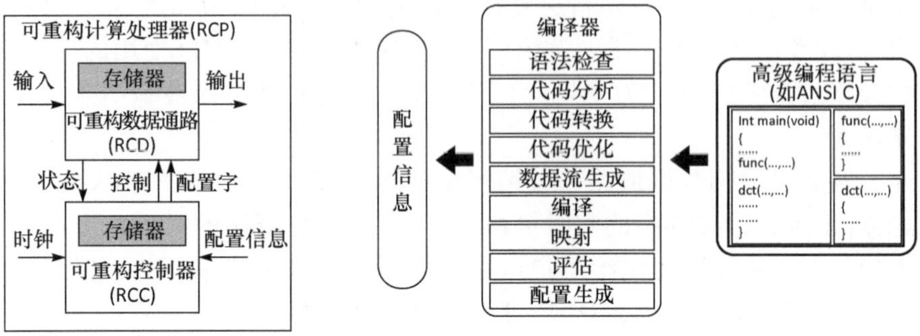

(a) 可重构计算处理器的硬件架构　　(b) 可重构计算处理器编译器

图 0.36　可重构计算处理器架构

处理器符合冯·诺依曼计算架构。

使用指令是冯·诺依曼计算架构的一个重要特点,因为它提供了极大的灵活性。尤其在计算机技术发展的初期,大多数使用者直接使用指令进行编程,因此指令的概念深入人心。但是,随着高级编程语言的出现和编译技术的发展,软件工程师的编程工作大多处在高级编程语言层面,很少直接使用 CPU 指令进行编程,对指令的了解也大多停留在“仅仅知道”上。换句话说,今天的软件工程师大多不关心具体的指令,更关注 CPU 开发工具是否拥有一个好的编译器,因为记住数百条指令,并直接使用指令编程的效率和生产率实在是太低了。尽管如此,由于软件工程师必须关注所使用的 CPU 的性能,而指令系统又与 CPU 密切相关,人们仍然会经常问起 CPU 的指令系统,但这并不代表他们真的需要详细了解 CPU 的指令系统。

另一方面,一条指令通常由一组二进制代码组成,从理论上说,可以定义很多条指令。例如,一个 32 位字长的 CPU 最多可以提供的指令数量高达 2^{32},有数千万之多。但是,CPU 的指令通常只有数百到一千多条。一个数量有限的指令系统能完成的功能通常也是有限的,一些复杂的操作就需要通过多条指令来完成,最典型的例子是精简指令系统计算机(reduced instruction system computer,RISC)。通过精心设计指令系统,RISC 架构 CPU 的指令数量比较少,通常为数百条,通过不同指令的组合可以实现复杂的功能。不可否认的是,要实现一些高度复杂的计算功能,RISC 指令系统往往力不从心,或者需要很多条指令才能实现。因此,并非所有的 CPU 都采用 RISC 架构,如 Intel 公司的 X86 微处理器仍然遵循复杂指令系统计算机(complex instruction system computer,CISC)架构。RISC 架构 CPU 更多地用在嵌入式系统(embedded system)领域。在桌面计算机领域,CISC 架构 CPU 仍然是主流,RISC 架构有一个天然的优点:由于指令数量少,可以实现比较优化的架构,允许 CPU 运行的更快些。这一特点具有很大的吸引力。因此,

CISC 架构也在不断学习和采用 RISC 的优点，通过精心设计 CPU 硬件，集成 CISC 和 RISC 的优点，并将部分 CISC 指令系统翻译成 RISC 指令，以提升 CPU 的运行效率。

虽然大多数软件工程师不需要对 CPU 的指令系统有很深入的了解，但是对于那些从事操作系统（operating system，OS）或基础应用软件，如数据库（database，DB）开发的工程师，深入了解 CPU 硬件架构及硬件架构与指令系统的关系仍然是必备的。在 CPU 运算资源有限的情况下，指令系统还能比较清晰地表征 CPU 的功能，随着 CPU 运算资源数量的增多，指令系统的弱点逐渐暴露出来。例如，在 CPU 拥有 32 个运算资源（ALU）的情况下，理论上说可以允许多个操作并行执行，例如 8 个操作同时运行。但是，要决定使用 32 个 ALU 中的哪 8 个 ALU，就必须清晰了解全部 32 个 ALU 的运行状态，以便从 32 个 ALU 中优选出 8 个。显然，可能的选择非常多。想通过一条指令来完成这种选择极为困难。因而在具备多个 ALU 的 CPU 中，使用指令系统并不一定能带来更多的灵活性。相反，指令限制了灵活性。这也是为什么今天的多核 CPU 在实际使用当中效率并不高，而软件编程又十分困难的原因。因此，图 0.35 给出的可重构计算处理器不再使用传统意义上的指令，而是根据软件的要求生成一组配置信息，再由 RCC 通过配置信息实现对 RCD 的控制。

RCD 拥有运算资源（ALU），但需要多少个 ALU 才合理？要回答这个问题，不能仅从 RCD 本身考虑，还要从需求出发。假设一个 RCD 拥有无穷多的 ALU，即 ALU 的数量不受限，那么一个理想的 RCD 模型应该具备这样一个特点，即众多的 ALU 可以根据软件实时变换它们之间的互联网络结构，组成与软件架构近乎一致的 ALU 网络。图 0.37 给出了这一理想模型的说明。

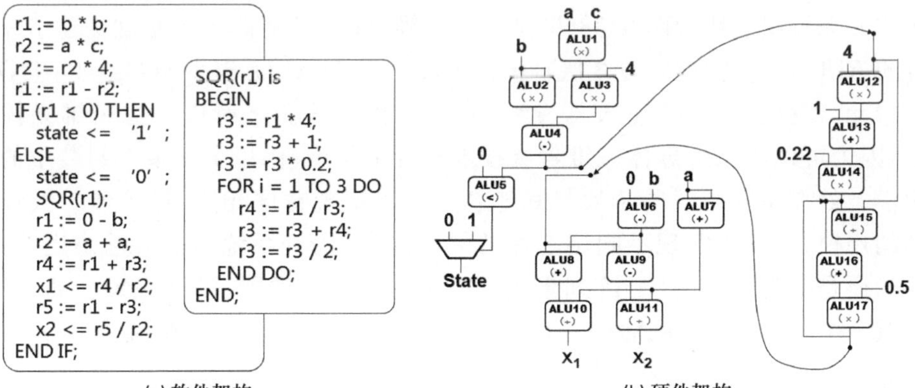

(a) 软件架构　　　　　　　　(b) 硬件架构

图 0.37　与软件架构一致的 ALU 网络

如果图 0.37(a)给出的是一个软件，图 0.37(b)则是希望的理想 RCD 架构。软件中的任何一个运算都可以在 RCD 架构中找到对应的 ALU。显然，图 0.37 给出的硬件架构从实现软件功能的角度看是最好的，因为如果 RCD 架构和软件完全一致，则只要硬件从头到尾跑一遍就得到了运算结果。

不难理解，实际上不存在这样的理想 RCD，因为 RCD 的规模总是受限的，无论一个 RCD 拥有多少个 ALU，其数量仍然有限。软件则可以非常复杂，拥有远超过 RCD 中 ALU 数量的操作。一个 ALU 数量有限的 RCD，要完成远大于 RCD 中 ALU 数量的软件的运行，就需要通过复用 RCD 中众多 ALU 来实现。这就说明为什么要求数据通路内部的 ALU 及其互连必须是可重构的原因。因此，一个理想的 RCD 应该拥有尽可能多的 ALU，且这些 ALU 间的互连构架可以改变。

2. 计算阵列

图 0.36(a)给出了可重构计算处理器架构，上一个小节又讨论了理想的 RCD 架构。下面讨论如何构建 RCD 中的 ALU 网络，以及如何在 ALU 网络实现运算。图 0.33(b)给出了传统的单 ALU 处理器架构；图 0.35 给出了多个 ALU 的 RCD 架构，其中所有的 RCD 都排成一行，因此也称图 0.35 给出的是一维 ALU 架构。显然，还可以构建二维的 ALU 阵列架构，如图 0.38(a)所示，甚至构建一个如图 0.38(b)所示的三维 ALU 阵列架构。这些 ALU 阵列又被称为可重构计算处理器的计算阵列。

图 0.38(a)给出了一个含有 L 行、M 列 ALU 的二维 ALU 计算阵列，包含 $L\times M$ 个 ALU，由于 $N\geqslant 2M$，所以至少有 $(L+1)\times N$ 个存储单元/寄存器，L 条输入总线和 L 条输出总线。图 0.38(b)则以该二维 ALU 计算阵列为基础构建了一个三维的 ALU 计算阵列(重复 3 次)，包含 $3(L\times M)$ 个 ALU，至少 $3((L+1)\times N)$ 个存储单元/寄存器，3L 条输入总线和 3L 条输出总线。之所以考虑三维立体结构，是因为可以利用半导体三维封装技术实现多层堆叠，以扩大单个封装中的芯片规模。处在不同层面的芯片与其他芯片可以实现首尾相连，进一步扩大计算阵列的规模，也可以实现不同层芯片的并行连接，提升系统的扩展性。当然，最重要的还是随着更多 ALU 阵列集成进可重构计算处理器，可以将每个 ALU 阵列看成一个复合资源，从而在 ALU 阵列层面实现复用，进一步提升计算的并行度。

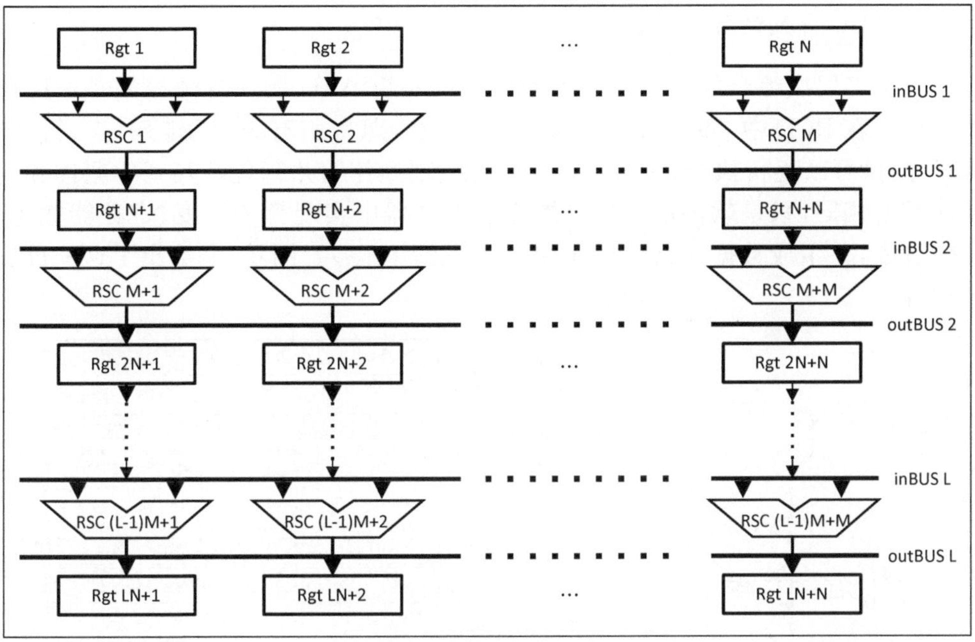

(a) 二维ALU阵列架构

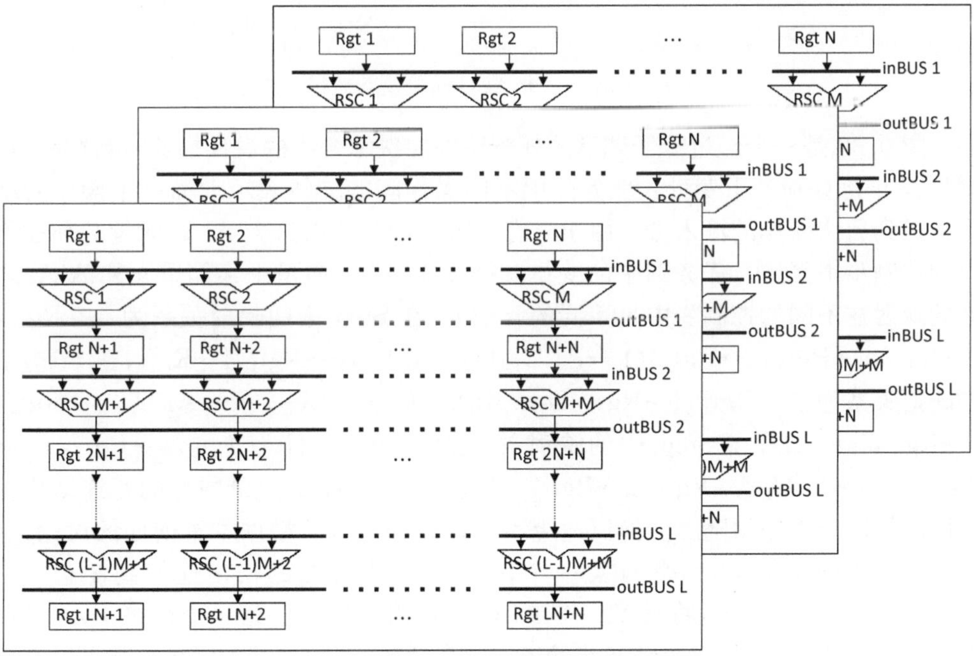

(b) 三维ALU阵列架构

图 0.38　二维和三维 ALU 阵列架构

3. ALU 阵列的计算过程

关于高层次综合的讨论给出了如何使用一组 ALU 实现各个控制步中操作的方法。在 RCD 中，如果使用一维 ALU 向量，即将所有 ALU 排列为一行，则 ALU 向量可以逐行执行软件，并最大限度实现操作的并行化。其基本原理和高层次综合相同，只是软件中的各个操作在编译器中实现算子调度、寄存器优化、资源分配，并生成数据通路架构和控制码(配置信息)。图 0.39 给出了这一过程的解释。

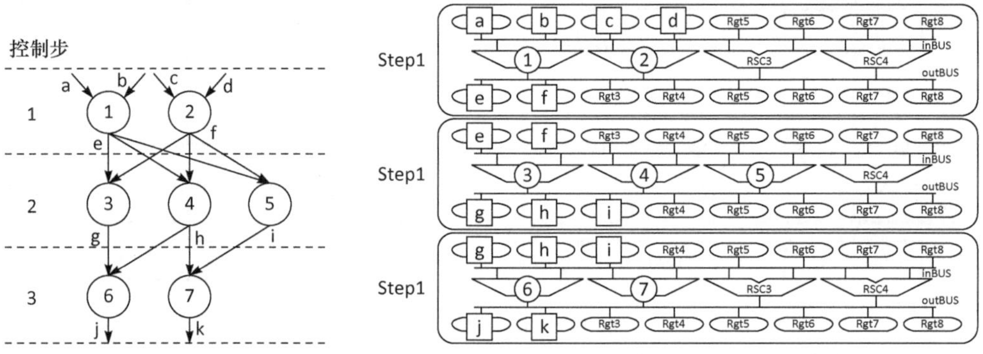

(a) 任务图　　(b)一维ALU向量及其运行

图 0.39　一维 ALU 向量及其运行

图 0.39 是一个经过算子调度的任务图高层次综合中的设计描述，包含 3 个控制步、7 个运算和若干变量。任务图中不同操作间的连线表示前面一个操作的结果被送到后续操作的输入端。由于只有一行 ALU，所以这个 ALU 向量必须在不同的控制步中复用。任务图中的变量和操作与 ALU 向量中存储单元和 ALU 之间的映射在不同的控制步中是不同的。例如，在 $Step_1$ 中的映射关系为：$a\rightarrow Rgt_1$，$b\rightarrow Rgt_2$，$c\rightarrow Rgt_3$，$d\rightarrow Rgt_4$，$O_1\rightarrow ALU_1$，$O_2\rightarrow ALU_2$，$e\rightarrow Rgt_1$，$f\rightarrow Rgt_2$；在 $Step_2$ 中的映射关系为：$e\rightarrow Rgt_1$，$f\rightarrow Rgt_2$，$O_3\rightarrow ALU_1$，$O_4\rightarrow ALU_2$，$O_5\rightarrow ALU_3$，$g\rightarrow Rgt_1$，$h\rightarrow Rgt_2$，$i\rightarrow Rgt_3$；在 $Step_3$ 中的映射关系为：$g\rightarrow Rgt_1$，$h\rightarrow Rgt_2$，$i\rightarrow Rgt_3$，$O_6\rightarrow ALU_1$，$O_7\rightarrow ALU_2$，$j\rightarrow Rgt_1$，$k\rightarrow Rgt_2$。这意味着该 ALU 向量内部的互连结构在不同的控制步中必须随时变换以适应不同计算的要求。根据本章前面的讨论，这个 ALU 向量的结构允许将任意一个存储单元/寄存器的输出连接到任意一个 ALU 的任意一个输入，将任意一个 ALU 的输出连接到任意一个存储单元/寄存器的输入。所以，只要每个控制步给出一组合适的控制码(配置信息)，就可以实现对 ALU 向量内部连线的重构。

图 0.39(a)任务图的运行只涉及部分存储单元/寄存器和部分 ALU，那些没

有被用到的存储单元/寄存器和 ALU 则可以处于休眠状态，或者将它们的电源关掉来节省功耗。

随着集成电路制造技术的进步，更多的元器件可以集成到单个芯片上，所以可以将图 0.39 的一维 ALU 向量扩展成一个如图 0.38(a)所示的二维 ALU 阵列。图 0.40 说明在一个二维 ALU 阵列上实现图 0.39(a)任务图计算的方法，为了直观，将图 0.39(a)的任务图重画于图 0.40(a)。在图 0.40(b)中，16 个 ALU 排成一个 4×4 的阵列，并包含 5 行 8 列共 40 个存储单元/寄存器。由于运行图 0.40(a)的任务图只需 3 个控制步就可以完成，所以只会用到 3 行 ALU 和相应的存储单元/寄存器。映射关系为：$a \rightarrow Rgt_1$，$b \rightarrow Rgt_2$，$c \rightarrow Rgt_3$，$d \rightarrow Rgt_4$，$e \rightarrow Rgt_9$，$f \rightarrow Rgt_{10}$，$g \rightarrow Rgt_{17}$，$h \rightarrow Rgt_{18}$，$i \rightarrow Rgt_{19}$，$j \rightarrow Rgt_{25}$，$k \rightarrow Rgt_{26}$，$O_1 \rightarrow ALU_1$，$O_2 \rightarrow ALU_2$，$O_3 \rightarrow ALU_5$，$O_4 \rightarrow ALU_6$，$O_5 \rightarrow ALU_7$，$O_6 \rightarrow ALU_9$，$O_7 \rightarrow ALU_{10}$。由于使用的是一个二维的 ALU 阵列，所以该阵列的连线网络结构可以根据任务图的要求一次性从外部读入配置信息。与前面的一维 ALU 向量的按行配置不同，这里 ALU 阵列的配置是按块进行。同样，对于那些没有用到的 ALU 和存储单元/寄存器，可以将它们置于 Standby 状态或干脆关掉电源。

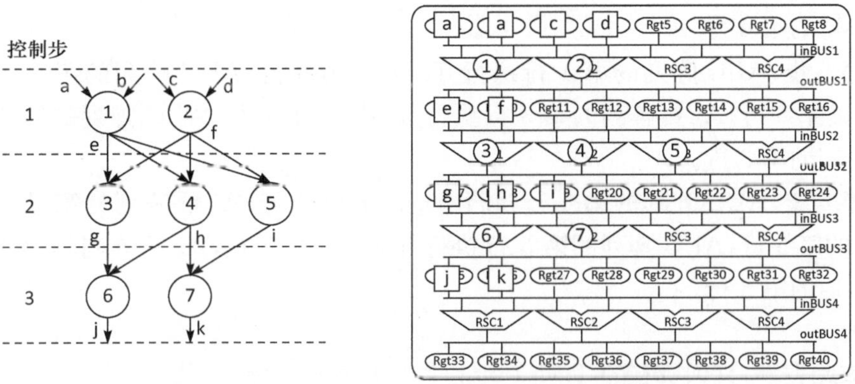

(a) 任务图　　(b) 计算阵列

图 0.40　任务图到计算阵列的映射

如果从计算的角度看，图 0.40(b)的阵列和图 0.39(b)的向量具有同样的效率，但是如果考虑到实际运行的时候，ALU 阵列是逐行运行，那么阵列带来的潜在好处可以支持多个任务的并行计算，前提是这些任务间没有依赖关系。换句话说，阵列方式能够真正实现多任务并行计算，图 0.41 说明了阵列计算的这一优势。图 0.41(e)给出了一个 4×4 的 ALU 阵列，规定该阵列的执行为从上到下逐行进行，则有如下步骤。

第一步，$Task_1$ 的第 1 行由 ALU 阵列的第 1 行执行(图 0.41(a))。

第二步，$Task_1$ 的第 2 行由 ALU 阵列的第 2 行执行，ALU 阵列的第 1 行执行

$Task_2$的第 1 行(图 0.41(b))。

第三步,$Task_1$的第 3 行由 ALU 阵列的第 3 行执行,ALU 阵列的第 2 行执行 $Task_2$的第 2 行,ALU 阵列的第 1 行执行 $Task_3$的第 1 行(图 0.41(c))。

第四步,$Task_1$的第 4 行由 ALU 阵列的第 4 行执行,ALU 阵列的第 3 行执行 $Task_2$的第 3 行,ALU 阵列的第 2 行执行 $Task_3$的第 2 行,ALU 阵列的第 1 行执行 $Task_4$的第 1 行(图 0.41(d))。

如果 $Task_1$、$Task_2$、$Task_3$和 $Task_4$的长度都大于 4,则有如下步骤。

第五步,ALU 阵列的第 1 行执行 $Task_1$的第 5 行,ALU 阵列的第 2 行执行 $Task_4$的第 2 行,ALU 阵列的第 3 行执行 $Task_3$的第 3 行,ALU 阵列的第 4 行执行 $Task_2$的第 4 行。

第六步,ALU 阵列的第 1 行执行 $Task_2$的第 5 行,ALU 阵列的第 2 行执行 $Task_1$的第 6 行,ALU 阵列的第 3 行执行 $Task_4$的第 3 行,ALU 阵列的第 4 行执行 $Task_3$的第 4 行。

第七步,ALU 阵列的第 1 行执行 $Task_3$的第 5 行,ALU 阵列的第 2 行执行 $Task_2$的第 6 行,ALU 阵列的第 3 行执行 $Task_1$的第 7 行,ALU 阵列的第 4 行执行 $Task_4$的第 4 行。

第八步,ALU 阵列的第 1 行执行 $Task_4$的第 5 行,ALU 阵列的第 2 行执行 $Task_3$的第 6 行,ALU 阵列的第 3 行执行 $Task_2$的第 7 行,ALU 阵列的第 4 行执行 $Task_1$的第 8 行。

第九步,ALU 阵列的第 1 行执行 $Task_1$的第 9 行,ALU 阵列的第 2 行执行 $Task_4$的第 6 行,ALU 阵列的第 3 行执行 $Task_3$的第 7 行,ALU 阵列的第 4 行执行 $Task_2$的第 8 行。

……

依此类推,直到所有的 $Task_i(i=1,2,3,4)$都执行完。

一个具备 N 行的 ALU 阵列可以并行地支持 N 个任务,即可并行运算的任务数量(ask number,TN)取决于 ALU 阵列的行数 N。必须指出的是,在实现多任务并行计算的时候,ALU 阵列的配置不能按块进行,必须按行进行。

要实现 ALU 阵列的可重构,就要求每个 ALU 必须具备多种运算功能,这样才可以在使用的时候根据需要不断变换。在可重构计算中,每个 ALU 的功能都被精心设计成能够支持十几种不同的基本运算,包括加、减、乘、除、取负号等算数运算功能,和与、或、非、与-非、或-非、异或、异或-非、大于、小于、等于等逻辑运算功能,及直通(bypass)等。ALU 阵列通常可以包含 8×8、16×16,甚至更多的 ALU,每个 ALU 的代价都要仔细优化,因为增加的代价会被放大几十倍、上百倍,甚至上千倍。

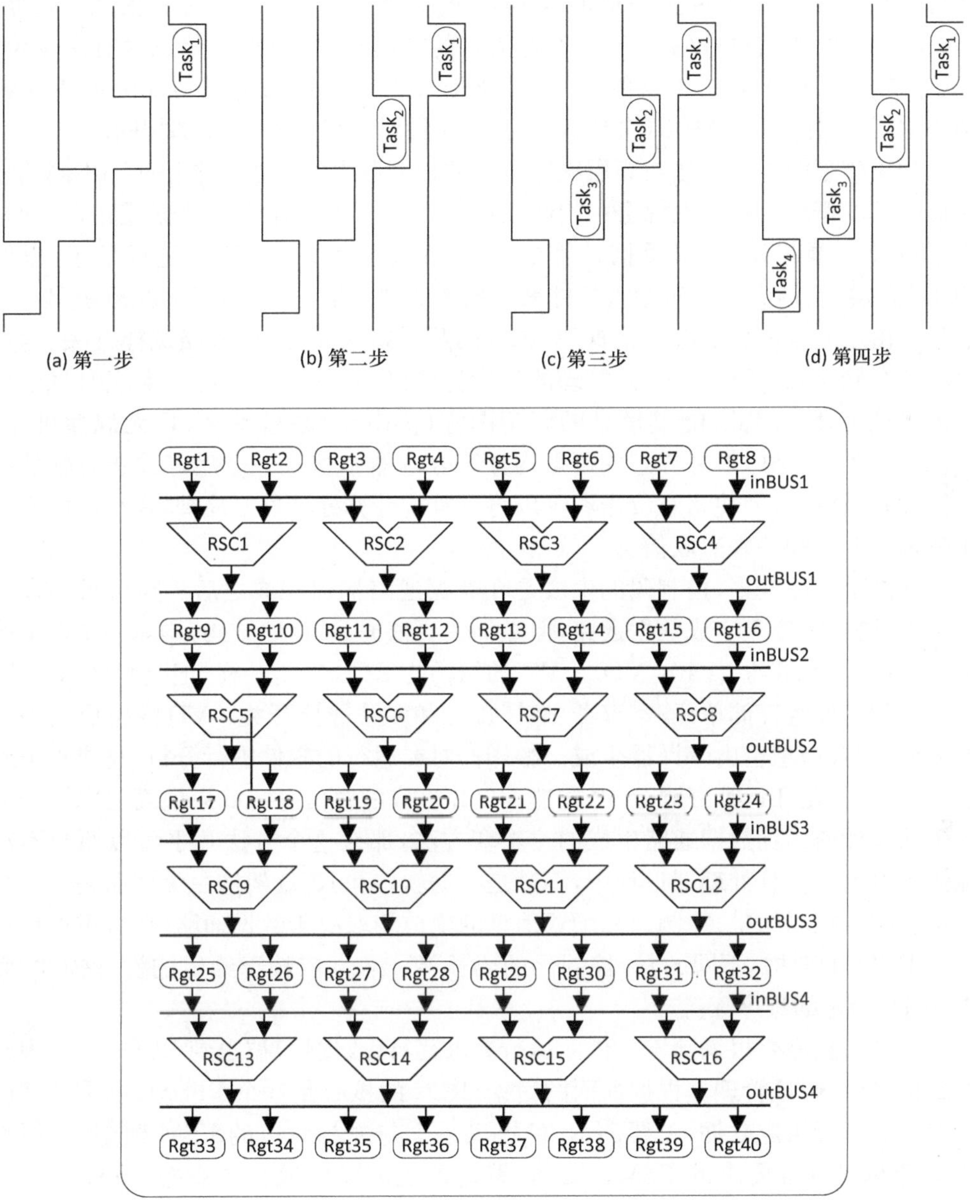

图 0.41　ALU 阵列(4×4)上的多任务并行计算

4. 配置信息

可重构计算配置信息的作用类似于高层次综合中的控制码，用于控制 RCD 的运行。与控制码相同，配置信息由 N_{CC}行、W_{CC}列组成。N_{CC}给出配置信息的长度，即有多少行配置信息；W_{CC}给出了配置信息的宽度，即每行配置信息含有多少位。N_{CC}取决于输入的软件，由软件的关键路径（critical path）及分支情况决定，W_{CC}由 RCD 决定。由于 RCD 的结构是不变的，所以针对任意软件，W_{CC}都相同。

配置信息的生成方法与高层次综合中的控制码生成方法基本相同。不同的是它们的基本概念。高层次综合中控制码的生成是为了构建一个数据通路，目的是为了设计一颗芯片；在可重构计算中，配置信息是为了对 RCD 进行配置，以便 RCD 可以被重构成一个对输入软件来说最优的硬件架构，是为了更好地使用一颗芯片。由于配置信息能够直接管理 RCD 的几乎每个元件，如多路选择开关、运算资源和存储单元/寄存器等，其管理的粒度比较细，且配置信息可以实现对每个元件的单独管理。因此，配置信息的码字图样（pattern）数量繁多，且无规律可循。这就带来了一个好处，外界想在可重构计算处理器中植入一个病毒或恶意软件的可能性几乎没有，即使恶意攻击者可以将可重构计算处理器瘫痪掉，也很难植入一个病毒或非法程序来盗取信息。

在高层次综合中，控制码的生成是在数据通路构建完成之后。在可重构计算中，不需要在物理上生成数据通路，但是仍然要依据 RCD 的结构，构建一个虚拟的数据通路（virtual datapath，VD）。VD 的结构与 RCD 完全一样，但是只包含 RCD 中被用到的那些存储单元/寄存器、运算资源和多路选择开关。VD 的生成由编译器完成，配置信息也由编译器生成。编译器对要运行的软件进行分析，完成算子调度、寄存器优化和运算资源分配，构建 VD 并生成配置信息。如果说高层次综合提供了从设计描述到数据通路生成的一整套方法，那么这个方法几乎可以原封不动地搬到可重构计算处理器设计中，不过是根据软件和 RCD 架构由编译器完成。与高层次综合相同的是，控制码和配置信息的生成均取决于数据通路（在可重构计算中是 RCD）的架构，不同的是，控制码的码长 $W_{CodeLength}$依赖于给定的设计描述，而 W_{CC}则与给定的程序无关。

配置信息需要根据给定软件的运行要求逐行（或逐块）被送到 RCD 运行，因此配置信息由 RCC 管理。根据前面的讨论，RCC 的核心是一个 PFSM，也是已经设计好的。运行给定软件，就要向 RCC 提供一个与之相对应的 FSM 模型，以便将 RCC 重构成符合要求的 FSM。因此，编译器还需要生成一个虚拟 FSM（virtual FSM，VFSM）。

5. PFSM

可重构计算处理器由 RCD 和 RCC 两部分组成，RCC 的核心是 PFSM。PFSM 的架构除了可以支持任意的 FSM 之外，还要包含足够的存储容量，用于存储每个状态对应的配置信息，并按照确定的 FSM 运行，同时将配置信息送到 RCD，控制 RCD 的运行。显然，RCC 需要满足三个条件：一是支持足够多的状态，二是支持足够多的与状态相关的配置信息，三是具备实现任意的状态转移机制。由于给定的软件可以是任意的，因此在物理上，除了存储容量的限制，RCC 不应受到其他限制，即在存储容量满足要求的前提下，RCC 可以实现任意的状态转移，不管是有条件的，还是无条件的。

RCC 包含状态机和存储器两个部分。状态机又包含当前状态、下一个状态及转移条件。存储器的实现在这里不做赘述，关键是状态机的实现。最简单的状态机实现方式是使用存储器并建立一个寻址机制。存储器包含 6 列，第 1 列存储当前状态编码 S_i，第 2 列用于存储转移条件 C_i，第 3 列存储 C_i 成立时的下一状态编码 S_{i+1}，第 4 列存储 C_i 不成立时的下一状态编码 S_{i+1}，第 5 列用于存储 S_i 对应的配置信息 CC_i 的起始地址，第 6 列存储 CC_i 的长度。存储器的所有内容均由编译器决定。图 0.42 给出了一个状态机的原理图。

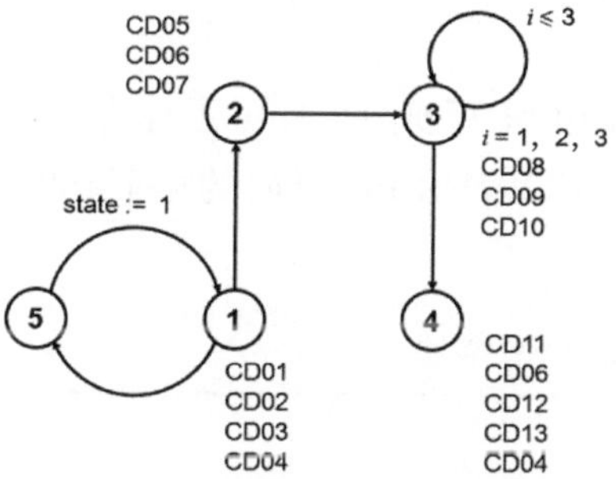

(a) FSM及与状态相关的配置信息

ADD_S	S_i	C_i & S_{i+1}			Add_{CC_i}	L_{CC_i}
		C_i	Yes	No		
1	S_1	$L_{CC}>L_{CC_1}$		1	Add_{CC_1}	4
		$r_1<0$	5	2		
2	S_2	$L_{CC}>L_{CC_2}$	3	2	Add_{CC_2}	3
3	S_3	$L_{CC}>L_{CC_3}$		3	Add_{CC_3}	3
		$i>3$	4	3		
4	S_4	$L_{CC}>L_{CC_4}$	end	4	Add_{CC_4}	5
5	S_5	$L_{CC}>L_{CC_5}$	end		Add_{CC_5}	1

(b) 基于存储器寻址机制的FSM原理

图 0.42　状态机的实现原理

为了方便，以图 0.32(b)的 FSM 为例，并将其重画于图 0.42(a)。必须指出的是，尽管这里借用图 0.32(b)的 FSM，但图 0.42(a)的 FSM 在含义上已经完全不同。前者由高层次综合方法从设计描述中推出，并用于生成控制器，其中与状态相关的是控制码；后者是编译器从输入的软件中推导出来的，是一个 VFSM，将被映射到 RCC 中的 PFSM，其中与状态相关是配置信息。两者之间的另外一个关键差别在于前者的目的是实现设计描述定义的特定功能，因此当这些功能执行完后，芯片又回到初始状态，准备再一次执行所定义的功能；后者对应的是一个软件，程序执行结束后不需要再回到初始状态。

图 0.42(b)的工作原理是起始状态为 S_1，将存储与 S_1 相关的配置信息 CC_1 的起始地址 Add_{CC_1} 写入程序计数器(program counter，PC)，同时 $L_{CC}=1$。将 PC 指向的第 1 行配置信息 $CC_{1,1}$ 送到 RCD 执行，PC＝PC＋1。当 $L_{CC}\leqslant 4$ 时，$L_{CC}=L_{CC}+1$，将 PC 指向的第 2 行配置信息 $CC_{1,2}$ 送到 RCD 执行，…，如果 $L_{CC}>4$，计算条

件 r1<0,如果成立,则转到 S_5,否则转到 S_2;在状态 S_2,将 S_2 相关的配置信息 CC_2 的起始地址 Add_{CC_2} 写入 PC,同时 $L_{CC}=1$。将 PC 指向的第 1 行配置信息 $CC_{2,1}$ 送到 RCD 执行,PC=PC+1。当 $L_{CC}\leqslant 3$ 时,$L_{CC}=L_{CC}+1$,将 PC 指向的第 2 行配置信息 $CC_{2,2}$ 送到 RCD 执行,…,如果 $L_{CC}>3$,则转到 S_3;在状态 S_3,将 S_3 相关的配置信息 CC_3 的起始地址 Add_{CC_3} 写入 PC,同时 $L_{CC}=1$,$i=1$。将 PC 指向的第 1 行配置信息 $CC_{3,1}$ 送到 RCD 执行,PC=PC+1,当 $L_{CC}\leqslant 3$ 时,$L_{CC}=L_{CC}+1$,将 PC 指向的第 2 行配置信息 $CC_{3,2}$ 送到 RCD 执行,如果 $L_{CC}>3$,$i=i+1$,计算条件 $i>3$,如果成立,则转到 S_4,否则转到状态状态 S_3;在状态 S_4,将 S_4 相关的配置信息 CC_4 的起始地址 Add_{CC_4} 写入 PC,同时 $L_{CC}=1$。将 PC 指向的第 1 行配置信息 $CC_{4,1}$ 送到 RCD 执行,PC=PC+1。当 $L_{CC}\leqslant 5$ 时,$L_{CC}=L_{CC}+1$,将 PC 指向的第 2 行配置信息 $CC_{4,2}$ 送到 RCD 执行,如果 $L_{CC}>5$,则运行结束;在状态 S_5,将 S_5 相关的配置信息 CC_5 的起始地址 Add_{CC_5} 写入 PC,同时 $L_{CC}=1$。将 PC 指向的第 1 行配置信息 $CC_{5,1}$ 送到 RCD 执行,运行结束。

上述过程可以用下面类似 C 的高级编程语言写成的一段程序来描述(表 0.1),其中变量 S 表示状态,取值 $S_1\sim S_5$,CC_i(PC)表示 PC 指向的第 i 个状态对应的配置信息行。

表 0.1 用高级编程语言写成的 FSM 描述

```
begin
    S=S1
    PC=ADDcc1
    Lcc=1
    while Lcc≤4 doloop
        RCD=CC1(PC)
        PC=PC+1
        Lcc=Lcc+1
    endloop
    if (r1<0)then
        S=S5
        PC=ADDcc5
        Lcc=1
        RCD=CC5(PC)
    else
        S=S2
        PC=ADDcc2
        Lcc=1
        while Lcc≤ 3 doloop
            RCD=CC2(PC)
            PC=PC+1
            Lcc=Lcc+ 1
        endloop
        i=1
        while i≤3 doloop
```

```
                S=S3
                PC=ADDCC3
                LCC=1
                While LCC≤3 doloop
                        RCD=CC3(PC)
                        PC=PC+1
                        LCC=LCC+1
                endloop
                i=i+1
        endloop
        S=S4
        PC=ADDCC4
        LCC=1
        while LCC≤5 doloop
                RCD=CC4(PC)
                PC=PC+1
                LCC=LCC+1
        end loop
    endif
end
```

将上述 FSM 描述与图 0.37(a)所示的输入软件对比，可以看出两者非常相似。结合图 0.10，这再次印证了软件实际包含的控制流信息，可以用于生成在可重构计算处理器上运行的 FSM。

构建 PFSM 最简单的方法是借鉴传统的微处理器架构。由于它只用于控制，不用于计算，所以功能相对比较单一，同时比较简单。由于该微处理器的运行速度将决定可重构计算处理器的性能，所以它的架构能否实现高主频是一个需要关注的问题。设计这样一个面向 PFSM 的微处理器并不复杂，可以将传统的微处理器进行简化，例如去掉复杂的运算指令，包括多媒体指令，甚至乘、除指令；舍弃多线程、多发射功能等。由于功能大幅度简化，可以实现该微处理器性能的大幅提升。

6. 小结

我们讨论了可重构计算及可重构计算处理器的基本概念。可重构处理器包含数据通路和控制器。RCD 的核心是一个或多个完全可重构 ALU 阵列，包括多功能 ALU，可重构 ALU 与存储单元/寄存器间的互连结构等。RCC 的核心是一个 PFSM。由于 RCD 面向的是所谓通用计算，处理的是系统外部输入的软件，所以 ALU 阵列的通用性十分重要，完全可重构正是这种通用性的基础保证。同样，RCC 的通用性体现在内部 PFSM 的通用性。

对于外部输入的软件，一个重要的工作是将其映射到 RCD 的 ALU 阵列上，并通过 RCC 实现控制。由于 ALU 阵列的物理空间总是有限的，而输入的软件可以非常复杂，所以必须通过 ALU 阵列的复用才能实现软件在 RCD 上的运行。这就需要根据 ALU 阵列的大小对软件进行划分，并生成相应的控制流，再将这个控制流映射到 PFSM 上。这就要求软件向可重构计算处理器的映射要足够优化，以便使用最少的 ALU 阵列资源、最简的连线网络和最少的存储单元/寄存器单元。将一个软件映射到可重构计算处理器上运行，可以完全借鉴高层次综合的理论和方法，对软件做算子调度、存储单元/寄存器优化、ALU 阵列资源分配等生成 VD，同时生成相应的控制码(配置信息)和 VFSM，将 VD 和 VFSM 映射到 RCD 和 RCC 上运行。与高层次综合不同，这些工作均由编译器完成。

0.4.2 可重构计算处理器编译技术

随着计算机技术的发展，编译技术也在不断地进步。编译器的任务是将使用者用高级编程语言写成的程序/软件翻译成计算机能懂的机器代码。因此，编译器要具备以下几个特点：一是它与计算机的核心——CPU 的架构密切相关，一款 CPU 就需要一个与之相对应的编译器。二是它需要支持至少一种高级编程语言，通常是 C 语言。少数编译器可以支持两种语言，如 C 语言和 Fortran 语言。三是它的编译结果应该是经过优化的，存储资源和性能是最主要的两个优化目标。早期的编译器通常将程序/软件的起始地址和用到的存储器物理位置都确定下来，后来为了让操作系统能够有效管理 CPU 的运行，提升 CPU 内部存储器的使用效率，变为采用浮动地址技术，不仅程序/软件的起始地址是浮动的，程序/软件中用到的存储器的位置也是相对。OS 可以根据需要将程序/软件放到任意内存位置并执行，这就为多道程序驻留在内存提供了方便。无论编译器技术如何演进，将程序/软件翻译成 CPU 可以执行的机器代码永远是其核心任务。

1. 可重构计算处理器的编译器架构

传统 CPU 的编译器将程序/软件翻译成 CPU 指令代码。从理论上讲，CPU 代码与程序/软件在架构上是一致的，CPU 指令代码中包含了数据流和控制流。可重构计算处理器的编译器则将程序/软件翻译成配置信息，包含数据流、控制流和配置信息流三个部分。配置信息是可重构计算处理器特有的，其任务是将可重构计算处理器配置成与程序/软件最“相似”的架构。从本章前面的讨论可以知道，可重构计算处理器的编译器要输出两部分内容，VD 和 VC，VD 包含用于 RCD 所需的配置信息 CC 和数据流，VC 包含用于配置 RCC 所需的 VFSM。与传统 CPU 的编译器将数据流和控制流集成在指令代码中不同，可重构计算处理器必须将控制流单独分出来。图 0.43 给出了可重构计算处理器的编译器框架。

编译器的输入是用高级编程语言，如 C 语言程序/软件，编译器可否支持高级语言的完整集合是首先要回答的问题。现代高级编程语言经过多年的发展，已经相当完善，除了支持各类运算、存储器寻址、条件预算和分支处理等，还发展出循环、嵌套、递归调用等复杂应用，特别是出现了间接寻址，如指针等。在传统 CPU 上很好地支持了使用者的编程，大幅度提升了编程的灵活性和方便性。在可重构

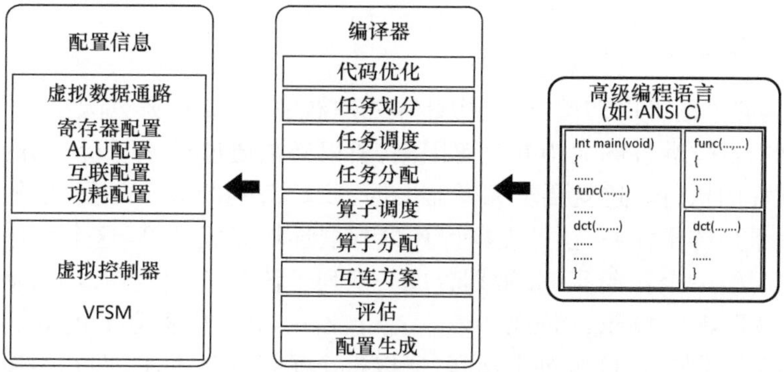

图 0.43 可重构计算处理器的编译器架构

计算处理器上，高级编程语言的大部分功能都得到了支持，但是递归调用和指针的实现还在探索中。好在不使用递归调用和指针也可以写出很好的程序/软件。一些规范程度比较高的企业不允许使用递归调用和指针，因为这会使程序/软件的可读性、可追溯性和可检查性变得十分差。在一个人才流动十分频繁的行业，可读性和可追溯性是继承和发展前人开发成果的重要基础。

2. 代码优化

从第三节关于高层次综合方法的介绍可知，输入程序/软件的数据依赖性是决定资源使用效率和操作并行执行的基础。通常来说，数据依赖性由程序/软件自身的结构所决定，编程人员完成软件的编写后就确定了。在实际工作中，通过代码优化方法可以进一步提升程序/软件的质量，也可以进一步发掘程序/软件的并行性。表 0.2 给出了几种典型的代码优化方法。

表 0.2 几种典型的代码优化方法

原始代码	优化后代码	优化效果
r=2×a	r=a+a	避免使用乘法器
a=b+c a=a+d a=a+e	a=b+c，r=d+e a=a+r	提升并行度 缩短执行时间
if (a>b&a=b) then x else y end if	if (a<b)then y else x end if	减少条件计算的复杂度

代码优化是可重构计算处理器编译器的一项重要工作，对提升程序/软件的执行效率和性能有很大的帮助。但是，对代码的优化也存在一定的风险，关键是要保证代码的正确性，因此编译器对代码的语义分析必须准确。由于现在还没有专门针对可重构计算处理器的高级编程语言，所以不得不增加一些特殊语句来指导编译器工作，这些特殊语句通常称为命令。由于 Directive 不在高级编程语言的语义定义范畴，编译器必须单独识别并处理。

3. 任务划分

从前面的讨论可以知道，可重构计算处理器中的 ALU 阵列大小是有限的，但是要执行的程序/软件的大小并没有限制，所以必须通过对 ALU 阵列的复用来完成程序/软件的执行。这就要求编译器根据 ALU 阵列的大小对程序/软件进行划分，形成一系列的子任务，让可重构计算处理器逐块完成计算，这个工作被称为任务划分。显然，一个任务 Task 被划分成一系列子任务 $Task_i$ 后有，$Task = Task_1 \cup Task_2 \cup \cdots \cup Task_N$，$Task_i \cap Task_j = 0, i, j = 1, 2, \cdots, N$。任务划分的准则是让每一个子任务都可以在 ALU 阵列上运行，所以每个子任务的大小，即其中包含的操作的数量不能大于 ALU 阵列中 ALU 的数量，且子任务的关键路径长度不能大于 ALU 阵列的长度，子任务中需要同时计算的操作数量不能大于 ALU 阵列的宽度。这些子任务随后会逐一映射到可重构计算处理器上执行，执行的顺序需要满足原始数据依赖关系的要求。图 0.44 给出了一个例子。在这个例子中，假设可重

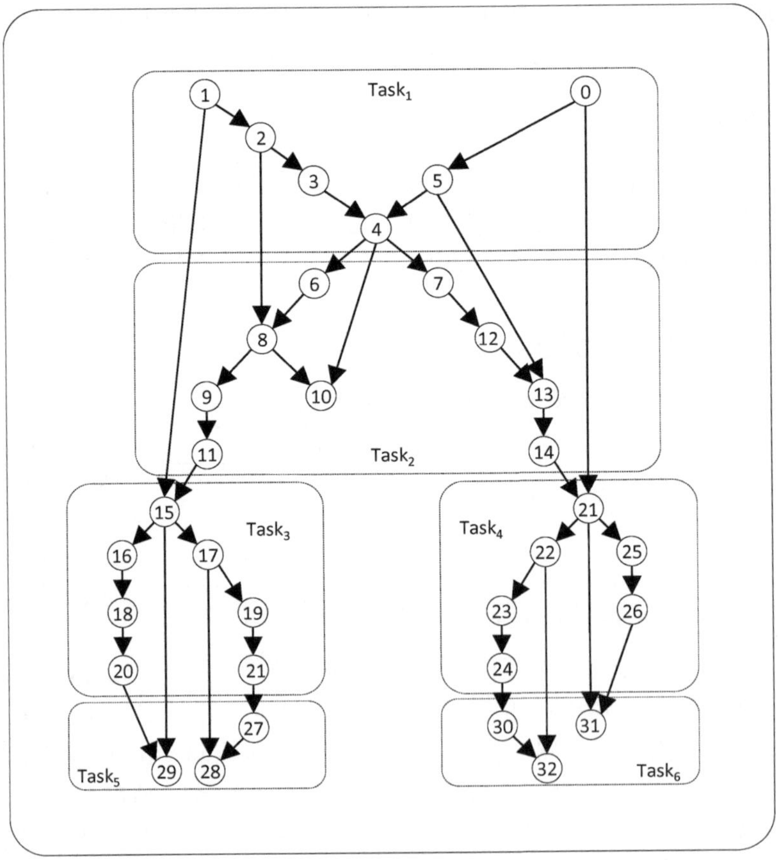

(a) 任务划分

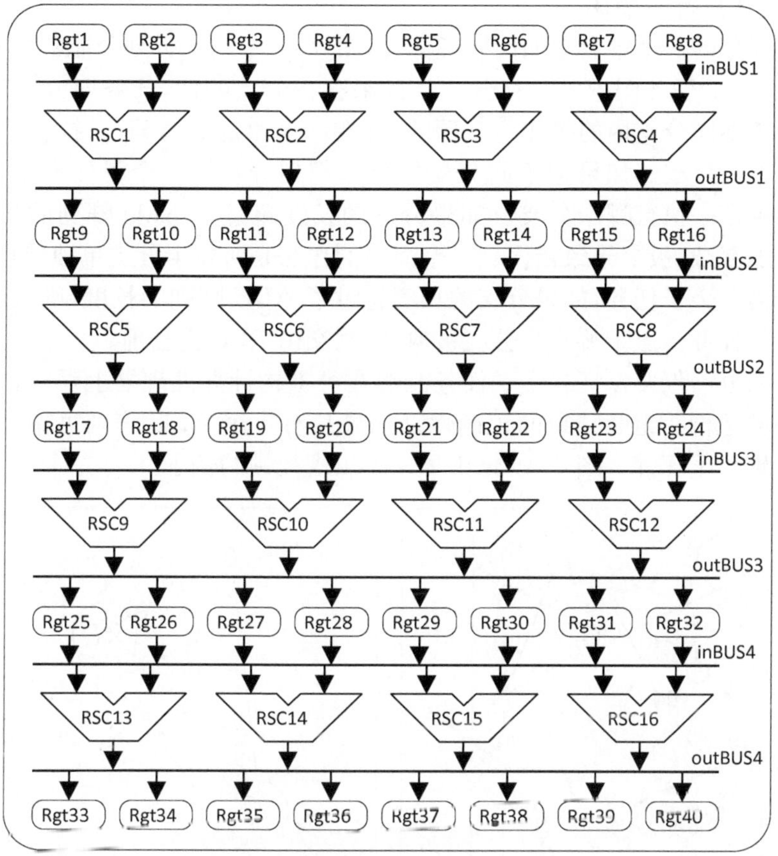

(b) 4×4的ALU阵列

图 0.44 任务划分与子任务运行

构计算处理器只有一个 4×4 的 ALU 阵列(图 0.44(b)),则图 0.44(a)中的程序/软件要运行 6 次,并分别按照 $Task_1$、$Task_2$、$Task_3$、$Task_5$、$Task_4$、$Task_6$ 的顺序进行。之所以按照这样的顺序来执行,主要原因是子任务间存在数据依赖关系,如 $Task_2$ 依赖于 $Task_1$,$Task_3$、$Task_5$ 依赖于 $Task_2$,$Task_5$ 依赖于 $Task_3$,$Task_6$ 依赖于 $Task_4$;$Task_3$、$Task_5$ 与 $Task_4$ 和 $Task_6$ 之间没有依赖关系。由于 $Task_3$ 与 $Task_4$ 之间不存在数据依赖关系,理论上 $Task_3$ 和 $Task_4$ 可以并行执行,但因为可重构计算处理器只有一个 ALU 阵列,所以它们只能排序了,至于哪个在前、哪个在后则不重要。另一个可能提出的问题是,在执行完 $Task_3$ 后,是先执行 $Task_5$,还是先执行 $Task_4$ 再执行 $Task_5$。显然,应该先执行 $Task_5$,否则需要将 $Task_3$ 的结果作为中间结果保存起来,等到执行 $Task_5$ 的时候再恢复,不仅导致占用更多的资源,也占用更多的运行时间。不管是先执行 $Task_3$ 还是 $Task_4$,$Task_2$ 的结果一定要保存，便于后续执行时使用。

任务划分的一个难点是如何处理分支，图 0.44 中的任务划分能够成立的前提是图 0.44(a)的任务图中不存在分支。如果存在分支的话，任务划分就变得十分复杂。由于不同分支内的操作是互斥的，即在一个给定的时间，只执行一个分支，不执行其他的分支。如果把不同分支的操作都划分在同一个子任务中，则 ALU 阵列就要确定去执行哪个分支。如果分支的长度超过了 ALU 阵列的长度，问题就变得更加复杂，极易导致错误。一个简单的作法是对每个分支单独处理，将每个分支划分为一个子任务，如果分支的长度超过了 ALU 阵列的长度，则继续将其划分成多个子任务。至于哪一个分支被执行，则交由 RCC 去管理。

任务划分不仅要保证各个子任务能够在可重构计算处理器上运行，还要保证这些子任务运行后组装结果的正确性。如果只有 1 个 ALU 阵列可用，任务划分中就要特别防止死锁。图 0.45 给出了一个出现死锁的例子。

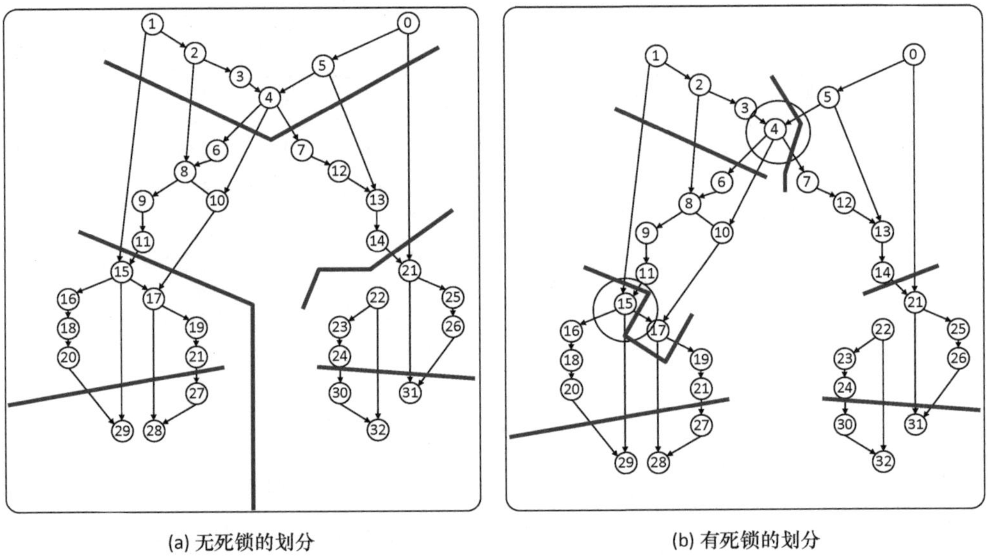

(a) 无死锁的划分　　(b) 有死锁的划分

图 0.45　任务划分与死锁

图 0.45(a)的划分没有死锁现象出现，但图 0.45(b)的划分出现了死锁(图中的两个圆圈标明的数据走向)。这是因为在只有一个 ALU 阵列可用的情况下，不能出现 2 个子任务相互依赖的情况，即在执行子任务 $Task_i$ 时，它依赖于 $Task_j$ 的计算结果，$Task_j$ 又同时依赖于 $Task_i$ 的计算结果。显然，从一个完整的程序/软件来看，并不存在死锁现象，出现死锁完全是划分不恰当造成的，所以必须在划分过程中避免死锁，否则就会构成死循环。

任务划分的另一个要求是将子任务间的通信尽可能减少，也就是不同子任务间的连线数量最小化。假设只有一个 ALU 阵列可用，则 $Task_i$ 与 $Task_j$ 间的连线意味着 $Task_i$ 与 $Task_j$ 之间有数据传送。如果 $Task_i$ 与 $Task_j$ 不是前后相邻的子任务，则意味着要将这些数据先存储起来，称这些数据为全局变量。因此，除了 ALU 阵列中的存储单元/寄存器外，还需要一些全局存储单元。这些全局存储单元用于存储无法从一个子任务立即传送给下一个子任务，而后续其他子任务又要使用的数据。除此之外，即使有足够的 ALU 阵列可用，不适当的划分也会造成出现全局变量，图 0.46 给出了一个解释。图 0.46 的任务图与图 0.45(a)的任务图完全一样，只是划分的时候，最上面的划分线没有将最左边和最右边的两条连线划开(cut)，所以图中两个圆圈中的操作的输出在执行完 $Task_1$ 后就成为全局变量，需要将它们存在全局存储器中，在执行 $Task_3$ 和 $Task_4$ 时再取出。假设拥有 2 个 ALU 阵列且划分的时候将这两条连线划开了，则这些数据被自动携带到 $Task_2$，并经过 $Task_2$ 传送到 $Task_3$ 和 $Task_4$，避免了全局变量的产生。

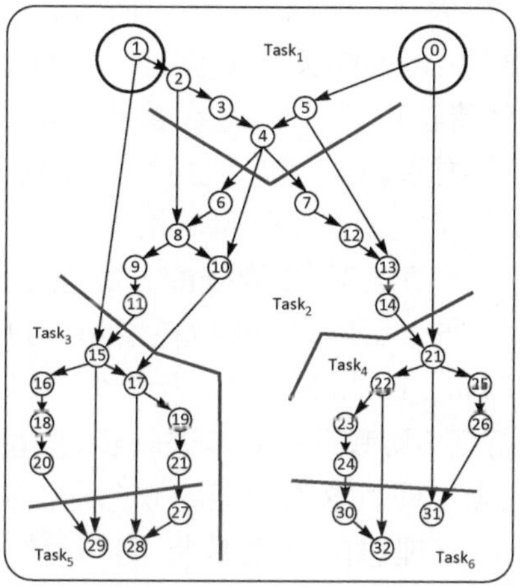

图 0.46　任务划分与全局变量

4. 任务调度与资源分配

任务调度(task scheduling)是编译器必须完成的另外一项工作。与高层次综合中的算子调度不同，这里涉及的资源是 ALU 阵列。如果可重构计算处理器只有 1 个 ALU 阵列，则任务调度没有什么工作要做，所有的子任务只能是串行工作。如果可重构计算处理器中包含多个 ALU 阵列，任务调度就要确定哪些任务可以并行，以便确定要同时运行的 ALU 阵列数量。由于所有的 ALU 阵列都是一样的，所以不存在高层次综合中资源类型的限制。只要子任务间没有依赖关系，就可以并行执行。可以并行运算的最大子任务数量受可用 ALU 阵列数量的限制。任务调度的方法与高层次综合中的算子调度方法基本一样，这里不再赘述。

任务调度完成后，需要对每个子任务 $Task_i$ 进行 ALU 阵列的资源分配。显然，如果只有一个 ALU 阵列，也不需要做什么工作，因为映射方案是唯一的，所有的子任务都只能绑定到该 ALU 阵列上运行。当 ALU 阵列完成 $Task_i$ 的运行，准备执行 $Task_j$ 的时候，系统将 $Task_j$ 相关的数据和配置信息送到 ALU 阵列，然后开始执行；当存在多个 ALU 阵列时，就需要确定每个子任务使用的是哪个 ALU 阵列。ALU 阵列的资源分配方法与高层次综合中的资源分配方法相同，但优化目标不再是最简的连线网络，而是要优化不同 ALU 阵列间数据传输的数量，特别要减少传送全局变量的数量，以减少数据搬移的工作量。假设存在 2 个 ALU 阵列，分别表示为 A_{ALU1}、A_{ALU2} 及 3 个相邻的子任务 $Task_i$、$Task_j$ 和 $Task_k$，$Task_j$ 依赖于 $Task_i$，$Task_k$ 与 $Task_i$ 没有依赖关系，但 $Task_j$ 和 $Task_k$ 需要并行运算，那么 $Task_i$ 与 $Task_j$ 就应该捆绑在同一个 ALU 阵列上，如 A_{ALU1}，$Task_k$ 捆绑到 A_{ALU2}。这一方案将使得 A_{ALU1} 执行完 $Task_i$ 后，其上的数据直接回传到 A_{ALU1} 上继续执行。如果 $Task_i$ 与 $Task_k$ 与 A_{ALU1} 捆绑，而 $Task_j$ 与 A_{ALU2} 捆绑，则 A_{ALU1} 在执行完 $Task_i$ 后，必须从全局存储器中取出 $Task_k$ 的相关数据执行，而 A_{ALU1} 也必须在执行完 $Task_i$ 后先将数据保存在全局存储器中，让 A_{ALU2} 在执行 $Task_j$ 中使用。因此，在执行 $Task_j$ 和 $Task_k$ 时，就不得不要求 A_{ALU1} 和 A_{ALU2} 都从全局存储器中取数据，带来执行时间的增加和全局存储器读写操作工作量的增加。

在多个 ALU 阵列可用的情况下，资源分配方案除了影响数据传送的代价外，还会对 ALU 阵列配置过程产生影响，导致功耗增加，可以通过一个例子来说明。仍然假设有 3 个子任务 $Task_i$、$Task_j$ 和 $Task_k$ 及 2 个 ALU 阵列 A_{ALU1} 和 A_{ALU2}，先执行 $Task_i$，然后并行执行 $Task_j$ 和 $Task_k$。进一步，假设 $Task_i$ 与 $Task_k$ 很相似，$Task_j$ 与 $Task_i$ 和 $Task_k$ 完全不同。这里相似的概念是指它们的结构(图的结构)差别不大。在资源分配时，比较理想的方案是将 $Task_i$ 和 $Task_k$ 与同一个 ALU 阵列，如与 A_{ALU1} 捆绑，$Task_j$ 则与 A_{ALU2} 捆绑。由于 $Task_i$ 与 $Task_k$ 相似，它们对应的配置信息 CC_i 与 CC_k 也应该相似。当 A_{ALU1} 完成 $Task_i$ 的运行后，虽然要载入 $Task_k$ 的配置信息 CC_k，但 CC_i 与 CC_k 相似，所以 A_{ALU1} 的结构不需大变就可以执行 $Task_k$，这减少了 A_{ALU1} 中多路选择开关控制端的信号变化，可以减少逻辑门翻转造成的功耗增加。相反，如果将 $Task_i$、$Task_j$ 与 A_{ALU1} 捆绑，$Task_1$ 与 A_{ALU2} 捆绑，则由于 CC_i 与 CC_j 完全不同，A_{ALU1} 的内部结构要大变，相应的多路选择开关的控制端信号也要大变，更多的逻辑门翻转造成功耗增加。显然，$Task_i$ 与 $Task_j$ 是否相似也是任务划分过程中应该遵循的准则之一。

5. 子任务中的算子调度和资源分配

任务调度和资源分配完成后，还需要对每个子任务内部的操作进行算子调度、存储单元/寄存器优化和资源分配。根据前面的讨论，子任务的算子调度和资源分配有几个重要的前提：一是每个子任务 $Task_i$ 都对应一个 ALU 阵列 A_{ALUj}；二是任务划分过程保证了 $Task_i$ 中的运算数量 N_{op} 不会超过 A_{ALUj} 中的 ALU 个数 N_{ALU}；三是 $Task_i$ 的关键路径与 A_{ALUj} 阵列的行数相同，不存在性能优化的可能；四是 A_{ALUj} 中的 ALU 不管被用到与否都实际存在。因此，高层次综合通过复用来优化资源数量的目标已不再适用，如何提升 A_{ALUj} 在运行 $Task_i$ 时的资源使用效率和减少占用连线网络资源成为子任务算子调度的中心任务。这里所说的提升资源使用效率并不是指要减少 $Task_i$ 运行时占用的 ALU 数量，因为 A_{ALUj} 已被分配给 $Task_i$ 使用，理论上 A_{ALUj} 中的 ALU 可以全部被 $Task_i$ 占用。在一定的条件下，A_{ALUj} 也可以同时被其他的子任务 $Task_k$ 共享，从而提高资源的使用效率。假设存在另一个 $Task_k$，$Task_k$ 与 $Task_i$ 之间不存在依赖关系，可以并行执行，就可以设法让 $Task_k$ 与 $Task_i$ 共同使用 A_{ALUj}，前提是 A_{ALUj} 足够大。假设 A_{ALUj} 是一个 8×8 的 ALU 阵列，$Task_k$ 是一个需要占用 5 列 ALU 的子任务，则图 0.47 给出了一个对 $Task_i$ 进行调度的例子。

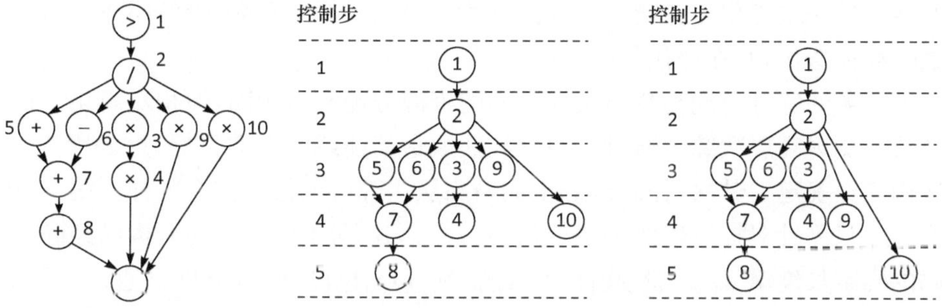

(a) 子任务 $Task_i$　(b) 调度方案一　(c) 调度方案二

图 0.47　子任务的算子调度

图 0.47(a)给出的子任务 $Task_i$ 包含加法(o_5、o_7 和 o_8)、减法(o_6)、乘法(o_3、o_4、o_9 和 o_{10})、除法(o_2)和逻辑比较(o_1)等操作。由于 A_{ALUj} 中的所有 ALU 都是多功能的，所以可以按照要求将相应的 ALU 配置成操作需要的运算器。图 0.47(b)给出了一个使用 10 个 ALU 的调度方案，包括 3 个 ALU 用作加法器、1 个用作减法器、4 个用作乘法器、1 个用作除法器和 1 个用作逻辑比较器。该方案在第 3 个控制步一共有 4 个 ALU 同时工作。由于 A_{ALUj} 是一个 8×8 的阵列，且 $Task_k$ 需要使用 5 列 ALU，所以这个调度方案不能支持 $Task_i$ 和 $Task_k$ 共享 A_{ALUj}。图 0.47(c)给出了另一个调度方案。虽然从所使用的 ALU 数量看，两者的结果是一样的，都是 10 个，但这个方案的第 3 个控制步和第 4 个控制步都只有 3 个 ALU 同时工作。所以 $Task_i$ 只占用 3 列 ALU，剩下的 5 列 ALU 可以提供给 $Task_k$ 使用。不难理解，A_{ALUj} 中运行 $Task_i$ 所需的配置信息只需覆盖 $Task_i$ 使用的资源，A_{ALUj} 运行

$Task_k$所需的配置信息则由 $Task_k$提供。

图 0.47 用一个例子讨论了如何通过算子调度让 $Task_i$和 $Task_k$共享 A_{ALUj}以提升资源使用效率的方法。如果不存在 $Task_i$和 $Task_k$共享 A_{ALUj}的可能性,即 A_{ALUj}只能支持 $Task_i$,子任务的算子调度就变得相对简单,完全不必考虑资源使用效率的问题。但是,调度方案仍然会对 A_{ALUj}的运行产生影响。考虑图 0.47(a)中的操作 o_9。在调度方案一中,o_9处于第 3 个控制步,因此 o_2的输出直接被引入 o_9的输入,但在调度方案二中,o_9被安排在第 4 个控制步。o_2的输出需要先存储到全局存储器中,在第 4 个控制步再取出送到 o_9的输入,或者通过设定直通通路将其传送到 o_9的输入。因此,A_{ALUj}的数据传送和运行控制要复杂一些。在 $Task_i$独占 A_{ALUj}的情况下,算子调度的目的是最大限度地优化 A_{ALUj}的运行控制。显然,o_9和 o_{10}都被安排在控制步 3 是最好的结果。

尽管子任务的算子调度提供了一种让不同子任务共享一个 A_{ALU}的可能性,但也会对前面任务调度和资源分配的结果产生影响。因此,可以利用子任务算子调度的结果进一步优化任务调度和资源分配。这意味着,任务调度和子任务算子调度之间存在迭代,好在迭代是收敛的。

子任务的资源分配与高层次综合中的资源分配基本相同,但相对简化。首先,没必要去实现高层次综合通过资源分配获取最简连线网络的目标,这是因为 A_{ALU}的架构已经确定。其次,控制码的生成与高层次综合的做法完全一样。第三,控制码的优化只需针对控制码的码字数量 $N_{CodeWord}$,这是因为 A_{ALU}的架构已经确定,控制码的码字长度 $W_{CodeLength}$不能优化,虽然 $N_{CodeWord}$也已确定,但可以通过二级寻址方式减少要存储的码字数量。$N_{CodeWord}$的优化方法与高层次综合完全一样,这里不再重复。

6. VFSM 的生成

编译器必须生成一个 VFSM,并将其送入 RCC,用以控制 RCD。如果将任务划分产生的一系列子任务 $Task_i$,$i=1,2,\cdots,N_{Task}$,作为状态,则可以构建一个以子任务为状态,子任务间依赖关系为边的 FSM,每个状态 s_i拥有相应的控制码(配置信息)CC_i,用于执行 $Task_i$。显然,通过任务划分、任务调度和资源分配,子任务算子调度和资源分配等步骤,构建一个针对输入程序/软件的 VFSM 的条件已经具备,利用本章介绍的方法就可以生成,这里不再赘述。

0.4.3 小结

通过介绍可重构计算的基本概念,引入了可重构计算处理器架构和可重构计算处理器编译技术,探讨了可重构计算处理器的数据通路和控制器的构建方法,重点研究了计算阵列及其计算过程、配置信息、PFSM 等关键技术。可重构计算处理器的编译技术包括代码优化、任务划分、任务调度与资源分配、子任务算子调度和资源分配,以及虚拟数据通路和 VFSM 的生成等。不难看出,可重构计算实际上借用了高层次综合的很多概念和方法,但是在基本概念上又完全不同于高层次综合。高层次综合的目的是构建一个资源最优的电路,与之不同的是可重构计算的目的是找到最优的途径去用好一个电路。

探索可重构计算的原因主要包括如下方面。

① 进一步提升计算性能的需求。追求更高的计算速度是一个永恒的主题。第一节中介绍了冯·诺依曼计算架构采用指令,执行一条指令的时间绝大多数用于准备计算所需的各种条件,真正用于计算的时间只占很小的一部分。要提升计算性能,就要将指令的执行时间缩短。尽管今天的技术可以让集成电路芯片运行在数千 MHz,但落实到计算本身,其实际运算速度也不过是数百兆。伴随运行速度的提高,功耗也急剧上升,最终使得人们提升运算速度的努力不得不停下来,追求单核主频的持续上升遇到了一面墙,即所谓的性能墙,而出现性能墙的根本原因是遇到了功耗墙。人们不得不转而通过引入更多的计算资源来提升计算性能,如双核、多核,甚至众核。核心数量的增加,提升了总体计算性能,但也带来了使用上的麻烦。数十年来人们习惯的高级编程语言和方法还不能很好地适应多核的情况。计算性能并没有在引入多核的时候按照比例增加,不能简单地认定双核的性能就一定是单核性能的两倍,而且功耗的问题依然存在。

② 在提升性能的同时降低功耗,提高计算效能。在功耗和性能的双重压力下,人们从单纯追求性能转而追求单位功耗下的性能,及所谓的高能效计算。要提升计算能效,一方面要设法提高计算速度,另一方面要降低功耗。显然,传统的冯·诺依曼计算架构要实现这一目标有很多障碍,一是指令的低效率;二是通过一条指令实现对众多计算资源的有效控制几乎不可能;三是对存储器的频繁读写。这些障碍的克服只有通过对计算架构的创新才有可能实现。在半导体技术可以将数十亿只晶体管集成在单个硅芯片上的今天,还继续重复使用单个计算资源,同时提升单个计算资源被重复使用频率的做法,显然不是一个聪明的途径。设法在单个芯片上集成尽可能多的计算资源,并通过架构创新使得这些硬件资源可以像变形金刚那样变化架构以适应软件的需求,有可能是一条更有效的途径。拥有众多的计算资源,同时这些资源能够被优化地使用,且最大限度地降低对存储器的介入,就有可能大幅度提升计算的能效。

③ 经济因素。经过数十年的发展,单个硅芯片上可以集成的晶体管数量已经高达数十亿只。表 0.3 给出了不同工艺节点下,单个硅晶片上可以集成的晶体管数量。

表 0.3　不同工艺节点,单个芯片上的晶体管数量

工艺节点/nm	千逻辑门/mm²			利用率/%	逻辑门数/百万		
	Potential	Actual	Average	—	5mm×5mm	10mm×10mm	20mm×20mm
250	112	90 to 97	94.2	81.8 to 86.4	2.3 to 2.4	9.2 to 9.7	36.6 to 38.7
180	164	133 to 140	136.6	81.1 to 85.6	3.3 to 3.5	13.3 to 14.0	53.2 to 56.2
130	248	199 to209	204.0	80.2 to 84.3	5.0 to 5.2	19.9 to 20.9	79.6 to 83.6
90	445	344 to 361	352.3	77.6 to 81.4	8.6 to 9.0	34.4 to 36.1	137.5 to 144.2
65	694	500 to 545	522.9	72.1 to 78.6	12.5 to 13.6	50.0 to 54.5	200.1 to 218.2
45	1179	778 to 871	824.7	66.0 to 73.9	19.5 to 21.8	77.8 to 87.1	311.3 to 348.5
32	1723	1023 to 1173	1098.4	59.4 to 68.1	25.6 to 29.3	102.3 to 117.3	409.4 to 469.3
22	2726	1450 to 1682	1566.1	53.2 to 61.7	36.3 to 42.0	145.0 to 168.2	580.1 to 672.8

Source: Industry Restructuring, IBS Report, 2007[14]

例如,在 22nm 节点,每 mm² 硅片面积上可以集成的平均逻辑门数达到 156.6 万个,利用率则下降到 57.45%;以 20mm×20mm 计算,单个芯片上可以集成 6.26 亿个逻辑门,或 25 亿只晶体管。如此众多的晶体管可以实现高度复杂的系统功能。

另一方面,摩尔定律给出的等比例缩小技术在不断提升集成度的同时,也在不断降低晶体管的单位成本,使得集成电路芯片的成本与其承载的功能相比,一直在降低。这也是为什么电子产品的价格不断走低,能够服务于广大消费者的原因。随着半导体工艺技术不断迈向更小的尺寸,建设新一代集成电路制造厂的成本却在不断攀升,这些成本最终会体现在产品上,抵消了等比例缩小带来的成本下降。不幸的是,这种现象在半导体工艺走向 22nm 时,表现得越来越明显。表 0.4 给出了不同工艺节点的单位逻辑门的成本及其下降趋势。

表 0.4　不同工艺节点的逻辑门单位成本及成本下降趋势

尺寸	130nm	90nm	65nm	45nm	32nm	22nm
成本/逻辑门/百万分之一美分	18.88	12.54	9.34	7.67	6.89	6.66
成本下降的百分比/%		−33.6	−25.6	−17.9	−10.1	−3.3

Source: Industry Restructuring, IBS Report, 2007

表 0.4 显示,在 130nm 工艺节点,一个逻辑门的成本只有 18.88×10^{-6} 美分,当工艺进步到 22nm,一个逻辑门的成本可以下降到 6.66×10^{-6} 美分,相比 130nm 节点下降了近三分之二。如果观察从上一个节点进步到下一个节点时逻辑门成本的下降比例,则可以发现随着工艺向更小的特征尺寸迈进,下降幅度在急剧收窄。例如,从 130nm 到 90nm,单个逻辑门的成本下降了 33.6%;从 90nm 到 65nm,下

降了25.6%;从65nm到45nm,下降了17.9%;从45nm到32nm,下降了10.1%;但从32nm到22nm,只下降了3.3%。这意味着,在22nm之后,随着其他成本,如研发费用的增加,每个逻辑门的成本下降空间将不复存在。

不断提升的集成度和不再降低的成本意味着以多品种、小批量为特征的专用集成电路的发展遇到了瓶颈,因为极高的成本需要销售很多的芯片才可以收回。例如,在16nm节点,一颗集成电路芯片的研发成本高达1.2亿~1.5亿美元,往往需要销售数千万颗芯片才可以收回成本,这对ASIC而言是不现实的。为了降低成本,市场迫切希望找到一种可以实现不同应用的平台化产品,并通过大量不同的应用来扩大销量,降低成本。因此,通过编程或者重构来实现不同功能的通用处理芯片就成为一个必然的选择。

可重构计算技术及可重构计算处理器就是在这样的大背景下出现并发展的。显然,可重构计算处理器必须具备优秀的计算性能、很高的计算效能和可持续发展的成本优势。本书的后续章节将围绕可重构计算处理器技术展开,对可重构计算处理器及编译技术进行详细的介绍。除了系统地介绍可重构计算处理器的基本原理之外,还有很多内容都是本书作者的研究成果。这些成果虽然很初步,但是证明了可重构计算技术的光明未来和强大生命力。

参考文献

[1] Moore G E. Cramming more components onto integrated circuits. Electronics,1965,38(8):114.

[2] Dennard R H,Gaensslen F H,Rideout V L,et al. Design of ion-implanted MOSFET's with very small physical dimensions. IEEE Journal of Solid-State Circuits,1974,9(5):256-268.

[3] Hitchcock C Y,Thomas D E. A method of automatic data path synthesis// Proceedings of the 20th Design Automation Conference,1983:484-489.

[4] Parker A C,Pizarro J T,Mlinar M. MAHA:a program for datapath synthesis//Proceedings of the 23rd ACM/IEEE Design Automation Conference,1986:461-466.

[5] Pangrle B M,Gajski D D. Slicer:a state synthesizer for intelligent silicon compilation//Proceedings of the International Conference on Computer-Aided Design,1987:42-45.

[6] Fisher J A. Trace scheduling:a technique for global microcode compaction. IEEE Transactions on Computers,1981,30(7):478-490.

[7] Davidson S,Landskov D,Shriver B D,et al. Some experiments in local microcode compaction for horizontal machines. IEEE Transactions on Computers,1981,100(7):460-477.

[8] Camposano R. Path-based scheduling for synthesis. IEEE Transactions on Computer-Aided Design of Integrated Circuits and Systems,1991,10(1):85-93.

[9] Paulin P G,Knight J P. Force-directed scheduling for the behavioral synthesis of ASICs. IEEE Transactions on Computer-Aided Design of Integrated Circuits and Systems,1989,8(6):661-679.

[10] Kurdahi F,Parker A. REAL:a program for register allocation// Proceedings of the 24th

Design Automation Conference,1987:210-215.

[11] McFarland M C,Parker A C,Camposano R. The high-level synthesis of digital systems// Proceedings of the IEEE,1990,78(2):301-318.

[12] 李志坚,周润德,等. ULSI 器件、电路与系统. 北京:科学出版社,2000.

[13] Dutt N D,Wu A C H,Lin S Y L. High-level synthesis:introduction to chip and system design. Boston:Kluwer Academic,1992.

[14] Jones H. Industry Restructuring. IBS Report,2007.

第一部分　计算技术概述

第 1 章　计算技术发展历史

纵观文明和科学的发展历史，人类的需求一直是创新发展的推动力。人们因为身体不够强大而制造工具，为获取加工食物、探索未知世界提供了便利；因为需要交流想法与情感而创造语言和文字，为文化科技的积累传播提供了基石；因为需要物品计量和交易而发明数字和运算，并开始创造计算工具。经过一代代人的努力，计算工具不断革新，波澜壮阔的计算发展史几乎等同于人类文明史的缩影。本章让我们回顾过去，追溯计算发展的历史。

1.1　计算技术引言

在漫长的历史长河中，随着人类文明的发展，人类使用的计算工具经历了从简单到复杂，由低级到高级的转变过程：从结绳计数，到制定历法，到出现算盘，再到电子计算机诞生，直到超级计算机的来临。高性能集群计算对人类社会的进步起到了极大的推动作用。随着科技发展的脚步越来越快，人类社会进入了崭新的计算时代。

1.1.1　史前时代——电子计算机之前

图 1.1 展示了史前时代的两种计数工具——贝壳和石块。贝壳和石块并不方便携带，对于较大数目的计量也更加不便，随着人类社会认知体系的逐步完善和智力水平的不断提高，很快就出现了一种新的计算方法，即通过在长绳上打结来计算数字(图 1.2)。这种方法比用石块、贝壳方便了许多，以至于在某些少数民族中保留了很长的时间。宋代文人李心传在《建炎以来朝野杂记》中这样写道："鞑靼无文字，每调发军马，即结草为约，使人传达，急于星火。"这是中国北方的鞑靼民族使用结草来调发人马，传达需要的人数。其他如藏族、彝族等，虽都有文字，但不识字的人，例如广大的士兵群体都还长期使用这种方法。东西方皆是如此。相传古波斯王有一次打仗的时候，命令部下守住一座桥 60 天。为了不少守也不多守一天，波斯王在一根长长的皮条上面系了 60 个扣。他对守桥的将士们说：你们一天解一个扣，什么时候解完了，就可以回家了。在甲骨文中，"数"的右边是一只手，左边则是一根打了许多绳结的木棍，"数"者，结绳而记之也。因此，结绳记事是人类发展史上一种比较重要的计数方式。然而它相对简陋，离现代的计数系统还比较遥远。在此期间一个更为重要的进步是进位概念的诞生。进位概念推动了计数法的发展。

图 1.1　史前计算工具—贝壳和石块

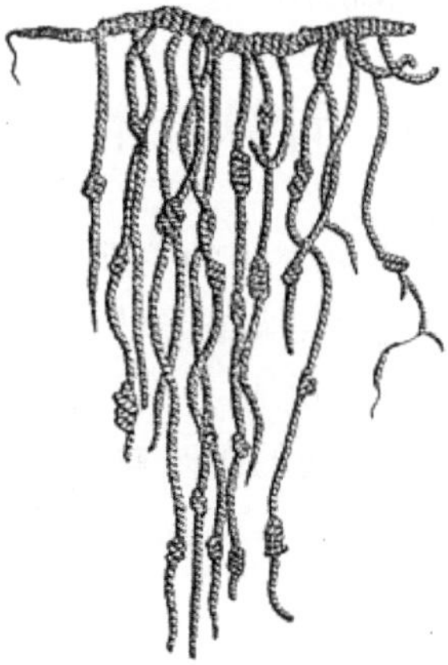

图 1.2　结绳以记事

如果一根手指代表 1 的话，一只手就代表了 5，用手直接指代 5 而不是 4 次累加的这种方式就是五进制的计数法。手指计数是一个必然的过程，人类开始从多的概念中分离出 1。手是人们最早的计算工具。原始公社时期人们使用双手双脚基本可以满足狩猎生活的需要。进入农耕社会之后，逐渐产生了以田地、菜园、畜群等私有财产为对象进行计量的新需要，这些财产的拥有者需要计算他们财产的变化，但是要记住它们的数目，单纯依靠手脚已经远远不能满足要求。这时候出现的表达往往是“像几只手这样多”。人们开始创造数的名称，主要使用动物的身体部分作为对一些物品的口头表达，如 2 可以用“耳朵”、“手”表示；4 可以用“鸵鸟的脚趾”表示等。人们一直试图简化数字的口头表示方法，这推动了更高级单位的出现，即更加独特的二进制的计数法。

二进位制应该说是最古老的计数法，人们还没有用手指计算的时候，二进制法就出诞生了，也就是还当人们使用一只手是低级单位，一双手和一双脚是高级单位的之前。人们用手指计算创造了各种各样的计数法，如五进制是当人们会用一只手上的手指进行计算时出现，并且得到了很充分的推广。使用五进位制法，每当一只手上的全部手指被用光，一些外部的记号就开始产生了。

随着时间的推移，计数法沿着两个方向发展。只用双手计算的就成为十进位计数法的基础。因为手指个数限制，增加用脚趾计算的，成为二十进位制的基础。二十位进制起初主要由北美洲印第安人、中美和南美的土著居民创造，后来被推广到了西伯利亚北部和非洲。十进位制产生以后，人成为了更高一级的单位，例如 20 用一个人表示，40 用两个人表示，60 用三个人表示。但时过境迁，由于鞋子的出现，人们已不再赤脚，脚趾就不再参加计算，这就使十进制得到了更大的普及。在现代，二十进位制已逐渐被人们遗忘，通常代之以十进位制。据考证，我们现代采用的计数法主要是由印度人创造的，后来经阿拉伯传入欧洲，再经过欧洲传遍世界，成为国际通用的统一计数法。

计数法的发展也推动了计算工具的进步，人们不再局限于使用自己的手指，开始引入新的计算工具。在我国古代，木、竹、骨制的小棒记数的计算方法被沿用了很长一段时间，称为算筹。它可以随意移动和摆放，用来表示不同的含义。早在魏晋时期刘徽就用算筹把圆周率计算到 3.1410，南北朝时期祖冲之更是将圆周率精确到了小数点后第七位。

相比算筹，算盘这一工具显得更为精妙(图 1.3)。算盘以圆珠为单元代替了算筹，并将其连成整体，简化了计算操作过程，实际运用时使人更加得心应手。珠算同样起源于中国，元代末年(1366 年)陶宗义所著的《南村辍耕录》中最初提到算盘一词，并述“拨之则动”。明代永乐年间午荣所编《鲁班木经》中，详细记载了算盘的制作方法，即“算盘式：一尺二寸长，四寸二分大，框六分厚，起碗底边，上二子一寸，下五子三寸一分，长短大小，看子而做。”

图 1.3　算盘实物照片

在西方，计算尺是一种重要的计算工具(图 1.4)。计算尺发明于大约 1620～

1630 年，牛津大学的甘特发明了一种使用对数刻度的计算工具，只需要与另外的测量工具配合使用，就可以用来做乘除法。1630 年，剑桥的奥却德发明了圆算尺。在 1632 年，他组合了两把甘特式计算尺，把它们用手合起来就接近于现代的计算尺。计算尺在 1970 年之前广泛应用于西方社会，在第二次世界大战期间，计算尺成了需要进行快速计算的轰炸者和航行者经常使用的专用算尺。美国海军还将其用于计算射程、燃料使用和飞行器高度，并延伸到许多不同的应用领域。

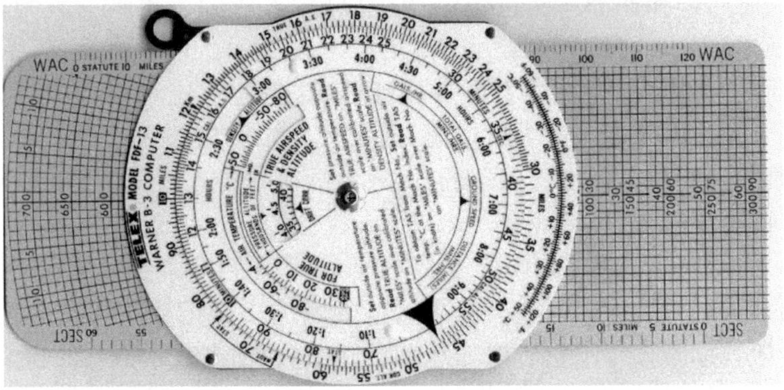

图 1.4 计算尺实物照片

在电子计算机时代到来之前，计算尺是工程师身份的象征，如同显微镜通常意义上是医学行业的象征一样。有这样一个小故事，德国火箭专家冯 · 布劳恩，在第二次世界大战后到美国从事航天计划工作时，随身带了两把 20 世纪 30 年代的老式 Nestler 算尺。终其一生，他没有用过任何其他袖珍计算仪器。显然，计算尺在他进行火箭设计的参数估算和其他计算中完美地完成了任务。19 世纪 40 年代李政道师从费米进行理论物理学的研究。为了计算太阳中心的温度，费米帮李政道制造了一把 2 米长的专用算尺。

计算尺的优点是进行一系列乘除法的计算非常方便快速，有效数字精度对于多数工程的要求已经足够；缺点是结果的数量级需要工程师自行判定。例如，2.1×3和 $21\ 000\times0.3$ 的结果在算尺上相同，需要使用者自行添补小数点位置，这一要求并不是人人都可以做到。另外，计算尺不能用作加减法，默认加减法可以由工程师手工或者由其他诸如手摇计算机等辅助工具完成。

最早的手摇计算机诞生于 1642 年，是由法国数学家巴斯嘉制造的。它用一个个齿轮表示数字，用齿轮间的咬合装置来实现进位，每当低位齿轮转十圈，高位齿轮则转一圈。后来经过逐步改进，它不仅能做加减法，而且可以做乘法和除法等复杂的计算，操作也更加简捷、快速。后来被大规模量产的手摇计算机则是一种齿数可变的齿轮计算机。它的原型是 1878 年由在俄国工作的瑞典发明家奥涅尔制造的。这种齿轮计算机的主要特点在于它利用齿数可变的齿轮，代替了莱布尼茨的阶梯形轴结构。其中中间齿轮不在字轮与基数齿轮之间，显示的数字直接刻在了齿数可变齿轮上，置好的数会在外壳窗口中显示出来。它最终演变成了台式手摆计算机，流行了数十年之久。国外的许多公司也纷纷按照这样类似的结构原理来生产计算机，其中最为著名的是德国布龙斯维加公司，他们从 1892 年起投产，经历了 20 年的时间，年产量高达 2 万台。在 20 世纪初期，手摇计算机已成为人们一种主要的计算装置，如图 1.5 所示。

图 1.5　手摇计算机实物照片

手摇计算机价值不菲，所以自从廉价的电子计算机问世，前者便自然而然地退出了历史舞台。电子计算机在 20 世纪伴随着固体物理、电子技术的发展应运而生，被誉为人类文明最光辉的成就之一，标志着第二次工业革命的开始，其运算效率和精确度之高是史无前例的。

1.1.2　第一代电子计算机——电子管计算机

电子计算机在法律上的发明人名字叫阿塔纳索夫。早在 1937 年，阿塔纳索夫就开始引进了电子技术来设计计算机。在 1942 年，阿塔纳索夫和他的学生贝利合作实验制造了一台能够求解包含 30 个未知数的线性代数方程组的电子计算机。但是由于经费的限制，最终他们只造成了计算机的控制器。为纪念他们的成就，他们设计的模型就以两个人的名字命名，叫做阿塔纳索夫-贝利计算机（Atanasoff Berry computer，ABC），并在 1941 年将他们的计算装置照片发表了出来，如图 1.6 所示。

图 1.6　ABC 计算机和它的发明者

电子计算机的理论奠基者图灵(图 1.7),1912 年出生于英国。1936 年,年仅 24 岁的图灵在论文理想计算机中提出了计算机的理论模型,后来被称为图灵机模型。1947 年,图灵在一个计算机会议上作了题为智能机器的报告,会上他详细地阐述了关于思维机器的想法,并第一次从科学的角度指出:“与人脑的活动方式极为相似的机器是可以制造出来的。”1950 年,他在智能计算机方面提出了计算机能够有思维的观点(图灵实验——人工智能机器智能的检验)。在第二次世界大战期间,图灵研究出巨人机器,为英军破译德军密码做出贡献。此外,图灵还创建了自动机理论,不但发展了计算机科学理论,而且奠定了人工智能的基础。1966 年,美国计算机协会(Association for Computing Machinery,ACM)以图灵命名创建了图灵奖,它有计算机界的诺贝尔奖之称。这个奖以图灵命名,他在计算机出现之前就提出了计算机的模型,并构想出其结构组成和工作方式,因此计算机也被称为图灵机,它奠定了计算机科学理论的基础。

1946 年 2 月 14 日,美国宾夕法尼亚大学研制出了第一台电子数值积分计算

图1.7　图灵纪念雕像

机，取名ENIAC。ENIAC的诞生标志着第一代电子计算机(1946～1958)的开始。第一代电子计算机的标志是电子技术、核心元件电子管、几千次/s的计算能力，主要用于军事与科学研究。1947年，ACM在华盛顿哥伦比亚大学成立，这个组织的初衷是为了给计算机领域和新兴工业的科学家和技术人员提供一个共同交换信息、经验知识和创新思想的平台。经过几十年的发展，ACM为信息时代的到来作出了巨大贡献。同年7月，Aiken及他的小组设计出Mark II。12月23日，美国贝尔实验室研制出世界上第一个点接触式晶体管。磁鼓存储器开始应用于计算机的数据存储。1948年，美国人海明发明了可以找到并纠正数据块中错误的方法，选择序列电子计算器(SSEC)问世，它使用继电器和电子器件。1949年，在美国麻省理工学院，第一台实时电子计算机(Whirlwind)计算机开始投入使用；电子延迟存储自动计算机(EDSAC)由英国剑桥大学Wilkes研制成功。1950年，在Huskey的领导下，美国加州洛杉矶分校开始投入运行标准西文自动计算机(SWAC)。1951年3月，世界上第一个商品化的电子计算机Univac诞生，被美国人口普查部门用于人口普查，标志着计算机进入了商业应用时代。同年，发生了一件对计算机发展影响深远的事件，肖克利发明了结型晶体管。晶体管的出现引发了通信时代和计算机时代的革命。有一位工程师评论道：要求我们预言晶体管将能做什么，就像问谁首先能把车轮放在一头公牛上一样预见汽车。1953年，IBM生产了磁鼓计算机IBM650，成为第一种大量投入生产的计算机。至此，第一代电子计算机的技术成型。

ENIAC 共安装了 17 468 个管子、7200 个二极管、70 000 多电阻器、10 000 多只电容器、6000 个继电器，占地面积 170 平方米，重 30 吨，价值 40 多万美元，运算速度 5000 次/s(图 1.8)，或者 400 次乘法/s。今天看来，其运算速度相当低，稍高档的计算器都可以达到这种速度。但是在当时，计算一条弹道时间可以缩短到 30s 以下。ENIAC 每运算两小时就相当于一个物理学家 100 年的手工计算时间，相对机械式的继电器计算机快 1000 倍。在 ENIAC 一次公开展出上，一条炮弹的轨道用 20s 就算出来。ENIAC 的存储器是电子装置而不是靠转动的鼓。它能够在一天的时间内完成几千万次乘法，相当于一个人用老式计算机操作大约 40 年的工作量。因此，ENIAC 的诞生是一个划时代的事件——电子计算机时代到来了。

图 1.8　ENIAC 计算机和电子管

ENIAC 的问题是程序采用外部插入式(图 1.9)，每当软件中心进行一项新的计算时，都要重新连接线路。有时几分钟或几十分钟的计算，要花几小时或几天的时间进行线路连接准备，这是一个致命的弱点。它的另一个弱点是存储量太小，而且故障率很高，差不多每运行七分钟出一次故障。ENIAC 是按照十进制，而不是按照二进制来操作，但其中也使用了少量以二进制方式工作的电子管，因此机器在工作中不得不把十进制转换为二进制，在数据输入和输出时再变回十进制。

计算机之父冯·诺依曼是著名的美籍匈牙利数学家。冯·诺依曼对人类最大的贡献是对计算机科学、计算机技术和数值分析的开拓性工作。ENIAC 机证明电子真空技术可以大大提高计算技术，但是 ENIAC 机本身也存在一定缺点：它没有存储器，不能实现数据的存储；是用布线接板进行控制，搭接时间特别长，甚至要搭接几天，因此总体速度被拖慢了。冯·诺依曼由 ENIAC 机研制组的戈尔斯廷中尉介绍参加 ENIAC 机研制小组后，便带领这批富有创新精神的年轻科技人员，向着更高的目标进军。1945 年，他们在共同讨论的基础上，发表了一个全新的存储程序通用电子计算机方案（EDVAC)。该方案明确提出新机器由五个部分组成，包括运算器、逻辑控制装置、存储器、输入和输出设备，并描述了这五部分的职能和相互关系。EDVAC 机还有两个非常重大的改进，即采用了二进制，数据和指令均

图 1.9　ENIAC 的编程

采用二进制；建立了存储程序，这样指令和数据便可一起放在存储器中，并作同样的处理。这些改进不仅简化了计算机的结构，还在很大程度上提高了计算机的速度。1946 年，冯·诺依曼和戈尔斯廷、勃克斯在 EDVAC 方案的基础上研制 IAS 计算机时，提出一个很完善的设计报告，名为《电子计算机逻辑设计初探》。上述文件集理论与设计为一体，在全世界范围内首次掀起了一股计算机热。他们提出的综合设计思想便是著名的冯·诺依曼机。冯·诺依曼机的中心思想就是指令和数据一起存储的存储程序原则，冯·诺依曼机概念的提出被誉为计算机发展史上的一个里程碑。因为它标志着电子计算机时代的真正开始，指导着以后多年来发展中的计算机设计。1949 年 5 月，英国剑桥大学的莫里斯·威尔克斯研制成功了第一台存储程序电子计算机 EDSAC，如图 1.10 所示。

1.1.3　第二代电子计算机——晶体管计算机

第二代晶体管计算机(1958～1964)，标志为半导体技术、核心元件晶体管、运算速度达几十万次/s，用于科学计算、数据和事务处理(图 1.11)。

1948 年 7 月 1 日，美国《纽约时报》用 8 个句子的篇幅简短地公布贝尔实验室发明晶体管的消息。消息虽然简短，但是它就像一枚重磅炸弹，震惊了整个计算机领域，同时在电脑领域引起一场晶体管革命，电子计算机从此跨入了第二代的门槛。晶体管的发明，为半导体和微电子行业指明了发展方向。

图 1.10　存储程序电子计算机 EDSAC

图 1.11　晶体管计算机

说到第二代晶体管计算机的起源，可以追溯到 1947 年，贝尔实验室的肖克莱、巴丁和布拉顿（图 1.12）发明了点触型晶体管，他们于 1950 年又发明了面结型晶体管。与电子管相对比，晶体管的优点是体积小、重量轻、寿命长、发热少、功耗低。改变电子线路的结构时，运算速度会大幅度提高。发明晶体管的肖克莱在加利福尼亚创立了当地第一家半导体公司，这个地区就是后来享誉盛名的硅谷。

图 1.12　肖克莱（左下）、巴丁（上）和布拉顿（右）

在 1953 年，约翰巴科斯向他在 IBM 的上司建议开发更实用的 IBM704 电脑主机来替代汇编语言编程。约翰早期的团队提出一个方程更易于进入计算机的概念，这个概念随后由豪克布拉宁卡法在 1952 年的乔治编译上得到证实。1954 年中期，一种用于 IBM 的数学公式翻译系统规范草案得到完成。1956 年 10 月，FORTRAN（formula translation）运用手册诞生，而后的半年时间内约翰巴克斯提交第一个 FORTRAN 编辑器，从那时起，FORTRAN 成为第一个真正推广的用于科学计算的高级语言。在当时的环境下，计算机内存小、速度慢，程序员习惯性地使用各种编程技巧来提高运行速度，因此 FORTRAN 编译系统遇到下标变量优化、全局优化时充分利用了当时 IBM704 上少量的变址寄存器来保证需要运行的程序有一定的运行效率。1956 年，美国约翰麦卡锡和马文明斯基在 Dartmouth 学会提出人工智能的概念。人工智能是对人的意识、思维等信息的模拟过程。人工智能不是人的智能，但能像人那样思考，也可能超过人的智能。虽然这种设想还需要科学理论和工程的突破，但是它给现代计算机的发展引领了一条全新的道路。

1960 年，第二代计算机开始在一些商业领域、大学和政府部门成功投入使用。第二代计算机采用晶体管代替电子管，以及现代计算机的一些部件，如打印机、磁带、磁盘、内存、操作系统等。在这一时期出现了更高级的编程语言，如 COBOL(common business-oriented language)、FORTRAN(formula translator)等。高级语言以单词、语句和数学公式代替了单调的二进制机器码，使编程编写更容易和人性化。这一时期的典型机器，如 TX-2 实现了外部设备多个进程的并行工作，它是由麻省理工学院试制的，当时称为多道序列(multi-sequence)。

我国在 1958 年成功研制了第一台计算机 103 机，标志着我国第一台电子计算机的诞生。该机运算速度为 1 万次/s，字长 39 位，采用磁芯存储器，容量为 2～4K，并配备了磁鼓外部存储器、光电纸带输入机和 1/2 寸磁带机等。IBM 也在同一年推出大型晶体管计算机 IBM7090。1960 年，美国及欧洲的计算机科学家联合制定出 Alogl60 的标准，由此第一个结构化程序设计语言问世。DEC 公司推出 PDP-1，这是第一台配有监视器和键盘输入的商用计算机。同年，我国研制出 107 机，这是中国第一台大型通用电子设备，字长 32 位，内存容量为 1024 字节，有加减乘除等 16 条指令，主要用于弹道计算。1958 年，德州仪器工程师 Kilby 研制出集成电路(integrated circuit，IC)，成功地将三种电子元件结合到一片小小的硅片上。更多的元件集成到单一的半导体芯片上，使计算机变得更小、功耗更低、速度更快，为以后电路的高集成与小型化奠定了基础。1961 年，IBM 开发出了 IBM7030 Stretch 超级计算机，这款计算机被应用于核弹开发、气象、国际安全和阿波罗登月计划的开展等工作。由于采用了大量内存，有 256 000 个 64 位字节大小和 64 位处理器模组，堪称当时世界上最快的计算机。该计算机搭载的技术仍然被沿用至今。同年，德州仪器公司制成第一台基于集成电路的计算机，应用于美国空军。1962 年 2 月 7 日，英国曼广切斯特大学推出当时世界上功能最强的大型晶体管计算机 ATLAS，这台计算机的过人之处在于采用了虚拟内存和流水线化的处理方法，使得处理效率有了显著的提高。1963 年，美国国家标准化协会接受了 ASCII 编码，这一编码标准主要用于信息交换。ASCII 编码已成为当前最通用的单字节编码系统，等同于国际标准的 ISO/IEC 646。

从运算的角度分析前两代计算机，第一代电子管计算机是定点运算制，运算的数值必须小于 1。第二代晶体管计算机是浮点运算制，运算数据的绝对值大小高达 2 的几十次方或几百次方。第二代晶体管计算机从优点上来说具有体积小、寿命长、价格低等优势，推动了计算机的广泛应用。

1.1.4　第三代电子计算机——集成电路计算机

晶体管计算机相对电子管计算机已经有了明显的进步，但是晶体管计算机存在的问题是会产生大量热量，这会对计算机内部敏感部件造成损害。1958 年，在英特尔公司的创始人 Noyce 领导下，发明了集成电路。科学家把核心元件小规模集成在几 mm^2 单晶硅片上（十几个至上百个），速度达到几十万至几百万次/s。这一时期的操作系统也得到空前的发展，使得计算机在中心程序的控制协调下可以同时运行许多不同的程序，用于各个科学领域。

从 1964 年开始，集成电路开始用于电子计算机，拉开了第三代电子计算机（1964～1974 年）的帷幕。集成电路计算机由于其大幅提升的性能，开始广泛用于各个科学领域，推动了信息技术的发展。该时期典型的机型为 IBM360 系列。IBM 在 1964 年宣布推出了其巨额投资的第三代计算机——S/360 系列。它的问世标志着世界上的电脑有了一种共同的语言，它们的操作系统共用代号为 OS/360。该系统开创了计算机兼容性的时代，是有史以来第一次允许产品线和其他公司的各个产品型号协同运行（图 1.13）。换句话说，它标志着人们对新兴的信息科学领域，以及对复杂系统的理解开始发生转变。

图 1.13　IBM360 计算机系统

1965 年，美国达特茅斯大学的 Kemeny 和 Kurtz 研制出 Basic 语言。这一语言被初学者广泛使用，在之后的时间里得到了极大的推广。IBM 公司和美国航空公司长达 7 年的 SABRE 项目全面实施，它使任何地方的旅行社都可以预订机票。同年，第一台超级计算机 CD6600 也开发成功。莫里斯威尔克斯提出高速缓冲存储器的思想。1966 年，美国计算机协会设立有计算机界诺贝尔奖之称的图灵奖，图灵奖每年一般只奖励一名计算机科学家，只有极少数年度有两名合作者或在同一方向作出贡献的科学家共享此奖。1967 年，Wirth 开始开发 PASCAL 语言并于 1971 年完成。PASCAL 语言结构化严格，数据理性丰富，运行效率高，并且查错能力强，现已成为使用最广泛的基于 DOS 的语言之一。1968 年，北大西洋公约组织科学委员会在一次会议上第一次提出了软件危机和软件工程的概念。荷兰埃得斯加狄克斯拉特提出了 GOTO 语句有害的说法，并提出了结构化编程的思想。同年，Noyce 和他的几个朋友创办了 Intel 公司。Paper 和他的研究小组在 MIT 开发了 LOGO 语言。1969 年，美国国防部高级研究计划署 ARPANET 计划开始启动，这是美国在冷战期间为防止集中的指挥中心被苏联摧毁而设立的一个分散指挥系统。同年 4 月 7 日，第一个网络协议标准 RFC 推出。之后 1970 年，第一块随机（访问）存储器（random access memory，RAM）芯片由 Intel 推出，容量 1K。在这一年，UNIX 操作系统开始着手研发，Forth 编程语言开发完成。这一年，ARPANET 也基本完成，并开始向非军用部门开放，许多大学和商业部门开始使用，这就是因特网的雏形。1971 年 11 月 15 日，Intel 公司的 Hoff 成功开发了第一块微处理器 4004，它内部含有 2300 个晶体管，使用 4 位系统，时钟频率位 108KHz，每秒执行 6 万条指令。同年，Tomlinson 和 Newman 发送了世界上首个 EMAIL 信息“@”，意味着人们利用电子邮件通信的时代即将到来。

1.1.5 第四代电子计算机——大规模集成电路计算机

1972 年以后的计算机习惯上被称为第四代计算机。集成电路出现后，主要的发展方向是扩大规模。大规模集成电路可以在一芯片上集成几百个元件。到了 20 世纪 80 年代，超大规模集成电路发展到可以在一个块芯片上集成几十万个元件，后来的 ULSI 将其量级扩展到百万级。越来越高的集成度使得计算机的体积和价格不断下降，同时带来的是功能和可靠性不断增强。基于半导体的发展，核心元件大规模和超大规模集成电路问世，处理器等大型芯片有了超大规模的集成度和运算能力。例如，奔腾 4 处理器包含 4200 万个晶体管，速度达到上千万次至上亿次/s。超大规模集成电路的应用使得微型计算机的诞生成为了必然。1972 年，第一部真正的个人计算机诞生了（图 1.14）。所使用的微处理器内包含了 2300 个晶体管，可以在一秒内执行 60 000 个指令，体积相比上一代也缩小很多。随着半导体技术的发展，世界各国相继翻开计算机史上新的一页。

图 1.14　世界上第一部个人计算机

1972 年，计算机领域产生了许多重大突破。首先是 C 语言的开发完成，其主要设计者是 UNIX 系统的开发者之一 Ritche。这是一个非常强大的编程语言，既具有高级语言的特点，又具有汇编语言的特点，是当今最流行的系统软件开发语言。之后 Hewlett-Packard 发明了第一个手持计算器。Intel 推出 8008 微处理器。ARPANET 开始走向世界，因特网革命拉开序幕。

计算机技术在辉煌之前，其发展主要集中在大型机和小型机的领域内。随着超大规模集成电路及微处理器技术的不断进步，计算机开始走进寻常百姓家。1974 年，Intel 发布面向个人机的微处理器 8080，掀起了个人计算机的一次浪潮。与此同时涌现了一大批信息时代的弄潮儿，如盖茨、乔布斯等，至今他们的成果对计算机产业的发展还起着巨大的推动作用。同年 12 月，MITS 发布第一台商用个人计算机 Altair8800，售价 397 美元，内存有 256 个字节。在 1975 年，盖茨和艾伦完成了第一个在 MITS 的 Altair 计算机上运行的 BASIC 程序。两人创办的微软（Microsoft）公司成为最大、最成功的软件公司。1975 年微软公司收入 50 万美元，雇员仅有 15 个人，到 1992 年达到 28 亿美元，1 万名雇员。微软公司真正突破性的成就是在 1981 年为 IBM 的 PC 机（图 1.15）开发了名为 windows 的操作系统。windows 操作系统对后续的计算机产业产生了巨大推动作用，它的简单易用性，使计算机走入了千家万户，实现了盖茨要在每个人的桌子上放台电脑的梦想。

Intel 的芯片革命、IBM 的个人计算机、微软的 PC 操作系统、良好的人机接口（图形学）、永无止境的人工智能、遍及全球的计算网络等这些新生事物带领我们进入一个前所未有的新世界。互联网技术和多媒体技术得到空前的发展，计算机开始真正改变人们的生活，未连接互联网前的计算机好比一座信息孤岛。所谓计算机网络就是计算机技术和数据通信技术紧密结合的产物。通俗来说，就是将不同

图 1.15 IBM PC-5150

地理位置的多个计算机系统通过通信设备和线路(路由器)连接起来,在相应网络协议控制下,以功能完善的网络软件实现网络中资源共享和数据交换的系统。因特网是使全世界计算机联合起来的网络。

迄今为止的四代计算机都是按冯·诺依曼提出的工作原理设计制造的,所以也称为冯·诺依曼型计算机。随着科学技术的发展,今天的计算机已经不再是计算这么简单。除了拥有高速运算(达数万亿次/s),其还有逻辑处理功能,是一种具有强大处理信息能力的智能化设备。在计算机应用方面,信息处理也已经开始取代单纯的数值计算。正因为有这样的发展,计算机才走出了科研院所的象牙之塔,进入现代社会的各个领域,走进广大民众的家中。现代的电子计算机,不仅能高速进行各种各样的科学计算,而且会像人脑一样判断和思考,高速处理各种问题。

今天,计算机几乎已经进入现代社会的全部领域:大到登月飞行、战略武器、石油勘探、中长期天气预报,小到书报排版印刷、影视动画效果、远程教学,甚至日常生活的许多细小方面,如自动洗衣机、电视机遥控器、高档音响选曲系统等。计算机已经成为人们生活发展必不可少的工具之一,而计算机的发展同样需要人们的不懈探索。

1.2　经典计算体系结构

从应用的角度来看，计算大致可以分成通用计算和专用计算两种。通用计算指在各种应用场合下普适的计算形式，通常情况下具有如下特征：一个功能完备的指令集或者计算模型；可以使用类 C 的高级语言对硬件进行编程。通用计算的典型结构是处理器，如 Intel i-3/5/7 处理器、ARM Coretex-A9 等。专用计算则有相对狭义的使用范围，如针对图形图像算法加速的显卡芯片、专门用于 MP3 播放的解码芯片等。

通用计算的优点显而易见，如灵活、适用范围广。通用计算的硬件结构因为可以用于各种场合，一般情况下会有较大的出货量，在巨大的需求刺激下得到了快速的发展，四代电子计算机在不到 40 年间的更替就很好地说明了这一点。但是，通用计算的弊端也随着时代的进步不断暴露，主要的问题是性能和功耗。某些场合下需要非常高的性能，如天气计算、分子运动、核物理的模拟等；还有的场合需要较低的功耗，如一些移动式的、不插电的设备。这些通常是通用计算硬件不能满足的，因此就需要对通用计算结构做修改、定制，使用专用化的设计方式，以期获得高性能或者高能量效率，付出的代价就是限制了计算硬件的使用范围。

图 1.16 分析了几种实例。微处理器和阵列处理器的功能在运行时才定义，可以说是随时变化的，ASIC 则在制造前就确定了。本书将重点介绍的可重构计算形式则在代码加载时才确定功能，制造完成之后，还能保持功能灵活的特性。功能固定的时间越早（在图中的表现就是越靠下），对于能量效率和性能的优化越简单，

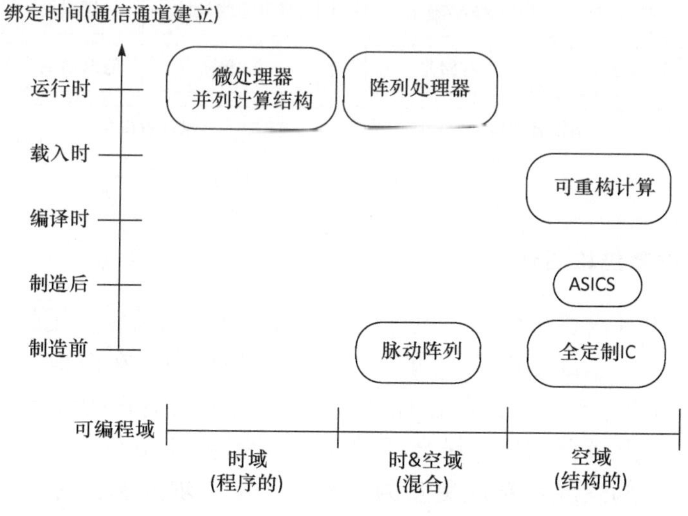

图 1.16　计算形式举例分析

通常体现的结果就是在能量效率和性能上的优势。从编程或者配置的角度来看，微处理器在时间上可以任意配置，即过程编程；阵列处理器还可以在空间上选择不同的对象，即在过程编程的基础上增加空间编程；ASIC和可重构计算结构则被约束在特定的编程领域，如视频解码，仅对该领域内的功能进行选择。故ASIC类用法比较固定处理器非常灵活，而可重构计算期望兼顾两者的优点。为了便于后面章节的展开，这里先从计算体系结构的概念讲起。

计算体系结构这一表述是20世纪60年代由IBM System/360设计者创造的，用于描述计算机的结构以便于程序员们可以理解并写出正确的程序[1]。计算体系结构描述的是计算机的编程模型，包括指令集、RF(register file)的定义、存储器等内容。随着时代的发展，体系结构还进一步包括功能定义和硬件实现。在系统层面，它定义了处理器级别的构成单元及其之间的互连关系。在微处理器层面，计算体系结构决定了处理器的编程模型和具体实现。微处理器的具体实现也可以表述为微结构。因此，从内容来看，计算体系结构大致可以分成两类，如图1.17所示。编程模型是按照编程者的视角来看体系结构的问题。微结构是按照设计者的角度来看，它对应硬件设计的描述，包括数据通路设计、逻辑设计、微指令，以及其他隐藏的细节等。

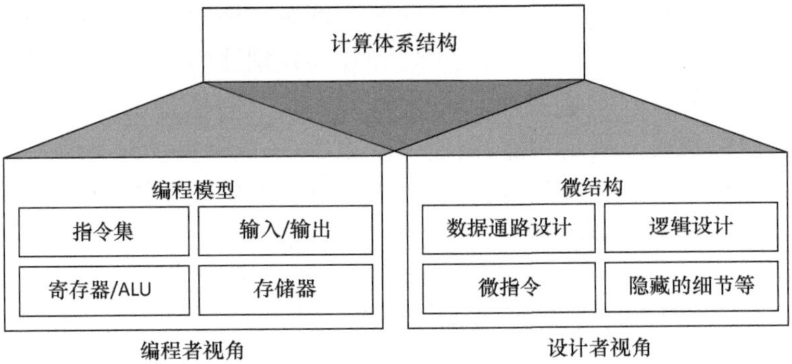

图1.17 体系结构的两种视角

1.2.1 计算体系结构设计因素

体系结构设计需要理解各个设计层面的最新技术及特定应用的设计挑战。一个计算系统设计的基础是面积、性能和功耗之间的折中。在面积、性能、功耗的设计空间中，不同的点产生不同的设计结果，每个应用最适宜的设计点可能是不同的。对于高性能服务器的应用场合，面积的设计重要性要弱于性能。系统可以通过在一个芯片上构造或者集成更多的计算单元来实现加速。对于嵌入式系统来说，减少芯片面积和芯片功耗就更为重要[2]。

体系结构的设计需要考虑包括技术、性能、功耗、成本在内的诸多因素。

1. 技术因素

现代计算机的实现基于硅工艺。硅工艺的两个重要参数是芯片面积和特征尺寸。芯片面积主要决定了成本。特征尺寸由平面图形转移能力决定，定义为最小可实现器件的宽度，如最小的引线间距。特征尺寸决定了电路集成度、延时和功耗。如今的特征尺寸从 28nm 到 250nm 不等，特征尺寸越小，处理器的复杂度越高。根据半导体工业协会的发展线路图（图 1.18），高性能微处理器的单芯片晶体管数目呈指数增长态势。然而，物理限制和编程习惯影响了这种复杂度的有效性。例如，实际的功耗和成本限制了互连和器件的进一步集成，数据依赖和程序异常处理等因素限制了晶体管的有效使用[3]。

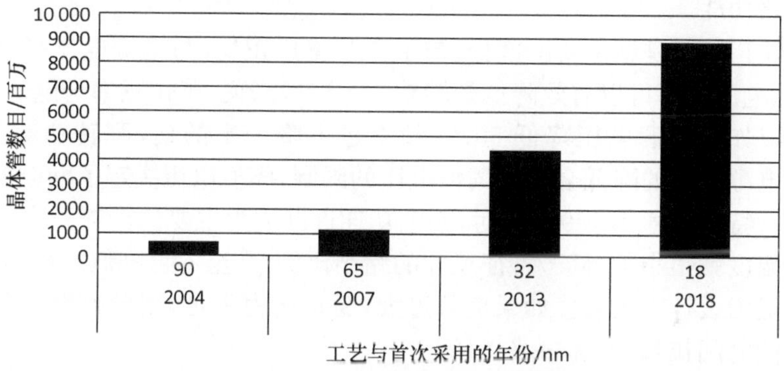

图 1.18　单芯片的晶体管数目[4]

微处理器性能提高的较大因素在于工艺的进展。工艺进展带来芯片集成度和时钟频率的提高。随着特征尺寸的缩小，器件按照相同的倍数缩小，器件速度按照相同的倍数增加。从另一方面看，特征尺寸缩小也带来了新的设计挑战，例如互连延时尤其是全局互连的延时并没有按照相同的比例缩小，如果互连在三个维度上同比例缩小，则互连电容保持不变，最终导致的结果就是互连延时几乎不变。因此，在深亚微米电路的设计中互连延时成为一个重要的限制因素。

另外一个重要的设计挑战是散热的要求。芯片集成度和频率的提高使功耗的增加速度更快，这是设计无法回避的问题。此外，还有大量其他挑战存在，例如芯片接口的高频信号传输，它要求对电路进行全定制设计。这些设计挑战的存在使设计者需要综合考虑逻辑单元、电路和封装等各个方面。

2. 性能因素

微处理器性能在最近 20 年保持了每年接近 50％的高速增长。这主要归功于更快的时钟频率、更深的流水线设计和更好的指令级并行度发掘。然而，由于功耗的原因时钟频率很难进一步提高。长流水线打断执行的代价也很大。指令层面的并行通常受制于应用，可能导致代码生成方面的效率降低和计算资源浪费等。硬件并行性的发掘越来越复杂。

高性能计算逐渐得到广泛关注，包含计算密集型、存储密集型和 IO 密集型应用。为特定应用定制具体实现的情况越来越多，人们甚至希望在芯片制造完成之后还可以定义不同的计算实现方式获得更高的性能。

3. 功耗因素

功耗受到越来越多的关注。不管是高性能处理器，还是普通处理器，用于移动设备时都受限于功耗因素。对于 CMOS 电路来说，总的功耗包含翻转功耗、漏电功耗和短路功耗。

翻转功耗一般是最主要的部分，与工作频率成正比，与电源电压平方成正比。因此，降低电源电压可以有效降低翻转功耗。一般来说，工作频率与电源电压也成正比。所以如果电源电压降低 50%，频率也下降一半的话，翻转功耗可以降低 1/8。但是电源电压的降低会受到阈值电压的限制，阈值电压决定了漏电功耗，也叫静态功耗。特征尺寸小于 90nm 时，漏电功耗逐渐成为主要的功耗开支，故电源电压的下降幅度就很小了，低于特征尺寸的缩小比例，甚至不再降低。短路功耗和电路的驱动能力设计有关系。如果负载过大，驱动能力不足，则导致翻转速度过慢，中间短路的时间拉长，增加短路功耗。

在移动应用中，功耗升高意味着需要更大的电池。设备的总体重量并不能随着计算能力的需求上升而上升，故要求电池密度更大。锂离子替代镍氢电池，因其具备更高的电池能量密度。由于安全方面的考虑，电池的能量密度很难再做大幅度的提高。能量密度过高时，电池几乎会变成爆炸物。

4. 面积因素

另一个设计的重要考量是芯片面积。在高性能计算领域，处理器的成本相比于整个系统是比较小的，增加处理器的成本 10 倍并不会显著提高整个系统的成本。在嵌入式应用中，芯片的成本占主要的部分，选择一个合适的芯片面积就变得非常重要。

芯片面积可以选择的大小范围和工艺的关系很大。更好的制作技术可以在保证良率的情况下使用更大的面积，同时降低制造成本。对于给定的工艺而言，芯片面积从两个方面影响成本。一方面，芯片越大，同一个晶圆可以切分的芯片数量越少，代价越高（给定工艺下加工一个晶圆的成本是固定的）；另一方面，芯片面积增大，良率就会降低，这遵循缺陷的泊松分布。某些情况下芯片尺寸的加倍，可能带来成本 10 倍的上升。

5. 其他

由于技术的不断进步,体系结构的设计者需要考虑更多新的因素,包括处理器编译能力、可实现性和计算结构的适应性等。

1.2.2 冯・诺依曼和哈佛体系结构

计算体系结构按照指令与数据存储方式的不同分为冯・诺依曼体系结构和哈佛体系结构。

冯・诺依曼体系结构又称普林斯顿结构(Princeton architecture),是现代计算体系结构的基础。它提出了指令的概念,程序由指令构成。计算系统包括存储器、控制器、运算器、输入、输出设备。程序和数据统一存储在存储器中,并在程序的控制下自动工作。冯・诺依曼体系结构如图 0.1 所示。冯・诺依曼结构的操作过程同样参见上一章,这里不再赘述。

现有的计算体系结构都参照了冯・诺依曼结构的设计,但是冯・诺依曼结构并非完美。它将运算器与存储器分开,导致了所谓的冯・诺伊曼瓶颈(von Neumann bottleneck):在运算器与存储器之间的流量与存储器的容量相比起来相当小,某些情况下(当运算器需要在大量的数据上执行一些简单指令时),数据流量就成了整体效率非常严重的限制。运算器会在数据输入或输出内存时闲置。由于运算器速度及存储器容量的成长速率远大于双方之间的接口速率增加幅度,瓶颈问题将会越来越严重。冯・诺依曼瓶颈是约翰・巴科斯在 1977 年 ACM 图灵奖得奖致词时第一次提出:确实有一个变更储存装置的方法,比借由冯・诺伊曼瓶颈流通大量数据更为先进。瓶颈不仅是对问题本身数据流量的叙述,更重要的,也是个使我们的思考方法局限在一次一字符模式的智能瓶颈。它使我们怯于思考更广泛的概念。因此,编程成为一种计划与详述通过冯・诺依曼瓶颈的字符数据流,且大部分的问题不在于数据的特征,而是如何找出数据。

在运算器与存储器间的快取内存缓解了冯・诺伊曼瓶颈的效能问题。另外,分支预测(branch prediction)算法的建立也帮助缓和了此问题。巴科斯在 1977 年论述的智能瓶颈情况已改变甚多。现代的函数式编程及面向对象编程已较少执行如早期 Fortran 一般将大量数值从存储器中搬入搬出的操作,这些操作的确占用了电脑大部分的执行时间。

冯・诺依曼提出存储程序的概念时,并没有区分存储结构。最初的理解是指令和数据共享一块存储器或者说同一总线接口。为了方便表述,我们把它称为狭义的冯・诺依曼结构。这种狭义结构的坏处是使得信息流的传输成为限制计算机性能的瓶颈,影响了数据处理速度的提高。于是针对这种狭义的结构,后人提出了哈佛体系结构。

哈佛体系结构是一种将程序指令存储和数据存储分开的存储器结构，如图1.19所示。系统其他的划分和执行方式与冯·诺依曼结构并无分别，也可以看做冯·诺依曼结构的一个变种。哈佛体系结构的中央处理器首先到程序指令存储器中读取程序指令内容，解码后得到数据地址，再到相应的数据存储器中读取数据，进行下一步的操作。程序指令存储和数据存储分开增加了存储器的访问带宽，使指令预取和数据访问有可能同时进行。另外，指令和数据也可以有不同的数据宽度，提高存储器的利用率。例如，Microchip公司的PIC16芯片的程序指令是14位宽度，而数据是8位宽度。

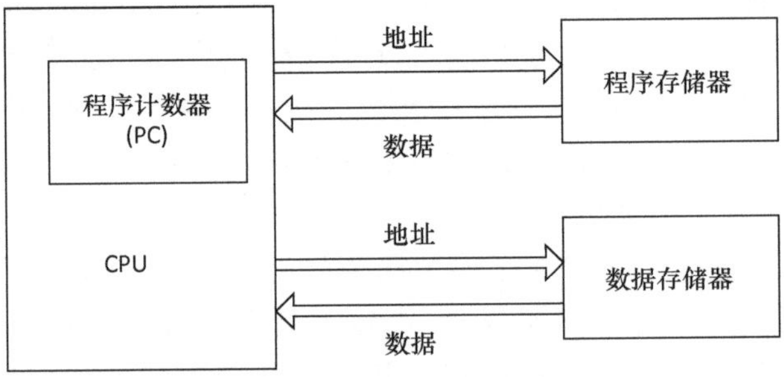

图1.19 哈佛体系结构示意

哈佛结构处理器将程序指令和数据指令分开组织和存储，执行时可以预先读取下一条指令，所以具有较高的效率。使用哈佛结构的微处理器有很多，如摩托罗拉公司的MC68系列、Zilog公司的Z8系列、ATMEL公司的AVR系列和安谋公司的ARM处理器系列等。

哈佛结构处理器有两个明显的特点：存储指令和数据的存储器相互独立，每个存储器都不允许指令和数据并存；使用两条独立的总线，作为CPU和两个存储器之间的专用通信路径，这样两条总线可以同时工作，提高数据吞吐率。哈佛结构的主要缺点是结构相对复杂，对外围设备的连接和处理要求高，不适合外围存储器的扩展。故早期通用处理器倾向于冯·诺依曼狭义结构中这种简单便宜的总线结构，早期Intel的X86架构就是这样。现在的处理器，在内部使用指令数据分开的cache，外部存储器统一，已经很好地将两者统一起来。

1.2.3 并行计算体系结构

计算体系结构最重要的发展趋势之一就是增加并行性，从软件或者程序的角度来看，包含指令级别的并行度、循环级别的并行度、线程级别的并行度和程序级别的并行度。

指令级并行(instruction level parallelism，ILP)表示程序中的多个操作可以并行执行。循环级并行的理想情况是循环体可以流水执行，主要面临的问题是循环体中的数据依赖。线程级并行取决于应用的特点，是否有多个处理过程可以同时进行。程序级并行表示有多个独立的应用可以在一个计算系统中并行执行。

现有的计算体系结构已经在设计中应用这些并行度。一般来说，计算体系结构包括一个或者多个相互连接起来的计算单元，它们协同运算，解决同一个问题。描述它们需要用到流的概念，流是一个单纯由操作或者对象构成的序列，如指令流、数据流。对于绝大多数并行系统而言有四种组合搭配方式，如图 1.20 和图 1.21所示。

指令流 / 数据流	单指令	多指令
单数据	SISD	MISD
多数据	SIMD	MIMD

图 1.20　计算体系结构 Flynn 分类方法

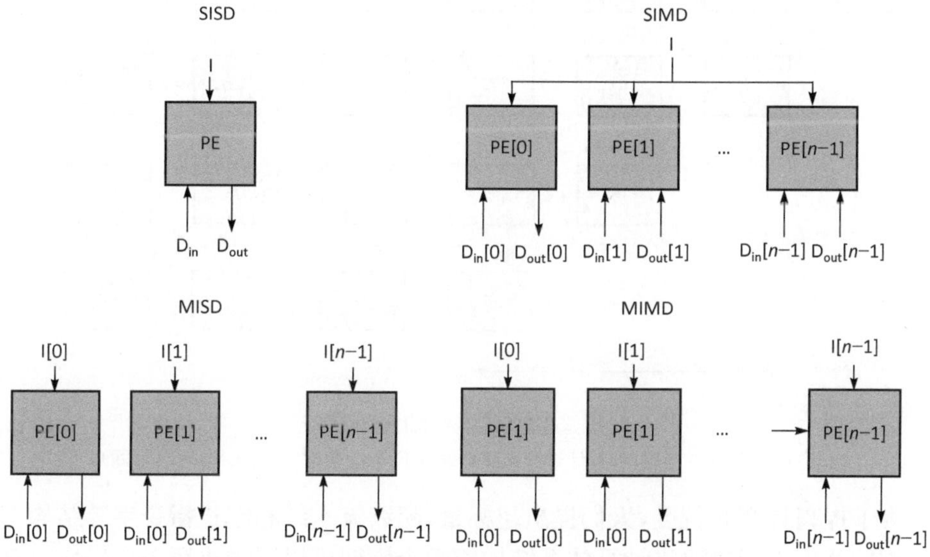

图 1.21　Flynn 分类的四种计算体系结构示意

这种基于流的计算体系结构分类方法被称为 Flynn 分类法，由 Flynn 于 1966 年提出[5]。对于多倍的定义为，在系统性能瓶颈部件上同时处于同一执行阶段的指令或者数据的最大可能个数。

1. SISD 体系结构

传统的单核处理器一般是单指令流单数据流(single instruction stream single data stream,SISD)结构。SISD 结构的处理器每个周期从指令流中执行一个或者多个操作。这里将指令看做一个容器,它是在处理器上执行的最小单元。一个指令可以包含一个或者多个操作。指令和操作之间的关系可以用来区分体系结构。例如,标量体系结构每个循环执行一条指令,指令仅包含单个操作;VLIW 体系结构每周期执行一条指令,包含多个操作。

常规的 SISD 结构包括标量处理器、顺序处理器和流水线处理器。标量处理器每条指令对应单一操作。顺序处理器顺序执行指令流中的指令。流水线处理器发掘了指令执行各个阶段的并行度,如指令预取、译码和执行等,不同指令的不同阶段在同一周期可能并发执行,如图 1.22 所示。

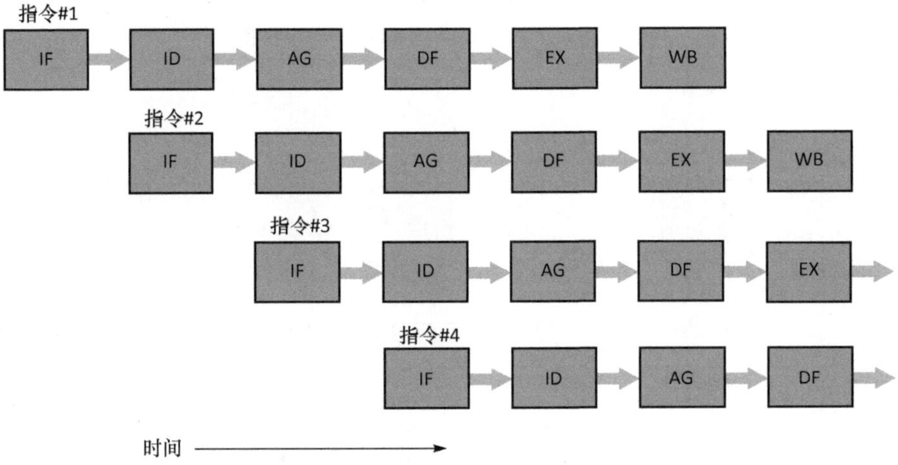

图 1.22　流水线结构示意

(IF:取指令;ID:译码;AG:计算操作数地址;DF:取操作数;EX:执行;WB:写回)

为了提高计算并行度,人们提出超标量、超级流水线和超长指令字等结构。这些结构的基本思想是改进计算体系结构使每个周期可以同时执行多个操作。这也是后来处理器发展的主流方向。

超标量结构的设计方法是重复设置若干个相同的(通常是流水的)执行部件,各部件之间没有明显的分界线,可以同时在每个时钟周期内并行发出多于一条的独立指令,同时取多条指令并译码,用硬件调度并行操作,具有这种结构的处理器在商业推广中已经相当成功,并且无需提高时钟频率也能提高系统性能。例如,Intel 的 1860 计算机有独立的浮点机和定点机,每周期能执行两条指令,执行一次浮点操作和一次定点操作;IBM 的 Rs-6000 机器的超标量结构,具有相同的能力,但实现时有一些不同,一条指令能实现控制浮点部件,更新定点部件中一个寄存器的数据,为分支部件计算分支条件。

超级流水线结构的设计是将流水线各级操作进行更细致的划分,每级操作时间相应缩短,增加流水线级数。在第一条指令没有完成之前流水线级便可执行第二条指令,缩短流水线节拍,超级流水线能包含几条短流水线或几条长流水线,保持多流水线同时工作,从整体上说这样也提高处理器的速度性能。实际上,每个超级流水线段是在数倍于基本时钟频率的速度上运行,这个倍数取决于超级流水线所超的程度。表 1.1 是对超标量和超级流水线这两种设计方法优缺点的简单对比。

表 1.1　超标量和超级流水线特点对照表

特点 设计方法	优点	缺点
超标量	规模的缩放性,对于执行部件个数没有限制 不受时钟频率影响,提高速度的潜力大	有多个执行部件占多个芯片,因此调度复杂 对指令的顺序敏感,为有效地发挥作用,编译器要做大量的优化工作
超级流水线	仅有一个执行部件,节省芯片,调度逻辑简单 对指令的顺序不敏感,要求低	受时钟频率影响,流水线速度很难提高

超标量和超级流水线两种设计提高内部指令级并行度的原理概念有所不同,一般认为前者是靠空间来换取时间,后者是以时间来换取空间。前者的代价是执行部件增多,晶体管数增加,后者的晶体管数增加不多,但是要求高主频。表 1.2 列出几种不同公司开发的不同结构处理器作比较。

表 1.2　几种典型芯片性能指标比较

公司名称	SUN-TI	SGI/MIPS	DEC	INTEL	HP
处理器型号	Super SPARC	R4000 SC	Alpha21054AA	i860XP	PA-7100
时钟主频/MHz	50	50(外部) 100(内部)	200(内部)	25/40/50	66～100
晶体管集成数	3.1M	1.35M	1.68M	2.55M	850K
体系结构	超标量	超级流水线	超标量/超级流水线	超长指令字	超标量/超级流水线
位数	32	64	64	32	32
流水线级数	4 级(长度不等)	8	7 级整数流水线; 10 级浮点小数流水线	4	6

超长指令字(VLIW)结构与一般结构相比有超长的指令格式,长达几百个位,一条指令由多个分指令构成,分指令各自指定一个操作及其对应的执行部件,编在一条指令中的分指令可以并行执行,每条分指令可以做几个不同的运算。这些运算都要发送到各自的执行部件上完成,哪些操作可以并行执行,这是在编译阶段选择的。VLIW 的指令译码和逻辑电路的安排比超标量要简单,靠编译程序的静态调度来挖掘指令级的并行性,而超标量采用复杂硬件的动态指令调度,因此 VLIW 更便于实现多条指令的并行执行。有更高的并行处理能力,但这种结构指令可能变得非常长,因为固定的格式会包含一些不作操作的位,并且对编译程序要求很高,所以该设计方法更适合于专门的并行性高的场合。Intel 公司与卡内基梅隆大学共同开发了具有 VLIW 结构的 iwap 微处理器,指令包括 96 位,能同时执行 9 条分指令。

2. SIMD 体系结构

单指令流多数据流(single instruction stream multiple data stream,SIMD)体系结构主要包括阵列和向量处理器。SIMD 体系结构通常使用规则的数据结构,如矩阵和向量。阵列处理器是并行计算单元通过一个或者多个网络相连的计算结构,一般包含本地和全局的通信和控制模块。每个处理单元包含私有的存储器,数据按照某个规则的方式在阵列上分布。

3. MISD 体系结构

多指令流单数据流(multiple instruction stream single data stream,MISD)体系结构的处理器目前基本没有。虽然容易想象和设计这种处理器,但是目前尚缺乏编程模型,难以快速映射程序。从概念上看,MISD 架构表示多个独立执行的功能单元(function unit,FU)对于一个数据流进行操作,结果从一个功能单元转移到另一个功能单元。这种结构也被称为转移机器。转移机器的数据存储可以使用移位寄存器构成。一组移位寄存器称为一列,转移机器包含多个移位寄存器列。各种功能单元排列在移位寄存器两侧。数据处理的过程是从一列转移到另一列,选择不同的功能单元进行处理。转移机器的好处是可以减少存储延时。相比传统结构中任意功能单元可以访问存储器任意区域,这类通常是性能瓶颈的存储器访问延时在 MISD 结构中不复存在。

4. MIMD 体系结构

多指令流多数据流(multiple instruction stream multiple data stream,MIMD)体系结构包括多个处理器和某种互连结构。尽管大多数应用程序需要某种形式的同步以便执行时在处理器之间传递信息和数据,MIMD 体系结构中的每个处理器执行还是完全独立的。图像处理单元(graphic processing unit,GPU)就是一种 MIMD 的计算芯片,包含数以千计的计算单元,可以同时处理多任务。例如,NVIDIA 公司的 GeForce GTX680 芯片就包含多达 1488 个小型计算单元。

1.2.4　多核和阿姆达尔定律

多核架构是指在计算体系结构中集成两个或多个完整的计算引擎。多核是 SISD 体系结构发展成熟后的必然选择。MIMD 体系结构就是多核架构。对于单一处理器来说,性能可以看做主频乘以单个周期内执行的指令数(instruction per clock,IPC)。因此,提高处理器的性能有两个主要途径,即提高主频和提高单个时钟周期内执行的指令数。前面提到通过流水线、超标量等提高内部指令级并行度的方法,这种改进的难度很高,而频率提高的方式相比较要简单得多。我们可以看到,在单核处理器时代通过提高处理器主频来提高性能就成了主要的手段,以 Intel 的 Pentium 系列处理器为代表。1993 年,第一代的 Pentium 处理器工作在 60MHz,2000 年的 Pentium IV 处理器的主频已经快速提升到 1.5GHz。

然而使处理器主频提高不是没有止境的。简单来看,处理器的功耗和处理器内部的电流、电压的平方和主频成正比,而主频和电压成正比。所以,功耗约和主频的三次方成正比。如果通过提高主频来提高处理器的性能,就会使处理器的功耗以三次方的速度急剧上升,很快就会触及频率墙。过快的能耗上升,迫使人们寻找另外的出路,如回到 IPC 的视角上来。除了 SISD 中提到的流水线、超标量等提升微架构指令级并行度的方式,还存在另外一条道路,提高数据流的并行处理速率可以是单数据流多数据,也可以是多任务多数据流。多核架构是当下最有效的手段。

多核一方面绕开了单核频率墙的问题,另一方面开拓了一个全新的领域,推动了更高性能体系结构的发展。从目前来看,多核获得性能收益的成本要远低于单核的继续提升,同时也面临着新的问题。现有的编程模型以冯·诺依曼结构为基础,而该结构在原来的理解上是一维串行的,多核处理器则属于分布式离散的并行结构,需要解决二者的失配问题。首先,考虑串行图灵机模型和物理上分布实现的多核处理器的匹配问题。图灵机模型意味着串行的编程模型。串行程序很难利用空间分布的多个处理器核获得性能加速。与此同时,并行编程模型并没有获得很好的推广,仅局限于科学计算等有限的领域。研究者正在寻求合适的机制来实现串行图灵机模型和物理上分布实现的多核处理器的匹配问题或缩小二者之间的差距,解决并行程序编程困难,串行程序加速小的问题。

上述问题的描述有一个被大家公认的经验法则——阿姆达尔定律。阿姆达尔定律给出了并行计算效率的评估方法[6]。它由 IBM360S 的主要设计者阿姆达尔在 1967 年首先提出:系统对某一部件采用更快执行方式能获得的系统性能改进程度,取决于这种执行方式所占总执行时间的比例,即

$$\text{Speedup}=\frac{W_s+W_p}{W_s+\frac{W_p}{p}} \tag{1.1}$$

其中，W_s 表示串行计算部分所占比例；W_p 表示并行计算部分所占比例，$W_s+W_p=1$，p 表示并行处理节点个数。

当 W_s 为 0 时，加速比为 p 倍；当 W_s 为 1 时，加速比为 1；当 p 趋于无穷大时，极限加速比为 $1/W_s$。这表明通过并行计算获得加速的过程被系统中最慢的模块限制。例如，多核处理器在执行同一个应用时通常不能获得与核的数量相同倍数的性能提升。

未来的多核处理器应该从如下两个方向加以考虑。一个方向是引入新的能够更好的表示并行性的编程模型。由于新的编程模型支持编程者显式表示程序的并行性，因此可以极大的提升性能。例如，IBM 公司的 Cell 处理器提供不同的编程模型用于支持不同的应用；NVIDIA 公司的 GPU 芯片引入 CUDA 技术改进原有的编程模型。这种方式的难点在于如何有效推广该编程模型，以及如何解决兼容性的问题。另一个方向是提供更好的硬件解决方案以减少并行编程的复杂性。并行程序往往需要利用锁机制实现对边界资源的同步操作和互斥操作，编程者必须慎重确定加锁的位置。保守的加锁策略限制了程序的性能，而精确的加锁策略则大大增加了编程的复杂度。例如，Speculative Lock Elision 机制允许在没有冲突的情况下忽略程序执行的锁操作，从而在降低编程复杂度的同时兼顾并行程序执行的性能。这样的机制使编程者能集中精力考虑程序的正确性问题，无需过多地考虑程序的执行性能[7]。更激进的是，TCC(transactional coherence and consistency)机制以多个访存操作为单位考虑数据的一致性问题，进一步简化了并行编程的复杂度[8]。

主流的商业多核处理器主要针对并行应用，如何利用多核加速串行程序仍然是一个值得关注的问题。其关键技术在于利用软件或硬件自动地从串行程序中派生出能够在多核处理器上并行执行的代码或线程。多核加速串行程序主要有并行编译器、推测多线程，以及基于线程的预取机制等。在传统的并行编译中，编译器需要花费很大的精力来保证拟划分线程之间不存在数据依赖关系。编译时存在大量模糊依赖，尤其是在允许使用指针(如 C 程序)的情况下，编译器不得不采用保守策略来保证程序执行的正确性。这大大限制了串行程序可以挖掘的并发程度，也决定了并行编译器只能在狭窄范围使用。为了解决这些问题，人们提出推测多线程及基于线程的预取机制等。然而，从这种概念提出到现在为止，这个方向的研究大部分局限于学术界，仅有个别商业化处理器应用了这种技术，并仅仅局限于特殊的应用领域。动态优化技术和推测多线程(包括基于线程的预取机制)的结合可能是未来的发展趋势。

冯·诺依曼体系结构的一维地址空间和多核处理器的多维访存层次存在不匹配的情况。不均匀的数据访问延迟和同一数据在多个处理器核上的不同拷贝机制导致了数据一致性问题。该领域的研究分为两大类：一类是引入新的访存层次。新的访存层次可能采用一维分布式实现方式。典型的例子是增加分布式统一编址的寄存器网络。全局统一编址的特性避免了数据一致性考虑。同时，相比于传统的大容量 cache 访问，寄存器又能提供更快的访问速度。TRIPS 和 RAW 都实现了类似的寄存器网络。另外，新的访存层次也可以是私有的形式，例如每个处理器都有自己私有的访存空间。其好处是更好的划分数据存储空间，局部私有数据不需要考虑数据一致性问题。例如，Cell 处理器为每个 SPE 核设置了私有的数据缓冲区。另一类主要涉及研制新的 cache 一致性协议。其重要趋势是放松正确性和性能的关系，例如推测 cache 协议在数据一致性未得到确认之前就推测执行相关指令，从而减少了长延迟访存操作对流水线的影响。Token Coherence 和 TCC 也采用类似的思想。

程序的多样性和单一体系结构存在失配问题，未来应用展现出多样性的特点。一方面，处理器的评估不仅局限于性能，也包括可靠性和安全性等指标。另一方面，即便仅追求性能的提高，不同的应用程序也蕴含不同层次的并行性。应用的多样性驱使未来的处理器具有可配置、灵活的体系结构。可重构处理器就是这方面富有成效的探索之一，该处理器核和片上存储系统均有可配置的能力，能够同时挖掘指令级并行性和数据级并行性，甚至线程级、程序级并行性。多核和 Cell 等新型处理结构的出现不仅是处理器架构历史上具有里程碑式的事件，对传统的计算模式和计算体系架构也是一种颠覆创新。

1.3　半导体技术发展的挑战

纵观计算技术发展史，可以说半导体技术的出现为计算技术的发展带来了翻天覆地的飞跃。半导体技术成为现代计算技术的基石，它的发展对计算体系结构产生了极为深刻的影响。例如，晶体管代替电子管实现了计算系统性能成百上千倍的提升，使之真正应用在商业和科研领域。集成电路使通用计算系统的出现成为可能。反过来计算系统的飞速发展也为半导体技术的发展指明了方向。例如，计算系统不断提升的性能要求指出了集成电路不断扩大规模的发展方向。20 世纪 60 年代诞生的集成电路在初期只有几十个元件，到 80 年代末 Intel 处理器已经可以集成数百万个晶体管。因此，计算体系结构和半导体技术的发展息息相关。计算体系结构推动了半导体技术的不断发展，反过来半导体技术的发展对体系结构不断提出新的挑战。

1.3.1　芯片复用技术需求

随着集成电路制造工艺的发展，硅芯片的集成能力越来越强，同时设计和制造的费用也越来越高。根据 ITRS，2016 年主流工艺线宽 22nm，2019 年将达到 16nm，传统芯片制造工艺可能会持续减小到 5～3nm，如图 1.23 所示。表 1.3 给出了 45～22nm 工艺在集成能力和生产设计成本等方面的信息。表 1.3 中的数据表明，单个芯片上集成的晶体管数量依旧会成倍的增加，从几十亿到上百亿，甚至更多的晶体管。这使得硬件资源极大丰富，可以承载更多的计算任务。

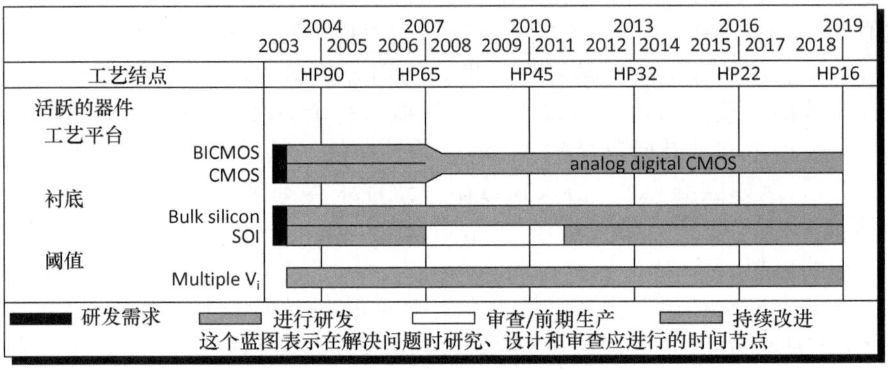

图 1.23　国际半导体技术蓝图[4]

表 1.3　集成电路设计、制造和研发费用[9,10]

制程	45nm	32nm	22nm
工艺集成能力/(gate/mm²)	824K	1098K	1566K
300 mm² 晶圆成本/美元	4024	4817	6638
单位门成本/微分	7.67	6.89	6.6
芯片设计成本/亿美元	0.2～0.5	0.75	—
工艺研发成本/亿美元	24	30	—
生产线成本/亿美元	35～50	50～60	80～100

随着工艺线成本和设计费用的不断提高，产业内具备最先进芯片研发能力的公司越来越少。芯片高昂的设计制造费用将很多中小型公司拦在门外。对于有能力支付费用的大公司而言，这些芯片一次性投入的快速增加，也要求销售更多的数量来摊薄成本，实现盈利。因此，芯片复用技术将会受到更多重视。无法自行设计生产的公司希望购买一类芯片用于不断涌现的新应用，降低产品和服务更新换代时硬件系统或者芯片采购上的投入，最好的情况是无需改动硬件系统就快速实现；同一种芯片在不同应用中的兼容，也使得原本无法承担费用的多家公司，可以通过联合设计的方式为自己定制所需。对于具备设计生产最先进工艺芯片产品的大型企业而言，同一芯片销售数量的压力在快速增加，只有通过设计可复用的体系结构才是最终的出路。

在这种趋势下，最先进工艺制作的芯片种类会逐渐减少，其中具备复用性的体系结构占主要的比例。对于更快、更低功耗工艺的追求脚步不会停止。性能功耗代表着市场的需求导向，因此采用最好工艺生产最主要应用的计算芯片的需求也不会消失。设计这样的计算芯片，就需要尽可能兼顾高性能、高能量效率和一定范围内的灵活性。

1.3.2　低功耗技术需求

半导体技术发展的主要标志是芯片特征尺寸减小。特征尺寸减小会带来功耗问题。在计算芯片发展史上，功耗一直是困扰发展的重要因素。在晶体管替代电子管时，就能大幅降低功耗，便于更大规模的集成以提高性能。在集成电路中，CMOS 晶体管工艺替代双极型晶体管，也大幅降低了后者的静态电流和开关短路电流过大引起的无谓能量消耗。

随着特征尺寸的进一步减小，目前的 CMOS 晶体管也面临着功耗的困境。工艺等比例缩小(scaling-down)会使电流、电压同时减小，电路功耗呈二次方缩小，而面积也是同样的情况，故单位面积功耗不变。然而，这是理想状态下的结果，由于特征尺寸缩小(尤其是栅氧化层的厚度降低)导致漏电急剧增加，从本可以忽略的因素转变为主要矛盾，故栅氧化层的厚度并不能持续缩小，如图 1.24 所示。为了性能的提升，电压也不能持续下降，因此原来的动态电路功耗也不能做到二次方的下降。同时，漏电部分的增长又快速提升，面积还是保持二次方的缩小。这样会导致功耗密度逐步上升，带来功耗墙的问题。

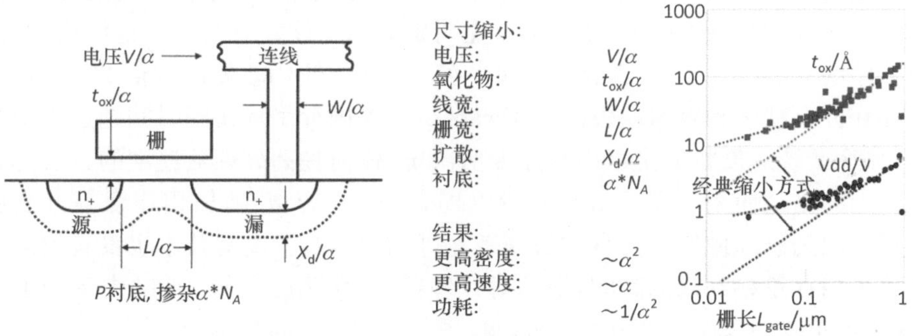

图 1.24　功耗和工艺尺寸的关系

常温被动散热技术条件下硅基芯片能够承受的理论极限值是每平方厘米 100 瓦[11]。现在芯片内功耗密度已经超出这个极限值，并且很快将达到核子反应堆的温度[12]，需要主动散热技术，如图 1.25 所示。功耗问题严重削弱了硅基芯片的可靠性和生命周期。不论体系架构师、微体系架构师，还是逻辑电路工程师都已经意识到，必须把功率放在重要的位置考虑，以规避所谓的功耗墙问题。

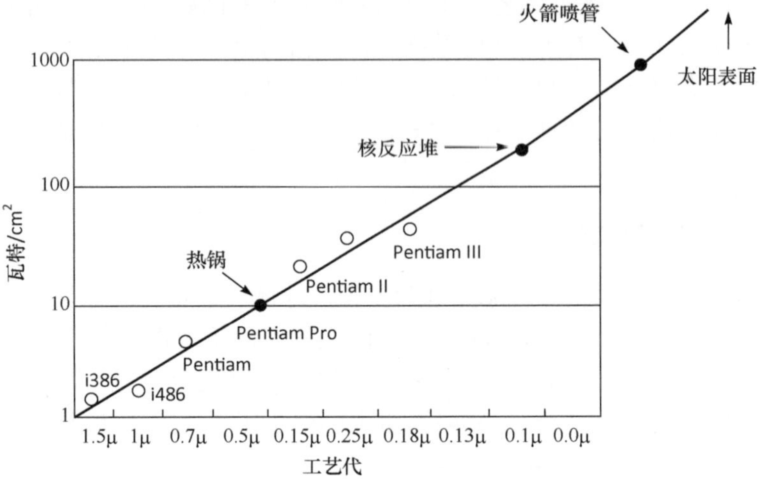

图 1.25 传统体系结构功耗密度的发展趋势[13]

1.3.3 存储技术瓶颈

根据摩尔定律，处理器密度和速度以几何级数的方式快速增长。处理器的速度大约每年提高 75%，而动态随机(访问)存储器(dynamic random access memory，DRAM)能够提供的存储带宽每年则提高 7%左右，大大低于处理器的增长速度。随着近几年处理器与内存速度差距的拉大，存储器能够提供的指令和数据带宽已满足不了处理器的需求，系统的性能在很大程度上取决于内存速度，出现存储墙效应。Wulf 和 McKee 于 1995 年首先明确提出了该效应[14,15]。他们指出，由于一般程序约有 20%～40%的指令访问内存[16]，即便使用较低的数值 20%，并且使用不存在冲突缺失和容量缺失的完美 cache，如果内存平均访问时间超过 5 个指令周期，那么系统速度将完全由内存速度所决定，任何提高处理器速度的方法都于事无补。因为已经使用了完美 cache，所以提高 cache 容量/增加相连度等方法也完全无用。因为已经使用了内存的最高带宽，所有预取/预测等技术也没有效果。他们计算了内存壁垒到来的时间，根据对处理器、内存速度和 cache 缺失率的不同假设，这个时间为 2000～2010 年。例如，根据 1999 年高性能计算会议上 Anderson[17]的数据显示(图 1.26)，应用系统实际性能远远不能达到理想的峰值性能。另一组数据显示，在高性能科学计算领域，计算节点在超过 95%的时间内处于空闲等待状态，大部分是内存带宽瓶颈的原因造成的。

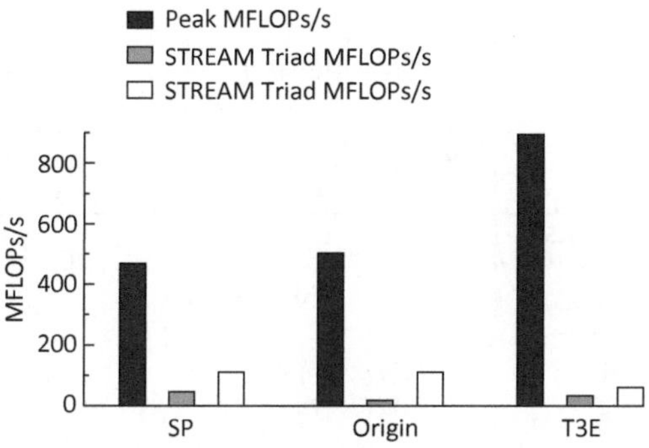

图 1.26 实际性能与峰值性能差距举例[17]

1.4 可重构计算技术的历史背景

可重构计算技术是为了顺应半导体技术发展而兴起的计算技术。它强调资源的复用，在静态情况下，采用类似 ASIC 的设计追求高性能；在动态情况下，通过改变功能配置，适应不同应用的要求。某些动态配置技术还可以让该体系结构在同一个应用中切换功能，提高芯片资源的时分复用率。可重构计算架构大都采用阵列式多内核设计，存储、计算资源分布式架构，重点提高资源调用的占空比，具备类似 ASIC 的能量效率，可能成为规避存储墙和功耗墙问题的出路之一。下面从半导体行业发展规律的角度介绍可重构计算技术兴起的历史背景。

半导体行业存在标准化和定制化交替循环的现象。Makimoto 在 1987 年首先发现该现象，并于 1991 年以 Makimoto 曲线为名发布在 Electronics Weekly 上。他指出半导体行业每隔 10 年将发生一次标准化和定制化之间的变革[18,19]，如图 1.27所示。第一代是硬连线时代，由分立元件或者小规模定制集成电路完成所需功能，以硬件实现算法。因此，硬件资源固定不变，同时算法也不可改变。这一代系统的灵活性最差，增加新功能必须设计新的电路。第二代是过程性编程或软件编程时代。由于微处理器和存储器芯片的出现，设计同一套电路并以软件来实现不同的功能成为了可能。这个时代以基于冯·诺依曼计算模型的个人计算机的大量普及为特征。算法由软件实现，因此算法是可以灵活改变的。在后期，随着集成电路制造工艺的提高及 EDA 工具的发展，出现了大规模的面向应用的专用集成电路。

数字消费类产品是推动第三代技术发展的动力。面市时间(time to market，TTM)是消费类市场成败的关键，ASIC 较长的设计周期已经不能满足快速设计开发的需求。于是出现了现场可编程器件(PLD/CPLD/FPGA 等)，以及可以长期保存数据、代码的非易失性技术。可编程器件片上包含大量的可编程逻辑资源和

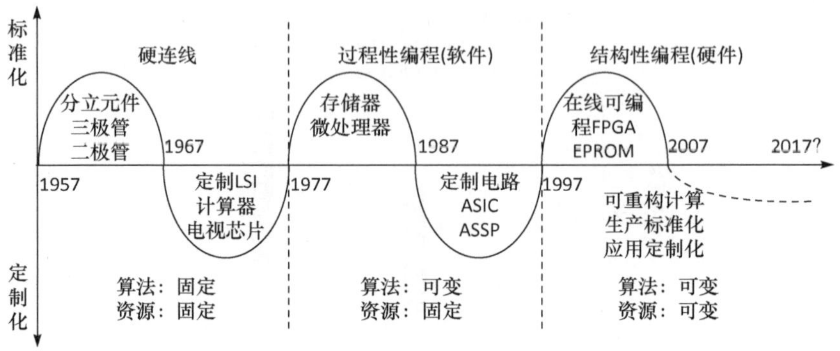

图 1.27　经 Hartenstein 修订的 Makimoto 半导体发展曲线[18]

布线资源，即使在芯片出厂以后，用户仍可以通过 EDA 工具实现特定的算法，并配置到芯片之上。这种制造后的编程能力节省了一次性工程(non-recurring engineering，NRE)开销和时间，赋予了设计人员更多的灵活性。手持设备对体积和功耗要求比较严格。单片机及集成度更高的 SoC 等推动了该应用领域的发展。它们融合了非易失性存储技术，将包含运算、存储、外设和 IO 等功能的整个系统集成到单一芯片内，使设备变得更小、更轻、功能更强。可编程硬件和非易失性存储为可重构计算技术的发展铺平了道路。

1987 年，许居衍的研究小组采用中德电子周报告会一篇有关半导体产品制造与应用的交叉分类方法(分为通用标准、专用标准、通用定制和专用定制四类)，从造与用的对立统一运动出发，以应用为矛盾的主要方面，总结出了半导体产品主要特征将沿着通用与专用循环波动，每十年一次，如图 1.28 所示。这一提法在童志鹏院士组织编写《未来军事电子》[20]一书时，以"硅微电子产品史上的六次波动"为子节编入。考虑到产品成熟应用并形成主流又比技术本身滞后十年，因而六次波动所对应的时间分别为 1958～1968 年(半导体分立器件)、1968～1978(电视、音响等专用标准产品 ASSP)、1978～1988(微处理器)、1988～1998(掩膜编程等专用电路)、1998～2008(用户可编程等电路)和 2008～2018(片上集成系统)。这与本书的硅微电子发展史上的七次浪潮(1948～1958 年，晶体管；1958～1968 年，SSI/MSI；1968～1978 年，LSI；1978～1988 年，VLSI；1988～1998 年，ULSI；1998～2008 年，GLSI；2008～2018 年，WSI)按产品成熟应用在时间上一一对应。第七次浪潮对应的通用波动，当时由于尚难确定其应用特征，因此用"?"表示。在 2000 年[21]他们拉直了这个问号，指出其主流产品为多功能芯片(MFIC)，稍后更名为用户可重构 SoC(U-SoC)，并在而第六波明确更名为嵌入式编程芯片(EBIC)，如图 1.28 所示。

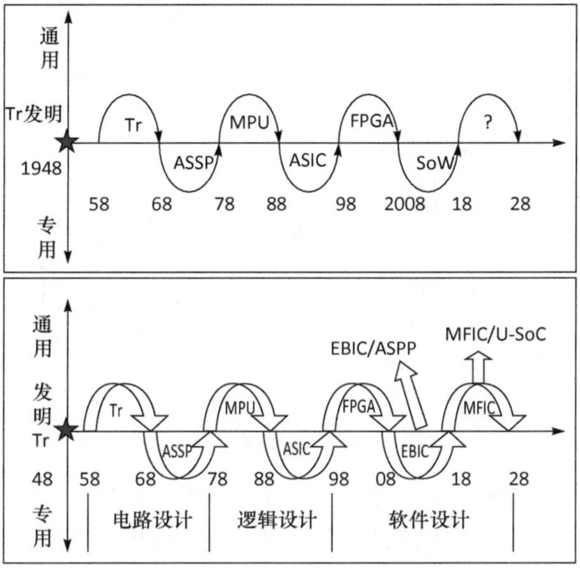

图 1.28　半导体产品特征循环及其首次修订[20]

在此，我们可以看到可编程或者可重构提法，并将其作为 2007 年后兴盛的一种更强大的计算形式。许居衍院士提出的“产品特征循环”与牧村先生的“浪潮”在前六个波动大致相同。但是，许居衍院士预测时段比牧村长 20 年，多两个波动[21]。其中第六个(专用)波动，牧村先生到 2001[22](或 2002)年时也才在他的“浪潮”修正中补充进去。我们当时用 SoW(system on a wafer)表征第六波主流应用产品，SoW 就是现在讲的 SoC。牧村先生则以 SoC/SiP 为表征。许居衍院士当时预见到第七波(通用)的可能。但从目前收集到的资料看，第七波是否存在还有分歧。牧村先生在 2003 年再度修正的报告[23]中，仍然仅仅提到第六波(定制)，而 Hartenstein 教授则明确表示不再有新的波动了[22]。我们从他对“牧村浪潮”波形的修正中(图 1.29)可以看到，他把第五波(标准)的主流产品可编程改成了可重构，并把第六波(定制)修改为半浅波，以粗粒度(coarse grained)可编程芯片为主特征。由此可以猜想，他或许认为第五波就开始了可重构特征，而第六波不过是第五波的一个过渡而已。从技术本身的发展可以认识到，可重构计算是一个难度颇大，涉及面甚广的课题，当前很多人在研究，但是无论在器件结构、系统结构，还是设计方法学方面都存在不少问题，仍有很长的路要走。我们相信可重构计算技术的发展，终将推动主流应用进入可重构通用电路的波动中，仅通过对可重构芯片的配置编程就可以得到用户自定义的功能电路，从而引导半导体产业结构演变，促进不做芯片设计、专事芯片应用创新的 Designless 商业模式兴起[24]。

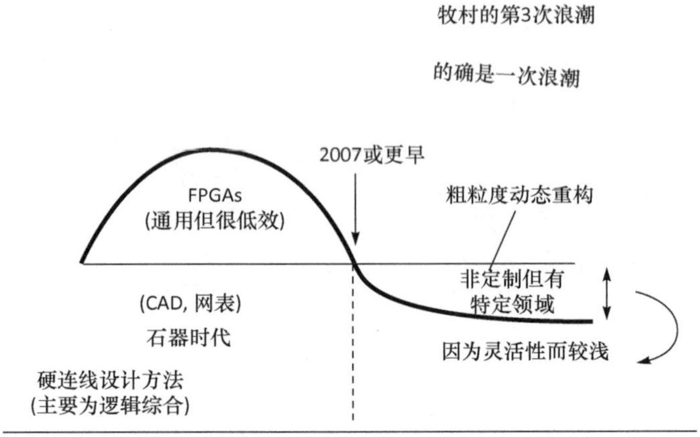

图 1.29 Hartenstein 对牧村浪潮的修订意见[22]

另外,两者在时间轴上也不尽相同。其一,起点之所以定于 1958、1968、……是考虑到晶体管的发明时间虽然是 1947 年,但专利申请却在 1948 年,而且直到 1956 年肖克莱才开始创办公司(日本公司在此时才开始把晶体管用于收音机)。因此,晶体管成熟应用并成为主流约在 1958～1968 年,起点为 1958 年。同样,1958 年 9 月 TI 公司 Killby 发明台式锗集成电路,1959 年 1 月 Farchild 公司 Noyce 发明硅平面集成电路,他们两人的专利申请在 1964 年和 1961 年才获得授权。因此,中小规模集成电路作为专用标准产品应用于电视、音响,并成为主流约在 1968～1978 年,起点为 1968 年。其他波动循环的主流产品与技术出现的时间对应关系也大致如此。这里需要特别提出的是,20 世纪 80 年代出现的可编程器件在 1990 年之后才逐渐成熟,并在规模应用与生产中显示出价格优势而对 ASIC 形成压力。这个事实表明,产品特性循环预示的可编程器件成熟应用并成为主流的时间段 (1998～2008 年)是正确的。据此,我们有充分的理由相信,嵌入式系统级芯片成熟并成为主流的时间段为 2008～2018 年,以及随后第七波(2018～2028 年)存在的合理性与合乎规律性了。ISuppli 也认为牧村浪潮已经走到尽头,新一轮的“标准”波动继续驱动半导体工业增长[25]。其二,终点预测在 2028 年,这与早年关于传统硅的生命曲线研究有关。研究表明,基于近平衡态物理的硅微电子技术将于 2014～2017 年进入其 S 曲线的拐点,发展速度明显放慢,摩尔定律失效。这时,硅微电子的创新主要依赖于芯片设计方法学的进步[26]。

在计算机体系结构领域,随着半导体制造工艺与计算机科学技术的发展,常规的体系结构与微体系结构的设计思想已不符合现代科技的发展水平,这要求我们从根本上颠覆常规的设计思路。在软件架构方面,原来认为其基础硬件电路是稳定可靠的,但在 65nm 以下的深亚微米工艺中由于特征尺寸缩短,硬件出错的概率大幅增加。因此,软件设计需要考虑冗余容错或检查点等代码以提高软件的健壮性。在逻辑设计验证方面，以前是提出新的思想，通过设计芯片加以验证。随着工艺的提升、掩模等费用的提升和设计周期的延长，定制芯片的方法不再适合验证的需要。同样，由于功耗壁垒效应，甚至不能提供足够的电力驱动片上晶体管工作。节省晶体管数目已不再是芯片设计的重点，因而逐渐转向低功耗设计。由于内存壁垒问题，内部功能单元的速度远比外部存储器的速度快的多，一些常量查表等内存访问操作可以由乘除等运算替代。由于指令级并行度的有限性[27]（ILP 壁垒），原有的乱序、猜测、流水和超长指令字等提高并行度的方法将接近代码的极限。这些壁垒效应，自 2002 年以来单处理器性能的增长速度减缓为 2 倍/5 年，是 20 世纪 90 年代速度 2 倍/1.5 年的三分之一，如图 1.30 所示。

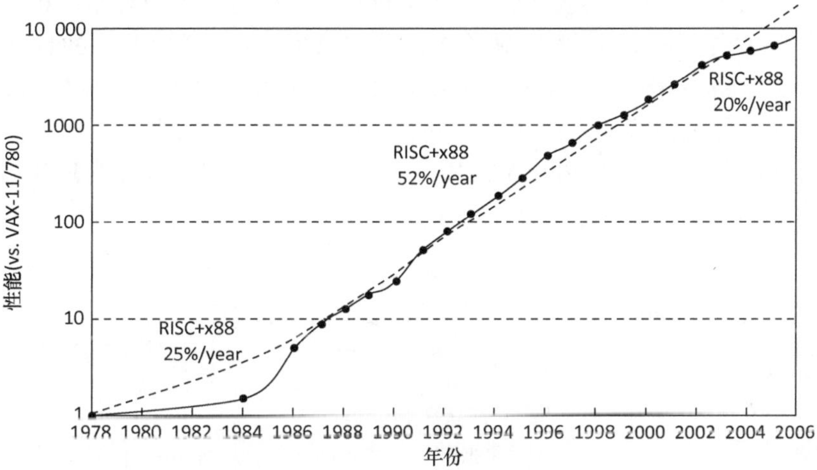

图 1.30　单处理器的性能发展及预测[28]

单处理器已经进入慢速增长期。2006 年，Patterson 在“计算机体系结构的未来”[29]中指出，多核处理器、更粗粒度的并行，如线程级并行（thread level parallelism，TLP）和智能编译是未来体系结构的研究重点。这主要归因于半导体技术的发展，芯片容量密度迅速提高，很快将有单片 1000 核的处理器出现。微架构师正在着手研制面向千核的硬件仿真环境，如 RAMP、BEE 等。他们通常使用高密度 FPGA 实现多核指令集处理器。单片 Virtex-II 可以容纳 25 个 Microblaze 软核 CPU，40 个 Virtex-II 即可组成千核仿真环境。这种硬件环境能够实时的运行软件应用程序，并且容易制造，造价低廉，为研究未来体系结构和编译技术等提供了强有力的支持。Patterson 使用多核的方法来使用未来巨量的晶体管资源，每个核心都具有同样或者类似的微架构，串行（宏观上看来）执行指令流，这不免有些浪费。我们认为应该更进一步。对于大型应用程序，许多代码段将执行特定的算法。如果将一部分硬件资源专门用来优化其中的核心算法，显然比通用 CPU 核具有更高的性能和更好的硬件利用率。这就是可重构计算的做法。

在微电子领域，随着 2000 年 130nm 制造工艺和 2002 年 90nm 制造工艺的引进，半导体工业进入了纳米科技时代[30]。除了继续将现有的硅半导体向更短的特征尺寸推动之外，纳米时代最具吸引力的便是新基础工艺的发明。例如，基于碳纳米管(cornell)、硅纳米线(CIT)、分子开关(Yale)的分子电子电路、单电子量子晶体管(NEC)、自旋共振晶体管(UCLA)等。与常规 VLSI 的超高频紫外线光刻技术不同，分子电路使用自我组装(self-assembly)工艺[31]，即首先制造出含有相应分子结构的芯片，然后再定制一个完整的电路。自组装过程远比光刻昂贵，并且几乎不可避免的会出现硬件缺陷。因此，如何定位出错单元，如何合理利用含有缺陷的芯片是纳米电子研究中的关键问题。将可重构技术引进硬件设计是一种有效的解决方法[32]。在传统概念中，含有缺陷的芯片将被完全抛弃，使芯片的良率大为提高。在分子电路中(图 1.31)，如果以可重构硬件作为芯片的基本构建单元(分子开关本身具有可重构特征)，损坏的部分由其他单元替代，从而从不可靠的硬件中构建出可靠的系统，芯片便可正常使用。当然，分子芯片也可以作为独立的可重构器件使用。

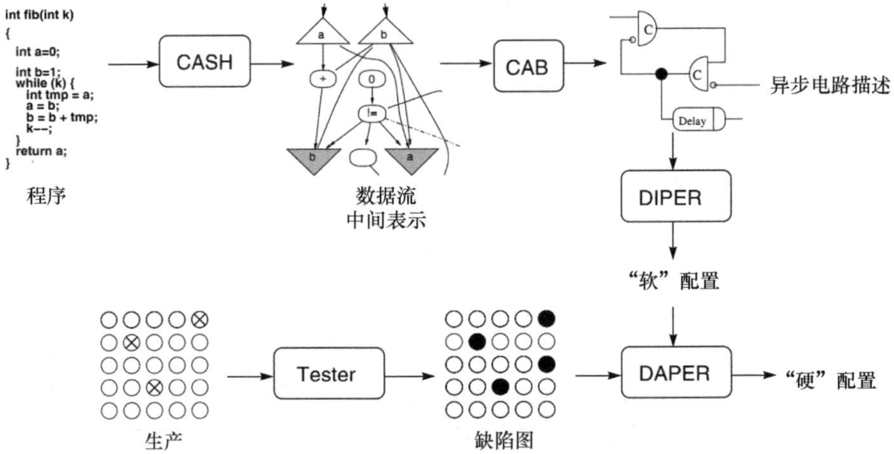

图 1.31 可重构计算在纳米电子中的应用示意图[32]

综上所述，可重构计算技术在越来越多的领域中，如计算机和微电子中扮演重要角色，是未来电子行业的重要发展趋势。

参 考 文 献

[1] Amdahl G M, Blaauw G A, Brooks F P. Architecture of the IBM system/360[J]. IBM Journal of Research and Development, 1964, 8(2): 87-101.

[2] Flynn M. Computer Architecture[M]// Wah B W. Wiley Encyclopedia of Computer Science

and Engineering. New York: Wiley, 2008.

[3] Flynn M, Hung P, Rudd K W. Deep submicron microprocessor design issues[J]. IEEE Micro, 1999, 19(4): 11-22.

[4] Semiconductor Industry Association. National Technology Roadmap for Semiconductors [M]. Washington: SIA, 1997.

[5] Flynn M J. Very high speed computing systems[J]. Proceedings of the IEEE, 1966, 54: 1901-1909.

[6] Amdahl G M. Validity of the single processor approach to achieving large scale computing capabilities[C]//Proceedings of the Spring Joint Computer Conference, 1967: 483-485.

[7] Rajwar R, Goodman J R. Speculative lock elision: enabling highly concurrent multithreaded execution[C]//Proceedings of the 34th Annual ACM/IEEE International Symposium on Microarchitecture IEEE Computer Society, 2001: 294-305.

[8] Hammond L, Carlstrom B D, Wong V, et al. Transactional coherence and consistency: simplifying parallel hardware and software[J]. IEEE Micro, 2004, 24(6): 92-103.

[9] IBS Journal Archive. IBS Market Report 2007[R]. 2007. 04. 16

[10] UBM Company. EE times[EB/OL]. http://www. eetimes. com/[2007-3-30].

[11] Zhirnov V V, Cavin R K, Hutchby J A, et al. Limits to binary logic switch scaling-a gedankenmodel[J]. Proceedings of the IEEE, 2003, 91(11): 1934-1939.

[12] Venkatachalam V, Franz M. Power reduction techniques for microprocessor systems[J]. ACM Computing Surveys(CSUR), 2005, 37(3): 195-237.

[13] Pollack F J. New microarchitecture challenges in the coming generations of CMOS process technologies(keynote address)[C]//Proceedings of the 32nd Annual ACM/IEEE International Symposium on Microarchitecture. IEEE Computer Society, 1999: 2.

[14] Wulf W A, McKee S A. Hitting the memory wall: implications of the obvious[J]. ACM SIGARCH Computer Architecture News, 1995, 23(1): 20-24.

[15] McKee S A. Reflections on the memory wall[C]//Proceedings of the 1st Conference on Computing Frontiers, 2004: 162.

[16] Hennessy J L, Patterson D A. Computer architecture: a quantitative approach[M]. New York: Elsevier, 2012.

[17] Anderson W K, Gropp W D, Kaushik D K, et al. Achieving high sustained performance in an unstructured mesh CFD application[C]//Proceedings of the 1999 ACM/IEEE Conference on Supercomputing, 1999: 69.

[18] Makimoto T. TheRising Wave of Field Programmability [M]//Hartenstein R W, Grünbacher H. Field-Programmable Logic and Applications: The Roadmap to Reconfigurable Computing. Heidelberg: Springer, 2000: 1-6.

[19] Makimoto T. The hot decade of field programmable technologies[C]// Field-Programmable Logic and Applications, 2002: 3-6.

[20] 童志鹏，等. 未来军事电子[M]. 北京：北京电子科学研究院，1991：421-433.

[21] 许居衍. 摩尔定律的“终结”和许氏循环的启示[C]// 中国电子学会第六届青年学术年会特邀报告,2000.

[22] Hartenstein R. Makimoto’s wave,the 2nd design crisis and the future of reconfigurablecomputing[EB/OL]. http://helios. informatik. uni-kl. de/reconfigurable_computing/dagstuhl00ns/sld001. htm[2004-09-10].

[23] Makimoto T. Towards the second digital wave[EB/OL]. http://www. sony. net/Products/SC-HP/cx_news/vol33/sideview. html[2003-3-3].

[24] Xu J Y. The history of fabless and its impact on the semiconductor industry[C]// 21st Century International IC Technology Innovation System Forum,2001.

[25] Jordan S. Winning core silicon game takes more than luck[DB/OL]. http://www. eet. com/reshaping/showArticle. jhtml? articleId="29101025"&kc=3217[2004-09-10].

[26] 许居衍. 大规模定制理想与半导体先进制造[C]//深圳:中国电子制造技术论坛暨展会暨第七届 SMT,SMD 技术研讨会,2003.

[27] Hennessy J L,Patterson D A. Computer Architecture:A Quantitative Approach[M]. New York:Elsevier,2012.

[28] Hennessy J L,David A. Patterson,Computer Architecture A Quantitative Approach(4th ed)[M]. New York:Morgan Kaufmann,2006.

[29] Patterson D A. Future of computer architecture[C]//Berkeley EECS Annual Research Symposium(BEARS),2006.

[30] Bourianoff G. The future of nanocomputing[J]. Computer,2003,36(8):44-53.

[31] Dehon A. Nanowire-based programmable architectures[J]. ACM Journal on Emerging Technologies in Computing Systems,2005,1(2):109-162.

[32] Goldstein S,Budiu M,Mishra M,et al. Reconfigurable computing and electronic nanotechnology[C]//IEEE International Conference on Application-Specific Systems,Architectures,and Processors,2003:132-142.

第 2 章　可重构计算

2.1　可重构计算基本概念和原理

能够实现算法到计算引擎的空间映射(spatial mapping),并在被制造成集成电路后还具备定制能力的计算组织形式被称为可重构计算。

20 世纪 60 年代,加州大学洛杉矶分校的 Estrin 就提出[1]:计算机可以通过一个主处理器加上一组可重构硬件来组成。主处理器负责控制可重构硬件的行为,可重构硬件根据任务的计算特点,通过剪裁和重组可以达到加速执行某一特定任务的目的。这是可重构计算的雏形,奠定了可重构计算系统的核心基础。受限于当时的工艺水平,直到 20 世纪 90 年代可重构计算才获得重视,成为学术界和产业界的热点。1999 年,加州大学伯克利分校可重构技术研究中心的 Dehon 和 Wawrzynek 提出可重构计算的一种定义[2],将其视为一类计算机组织结构,并具有区别于其他组织结构的两类突出特点。

① 制造后芯片的定制能力,即硅实现以后计算功能仍旧可以按需改变,区别于传统的专用集成电路。

② 能实现很大程度的算法到计算引擎的空间映射(区别于传统的指令驱动处理器)。

凡具备以上两个特点的计算方式都属可重构计算的范畴。

多数可重构计算系统的其他比较明显的特征还包括将算法中的控制流与数据流分离。数据流由 RCD 处理,RCC 执行控制流并负责可重构数据通路的重构;可重构数据通路多采用基本数据处理单元组成的阵列式结构。

在可重构计算系统兴起之前,主要的计算结构按照通用和专用的特点分成专用集成电路和通用处理器两大类。可重构计算系统的设计出发点就是兼顾两者的优点,在性能、功耗和灵活性之间做出合理的折中。

相比传统的冯·诺依曼结构,数据和指令混合存储,运算单元执行时需要分辨数据还是指令及其类型,经历类似取值、译码、寄存器访问、执行和数据回写等数个过程[3],做什么和怎么做几乎每个周期迭代一次,这是通用处理器结构的基本形式。它的优点是有很高的灵活性,简单的编程模型,几乎适用于所有计算领域(可用图灵机或者说 FSM 描述的计算领域)。但是这种很高的指令执行密度,使得真正计算过程(怎么做)的比重偏低,而功能化、数据访问等信息的分析过程或者广义的指令解码过程(做什么)占据了大量的处理时间。设想应用中存在的邻域特性

（从平均意义上讲，相近的指令和数据有相近的译码或者访问方式），反复的译码取址可能存在冗余。处理器通过计算执行顺序调整等方式，可以使应用中相同或者规则的译码取址操作连续执行。此时理想的处理方式是仅做一次译码，从而达到节省处理时间或者降低功耗的目的。

再看另一种主要计算形式的专用集成电路，它采用直接定义做什么的硬件实现方式，可以看做是指令流的固化执行。应用包含的指令或者操作个数众多，因此专用集成电路正如它的名字一样，需要集成众多形态的运算单元，以应用所需要的连接方式组合起来。专用集成电路在工作中以数据流来驱动，省会指令翻译的执行过程，同时运算单元也无需采用通用的冗余设计，从而大大降低功耗和执行时间。这种大量运算单元以确定的方式展开的计算形式，正是其优势所在。集合中采用的连接方式等价于应用的函数表达，这类函数的优化方向是减少资源消耗和缩短关键路径长度。在连接方式确定的情况下，功耗和性能的优化程度又与集合中每个点的时间、空间使用效率正相关，即时间或者空间的占空比越少越好。不难发现，专用集成电路的最终结果和设计者的能力及付出有很大的关联。一方面固化的结构导致了专用集成电路扩展性差，缺乏灵活性的问题，使之很难适应层出不穷、不断发展的应用需求；另一个方面，设计者运用技能和努力付出过分重要，每一处小的失误都可能导致最终结构的失败，从而浪费高额的 NRE 费用。专用集成电路的研制可能耗费大量的人力、财力和时间，越来越大的机会成本也限制其在未来市场上继续大范围的使用。

针对上述优点和问题，不禁让人设想，是否存在一种结构 X，既可以像通用处理器一样对应各类 FSM 表述，或者说在一定范围的应用集合中能灵活切换减少反复设计次数；又可以继承专用集成电路展开的数据流执行方式，实现批量操作到电路的转换（包括空间和时间的映射），从而实现计算资源的高利用率，获得高性能、高能量效率，以及其他原本通过定制电路所获得的收益。是否既可以有效避免控制流或者指令流中冗余执行的部分，在一段时间、一种应用需求内进行纯粹的计算，就像专用集成电路所实现的效果一样；又可以对于计算结构开发者或者程序员的设计具有一定的容错性，而不用必像处理器那样在单点上做最精细的设计，可以通过运算单元集合实现高性能低功耗等。运算单元集合的功能有多种形式实现，均可以满足设计的需求。

该结构是否存在，市场可能还没有答案，而研究领域已有重要进展。可重构计算就是其中最为主要的一块。长期以来，人们的共识是针对特定的应用，成本和收益之间有相对固定的逻辑关系[4]。如图 2.1 所示，芯片面积与时间的 n 次方成反比，通常 n 取 1～2 之间[5]；功耗则与时间的三次方成反比[6]。实线是传统的设计空间，如今需要面对非特定应用的情况加入灵活性。灵活性是设计空间的第四个维度，它与时间收益也有类似的反比例关系。传统体系结构的探索主要在功耗、成本和时间三个维度上。新体系结构 X 就需要在功耗、成本、时间和灵活性四个维度上来设计优化。可重构计算在这四个维度上进行积极探索，设计灵活性维度上可以进行性能或者功耗折中的特定架构，弥补两种传统计算方式的缺点，给出更为经济和高效的计算方式。

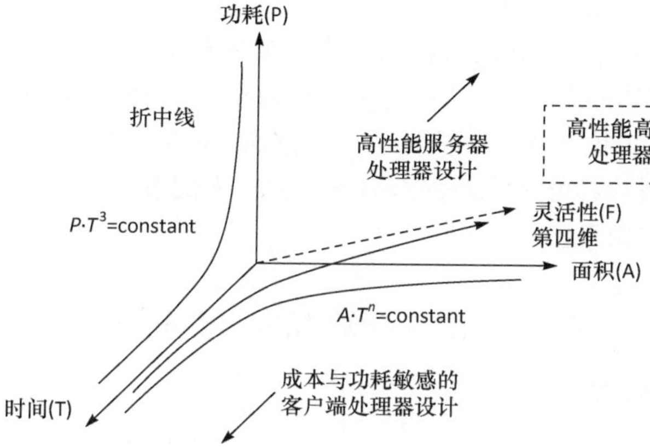

图 2.1　体系架构的设计空间探索

20 世纪 90 年代可重构计算重新成为学术界和产业界的热点，最突出的成果是 FPGA。FPGA 是早期可重构计算的主要形式。1986 年，Xilnix 公司开发出世界上第一片 FPGA 芯片[7]，并在实践中获得了很好的应用效果，以及后来出现高密度的可整合完整系统的 FPGA，可重构类芯片在技术和商业上存在的潜在价值逐渐受得到人们的重视。尤其是在由处理器和 ASIC 统领的两极世界之间开辟出了兼二者所长的一条新路[8-10]，标准化生产的通用产品，同时为用户预留了充分的定制设计空间，较好地解决了制造与应用之间的矛盾。随着工艺水平的不断提高和对内部结构的不断改进，FPGA 的规模也不断扩大，目前已经出现了可实现千万门级设计的系统级 FPGA。同时，也出现了以其他一些不同方法实现重构的可重构类芯片。例如，Altera 公司的基于 EEPROM 的复杂可编程逻辑器件(complex programmable logic device，CPLD)[11]和 Actel 公司的反熔丝 FPGA[12]等，也在不同的领域得到了很好的应用。

但是很长一段时间，人们对 FPGA 的认识仍存在很大的局限性，一般把它作为系统设计中的一种补充或者主要用来做功能验证[13,14]。到 20 世纪 90 年代初期，出现了一些以 FPGA 为核心开发的面向某类应用的计算设备。一般是将一片或多片 FPGA、CPU 和存储器等组合到一起，FPGA 作为协处理器(co-processor)加速 CPU 程序中的一些可并行执行成分(一般为循环体)，同时 CPU 还要管理 FPGA 的重构。当时这种结构的运算设备称为可重构计算机，这种工作方式也称为重构计算[15,16]。它们在一些特殊的应用领域显示出超强的计算性能和数据处理能力，尤其对于算法内部蕴含较大并行性和流水性的应用时表现尤为出色，同时显著降低了设计费用。其中最具有代表性的是美国超级计算机研究中心 1992 年基于 Xilinx 公司 4000 系列 FPGA 研制的 Splash[17]，它对基因组测序的计算工作起到了极大地的加速作用。该研究成果的成功极大地增强了人们对可重构类芯片进一步研究和应用的信心，也引导人们开始对其重新认识和定位。经过一定时间的应用，FPGA 这种通用可重构芯片的缺点也逐渐显现出来。例如，FPGA 中的资源浪费比较严重，所需的编程数据太多，用它实现的一些功能模块性能难以满足要求等[18]，逐渐出现了粗粒度的处理单元。另一方面，在传统的系统构架下，数据存储和传输等因素都制约着可重构器件潜力的发挥。人们意识到要对可重构技术进行更加系统的研究和探索。

2.2 可重构计算特征与分类

2.2.1 可重构计算特征

从本质上讲，可重构计算是一种时空域上的并行计算模式[19]，而传统的通用处理器计算是时域上的计算模式，专用集成电路则位于空域上。它们的差别如图 2.2 所示。

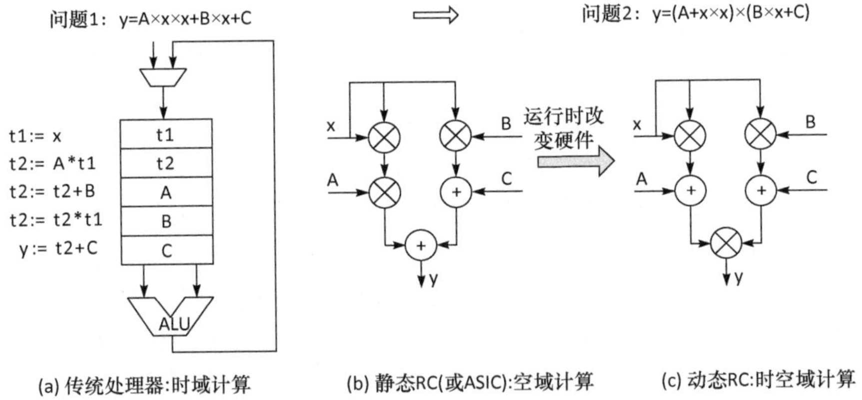

图 2.2 时空域计算模式举例

处理器具有通用、固定的结构，听从指令的命令并执行相应的操作。在处理器上的计算首先要将问题分解为一系列可以在处理器上运行的指令，这些指令以时间的顺序依次流过处理器，产生时域的运算序列。图 2.2(a)显示了传统处理器计算表达式 $y=A\times x\times x+B\times x+C$ 的过程。处理器被简单的表示为由保存数据的寄存器和执行运算功能的 ALU 部件组成。该问题被分解为 5 条指令，依次执行每条指令将得出最终结果。从运算过程可知，虽然通用处理器的硬件结构固定不变，但依然可以通过不同的指令序列实现不同的功能，因此具有很高的通用性。

① 出于同样的原因，由于其硬件结构是通用的，并不为特定的目标算法优化。

② 考虑通用性，其关键路径不可避免地存在一些不必要的计算，例如即使 x 是 12 位整数，计算过程也必须运行在 32 位的 ALU 通路上，造成性能浪费。

③ 所有运算过程必须映射到处理器指令集上，指令集的有限性造成了映射效率下降，例如即使处理器有可能同时执行一条加法和一条乘法，但通常必须映射到 2 条指令上，对非乱序执行结构或同时发射指令数不足时，不能充分发挥处理器本身的计算带宽。

④ 数据通常保存在全局 RAM 中，计算时需载入寄存器，然而全局 RAM 的访问延迟非常大。

⑤ 对于循环、跳转等运算不可避免地要安排改变程序流向的控制指令，但这些控制指令就自身而言对数据运算是毫无用处的，白白浪费了时钟周期。诸如此类通用处理器计算方式的运算性能并不理想。

一种改进方式是使用运算能力更强的专用指令集处理器（application specific instruction-set processor，ASIP）、超长指令集处理器或数字信号处理器（digital signal processor，DSP）等。它们继承了通用处理器易编程的优点，通过提供更多的硬件运算单元（如多乘法部件），甚至使用专门的硬件加速协处理器（如向量浮点处理器（vector floating-point processor，VFP）），以及增加特殊指令（如乘加指令）或提供更宽的指令（如 VLIW），提高了处理器对具有某类运算特征的应用领域的处理能力，如媒体处理、网络处理等。显然，它们应用范围较为受限，甚至导致了在通用处理方面的不足（如 DSP 的程序控制能力较弱）。

最好的提速方案是使用硬件执行上述算法，如图 2.2(b)所示。考虑到 $y=A\times x\times x+B\times x+C$ 总共执行 3 次乘法和 2 次加法，在硬件上专门制作 3 个乘法器和 2 个加法器，并按照计算要求的通信关系安排乘法器和加法器的连接，于是能够在一个周期内完成所有的运算。如果 x 宽度只有 12 位，那么我们只需设计 12 位的乘法器，比 32 位乘法运算具有更快的速度。硬件针对算法的专门优化是硬件具有高性能的原因之一。同时，硬件在全空间域、全芯片内并行执行。其次，硬件方式中只有必需的数据流处理单元，没有无关紧要的指令流和中间数据流，去除相互之间的依赖关系，进而消除访问指令所需的存储器带宽。诸如此类原因使硬化计算成为高性能计算中一种值得期待的计算方式。早期采用定制应用专用芯片 ASIC 的方式来硬化计算，但 ASIC 一经设计，其功能便不能发生变化。尤其是在制造后，用户不能做任何的编程，除了一些参数上的调整等。ASIC 的应用范围比 ASIP 更为狭窄，但却是性能最高的方案。用户要想换用其他算法，必须重新设计电路、重新开模制片，开发的难度、周期及费用等都比较高，这使得 ASIC 只有在大批量生产的时候才能显示出其优越性。

另一种方法是采用硬件可编程器件，如 FPGA 和 CPLD 等来硬化算法。这种方式无需 NRE 工程费用，设计快速方便。这是静态的可重构计算。设计时根据算法的特点，给出最优化的硬件电路，并在运行过程中保持该电路不变。可编程性使静态可重构计算比 ASIC 具有更高的灵活性。为了提供可编程能力，器件必须付出额外编程通路的开销；再者，算法必须映射到器件特定的逻辑运算资源和布线资源上，并不能完全自由的设计。因此，性能要比 ASIC 大约低一个数量级，但比通用计算高出两个数量级左右的性能依旧使得静态可重构成为引人注目的高速运算方式。

进一步，将算法在整个运行过程中继续细分，在不同的时刻研究算法的不同特征。假设我们要计算 $y=A\times x\times x+B\times x+C$，随着时间的推移要计算 $y=(A+x\times x)\times(B\times x+C)$，后者需要 3 个乘法器和 2 个加法器，但它们之间的连接关系与前者不同。也就是说，网络结构的不同造成系统具有不同的功能。如果需要改变硬件适配这两个不同的表达式，在 ASIC 上不可能做到，但是在 FPGA 上可以做到。FPGA 这种静态重构计算要求重新上电并加载配置数据，这在时间维度上效率较低。如果允许运行时可以改变硬件功能，就更为理想。这就是动态可重构计算，匹配目标算法的动态特征，如图 2.2(c)所示。动态可重构计算在时域上高度灵活的特点更能发挥硬件的高速计算能力。

由此，我们可以大致得出四种计算模式在性能和编程灵活性方面的优劣比较，如图 2.3 所示。

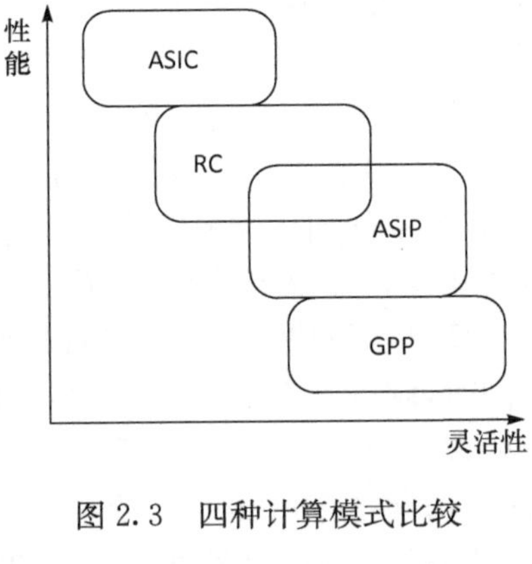

图 2.3　四种计算模式比较

关于能量效率和数据流驱动的方式较优。可重构计算的方式是配置加执行，调度程序块的方式可以动态改变(一次配置，多次执行)，不再像传统通用计算那样反复硬性译码，可以利用应用中的计算结构相似性和数据并行性。一旦配置完成，可重构计算即类似专用计算的数据流执行过程，故能量效率较高，如图 2.4 所示。随着工艺的发展，越来越多的片上计算资源可以集成到一个芯片中，可重构计算的资源使用方式变得更加合理有效。

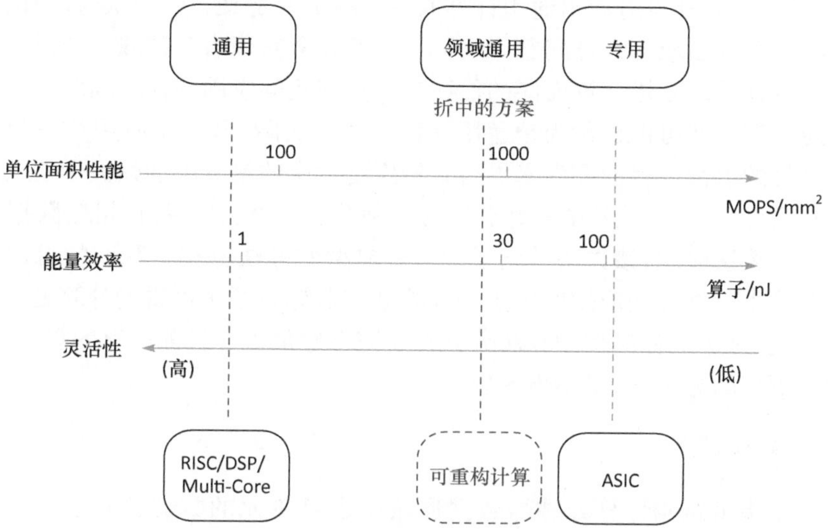

图 2.4　可重构计算的能量效率比较

2.2.2　可重构计算分类

首先明确一些基本概念的定义，以便于后续章节沿用。

具备可重构计算特征的处理器被称为可重构计算处理器。可重构计算处理器是可重构计算在集成电路上的具体实现形式。多数可重构计算处理器具有如下主要特征。

① 硬件结构上由可重构数据通路和可重构控制器组成。可重构数据通路多采用基本运算单元组成的阵列式结构。

② 处理器的控制流与数据流分离。

可重构数据通路用于处理数据流，而可重构控制器用于执行控制流来控制可重构数据通路。该定义在各类文献中普遍使用[20,21]。

1. 按应用范围划分

按照应用范围划分，可重构计算处理器可分成领域定制可重构计算处理器和通用可重构计算处理器。

针对特定应用范围定制的可重构计算处理器被称为领域定制可重构计算处理器。目前主要的研究成果在定制领域体现了可重构计算的优势。下面的章节如不加限定，可重构计算处理器一般理解为定制领域可重构计算处理器。通用计算是可重构计算处理器的重要发展趋势之一，下面给出通用可重构计算处理器的定义。

支持通用计算的可重构计算处理器被称为通用可重构计算处理器。到目前为止，国内外科技界都没有给出通用计算的一个准确的定义。一般认为，通用计算面向的是绝大多数领域的计算问题，如科学、技术和金融等诸多领域。与通用计算相对的是专用计算。专用计算面向的往往是一类到几类应用的计算问题。究竟支持了哪些应用领域就可以被称为是通用计算了呢？实际上，对于应用算法分类是一件非常困难的事情。目前在学术界得到较广泛承认的是美国加州大学伯克利分校提出的分类方法[22,23]。该方法提出的每一种分类包含一系列有相似数据结构或访存行为的算法应用，该方法总结了十三种典型的算法分类。我们把可以同时高效地支持这十三种算法应用的可重构计算处理器称为通用可重构计算处理器。需要指出的是，这十三种典型的算法分类并非完整地覆盖了目前所有的算法，未来可能会增加更多的分类，这里不再赘叙述。

2. 按粒度划分

粒度是指可重构计算处理器数据通路中运算单元的数据位宽度。一般情况下，粒度越大可重构计算处理器所需的配置信息就越少，处理器的重构速度就越快，但功能灵活性也相应越低。

可重构计算处理器的粒度可以分为细粒度(fine grained)、粗粒度和中粒度(medium-sized grained)。一般将不超过 4 比特的粒度称为细粒度，大于等于 4 比特的粒度称为粗粒度。例如，因为 FPGA 的运算单元为 1 比特，所以 FPGA 被称为是细粒度可重构计算处理器。运算单元位宽为 8 比特或 16 比特的可重构计算处理器则被认为是粗粒度可重构计算处理器。至于中粒度，该说法在文献中并不常见。中粒度通常与更大粒度的粗粒度可重构计算处理器在同一语境中出现，以示区分。例如，当上下文同时出现 8 比特和 16 比特的粗粒度可重构计算处理器时，在粗粒度用来特指 16 比特的前提下，就可以使用中粒度来指代 8 比特。在上述情形下，中粒度通常指 4 比特[24,25]的粒度。如果可重构计算处理器含有不止一种粒度的运算单元，则被称为混合粒度可重构计算处理器。值得一提的是，混合粒度和粗粒度的定义有些时候存在混用的情况，并不那么严谨。例如，既包含 8 比特，又包含 16 比特运算单元的运算单元阵列(processing element array，PEA)既可以称为混合粒度运算单元阵列，也可以称为粗粒度运算单元阵列。

3. 按重构的时间特性划分

按重构的时间特性划分，可重构计算处理器可以分为静态重构和动态重构(dynamic reconfiguration)。下面给出两者的定义。

只能在可重构计算处理器的数据通路进行计算之前对其进行功能重构，而计算过程由于时间代价相对过大而无法对数据通路进行功能重构的特性被称为静态重构。

最典型的具有静态重构特性的可重构计算处理器是现场可编程逻辑门阵列。FPGA 的常见工作方式是系统上电时从片外存储器中加载配置比特流进行功能重构。FPGA 配置比特流的规模一般都很大，重构过程通常会持续几十～几百 ms，甚至几 s 的时间。等功能重构完成后，FPGA 才能进行相应的计算。在计算过程中，FPGA 的功能无法再被重构。如需重构，一定要首先中断 FPGA 当前正在进行的计算任务。因为是单比特编程器件（细粒度可重构计算处理器），所以 FPGA 的灵活性非常高。在不考虑容量的前提下几乎可以实现任何形式的数字逻辑。这也是 FPGA 能够在商业上获得极大成功的重要原因之一。然而，细粒度给 FPGA 带来了海量的配置信息，重构的时间代价和功耗代价就变得非常大。例如，FPGA 的重构时间往往需要几十～几百 ms，甚至到秒的量级。典型的动态可重构处理器的重构时间一般在几～几十 ns。下面给出动态重构的定义。

动态重构与静态重构是相对的。由于功能重构的时间代价相对较小，可重构计算处理器的数据通路在计算过程中也能进行功能重构的特性被称为动态重构。

最典型的具有动态重构特性的可重构计算处理器是粗粒度可重构阵列（coarse-grained reconfigurable array，CGRA）。CGRA 的常见工作方式是在完成某个既定的计算任务之后，迅速对其加载新的配置比特流进行功能重构。由于 CGRA 配置比特流的规模一般很小，重构过程通常仅会持续几个～几百个时钟周期。等功能重构完成后，CGRA 再继续执行该新配置的计算任务。从整个应用程序的层面来看，两个不同计算任务之间切换的时间代价（功能重构的时间代价）非常小，两个计算任务基本是连续执行的，重构也几乎是实时发生的。有些文献也把动态重构称为实时重构（run-time reconfiguration）。

4. 按重构的空间特性划分

按照重构的空间特性划分，可以得到部分重构和整体重构两类。

可重构计算处理器的数据通路可以在空间上划分为多个区域，每个区域可以重构成特定的功能引擎来执行特定的计算任务，而不会影响其他区域的当前状态，这类特性被称为部分重构（partial reconfiguration）。结合时间特性，部分重构又可以进一步分为动态部分重构（dynamic partial reconfiguration）和静态部分重构（static partial reconfiguration）两类。如果可重构数据通路的一个或几个区域在执行某些计算任务时，在这些计算任务的执行过程不被中断的前提下，其他一个或几个区域仍旧可以进行功能重构，这类特性称为动态部分重构，有时也称为实时部分重构（run-time partial reconfiguration）。如果在对可重构数据通路的一个或几个区域进行功能重构的同时，其他区域无法处理计算任务，只能处于休眠或者非激活状态，这类特性则称为静态部分重构。

最典型的具有动态部分重构特性的可重构计算处理器是 CGRA。CGRA 往往被划分成几个不同的区域,每个区域可以被重构成不同的功能引擎来执行不同的计算任务。每个区域的重构和计算之间并不会相互影响。动态部分重构能够提高可重构计算处理器数据通路的硬件利用率(hardware utilization),从而提高整个处理器的能量效率。少数商用 FPGA 声称支持静态部分重构,其目的是为了通过减少配置比特流来缩短 FPGA 的重构时间。支持动态部分重构的可重构计算处理器一定也支持静态部分重构,反之则不一定成立。如果没有特别说明,后面提到的部分重构均特指动态部分重构。目前,有些商用 FPGA 声称支持动态重构,甚至支持动态部分重构[26],但由于 FPGA 配置比特流的规模过大,实际上并不能从真正意义上做到。FPGA 的动态重构技术大体分为两类。一类是基于差异的重构技术[27]。此类技术的最大缺陷是只有在两个相邻模块的差异较小时,通过动态重构才能够获得较大的收益。这在实际应用中显然有非常大的局限。另一类是一种用新型工具软件对硬件逻辑进行分区,并对这些小块分区进行单独配置的技术。例如,Xilinx 的 PlanAhead 就是这样的工具[28,29]。Altera 提出的基于模块的设计技术也采用类似的思想[30]。然而,这些小块分区的电路结构跟 FPGA 的其他部分是完全一样的,换句话说仍旧是单比特粒度。因此,这些小块分区的动态重构代价依旧很高,还在 ms 量级。除此以外,需要大量的人工介入才能实现此类动态重构,包括模块划分和布局规划等。这就要求应用开发人员了解很多硬件实现的细节,显然远远不够理想。以上这些或许就是 FPGA 动态重构技术一直以来没有得到很好应用的主要原因。从本质上来讲,这是由于 FPGA 的粒度太细引起重构的时间和功耗代价无法接受。

2.3　可重构计算处理器模型

下面从硬件架构和编译器构成两方面介绍可重构计算处理器模型。

2.3.1　可重构计算处理器硬件架构组成

可重构计算处理器硬件架构分成 RCD 和 RCC 两部分组成,如图 0.36 所示。可重构数据通路负责数据流的并行处理,可重构控制器负责配置管理和任务映射调度。

1. 可重构数据通路

可重构数据通路一般包括运算单元阵列、存储器、数据接口、配置接口等四个部分,如图 2.5 所示。配置接口从可重构控制器获取控制信号和配置字,同时也送出状态量。配置接口继而解析配置字,配置运算单元阵列的功能,调度阵列上任务的执行顺序。运算单元阵列配置完成之后在设定的时间内开始像专用集成电路一样由数据流驱动执行。运算单元阵列的数据流从数据接口获得，中间数据缓存到存储器模块中。数据接口除了完成对外部数据的访问和写回，也可以接受配置接口的信号，对数据流进行整形变换（如转置、拼接操作等），配合运算单元阵列的执行。

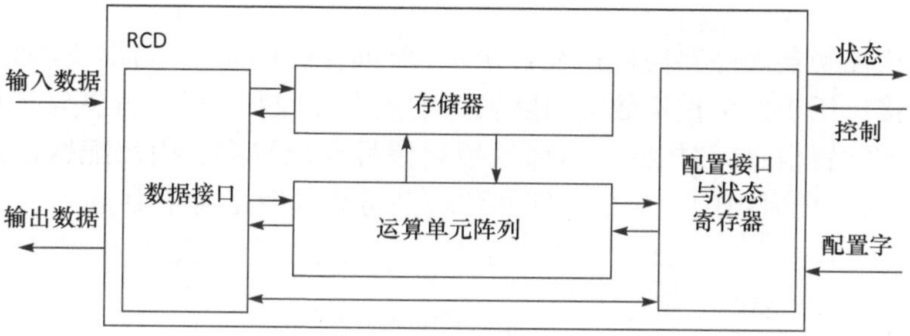

图 2.5　可重构数据通路硬件架构

运算单元阵列的基本结构如图 2.6 所示。大量的运算单元以某种连接关系组合到一起，实现并行计算，运算单元一般由算术逻辑单元和寄存器组构成。对于并行计算，在计算资源足够的情况下，限制性能的主要瓶颈在外部存储接口（external memory interface，EMI）处，某些场合也被称为吞吐量计算。因此，数据的缓存和预取非常重要，可以有效地降低对外部存储器的依赖。在运算单元阵列中，通常采用层次化分布式的存储结构。除去图 2.5 中存储器模块的多层设计，在运算单元阵列内部也需要大量的分布式存储结构，如接口缓存单元、阵列级 cache、阵列层间存储、单元内部存储等。

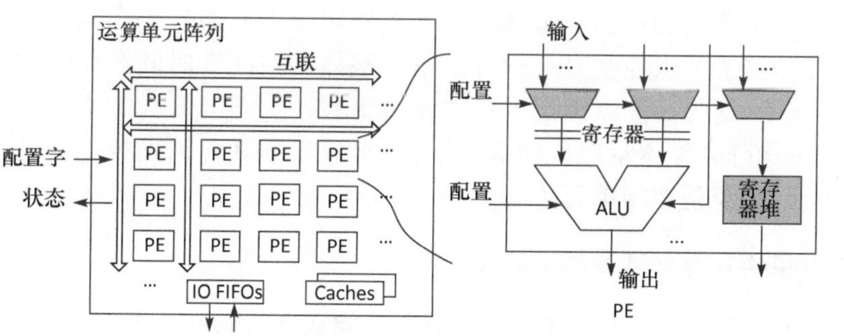

图 2.6　运算单元阵列和运算单元

运算单元阵列可以根据其包含的运算单元的粒度大小分成粗粒度、中粒度、细粒度和混合粒度可重构运算单元阵列。算法的数据宽度和粒度匹配时可以获得较高的计算效率。例如，细粒度运算单元阵列适用于比特操作为主的应用；粗粒度运算单元阵列可能包含加法、乘法单元等较大的功能模块，对于图形图像处理、数字基带运算有较好的执行结果。混合颗粒度则结合了更为灵活，适合不同宽度数据需求。

2. 可重构控制器

可重构控制器硬件架构包括配置接口、配置管理单元、存储模块，如图 2.7 所示。配置接口用于给可重构数据通路发送配置字和控制信号。配置管理单元接收来自外部的配置信息，解析得到内部的控制信号和配置字。内部配置信息存储到存储模块中，需要时由配置接口访问并传输到可重构数据通路中去。

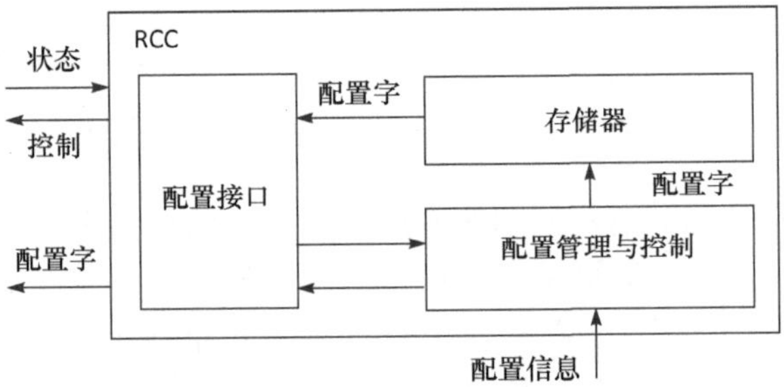

图 2.7　可重构控制器硬件架构

可重构控制器负责数据通路配置的组织管理工作。在传统的单核处理器中，控制器注重单节点的时序调度。由于指令流在单个节点上反复执行，采用诸如流水线等大量并行优化技术，控制器的时序要求很高。可重构计算处理器多采用阵列形式，面向多节点的计算资源调度。可重构运算单元通常不会像单核处理器那么复杂，控制器的节点控制时序相对简单。整体的空间和时间利用效率相比节点调度更为重要，这为控制器提出了新的设计要求。

在可重构阵列配置量较大的情况下，也可以考虑在可重构控制器中加入定制的加速单元，甚至是控制单元阵列。

2.3.2　可重构计算处理器编译器结构

为了使可重构计算处理器有效的运行并完成各类应用的计算任务，必须为可重构计算处理器的各部件单元(可重构控制器和可重构数据通路)生成对应的目标程序。可重构计算处理器的典型结构如图 0.36 所示。因此，对于可重构计算处理器来说，需要编译器提供可重构控制器中运行的控制码和可重构数据通路的配置信息。这就是可重构计算模型对应的编译器。

可重构计算处理器编译技术就是将应用程序通过任务划分、代码变换、任务调度，及映射等过程，最终将应用程序编译生成可重构计算处理器中可重构控制器的控制码和可重构硬件的配置信息，即目标代码由控制码和配置信息两部分组成，如图 2.8 所示[31]。

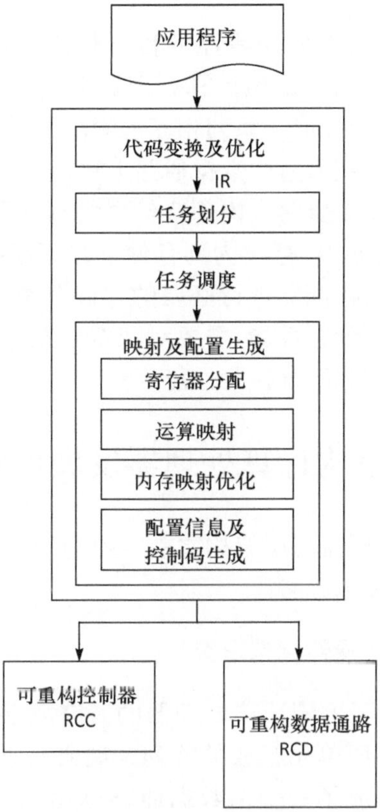

图 2.8　可重构计算处理器编译器的编译框架

由于可重构计算处理器的硬件结构与传统通用处理器的硬件结构存在显著的差异，因此可重构处理器任务编译器的编译流程及功能也不同于传统意义上的编译器(如 GNU 的 gcc 编译器)。传统的编译器是将输入的应用程序代码编译生成目标处理器的汇编指令及对应的机器码。可重构计算处理器任务编译器的核心工作是对输入的应用程序进行代码分析，利用软硬件协同设计的方法将应用程序划分成软件运行部分代码和硬件执行部分代码，然后针对各部分的程序代码进行编译处理，分别生成可重构计算处理器中可重构控制器的控制码和可重构数据通路的配置信息。

可重构计算处理器的目标代码包含控制器执行的控制码和可重构数据通路的配置信息，可重构计算处理器任务编译器的设计目标就是生成该目标代码，即生成可重构计算处理器中可重构控制器的控制码序列和可重构数据通路的配置信息。可重构计算处理器任务编译器对输入的应用程序进行代码划分、分析、转换、优化和映射等过程，最终生成可重构硬件平台中控制器的控制码和可重构数据通路的配置信息。

可重构编译器首先需要对应用程序的目标代码进行变换和优化，得到 DFG 图。然后再将 DFG 图映射到可重构计算处理器上。由于资源受限，DFG 图需要进行划分，将大的 DFG 图划分成一系列相互依赖的子图集合。可重构控制器对这些子图进行调度，依次映射到可重构数据通路上执行。

在任务映射过程中，还需要解决内部存储器管理和配置信息优化等两个关键问题。在可重构计算处理器中，存在内部存储器供子任务间的数据交互和传递。因此，编译时需要对内部的存储器进行必要的存储资源分配和存储资源管理。同时，为了进一步提高系统的配置性能，需要对配置信息进行合理优化，消除冗余的配置，提高整体的配置效率和系统执行性能。

2.4 可重构计算处理器发展现状与趋势

在给出可重构计算处理器高层架构之前，我们重点介绍可重构计算处理器的发展现状，并探讨可能的技术趋势。

2.4.1 可重构计算处理器硬件架构研究

图 2.9 给出了近年来可重构计算处理器的研究成果。可以看出，这些可重构计算处理器都集成了由处理单元组成的阵列。瑞典皇家理工学院的 DRRA 可重构计算处理器[32,33]内部集成了一个由数据通路单元(datapath unit)、寄存器文件(register files)、互连单元(interconnect units)组成的阵列。德国亚琛工业大学提出的 FLEXDET 可重构计算处理器[34]借鉴了 FPGA 中层次化的阵列结构，最底层的处理单元可以根据算法的需求组成不同规模的处理单元簇(PE cluster)并集成在整个阵列中。除此之外，阵列中还集成了一个名为 Center Alpha 的单元用于专门生成矩阵求逆函数的 Alpha 参数。土耳其的 Bilkent 大学提出的 BilRC[35]可重构计算处理器的阵列内集成了三种处理单元，分别为 ALU 单元、存储器单元和乘法器，整个处理器的控制采用一种执行驱动的方式。德国的 PACT 公司研制的 XPP-III[36-41]可重构计算处理器的阵列内集成了三种不同的处理单元，分别为用于计算的 ALU-PAE(processing array element)、数据存储的 RAM-PAE 和控制密集型算法加速的 FNC-PAE。欧洲微电子研究中心(Interuniversity Microelectronics Centre，IMEC)提出的 ADRES[42-48]可重构计算处理器内部集成了一个 VLIW 处理器和一个功能单元阵列，其内部功能单元阵列的规模、寄存器结构和互连结构均

可根据不同的算法生成不同的定制设计。

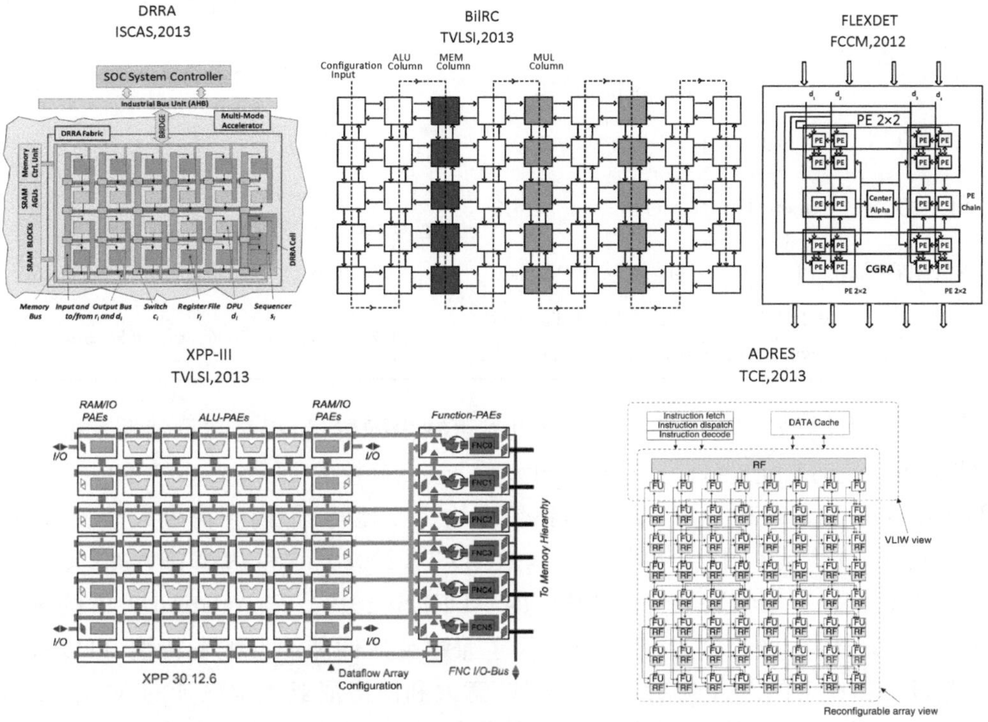

图 2.9　近年来可重构计算处理器研究成果

粗粒度动态可重构计算处理器已被证明是进行高能效计算的有效手段，其能量效率可达到 10～100 GOps/W[30]。相比通用处理器，可重构计算处理器将具有更高的能量效率。以 Intel 公司的 Core i7 处理器为例，其峰值性能可达 45 GOps，但其功耗为 130W，由此可得到能量的效率为 0.347 GOps/W[49]，低于可重构计算处理器两个数量级。现今的粗粒度动态可重构计算处理器已应用于多个领域内的高能效计算，包括多媒体领域[50-56]、软件无线电（software define radio，SDR）领域[30-32,57-66]和密码学领域[67]等。表 2.1 列出了之前介绍的五款可重构计算处理器涉及的领域及实现的算法。从表 2.1 可以看出，BilRC 可重构计算处理器较 TI 公司的 C64＋DSP 处理器具有更高的性能；综合性能与面积的因素，FLEXDET 可重构计算处理器较 VLIW 处理器和专用指令集处理器（ASIP）更具优势；XPP-III 可重构计算处理器和 ADRES 可重构计算处理器在运行 H.264 解码应用时分别具有极高的性能和极低的功耗；DRRA 可重构计算处理器在运行通信基带处理算法时的能量效率可以达到 39.9 GOps/W，这与之前提到的可重构计算处理器的能量效率区间是吻合的。

表 2.1　粗粒度动态可重构计算处理器在各领域内的应用

CGRA	应用领域及实现的算法	能量效率
DRRA[33]	FFT in LTE Correlation Pool in UMTS	39.9 GOPS/W in 65nm
BilRC[35]	Turbo Decoder in UTMS	1.91～9.95X than TI C64＋(性能)
FLEXDET[34]	Multi-Mode MIMO Detector in SDR	18%～19% higher than VLIW and ASIP(综合性能与面积)
XPP-III[36]	H.264 Decoding in Multi-Media	H.264 解码 1920x1080@30fps@3420mw
ADRES[42]	H.264 Decoding in Multi-Media, SDR, Cryptology, Software-Defined DVT-T2	H.264 解码 720x480@30fps@39.5mw

可重构计算处理器的粒度增加可以显著减少配置量，提高数据通路的配置速度，获得高效动态配置特性。早期加州大学 Irvine 分校的 Morphosys(1999 年)[68]和 HP 公司的 Chess(1999)[69]数据通路粒度均为 4 比特；卡内基梅隆大学的 Piperench(2000)[70]、我国台湾成功大学的 rDSP(2003)[71]和达姆施塔特大学的 DreAM(2001)[72]使用 8 比特；IMEC 的 ADRES(2013)、Foundation 大学的 RT-RISP(2008)[73,74]颗粒度为 32 比特。为了兼顾灵活性和动态配置特性，可以采用细粒度加粗粒度的混合粒度结构。例如，意大利博洛尼亚大学设计的 Morpheus，它是一款混合粒度可重构计算处理器[75-77]，系统结构和管芯如图 2.10 所示。Morpheus 包含一个主处理器和三个不同类型的计算引擎，使用片上网络(network on chip, NoC)互连。三种计算引擎分别为嵌入式 FPGA、4 比特粒度的可重构处理单元 DREAM，以及 16 比特粒度的可重构处理器 XPP-III[36-38]。一个芯片集成多个不同粒度的可重构运算单元，分别负责各自擅长的应用领域。具有类似想法的还有荷兰屯特大学设计的异构 SoC-CHAMELEON[78]，集成通用处理器、FPGA 和 16 比特重构阵列，互连同样使用 NoC 方案，可以处理无线通信领域包括软件无线电(software defined radio, SDR)、宽带码分多址(code division multiple access, CDMA)接收器、正交频分复用(orthogonal frequency division multiplexing, OFDM)接收器、维特比译码器、Turbo 译码器等多种应用。

可重构计算处理器多采用二维阵列结构，阵列规模逐年增加。例如，华盛顿大学的 RaPiD(1996)[79]和伯克利的 Garp(1997)[80]结构采用一维互连，布线简单；后来的结构大多采用二维互连，如 Morphsys、Chess 和 Piperench；DAPDNA-2 的动态网络结构可以提供 16Gps 的吞吐率，XPP-III 每一行包含带 RAM I/O 和 FNC I/O 模块的总线设计。工艺进度和设计水平的提高推动了阵列规模的增大。DAPDNA-2(2006)可重构处理单元有 376 个。

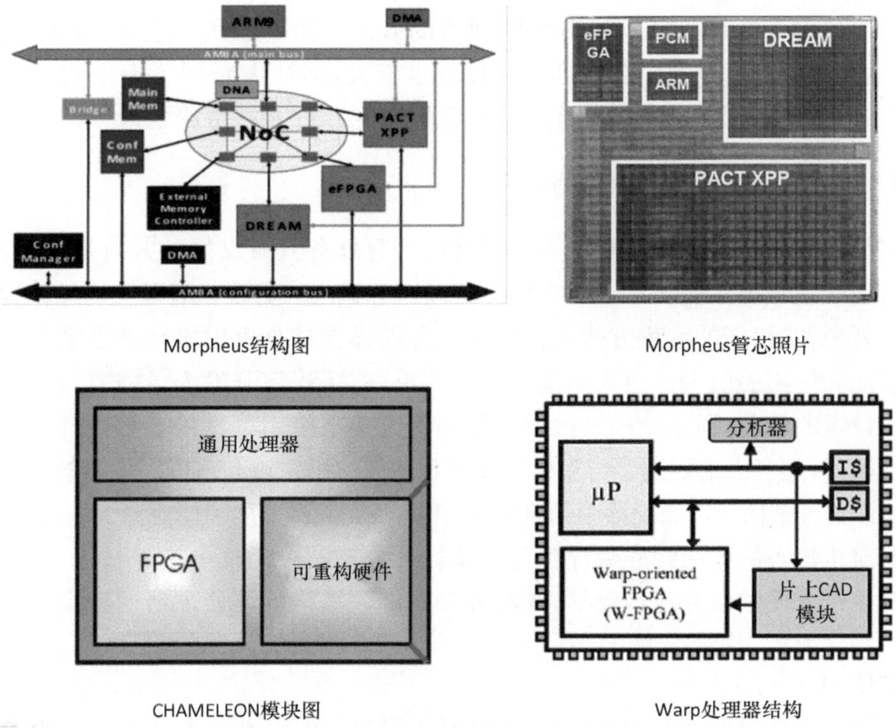

图 2.10　应用领域扩展的可重构计算处理器

基本的单元异构也是可重构计算处理器的趋势之一。MATRIX 和 Morphsys 的基本单元仅包含比特逻辑、加法器。ADRES 处理器中加入处理复杂运算的定制功能单元模块。XPP-III 集成了 RAM-PAE、ALU-PAE 和 FNC-PAE 三种 PE 单元，其中 FNC-PAE 是完整的 VLIW 处理器。异构化使可重构计算处理器的面积效率提高。

可重构阵列不但可以实现目标算法的映射，也可以实现映射算法本身。可重构计算关注资源在时间空间上的冗余复用。冗余部分可以用作数据校验和硬件容错等安全电路[81,82]的实现。如果将冗余部分进行目标算法的编译控制，实现自动重构的工作方式，将会对传统计算模式进行革新。加州大学提出的 Warp 可重构计算处理器[83]，除了主处理器和 FPGA，还包括 Profiler 和 On-chip CAD 这两个辅助模块。当应用程序在主处理器上执行时，Profiler 模块监测其中的关键算法段(反复执行的程序段)，将相应信息传递给 On-chip CAD 模块，由它将这段代码映射到 FPGA。映射完成之后替换原有代码，下次执行就调用 FPGA 模块，进行功能配置，加速原有代码[84]。Warp 结构省去了传统软件编译的过程[85,86]，向可重构的通用性做出了卓有成效的尝试。应用开发人员设计的代码，简单编译后就可以直接在 Warp 上得到重构硬件加速的效果。虽然目前硬件自动划分、编译、映射的效果还很有限，额外功耗的代价也较大，但让人看到了未来实现的可能。在通用计算、大规模并行计算中，可重构计算都将大有用武之地。

2.4.2 可重构计算处理器编译器研究

可重构计算处理器不仅对计算密集型的计算任务具有良好的并行执行性能，而且可重构硬件单元还支持动态重构配置以适应算法的更改。对可重构计算处理器使用者来说，快捷的编程方式及良好的任务编译支持是可重构计算处理器被大范围接受和使用的前提。但现实情况恰恰相反，应用程序开发人员需要扮演硬件结构设计者的角色，通过使用硬件层面编程的方式来使用可重构计算处理器中的可重构硬件，这极大地限制了可重构计算处理器的使用领域和范围。为了解决应用程序编译到可重构计算处理器中的难题，国内外研究人员开展了广泛而深入的研究。

针对将输入的应用程序编译到可重构计算处理器中的任务编译技术，国外研究机构在这方面的研究起步较早，针对各个时期可重构计算处理器的特点均提出相应的编译流程，并对各个编译环节进行了研究。相关编译器的简介将在 4.6 节作详细阐述。

通过对国外研究情况的概览可知，针对不同的可重构硬件结构，研究人员设计出了对应硬件结构的任务编译工具，并充分利用可重构硬件的执行特性(并行执行、流水线执行等)来设计各自的编程规范；然后针对各自的编程规范来设计整体的编译流程，从中提取出需要映射的计算任务，并将计算任务转换成某种中间表示(DFG 数据流图、RTL 表示)；最后在映射工具的配合下，完成该计算任务的映射和生成对应的配置信息。虽然国外针对不同的可重构计算处理器设计了各类任务编译器，但各个任务编译器均是独立的个体，没有形成统一的编程模式、代码优化处理等流程，这都给我们开展研究提供了契机。

国内研究机构针对可重构计算处理器任务编译技术的研究尚处于起步阶段，在可重构计算处理器研究领域更偏向可重构硬件架构的研究，在可重构计算处理器任务编译技术方面的研究仅局限于单点编译技术的研究，而没有形成整体的任务编译流程。下面介绍国内在可重构计算处理器任务编译领域的研究情况。

1. LEAP 编译工具[87]

LEAP 编译工具是国防科学技术大学计算机系研究团队设计的面向 LEAP 粗粒度可重构阵列处理器的编译工具，能将循环自动化映射在可重构阵列上。LEAP 编译工具的总体流程如图 2.11 所示。

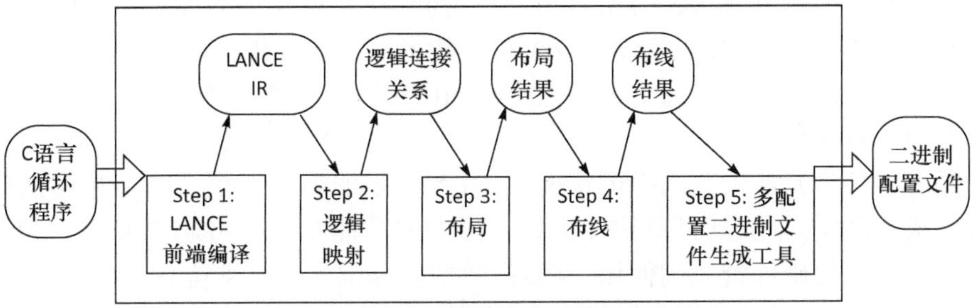

图 2.11　LEAP 编译工具总体流程图

LEAP 编译工具仅将 C 源程序中的循环体映射到 LEAP 可重构结构中，图 2.12显示了五个编译步骤。

① 利用 LANCE[88] 的编译前端工具将 C 代码转换成 LANCE 中间表示。

② 基于循环的特性，从中间表示提取出循环体，并将中间表示转换为目标硬件的逻辑互连关系。

③ 单元布局。

④ 布线。

⑤ 生成对应的配置比特流信息。

由此可知，该编译工具仅针对特定的循环进行编译。从整体流程来看，LEAP 编译工具仅解决了特定循环的编译任务，没有考虑当循环体规模较大时的映射方案，以及没有考虑配置比特流优化等关键步骤。虽然 LEAP 编译工具给出了整体的编译流程图，但涉及的各个关键核心技术尚未进行研究，仍属于单点技术的研究范畴。

2. 国内任务编译关键技术点研究

目前，国内在可重构计算处理器任务编译技术上的研究还处于起步阶段，虽然科研单位和高校没有针对可重构计算处理器任务编译架构方面进行深入的研究，但在各个关键编译技术点均开展了相关研究。例如，罗赛[89] 对可重构计算系统中的硬件结构进行了研究，主要开展体系结构方面的探索。沈英哲[90] 对可重构计算系统中的软硬件代码划分技术进行了深入的研究，将输入的高级语言编写的程序代码自动进行软硬件代码划分，并将可重构阵列处理的代码段转换成 HDL 表示。孙康[91] 在可重构计算编译领域做了大量的研究工作，提出一种面向动态可重构系统的多目标优化的任务时域划分算法——MOTPA[92]，给出一种参数化的可重构网络结构模型，在此基础上进一步研究了算法在可重构阵列上的映射问题；同时还设计了一个可重构计算处理器的原型系统，在该原型系统上，做了相关的模拟及实验研究。

通过对国内研究现状的讨论可知，可重构计算处理器任务编译技术的研究尚处于起步阶段，研究内容还仅仅在各个关键技术点上开展相关研究的阶段，没有对整体的任务编译架构进行深入研究，更没有在硬件可重构计算处理器实体上进行编译器验证及实现。

随着半导体制造工艺水平的快速发展，在有限的芯片面积上集成更多的硬件资源已成为现实，集成到可重构计算处理器上的功能单元也将越来越多。为了更好地管理和优化硬件资源的使用，需要高效的任务编译技术支持，这也促进了可重构计算处理器任务编译技术的发展。任务编译技术主要呈现以下四个发展趋势，即可重构计算处理器硬件抽象模型的建立、面向领域应用的通用任务编译架构的出现、高效的配置信息生成技术的应用，以及任务并行编译技术的集成。

目前，针对某一类应用，根据各自不同的应用特性，研究者设计出了众多的可重构计算处理器和与之匹配的任务编译工具。应用程序人员需利用可重构计算处理器的硬件结构特点来开展应用编程，这极大地影响了可重构计算处理器的使用和推广。随着半导体制造工艺水平的提高，大容量计算资源将集成到有限的芯片面积中，硬件设计人员来负责任务的调度和划分将无以为继，可重构计算处理器任务编译工具将用来自动完成任务的划分和配置信息的生成工作。为了使任务编译工具开发人员能更好地利用和管理好硬件资源，同时设计出更高效率的任务编译工具，则需建立起目标平台的抽象模型。在该层硬件抽象模型中开发任务编译工具，同时也使任务编译工具能更好地迁移到其他的目标平台上，只需要在硬件抽象模型中稍加修改参数即可完成任务编译工具的兼容。因此，在任务编译技术的发展中，建立硬件抽象模型将成为一大发展趋势。

可重构计算处理器代表的是一类基于可重构控制器和可重构硬件的计算方式，根据可重构控制器和可重构硬件耦合方式不同，以及可重构硬件运算单元位宽的不同，可重构计算处理器可分为许多类型。由于各类可重构计算处理器处理的对象和目标要求不同，因此建立统一的任务编译架构目前来看是不现实的。由于各个领域都存在着自身领域的特性，因此面向领域应用建立任务编译架构就具有现实意义。基于应用领域的特点，可以设计出符合应用领域的可重构计算处理器，在此基础上，可以进一步设计出领域应用的任务编译器，并基于领域特性开展相关任务编译技术的研究。在任务编译技术研究中，面向不同的应用领域建立起与对应的任务编译架构将是发展的趋势。

随着芯片集成度的进一步提高，单位芯片面积内将集成更多的计算资源和互连资源。对可重构计算处理器来说，便是可重构硬件中计算阵列规模的进一步加大，计算阵列维度的进一步拓展，呈现出层次化的计算阵列组成结构。也就是说，为完成某个计算任务需要对规模大得多的可重构阵列进行有效的配置，就需要更多的配置信息比特位。大量的配置信息意味着可重构计算计算处理器需要更大容量的配置存储器来存储这些配置信息，同时也意味着在配置信息切换的过程中，需要花费更多的配置时间，从而造成很大的配置代价，过高的配置代价可能抵消可重构阵列并行性能的提升，最终导致可重构计算处理器性能的降低。因此，设计出高效的配置信息生成技术，可以优化配置信息大小、减少配置容量，从而提高系统的配置性能。

随着可重构计算处理器中可重构硬件规模的增加，可重构计算处理器内部硬件结构的多样化，更多异构多核的可重构计算系统将出现。在这些可重构系统中，各个异构单元将负责不同类型、不同计算特点的计算任务。为适应可重构计算处理器硬件结构的发展，这就进一步要求任务编译工具具备任务并行编译能力。因此，任务并行编译技术也将成为未来任务编译技术的发展趋势。

参 考 文 献

[1] Estrin G. Organization of computer systems: the fixed plus variable structure computer[C]//Western Joint IRE-AIEE-ACM Computer Conference, 1960: 33-40.

[2] DeHon A, Wawrzynek J. Reconfigurable computing: what, why, and implications for design automation[C]//Proceedings of the 36th Annual ACM/IEEE Design Automation Conference, 1999: 610-615.

[3] Godfrey M D, Hendry D F. The computer as von Neumann planned it[J]. Annals of the History of Computing, IEEE, 1993, 15(1): 11-21.

[4] Flynn M. Computer Architecture[M]. New York: John Wiley, 2008.

[5] Amdahl G M, Blaauw G A, Brooks F P. Architecture of the IBM system/360[J]. IBM Journal of Research and Development, 1964, 8(2): 87-101.

[6] Flynn M, Hung P, Rudd K W. Deep submicron microprocessor design issues[J]. IEEE Micro, 1999, 19(4): 11-22.

[7] Xilinx Inc. All Programmable FPGAs[EB/OL]. http://www.xilinx.com/products/silicon-devices/fpga/index.html[2014-6-7].

[8] Sanchez E, Sipper M, Haenni J O, et al. Static and dynamic configurable systems[J]. Computers, IEEE Transactions on, 1999, 48(6): 556-564.

[9] Vemuri R R, Harr R E. Configurable computing: technology and applications[J]. Computer, 2000, 33(4): 39, 40.

[10] 杨宇. 可重构 DSP 结构研究与设计[D]. 哈尔滨：哈尔滨工业大学博士学位论文，2005.

[11] Altera Inc. MAX II CPLD 器件手册[EB/OL]. http://www.altera.com.cn/literature/lit-max2.jsp[2014-6-1].

[12] Actel Inc. Antifuse FPGAs[EB/OL]. http://www.microsemi.com/products/fpga-soc/antifuse-fpgas[2014-6-7].

[13] 孟宪元，周荣. 可配置片上系统——CSoC[J]. 中国集成电路，2002，33：20-25.

[14] 李安新，周祖成. SoC 新技术-可编程逻辑 IP 核[J]. 中国集成电路，2002，(33)：35-41.

[15] 黄海鹰，常青，卢焕章. 可重构计算技术[J]. 电子技术应用，1998,(5):4-6.
[16] 段然，樊晓桠，高德远，等. 可重构计算技术及其发展趋势[J]. 计算机应用研究，2004,21(8):14-17.
[17] Gokhale M B. Splash:A Reconfigurable Linear Logic Array[M]. Tainan:Supercomputing Research Center,1990.
[18] Vuillemin J E, Bertin P, Roncin D, et al. Programmable active memories: Reconfigurable systems come of age[J]. IEEE Transactions on Very Large Scale Integration Systems, 1996,4(1):56-69.
[19] 罗赛. 可重构计算系统体系结构研究和实现[D]. 合肥：中国科学技术大学博士学位论文，2006.
[20] Vassiliadis S, Soudris D. Fineand Coarse-Grain Reconfigurable Computing[M]. Berlin: Springer,2007.
[21] Bobda C. Introduction to Reconfigurable Computing: Architectures, Algorithms, and Applications[M]. New York: Springer,2007.
[22] Asanovic K, Bodik R, Catanzaro B C, et al. The landscape of parallel computing research: a view from Berkeley[R]. Technical Report UCB/EECS-2006-183, EECS Department, University of California, Berkeley,2006.
[23] Asanovic K, Bodik R, Demmel J, et al. A view of the parallel computing landscape[J]. Communications of the ACM,2009,52(10):56-67.
[24] Compton K, Hauck S. Reconfigurable computing: a survey of systems and software[J]. ACM Computing Surveys (csuR),2002,34(2):171-210.
[25] 王志远，王建华，徐旸. 可重构计算综述[J]. 小型微型计算机系统，2009,(6):1203-1207.
[26] PACT X P P. XPP-III processor overview [EB/OL]. http://www. pactxpp. com/main/download/XPP-III_overview_WP. pdf [2009-04-01].
[27] Ganesan M K A, Singh S, May F, et al. H. 264 decoder at HD resolution on a coarse grain dynamically reconfigurable architecture[C]//Field Programmable Logic and Applications, International Conference on,2007:467-471.
[28] IPFlex Company. DAPDNA-2 dynamically reconfigurable processor[EB/OL]. http://www. ipflex. com[2012-02-10].
[29] Sato T, Watanabe H, Shiba K. Implementation of dynamically reconfigurable processor DAPDNA-2[J]. VLSI Design, Automation and Test,2005:323-324.
[30] IMEC. IMEC reports breakthrough power efficiency and performance of coarse-grain processor[EB/OL]. http://www. physorg. com/news7812. html[2005,11,02].
[31] 殷崇勇. 可重构处理器任务编译技术研究[D]. 北京：清华大学博士学位论文，2012.
[32] Jafri S M A H, Hemani A, Paul K, et al. Compression based efficient and agile configuration mechanism for coarse grained reconfigurable architectures[C]//Parallel and Distributed Processing Workshops and Phd Forum, IEEE International Symposium on,2011:290-293.
[33] Farahini N, Li S, Tajammul M A, et al. 39. 9 GOPs/watt multi-mode CGRAaccelerator for a

multi-standard basestation[C]//IEEE International Symposium on Circuits and Systems, 2013:1448-1451.

[34] Chen X, Minwegen A, Hassan Y, et al. FLEXDET: flexible, efficient multi-mode MIMO detection using reconfigurable ASIP[C]//IEEE 20th Annual International Symposium on Field-Programmable Custom Computing Machines, 2012:69-76.

[35] Atak O, Atalar A. BilRC: an execution triggered coarse grained reconfigurable architecture [J]. IEEE Transactions on Very Large Scale Integration Systems, 2013, 21(7):1285-1298.

[36] Baumgarte V, Ehlers G, May F, et al. PACT XPP a self-reconfigurable data processing architecture[J]. The Journal of Supercomputing, 2003, 26(2):167-184.

[37] PACT XPP Technologies. XPP-III Processor Overview-White Paper[DB/OL]. http://www.pactxpp.com[2006-8-3].

[38] Schüler E, Weinhardt M. XPP-III[M]//Voros N, Rosti A, Hübner M. Dynamic System Reconfiguration in Heterogeneous Platforms. New York: Springer, 2009.

[39] Schuler E, Vorbach M, May F, et al. Dynamic reconfiguration for irregular code using FNC-PAE processor cores[C]// 2011 IEEE International Symposium on Parallel and Distributed Processing Workshops and Phd Forum, 2011:244-249.

[40] Rossi D, Campi F, Deledda A, et al. A heterogeneous digital signal processor implementation for dynamically reconfigurable computing[C]//Custom Integrated Circuits Conference, 2009:641-644.

[41] Becker J, Vorbach M. Architecture, memory and interface technology integration of an industrial/academic configurable system-on-chip(CSoC)[C]// IEEE Computer Society Annual Symposium on VLSI, 2003:107-112.

[42] Mei B, Vernalde S, Verkest D, et al. ADRES: an architecture with tightly coupled VLIW processor and coarse-grained reconfigurable matrix[M]//Cheung P Y K, Constantinides G A. Field Programmable Logic and Application. Heidelberg: Springer, 2003:61-70.

[43] Mei B, De Sutter B, Vander A T, et al. Implementation of a coarse-grainedreconfigurable media processor for AVC decoder[J]. Journal of Signal Processing Systems, 2008, 51(3):225-243.

[44] Wu K, Kanstein A, Madsen J, et al. MT-ADRES: Multithreading on Coarse-Grained Reconfigurable Architecture[M]//Goehringer D, Santambrogio M D, Cardoso J M P. Reconfigurable Computing: Architectures, Tools and Applications. Heidelberg: Springer, 2007:26-38.

[45] Bouwens F. Power and performance optimization for adres[D]. Delft: Delft University of Technology, 2006.

[46] Lambrechts A, Raghavan P, Jayapala M, et al. Energy-aware interconnect optimization for a coarse grained reconfigurable processor[C]//21st International Conference on VLSI Design, 2008:201-207.

[47] Kwok Z, Wilton S J E. Register file architecture optimization in a coarse-grained reconfigurable architecture[C]//13th Annual IEEE Symposium on Field-Programmable Custom

Computing Machines,2005:35-44.

[48] Yang H, Basutkar N, Xue P, et al. Software-defined DVT-T2 demodulator using scalable DSP processors[J]. IEEE Transactions on Consumer Electronics,2013,59(2): 428-434.

[49] Intel. Intel Core 2 Extreme Quad-Core Processor QX6000 Sequence and Intel Core 2 Quad Processor Q6000 Sequence Datasheet[EB/OL]. http://www. intel. com/design/processor/specupdt/315593. htm[2007-8-1].

[50] PACT XPP Technologies. Video decoding on XPP-III, white paper[DB/OL]. http://www. pactxpp. com[2006-08-31].

[51] Ganesan M K A, Singh S, May F, et al. H. 264 decoder at HD resolution on a coarse grain dynamically reconfigurable architecture[C]//International Conference on Field Programmable Logic and Applications,2007:467-471.

[52] Mei B, Veredas F J, Masschelein B. Mapping an H. 264/AVC decoder onto the ADRES reconfigurable architecture[C]//International Conference on Field Programmable Logic and Applications,2005:622-625.

[53] Hartmann M, Pantazis V V, Vander A T, et al. Still image processing on coarse-grained reconfigurable array architectures[J]. Journal of Signal Processing Systems,2010,60(2): 225-237.

[54] Veredas F J, Scheppler M, Moffat W, et al. Custom implementation of the coarse-grained reconfigurable ADRES architecture for multimedia purposes[C]//International Conference on Field Programmable Logic and Applications,2005:106-111.

[55] Arbelo C, Kanstein A, López S, et al. Mapping control-intensive video kernels onto a coarse-grain reconfigurable architecture: the H. 264/AVC deblocking filter[C]//Design, Automation and Test in Europe Conference and Exhibition,2007:1-6.

[56] Liu L, Deng C, Wang D, et al. An energy-efficient coarse-grained dynamically reconfigurable fabric for multiple-standard video decoding applications[C]//Custom Integrated Circuits Conference,2013:1-4.

[57] Novo D, Moffat W, Derudder V, et al. Mapping a multiple antenna SDM-OFDM receiver on the ADRES coarse-grained reconfigurable processor[C]//IEEE Workshop on Signal Processing Systems Design and Implementation,2005:473-478.

[58] Palkovic M, Cappelle H, Glassee M, et al. Mapping of 40 MHz MIMO SDM-OFDM baseband processing on multi-processor SDR platform[C]//11th IEEE Workshop on Design and Diagnostics of Electronic Circuits and Systems,2008:1-6.

[59] Li M, Fasthuber R, Novo D, et al. Algorithm-architecture co-design of soft-output ML MIMO detector for parallel application specific instruction set processors[C]//Proceedings of the Conference on Design, Automation and Test in Europe. European Design and Automation Association,2009:1608-1613.

[60] Ahmad U, Amin A, Li M, et al. Scalable block-based parallel lattice reduction algorithm for an SDR baseband processor[C]//IEEE International Conference on Communications,2011:

1-5.
[61] Ahmad U, Li M, Appeltans R, et al. Exploration of lattice reduction aided soft-output MIMO detection on a DLP/ILP baseband processor[J]. IEEE Transactions on Signal Processing, 2013, 61: 23.
[62] Yamada H, Yamagishi T, Suzuki T, et al. A multimodal wireless baseband core using a coarse-grained dynamic reconfigurable processor[C]//Cool Chips XIV, 2011: 1-3.
[63] Li M, Amin A, Appeltans R, et al. Instruction set support and algorithm-architecture for fully parallel multi-standard soft-output demapping on baseband processors[C]//IEEE Workshop on Signal Processing Systems, 2010: 140-145.
[64] Vander Aa T, Palkovic M, Hartmann M, et al. A multi-threaded coarse-grained array processor for wireless baseband[C]//IEEE 9th Symposium on Application Specific Processors, 2011: 102-107.
[65] Aa V. High-throughput, low-power software-defined radio using reconfigurable processors [J]. IEEE Micro, 2011, 31(6): 19-28.
[66] Yang H, Basutkar N, Xue P, et al. Software-defined DVT-T2 demodulator using scalable DSP processors[J]. IEEE Transactions on Consumer Electronics, 2013, 59(2): 428-434.
[67] Garcia A, Berekovic M, Aa T V. Mapping of the AES cryptographic algorithm on acoarse-grain reconfigurable array processor[C]//International Conference on Application-Specific Systems, Architectures and Processors, 2008: 245-250.
[68] Singh H, Lee M H, Lu G, et al. MorphoSys: an integrated reconfigurable system for data-parallel and computation-intensive applications [J]. IEEE Transactions on Computers, 2000, 49(5): 465-481.
[69] Marshall A, Stansfield T, Kostarnov I, et al. A reconfigurable arithmetic array for multimedia applications[C]//Proceedings of the 1999 ACM/SIGDA Seventh International Symposium on Field Programmable Gate Arrays, 1999: 135-143.
[70] Goldstein S C, Schmit H, Budiu M, et al. PipeRench: a reconfigurable architecture and compiler[J]. Computer, 2000, 33(4): 70-77.
[71] Chen L H, Chen O T C, Ma R L. A high-efficiency reconfigurable digital signal processor for multimedia computing[C]//Proceedings of the 2003 International Symposium on Circuits and Systems, 2003, 2: II.
[72] Urgen J, Glesner M. Aparallel dynamically reconfigurable architecture designed for flexible application-tailored hardware/software systems in future mobile communication[J]. Journal Supercomputer, 2001, 19(1): 105-127.
[73] Iqbal M A, Awan U S. An efficient configuration unit design for VLIW based reconfigurable processors[C]//IEEE International Multitopic Conference, 2008: 47-52.
[74] Iqbal M A, Awan U S. Run-time reconfigurable instruction set processor design: Rt-risp [C]// The 2nd International Conference on Computer, Control and Communication, 2009: 1-6.
[75] Rossi D, Campi F, Spolzino S, et al. A heterogeneous digital signal processor for dynamical-

ly reconfigurable computing[J]. IEEE Journal of Solid-State Circuits, 2010, 45 (8): 1615-1626.

[76] Rossi D, Mucci C, Campi F, et al. Application space exploration of a heterogeneous run-time configurable digital signal processor[J]. IEEE Transactions on Very Large Scale Integration Systems, 2013, 21(2): 193-205.

[77] Becker J, Thomas A, Vorbach M, et al. An industrial/academic configurable system-on-chip project(CSoC): coarse-grain XPP-/Leon-based architecture integration[C]//Design, Automation and Test in Europe Conference and Exhibition, 2003: 1120-1121.

[78] Rauwerda G K, Heysters P M, Smit G J M. Towards software defined radios using coarse-grained reconfigurable hardware[J]. IEEE Transactions on Very Large Scale Integration Systems, 2008, 16(1): 3-13.

[79] Ebeling C, Cronquist D C, Franklin P. RaPiD: a field-programmable architecture for reconfigurable computing goal: obtain high performance on compute-intensive applications[J]. University of Washington Department of Computer Science and Engineering Tech Report TR-96-11-03, 1996: 1142.

[80] Hauser J R, Wawrzynek J. Garp: a MIPS processor with a reconfigurable coprocessor[C]// Proceedings of the 5th Annual IEEE Symposium on Field-Programmable Custom Computing Machines, 1997: 12-21.

[81] Todman T J, Constantinides G A, Wilton S J E, et al. Reconfigurable computing: architectures and design methods[J]. IEE Proceedings-Computers and Digital Techniques, 2005, 152(2): 193-207.

[82] Myjak M J, Delgado-frias G J, Member S. Amedium-grain reconfigurable architecture for DSP: VLSI design, benchmark mapping, and performance[J]. IEEE Transactions on VLSI, 2008, 16(1): 14-23.

[83] Stitt G, Vahid F. Thread warping: a framework for dynamic synthesis of thread accelerators [C]//Proceedings of the 5th IEEE/ACMInternational Conference on Hardware/Software Codesignand System Synthesis, 2007: 93-98.

[84] Lysecky R. Warp processors[J]. ACM Transactions on Design Automation of Electronic Systems, 2006, 11: 659-681.

[85] Lysecky R. Low-power warp processor for power efficient high-performance embedded systems[C]//Design, Automationand Test in Europe Conference and Exhibition, 2007: 1-6.

[86] Vahid F, Stitt G, Lysecky R L. Warpprocessing: dynamic translation of binaries to FPGA circuits[J]. IEEE Computer, 2008, 41(7): 40-46.

[87] 左艳辉. 粗粒度可重构阵列处理器编译工具研究[D]. 长沙:国防科学技术大学硕士学位论文, 2008.

[88] Hartmann M, Pantazis V V, Vander A T, et al. Still image processing on coarse-grained reconfigurable array architectures[J]. Journal of Signal Processing Systems, 2010, 60(2): 225-237.

[89] 罗赛. 可重构计算系统体系结构研究与实现[D]. 合肥:中国科学技术大学博士学位论文,2006.

[90] 沈英哲. 可重构计算系统中软硬件代码划分技术研究[D]. 合肥:中国科学技术大学博士学位论文,2007.

[91] 孙康. 可重构计算相关技术研究[D]. 杭州:浙江大学博士学位论文,2007.

[92] Pan X, Sun K, Lu K, et al. Temporal task partitioning algorithm for dynamically reconfigurable systems[J]. Journal Zhejiang University Engineering Science, 2007, 41(11): 1839.

第二部分　可重构计算处理器高层架构

第3章　可重构计算处理器硬件架构

第2章介绍了可重构计算的基本概念和硬件架构，本章在此基础上讨论可重构计算硬件架构的设计方法。可重构计算处理器硬件架构分为可重构数据通路和可重构控制器两部分，本章先给出可重构数据通路和控制器的设计要点，再论述两者之间的耦合关系。

3.1　可重构数据通路设计

3.1.1　可重构计算单元设计

可重构计算基本单元的设计和通用处理器中算术逻辑单元类似，是最底层的计算载体。设计一个合理的可重构基本计算单元，需要考虑粒度选择、寄存器设置和计算功能选取。

1. 粒度选择

粒度的讨论是可重构计算处理器一个比较独特的问题。同样，可重构可配置的典型电路 FPGA 一般为单比特粒度，非常灵活，但配置的面积代价和时间代价很大。一个突出的问题是配置量太大导致无法动态配置。一个应用的执行过程很难再考虑硬件资源的时分复用，相比动态配置造成浪费；过细配置导致的面积开销也大大增加了功耗。通用处理器的粒度分8位、16位和32位，一般体现的是处理能力的大小或者处理器的复杂度。可重构计算涉及的粒度相对复杂一些，需要寻求灵活度和配置效率的折中。粒度越小越灵活，但需要付出更大的面积和配置时间开销；粒度越大则配置速度越快，但影响算法的映射。如果算法的过程均为字节数据，使用半字的数据通路粒度同样会导致功耗面积的浪费。可重构计算也可以采用混合粒度设计。粒度的选取体现了对可重构阵列面积利用效率和配置信息压缩等方面的考虑。

常见的粒度有1比特、8比特、16比特和32比特等。数据通路的宽度需要遵循领域应用内计算中间数据的有效位数要求。

当应用的数据通路宽度需求大于实际硬件粒度时，并不是一定不能做应用的移植。例如，32位的运算就可以拆分到两个或者四个16比特的计算单元上执行，在这种情况下额外引入两个问题。

① 诸如进位、交叉运算（如乘法）之类的相关性处理，需要合理设定计算单元

的执行顺序和数据交互。

② 配置信息的冗余，32 位运算的简单配置描述将变成两份，甚至四份数据相关的计算调度配置描述，在配置系统中可能占用更大的存储空间和配置带宽、配置时间消耗（统称配置代价），可能涉及配置信息的压缩处理。

2. 寄存选择

寄存器在同步电路中是必不可少的。合理的寄存器位置有利于实现流水线等算法加速执行的手段。算法映射的过程中也需要寄存中间数据。

阵列同时计算的数据带宽一般情况下大于外部存储带宽，需要拆分成多次输入，所以输入完成之前，数据需要寄存。因此基本单元的输入端使用两组到三组寄存器单元，对应二目或者三目操作。输出的情况也是同样，输出端也需要设置寄存器。输入输出寄存器是否需要放入阵列计算的流水线中，则可以根据流水线的时序要求灵活掌握。如果时钟的要求不高，为了算法映射的便利，流水线中接入输入或者输出寄存器之一即可。另外的寄存器提供旁路。图 3.1 给出了计算单元中寄存器位置的示例。

借鉴通用处理器的设计经验，由于数据存在局域性原理（如果一个数据被访问，那它或者它附近的数据很可能在较短的时间内被再次访问），在可重构计算单元中也可以设计堆寄存器，用来存放最近几个周期可能使用的数据。三目运算单元的输入寄存器可以和堆寄存器复用。

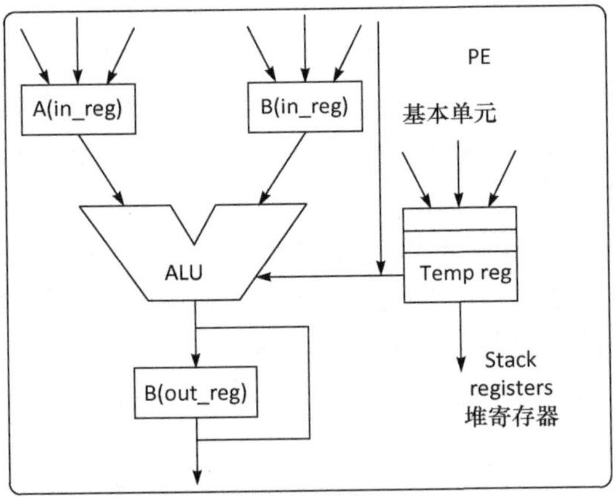

图 3.1 计算单元寄存位置示例

3. 计算功能选择

对于可重构的计算基本单元，可配置功能集合的选取很重要，与通用处理器指令集中的操作码(operating code,Opcode)定义类似。表 3.1 给出了 ALU 常见的功能选择[1],有算术、比较、逻辑和移位等几个大类的操作。目前,可重构计算处理器一般应用于特定的领域,则可根据领域定制专门的算子来提高计算效率。加入新的算子既要考虑算法需求,也需要考虑映射效率。由于阵列单元存在大量重复的情况,因此在所有单元中加入一个面积很大但是使用频率较低的硬件电路,如乘法器是很不经济的行为,这就涉及异构的概念。

表 3.1　常见的通用 ALU 功能选择

类型	功能选择
算术	加、减、乘、除
比较	大于、小于、等于、大于等于
逻辑	与、或、非、异或、同或
移位	逻辑左(右)移、算术左(右)移

异构的情况可以分为两类,一类是广义上,从功能出发,算法映射需要不同的结构,如路由单元、缓存结构、控制器等,它们和计算单元设计不同,又不可或缺。另一类是从效率出发,优化功耗和面积等。在理想情况下,设计一个大而全的计算单元是灵活的,但是有些功能的使用率很低,闲置也会导致面积和功耗的额外浪费,在这种情况下应该对单元进行适当裁剪以得到基本计算单元的异构形式。

算法需求和映射效率(硬件效率)在很多情况下是统一的,如饱和运算使用比较运算也可以实现,只是占用更多的单元。一方面硬件的效率降低,另一方面导致阵列计算资源消耗过多。算法需要拆分更多的 DFG 图(阵列可映射的 DFG 图规模更小),降低了映射的效率。绝对值运算的选择也是如此。因此,基本计算单元功能设计单项之间并不独立,同样的算法存在多种基于指令集的表达方式。

3.1.2　可重构路由单元设计

可重构计算单元输入和输出之间的连接关系,以及阵列内部外部存储单元的接口设计,都是可重构路由单元需要讨论的范畴。从可重构计算单元向外部看,输入需要接受来自阵列输入接口的数据、其他计算单元的输出数据、阵列内部缓存的输出数据等,输出需要定义是否驱动输出互连线。这些输入和输出的选择单元,构成可重构路由单元。

对于阵列,计算单元行或者列之间多采用总线、mesh 连接(邻域相连)和 crossbar 结构。总线和 mesh 结构代价较低,但是灵活性比 crossbar 差。crossbar 结构表示输入和输出之间两两相连。根据乘法原理,这种结构的硬件开销是非常大的,但是其层间灵活性又被算法 DFG 图映射过程普遍需要。当阵列规模增加到一定程度时,crossbar 的全互连代价可能无法承受,尤其在阵列的输入输出端。局域化的互连方式可能是一种出路[2]。如图 3.2 所示,这里采用分层互连的形式。在传统的跨层互连中,计算单元可以获取输入 FIFO(first input first output)任意层的数据,输出数据可以隔层传输,或者输出到 FIFO 的任意层。在分层互连[3]结构中,输入 FIFO 先从 2^{n1} 行中选择一行到连接处 1,连接处 1 到连接处 2 采用全互连,再从 2^{n2} 行中选择一行到连接处 2,如此完成输入 FIFO 到阵列的互连。阵列到输出 FIFO 的连接方式同理。阵列只采用行与行之间的全互连。

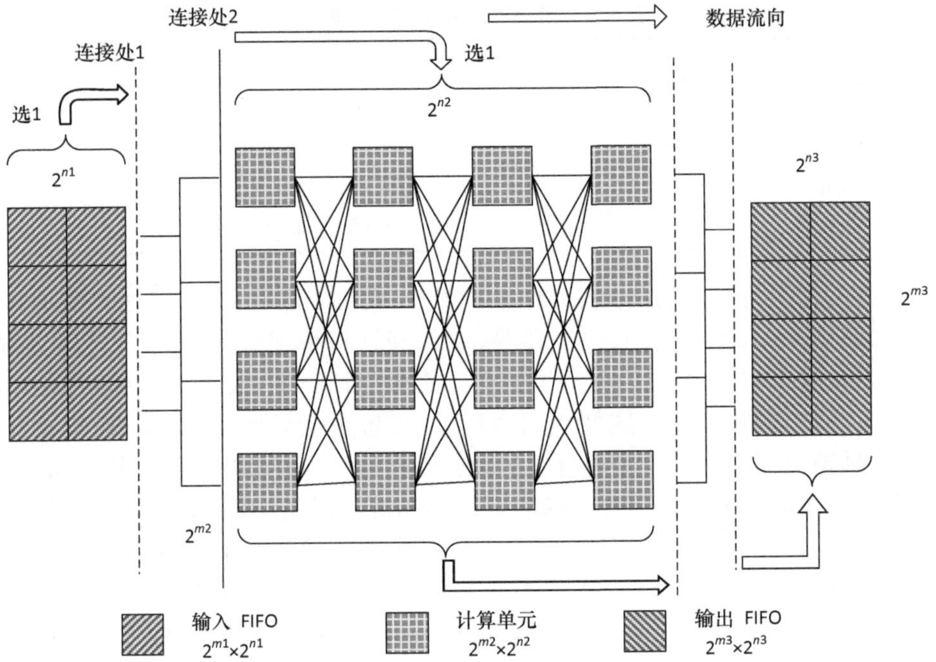

图 3.2　阵列局域路由设计

这种互连方式对于层间仍保持无阻塞的状态。对于需要跨层输入输出的状态,局域路由方式无法兼顾(一次只能满足一行内的数据输入或者输出,对于多行的数据输入,则需要多个周期来执行),但是跨层输入的情形很少(或者说可以被优化)。针对图的映射,为了实现更为高效的流水线执行,会通过插入空拍的方法,将图的输入规整到同一行(或者连续若干行),将流水线的间隙缩短为 1,做到每个周期输出一次循环的结果。输入规整到同一行或者连续若干行时,使用局域路由网络并不影响流水线优化的结果,即不影响最终的计算性能。

3.1.3　阵列接口单元的设计

可重构阵列是一种并行计算的结构,同其他高性能计算一样面临存储墙的问题,即存储器的接口带宽是受限的,发展受到工艺条件的局限。应用高速发展,高性能计算的吞吐量可能远大于存储器接口带宽所能达到的上限。这时计算就受限于存储带宽。面对这个问题的思路大致有如下两点。

① 减少接口带宽的需求，在阵列内部设计缓存，数据不再频繁通过外部接口。

② 提高接口带宽的上限，例如使用多片存储器进行位扩展，对接口数据的压缩也是一种变相提高带宽的方法。如果还是无法匹配计算的最大吞吐量，就只能停下计算过程，等待数据多次(多个周期)的输入。这里留下了调度的空间，在可重构控制器章节还会涉及这个问题。

在输入输出端选取适当的数据压缩方法，如有效位数拼接。当输入数据位宽小于接口宽度时，可以使用多个数据拼接共用的形式。于是对接口的数据宽度也引入粒度的概念。例如，16 比特的数据接口就可以传输两个 8 比特的视频像素数据。如图 3.3 所示，在给定输入接口宽度(如 16 比特)的情况下，配置不同的输入数据粒度(如 8 比特、4 比特)，可以成倍提高 IO 的吞吐量。

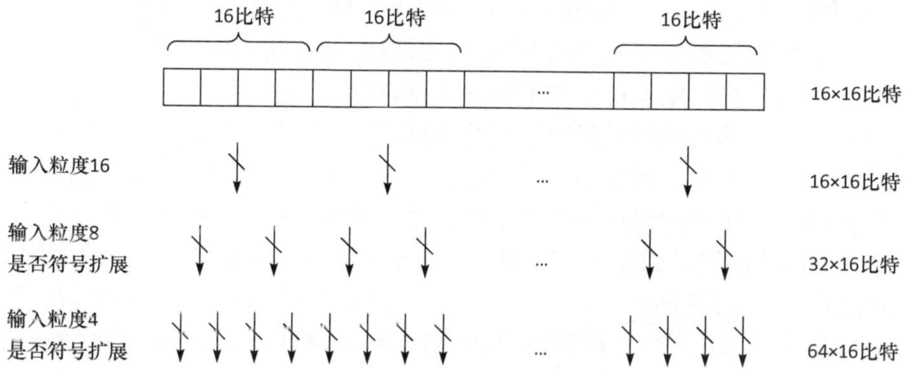

图 3.3　阵列输入粒度压缩设计

阵列的输入输出一般需要插入缓冲单元。缓冲单元在计算过程中可以为下一次的数据输入或者上一次的数据输出做准备。输入 FIFO 过深，则浪费面积和功耗。输入 FIFO 过浅，则外部输入可能因为 FIFO 满(内部没有及时读完)而延迟。这种延迟会占用存储器的访问接口，造成性能下降，也可能是 FIFO 被读空，阵列的数据消耗过快，不能合理缓冲，导致计算等待，造成性能下降。输出也是同理。合理的 FIFO 深度比较重要，可以根据算法映射的实际情况进行分析统计(领域定制)，扫描 FIFO 深度值，观察不额外增加执行时间的深度下限值为宜。

3.1.4　可重构阵列缓存设计

可重构计算处理器阵列规模不断增大，即时计算能力不断增强，这对数据的快速访问提出了相比传统处理结构更为严峻的要求。如果不能及时取得输入数据或输出数据，阵列只能停下来等待。可见，计算效率的瓶颈限制在数据的接口上。接口设计得好、吞吐量大,则相同时间内处理的数据也多;反之吞吐量小,处理数据的能力弱。

如果不考虑阵列路由面积效率等制约规模的因素,通过并列更多的计算单元,可重构计算的处理能力似乎是无限的。但是,接口的吞吐量是有限的,受限于存储墙(物理存储器的访问带宽增长速度严重失配),所以可重构计算的处理能力实际受限于接口的吞吐量。这种情况也可以被称为吞吐量计算。

存储系统的好坏决定并行系统吞吐量计算的性能。分布式存储是提升可重构计算处理器吞吐效率的方法之一。阵列缓存按照数据频度划分,其中数据通过内部寄存器、堆寄存器,以及边界缓存区进行存储,以降低计算阵列接口的数据吞吐需求。然而,还是存在大量数据需要从外部存储器进行输入或者输出的情况,尤其是在大量涌现以网络应用为代表的数据密集型(data intensive)运算的阶段。因此,在外部存储器和计算阵列 FIFO 接口之间,如何设计缓存结构就成为要点。

缓存的对象是数据。下面按照变化的频率对算法数据进行分类。

① 在整个应用过程中不变的数据,称为常数,如算法的固定系数。

② 在阵列的多次配置过程中不变的数据,称为必用立即数。

③ 在阵列的单次配置过程中不变的数据,称为选用立即数。

④ 在阵列的单次配置过程中需要保存多个周期的数据,称为长变量。

⑤ 在阵列的单次配置过程中每个周期都变化的数据,称为短变量。

这种分法的原则是数据变化的快慢。常数在整个应用过程中不变,只要在初始化阶段写入,供阵列需要时读取。立即数则着眼于单次配置过程不变,在下一次配置来临之前,立即数都可以当做常数使用。例如,执行循环操作,多次的数据输入可以共享相同的参数。变量是真正在计算过程中不停变化的数据,短变量一般对应阵列内部寄存器单元。如果需要保存多个周期,即为长变量。长变量适宜在堆寄存器中实现。

这样分类的意义在于为了得到合理、高效的缓存结构,对使用不同结构对应数据的方式给出参照。常数和立即数都不需要反复输入,可以在阵列内部设计相应的缓存模块。变量则根据它的生命周期长短来确定与数据通路的距离。当前使用的数据放在单元内部寄存器中;下次配置需要使用的数据放在阵列边界缓存之中;以后可能使用的数据根据它被调用的时间远近,分别从近到远存储到 PEA 的多级缓存中,甚至放到片外,如图 3.4 所示。

下面分别介绍常数和立即数缓存结构、变量的堆寄存器结构、边界存储结构和阵列外部缓存结构。

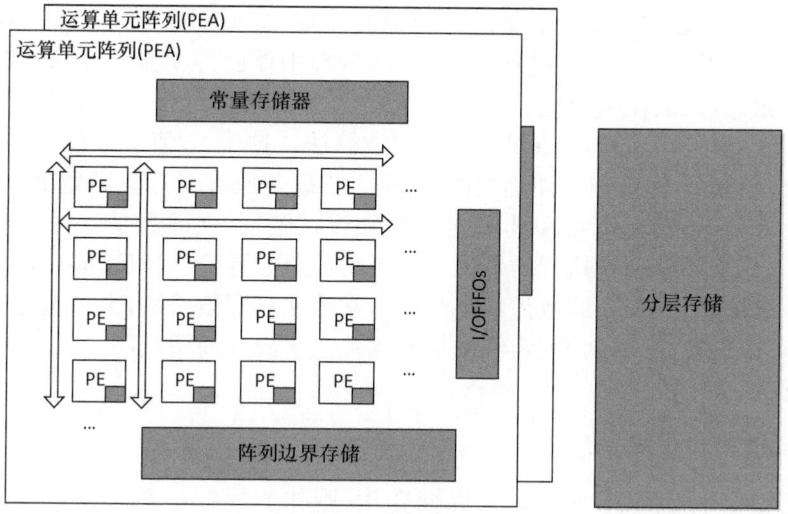

图 3.4　可重构阵列缓存设计示例

1. 常数和立即数缓存结构

常数和立即数可以存储到阵列专门设置的缓存结构中,无需反复输入以节省数据带宽[4]。常数独立于配置信息写入,立即数就是配置信息的一部分。按照在配置信息中出现的方式,分成必用和选用两类。出现索引地址为必用立即数,直接出现数值则为选用立即数。下面举例说明,如 deblocking 算法,若干边界滤波计算之间的差别只是 tc 值的不同,则使用一套配置信息加上可选的立即数配置替代原来所需的数套配置信息。对于必用立即数和选用立即数的关系(图 3.5),当立即数反复出现(数套配置计算过程中保持不变)时,则使用必用立即数来节省存储和带宽的开销。立即数的设定相当于对配置信息的一种压缩手段[5]。

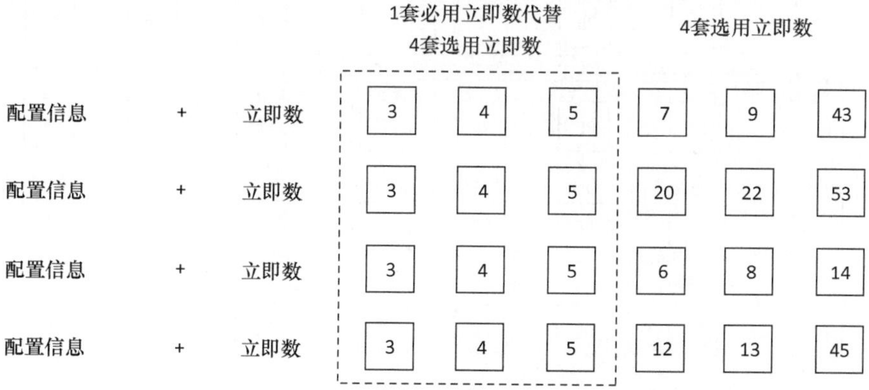

图 3.5　必用立即数和选用立即数之间的关系

常数和立即数在定义上似乎没有明确的界限，实则不然。常数在算法编译映射的过程中可以预测，故在配置信息生成的过程中就已经得到。立即数和处理的视频对象相关，无法在编译过程预测，而是通过计算动态生成。当前帧解码出来的 tc 值是多少，再使用对应的 deblocking 滤波算法。这个 tc 值可以设为立即数，而不是常数；根据 tc 值被连续使用的次数，进一步确定放在必选立即数部分，还是选用立即数部分(必选立即数和选用立即数分开存储)。立即数是配置信息的一部分，通过它可重构阵列在执行的过程中动态的补全配置信息，以适应变化的算法。

常数可静态预测，立即数需动态生成。常数和立即数一样，本身也存在频度的差别，故可以设定快切换常数组和慢切换常数组来配合使用，进一步起到压缩缓存单元的目的。

2. 变量的堆寄存器结构

变量根据生命周期，如果每个周期变化，则作为短变量在单元寄存器反复使用；如果相隔数个周期再被用到，则作为长变量存放在堆寄存器中。

堆寄存器的设计指的是在基本计算单元的旁边附加一个寄存器堆(图 3.1)，堆顶寄存器定义为 temp。temp 寄存器和单元内部寄存器一样参与互连，可以灵活存取计算单元所需要的数据。

堆寄存器的设计优势有如下三个方面。

① 增加额外的数据通路，实现阵列扩展。如图 3.6 所示，以 4×4 阵列为例，包含的 DFG 第二层带有 6 个节点，DFG 图宽度大于可重构阵列宽度，故需要额外的一个阵列协助完成(或者同一个阵列进行两次配置)。图中引入了分布式寄存器堆的设计，temp 寄存器可以扩展数据通路，向下传递数据，利用第三层的两个算子，在一个阵列中完成该 DFG 图的计算。这种做法提高了阵列的算法配置容量。

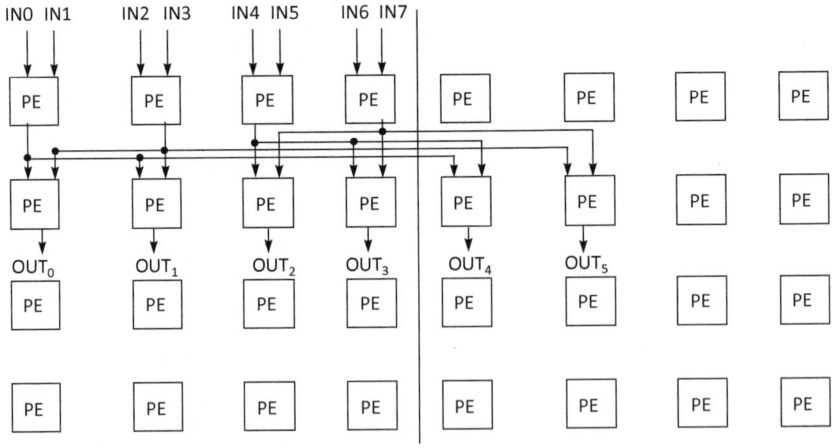

(a) 两个阵列协同

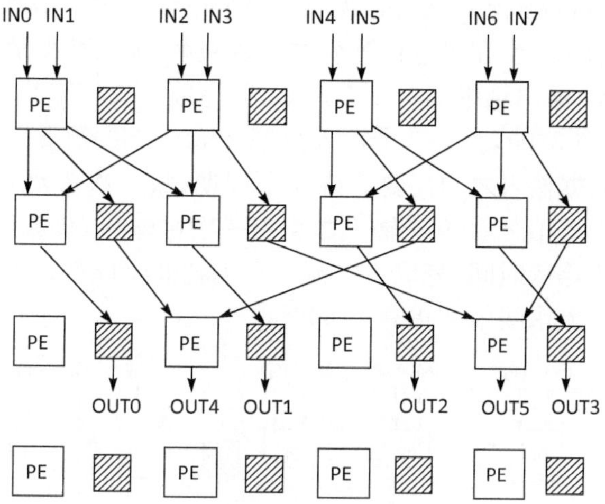

(b) 一个阵列完成

图 3.6　堆寄存器实现阵列扩展

② 缓存中间数据，在两次配置之间传递数据。如图 3.7 所示，不失一般性，以 4×4 阵列为例。配置 1 和配置 2 的数据具有相关性，配置 1 的运算结果保存至堆寄存器中，无数据输出；配置 2 的操作数来自保存配置 1 运算结果的堆寄存器。因此，在完成配置 1 和配置 2 的过程中，使用堆寄存器让配置 1 节省数据输出的过程、让配置 2 节省数据输入的过程，提高了数据的读写速度和两个配置之间的切换效率。

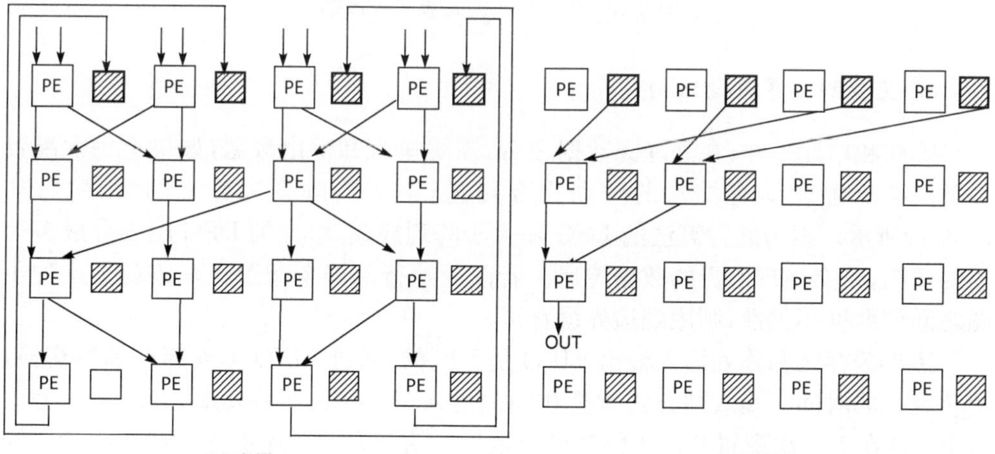

(a) 配置1　　(b) 配置2

图 3.7　堆寄存器配置间数据传递

③ 插入空拍,提高流水线效率。如图 3.8 所示,不失一般性,以 4×4 阵列为例。相同的 DFG 图配置,在可重构阵列中直接映射,输入数据消耗 1 个周期,计算过程消耗 4 个周期,输出结果消耗 1 个周期,即完成一次运算共消耗 6 个周期。假定 4 次流水运算(图 3.9),由于 9 个输入数据(IN0～IN8)需要分两次输入,要求流水时两次配置的数据输入之间需要等待 3 个周期,故 4 次流水共消耗 18 个周期。使用堆寄存器插入空拍之后,9 个输入数据可一次性输入,故流水时两次配置的数据输入之间不需要等待时间,完成 4 次流水只消耗 9 个周期。不难发现,使用堆寄存器在上述实例中流水线效率提高了 50%。

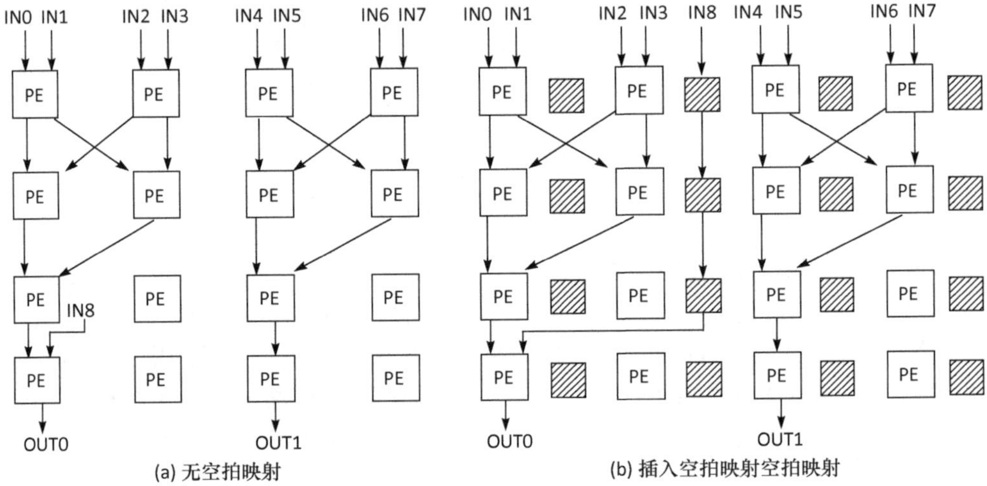

图 3.8　堆寄存存器提高流水线效率

3. 变量的边界存储结构

阵列和单元一样,在处理完数据之后,需要输入和输出数据,如果上一次配置和下一次配置之间有批量的数据需要传递,则需要阵列边界上的缓存区,如图 3.10所示。因为通常算法的 DFG 图大于阵列规模,将大的 DFG 图划分成多个小的子图,则会出现边界的数据传递。若前后执行的两个配置正好体现了这种子图之间的数据相关性,则用到边界缓存区。

边界缓存区和阵列输入输出 FIFO 是不同的,通过 FIFO 和外部存储器交换,消耗大量的时间。高效的方式就是在输出进入 FIFO 之前将其缓存起来,代替输入 FIFO 在下一次配置开始工作时送回数据。这和之前所述堆寄存存器在配置之间传递数据也有所差别。堆寄存器保存的数据在原地,仅供当前单元使用,而边界缓存区则使用输入的互联网络,可分发数据到需要的计算单元。

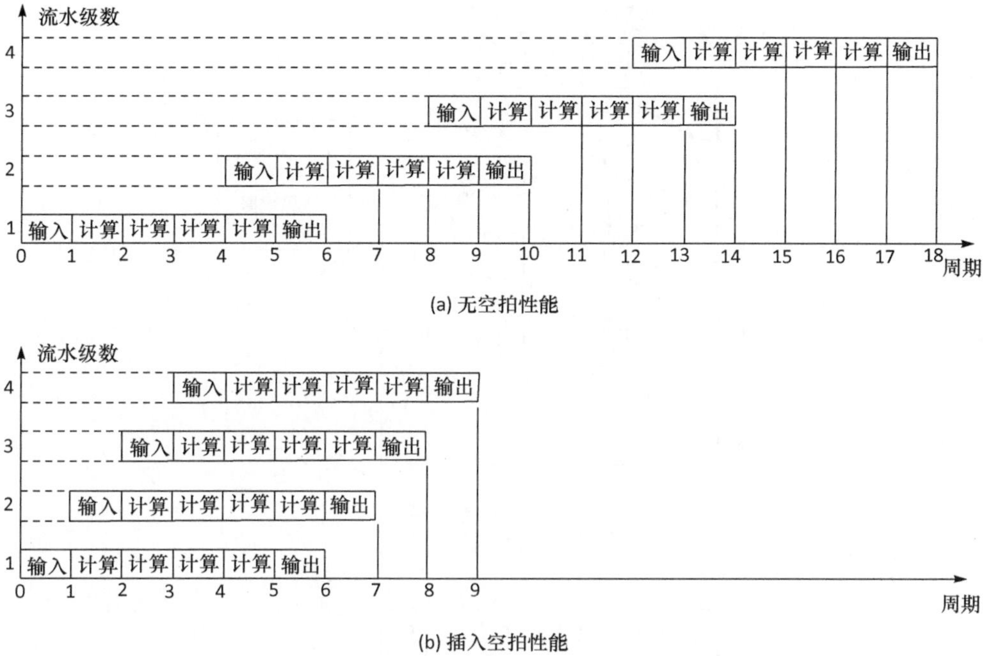

图 3.9　堆寄存器提高流水线效率

4. 变量的阵列外部缓存结构

变量通过内部寄存器、堆寄存器，以及边界缓存区进行存储，以节约计算阵列接口的数据吞吐需求。然而，还是存在大量数据需要从外部存储器进行输入或者输出的情况，因此需要在外部存储器和计算阵列接口之间放入缓存单元。

数据密集型算法常有一些批量数据的变换操作，如转置，在可重构阵列中实现效率较低。主要使用可重构计算单元的直通功能，通过三步进行。先将数据依次送入输入接口缓存；再到阵列寄存器中；最后选择输出缓存，分多个周期送出。整个过程耗时较多，对计算单元的使用不多。如果使用存储单元实现，则可以避免这个过程。该存储单元可以使用两套编址方式，如图 3.11 所示(以 4×4 为例)。将数据按照行的方式存入，切换编址方式，即可以按照列的方式读出，完成转置。

从转置的例子可以看到，针对规则的数据变换使用存储器加控制逻辑的方式可以大大提高性能。下面简单探讨数据变换类型。

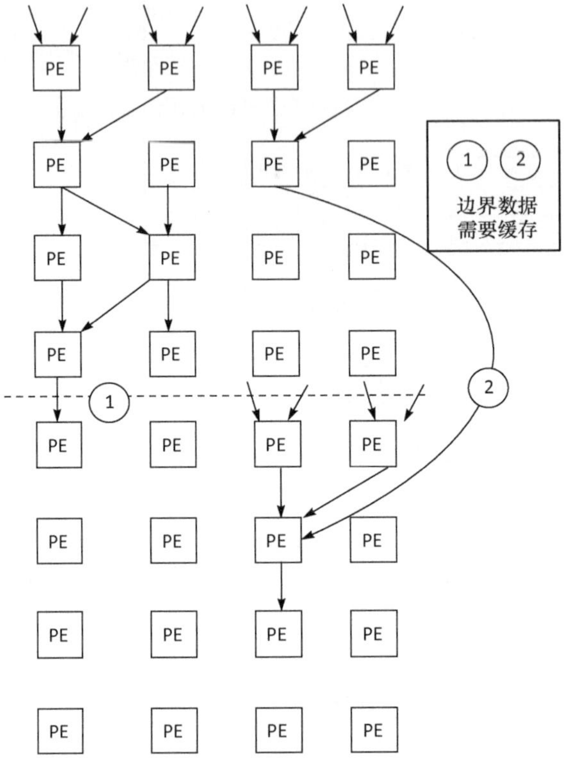

图 3.10　边界数据缓存情形

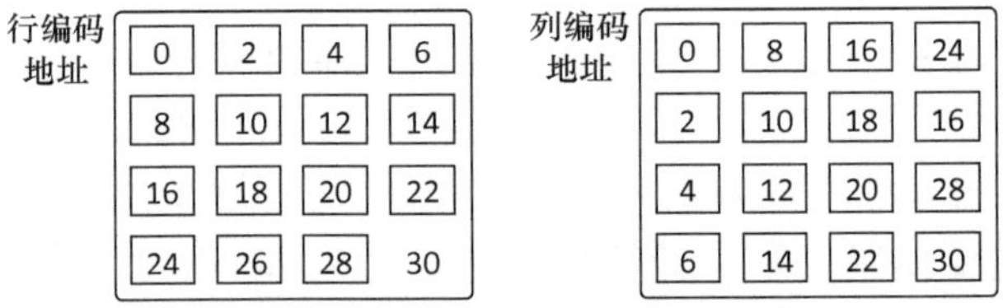

图 3.11　行列编码切换的转置实现

由于应用复杂度的增加而不断变大的核心算法，DFG 图无法完整映射到有限阵列上，因此需要进行 DFG 划分。如图 3.12 所示，以 4×4 阵列为例，DFG 大于阵列规模，需要划分成子图，多次重构映射或者多个阵列并行处理。假想存在划分的虚线，当虚线通过数据流图中的边(箭头)时，定义成横向切割；当虚线分开相邻节点但并不切割边时，定义成纵向切割。纵向切割说明子图之间没有数据相关性，横向切割则相反，需要在配置和配置之间缓存数据。传统的算法软硬件划分理论希望尽可能地减少横向切割数量，但是横向切割数量减少导致纵向切割数目增加。纵向切割需要在数值计算之外加入对输入输出数据进行分离或者拼接操作，操作过程并不简单。

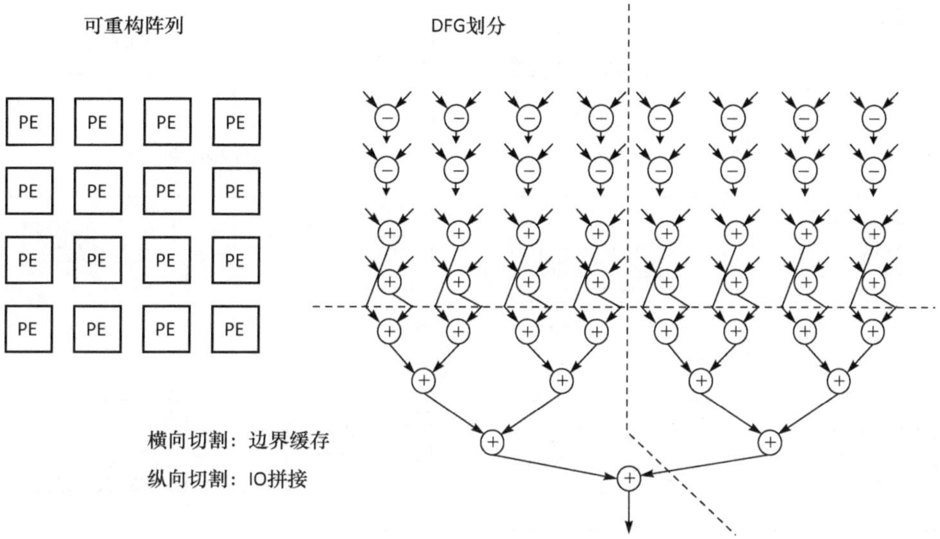

图 3.12　DFG 图的划分类型

对数据变换操作进行分类，主要有如下 7 种(图 3.13)。

① 1D 传输。

普通的数据传输形式类似于 DMA，将数据从原存储器中顺序读出，再顺序写入目标存储器。地址字节对齐，数据不分块。

② 2D 传输。

阵列运算特有的数据分块形式，当 DFG 图纵向切开时，原来一行的输入数据就可能需要分开输入到阵列中进行计算，如果存在 n 行数据，则取 n 行的一部分，类似访问一个二维的数据块。计算完成之后再使用二维的方式写回，切分的子图均计算完成之后，则得到最终的 DFG 图计算结果。

此时，需要定义 2D 块首地址、列宽、行间跳转长度和行数等参数。

③ 多行拼接。

多行拼接是对 2D 传输方式的一个补充。由于内部缓存的接口均为 256 比特，当 2D 数据块提供阵列输入 FIFO 进行运算时，有效数据并不一定可以填满一行 16 个半字。例如，2D 数据块的宽度为 128 比特时，使用普通的 2D 传输，输入 FIFO 得到的 256 比特中只有 128 比特有效数据，带宽的利用率只有 50%。使用多行拼接方式替代，两行拼接成一行再输入，就可以在 FIFO 接口得到 256 比特有效数据，充分利用阵列带宽，加大吞吐量。

④ 单行拆分。

单行拆分和多行拼接相对应，旨在提高输出 FIFO 带宽的利用率。当块数据

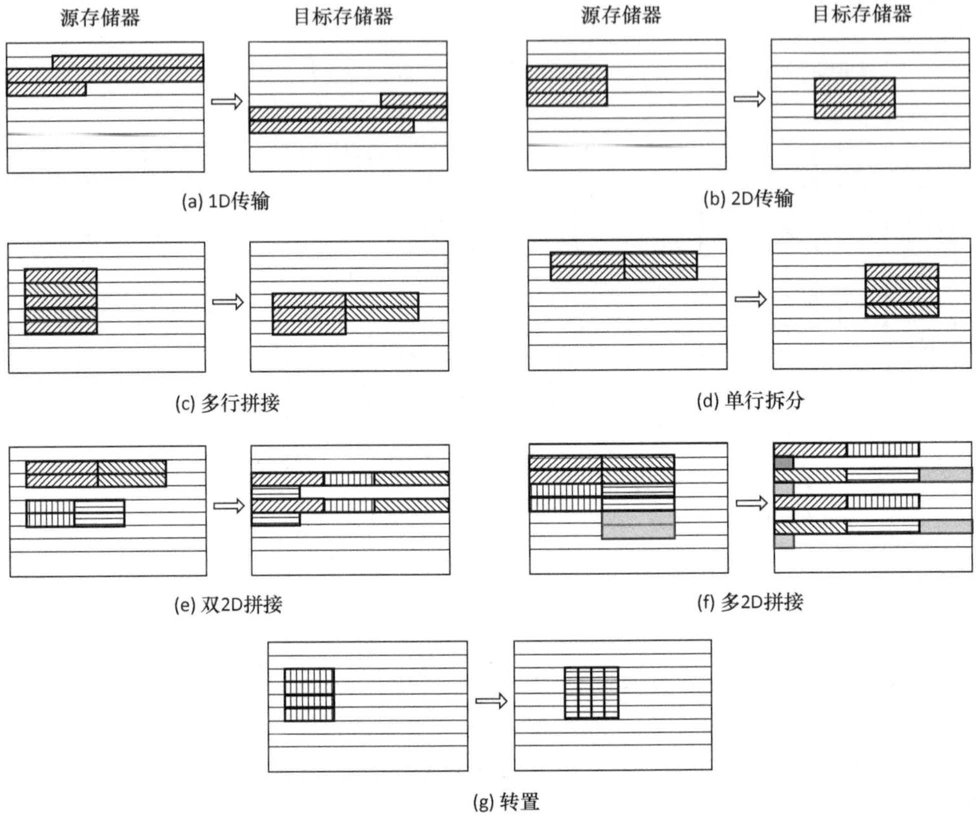

图 3.13　数据变换操作类型

在阵列中完成运算等待输出时，可以使用多行拼接数据到输出 FIFO 接口。这样传输控制单元得到的数据就需要进行拆分还原。

⑤ 双 2D 拼接。

2D 传输中提到了由 DFG 图划分产生的数据子块访问的情形，2D 传输帮助我们取到一个矩阵进行运算。更多的情况是两个甚至多个矩阵子块的数据协同运算(运算的三角形式，2 个或 3 个输入算出一个输出)。

例如，阵列单元需要将视频数据的参考值和偏移值的两个矩阵相加来重建像素矩阵。这时，我们需要在输入 FIFO 端将两个矩阵的值拼接起来输入，才能形成流水处理；否则，第一个矩阵输入完成之后，需要等待第二个矩阵输入第一行，才能开始计算像素矩阵的第一行数据；第二行矩阵的第一行通常要等待第一个矩阵的所有行输入完毕，无法提前，这种处理方式即为双 2D 拼接。

⑥ 多 2D 拼接。

多 2D 拼接类似于双 2D 拼接的处理，只是由于压缩配置信息的需要(配置信息的长度是有限的)分为两种情况:多 2D 拼接时,限定多个数据块存储必须连续,宽度相同,故只要配置第一个块的首地址、宽度,以及数据块的总数即可;双 2D 拼接时,不限定两个数据块的关系,两组首地址和宽度等信息都要配置。

如果不做上述限定,多 2D 拼接的配置信息随着数据块个数的线性增加,这在设计配置系统中是不规则的个例,会导致配置信息访问困难(配置不定长、接口访问单位配置点有限导致配置阻塞)或者配置位浪费(配置等长,常规情况下无需这么长的配置信息)等。在媒体领域的算法中简化处理。

⑦ 转置。

视频数据是二维的,主要的压缩处理包括行处理和列处理,故行列处理之间就需要转置。之前提到计算单元实现转置时间和面积效率低下,因此在访问存储器时完成转置运算有利于提高可重构阵列的处理能力。

这些数据访问的特点是可重构计算处理器特有的。通用处理器数据通路的处理对象是数,只有无符号、有符号、位数等特征,而可重构计算处理器的处理对象是矩阵,除了定义数的特征之外,还有高宽等特征,计算形式也更为多样。通用处理器的数据访问只有简单的单个或者批量访问,而可重构处理的数据访问可能涉及矩阵变换、裁剪、拼接等。它们和矩阵的数值计算(传统并行阵列擅长的处理形式)一样重要。

这里讨论了可重构数据通路的设计方法,包括计算单元、路由设计、阵列接口和缓存设计。尤其是缓存设计作为异构的矩阵数据计算单元和传统的计算阵列并存,可以大幅提高可重构计算处理器对批量数据的运算效率。

接下来介绍可重构控制器的设计,与通用处理器控制器相比,可重构控制器更注重可重构数据通路配置信息的解析控制。配置结构的设计优化是可重构计算处理器的关键问题。

3.2　可重构控制器设计

3.2.1　配置结构定义

动态可重构计算处理器设计的关键在于配置信息的压缩[6]。动态重构区别 FPGA 的静态配置就在于配置信息的总量[7]。FPGA 按比特配置,配置信息在 K 字节～M 字节这个级别,单次配置的时间在几十 ms～1s。如果采用动态配置,则有大量的时间闲置(配置传输的时间),很难提高面积的时分复用效率。因此,配置结构的重要优化对象就是压缩配置量。去除冗余的配置信息,配置总量越小,可重构计算处理器的执行效率越高。

层次化设计就是一种很好的压缩配置结构[8]。

1. 配置系统的层次化设计

如图 3.14 所示,假定核心算法对应的完整 DFG 图分割成多个子图,子图从上到下分别对应配置 1、2、3。每个配置都包括输入、计算、输出三个部分。观察配置 1 的输出和配置 2 的输入,它们之间的依赖关系明确,配置 2 的数据输入地址就是配置 1 的数据输出地址,而绝对地址在哪里并不重要(只需要保证中间缓存空间的大小满足要求)。因此,可以省略这部分配置,通过系统自动分配。设置一个内部的配置存储器存储配置 1、2、3 的具体内容,外部就只需要告诉 RPU:阵列输入 1 和输出 3 的地址,以及配置索引的调用顺序列表(配置 1、2、3 的地址列表)。这些信息就构成了配置组。完整 DFG 图对应的是配置组,因此配置组和算法相对应,是配置系统的一级抽象。

应用场景包含大量的算法,即对应大量的配置组。这些配置组的信息同样可以存储在 RPU 内部。外部通过写入数据输入输出地址和配置组序号即可。配置组的序列集和应用对应,此为配置系统的二级抽象。

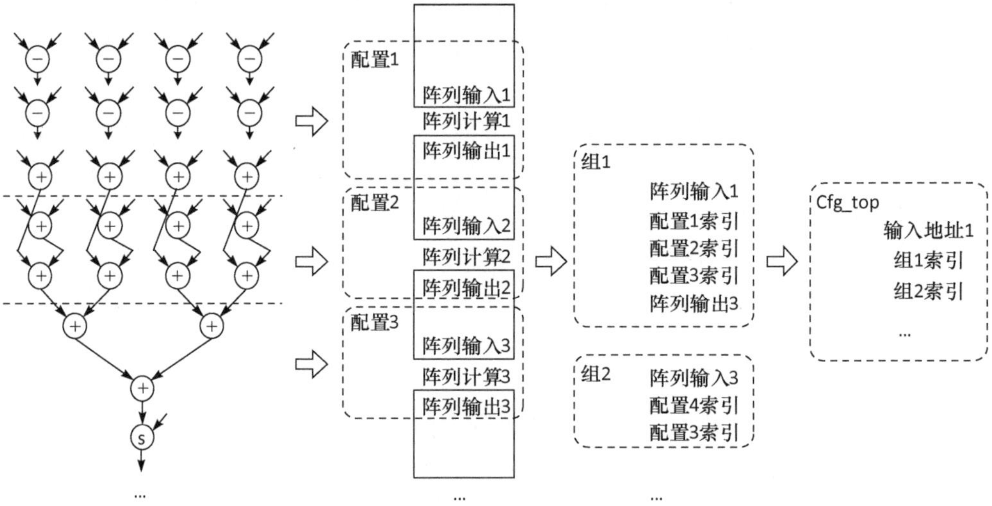

图 3.14 配置层次化的推导

配置系统的层次化设计如图 3.15 所示。外部写入配置字 CW(context word)的集合(应用),通过配置来索引中间层配置信息(具体的算法、配置组),再由中间层配置信息来索引底层配置信息(具体映射实现,包括算子、路由功能的选择等内容)。通过这种方式可以大量压缩 PEA 接口处需要流入的配置数据量,从原来海量的底层配置信息调用,变成二级索引表。

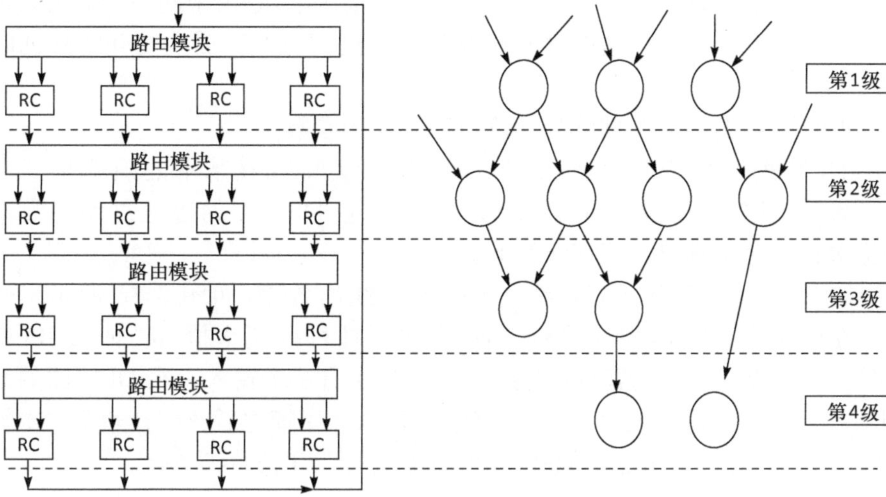

图 3.15　基本的流水线映射

2. 算子功能编码研究

底层配置信息中很重要的一部分就是算子的功能编码。出于配置效率和功耗的考虑，有如下三条准则。

① 固定码长，码长由操作的总数目决定。变长的操作码虽然能降低编码长度，但其串行的解码方式使解码速度变慢，不能满足高速并行计算的要求。定长编码寻址方便，配置速度快。

② 为了降低电路的功耗，通常对运算单元内部各主要模块做门控电源（power-gating）或门控时钟（clock-gating），尤其是一些使用频率偏低，而功耗较高的模块，如乘法器。所有门控技术的使能信号都是操作码的组合逻辑产生的，为了减少竞争冒险带来的毛刺和由此引起的关断模块的误翻转，对于较大的模块设计其门控逻辑时电路应该尽量简单。通过对操作码的编码设计，只用少数几个操作码位的组合输出甚至只是某一位操作码来作为主要功能模块（加法器、乘法器、移位器等）的门控使能信号。

③ 为了降低配置端的翻转次数，根据算子的转移概率进行 huffman 编码。统计所有指令操作码的使用频率，编码设计时给转移频率较大的操作码分配较小的码字，以减小操作码的总体翻转概率，从而进一步降低动态功耗。

3. 阵列时序模型研究

底层配置信息除了算子操作码，还包括粒度配置、路由配置和阵列时序配置。粒度配置的主要对象是阵列输入接口。路由配置则需要对所有接收端口的数据提供方进行统一地址编码(之所以不按照输出端分配码字,是由于同一个输出数据可能被多个输入端所使用)。这两部分比较常规,不再赘述,下面主要介绍阵列时序的配置。

阵列时序的配置方法,即阵列计算时序模型的参数化。

在给出阵列时序模型之前,我们回过头来重新观察基本的映射形式。如图 3.15所示,DFG 图中算子和 PE 单元一一对应,DFG 中的边通过路由模块实现,根据关键路径的深度分成四级流水。

不难发现,DFG 图的 IO 位置会影响流水线的效率,如图 3.16 所示。假定 DFG 关键路径长度是 4,循环执行 3 次,3 次循环可以流水执行。如果 IO 都在 DFG 图的第一级,则两次循环可以连续输入;如果有一个输入 n 在 DFG 图的第四级,则限制了第二次循环的输入时间,必须在输入 n 用掉之后才能开始第二次循环的输入。为了更好的分析这个问题,我们试着进行时序信息参数化。

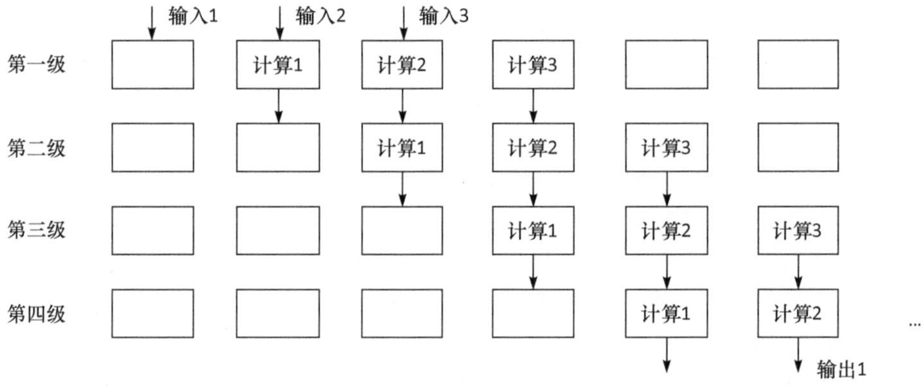

(a) IO位置规整

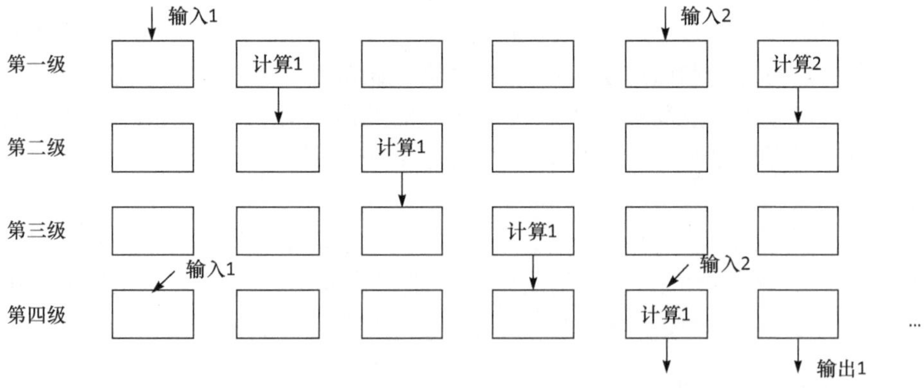

(b) IO位置不规整

图 3.16　循环的流水线处理

4. 阵列同步配置信息

Group 层配置信息除了需要底层配置索引和 IO 地址配置(缓存接口操作方式配置)之外,还需要定义阵列之间的同步工作方式。

(1) 阵列的两种同步方式

① 第一种同步机理。

在动态可重构处理器执行一个复杂任务的过程中,是由多个子单元并行执行多个子任务,子单元的多个子任务称为子单元的子任务序列,其中子任务序列内子任务的个数大于等于 1。

每个子单元完成动态可重构计算处理器当前复杂任务分配的子任务序列后,子单元需要等待动态可重构计算处理器执行下一个复杂任务,为其发送新的子任务序列。

这时先完成的子单元需要等待其他子单元,待所有子单元均完成子任务序列后,各个子单元进行同步。

综上,在每个子单元的子任务序列中最后一个任务结束时,需要对各个子单元进行同步,以便动态可重构计算处理器执行下一个综合任务。

② 第二种同步机理。

动态可重构计算处理器执行一个复杂任务的过程中,某 N 个($N\geqslant 1$)个子单元的各自某几个任务的输入是另外 M 个($M\geqslant 1$)子任务各自的几个任务的结果。

由于数据交互使用,这 N 个子单元各自的某几个任务之前的某几个任务需与另外 M 个子单元的当前的某几个任务进行同步。

当这些任务中的某个任务完成后,需待其他任务都完成,各子单元才能执行分配给自己的下一个任务。

(2) 子单元的两种同步时机[9]

① 后同步,即需同步的子单元之间在都完成需同步的子任务之后,同步完成各子单元可以执行分配给自己的下一个子任务。在后同步中,子任务同步信息包含在已执行完的子任务配置字中。

② 前同步,即需同步的子单元之间都已准备开始执行需同步的子任务,同步完成,各子单元可开始执行各自的需同步的子任务。在前同步中,子任务同步信息包含在将要执行的子任务配置字中。

对同步时机的补充说明如下。例如,动态可重构计算处理器有 3 个子单元,分别为子单元 A、子单元 B、子单元 C,各子单元任务序列中各有两个子任务,如表3.2 所示。

现需子任务 A1、B1、C1 均执行完成后,子任务 A2、B2、C2 才开始执行前。

如果采用后同步,则同步信息包含在子任务 A1、B1、C1 的配置字中。在各子单元执行完同步子任务后进行同步，子单元 A、子单元 B、子单元 C 分别执行完子任务 A1、子任务 B1、子任务 C1 后，同步完成，子单元 A、子单元 B、子单元 C 才可以分别开始执行子任务 A2、子任务 B2、子任务 C2。

如果采用前同步，则同步信息包含在子任务 A2、B2、C2 的配置字中。各子单元在执行同步任务前进行同步，子单元 A、子单元 B、子单元 C 分别准备开始执行子任务 A1、子任务 B1、子任务 C1，则同步完成，子单元 A、子单元 B、子单元 C 才可分别开始执行子任务 A2、子任务 B2、子任务 C2。

表 3.2 子单元(PEA)的子任务序列举例

子单元 A 子任务序列	子单元 B 子任务序列	子单元 C 子任务序列
子任务 A1	子任务 B1	子任务 C1
子任务 A2	子任务 B2	子任务 C2

(3) 同步控制涉及模块

① 子单元配置字缓存器。

子单元配置字对应子单元所执行的子任务的配置信息。子单元配置字中包含配置信息 1——子任务的执行信息，配置信息 2——子任务的同步信息。

子单元配置字缓存器具有如下功能。

第一，子单元配置字缓存器可以缓存多个子单元配置字。

第二，子单元配置字缓存器中所缓存的配置字采取先入先出机制。

第三，子单元配置字缓存器弹出下一个待执行的子单元配置字的条件是当前配置字对应的子任务已完成，子单元配置字缓存器为非空，且来自同步控制器的使能信号为真。

第四，子单元配置字缓存器将弹出的子单元配置字中的配置信息 1——子任务执行信息传递给子单元，用于配置子单元执行子任务，将配置信息 2——子任务同步信息传递给同步控制器。

② 同步控制器。

同步控制器内部包含多个子单元同步控制器，个数由子单元个数决定；子单元同步控制器接受来自子单元内的子单元配置字缓存器的子单元配置字的配置信息 2。

子单元同步控制器根据子任务同步信息进行判断，如果无需同步，则直接向子单元配置字缓存器返回使能信号为真。

子任务同步如下。

① 在同步时机为后同步的情况下，子单元同步控制器检测子单元当前任务执行情况。待需要进行同步的多个子单元都已执行到需要同步的子任务，且需要同步的子任务都已执行完，各子单元同步控制器向各子单元配置字缓存器返回使能

信号为真。

② 在同步时机为前同步的情况下，子单元同步控制器等待其他需要进行同步的多个子单元都已准备开始执行需要同步的子任务，各个子单元同步控制器向子单元配置字缓存器返回使能信号为真。

(4) 同步信息的描述方式和同步流程

子单元的同步信息包含两部分内容。

① 子单元是否需要与其他子单元进行同步。

② 如需同步，则子单元需与其他哪些子单元进行同步。

子单元的同步信息具体内容如下。

① 子单元的同步信息为 N 比特，对应于动态可重构计算处理器中的 N 个子单元。

② 当前子单元所对应的 1 比特用于指示当前子单元是否进行同步，如果同步，则这个比特为真；如果不同步，则这个比特为假。

③ 除当前子单元对应的 1 比特之外的 $N-1$ 比特用于指示当前子单元与其余哪些子单元进行同步。如果当前子单元需与某个子单元进行同步，则此子单元对应的比特为真；如果无需同步，则这个比特为假。当前子单元可与其余 $N-1$ 个子单元中的任意个子单元进行同步。

④ 同步信息的完备性，在多个子单元动态可重构计算处理器中，N 个需要同步的子单元具有同步的相互性，具体表现为每个需要同步的子单元信息中，同步对象都包含且只包含其余 N　1 个子单元，不存在 N 个需要同步的子单元中有一个或几个子单元的同步对象多于或少于 $N-1$。

⑤ 一次同步的不同子单元，参与同步子任务的同步信息完全相同。同步信息的完备性保证了同步控制器正确发送同步完成信号。两种同步的流程如图 3.17 所示。

3.2.2　配置执行方式

通用处理器使用指令流驱动，ASIC 使用数据流驱动。相比之下，可重构计算处理器有很大区别，它通过不断写入的配置流带动阵列的执行。配置进入对应的模块，生效时使能可重构阵列。

底层阵列的配置信息可以使用类似钟摆的流水切换方式[10]，如图 3.18 所示。钟摆一边选择配置信息，一边选择运算单元。在初始化阶段，两边都指向第一行。在系统运行阶段，钟摆两边按照各自摆动的顺序选择配置信息和运算单元，使用选定的配置信息去配置选定的一行运算单元。钟摆走完最后一行重新回到第一行，继续摆动。这种方式实现了底层阵列的配置流水线。配置点为寄存器，支持单周期的信息切换、配置和计算并行。

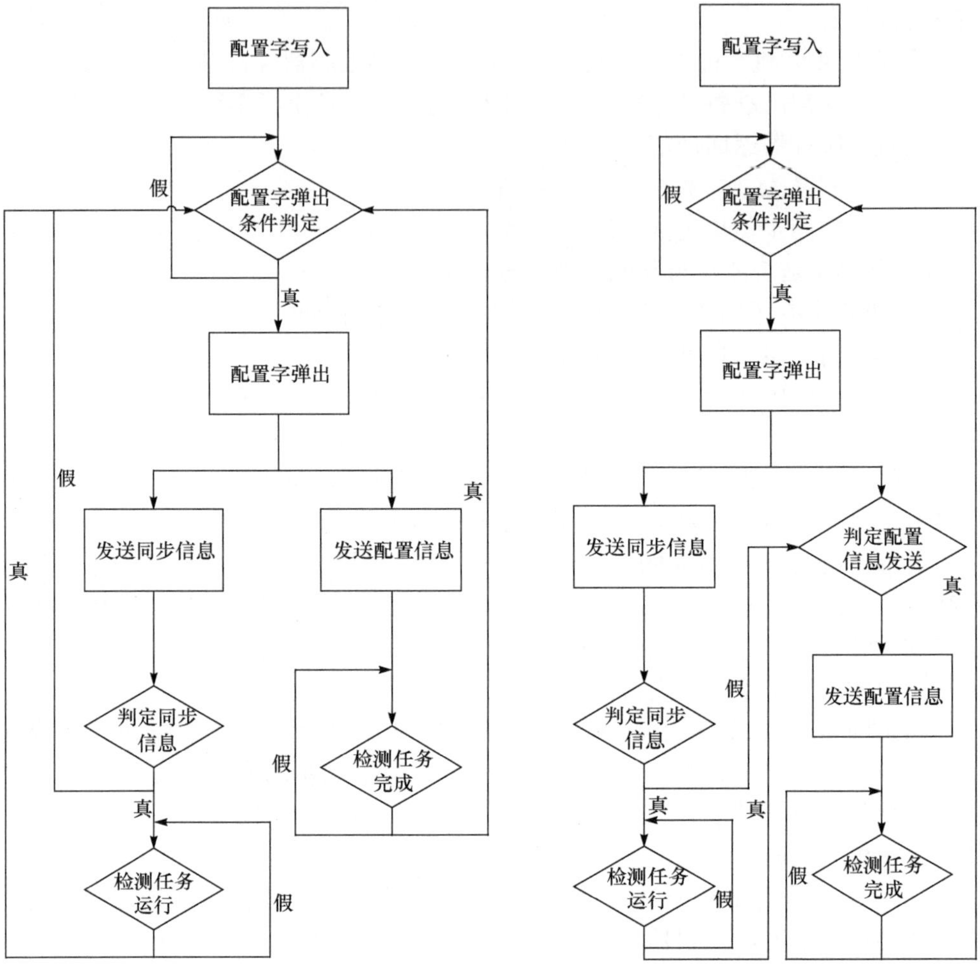

(a) 后同步同步流程图　　(b) 前同步同步流程图

图 3.17　阵列同步流程图

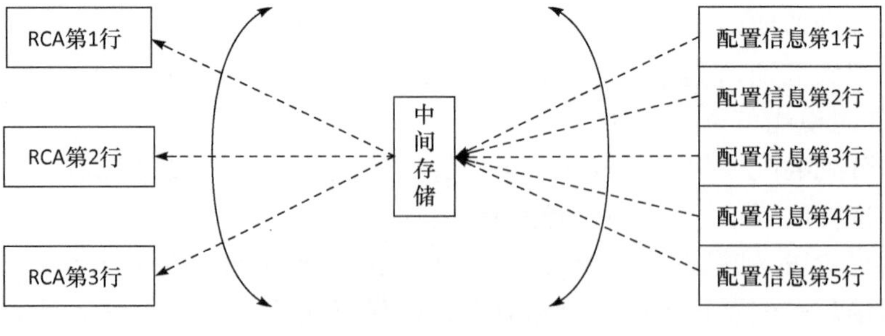

图 3.18　配置流水执行方式

3.2.3 配置缓存设计

可重构计算处理器的配置信息一般在百字节的量级，访问配置存储时也遇到带宽失配引入额外延时的情况。降低这部分影响主要有以下两点措施。

① 加大存储接口带宽。采用多个存储器并联，进行位扩展。

② 设计配置存储器的专用缓存。多个可重构运算阵列协同工作时，配置信息的访问也有邻域特性，较大概率执行相同或者相近的配置。使用配置缓存，管理多套已经预取的配置信息。当缓存命中时，一个周期就可以获得所有配置位的信息。缓存命中可以降低对配置存储器的访问，显著降低功耗。

3.3 可重构数据通路与控制器的耦合关系

最后讨论可重构计算处理器的数据通路和控制器之间的耦合关系。回顾已有结构，Morphsys[11]的数据通路采用 4 比特基本运算单元组成 8×8 的可重构阵列。控制器是专门开发的小型 RISC，用于对计算阵列加载配置信息和数据，如图 3.19 所示。Morphsys 的数据通路和控制器通过处理器内部总线相连，控制器和计算阵列均可以通过总线访问外部存储器。CHESS[12]也是一种 ALU 堆叠的可重构阵列结构，由 512 个 4 比特的单元阵列组成，用于实现离散余弦变换等计算密集型算法时有很好的效果，如图 3.20 所示。CHESS 芯片内部并不包含控制器，它的控制单元外置。由于从片外配置，速度较低是这种耦合方式的缺点。ADRES 采用紧耦合组织结构，可重构数据通路放到控制器内部，类似替代了传统处理器的计算单元，使用传统处理器的取值、译码单元来调度阵列上任务的执行。类似结构还有威

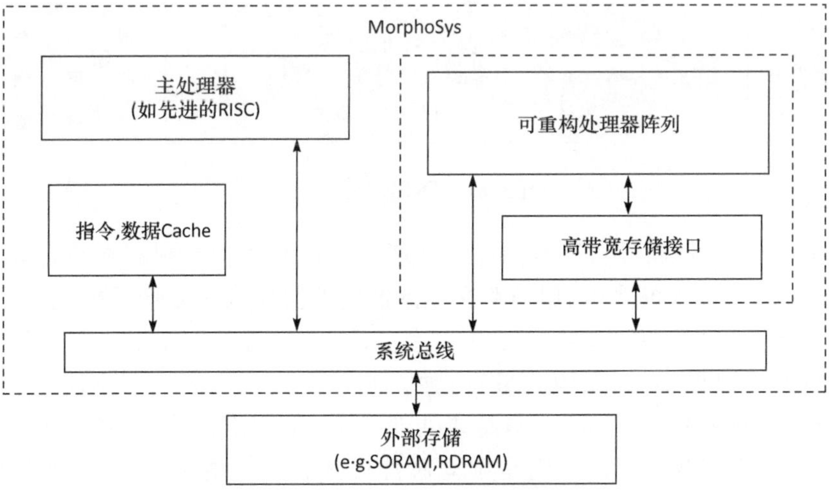

图 3.19 Morphsys 结构图[4]

斯康辛大学的 DySER(2012)[13-15]可重构计算处理器，如图 3.21 所示。它将 CGRA 整合到通用处理器的流水线中，将访存、分支和异常处理等操作都交给 CPU 的传统结构实现。紧耦合的方式灵活性高，但是数据对外批量访问的性能会受到影响。

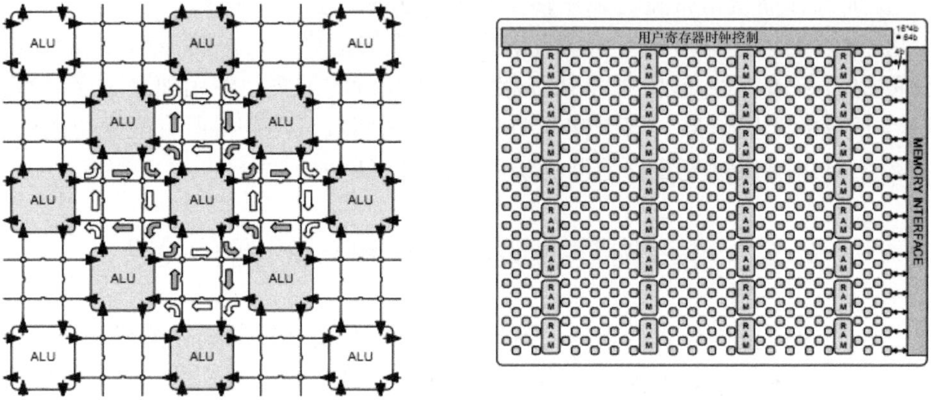

图 3.20　CHESS 结构图[12]

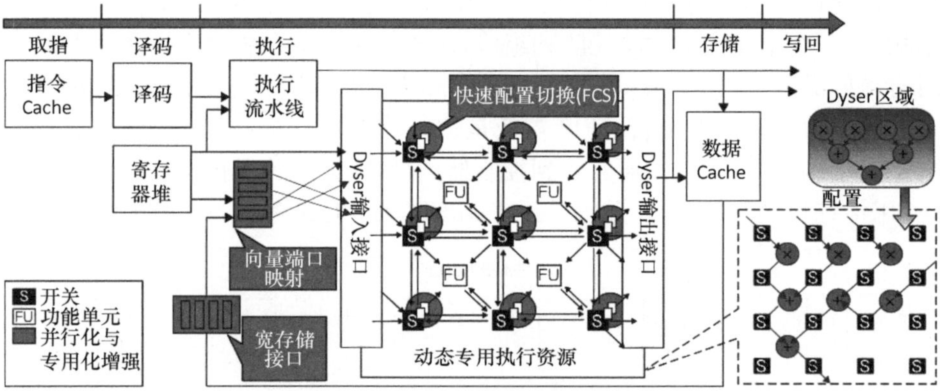

图 3.21　DySER 结构图

从上述实例可以看出，可重构计算处理器数据通路和控制器之间有如下耦合关系(图 3.22)：嵌入模式(数据通路在控制器内部实现)、协处理器模式(数据通路和控制器同一个芯片内连接)和独立芯片模式(数据通路在控制器芯片外实现)。按照耦合的紧密程度，嵌入模式最高；独立芯片模式最松散。ADRES 和 DySER 是嵌入模式，使用灵活；Morphsys 是协处理器模式，控制器和数据通路可以并发操作，同时访问存储器；CHESS 则是独立芯片模式。一般情况下，与控制器的距离越远，对于算法的加速效果越好，但是配置的代价也越大。

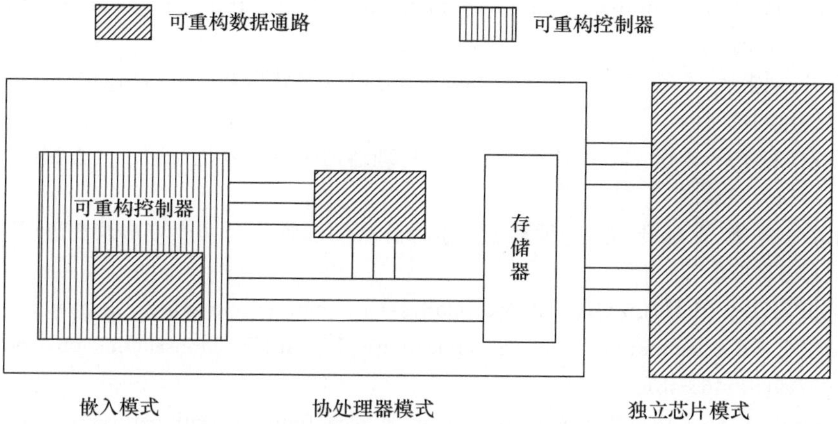

图 3.22　可重构数据通路和控制器的耦合模式

可重构数据通路和控制器的耦合模式对于处理器整体功耗、性能、编程方式均有较大影响。耦合程度越紧密,动态重构的代价越低,重构速度越快。针对重构数据通路规模小、切换频度高的情况,性能较优;如果重构数据通路规模大、切换频度低,则直接连接存储器,降低耦合程度,这有利于减少和控制器之间的数据总线竞争冲突,提高性能。耦合越紧密,对程序编译调度的实时性要求就越高。调度频度的增加也意味着功耗的增加。不过就单次配置来看,重构数据通路越靠外,配置通路的容性负载越大,相同字节数的配置功耗就越大。因此,配置功耗要根据具体配置方式和规模而定。

参 考 文 献

[1] Myjak M J, Delgado-Frias J G. A medium-grain reconfigurable architecture for DSP: VLSI design, benchmark mapping, and performance[J]. IEEE Transactions on Very Large Scale Integration Systems, 2008, 16(1): 14.

[2] 朱敏,刘雷波,王延升,等. 一种全互连路由结构动态可重构处理器[P]. 中国: 201110152238.2.

[3] 刘雷波,朱敏,王延升,等. 一种全互连路由结构动态可重构数据处理方法及处理器[P]. 中国: 201110152239.7.

[4] 刘雷波,王延升,朱敏,等. 一种动态可重构处理器及其固定数的调用方法[P]. 中国: 201110140376.9.

[5] 王延升,刘雷波,朱敏,等. 一种动态可重构处理器内调用立即数的方法[P]. 中国: 201110140358.0.

[6] Compton K, Li Z, Cooley J, et al. Configuration relocation and defragmentation for run-time reconfigurable computing[J]. IEEE Transactions on Very Large Scale Integration Systems, 2002, 10(3): 209-220.

[7] Lysaght P. Aspects of dynamically reconfigurable logic[J]. IEE Colloquium Reconfigurable Systems, 1999: 1.

[8] 王延升,刘雷波,朱敏,等. 一种层次化描述动态可重构处理器配置信息的方法[P]. 中国: 201110140942.6.

[9] 刘雷波,王延升,朱敏,等. 一种动态可重构处理器内子单元间进行同步的方法[P]. 中国: 201110140356.1.

[10] 刘雷波,朱敏,王延升,等. 一种动态可重构阵列的配置信息切换方法及装置[P]. 中国: 201110159626.3.

[11] Singh H, Lee M H, Lu G, et al. MorphoSys: an integrated reconfigurable system for data-parallel and computation-intensive applications[J]. IEEE Transactions on Computers, 2000, 49(5): 465-481.

[12] Marshall A, Stansfield T, Kostarnov I, et al. A reconfigurable arithmetic array for multimedia applications[C]//Proceedings of the 1999 ACM/SIGDA Seventh International Symposium on Field Programmable Gate Arrays, 1999: 135-143.

[13] Govindaraju V, Ho C H, Nowatzki T, et al. Dyser: unifying functionality and parallelism specialization for energy-efficient computing[J]. IEEE Micro, 2012, 32(5): 38-51.

[14] Benson J, Cofell R, Frericks C, et al. Design, integration and implementation of the DySER hardware accelerator into Open SPARC[C]//2012 IEEE 18th International Symposium on-High Performance Computer Architecture, 2012: 1-12.

[15] Frericks C, Benson J, Cofell R. OpenSPLySER: the integrated open SPARC and DySERdesign [R]. Computer Science Technical Report, University of Wisconsin-Madison: 2011.

第 4 章　可重构计算处理器编译系统

为了使可重构计算处理器能够有效地执行各类计算任务，需要为可重构计算处理器的各个部件单元生成对应的目标可执行程序。传统的编译器将输入的应用程序代码编译成目标处理器的汇编指令及对应的机器码，而可重构计算处理器任务编译器则对输入的应用程序进行分析，将应用程序划分为软件运行部分代码和硬件运行部分代码，然后针对各部分的程序代码进行各自的编译处理，分别生成可重构计算处理器控制器的控制码和数据通路的配置信息[1]。

本章介绍可重构计算处理器编译系统的框架及流程，并对编译的几项关键技术进行阐述。

4.1　可重构计算处理器编译框架与流程

可重构计算处理器的可执行程序包含控制器执行的控制码及数据通路的配置信息，那么编译器的目的便是通过读取应用程序，以及对代码的划分、分析、转换、优化、映射等过程，生成可重构计算处理器的可执行程序。图 2.8 给出了可重构计算处理器的编译框架[1]。

在读取的应用程序中，编译器首先对其进行代码变换和优化，生成中间表达形式(intermediate representation，IR)，然后将中间表达形式映射到可重构计算阵列上。由于可重构计算处理器的硬件资源往往是有限的，而计算任务所需要的计算资源经常会超出可重构计算数据通路的大小，因此就需要对输入的任务进行时域的划分，得到一系列彼此之间有依赖关系的子任务集。通过一定的调度机制，可以将这些子任务依次映射到可重构计算数据通路中，从而实现计算资源的时分复用。最后，编译器将生成可重构控制器的控制码，以及配置可重构计算数据通路运算的配置信息。

可重构计算处理器编译系统包含三项关键技术，即代码变换及优化、任务时域划分和映射配置的生成。在后面的内容中，将分别对这些技术进行详细的分析。

4.2　可重构计算处理器代码变换及优化

在向可重构硬件映射一个具体的计算任务时，往往会对代码进行一定的变换及优化。这个过程可以使执行的时间更短，使消耗的硬件资源尽可能地少。

按照从低到高的层次分类，代码变换可分为比特级变换，指令级变换和循环级变换。比特级变换主要针对的是细粒度结构的优化，在此不详细叙述。这里对指令级和循环级的代码变换优化进行阐述[2]，并介绍数据流图的生成技术。

4.2.1　指令级变换

我们先来看看指令级的变换。指令级变换主要是以单条指令为关注对象，采用变换来提高性能。简单的代数变化可以用来进行运算任务的树高度缩减（tree height reduction，THR）、常见子表达式消除（common subexpression elimation，CSE）、常量折叠、常量传播以及强度缩减[3]等变换。其中，只有符合硬件特定要求的变换才可以被使用。例如，当需要计算 3×i 时，通常会使用 i+(i≪1)来替代，这种方法也被称为运算强度缩减（operation strength reduction，OSR）。

当编译算术表达式时，需要衡量一些属性，以寻找更为有效的硬件实现方式。有效整合过的算术属性将显著减少运算数目及硬件关键路径的长度。

1. 树高度缩减

树高度缩减[4]是一种常见的手段，在不改变运算功能的前提下，通过对运算进行重新排序，减少运算操作树的高度，实现更高的并行度。如图 4.1 所示是一个案例。

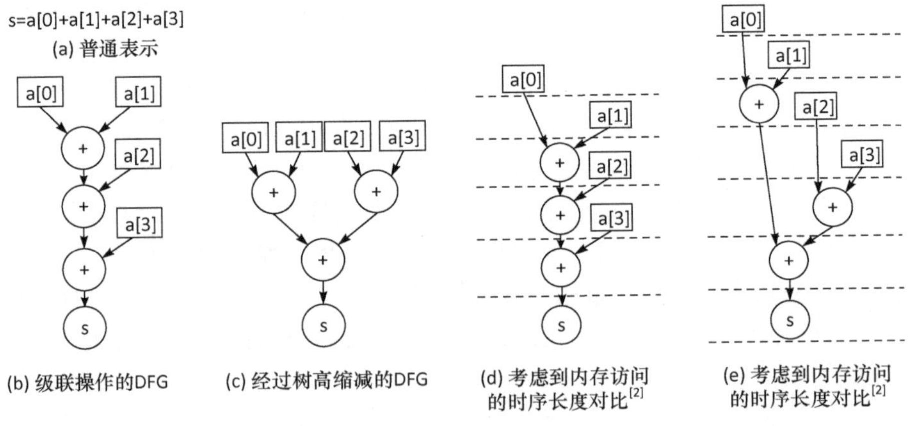

图 4.1　树高缩减

在理想情况下，通过树高度缩减操作，可以将树的高度从 $O(n)$ 缩减为 $O(\log n)$。当算符类型相同时，树高度缩减操作将很容易执行；当算符类型不同时，树高度缩减可以用于找到最佳的算符组合方式。当然，如果需要对硬件计算资源实行时域上的共享，树高度缩减可能会带来更坏的性能，图 4.1(d)和图 4.1(e)就是一个典型的例子。

2. 运算强度缩减

运算强度缩减可将一种运算转化为一系列成本更低的运算组合。例如，乘法和除法的运算可以转化为一系列的移位和加减操作。因此，运算强度缩减通常可以减少实现运算所需的硬件面积和延时。

对于乘法操作，通常采用一种针对硬件的有效方法，即使用正则有符号数编码(canonical signed digit，CSD)的方式。在此基础上，若运用常见子表达式消除的方式，则只需要最少量的加/减法器便可完成乘法。表 4.1 给出了使用运算强度缩减计算 231×A 的三种情况。可以看出，使用正则有符号数编码及常见子表达式消除组合的方式，可以显著地减少加减法运算的数目。

表 4.1　对整数乘以常数进行运算强度缩减的对比案例[2]

运算	231×A		
表达形式	Binary	CSD	CSD+CSE
	011100111	100−10100−1	Pattern：100−1
资源(不考虑移位器)	5 adders	2subtracters and 1 adder	1 adder and 1subtracter

运算强度缩减变换同样可用于处理浮点运算操作，并且已在一些实例中被运用，如 DeepC 编译器[5]。

3. 代码转移：上移与下移

局部及全局的代码转移是一种常见的技术，分为上移和下移两种。它通过把同种表达式或子表达式下的重复运算放到常用路径上，来缩减代码的规模。在硬件语言的编译过程中，代码转移可能使两块运算彼此独立，从而实现并行的执行。代码的转移为其他的优化技术提供了潜在可能，如图 4.2 所示的案例。在该案例中，代码的上移及树高度缩减转换使得运算增加了一个加法器，但是缩短了关键路径的长度，优化了时间性能。

4.2.2　循环级变换

比指令级变换更高一层的是循环级的变换[6]，循环级变换通常是以循环为关注对象，包含诸如聚合(coalescing)、瓦解(collapsing)、分配(distribution or fission)、融合(jamming or fusion)、互换(interchanging)、剥离(peeling)、重排(reordering)、逆转(reversal)、挖掘(strip-mining)、平铺(tiling)、分割(splitting)和展开(unrolling)等操作。总体来说，这些变换都是为了提高指令级的并行度，或者提高数据的可用程度。此外，它们还可以为指令级的变换提供更多执行的机会。

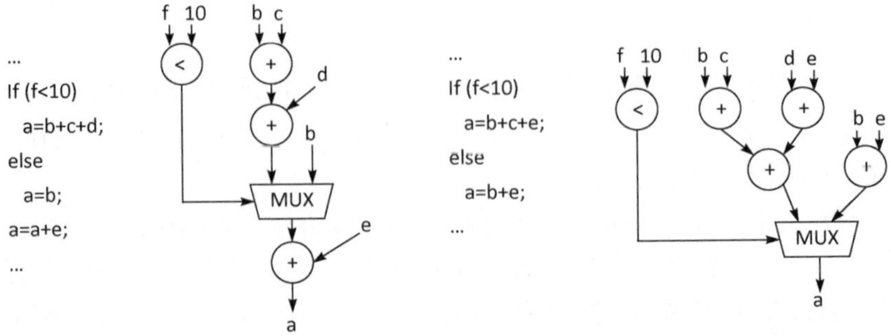

(a) 源代码　(b) 源代码的DFG实现　(c) 经过代码上移后的源代码　(d) 经过代码上移和树高度缩减处理后的DFG图[2]

图 4.2　代码上移

循环展开是最常见的循环变换手段，它能够在减少循环开销的同时增加指令级并行的可能性。如图 4.3 所示，它通过将循环体复制，把每次迭代的指数散播为循环体中的每一条语句，从而提供了更多并行执行的可能。

```
#define W 3
...
int a[W][W],b[W][W],c[W];
...
for(x=0,x<W;x++)
{
   sum = 0;
   for(y=0;y<W;y++)
   {
      sum+=(a[x][y]*b[y][x]);
   }
   c[x] = sum;
}
```

(a) C源代码

```
#define W 3
...
int a[W][W],b[W][W],c[W];
...
for(x=0,x<W;x++)
{
   sum = (a[x][0]*b[0][x]);
   sum = (a[x][1]*b[1][x]);
   sum = (a[x][2]*b[2][x]);
   c[x] = sum;
}
```

(b) 内层循环的完全展开[2]

图 4.3　循环展开以及并行执行的可能性

目前存在循环展开着两种策略。一种是循环完全展开，即将整个循环体复制多份，形成一个整体的程序块，将整个循环展开、打平成顺序程序结构。针对多层嵌套的循环结构，循环完全展开的方式就是从最里层循环依次逐步向外层展开。采用循环完全展开方式生成的中间表示（DFG 数据流图）就是该循环整个的 DFG 图表达，不存在跨迭代边界的数据依赖问题，可最大限度地对图中的算子进行优化合并，挖掘其运行的并行性[7]。不过完全展开的缺点是，当循环次数较大或操作算子较多时，生成的 DFG 图较大，不仅造成编译过程缓慢，而且在可重构多媒体系统（reconfigurable multi-media system，REMUS）任务编译器后端生成配置时，对 DFG 数据流图进行优化、资源分配及算子调度也会变得十分复杂。因此，完全展开只适合循环次数小的循环体，其展开后的算子总数应与 RPU 阵列的计算单元数目处于同一数量级。另一种是最内层循环体展开。这种循环展开方式就是将多层嵌套式循环的最里层循环体合理展开。最后生成的算子规模由内层循环的循环次数和内层循环体的算子数目共同决定，相比于完全展开，这种循环展开处理方式更快速，同时又不缺失算子并行性的挖掘，有效地实现了编译处理速度与算子并行性发掘的平衡折中。

循环平铺可用于内层循环来生成两个嵌套循环，拆分原有的迭代空间。这样一种变换使得新生成的内层循环可以并行执行，只要该循环的每条语句计算的数据分布在不同的内存上，或者分布在拥有多个端口的同一内存上。

对于内层循环的情况，可以使用循环流水的方法来减少执行循环的整体时间。内层循环的流水有基于流水向量化和软件流水(software pipelining)两种方式。关于软件流水技术的介绍将在第 8 章详细阐述。

此外，对于嵌套循环的优化问题，我们将在第 9 章详细阐述。基于仿射变换的循环变换优化应用在粗粒度可重构运算阵列上时，会带来执行时间及通信成本的优化[7]。

4.3　可重构计算处理器任务划分

4.3.1　任务划分概述

任务划分可以分为时域划分和空域划分。空域划分主要使用在 FPGA 的细粒度可重构结构中，而时域划分则在粗粒度可重构结构中广泛应用。本节主要分析时域划分的概念。

当前，动态可重构计算系统均支持以动态快速切换应用配置的方式来改变其硬件功能。可重构计算系统执行超过其硬件计算资源的大型任务时，通常会将任务划分成一系列小任务(子任务)，通过多次配置在硬件上依次调度执行，使同一硬件多次配置、重复执行成为可能[8]。动态可重构计算理念突破了固定硬件单片容量的限制，从而大幅度提高了整个硬件系统的空间利用率[9]。

当某个任务所需的计算资源规模超过目标硬件所能提供的计算资源时，需要对该任务进行划分，得到一系列相互关联的子任务(子模块)。只有通过将大任务划分成若干个子任务，采取分时复用硬件资源的方式，才能在有限的硬件上实现超过自身计算资源的任务。图 4.4 给出了一个任务时域划分的示意图，图中将一个大任务划分成了三个计算规模满足硬件约束的子任务。这三个子任务将分时复用同一硬件资源，依次动态配置计算阵列完成各自的功能，该法等效完成了大任务所描述的功能。

虽然多个子任务通过这种分时复用的方式完成了等效于任务单次执行的功能，但任务时域划分的方式、调度执行的结果都会直接影响系统最终的执行效率。

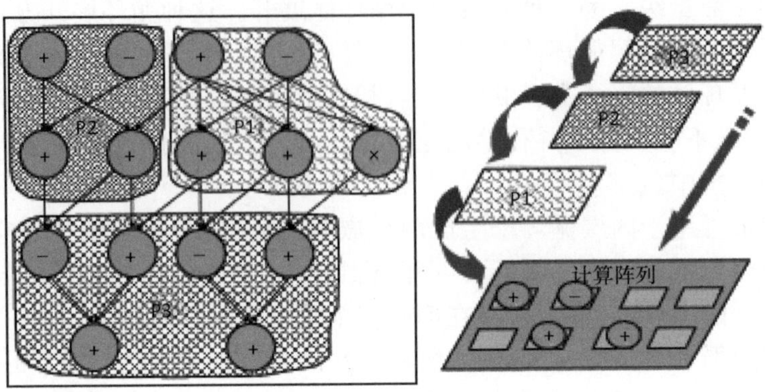

图 4.4　任务划分示意图[1]

不论对任务进行何种时域划分，造成怎样的划分结果，在进行任务时域划分时均需满足三个划分原则：完整性、独立性和有效性。完整性指的是划分前、划分后系统的功能一致性，即划分后的多个子任务共同完成的功能等效于此前任务的功能；只有保证划分前后功能的一致性，才能说这个划分是合理的、有效的。独立性指的是划分出来的各个子任务之间不存在互锁（死锁）的问题。图 4.5 给出了一个划分死锁的情形，即子任务 P1 与子任务 P2 的运算数据互相依赖，造成任务无法继续执行，处于死锁状态。这是因为子任务 P1 中的算子 3 需要子任务 P2 中算子 2 的运算结果，子任务 P2 中的算子 2 又需要子任务 P1 中算子 1 的运算结果，造成两个任务无法继续执行，处于死锁状态。为避免任务在时域划分后形成死锁，在划分的同时，必须保证各个划分出来的子任务具备独立性，从而消除死锁。

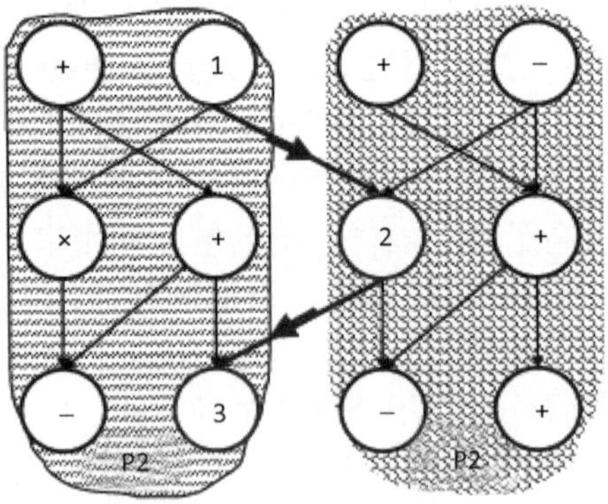

图 4.5　划分死锁问题[1]

在遵循任务时域划分的原则基础上，为了验证、评估时域划分算法的有效性，还需要考虑三个因素，即子任务个数（模块数目）、各模块中操作算子间的并行性、模块间的通信量。子任务个数与系统最终的动态配置次数相关，动态配置次数越多,增加了配置时间,导致系统运行总时间增加和系统整体运行效率降低。因此,对任务进行时域划分时尽量使每个子任务占用尽可能多的资源,并且尽可能的用完硬件平台所能提供计算资源的最大数量。尽量增加每个子任务中可并行操作的算子数量来提高各模块内的算子并行性。以此同时,还需优化各个子模块间的数据交换量,减少存储访问时间。由此可见,任务时域划分问题是多目标综合优化问题,最终目标是使划分后的子任务数最少,在满足系统执行时间要求的情况下,尽可能减少子任务间的数据通信量。

4.3.2 时域划分算法的相关研究

任务的时域划分可以在处理较大规模计算任务的时候,通过对硬件资源的时域复用来完成任务,因此也属于硬件资源虚拟化的一种形式。要实现可重构计算处理器上的时域划分,需要有一个控制器来实现对配置信息流的控制,并且需要一定的机制来使不同配置信息进行数据通信。

第一个实现了时域划分的编译器由 Gokhale 和 Marks[10] 提出,其他的如 NENYA 和 XPP-VC 等编译器也包含时域划分的功能。

Ouaiss 等[11] 和 Vasilko[12] 在行为级对时域划分进行了考虑。Vasilko 给出了一种基于静态表调度的启发式算法,这种方法在生成时域划分的同时也挖掘了可重构资源的部分可重构性。Purna 和 Bhatia[13] 使用基于用 ASAP(as soon as possible)法衡量运算及基于集群节点的两种时域划分算法。Takayama 等则用一种选择算法[14],通过两种方式选择节点映射到时域的划分上,一种为了满足并行,另一种为了减少通信的成本。

Cardoso 和 Neto[15] 对静态表调度给出了一种扩展,算法考虑了通信成本,试图使整体的执行时间最短。Kaul 和 Vemuri[16] 将时域划分问题定义为 0-1 非线性规划模型,通过将其转化为整数线性规划问题得以解决,这种方法执行时间较长,不适合大规模的计算案例,因此 Kaul 又在 1999 年提出循环分裂的方法,该方法在重复执行的任务序列中,只要有可能便会使用时域划分得到最小的执行时间。通过执行设计空间探索(design space exploration,DSE),将同一任务通过高层次综合工具生成不同实现方式的输入,从而寻找最佳的实现方式。

当循环需要的运算资源不足以满足每块时域划分的需求时,编译过程往往需要利用以下两种循环转换的方式进行处理。

① 循环分配(loop distribution)。这是一种软件编译的技术[3],把一个循环划分为多个循环,每个循环的大小都能放进现有的硬件资源规模中。但是,循环分配同样需要更多的存储资源来存放每次迭代中第一个循环和下一个循环之间生成的特定标量。

② 循环割裂(loop dissevering),如图 4.6 所示。对于拥有任何数据依赖和任

何嵌套结构的循环，循环割裂操作都可以保证其被顺利编译。循环割裂会将一个循环转换为多套配置信息，由主 CPU 或者配置控制器来进行控制。这种割裂操作不受数据依赖的影响，也不需要把特定的标量展开为数组。由于循环割裂在每次循环迭代时都需要进行重构，因此它更适合短循环或是外层循环。

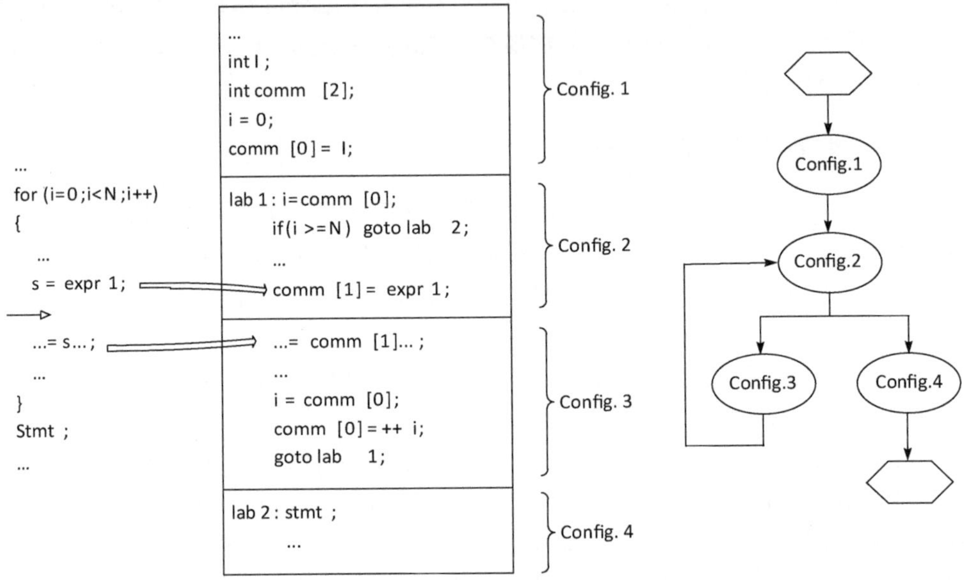

(a) 源代码(箭头表示循环被划分的地方)

(b) 加上对配置间需要传递的标量值的声明的变换后代码

(c) 交由主处理器或者配置管理器处理的重构控制流图[2]

图 4.6　循环割裂将一个循环拆分到几个时域划分中

目前，配置信息的切换技术已经很成熟，有些产品已经可以使配置信息在几纳秒的时间里完成切换[17]。考虑到这点，时域划分应该尽可能重叠硬件配置和运算执行的时间，以缩短总体的执行时间。Ganesan 和 Vemuri[18] 给出了一种方法，他们把可重构硬件阵列分为两部分，在一部分做运算执行的时候，另一部分进行重构，从而实现流水，达到缩短时间的目的。

4.4　可重构计算处理器任务调度

任务调度的工作是将运算操作在时间和硬件资源上进行安排。通常，任务调度器会生成一个状态转换表(state transition graph，STG)，把运算单元与其内存操作、循环执行，以及硬件分享情况进行匹配。通过状态转换表，任务调度器便可以通过单热点编码(one-hot encoding)轻松地生成 FSM，从而实现控制功能。

在调度方法上有很多相关的研究。Page 等[19] 在 1996 年发表的文章考虑了基于 Handel-C 描述的编译过程。

通常，高层次综合关注的问题是如何在有限的芯片面积下，通过合理的资源分配实现最优。资源限制通常由每种运算操作的运算单元数来定义。有些方法通过条件代码转移，增加单个基本块中的指令数目，来提高资源分享的效率，使整体调度工作简化[20,21]。

关于基本块领域的运用，很多都是采用了超块及 Cardoso 的一篇文章中提到的方法[22]，即跨越循环边界来将基本块融合。调度器在层次任务表(hierarchy task graph，HTG)的顶层，基于 ASAP 方法在循环边界将块进行融合。对每张层次任务表，调度器使用静态表调度算法进行调度实现。

4.5　可重构计算处理器映射配置生成

这一节主要介绍如何将计算映射到指定的目标可重构结构上。

4.5.1　寄存器分配

原则上讲，寄存器分配会将标量存储到 RPU 的寄存器中，并将混合的数据类型(如数组)映射到内存上。因此，标量不需要从内存中存取，可以直接在 RPU 上使用。

一般而言，并不是所有变量都需要寄存器，一部分变量可以用连线来实现。只要每块时域划分程序中的变量数目超过可重构架构中的寄存器数目，就可以使用寄存器的分配算法[3]来调度。

当使用静态单分配(static single assignment，SSA)的中间表达形式时，出现在每个循环头部的 Φ 函数表就定义了需要寄存的变量。由于每个静态单分配标量都对应了 DFG 图的一条边，静态单分配表可以直接映射为 DFG 图。

此外，更多的寄存器需要用来存储多条操作共享或是用于流水功能单元的计算结果。

寄存器同样可以用来存储前一个迭代循环中被计算或载入，并在后续的迭代中被用到的数据。

① 时域的常见子表达式消除是 CAMERON 编译器中运用的一种技术，被用来优化生成的数据通路。这种技术会识别出前一次迭代已经算过的值的表达式，并用寄存器来替代它。

② 数据重用被用于不同循环迭代中出现的重复数组元素，或是在前一次迭代中被存储，并在后续迭代中被读取的数组元素。读取的操作都可以通过在迭代间使用寄存器来减少。

4.5.2　运算到硬件资源的映射

连续的运算操作有时候可以组合成一个操作，如 A×B+C 可以组合为 MULADD(A,B,C)，这种组合方式在软件编译过程中被称作指令组合[3]，在 XPP 结构中被使用过，因为 XPP 结构的处理单元能直接支持 MULADD 的计算。当针对细粒度可重构硬件的时候，指令组合只有在组合运算比分立开的各个独立运算有更好性能的时候才有意义。

一个特殊的例子是常系数乘法器。在使用运算强度缩减技术时会产生大量的加/减法器，而这种乘法器的使用便会成为减少它们的一种方式。

有些功能单元可被同一类的运算操作共用，如 ALU，而不同类型的计算往往也可以对功能单元进行复用。当资源复用时，就需要使用寄存器、多路选择器和控制电路。NAPA-C 便是用到资源复用技术的一种编译器[23]。

有些时候，功能单元也会在不使用控制单元和寄存器的情况下被共享使用，如图 4.7 所示[15]。这种可能性在 if…then…else，以及 switch 等这种分支操作中变得更大。但是，单元的共享有时候也会造成关键路径的延迟。

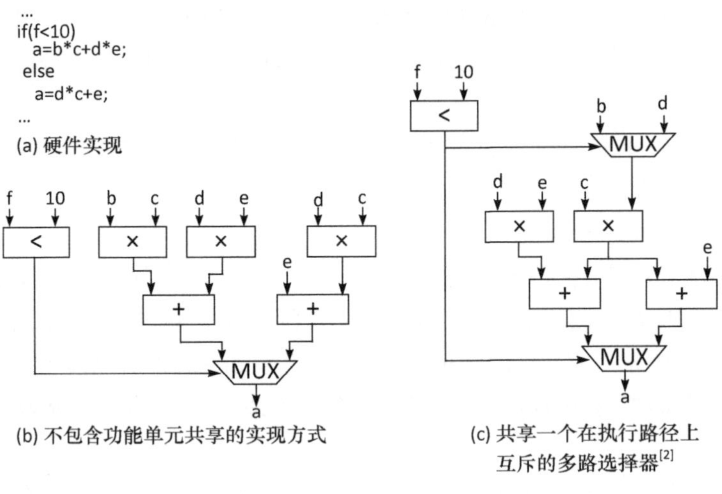

图 4.7　代码

选择结构(如 SSA 表中的 Φ 函数)可以通过多路选择器来实现。$N:1$(N 个输入对应 1 个输出)类型的选择点可以通过 $2:1$ 多路选择器树，或者一个 $N:1$ 多路选择器来实现，具体的实现还取决于对应可重构架构的粒度，以及支持的多路选择器类型。

一些简单的条件语句则可以通过较为简单的硬件结构来实现。例如，a＞＝0 和 a＜0 这样的表达式便可以通过观察变量 a 的符号位得到解决。

在粗粒度的可重构结构中，当操作的位宽超过了功能单元直接支持的位宽时，粗粒度结构可直接将超额操作分解为符合要求的规范操作，但这种分解也会增加调度事件的负荷。

4.5.3　内存映射优化

如今可重构计算平台都包含了不同大小、访问速度、端口数，以及深度/宽度的配置信息的层次化内存结构。下面介绍对内存映射的优化技术。

1. 数组到内存资源的映射及划分

程序数据结构到大量可用物理内存库的手动映射是非常复杂的过程，并且穷举搜索方法也十分耗费时间。虽然产生一个好的内存映射对系统性能来说至关重要，但很少有研究可以实现将数据结构自动分配到复杂的可重构系统上，尤其是那些考虑了特定优化过程的研究。例如，如何将数组分配到不同的内存库中。编译器技术也可以用来划分数据结构，并且在目标结构中为每个分块分配一个存储器。数据划分在分布式存储的多机系统的开发过程中有成熟的研究，这些研究成果可以直接用于可重构结构。

当内存在运行时被消歧，数组可以很容易地被划分。但是，这种形式的划分用途有限，不能保证性能的提升，并且需要硬件结构在运行时对不同的可用内存进行选择。因此，保证数据分配到不同内存中的方法可以带来显著的性能提升。其中有一种方法被称为库消歧，这是一种智能的数据划分方法。在可重构计算中，库消歧被用在 RAW(read after write)机器[24]，以及把 RAW 机器的 RISC 处理器替换为用户逻辑[5]的机器编译过程中。这种方法能在编译时发现可以被划分映射到多块内存库中的被指针访问的数组或者数据的子集。这种方法可以把数据尽可能地放到离处理单元近的位置，在粗粒度和细粒度可重构结构的编译过程中都可以起到很重要的作用，因为它们都包含了大量的片上内存库。

图 4.9 给出了一个例子。循环展开后便得到了图 4.8(a)所示的源代码，在展开的版本中，可以将数据分割成较小的数组(图 4.8(b))，并且考虑到将数据分布到不通过的内存中(图 4.8(c))。这种转换及后续的将六个数组映射到六个独立访问的内存中使得每个循环迭代都可以对六组数据同时访问，因而提升了每个时钟循环内操作的数目。Barua 等给出了一种被称为模展开的技术，用来根据系数进行展开以获得特定数目内存库的消歧。这种技术不仅可以用来提升性能，同时还可以把超出片上所有内存存储空间大小的数组变量划分为多块，使每个分块可以恰好放入单个内存。

可重构计算处理器中通常会有其他的优化机会，例如基于对内存大小、宽度的自定义及地址生成的统一的考虑，可以从高性能计算技术中找到一些借鉴，如分布

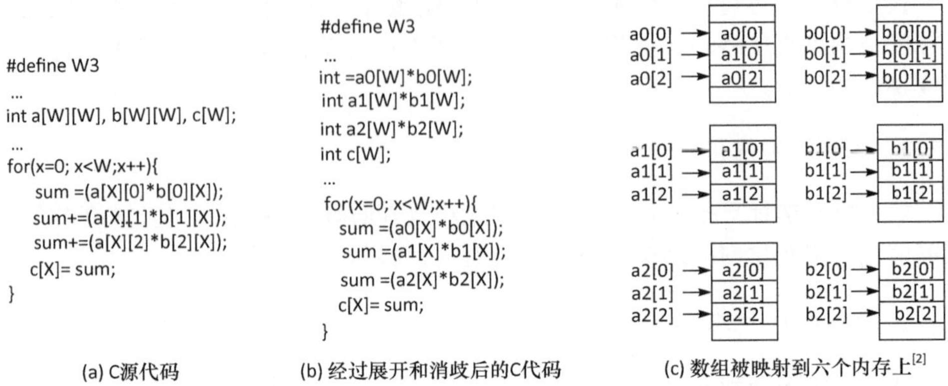

图 4.8　库消歧可以增加内存的带宽以及指令级并行程度，只要目标结构支持多个内存库被同时访问

式存储并行系统的编译。

在 ASIC 的高层次综合中，内存库数目的最小化及对内存大小的控制都是重要的目标。在可重构硬件中，架构由可用资源搭建而成，内存库的数目和类型也事先知道，而且内存中只要有空余空间，便可向内写数。但是，这其中仍然存在一些有关联的内容，例如在 ASIC 高层次综合的过程中用到的把每个数组元素映射到内存位置上以简化地址生成器的技术[25]。另一个有关联的是一种把数组映射到内存上的方法，考虑数据并行[26]和功能并行[27]的运用，可以使其在同一时间执行多次访问。

很多方法都提到了这些特性，Gokhale 和 Stone[28]在 1999 年的工作中就给出了一种方法。这种方法基于隐式枚举，将数组映射到内存上，但只考虑了一层类型大小都相同的内存。Weinhardt[29]则描述了一种整数线性规划的方法来安排片上内存，目的是减少内存访问次数，但这是在循环流水和向量化的环境下。Ouaiss 和 Vemuri[30]是首先尝试做可重构内存层次化工作的。他们用一种整数线性规划的方法来寻找最佳的映射方法，但既没有考虑内存资源的各自特性，也没有考虑特定映射方法对调度器带来的影响。最后，Baradaran 和 Diniz[31]沿着低层次的关键路径，使用了数组数据访问图的知识，并且在进行标量替换和基于循环的变换中用调度信息来更好地决定哪些需要缓存到 RAM 或寄存器中。

2. 内存访问的并行

在很多可重构系统中，与内存访问相关的优化可以有效地减少执行时间。虽然有些系统有专用于从内存读取数据的单元，但很多系统都必须专门设计一个内存访问控制器。控制器通常会对多种多样的物理接口进行处理，并且可以定制内存访问路径的宽度和数目。一些用来在可重构系统中提升内存接口性能的方法正在被研究，主要的关注点是由用户定制所提供的独特机会。

在传统的系统中，并行内存访问会增加内存的带宽。可重构计算系统可以通过定义不同的内存接口，以并行模式对应可用内存库来实现。

3. 内存控制器的定制

可重构架构提供了独有的方法来通过定制的方式解决内存访问和接口的问题。可以通过创建专门的硬件组件来产生地址和对数据项打包、拆包。编译器会分析在多个循环迭代间被引用的数组的流水内存访问情况。此外，编译器还可以获取关于各个数组的引用率，并将其嵌入到内存操作的调度任务中去。

Baradaran 等主要关注了由编译器或者高层次计算直接翻译到可重构架构上的高层次工具生成的外部内存接口模块的设计、实现和验证。为了适用于更普遍的情况，他们将内存接口分为两部分，一部分是依赖于目标的，并且会捕捉特定目标结构对内存访问的时序需求；另一部分是独立于架构的，它为应用程序提供一组信道及内存访问模式的抽象，并且从内存中提取数据。特别地，接口方案允许编译器生成的设计方案使用流水访问模式，并且将流水和非流水的内存访问模式混合起来。这种方法也为面向应用的调度优化提供了发展空间[32]。

4. 数据项的打包和拆包

可重构架构的一个重要特征就是可以在非标准的数据类型格式下定义操作。在内存操作方面，可以把比基本内存传输单元小的数据项打包和拆包为一个单个内存传输的格式。例如，如果对一个位宽均为 5 位的数组中连续的元素执行计算，并且每次内存操作传输 32 比特宽的字，那么编译器就可以组织数组的数据布局，使得 6 个数据项被打包成内存中的一个 32 比特。图 4.9 说明了如何将一个数组物理映射到内存上，并将最不重要的两位填充掉。

```
Int:5 a[N];//5 比特整数
If((N % 6 ==0){
  for(i=0;i<N;i+=6){
    …=a[i+0];
    …=a[i+1];
    …=a[i+2];
    …=a[i+3];
    …=a[i+4];
    …=a[i+5];
  }
}
```

(a) 源代码

```
Int a32[N];
If((N % 6) == 0){
  for(i=0;i<N;I +=6){
    w=a32[i];
      … = (w& 0x0000001F):5;
      … = ((w& 0x000003E0)>>5):5;
      … = ((w& 0x00007C00)>>10):5;
      … = ((w& 0x000F1000)>>15):5;
      … = ((w& 0x01F00000)>>20):5;
      … = ((w& 0x3E000000)>>25):5;
  }
}
```

(b) 使用拆包处理后的代码[2]

图 4.9　把 5 比特的数据项打包和拆包为 32 比特

传统实现使用了反转 FIFO 的方式来把数据打包和拆包成为 32 比特的外部数据格式，并且允许数据通路按照由 6 个连续的 5 比特元素组成数据的方式来处理。

4.5.4 配置信息及控制码生成

经过寄存器分配、运算映射和内存映射优化几个步骤之后，编译器将划分调度好的任务集转换为配置信息和控制码。配置信息发送给可重构数据通路，而控制码则发送给可重构控制器。

4.6 相关编译器简介

由于本书主要关注的是粗粒度可重构架构的编译器设计，下面主要介绍几种粗粒度可重构架构的编译器。

4.6.1 NAPA-C 编译器

NAPA-C[33]使用的编程语言由 C 语言的子集加上用于指定位宽和计算任务的扩展语法组成。它用于 NAPA 可重构计算处理器，由一个微处理器耦合一个 FPGA 可重构阵列构成，使用 MARGE 工具来产生数据通路。MARGE 中使用了一个参数化的宏块库，包含 ALUs、计数器、滤波器和 SRAMs 等部件，其中有些部件的内部结构已经完成预布局和预布线，这样可以减少编译器的编译时间。利用 Modgen 工具来产生各个宏块，宏块中的逻辑结构可以用类似 C 代码的形式来描述。通过 MARGE 工具可将输入的代码变换成 RTL 模型，最终将它映射到 NAPA 中的 FPGA 阵列完成相应的计算[34]。

4.6.2 Streams-C 编译器

Streams-C[35]是基于通信顺序进程[36]（communicating sequential process, CSP）的并行编程模型，程序设计者使用标注机制来声明进程、数据流和信号的传递。在 Streams-C 中，进程表示独立运行的 C 语言子程序；信号用于进程间的通信和同步；数据流则负责各个进程间的数据传输。在程序设计时，还需要标注各个进程间的输入数据和输出数据端口，并明确地规定各个数据端口的读写特性。Streams-C 编译器读入程序设计者按照规定句法编写的程序，首先通过标记的逻辑关系生成各个进程的逻辑关系图。然后，利用 MARGE 编译器从抽象语法树（abstract syntax tree，AST）中提取出各个进程中数据运算的代码段，并转换为 VHDL 描述，同时在各个进程间插入用于同步的控制信息。最后，利用 VHDL 综合工具将该部分数据运算的代码综合生成可重构硬件的配置比特流（目标平台中的可重构硬件是由 FPGA 组成)。

4.6.3　CHIMAERA-C 编译器

CHIMAERA-C 编译器[37,38]从 C 代码中提取顺序执行的指令序列组成一个集合体,每一个指令序列集合体的输入不能超过 9 个输入和 1 个输出[39]。该种方法将这些指令序列作为一个整体并映射到可重构硬件中来运行,目标是提升整体的运行性能。由于该编译器面向的硬件结构仅支持特定的指令序列结构,因此,它的相关编译技术并不具有普遍性。

4.6.4　Garp-C 编译器

Garp-C 编译器[40,41]是一个标准的 C 编译器,它面向的可重构计算处理器是 Garp 结构,这个编译器也称为 garpcc,是加州大学伯克利分校的研究人员设计的一款编译器。它使用超级块的概念来提取代码中适合可重构硬件运行的核心循环,同时将分支语句 if… then… else 优化为推测执行。超级块的基本块(basicblock)变换生成 DFG 数据流图表示,这就充分展现了算子间的并行性。Garp-C 还集合了传统编译器设计中软件流水线技术来提高 VLIW 处理器指令序列的执行性能。Garp-C 使用预定义模块的方式来产生对应的结构描述,并使用 Gama 工具来完成最终的映射,Gama 工具将 DFG 生成对应的配置信息。

4.6.5　面向 PipeRench 结构的 DIL 编译器

DIL 编译器[42]把专有的数据流中间语言(dataflow intermediate language, DIL)描述的运算映射到 PipeRench 结构上。PipeRench 结构由几列流水阶组成,并且允许将下一列的配置过程与当前列的执行过程进行流水。

DIL 可以被视作一种类似于高层次语言的中间形式表达语言,用来描述流水的组合逻辑电路。DIL 语言拥有类似于 C 的句法和操作符,并且使用可以由用户定义或者编译器派生出的定点数型变量。

DIL 程序经过三十多步的分析过程后,生成可写 PipeRench 上执行的配置信息。DIL 程序中用到的每一个算术运算符都在模块生成器的库中声明。这些模块也同样被 DIL 语言描述。编译器将所有的模块与函数展开,并把应用中出现的循环完全展开。至此便生成了一个直线的单分配程序,由此可以构建一个阶梯式非周期性的 DFG。DFG 的结点表示运算、I/O 端口,以及延迟寄存器。在生成全局 DFG 之后,编译器将进行一些优化操作,包括传统的编译器优化(如常见子表达式消除、代数简化以及死结点消除等)、寄存器缩减,以及互连简化。

布局布线通过对 DFG 使用确定性线性贪心算法来实现,这种方法基于列表调度[43],所用的时间比常见商用布局布线工具快两到三个数量级。

4.6.6 RaPiD-C 编译器

RaPiD-C 编译器[44]用于 RaPiD 可重构架构[45]的编译工作，语法风格与 C 很类似。RaPiD-C 允许程序员在数组的多个元素间指定并行、数据移动及数据划分操作。特别地，RaPiD-C 给出了一个叫空循环(sloop for space-loop)的概念，编译器将这些 Sloop 中的所有迭代展开，并把它们映射到 RaPiD 结构上。但是，程序员需要对循环进行置换和平铺，让它们刚好能够映射到结构上，并且需要对循环展开后产生的通信与同步进行管理。此外，程序员需要把变量分配到内存上，并确保写入到 RAM 上的数据是正确的。

在编译过程中，RaPiD-C 编译器会从每个循环中提取并构建一个并行任务的控制树。并行任务在语言中用 par 语句来定义。每一个任务控制树都有 seq 语句(用于排序)和 for 语句(用于循环)，在出口处则会有 wait 和 signal 节点。编译器会在 wait 和 signal 语句间加入同步依赖。

在编译过程中，编译器还会加入寄存器和 ALU，分别用于变量寄存和算术运算的实现。之后编译器会提取出用来控制和传递架构执行过程不同阶段间的地址和指令生成器。在动态控制提取过程中，RaPiD-C 编译器使用了多路选择器融合，以及功能单元融合两种技术。在多路选择器融合的过程中，编译器将几个多路选择器聚集为一个更大的选择器，并且为每个输入修改控制条件(control predicates)。功能单元融合则是考虑到只要成套的几个 ALU 的输入在时间上是互斥的，而且这些输入合起来不超过一个固定的数，它们就可以被融合。

编译器同样还会将控制树中出现的控制对数据的依赖关系变为一个时间和条件。这些抽象表示被翻译到每个阶段现存的硬件资源上。编译器随后将这些谓词聚集为一条指令，生成相应的解码来驱动每条可用的控制线，这样控制信号就能在执行时出现在相应的阶段上。

4.6.7 DRESC 编译器

动态可重构嵌入式系统编译器(dynamic reconfigurable embedded system compiler，DRESC)是针对于 ADRES 系统[46]设计的 C 编译器[47]。该编译器使用了 IMPACT 编译器的基本结构作为前端。划分步骤用于识别程序中的计算密集型循环。该编译器使用一种创新的模调度(modulo scheduling)算法，融合了布局、布线及调度过程，用于将流水的循环 kernel 映射到可重构阵列上。该编译流程很有趣的一个特点是可以通过修改结构描述文件对一系列的 ADRES 结构进行编译。

4.6.8 XPP-VC 编译器

XPP 向量化 C 编译器(XPP-VC)[48]将 C 代码映射到 XPP 结构上[49]。该编译器基于 SUIF 编译器框架，使用新的映射技术及 SPC 中提到的流水向量化方法。计算被映射到 ALU 和 XPP 上的数据驱动算子，并且只要当输入程序需要的资源超过了单次配置所能提供的资源量，编译器就会对程序执行时域划分。

4.6.9 面向 DySER 结构的编译器

DySER 编译最主要的问题是对访问执行数据依赖图(access-execute program dependence graph，AEDPG)的研究。DySER 的编译过程包含了四个部分，即从整个程序的程序依赖图(program dependence graph，PDG)中选出映射到 DySER 硬件上的部分；生成选取部分的 AEPDG 图；对 AEPDG 图进行变换及优化，主要包括循环展开、循环向量化；生成 AEPDG 的代码。DySER 的编译器基于 LLVM 的编译器架构及其中间表示形式实现[50]。

4.7 小　　结

本章系统介绍了可重构计算处理器的编译。首先给出了整体的编译框架及流程，随后按照编译流程分别从代码变换及优化、任务划分、任务调度、映射配置生成几个角度的关键方法进行了阐述，最后对目前已有的编译器进行了简要介绍。在后续的章节中，本书还将对诸如循环优化、低能耗编译等技术进行更为细致的介绍。

参 考 文 献

[1] 殷崇勇. 可重构处理器任务编译技术研究[D]. 北京：清华大学博士学位论文，2012.

[2] Cardoso J M P，Diniz P C，Weinhardt M. Compiling for reconfigurable computing：asurvey[J]. ACM Computing Surveys，2010，42(4)：13.

[3] Muchnick S S. Advanced compiler design implementation[M]. New York：Morgan Kaufmann，1997.

[4] Micheli G D. Synthesis and Optimization of Digital Circuits[M]. New York：McGraw-Hill，1994.

[5] Babb J，Rinard M，Moritz C A，et al. Parallelizing applications into silicon[C]//Proceedings of Seventh Annual IEEE Symposium on Field-Programmable Custom Computing Machines，1999：70-80.

[6] Wolfe M J. High Performance Compilers for Parallel Computing[M]. New York：Addison-Wesley，1996.

[7] Yin S，Liu D，Liu L，et al. Affine transformations for communication and reconfiguration optimization of mapping loop nests on CGRAs[J]. IEICE Transactions on Information and Systems，2013，96(8)：1582-1591.

[8] Dasu A, Panchanathan S. Reconfigurable media processing[J]. Parallel Computing, 2002, 28 (7): 1111-1139.

[9] Rahmatulla H, Mohsin M, et al. Reconfigurable media processing system for IP based communication application[C]// International Conference on Electrical, Electronic and Computer Engineering, 2004: 99-102.

[10] Gokhale M, Marks A. Automatic synthesis of parallel programs targeted to dynamically reconfigurable logic arrays [C]//Field-Programmable Logic and Applications, 1995: 399-408.

[11] Ouaiss I, Govindarajan S, Srinivasan V, et al. An Integrated Partitioning And Synthesis System for Dynamically Reconfigurable Multi-FPGA Architectures[M]// Rolim J. Parallel and Distributed Processing. Heidelberg: Springer, 1998: 31-36.

[12] Vasilko M, Ait-Boudaoud D. ArchitecturalSynthesis Techniques for Dynamically Reconfigurable Logic[M]//Hartenstein R W, Glesner M. Field-Programmable Logic Smart Applications, New Paradigms and Compilers. Heidelberg: Springer, 1996: 290-296.

[13] Purna K M G, Bhatia D. Temporal partitioning and scheduling data flow graphs for reconfigurable computers[J]. IEEE Transactions on Computers, 1999, 48(6): 579-590.

[14] Takayama A, Shibata Y, Iwai K, et al. Dataflow Partitioning and Scheduling Algorithms for WASMII, A Virtual Hardware[M]//Hartenstein R W, Glesner M. Field-Programmable Logic and Applications: The Roadmap to Reconfigurable Computing. Heidelberg: Springer, 2000: 685-694.

[15] Cardoso J M P, Neto H C. An enhanced static-list scheduling algorithm for temporal partitioning onto RPUs[M]//Silveira L M, Devadas S, Reis R. VLSI: Systems on A Chip. New York: Springer, 2000: 485-496.

[16] Kaul M, Vemuri R. Temporal partitioning combined with design space exploration for latency minimization of run-time reconfigured designs[C]//Proceedings of the Conference on Design, Automation and Test in Europe, 1999: 43.

[17] Fujii T, Furuta K, Motomura M, et al. A dynamically reconfigurable logic engine with a multi-context/multi-mode unified-cell architecture[C]//IEEE International, Solid-State Circuits Conference, Digest of Technical Papers, 1999: 364-365.

[18] Ganesan S, Vemuri R. An integrated temporal partioning and partial reconfiguration technique for design latency improvement[C]//Proceedings of the Conference on Design, Automation and Test in Europe, 2000: 320-325.

[19] Page I. Constructing hardware-software systems from a single description[J]. Journal of VLSI Signal Processing Systems for Signal, Image and Video Technology, 1996, 12(1): 87-107.

[20] Dos Santos L C V, Heijligers M J M, Van Eijk C A J, et al. A code-motion pruning technique for global scheduling[J]. ACM Transactions on Design Automation of Electronic Systems, 2000, 5(1): 1-38.

[21] Gupta S,Savoiu N,Kim S,et al. Speculation techniques for high level synthesis of control intensive designs[C]//Proceedings of the 38th Annual Design Automation Conference, 2001:269-272.

[22] Cardoso J M P,Neto H C. Compilation increasing the scheduling scope for multi-memory-FPGA-based custom computingmachines[C]//Field-Programmable Logic and Applications. Heidelberg:Springer,2001:523-533.

[23] Gokhale M,Gomersall E. High level compilation for fine grained FPGAs[C]//Proceedings of the 5th Annual IEEE Symposium on Field-Programmable Custom Computing Machines, 1997:165-173

[24] Barua R,Lee W,Arnarasinghe S,et al. Compiler support for scalable and efficient memory systems[J]. IEEE Transactions on Computers,2001,50(11):1234-1247.

[25] Schmit H, Thomas JD. Address generation for memories containing multiple arrays[J]. IEEE Transactions on Computer-Aided Design of Integrated Circuits and Systems,1998,17(5):377-385.

[26] Ramachandran L, Gajski D D, Chaiyakul V. An algorithm for array variable clustering [C]//Proceedings of the European Design and Test Conference,1994:262-266.

[27] Khouri K S,Lakshminarayana G,Jha N K. Memory binding for performance optimization of control-flow intensive behaviors[C]//Proceedings of the 1999 IEEE/ACM International Conference on Computer-Aided Design,1999:482-488.

[28] Gokhale M B,Stone J M. Automatic allocation of arrays to memories in FPGA processors with multiple memory banks[C]//Proceedings of Seventh Annual IEEE Symposium on-Field-Programmable Custom Computing Machines,1999:63-69.

[29] Weinhardt M, Luk W. Memory access optimisation for reconfigurable systems[J]. IEE Proceedings-Computers and Digital Techniques,2001,148(3):105-112.

[30] Ouaiss I,Vemuri R. Hierarchical memory mapping during synthesis in FPGA-based reconfigurable computers[C]//Proceedings of the Conference on Design,Automation and Test in Europe,2001:650-657.

[31] Baradaran N,Park J,Diniz P C. Compiler reuse analysis for the mapping of data in FPGAs with RAM blocks[C]//Field-Programmable Technology, IEEE International Conference on,2004:145-152.

[32] Park J,Diniz P C. Synthesis of pipelined memory access controllers for streamed data applications on FPGA-based computing engines[C]//Proceedings of the 14th International Symposium on Systems Synthesis,2001:221-226.

[33] Gokhale M B,Stone J M. NAPA C:compiling for a hybrid RISC/FPGA architecture[C]//Proceedings of IEEE Symposium on FPGAs for Custom Computing Machines, 1998: 126-135.

[34] Iqbal M A, Awan U S. An efficient configuration unit design for VLIW based reconfigurable processors[C]//The 12th IEEE International Multitopic Conference,2008:47-52.

[35] Gokhale M,Gomersall E. High level compilation for fine grained FPGAs[C]//Proceedings ofthe 5th Annual IEEE Symposium on Field-Programmable Custom Computing Machines, 1997:165-173.

[36] Gokhale M,Stone J,Arnold J,et al. Stream-oriented FPGA computing in thestreams-C high level language[C]//IEEE Symposium on Field-Programmable Custom Computing Machines,2000:49-56.

[37] Weinhardt M,Luk W. Pipeline vectorization[J]. IEEE Transactions on Computer-Aided Design of Integrated Circuits and Systems,2001,20(2):234-248.

[38] Ye Z A,Moshovos A,Hauck S,et al. CHIMAERA:a high-performance architecture with a tightly-coupled reconfigurable functional unit[C]//Proceedings of the 27th Annual International Symposium on Computer Architecture,2000.

[39] Ye Z A,Shenoy N,Baneijee P. AC compiler for a processor with a reconfigurable functional unit[C]//Proceedings of the 2000 ACM/SIGDA Eighth International Symposium on Field Programmable Gate Arrays,2000:95-100.

[40] Callahan T J,Hauser J R,Wawrzynek J. Thegarp architecture and C compiler[J]. Computer,2000,33(4):62-69.

[41] Callahan T J. Automatic compilation of C for hybrid reconfigurable architectures[D]. Berkeley:University of California,2002.

[42] Budiu M,Goldstein S C. Fast compilation for pipelined reconfigurable fabrics[C]//Proceedings of the 1999 ACM/SIGDA Seventh International Symposium on Field Programmable Gate Arrays,1999:195-205.

[43] Cadambi S,Goldstein S C. Efficient place and route for pipeline reconfigurable architectures [C]//Proceedings of the 2000 International Conference on Computer Design, 2000: 423-429.

[44] Cronquist D C,Franklin P,Berg S G,et al. Specifying and compiling applications for RaPiD [C]//Proceedings of IEEE Symposium on FPGAs for Custom Computing Machines,1998: 116-125.

[45] Cardoso J M P,Diniz P C,Weinhardt M. Compiling for reconfigurable computing:a survey [J]. ACM Computing Surveys,2010,42(4):13.

[46] Mei B, Vernalde S, Verkest D, et al. DRESC: aretargetable compiler for coarse-grained reconfigurable architectures[C]//Proceedings of the IEEE International Conference on-Field-Programmable Technology,2002:166-173.

[47] Mei B,Lambrechts A,Mignolet J Y,et al. Architecture exploration for a reconfigurable architecture template[J]. Designand Test of Computers,2005,22(2):90-101.

[48] Cardoso J M P,Weinhardt M. XPP-VC:AC Compiler with Temporal Partitioning for the PACT-XPP Architecture[M]//Glesner M,Zipf P,RenovellM. Field-Programmable Logic and Applications:Reconfigurable Computing is Going Mainstream. Heidelberg:Springer, 2002:864-874.

[49] Baumgarte V, Ehlers G, May F, et al. PACT XPP-a self-reconfigurable data processing architecture[J]. The Journal of Supercomputing, 2003, 26(2): 167-184.

[50] Benson J, Cofell R, Frericks C, et al. Design, integration and implementation of the DySER hardware accelerator into open SPARC[C]//IEEE 18th International Symposium on High Performance Computer Architecture, 2012: 1-12.

第三部分　可重构计算关键技术

第 5 章　动态重构与部分重构

可重构计算处理器含有丰富的运算资源，以及实现运算资源之间进行高速数据传递的互连资源。因此，可重构计算处理器的最大特点在于其可对内部资源进行重构的能力。动态重构技术和静态重构技术旨在通过提升可重构计算处理器内的硬件利用率，从而提高可重构计算处理器的能量效率。

本章可以分为三个部分。第一部分对动态重构和部分重构的概念进行详细的解释。第二部分介绍不同程度的部分重构下配置信息的组织、管理与高速缓存，以及动态重构特性。第三部分补充介绍可重构计算处理器中运算数据的组织、管理与高速缓存，这一部分的设计是从减小数据传输延迟的角度来提升可重构计算处理器内的硬件利用率。

5.1　动态重构与部分重构的概念

本节在第 2 章的基础上，对动态重构和部分重构的概念进一步解释，并给出一些实例。

5.1.1　静态重构

第 2 章已经给出了静态重构特性的概念，只能在可重构计算处理器的数据通路进行计算之前对其进行功能重构，而计算过程中由于时间代价相对过大而无法对数据通路进行功能重构的特性被称为静态重构。

典型的具有静态重构特性的可重构计算处理器是细粒度的现场可编程逻辑阵列。由于采用单比特计算颗粒度的查找表(LUT)单元作为最底层的运算单元，以及 FPGA 内包含了大量的 LUT 配置数据，FPGA 的配置文件尺寸巨大，并由此导致超长的重构时间。本书以当今较为先进的 FPGA——Altera 公司的 Stratix 5 系列 FPGA[1] 为例。如图 5.1 所示，该 FPGA 内部的重构资源主要为自适应逻辑模块(adaptive logic module，ALM)和不同长度的互连资源，其中自适应逻辑模块由多个 6 输入的 LUT 组成。多个自适应逻辑模块和相应的一组互连资源组成 FPGA 的一个完整的功能单元——逻辑阵列块(logic array block，LAB)。如表 5.1 所示，以 Stratix 5 系列中一款具体的 FPGA——型号 GXA3 为例[2]，其配置文件大小为 214 兆比特，即配置文件尺寸在百兆比特这一量级。采用串行的低配置带宽和并行的高配置带宽，对 FPGA 进行重构的时间分别为 0.534s 和 0.067s，即

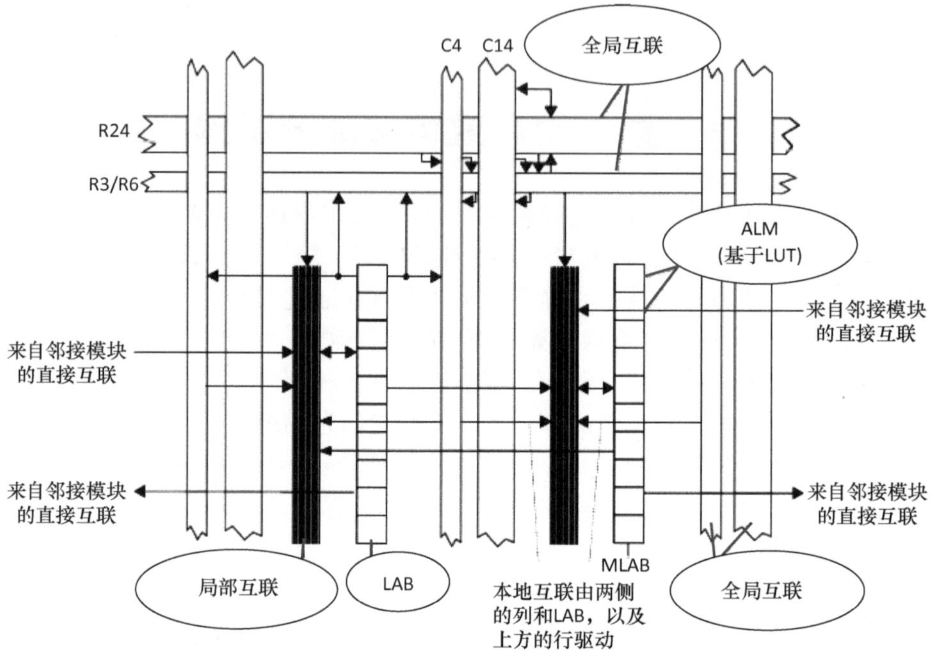

图 5.1　以 Stratix 5 为例的 FPGA 内的重构资源[1]

在 100MHz 的时钟频率下，重构时钟周期数分别为 53.4 兆和 5.7 兆。因此，FPGA 进行重构的时间在几十至几百 ms 量级，以及转换到时钟周期数上，在几个至几十个兆周期量级。正是由于 FPGA 具有很长的重构时间，FPGA 常采用如下的工作方式，系统上电时从片外存储器中加载配置比特流进行功能重构，等功能重构完成后 FPGA 才能进行相应的计算；在计算过程中，FPGA 的功能无法再被重构，如需重构，一定要先中断 FPGA 当前正在进行的计算任务。综上所述，由于对 FPGA 进行重构需花费超长的时间代价，因此 FPGA 通常只具有静态重构特性。

表 5.1　以 Stratix5-GXA3[2] 为例的 FPGA 的配置文件尺寸与重构时间

配置文件尺寸/比特	配置位宽/比特	时钟频率/MHz	重构时间/s	时钟周期数/cycle
214 M	4	100	0.534	53.4 M
	32	100	0.067	5.7 M

5.1.2　动态重构

第 2 章已给出了动态重构特性的概念：动态重构与静态重构是相对的。由于功能重构的时间代价相对较小，可重构计算处理器的数据通路在计算过程中也可以进行功能重构的特性被称为动态重构。

最典型的具有动态重构特性的可重构计算处理器是粗粒度可重构阵列(CGRA)。CGRA 由于粒度大配置信息量小,可以在不断电的工作状态下快速重载配置信息,完成阵列功能的重定义。这里配置信息量小是一个相对的概念,衡量指标主要是重新读取到生效的时间相对计算的时间较小。通过加大配置带宽和设计合理的配置切换装置也有利于提高动态重构特性,但一般静态重构的计算阵列由于配置信息量过于巨大,很难采取有效的措施在短时间(几十到几百个周期)内完成功能重构。如果配置时间本身很长,但通过配置控制电路使其可以和计算过程并发进行,看作被计算过程掩盖,也具备动态重构特性。

5.1.3 部分重构

第 2 章给出了部分重构的概念:可重构计算处理器的数据通路可以在空间上被划分成多个区域,每个区域可以被重构成特定的功能引擎来执行特定的计算任务,而不会影响到其他区域的当前状态,这类特性被称为部分重构。如图 5.2 所示,以运算单元阵列为代表的可重构计算处理器内的数据通路被划分为三块区域,不同的区域用于执行不同的计算任务。

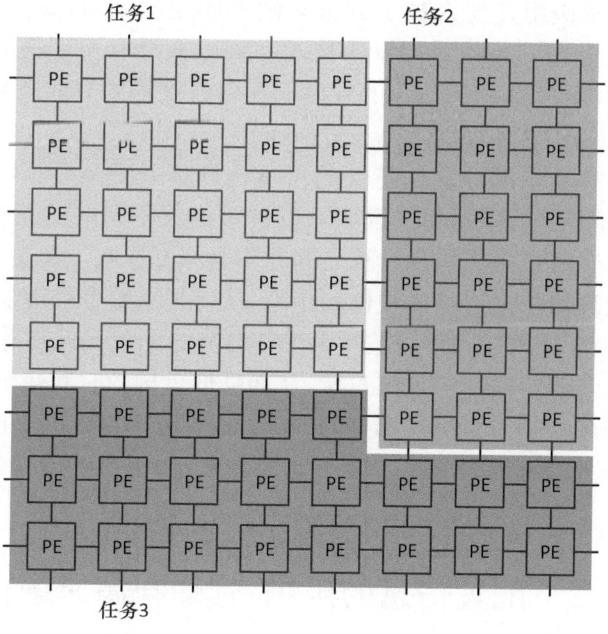

图 5.2　部分重构示意图

进一步而言,部分重构又可以分为静态部分重构(static partial reconfiguration)和动态部分重构(dynamic partial reconfiguration)两类。静态部分重构和动态部分重构的主要区别在于,配置进行时非配置区域的工作状态。如果非配置区域无法正常工作,需要停下来等待,则认为是静态的部分重构;反之,如果非配置区域(全部或者其中部分)还在执行某些计算任务,并不被配置进程打断,则具备了动态部分重构特性。

少数商用 FPGA 声称支持静态部分重构,目的是为了通过减少配置比特流来缩短 FPGA 的重构时间。除此之外,有些商用 FPGA 也声称支持动态重构,即动态部分重构[3]。由于 FPGA 配置比特流的规模过大,实际上并不能从真正意义上做到。FPGA 的动态重构技术大体可以分为两类。一类是基于差异的重构技术[4],此类技术的最大缺陷是只有在两个相邻模块的差异较小时,通过动态重构才能够获得较大收益,这在实际应用中显然有非常大的局限。另一类是用新型工具软件对硬件逻辑进行分区,并对这些小块分区进行单独配置的技术,如 PlanAhead 就是这样的工具[5,6]。Altera 提出的基于模块的设计技术也采用类似的思想[7]。然而,这些小块分区的电路结构与 FPGA 的其他部分是完全一样的,换句话说仍旧是单比特粒度。因此,这些小块分区的动态重构代价依旧很高,还在毫秒量级。除此以外,需要大量的人工介入才能实现此类动态重构,包括模块划分和布局规划等操作。这就要求应用开发人员了解很多硬件实现的细节,显然远远不够理想。以上这些或许就是 FPGA 的动态重构技术一直以来没有得到很好应用的主要原因。从本质上讲,还是因为 FPGA 的粒度太细引起重构的时间和功耗代价无法接受所致。

最典型的具有动态部分重构特性的可重构计算处理器是 CGRA。CGRA 往往被划分成几个不同的区域,每个区域可以被重构成不同的功能引擎来执行不同的计算任务。每个区域的重构和计算之间并不会相互影响。动态部分重构能够提高可重构计算处理器数据通路的硬件利用率,从而提高整个处理器的能量效率。

综上所述,对于 FPGA 而言,还是由于其自身的配置文件尺寸过大,即使通过部分重构技术来降低传输的配置信息量,从而降低重构的时间代价,但是其重构时间仍然维持在一个较高的量级。因此,FPGA 的重构特性依旧是静态的。下节将不再对具有静态重构特性的 FPGA 展开过多叙述,而将重点放在具有动态重构特性的 CGRA 上。

5.2　配置信息的组织、管理与高速缓存

具有动态重构特性和部分重构特性(动态部分重构特性)的典型可重构计算处理器为 CGRA。本节将介绍不同程度的部分重构下配置信息的组织、管理与高速缓存,以及取得的动态重构特性。其中 CGRA 为粗粒度的代表。

部分重构的程度也称为配置粒度。配置粒度是指可重构计算处理器的可重构控制器对可重构数据通路进行配置时，一次配置完成的可重构数据通路中被划分出的区域规模。一次配置的重构时间并不等同于一个时钟周期，通常情况下是由该区域对应的配置信息量除以对配置信息进行传输的配置位宽得到。如表 5.2 所示，通过对可重构数据通路中的运算单元阵列进行划分，可以得到粗、中、细三种配置粒度。表 5.2 中的配置效率是指一次配置中该区域内的目标运算单元个数占总运算单元个数的比例。表 5.2 对于配置粒度的划分不失一般性。首先，细粒度的配置为较特殊的情况，一次配置只完成对一个运算单元的配置。因此，细粒度的配置是一种串行的配置方式，具有较长的重构时间。然而，细粒度的配置只对目标运算单元进行配置，具有最高的配置效率。采用细粒度配置的可重构计算处理器将在下面介绍。其次，中粒度的配置一次配置完成对运算单元阵列中一块区域的配置。一块区域既可以是阵列的一行和一列，也可以是 1/2 个阵列、1/4 个阵列等其他对阵列划分的方式。相比细粒度的配置，中粒度的配置采用更并行化的配置方式，因此具有较短的重构时间；对于配置效率而言，由于中粒度的配置只配置目标区域，而目标区域中会存在非目标运算单元被冗余配置的情况。综合以上两项因素，中粒度配置具有较高的配置效率。典型的中配置粒度技术是行配置技术，以行为单位对阵列进行配置，这将在下面介绍。最后，粗粒度的配置是另一较特殊的情况，能一次配置完成对整个运算单元阵列的配置。粗粒度的配置由于采用并行的配置方式，因此具有较短的重构时间。然而，由于一次配置可能会对大量无效的运算单元进行配置，粗粒度的配置可能会具有较低的配置效率。采用粗粒度配置的可重构计算处理器将在下面进行介绍，其中还包括一种完全动态重构的可重构计算处理器。完全动态重构是指在一个时钟周期内完成对整个运算单元阵列的配置，并且在运算过程中的每个时钟周期内，阵列的功能均发生改变。

表 5.2　配置粒度(部分重构的程度)

配置粒度	细粒度	中粒度	粗粒度
一次配置区域的规模	单个运算单元	阵列的一个区域 (一行、一列、1/2、1/4 等)	整个阵列
重构时间	长	短	短
配置效率	高	较高	有效的运算单元个数 多则高，少则低

5.2.1　细配置粒度中配置信息的组织、管理与缓存

如图 5.3 所示，BilRC[8] 和 XPP-III[9] 均采用细粒度的配置，即一次配置只完成对一个运算单元的配置。因此，在细粒度的配置中，配置信息的组织是以一个运算

单元的配置信息为单元。配置信息的管理是动态的配置流程，用于将存储于配置存储器中的配置信息读出，并写入可重构数据通络，完成对可重构数据通路功能的配置。可重构数据通路在通常情况下是指运算单元阵列，甚至是运算单元。如图5.3(a)所示，BilRC采用一条蜿蜒的配置链结构。配置链结构用于按照固定的顺序，从阵列的配置接口开始连接各个运算单元内的配置寄存器。配置信息从配置存储器中被读出，并写入阵列的配置接口，之后在配置链中的配置寄存器之间被逐级传递，直至匹配到目标运算单元。采用配置链结构的优点在于，可以简化配置存储器与各个运算单元内的配置寄存器之间的互连复杂度。原本配置存储器与各个配置寄存器之间的多条全局互连，被转化为一条配置存储器与配置接口之间的全局互连和多条配置链内的局部互连。采用配置链结构，运算单元阵列的重构时间，取决于配置信息传输到待配置的运算单元中距离配置接口最远的运算单元的传输时间。对其他运算单元的配置均能隐藏在该传输时间中，一旦待重构的运算单元中存在一个远离配置接口的运算单元，就会产生较长的重构时间。BilRC采用一条单链的结构，因此阵列的最长重构时间为配置信息传输到阵列右下角的运算单元的传输时间：$x\times y$（x和y分别为阵列的行数和列数，其中包括了由配置接口写入配置信息的一个时钟周期）。以图5.3(a)中规模为5×9的阵列为例，该阵列的最长重构时间为45个时钟周期。如图5.3(b)所示，XPP-III对配置链的结构进行了改进，配置链分为垂直配置链和水平配置链。配置信息由配置接口写入后，先在垂直配置链中进行传输，直至匹配到正确的行；配置信息再在相应的水平配置链内进行传输，直至匹配到正确的运算单元。因此，XPP-III中阵列的最长重构时间下降为$x+y-1$（包括由配置接口写入配置信息的一个时钟周期）。以图5.3(b)中规

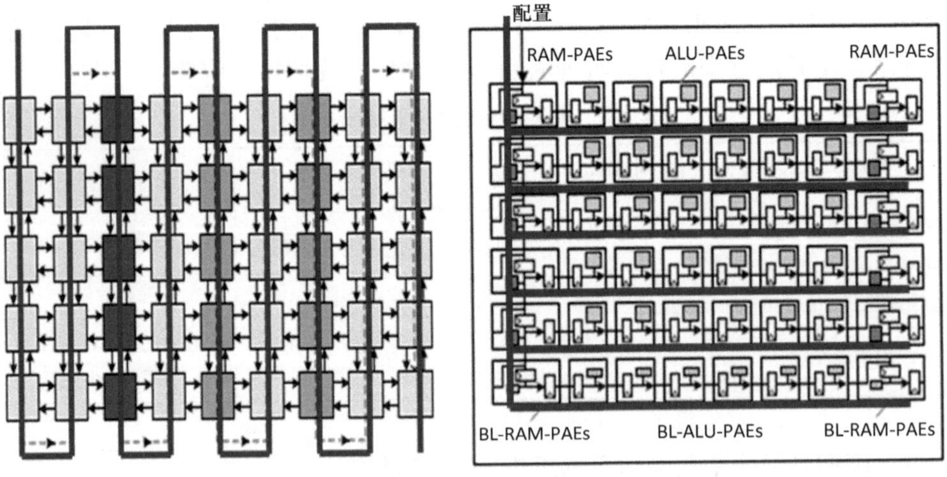

(a) BilRC (b) XPP-III

图5.3 细粒度的配置——BilRC[8]和XPP-III[9]

模为 6×8 的阵列为例，该阵列的最长重构时间为 13 个时钟周期。

综上所述，在细粒度配置中，配置信息的组织以一个运算单元的配置信息为单位，并通过运算单元阵列内的配置链对配置信息进行传输。配置链结构可降低配置信息传输的互连的硬件代价，但其始终是一种串行的配置方式，重构的时间代价大，因此具有较差的动态重构特性。

5.2.2　中粒度配置中配置信息的组织、管理与缓存

典型的中粒度配置以运算单元阵列内的行为单位，对阵列进行配置，称之为行配置技术。行配置技术适用于以行为单位进行单向数据流传递（简称行单向数据流结构）的运算单元阵列，Chimaera[10,11]、PipeRench[12,13] 等可重构计算处理器均采用此互连结构。如图 5.4 所示，采用此类互连结构的阵列可以方便地实现计算任务的中间表达形式——数据流图到阵列的映射，以及对循环的计算任务采用流水线的方式进行加速。行配置技术中配置信息的组织以阵列中一行运算单元的配置信息为单位，并以行为单位对阵列进行配置。首先，这种做法降低了对阵列进行重构的显式时间，即阵列的第一行被配置完后阵列的运算就可以开始。其次，更为重要的是，行配置技术有效解决了计算任务的规模大于阵列规模的问题。行配置技术以行为单位对阵列在时间轴进行扩展，进而将计算任务到阵列的空间域映射转变为时间域映射，消除了由于对计算任务进行划分所产生的中间数据存储代价和对新增子任务进行重构的时间代价，从而增强阵列处理大规模计算任务的能力。

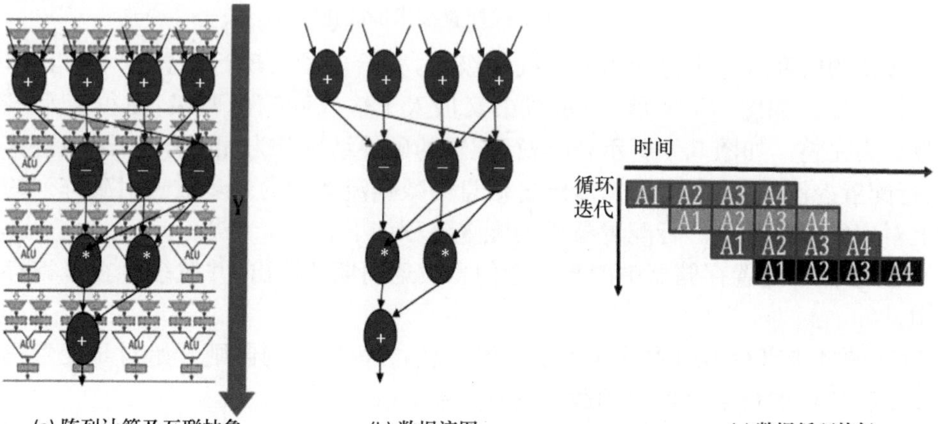

(a) 阵列计算及互联抽象　(b) 数据流图　(c) 数据循环执行

图 5.4　数据流图到行单向数据流结构的阵列上的映射

PipeRench[12,13]的设计最先提出行配置技术，并称为流水线配置技术。该技术将阵列中的各行视为物理流水线，将数据流图中的各步视为虚拟流水线，并通过流水线配置技术将虚拟流水线映射到物理流水线上。图 5.5 为 PipeRench 实现的 4 级虚拟流水线到 3 级物理流水线的映射。如图 5.6 所示，在 PipeRench 的基础上，后续的相关研究中又对流水线配置技术进行了相应的改进[14]，消除了一个时钟周期的重构时间，进一步提高了阵列内的硬件利用率，提升了阵列的并行运算能力。

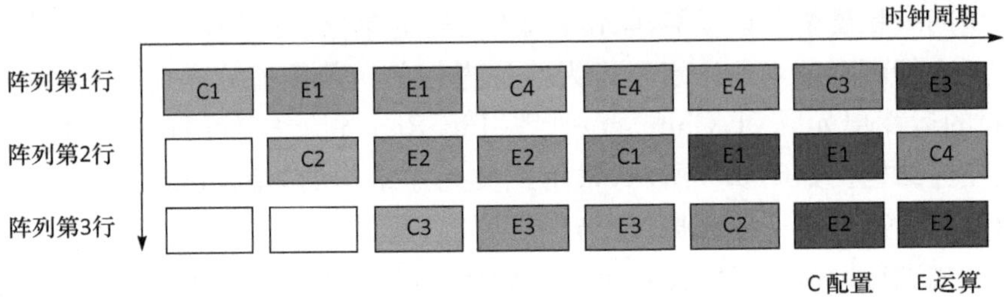

图 5.5 流水线配置技术[12,13]

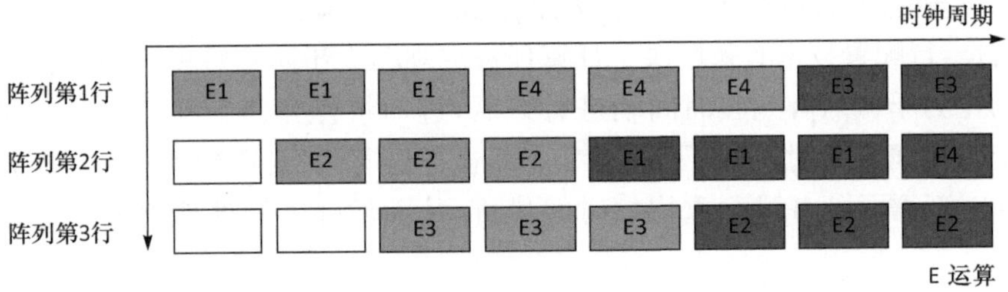

图 5.6 流水线配置技术的改进[14]

最新的研究进一步完善了流水线的级数，并给出了实现行配置技术的具体硬件结构[15,16]。如图 5.7 所示，流水线中又加入了输入和输出两级，使得流水线的级数更为完整。如图 5.8 所示，实现行配置的硬件结构分为配置存储器、步寄存器组、行配置控制器、行寄存器。步配置信息为数据流图中的一步被映射到阵列的一行上对应的配置信息。行配置技术的配置流程如下。

① 存储于配置存储器中的步配置信息被逐周期的读出，并被缓存在步寄存器组中。

② 一旦步寄存器组中载入了步配置信息，行配置控制器则开始对步配置信息从步寄存器组到行寄存器组的载入进行控制。

行寄存器组用于直接控制阵列中各行的功能。行配置控制器中包含两个虚拟的指针，即步指针和行指针。在硬件上通过两个计数器实现步指针和行指针，如图 5.8 所示的钟摆运动，从而完成对步配置信息从步寄存器组到行寄存器组的载入控制。

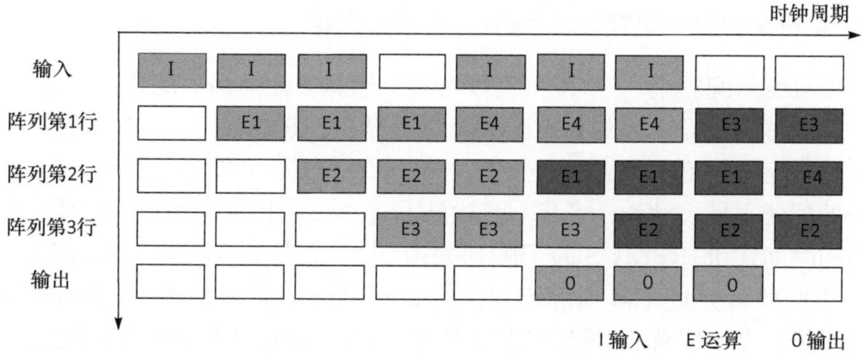

图 5.7　行配置技术[15,16]

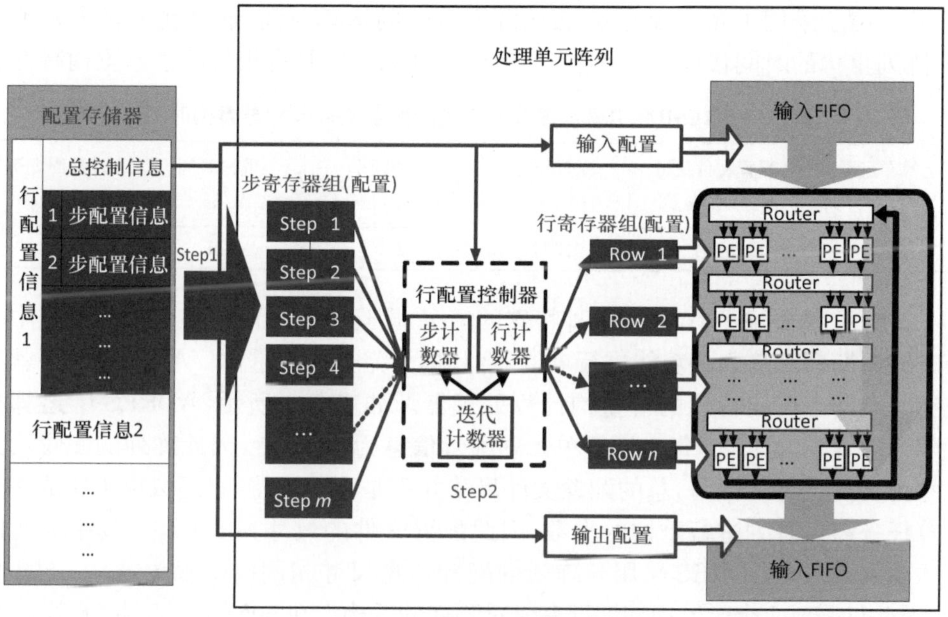

图 5.8　行配置技术的硬件结构

综上所述,行配置技术可以应用于采用某一类互连结构的运算单元阵列——行单向数据流结构的阵列,这一类互连结构在可重构计算处理器中有着较为广泛的应用。在行配置技术中,配置信息的组织以阵列中一行的运算单元的配置信息为单位,配置信息的管理主要通过行配置控制器中步指针和行指针来实现。行配置技术可以增强阵列处理大规模计算任务的能力,并降低阵列进行重构的时间代价,因此具有很好的动态重构特性。

5.2.3 粗粒度配置中配置信息的组织、管理与缓存

在粗粒度的配置中，一次配置完成对整个运算单元阵列的配置。因此，配置信息的组织以整个运算单元阵列的配置信息为单位。REMUS[15,17,18]中的子运算单元阵列即采用粗粒度的配置。如表 5.3 所示，REMUS 子阵列的规模为8×8，整个子阵列的配置文件尺寸为 107 字(32 比特)，即 3424 比特。为了降低对子阵列进行重构的时间代价，REMUS 的子阵列采用 1024 比特的高配置位宽，因此只需 4 个时钟周期即可完成子阵列的配置。在 200MHz 的时钟频率下，重构时间仅为 20ns。在粗粒度的配置中，配置信息的管理并不像细粒度和中粒度的配置中那么复杂。配置信息从配置存储器中被读出后，直接被写入运算单元内的配置寄存器中，无需通过配置链进行传递，以及通过行配置控制器来控制配置信息的载入。总体而言，由于采用了高配置位宽，相比阵列较长的运算时间，通常在上百个时钟周期，阵列重构的时间代价要小得多，因此粗粒度的配置具有很好的动态重构特性。

表 5.3 REMUS 中子运算单元阵列的配置文件尺寸与重构时间

子运算单元阵列的规模(行×列)	配置文件尺寸/比特	配置位宽/比特	时钟频率/MHz	重构时间/ns	时钟周期数/cycle
8×8	3424	1024	200	20	4

在粗粒度的配置中，存在一种特殊的情况，即运算单元阵列在运算的过程中每个时钟周期都对阵列的功能进行重构，将其称为完全动态重构。ADRES[19,20]就是具有完全动态重构特性的可重构计算处理器。如表 5.4 所示，ADRES 中运算单元阵列的规模为 4×4，每个运算单元的配置信息为 56 比特，因此阵列的配置信息尺寸为 896 比特。但是，总的配置文件尺寸并不是 896 比特，它还取决于完成一个计算任务需对阵列进行重构的次数，因此配置文件的尺寸为 896×n，其中 n 为阵列重构的次数。ADRES 采用与阵列的配置信息尺寸相同的配置位宽——896 比特，因此仅需要 1 个时钟周期即可完成对阵列的重构。在 50MHz 的时钟频率下，阵列的重构时间仅需 20 ns。在实际的情况中，ADRES 设计进一步将 1 个时钟周期的重构时间隐藏在运算时间中，因此 ADRES 在运算的过程中无显式的重构时间代价。ADRES 的这种动态重构特性还被称为逐周期(cycle-by-cycle)的配置方式。

表 5.4 ADRES[19,20]的配置文件尺寸与重构时间

运算单元阵列的规模(行×列)	配置文件尺寸/比特	配置位宽/比特	时钟频率/MHz	重构时间/ns	时钟周期数/cycle
4×4	896×n(n 为阵列重构的次数)	896	50	20 ns	1

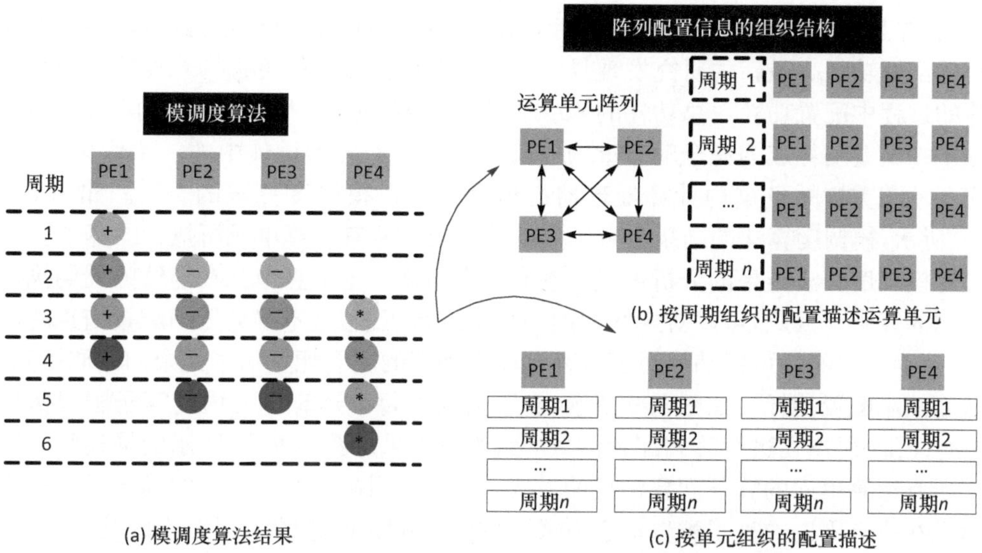

图 5.9　完全动态重构的运算单元阵列的配置信息的组织

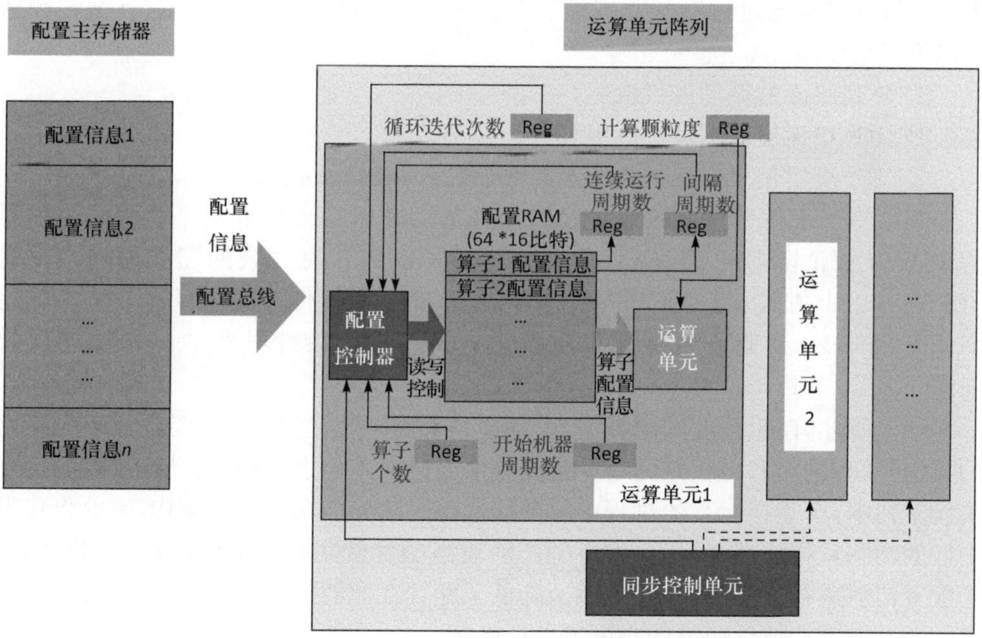

图 5.10　完全动态重构的运算单元阵列的配置信息的存储与管理

完全动态重构的可重构计算处理器具有很好的动态重构特性。因为其配置位宽高，并且在运算的过程中每个周期都对整个阵列的功能进行重构，所以将产生较高的配置功耗。最新的研究发现具有完全动态重构特性的可重构计算处理器在运算的过程中配置功耗占总功耗的 40%左右，甚至接近 50%[15]。因此，降低运算过程中的配置功耗成为完全动态重构的可重构计算处理器设计中的一个优化方向。完全动态重构的可重构计算处理器的编译是基于模调度算法的[21-26]。如图 5.9(a)所示，模调度算法的结果为每个周期阵列内的所有运算单元所执行的算子。通过对模调度算法结果的分析可以发现其中会出现一个运算单元在连续的周期执行相同的算子。因此，可以对这些相同的算子进行压缩，这不仅会压缩配置信息的尺寸，更为重要的是可以消除对配置存储器中相同的算子配置信息冗余的读取访问，从而减小配置功耗。如图 5.9 所示，由于需要对每个运算单元内的算子配置信息进行压缩，所以在进行阵列配置信息的组织时不采用图 5.9(b)所示的描述每个周期所有运算单元的算子配置信息的方式，而是采用图 5.9(c)所示的描述每个运算单元在所有周期的算子配置信息方式。在阵列配置信息的组织结构的基础上(图 5.10)，阵列配置信息在初始化时从配置主存储器中被读出，其中各个运算单元的配置信息分别被写入各个运算单元内的配置 RAM 中进行分布式存储。运算单元内的配置控制是通过运行参数来控制配置 RAM 的读取访问，其中运行参数包括了以下三个层面。

① 阵列层面的循环迭代次数。

② 运算单元层面的算子个数和开始周期数。

③ 算子配置信息层面的连续运行周期数和间隔周期数。

其中算子配置信息中的连续运行周期数用来压缩运算单元连续执行的相同的算子，从而消除对配置 RAM 中相同的算子配置信息冗余的读取访问。文献[15]通过以上方式，将占总功耗约 40%的配置功耗降低了约 40%，因此总功耗降低了约 15%，从而有效缓解了由于完全动态重构特性导致的配置功耗高的问题。

综上所述，在粗粒度的配置中，可以通过采用高配置位宽来降低运算单元阵列的重构时间，进而取得很好的动态重构特性。进一步而言，在完全动态重构的运算单元阵列中，由于在运算的过程中每个周期都对阵列的功能进行重构，因此将获得更好的动态重构特性，但是会相应的产生较高的配置功耗。上面通过对相同的算子配置信息进行压缩的方法，有效地降低了配置存储器的访问次数，从而缓解了由于完全动态重构特性引发的高配置功耗问题。

5.3　计算数据的组织、管理与高速缓存

动态重构与部分重构技术的共同点都是降低重构时间，减少重构资源闲置，从而提高可重构计算处理器的计算资源利用率和运行效率。另一方面，高效地组织管理计算数据对于充分发挥可重构阵列的计算能力有显著地影响。可重构阵列是一种并行计算的结构，和其他高性能计算一样面临存储墙的问题。存储墙问题是指处理器快速增长的运算能力与增长缓慢的内存性能之间逐渐增大的鸿沟，即存储器的发展受到工艺条件的局限，接口带宽是受限的。随着应用的高速发展，高性能计算的吞吐量可能远远大于存储器接口带宽所能达到的上限，这时计算性能就受限于存储带宽。如图 5.11 所示，在过去的几十年中，通用处理器的性能增长的速度远远大于内存(DRAM)性能的提升速度[27]。DRAM 技术的主要提高在于存储器密度大大增加，其增长速度甚至超过了处理器性能的提升速度，但是存储器存取速度的增长却要缓慢得多。这个发展趋势导致的结果就是处理器大量的时间用来等待内存的数据，不能有效的利用处理器的性能，内存性能成为系统的瓶颈。

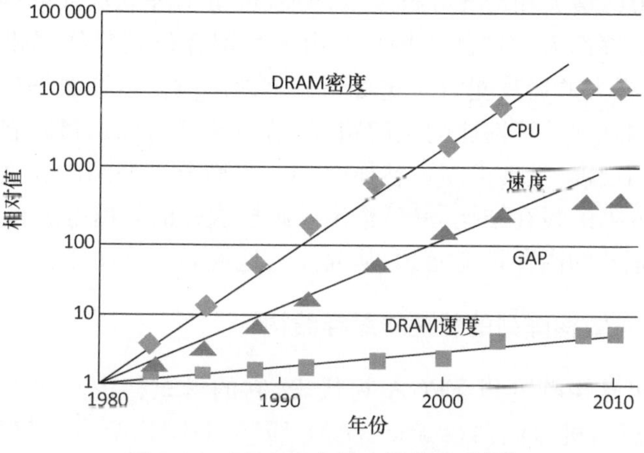

图 5.11　DRAM 容量和性能变化[27]

为了解决这个问题，现代的通用处理器一般采用介于处理器与内存之间的多级 cache 存储结构。如图 5.12 所示，Intel i7 处理器的三级 cache 结构，最靠近处理器的 L1 cache 容量最小，访问速度最快，之后依次是 L2 和 L3 cache，容量逐渐增大，访问速度逐渐变慢。多级 cache 结构之所以能够有效地缓解存储墙问题，是基于处理器访问内存数据的局部性原理，即处理器访问存储器时，无论是存取指令还是存取数据，所访问的存储单元都趋于聚集在一个较小的连续区域中。局部性原理分为时间局部性和空间局部性。时间局部性是指如果一个内存地址的数据正在被处理器访问，那么在近期它很可能还会被再次访问，程序循环、堆栈等是产生

时间局部性的原因。空间局部性是指近期处理器将要访问的内存地址很可能与现在正在访问的内存地址在空间地址上是临近的，指令的顺序执行、数组的连续存放等是产生空间局部性的原因。

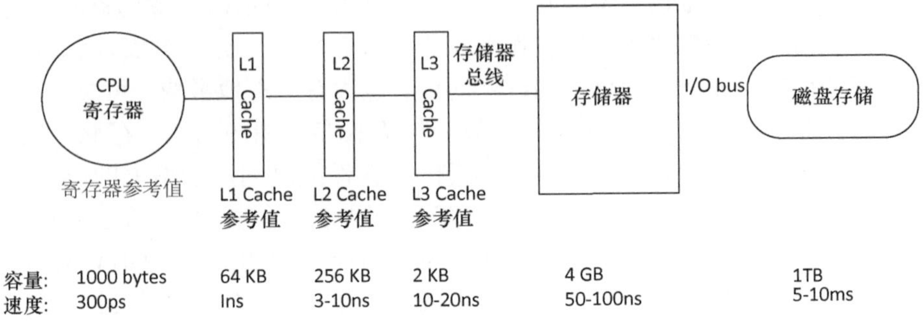

图 5.12 处理器中的多级 cache 存储结构

与指令驱动的通用处理器相比，可重构系统遇到的存储墙问题更加严重。由于包含大量的运算单元，可重构阵列可以提供强大的并行计算能力。相应的，随着可重构阵列规模的增大和运算并行度的增加，可重构阵列从外部存储器中读写数据的数据量和频率都大大增加和提高。由于外部存储器只能提供有限的数据带宽，可重构阵列强大的运算能力因此受到显著地影响。运算数据的输入输出已经成为制约可重构阵列计算性能的关键路径，这意味着可以通过减轻内存带宽瓶颈而不是增大阵列规模，显著提高了整体性能。下面分别介绍细粒度可重构阵列和粗粒度可重构阵列的缓存结构，最后给出一种层次化的数据组织和缓存结构，减轻可重构计算处理器的内存带宽瓶颈，从而显著地提高整体性能。

5.3.1 细粒度可重构阵列的管理与缓存结构

细粒度的可重构阵列以 FPGA 为代表，它的可重构逻辑单元一般由查找表(LUT)或者静态随机存储器(static RAM，SRAM)结构组成，逻辑单元的颗粒度一般为 1 比特。FPGA 拥有大量的逻辑单元，最小单位可为与、或、非等逻辑门，可以实现复杂的互连结构，资源可以得到充分利用，灵活性大，易于实现位宽变化的计算结构。由于 FPGA 内部互连结构的复杂性，互连的延时成为制约 FPGA 性能的瓶颈，因此 FPGA 中的缓存结构与传统的 cache 结构并不相同。为了提高数据缓存的性能，FPGA 采用少量多块的离散数据缓存结构。图 5.13 所示是 Xilinx 公司的 Virtex 系列 FPGA 芯片[28]，其中 CLB 模块是可重构的运算单元，在这些运算单元之间包含大量功能强大的 Block RAM 模块作为 FPGA 的数据缓存。每个 Block RAM 的容量不大，只有 36KB，可以选择配置成 RAM 模式或者 FIFO 模式。Block RAM 的大小可以灵活配置成两个独立的 18 KB RAM 或一个 36 KB

RAM。根据 Virtex 系列中不同规格 FPGA 所包含的 CLB 模块数量的不同，相应的 Block RAM 的数量从几十到几百个不等，总的缓存大小从几百 KB 到几十 MB。

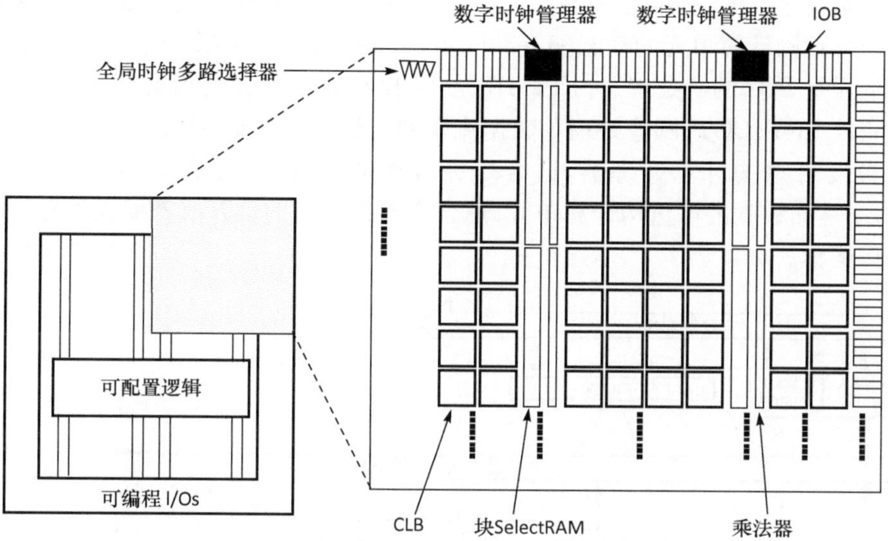

图 5.13　Virtex 系列 FPGA 的结构框图

5.3.2　粗粒度可重构阵列的管理与缓存结构

针对粗粒度可重构阵列的计算数据的组织与管理方法，已经有一些研究成果。文献[29]，[30]提出一种乒乓缓存结构，以及平衡计算和数据传输的阵列映射方法，通过发掘输入数据的可重用性，减轻数据带宽瓶颈的影响。但是，这种方法没有考虑中间结果数据对带宽瓶颈的影响，中间结果数据首先需要从阵列存储到外部存储器，之后使用时又从外部存储器读取到阵列中。因此，与输入数据相比，中间结果数据会消耗更大的存储器带宽，是它自身数据量的两倍。数据预取是 XPP-III[9] 和 REMUS[31] 中采用的减轻数据带宽瓶颈影响的方法，通过隐藏输入数据延迟缓解数据带宽瓶颈的影响。在 XPP-III 中，超过 3/4 的执行时间消耗在了可重构阵列的配置上，这样输入数据就可以在阵列配置期间进行预取。在 REMUS 中，下一套配置信息的输入数据预取是与当前配置信息在阵列上的执行同时进行的，一旦当前配置信息执行完，下一套配置信息就可以在几个时钟周期内开始进行计算。然而，数据预取的方法并没有从本质上减少数据传输的数量，而是将数据传输与阵列的配置或计算并行执行。随着阵列规模的增大，阵列计算能力提高的同时，需要的运算数据也越来越多，因此数据传输成为了流水线的关键路径，数据预取的方法也逐渐失效。

MORPHEUS[32,33]是意大利博洛尼亚大学和意法半导体公司设计的一款异构的多核数字信号处理器,集成了 ARM 核、嵌入式 eFPGA[34]、中等粒度的可重构计算处理器 DREAM[35]和粗粒度的可重构阵列 XPP-III[9]。这几个主要的处理核由片上网络连接在一起,结构如图 5.14 所示。ARM 核是 SoC 的主控制器,负责其他三个可重构计算单元的动态配置和同步,以及片上网络的配置。三个可重构的计算单元是 SoC 的协处理器,XPP-III 是 16 比特数据位宽的粗粒度可重构阵列,适合完成 FFT、DCT、图像处理等数据流驱动的运算;DREAM 是 4 比特数据位宽的中粒度可重构计算处理器,适合于完成密码算法、通信和媒体处理等算法;eFPGA 是细粒度的可重构计算单元,适合完成细粒度的运算或者配置为专门的外设接口逻辑。

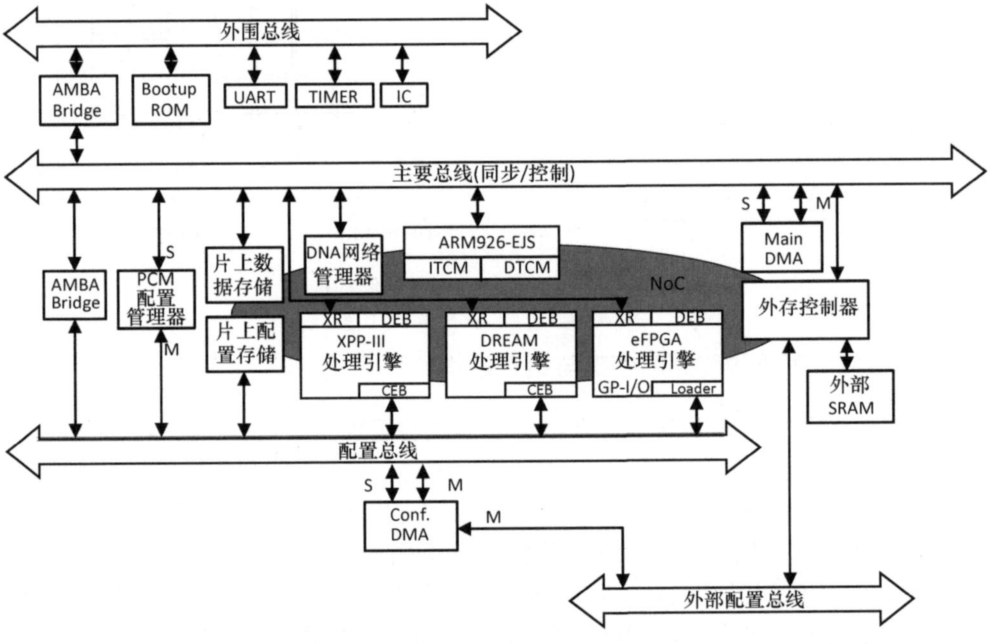

图 5.14 MORPHEUS 的结构框图

为了减少异构的多个处理核的访存延时,MORPHEUS 采用 3 层数据缓存结构,如图 5.15 所示。最靠近可重构处理核(XPP-III、DREAM、eFPGA)的数据缓存是每个核内部的 DEB(data exchange buffer),大小为 8～64KB;在可重构处理核与外部 SRAM 之间是片上的数据存储器,大小为 128～512KB;最后一层存储结构是片外的 SRAM。数据在这三个层次的存储器之间的搬运由动态互联网络管理(dynamic network management,DNM)模块控制。

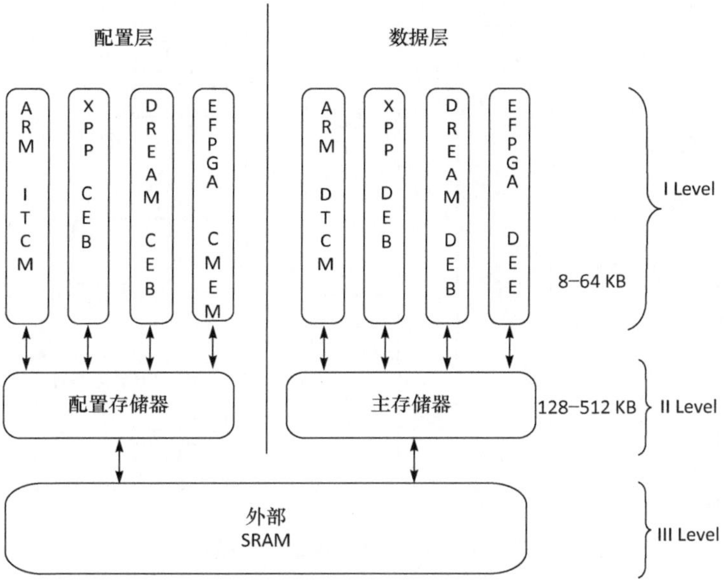

图 5.15　MORPHEUS 的存储结构

5.3.3　层次化的数据缓存结构

可重构计算的阵列结构拥有非常强大的即时计算能力，但这对数据的快速访问提出了比传统通用处理器更为严苛的要求。如果不能及时取得输入数据或输出数据，阵列只能暂停计算，等待数据输入输出完成。阵列计算效率的瓶颈限制在数据接口上，数据接口的吞吐量大，则平均在一段时间内处理的数据也多；反之吞吐量小，平均处理数据的能力就小。所以，计算数据的有效组织与管理可以提高数据吞吐量，减小外存带宽对阵列计算效率的制约。针对这样的问题，本书研究了层次化的数据存储结构，缓存可重用的输入数据和中间结果数据，减少外存带宽瓶颈的影响，提高可重构计算处理器的吞吐效率[36,37]。如图 5.16 所示，按照存储器距离可重构阵列的远近，层次化的数据存储结构由片外主存、阵列之间的全局存储、阵列独享的共享存储、阵列内的运算单元(PE)独享的局部存储组成。

片外主存用来存储阵列计算的输入数据，以及阵列计算过程的中间结果和最终结果。由于高容量和低成本的要求，片外主存一般由 DRAM 存储器构成。全局存储器的容量一般为几百 KB，可以被系统内所有的可重构阵列和直接内存访问控制器(directly memory access control，DMAC)访问。全局存储器可以用来存储多个阵列之间交互的数据，也可以用来存储可重构阵列与 DMAC 之间交互的数据。共享存储器是阵列独享的存储器，用来存储阵列运算过程中的可重用的输入数据和少量的中间结果，这些数据不需要与其他的可重构阵列进行交互。一般来

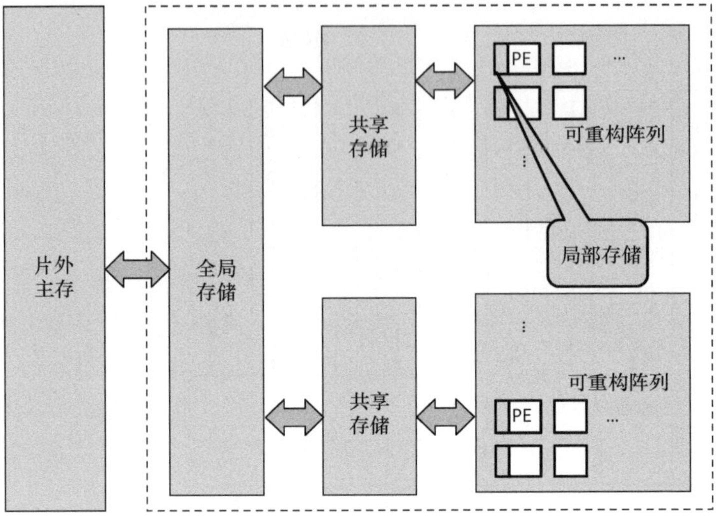

图 5.16　层次化的数据缓存结构

说，阵列内部可能会有多个 PE 具有访存共享存储器的能力，因此它又是阵列 PE 之间交互数据的存储器。共享存储器的容量一般为几十 KB。局部存储器是存储层次中最靠近阵列运算单元的存储器，一般容量为几 KB。与共享存储器和全局存储器不同，局部存储器是阵列内部 PE 独享的存储器。因此，局部存储器可以避免访存冲突，保证确定的访存延时，这个特性可以保证阵列的计算流水线不会被不确定的访存延时打断。将需要重用的输入数据存放在局部存储器中，可以减少对共享存储器和全局存储器的访存次数，从而减少访存冲突[38]。在计算数据的层次化存储结构中，所有层次的存储器都是具有独立的地址空间，对其中数据的访问都要通过直接寻址进行。阵列的配置信息负责管理数据在不同层次存储器中的搬移，从而消除了硬件存储一致性的要求。

下面以 H. 264 视频解码算法[39]为例，说明计算数据在层次化存储结构中的组织和管理方式。图 5.17 是 H. 264 视频解码流程图，其中码流解析的部分没有在图中画出，只画出了计算密集型算法流程。残差数据经过反量化（inverse quantization，IQ）和反离散余弦变换（inverse discrete cosine transform，IDCT），与经过运动补偿（motion compensation，MC）或者帧内预测（intra prediction，IP）的参考数据相加，得到重建数据，再经过去块效应滤波（deblocking filter，DF）得到最终的解码数据。图中计算密集型算法消耗了大约 77%的总解码时间[40]。

为了平衡计算负载，H. 264 的计算密集型子算法首先分配到图 5.18 的两个阵列上：运动补偿、帧内预测、反量化和 IDCT 在一个阵列上执行；去块效应滤波在另一个阵列上执行。假定视频序列的色彩模式是 4∶2∶0 的格式，每个像素点是

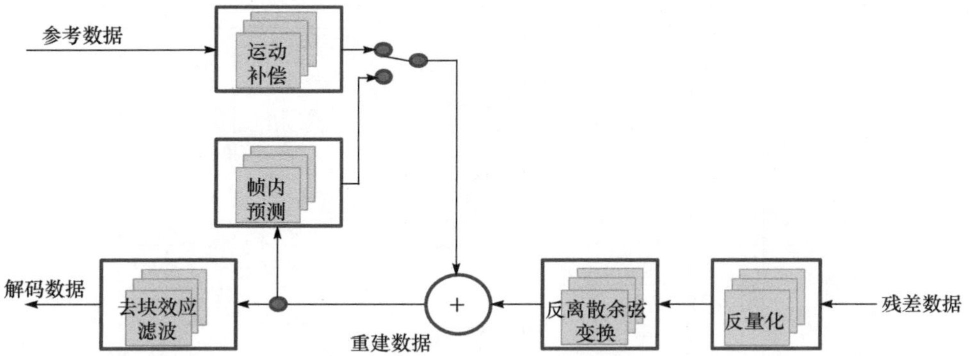

图 5.17　H.264 视频解码流程图

8 比特采样，那么一个图像宏块(macroblock，MB)的数据量是 16×16×1.5=384 字节，解码一个宏块产生的中间数据如下。

① 运动补偿的参考数据，大小为 384 字节。

② 帧内预测的参考数据，大小为 24 字节。

③ 残差数据，大小为 1024 字节。

④ 解码数据，大小为 384 字节。

⑤ 去块效应滤波的中间结果数据，大小为 192 字节。

⑥ 重建数据，大小为 768 字节。

总结起来，可重构阵列完成一个宏块的解码计算，需要与外存交互的数据量一共有 384+24+1024+384+192+768=2776 字节。采用层次化存储结构之后，可以将解码过程的上述数据在层次化缓存结构中进行合理的组织，从而减少与外存交互的数据量。图 5.18 给出了 H.264 解码过程的中间数据在层次化存储结构中的分布：共享存储用来缓存帧内预测的参考数据和去块效应滤波的中间结果；全局存储用来缓存残差数据和重建数据。这样需要与外存交互的数据就减少到 384+384=768 字节，减少了 72.3%的数据量。

使用局部存储器存储可重用的输入数据，可以减少可重构阵列对全局存储和共享存储的访存频率，从而降低访存冲突的概率。下面以 N-body 问题[41]为例，说明局部存储器的使用。N-body 问题是典型的高性能计算应用问题，给定 N 个质点的初始位置、质量和初始速度，在只考虑质点间万有引力作用的条件下，推导 N 个质点位置和速度的变化过程。需要计算每个质点受另外 $N-1$ 个质点的万有引力之和，这个计算过程可以用下面的代码表示，其中 $G(i,j)$ 是质点 i 与 j 之间的万有引力，$F(i)$ 是质点 i 受到的万有引力之和。

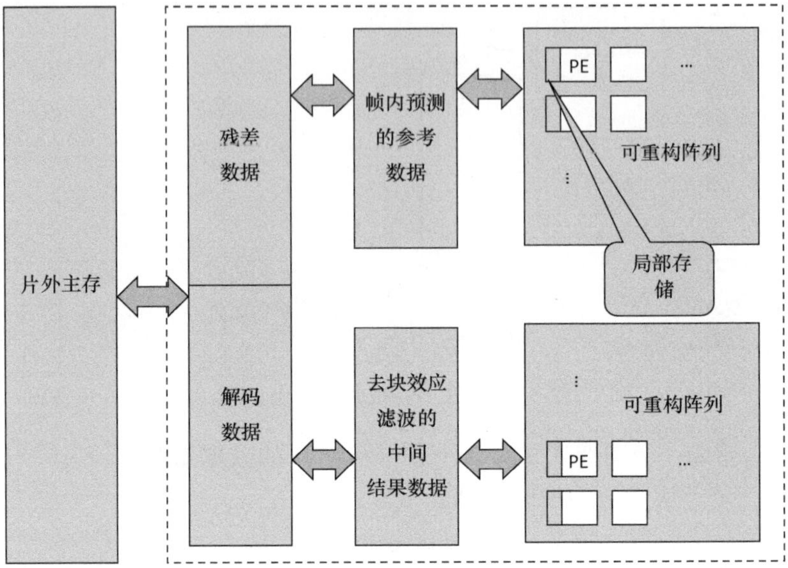

图 5.18 H.264 解码过程的中间数据在层次化存储中的分布

```
for(i=1;i<=N;i++) do
    F(i)=0;
    for (j=1;j<=N;j++) do
    if (i≠j) F(i)=F(i)+G(i,j);
    end for
end for
```

计算每个质点所受万有引力之和的过程是一个计算密集型运算，适合在可重构阵列上执行。假设阵列的每行处理单元可以计算质点 i 与 j 之间的万有引力 $G(i,j)$，那么一个阵列可以同时计算多个质点受到的万有引力。质点 i 受到的万有引力之和 $F(i)$ 可以通过 $N-1$ 次迭代计算得到。如果没有层次化存储结构中的局部存储器，阵列在计算质点 i 与 j 之间万有引力 $G(i,j)$ 时，需要从共享存储器中读出质点 j 的位置和质量信息，因此完成 N 个 $F(i)$ 的计算，一共需要对共享存储器进行 $(N-1)\times N$ 次读取操作。采用层次化存储结构中的局部存储器，可以优化上述计算过程对共享存储器的访存频率。一般来说，N 个质点的位置和质量信息是按照质点的编号顺序连续存储在共享存储器中的。共享存储器是片内存储，可以有很大的数据带宽，不妨假定共享存储器的一个地址空间可以存放 K 个质点的位置和质量信息。如此一来，阵列可以从共享存储器中一次读出连续的 K 个质点的位置和质量信息，并且缓存在阵列内部的局部存储器中。在计算质点 i 与这 K 个质点之间的万有引力时，从局部存储器中读取这 K 个质点的位置和质量信息，不需要再访问共享存储器。按照以上的数据组织，完成 N 个质点的 $F(i)$ 的计算，对共享存储器的读取次数减小为 $(N-1)\times N/K$ 次，只有原来的 $1/K$ 倍，从而减少读取共享存储器的频率，降低发生访存冲突的概率。

参考文献

[1] Altera Corporation. StratixV device handbook[EB/OL]. http://www.altera.com.cn/literature/hb/stratix-v/stratix5_handbook.pdf[2013-06-21].

[2] Altera Corporation. Stratix V device datasheet[EB/OL]. http://www.altera.com.cn/literature/hb/stratix-v/stx5_53001.pdf[2013-11-4].

[3] David D. Partial reconfiguration of Xilinx FPGAs using ISE design suite[EB/OL]. http://www.bdtic.com/DownLoad/Xilinx/WP374.pdf[2013-1-1].

[4] Eto E. Difference-based partial reconfiguration[EB/OL]. http://www.xilinx.com/support/documentation/application-notes/xapp290.pdf[2009-11-10].

[5] Xilinx Inc. UG743 (v14.1) Partial reconfiguration tutorial plan ahead design tool[EB/OL]. http://www.xilinx.com/tools/planahead.htm[2012-5-2]

[6] Gören S, Turk Y, Ozkurt O, et al. Achieving modular dynamic partial reconfiguration with a difference-based flow[C]//Proceedings of the ACM/SIGDA International Symposium on Field Programmable Gate Arrays, 2013:270-270.

[7] Altera Corporation . WP-01137-1.0 Increasing design functionality with partial and dynamic reconfiguration in 28-nm FPGAs[EB/OL]. http://www.altera.com/devices/fpga/stratix-fpgas/stratix-v/overview/partial-reconfiguration/stxv-part-reconfig.html[2010 9 9].

[8] Atak O, Atalar A. BilRC: an execution triggered coarse grained reconfigurable architecture [J]. IEEE Transactions on Very Large Scale Integration Systems, 2013, 21(7):1285-1298.

[9] PACT XPP Technologies. XPP-III processor overview-white paper[DB/OL]. http://www.pactxpp.com[2006-5-2].

[10] Hauck S, Fry T W, Hosler M M, et al. The chimaera reconfigurable functional unit[J]. IEEE Transactions on Very Large Scale Integration Systems, 2004, 12(2):206-217.

[11] Ye Z A, Moshovos A, Hauck S, et al. CHIMAERA: A High-performance Architecture with A Tightly-coupled Reconfigurable Functional Unit[M]. New York: ACM, 2000.

[12] Goldstein S C, Schmit H, Budiu M, et al. PipeRench: a reconfigurable architecture and compiler[J]. Computer, 2000, 33(4):70-77.

[13] Kagotani H, Schmit H. Asynchronouspiperench: architecture and performance evaluations [C]//11th Annual IEEE Symposium on Field-Programmable Custom Computing Machines, 2003:121-129.

[14] 于苏东，刘雷波，魏少军. 流水线配置技术在可重构处理器中的应用[J]. 计算机工程，2010，36(8):227-229.

[15] 王延升. 粗粒度动态可重构计算处理器中的高能效关键配置技术研究[D]. 北京：清华大学博士学位论文，2014.

[16] Wang Y S, Liu L B, Yin S Y, et al. Row-based configuration mechanism for a 2-d processing element array in coarse-grained reconfigurable architecture[J]. Science China Information Sciences(已接收).

[17] Wang Y, Liu L, Yin S, et al. On-chip memory hierarchy in one coarse-grained reconfigurable architecture to compress memory space and to reduce reconfiguration time and data-reference time[J]. IEEE Transactions on Very Large Scale Integration Systems, 2014, 22(5): 983-984.

[18] Liu L, Deng C, Wang D, et al. An energy-efficient coarse-grained dynamically reconfigurable fabric for multiple-standard video decoding applications[C]//2013 IEEE Custom Integrated Circuits Conference, 2013: 1-4.

[19] Mei B, De Sutter B, Vander A T, et al. Implementation of a coarse-grained reconfigurable media processor for AVC decoder[J]. Journal of Signal Processing Systems, 2008, 51(3): 225-243.

[20] Wu K, Kanstein A, Madsen J, et al. MT-ADRES: multithreading on coarse-grained reconfigurable architecture[M]//Diniz P, Marques E, Bertels K, et al. Reconfigurable Computing: Architectures, Tools and Applications. Heidelberg: Springer, 2007: 26-38.

[21] Mei B, Vernalde S, Verkest D, et al. Exploiting loop-level parallelism on coarse-grained reconfigurable architectures using modulo scheduling[J]. Proceedings of IEE Computers and Digital Techniques, 2003, 150(5): 255-61.

[22] Augusteijn L. The Hive C Compiler for massively parallel ULIW cores[C]//Embedded Processor Forum, 2004.

[23] Hamzeh M, Shrivastava A, Vrudhula S. EPIMap: using epimorphism to map applications on CGRAs [C]//Proceedings of the 49th Annual Design Automation Conference, 2012: 1284-1291.

[24] Kim W, Yoo D, Park H, et al. SCC based modulo scheduling for coarse-grained reconfigurable processors[C]//Proceedings of IEEE International Conference on Field-Programmable Technology, 2012: 321-328.

[25] Chen L, MITRA T. Graph minor approach for application mapping on CGRAs[C]// International Conference on Field-Programmable Technology, 2012: 285-292.

[26] Park H, Kim W, Yoo D, et al. A scalable scheduling algorithm for coarse-grained reconfigurable architecture [C]//2013 IEEE International Conference on Consumer Electronics, 2013: 542-543.

[27] Borkar S, Chien A A. The future of microprocessors[J]. Communications of the ACM, 2011, 54(5): 67-77.

[28] Xilinx Inc. Virtex-5 family overview [EB/OL]. http://www. xilinx. com/support/documentation/data_sheets/ds100. pdf[2009-2-6].

[29] Dimitroulakos G, Galanis M D, Goutis C E. Alleviating the data memory bandwidth bottleneck in coarse-grained reconfigurable arrays[C]//16th IEEE International Conference on

Application-Specific Systems, Architecture Processors, 2005: 161-168.

[30] Kim Y, Lee J, Shrivastava A, et al. High throughput data mapping for coarse-grained reconfigurable architectures[J]. IEEE Transactions on Computer-Aided Design of Integrated Circuits and Systems, 2011, 30(11): 1599-1609.

[31] 朱敏. 面向媒体处理的可重构计算阵列关键技术研究及 VLSI 实现[D]. 北京:清华大学博士学位论文, 2012.

[32] Voros N S, Hübner M, Becker J, et al. MORPHEUS: a heterogeneous dynamically reconfigurable platform for designing highly complex embedded systems[J]. ACM Transactions on Embedded Computing Systems, 2013, 12(3): 70.

[33] Rossi D, Campi F, Deledda A, et al. A heterogeneous digital signal processor implementation for dynamically reconfigurable computing[C]//Custom Integrated Circuits Conference, 2009: 641-644.

[34] Abound Logic. Abound Logic Embedded FPGA[EB/OL]. http://www.aboundlogic.com [2014-3-5].

[35] Campi F, Deledda A, Pizzotti M, et al. A dynamically adaptive DSP for heterogeneous reconfigurable platforms[C]//Proceedings of the Conference on Design, Automation and Test in Europe, 2007: 9-14.

[36] 刘雷波, 王延升, 朱敏, 等. 一种动态可重构处理器内数据流运转的方法[P]. 中国: 201110140357.6. 2014-01-01.

[37] 刘雷波, 朱敏, 王延升, 等. 一种动态可重构阵列内数据缓存的装置及方法[P]. 中国: 201110322713.6. 2013-07-17.

[38] Yang C, Liu L, Wang Y, et al. Configuration approaches to improve computing efficiency of coarse-grained reconfigurable multimedia processor[C]//IEEE International Conference on Field Programmable Logic and Applications, 2014: 248-251.

[39] Draft I. Recommendation and final draft international standard of joint video specification (ITU-T Rec. H. 264| ISO/IEC 14496-10 AVC)[J]. Joint Video Team of ISO/IEC MPEG and ITU-T VCEG, JVTG050, 2003: 33.

[40] Baik H, Sihn K H, Kim Y, et al. Analysis and parallelization of H. 264 decoder on cell broadband engine architecture[C]// 2007 IEEE International Symposium onSignal Processing and Information Technology, 2007: 791-795.

[41] Zheng Z, Zhu Y, Wang X, et al. Revealingfeasibility of FMM on ASIC: efficient implementation of N-Body problem on FPGA[C]//2010 IEEE 13th International Conference on Computational Science and Engineering, 2010: 132-139.

第 6 章　计算密集型与控制密集型重构计算

本章从算法应用的角度出发，分析可重构计算系统的硬件设计方法，并介绍不同算法应用的编程和映射方法。众所周知，在所有的硬件结构中，专用集成电路无论性能还是能量效率都是最高的，这是因为其硬件设计完全针对特定的应用，几乎不存在冗余的硬件资源。与之相反，通用处理器的设计以灵活通用为前提，时域和空域上的冗余硬件资源会造成较差的性能和较高的功耗。可重构计算是介于专用和通用两者之间的计算方式，在保证灵活性的基础上追求比通用处理器更高的能量效率。为了获得更高的能效，可重构计算处理器常常采用异构设计，针对不同的抽象算法类型进行分类优化，最明显的例子是 Morpheus，其中三个可重构计算处理器按粒度进行异构设计，ADRES 和 XPP-III 也存在异构的运算单元，分别处理不同的算法任务。本章首先在 6.1 节对所有的算法应用进行分类；然后在 6.2 节针对不同类型应用考虑硬件设计方面的特征和差异；最后在 6.3 节介绍可重构计算系统对不同类型应用的编程映射方法。

6.1　计算密集型与控制密集型应用的特征与举例

对无数的算法应用进行抽象分类是一个非常困难的问题。在各种文献中经常可以看到计算密集（compute intensive）、数据密集（data intensive）、控制密集（control intensive）等词汇，但是这些概念都比较模糊，相互间的界限也不甚清晰，可以参考相关文献和教材的内容，本书在此给出这些概念的描述性定义。按照程序的性能瓶颈有如下分类。

① 计算密集型应用指的是性能瓶颈（限制性能提高的部分）在于计算的应用，计算部分所需的执行时间是其总体执行时间的主要部分[1]。

② 数据密集型应用指的是性能瓶颈在于 IO 访问的应用。IO 访问时间和数据搬移时间是其总体执行时间的主要部分[1]。

③ 控制密集型应用指的是性能瓶颈在于复杂控制的应用。控制流所需的执行时间是其总体执行时间的主要部分。

因为上述三个概念均非定量，所以它们之间存在重叠和模糊的部分。例如，H.264 解码应用，既被认为是计算密集型的，也常常被认为是数据密集型的。从通用处理器的角度来看，如果将指令集分成计算指令、访存指令和控制指令等三类，那么定量的概念就将以各类指令所占执行时间的比例来划分。

在这三种算法类型中，计算密集型应用和数据密集型应用比较适合于并行处理。计算密集型应用的并行化一般是通过将应用划分为多个独立的子任务，并行流水执行来提高效率。数据密集型应用的并行化一般通过将数据分成多个独立的部分，以 SIMD 的方式提高执行效率。控制密集型应用被广泛认为是串行的，几乎无法从上述的并行化中获得收益。

下面介绍另一种更具体的按照算法模式分类的应用分类方法。目前，伯克利大学在一份技术报告中提出的分类方法[2,3]已经得到学术界的广泛承认。在这份报告中，每一种分类(dwarfs)包含一系列有相似数据结构或访存行为的算法应用，报告总结了十三种典型的算法分类。伯克利分类方法的目的是在传统测试集的基础上得到更高层的抽象，为并行计算的硬件设计提供参考，例如某类应用可能会对硬件设计有什么特殊化的需求。表 6.1 对 13 种应用做了简单的描述，表 6.2 针对每种应用进行了举例。但该算法分类中也存在分类重叠和模糊的问题，表 6.2 中维特比译码就同时被划分为第 10 类和第 12 类应用，所以按照程序性能瓶颈分类和按照算法模式分类的两种方法不存在明确的对应关系。一般而言，第1～7类属于典型计算密集型应用[2]，第 13 类属于典型控制密集型应用，其余的都不易定性，有人认为是数据密集型，也有人认为是控制密集型。

虽然未来可能增加更多的算法类型，但是该分类方法已经能够较好地覆盖目前的算法应用，所以一个优秀的通用处理器应该对所有 13 类算法应用总体保持高性能。

表 6.1　伯克利的算法分类[2,3]

序号	名称	算法简介
1	Dense Linear Algebra （稠密矩阵乘法）	算法针对稠密型的矩阵或者向量来做算术操作。所谓的稠密型，体现在访问数据时的步长通常是固定的，而且矩阵或者向量中的绝大多数元素都是非零的。数据结构中的元素可以根据数据结构的起始地址和元素的笛卡尔坐标，采取线性的方式来计算其索引
2	Sparse Linear Algebra （稀疏矩阵乘法）	算法针对矩阵或者向量型的数据作处理，但是作为其运算对象的矩阵或者向量可能是稀疏型的。所谓稀疏型指数据结构中存在大量的零值元素。这些稀疏型的数据一般采取压缩的方式进行存储，以便减少所需的存储空间和减少为了访问非零元素所需的带宽。一般采用索引的方式来访问和存储数据
3	Spectral Methods （频域分析方法）	算法处理的数据位于频域，而不是在时域或者空域。通常说来，这类算法会使用多步的蝶形运算，由乘加操作和特定的数据交换模式组成。这类算法通常包含 FFT 运算

续表

序号	名称	算法简介
4	N-body Methods (多体问题方法)	这类算法一般用来模拟一组分立元素的状态随时间推移而改变的行为。每个元素的行为都会受到组内很多其他分立元素的影响。典型的应用包括对天象的模拟等。一般说来,每个元素都具有某些物理特性,它们之间通过某种力的函数来互相影响。通过计算这个力的函数,可以估计元素下一步的位置。这类算法一般包括一连串的不断重复的力量计算和位置推移
5	Structured Grids (结构网络)	这类算法的数据分布是一个规则的网格,数据具有高的空间局域性,会同步更新。这类算法一般用于有限差分方法,如拉普拉斯算子($\nabla^2 u$)、散度($\nabla \cdot F$)、梯度(∇u)和旋度($\nabla \times F$)的求解
6	Unstructured Grids (非结构化网络)	这类算法的数据分布在一个非规则的网格上。网格上数据点会被同步更新。网格上数据点的位置和相邻数据点之间的连接方式必须显式地给出。任何一个数据点的更新,都需要根据它的相邻数据点的信息来做出判断。这类算法一般被用于 finite element method。所谓 finite element method 是一种用来寻找 partial differential equations 和 integral equations 的近似解的数值方法
7	Map Reduce (映射化简)	这类算法经常被用于对物理系统或者数学系统的计算机模拟,特别适合用于模拟有着极为显著的输入数据不确定性的机制。典型代表为 Monte Carlo 算法
8	Combinational Logic (组合逻辑)	这类算法的行为主要是对非常大量的数据进行简单的逻辑操作。例如,在数据加密领域的 RSA 加密算法中,计算 Cyclic Redundancy Codes (CRC)的过程
9	Graph Traversal (图遍历)	这类算法必须遍历图中一定数目的对象,并检查这些对象的特性,以作为搜索的依据。该类算法通常包含非直接的表查找和少量的计算操作
10	Dynamic Programming (动态编程)	Dynamic Programming 算法是一类将复杂问题划分为互相交叠的更为简单的子问题来予以解答的方法。对于一些整体优化方案由子问题的优化方案组合而成的优化问题,这类算法尤其适合
11	Back-track and Branch+Bound (回溯与分支限界)	这类算法通常用来寻找最优解。它不断将可行的解区域划分为更小的子区域,这被称为 branch。然后计算每个子区域的解的范围,称为 bound。通过比较 prune 掉不符合要求的子区域。最后继续整个求解过程
12	Graphical Models (图模型)	在这类算法中,数据采用一种结构化的图模型。其中,图的节点代表了随机的变量,图中的边代表了条件依赖。典型的例子包括贝叶斯网络和马尔可夫模型
13	Finite State Machine (有限状态机)	Finite State Machine 算法表征一个状态集合之间的互连结构,用于描述由当前状态和输入确定系统下一状态行为的情况

表 6.2　Berkeley dwarfs 举例[2,3]

序号	通用测试集举例
1	EEMBC Automotive：iDCT，FIR，IIR，Matrix Arith EEMBC Consumer：JPEG，RGB to CMYK，RGB to YIQ；EEMBC Digital Entertainment：RSA MP3 Decode，MPEG-2 Decode，MPEG-2 Encode，MPEG-4 Decode；MPEG-4 Encode；EEMBC Networking：IP Packet EEMBC Office Automation：Image Rotation EEMBC Telecom：Convolution Encode；EEMBC Java：PNG SPEC Integer：Quantum computer simulation (libquantum)，video compression (h264avc) SPEC Fl. Pl. ：Hidden Markov models (sphinx3)
2	EEMBC Automotive：BasicInt＋FP，Bit Manip，CAN Remote Data，Table Lookup，Tooth to Spark EEMBC Telecom：Bit Allocation；EEMBC Java：PNG SPEC Fl. Pt. ：Fluid dynamics (bwaves)，quantum chemistry (gamess；tonto)，linear program solver (soplex)
3	EEMBC Automotive：FFT，iFFT，iDCT EEMBC Consumer：JPEG EEMBC Entertainment：MP3 Decode
4	SPEC Fl. Pt. ：Molecular dynamics (gromacs，32-bit；namd，64-bit)
5	EEMBC Automotive：FIR，IIR EEMBC Consumer：HP Gray-Scale，EEMBC Consumer：JPEG EEMBC Digital Entertainment：MP3 Decode，MPEG-2 Decode，MPEG-2 Encode，MPEG-4 Decode；MPEG-4 Encode EEMBC Office Automation：Dithering；EEMBC Telecom：Autocorrelation SPEC Fl. Pt. ：Quantumchromodynamics (milc)，magneto hydrodynamics (zeusmp)，general relativity (cactusADM)，fluid dynamics (leslie3d-AMR；lbm)，finite element methods (dealII-AMR；calculix)，Maxwell's E&M eqns solver (GemsFDTD)，quantum crystallography (tonto)，weather modeling (wrf2-AMR)
6	Intel RMS：Global illumination Machine learning：Belief propagation
7	SPEC Fl. Pt. ：Ray tracer (povray)
8	EEMBC Digital Entertainment：AES，DES EEMBC Networking：IP Packet，IP NAT，Route Lookup EEMBC Office Automation：Image Rotation EEMBC Telecom：Convolution Encode

续表

序号	通用测试集举例
9	EEMBC Automotive：Pointer Chasing，Tooth to Spark EEMBC Networking：IP NAT，OSPF，Route Lookup EEMBC Office Automation：Text Processing EEMBC Java：Chess，XML Parsing
10	EEMBC Telecom：Viterbi Decode SPEC Integer：Go (gobmk)
11	SPEC Integer：Chess (sjeng)，network simplex algorithm (mcf)，2D path finding library (astar)
12	EEMBC Telecom：Viterbi Decode SPEC Integer：Hidden Markov models (hmmer)
13	EEMBC Automotive：Angle To Time，cache "Buster"，CAN Remote Data，PWM，Road Speed，Tooth to Spark EEMBC Consumer：JPEG EEMBC Digital Entertainment：Huffman Decode，MP3 Decode，MPEG-2 Decode，MPEG-2 Encode，MPEG-4 Decode，MPEG-4 Encode EEMBC Networking：QoS，TCP EEMBC Office Automation：Text Processing EEMBC Telecom：Bit Allocation；EEMBC Java：PNG SPEC Integer：Text processing (perlbench)，compression (bzip2)，compiler (gcc)，video compression (h264avc)，network discrete event simulation (omnetpp)，XML transformation (xalancbmk)

在伯克利的算法分类中，除了第 13 类 FSM 算法，其余都被证明拥有一定的并行度[2]，因此可以通过各种层次的并行化(指令级、循环级、数据级和任务级等)设计来提高性能。可重构计算结构支持各个层次的并行计算，因此能够高效执行前 12 类算法应用。例如，REMUS 已经高效地实现了第 1 类、第 5 类的代表算法 MPEG-2 解码、H.264 解码(第 13 章)和第 8 类的代表算法 AES 密码算法[4]。同时，针对控制流的结构优化，可以使 FSM 类算法在可重构计算结构上有效实现。在最新的面向通用的可重构计算处理器上，全部 13 类算法的典型代表都能够得到很好的编译映射和性能提升。下面分别讨论在可重构计算处理器上针对计算密集型(包括数据密集型)和控制密集型应用的硬件结构设计方法的特点。

6.2　可重构计算处理器的设计方法

通用微处理器的硬件架构一直在追求更高的计算性能，但是其硬件结构并没有大的变革，性能提升主要得益于工艺和流水线的改进。随着工艺发展和移动需求提升，功耗已经成为处理器设计中无法忽视的因素，这种趋势才得以改变。能量效率成为一个与性能同样重要，甚至更加重要的因素，处理器的硬件设计逐渐脱离传统架构，部分牺牲其高度灵活性，以获得更好的硬件实现效率。总结起来，高效处理器系统架构设计主要有如下两个主流的发展方向。

第一个发展方向是并行化设计。增加并行运算单元的数目，加速有较高并行度的程序段。通常认为该部分程序的执行时间是总体性能的瓶颈。典型的例子包括向量处理器、短向量指令，如 x86 扩展指令集（streaming SIMD extension，SSE）和指令向量扩展集（advanced vector extensions，AVX）、图像处理单元等。在目前对计算能力需求越来越高的趋势之下，开发各层级（指令、数据、进程等）并行能力的结构是发展的必然。

另一个发展方向是差异化与专用化设计，即系统中的各子模块针对专用领域或应用类型进行差异优化，如 Garp、Chimaera、Configurable Compute Accelerator、PipeRench、Tartan、Phoenix、Conservation Cores 和 Beret (bundled execution of recurring traces)。差异化和专用化的方法已经成为当前处理器设计的主流趋势：个人电脑既有通用 CPU，又有加速图像处理的显卡；在追求低功耗高性能的手机 SOC 中，除了 CPU，还有面向视频编解码的媒体处理器（media processor、application processor）和面向图像处理加速的 GPU、面向数字信号处理的 DSP 等，甚至 ASIC 模块。如图 6.1 所示的 TI 的 OMAP5432 就是一个典型的例子[5]，其中的处理模块功能分类非常详细，可以覆盖并优化大部分应用，保证该 SOC 整体的性能优化和功耗优化。因此，硬件的差异化设计是解决通用处理器功耗和性能问题的通行有效的方法。

上述两个发展方向同样适用于可重构计算处理器。根据差异化的设计原则，问题分成面向计算密集型应用和控制密集型应用两类，分别对应不同的可重构计算处理器设计方法。参考图 2.5，一般性的可重构计算处理器由负责控制的可重构控制器与负责计算的可重构数据通路组成。可重构控制器由 PFSM 和配置通路组成，配置通路的设计方法在第 5 章和第 11 章进行讨论，所以本章仅讨论可重构控制器的 PFSM 的设计。可重构数据通路由运算单元阵列和互连结构组成，是实现空间并行计算的载体。下面讨论硬件设计过程中的具体问题，面向计算密集型应用的相关设计方法在 6.2.1 节介绍，面向控制密集型应用的相关设计方法在 6.2.2 节介绍。

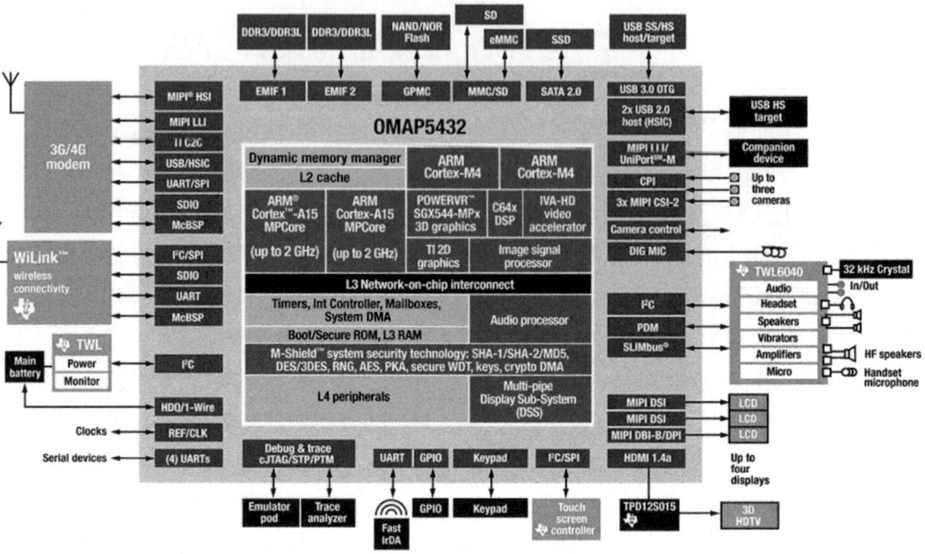

图 6.1　OMAP 5432 的系统框图[5]

6.2.1　面向计算密集型应用的硬件设计

首先，计算密集型应用通常拥有较高的并行度、较长的执行时间和较高的执行功耗，是通用处理器最需要被加速的应用。为了在可重构计算处理器上以更高的效率实现这些应用，硬件的设计是关键问题。下面从可重构控制器和可重构数据通路两个部分进行讨论。

1. 面向计算密集型应用的可重构控制器的设计

可重构控制器主要是为了实现应用中的控制流，而大多数计算密集型应用只含有简单的控制流，配置基本只需要按顺序加载，PFSM 的设计也相对简单。因此，可重构控制器的设计主要针对控制密集型应用或 FSM 类算法进行设计优化，这部分内容将在 6.2.2 节讨论。

2. 面向计算密集型应用的可重构数据通路的设计

可重构数据通路包括一个运算单元阵列和运算单元间的互连。运算单元是可重构计算处理器的核心计算资源，其数量、功能和组织方式直接决定处理器的能力。互连是可重构计算处理器的重要特点，实现了运算单元间的通信，与传统处理器的基于存储器的通信机制相比，速度更快、功耗更低、存储器压力更小。计算密集型应用的特点是并行度高，算子间依赖较多。据此，我们从如下四个方面讨论可重构数据通路的设计方法。

1）运算单元阵列的并行化设计

并行计算分成多个层次，在硬件设计时需要考虑如何支持不同层次的并行计算方式——指令级并行、数据级并行和任务级并行。指令级并行以 VLIW 处理器为代表，数据级并行以 SIMD 指令扩展 CPU 和 GPU 为代表，任务级并行则是以多核处理器为代表。可重构计算处理器应该尽量支持不同层次的并行处理，以提高其计算的效率。

(1) 指令级并行

可重构计算处理器的概念包含对指令级并行的支持，这主要由其运算阵列的结构设计体现。虽然指令集的概念在可重构计算中已经基本消失，但是运算单元的配置也可以看做是计算指令。多个运算单元组成运算单元阵列，可以同时执行不同的指令并同时计算，实现指令级并行计算。图 2.6 中的 PEA 结构很好地解释了一点。

(2) 数据级并行

可重构计算处理器支持数据级并行主要体现在可以支持矢量化的计算方式。可重构计算处理器属于 MIMD 的计算结构，显然它也可以同时支持 SIMD 的计算模式，以提高执行数据密集型应用时的指令效率和功耗效率。

数据密集型应用的瓶颈在于存储器带宽和数据搬移，而可重构计算处理器可以支持矢量化的读写方式，同时又支持大量的内部数据通信和局部存储，所以可以有效地利用存储器带宽，比传统处理器能更好地支持数据密集型应用。

(3) 任务级并行

可重构计算处理器支持任务级并行主要由多个协同工作的运算单元阵列实现。因为每个运算单元阵列的配置信息和数据流是独立的，所以可以把多个线程分别映射到各个阵列上，实现线程级的并行计算。

为了更好地支持任务级并行，运算单元阵列之间应该建立快速高效的通信方式，以进行计算同步和数据交互。图 11.2 中 RPU1 和 RPU2 之间的箭头就代表了任务级的通信通道，可以用缓存结构实现。

2）运算单元的功能差异化和专用化设计

在可重构计算处理器中，差异化/专用化设计不仅体现在不同粒度的运算单元阵列级别(如 Morpheus)，也体现在运算单元的功能差异。以 ADRES 为例，其运算单元可以分成 RC 和 FU。其中，FU 的功能更为强大，支持执行控制流，可以作为处理器的控制器或数据通路存在；RC 仅完成计算，作为处理器的数据通路。更进一步，RC 的功能设计也可以是差异化的，以提高可重构计算处理器的性能和效率。

在许多可重构计算处理器中，阵列的每个运算单元都是同构的。因为阵列的每个运算单元的功能都是大而全的，非常灵活，所以编译器的布局布线比较容易。但是这也会导致运算单元的部分功能使用率偏低，考虑到面积和功耗因素，运算单元的功能可以适当进行裁剪，删除部分运算单元中使用率低的功能，得到基本单元的异构形式。异构阵列的设计因为能量效率更高而得到青睐。

如图 6.2 所示，应用于 REMUS 系统的异构运算单元阵列结构[6]，其中一行 PE 与其他行 PE 的功能不同，提供了完整的乘法器功能，可以高效实现长乘法算子。之所以只有一行 PE 单元有长乘法器，是因为乘法算子使用频率不高，但是面积和功耗的代价较大。如果在每个 PE 中实现乘法功能，面积和功耗代价很大，但是使用率很低会造成较大的浪费。

对基本单元的优化设计可以从分析算子的使用频率出发，使用频率越低的算子，保留其功能的运算单元就可以越少。因为 REMUS 处理器的设计是面向媒体领域的，表 11.5 统计了媒体领域各计算密集型算法配置算子的使用情况。其中乘法的硬件实现代价相比其他功能是最大的，而其使用频率却较低，故首先考虑对乘法功能进行裁剪。不难算出，H.264、音视频编码标准(audio video coding standard，AVS)、活动图像专家组 2(moving picture experts group 2，MPEG2)算子统计中乘法使用的比率分别是 3.66%、5.03%、6.01%。由于比例小于 12.5%，故保留 1/8 的乘法模块即可。基本算子的异构如图 6.2 所示，第二行保留乘法，其他基本计算单元删去乘法。

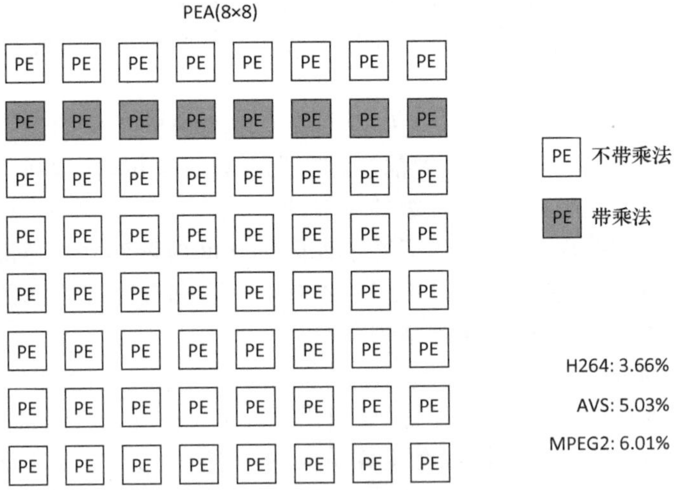

图 6.2　运算单元的异构设计[6]

另外，在可重构计算处理器中，虽然已经没有指令集的概念，但是每个运算单元的配置算子列表也类似于指令集的计算指令。针对应用开发专用的配置算子集合可以明显提高计算效率，类似于通用处理器中的各种扩展指令集。如表 11.5 所示的非负饱和、对称饱和等算子就是视频解码领域典型的算子。

3）互连结构的并行化设计

互连的功能是在阵列内部不同运算单元间进行并行化的数据通信。实际上互连的硬件结构是把计算中的数据传递过程抽象以后进行专用化的硬连线设计。互连是可重构计算处理器区别于 VLIW 处理器的一大特征：在一个 VLIW 中的所有指令都是独立的，所有数据的产生和消费需要通过对寄存器堆的读写来完成。在可重构计算处理器中，互连结构的功能是将一个运算单元的输出直接连接到另一个输入。互连可以带寄存器，也可以不带寄存器从而直接形成组合逻辑通路。

互连的设计决定了可重构计算处理器的灵活性：过于灵活的互连面积功耗代价很大，会降低可重构计算处理器的能效；不灵活的互连则会降低阵列内部的有效通信带宽，降低系统的并行计算性能。因此，互连的设计原则是在灵活性和能效间保持平衡，以最小的能耗代价获得最高的有效互连带宽。

图 6.3 所示的第二、三列是 ADRES 可重构计算处理器中常用的互连结构种类[7]，MESH 结构是进行模调度要求的最小互连结构，MESH_PLUS 和 MORPHOSYS 互连结构以 MESH 为基础，但是有更灵活的互连线。在 ENHANCE_RF 结构中，从全局数据寄存器堆到同一列的所有功能单元（除了最后一个）都有共享的读写数据端口。尽管这样的结构有利于通信，但是过于频繁地访问全局数据寄存器堆会使功耗增加，所以实际通常将全局的数据寄存器堆分割成小的局部寄存器堆。在 HASBUSSES 结构中，类似于 FPGA，功能单元通过多路选择器连接到总线进行通信。图 6.3 的第　列是功能单元内的局部互连的几种结构，REG_CON1 和 REG_CON2 是指局部寄存器堆与其周围功能单元的互连方式。在 EXTRA_CON 结构中，功能单元可以实现直通功能，主要是方便编译器的布局布线。在 ADRES 的架构设计中，互连的结构并不是固定的，可以根据实际应用领域的特点在如上所述的类型中选择一个效率更高的。

另外，互连结构也不仅限于上面提供的种类，如在 PipeRench 中使用的则是适合于流处理的层间全互连结构[7]，因为它提供了与流处理匹配的最大互连带宽。

4）互连结构的功能专用化设计

互连与运算单元的分开是可重构计算处理器中最基本的功能差异化设计，但是运算单元内各种算子的延时有明显的差距。例如，乘法器的延时远远大于移位器的延时，但是它们仍然在一个运算单元内集成，时序电路的设计以两种最长的路径来设计周期，导致明显的时隙浪费，系统的总体性能有提升的潜力。

本书主要介绍通过互连结构的功能专用化设计来提高系统性能，基本思路是将运算单元的某些类型的算子分离出来，独立成为一类专用化的运算单元。例如，各种单目算子通常延时都很小，功能与双目算子差别较大，它们可以加入互连结构，成为专用化的单目运算单元，以期提高系统的执行效率。

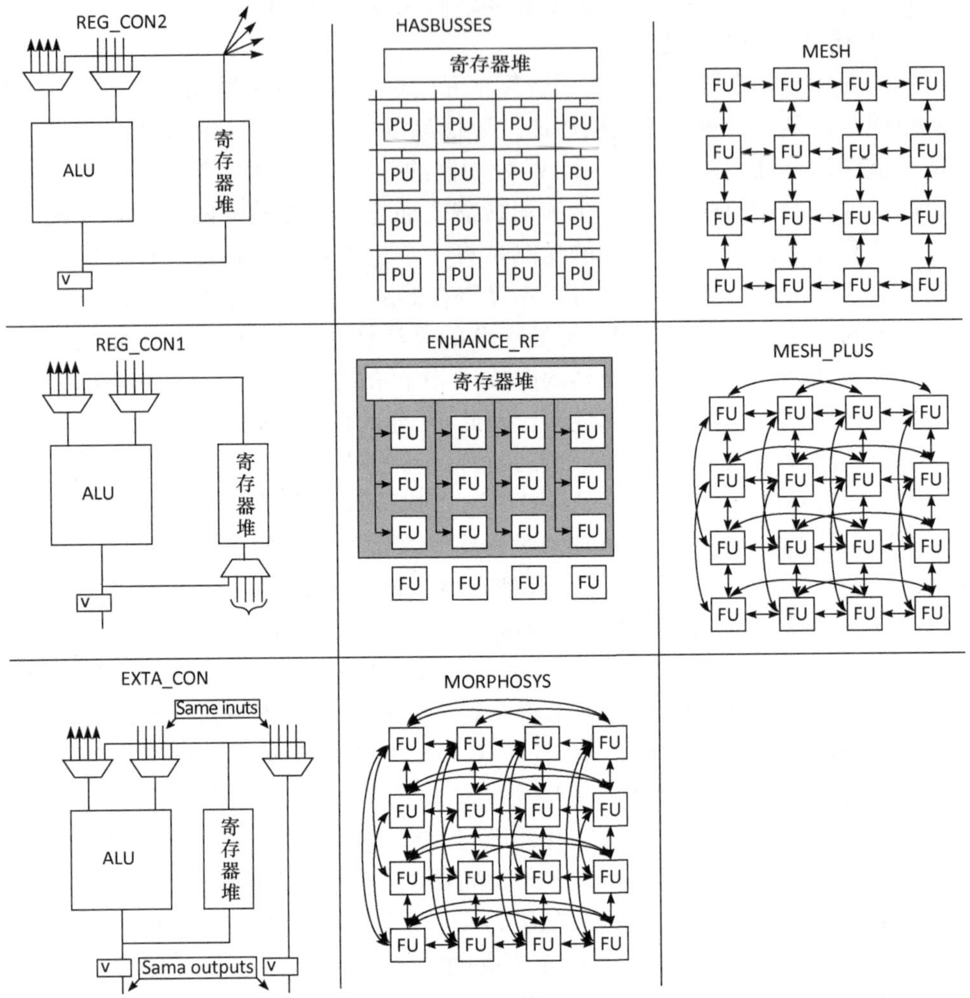

图 6.3　ADRES 的可选互连结构类型[8]

在 REMUS 结构中,层间 MESH 互连在 32 个数据中选择 1 个,关键路径由 5 个二选一的多路选择器组成,延时很短。运算单元位运算的延时也很短,而算术运算延时较长,将位运算移动至互连实现,两者的延时相加,期望可以和算术运算延时相平衡。这样的好处是位运算不再占用计算单元中输入寄存区到输出寄存器之间的延时,而在互连部分实现。从配置上来讲扩展了阵列的深度,使得阵列可以容纳更多的运算,而面积代价没有明显的提升。虽然时钟周期(关键路径)并没有缩短,但是算法配置的级数减少,变相缩短了平均处理时间。互连结构也可以加入简单的运算,主要以单目位运算(如按位取反)、移位、饱和(以 2 的幂次为限)为主(图 6.4),可以有效加大相同规模阵列的处理能力。阵列的层间路由具备简单的数据通路，变成了一种异构的计算单元，计算分布式设计到互连中。

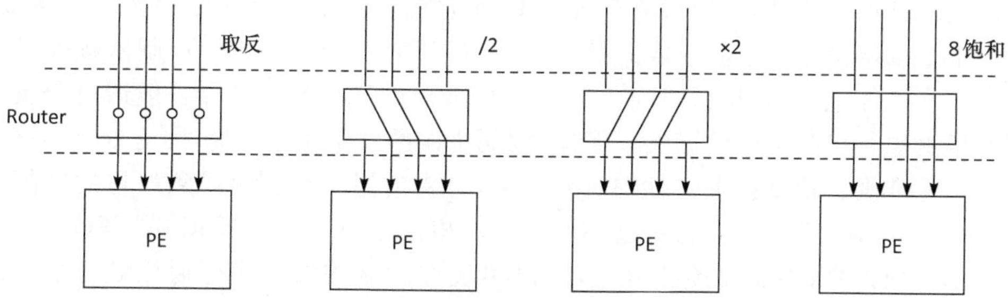

图 6.4　功能增强的互连设计

6.2.2　面向控制密集型应用的硬件设计

根据 6.1 节的定义，控制密集型应用含有复杂控制，控制流的计算量大于数据通路的计算量，其执行时间占总执行时间的比例很高。具体而言，该类应用由大量条件分支和循环结构组成，条件判断的计算量和执行的计算量差不多，控制流和数据通路的通信量比较大。控制密集型应用中大量的控制语句可以总结分类如下。

① 无条件的跳转（unconditional branch），程序执行的下一条指令不是代码紧接的下一行。

② 条件分支 (conditional branch)，条件满足时才执行的代码。

③ 循环 (loop)，重复执行某段代码直到某个条件满足。

④ 程序调用 (subroutines，coroutines，continuation)，首先跳转到某段特定代码，如子函数，然后返回跳转处。

⑤ 程序终止 (unconditional halt)，完全停止程序的执行。

从高级编程语言来看，任何程序语句都可以分为条件语句和执行语句，如图 6.5 所示。其中，(1)是典型的循环控制，(2)是典型的条件分支控制。通过简单分析可知，(1)与其他语句、(2)与(3)、(4)与(5)存在控制依赖关系，(1)、(2)、(4)处存在跳转，(3)与(5)为互斥的关系，(2)与(4)是串行执行的关系。消除控制依赖关系、加速互斥和串行的语句是提高控制密集型应用性能的关键。

```
while(a!=b){          ----- (1) 条件
if(a>b)               ----- (2) 条件
a=a-b                 ----- (3) 执行
else                  ----- (4) 条件
b=b-a                 ----- (5) 执行
}
```

图 6.5　条件与执行语句举例

从指令集处理器的角度来看,所有的控制流都可以统一为指令地址的一次有条件或无条件的跳转,其特殊在于指令地址的跳转会影响处理器的多级流水线。因为指令读取操作位于流水线的最前端,一旦与前一条指令发生控制依赖关系将导致流水线停止,浪费执行时间。超标量处理器和 VLIW 处理器一般通过分支预测与推测执行机制减轻该影响。但是,预测错误的发生无法避免,因为分支预测不可能总是准确。根据相关文献的研究结果,分支的错误预测会导致严重的性能损失,损失程度从 50%到甚至超过 90%[9-11]。相比之下,因为 ASIC 或 FPGA 不需要动态切换指令,不需要预测分支,所以实现控制流的效率优于通用处理器。因此,减少指令跳转可以提高执行控制密集型应用的性能。

目前大多数可重构计算系统仍然没有或很少为控制密集型的任务设计合适的硬件结构,这使得控制密集型的任务可能成为系统性能的瓶颈之一,尤其是当系统已经对计算密集型任务有较大的加速比时。按照经典的 Amdahl 定律,即使控制密集型任务只占初始执行时间的 10%,初始情况计算密集型应用是系统性能瓶颈,但是对计算密集型任务的加速比超过 10 以后,总体的加速比收益就很小了(极限为 10),此时系统性能的瓶颈就是控制密集型任务了。

面向控制密集型应用的可重构硬件设计方法与 6.2.1 节是完全不同的。本书的讨论仍然从可重构控制器和可重构数据通路两部分展开。

1. 可重构数据通路设计

从理论上来讲,可重构数据通路不实现任何控制流,所有的控制由可重构控制器来完成。如果部分控制流可以在可重构数据通路上执行,那么就可以减少可重构数据通路和可重构控制器之间的通信和依赖,避免配置的等待和频繁切换,可能提高系统的总体性能。如果应用的控制流能够完全转换为数据流,那么所有的控制流都能在可重构数据通路上实现,可重构控制器中的 FSM 就变得非常简单,因为所有的配置只需要按顺序执行即可。一个极端的例子是 FPGA,其配置不能动态切换,控制流完全在数据通路上实现(也可以说 FPGA 把数据通路的部分资源综合为一个控制器)。当然,这很难在动态可重构计算处理器中实现。下面讨论几种将控制流转化为普通数据流的技术,硬件设计支持在 4)和 5)中讨论。

1) 条件执行技术

条件执行(predicated execution)是将控制依赖转换为数据依赖的经典方法。如图 6.6 所示,原本执行 A 和执行 B 都控制依赖于条件 P,此处存在控制流,即需要根据条件 P 的结果动态加载执行 A 或者执行 B 的语句。条件执行的方式为每一条执行语句分配其执行的先决条件。执行 A 和执行 B 语句可以顺序加载,根据条件 P 的结果,其中一条语句被无效化。这样三条语句都可以顺序执行,控制流图被转换成为数据流图。

条件执行的意义在于可以消除分支跳转、提高指令级并行度。分支跳转阻碍了配置+计算的流水线，而分支预测又会带来额外的代价，所以条件执行可以提高系统的流水线效率。因为不同路径的语句(执行 A 和执行 B)可以并行执行，指令级并行度得到了提高。条件执行只能消除前向的跳转，即跳转地址大于当前地址，后向跳转对应于循环，涉及循环次数和边界，只依靠条件执行技术是不能实现的。

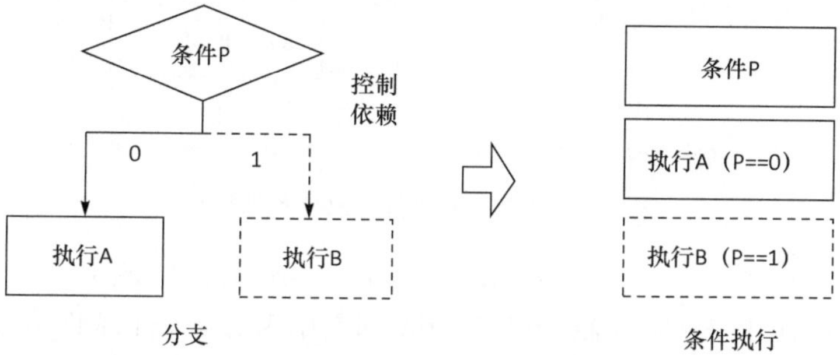

图 6.6　条件执行消除控制依赖关系(以 P=0 为例)

条件执行又可以分为完全条件执行和部分条件执行两类。完全条件执行方式为每个语句添加条件执行扩展，语句执行的合法性由扩展的条件位决定。部分条件执行方式仅为某种语句(数据搬移或多路选择)添加条件执行扩展。部分条件执行的硬件代价较小。如图 6.7 所示，说明了两者执行过程的差异，完全条件执行的每条语句都有一段扩展信息，如条件 P(1)代表条件 P 总是执行，而执行 A(P==0)代表执行 A 只有在 P==0 时有效。从图中可以看出，在一个串行处理器上，完全条件执行的性能通常优于部分条件执行，因为其语句较少。但是对于流行的指令级并行处理器，情况则有所不同，在部分条件执行中，因为条件 P 和执行 A/B 之间的依赖关系被消除，代码的依赖长度从条件 P+max(执行 A，执行 B)变为 max(条件 P，执行 A，执行 B)+选择。在许多情况下，部分条件执行的指令级并行度更高，性能也会更高。

下面通过介绍一个在指令级并行处理器(VLIW 或超标量)上使用条件执行技术的例子[12]来更具体地说明条件执行技术的原理，指令级并行处理器通过扩展指令集功能来支持条件执行。

(1) 完全条件执行的设计方法

指令集的扩展首先包括为每个指令设计带有条件执行输入的版本，例如将 add a b c 扩展为 add a b c (p)，其中 p 代表条件执行输入，控制整条语句的有效性。通常，p 来源于处理器的条件寄存器。同时，为了产生所需的条件信号，该实例还设计了如下指令写入条件寄存器，即

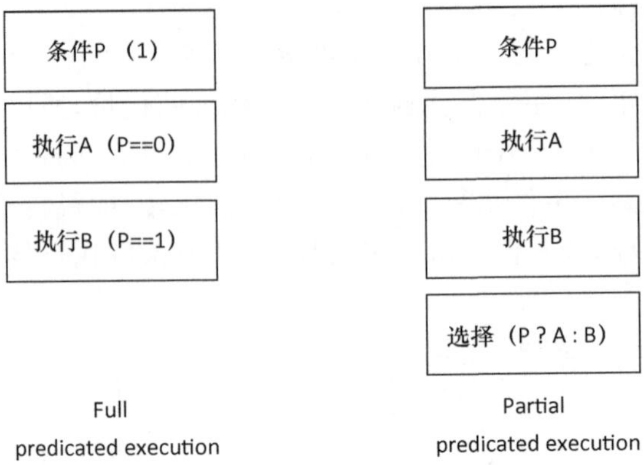

图 6.7　完全条件执行与部分条件执行

pred_＜cmp＞ P_{out1}＜type＞，P_{out2}＜ type＞，src1，src2（P_{in}）

该指令的作用是通过比较 src1 与 src2 的数据来定义一个条件信号，并将其以指定的方式输出到 P_{out1} 和 P_{out2} 两个寄存器中，同时这条指令本身也受控于一个条件执行输入信号 P_{in}。在指令的参数中，＜cmp＞表示比较 src1 和 src2 的方式，如相等(eq)、不等(ne)、大于(gt)；＜type＞表示改写条件寄存器的方式，如图 6.8 所示，当＜type＞为 U 时，目标条件寄存器的值由本条 pred 指令决定，而＜type＞为 OR 和 AND 时，目标条件寄存器的值由多条 pred 指令决定。

		P_{out}					
P_{in}	Comparison	U	$\overline{U}$	OR	$\overline{\text{OR}}$	AND	$\overline{\text{AND}}$
0	0	0	0	–	–	–	–
0	1	0	0	–	–	–	–
1	0	0	1	–	1	0	–
1	1	1	0	1	–	–	0

图 6.8　＜type＞参数真值表[12]

将普通代码转换成完全条件执行的代码的方法是 if-conversion 算法[13]。其原理非常简单，就是把所有条件分支内部的指令替换成条件执行指令。图 6.9 所示就是一个典型的例子。

(2) 部分条件执行的设计方法

部分条件执行技术牺牲了完全条件执行的灵活性和效率，换来了对于处理器指令集最小的改动，即只增加一个条件数据转移指令或者选择指令。

条件数据转移指令：cmov dest，src，cond，等价于 if（cond） dest＝src。

选择指令：select dest，src1，src2，cond，等价于 dest＝(cond ？ src1：src2)。

表 6.3 对比了部分条件执行指令集与完全条件执行指令集下的汇编程序。部分条件执行指令集的程序使用了更多的指令，所以效率较低。另外，因为没有专门

```
if (a && b)
    j = j + 1;
else
    if (c)
        k = k + 1;
    else
        k = k − 1;
i = i + 1;
```

(a) 源代码

```
    beq   a,0,L,1
    beq   b,0,L,1
    add   j,j,1
    jump  L3
L1:
    bne   c,0,L2
    add   k,k,1
    jump  L3
L2:
    sub   k,k,1
L3:
    add   i,i,1

    L3
```

(b) 汇编代码

```
pred_clear
pred_eq    p1OR,p2Ū,a,0
pred_eq    p1OR,p3Ū,b,0 (p2)
add        j,j,3 (p3)
pred_ne    p4U,p5Ū,C,0 (p1)
add        k,k,1 (p4)
sub        k,k,1 (p5)
add        i,i,1
```

(c) if-conversion后的汇编代码

图 6.9　if-conversion 算法过程[12]

设计如上所述的条件信号产生指令，所以部分条件执行对于条件信号的计算也是比较低效的。经过实验验证，部分条件执行可以提高指令级并行处理器 33%的性能，而完全条件执行可以提高 63%的性能[12]。

表 6.3　部分条件执行与完全条件执行的代码对比

完全条件执行		部分条件执行	
load	temp1, addr, offx	load	temp1, addr, offx
mul	temp2, temp1, 2	mul	temp2, temp1, 2
add	y, temp2, 3 (Pin)	add	temp3, temp2, 3
		cmov	y, temp3, Pin

2）推测执行技术

根据上一节的讨论，在条件执行技术中，所有语句的执行方式可以分成无条件执行和条件执行。通常，分支结构体内的语句是条件执行的，而其他指令是无条件执行的。推测执行（speculative execution）技术强制对分支结构内部的语句使用无条件执行的方式。虽然这些语句有可能不需要执行，但是该技术假定它们需要执行，以消除它们与条件语句的依赖关系。参考图 6.7，部分条件执行技术总是需要结合推测执行技术，其中执行 A 和执行 B 两个语句都是无条件的，也就是说它们是被推测执行的。与完全条件执行相比，控制依赖关系没有被转换为数据依赖，而是被直接消除。

推测执行的优点是消除控制依赖关系，以提高指令级并行度。为了保证代码的执行不出现错误，被推测执行的语句不应该影响系统状态和全局存储。因此，常常需要寄存器重命名（如表 6.3 中的 temp3 寄存器），而且最终阶段常常需要条件选择或条件数据搬移（用于保存应该被执行语句的结果，如表 6.3 中的 cmov 指令）。推测执行的代价包括重命名带来的较大的寄存器压力和无条件执行分支内语句带来的较大的系统功耗。另外，推测执行不能用于那些会影响系统状态的语句，如子函数调用、中断调用等语句不应该被推测执行。

在串行的指令集处理器中，推测执行常常和分支预测结合使用来降低控制依赖对处理器多级流水线的影响。在指令并行处理器中，推测执行可以和完全条件执行技术相结合(部分条件执行可以看做是完全条件执行的一种特殊情况)，灵活地提高性能。

3) 控制流的并行度分析

根据上面的技术原理分析，控制流可以提供一定的指令级并行度。本节的讨论不考虑除控制流以外的代码的并行度，仅计算控制流本身的并行度。以一段最简单的条件分支代码为例，即

```
IF          (C1)    E1
ELSE IF     (C2)    E2
```

代码中的 C1、C2、E1、E2 都代表了一条或多条指令，是一个无控制流的基本块。在一个串行处理器上实现的这段代码(带分支预测)需要的时钟周期数 L_S 计算如下，即

$$L_S = L_{C1} + P_1(L_{E1} + L_0) + P_2(L_{C2} + L_{E2} + 2L_0) + P_m L_m \tag{6.1}$$

其中，L_{C1} 代表 C1 的依赖长度；L_{C2}、L_{E1} 和 L_{E2} 类似；P_1 代表跳转到 E1 的概率；L_0 代表跳转指令的执行时间；P_m 和 L_m 代表分支预测错误的概率和对执行时间造成的影响。

在一个完全条件执行的硬件结构上，其执行时间变成为

$$L_{PE} = \max(L_{C1}, L_{C2}) + \max(L_{E1}, L_{E2}) \tag{6.2}$$

在一个使用部分条件执行(推测执行)的系统中，其执行时间进一步减少为

$$L_{SE} = \max(L_{C1}, L_{C2}, L_{E1}, L_{E2}) + L_{SEL} \tag{6.3}$$

因此，如果出现如下情况，控制流能够提供不错的指令级并行度。

① L_{SEL} 远小于 $\max(L_{C1}, L_{C2}, L_{E1}, L_{E2})$。

② $L_{C1}, L_{C2}, L_{E1}, L_{E2}$ 之间差别小且各自跳转概率相似。

③ 分支路径较多。

在极端情况下，$P_1=0, P_2=1, L_{C1}=L_{C2}=L_{E1}=L_{E2}=L_0$，忽略 L_{SEL} 和分支预测错误，指令级并行度大约为 5。如果分支路径较多，该并行度还将变大。

4) 可重构数据通路实现控制流的方法简介

支持条件执行技术的可重构数据通路可以完成部分控制流。因为可重构计算系统用配置流取代了指令流，所以修改指令集的方式转变为修改运算单元的功能。同时需要注意以下两点。

① 为了实现部分条件执行，运算单元的硬件功能应该包含三目的选择算子或是双目的条件数据搬移算子。

② 为了实现完全条件执行，运算单元需要增加一个 1bit 的条件执行输入端及其相关的互联网络。

在目前发表的可重构计算处理器中，完全条件执行的结构得到了广泛的使用。例如，Morphosys 中处理单元的 FLAG 信号（图 6.10(a)）[14]，ADRES 中处理单元的 pred 输入信号（图 6.10(b)）[15]及 XPP-III 中的 1-bit event 网络（图 6.10(c)）[16]。

因为可重构计算处理器的并行硬件资源足够多，所以推测执行的技术能够在条件执行的基础上进一步提升性能。图 6.11 所示是推测执行技术在可重构计算系统 FloRA 中的应用实例[17]。同样的一个控制流图，使用条件执行技术时，因为控制依赖转换成了数据依赖，执行的关键路径是 C1-S1-C2-S3，长度为 9 个周期，而使用推测执行技术时，控制依赖被消除，语句的并行度提高，关键路径变成 S1-S3-select-select，长度缩短为 7 个周期。与条件执行的方式相比，推测执行的方法明显减少了执行周期数，提高了硬件的利用率。

5）条件执行技术的优化硬件实现

相比推测执行技术，条件执行是一个安全的控制流实现方案，不会冒险去执行分支内部语句，不容易产生异常和错误。但是，条件语句和执行语句间的数据依赖关系造成两者串行执行，使得其性能常常不如推测执行（执行语句可以与条件语句并行甚至再提前）。我们提出用硬件设计的方法来缓解条件执行中过度串行化的问题，称为并行条件执行[18]。

在可重构计算处理器中实现条件执行时，因为数据依赖关系的存在，条件语句和执行语句通常在不同的时钟周期内执行。但是，如图 6.12 所示，分析执行语句就会发现，其计算本身并不需要用到条件语句的结果，只有在其输出时才需要条件结果以确定有效性。因此，借鉴推测执行的技术，在并行条件执行方法中，执行语句的计算部分被无条件执行了（不影响任何功能），而其输出逻辑仍然为条件执行。这样两条语句事实上就可以并行完成，图 6.13 给出了一段条件执行的程序，优化为并行条件执行后的依赖长度从式(6.2)变为

$$L_{PC}=\max(L_{C1},L_{C2})+\max(L_{E1},L_{E2})-L_{OP} \tag{6.4}$$

其中，L_{OP}代表因为并行完成条件语句和执行语句带来的依赖长度缩短，如果不允许推测执行，L_{OP}通常为 1。

在此基础上，推测执行技术可以通过把执行语句提前进一步提高 L_{OP}，降低依赖长度，L_{OP}最大为 $\max(L_{C1},L_{C2},L_{E1},L_{E2})$。

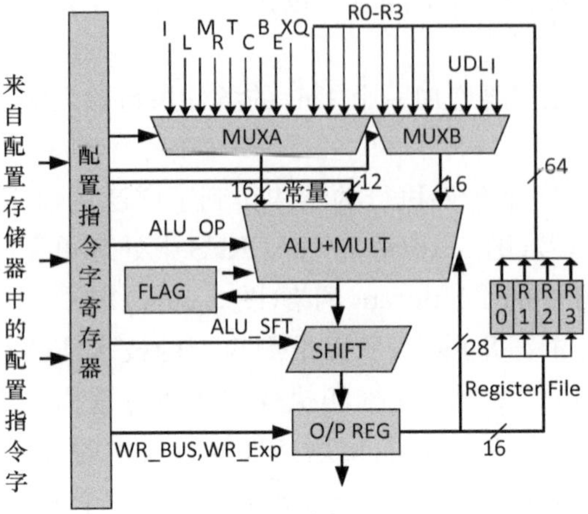

(a) Morphosys[14]

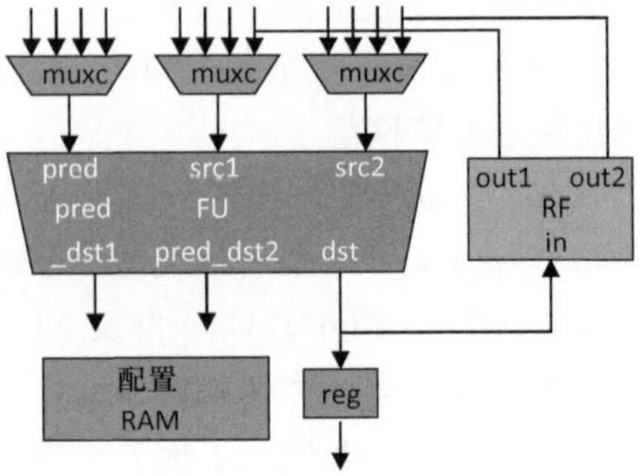

(b) ADRES[15]

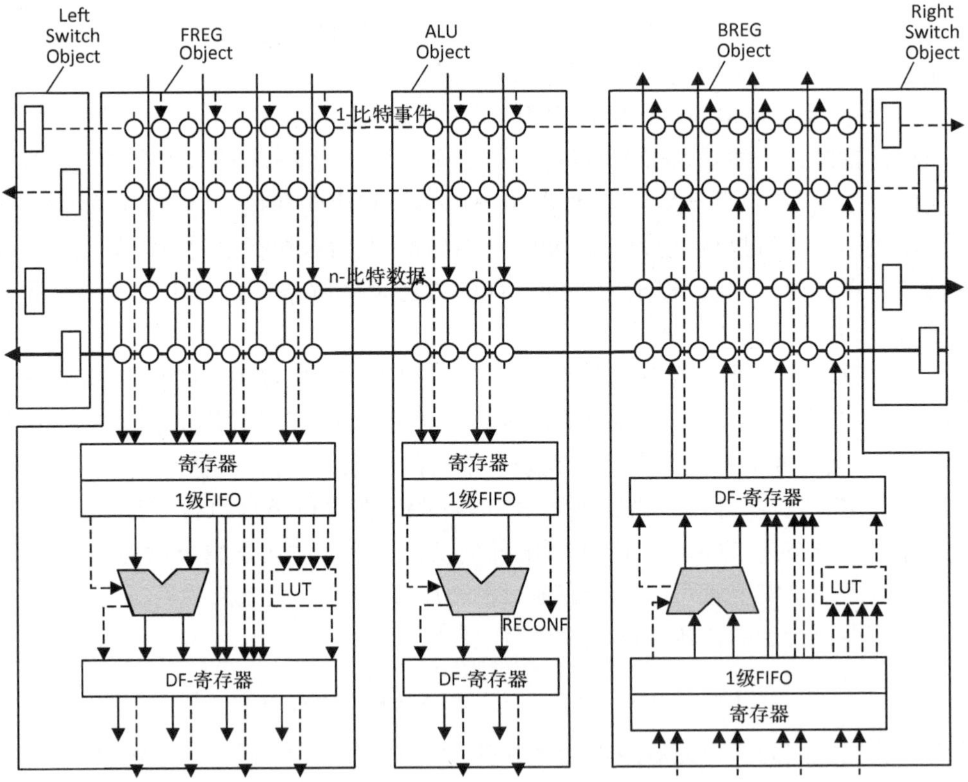

(c) XPP-Ⅲ的基本运算单元结构[16]

图 6.10　完全条件执行的结构

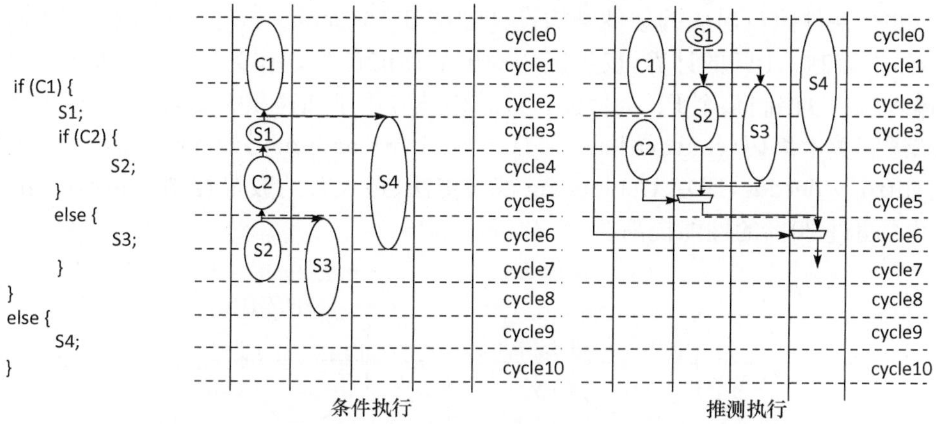

图 6.11　可重构计算处理器上的条件执行和推测执行的举例对比[17]

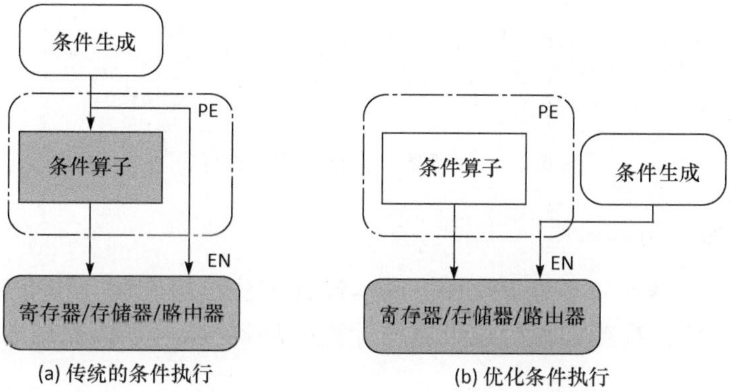

图 6.12　并行条件执行

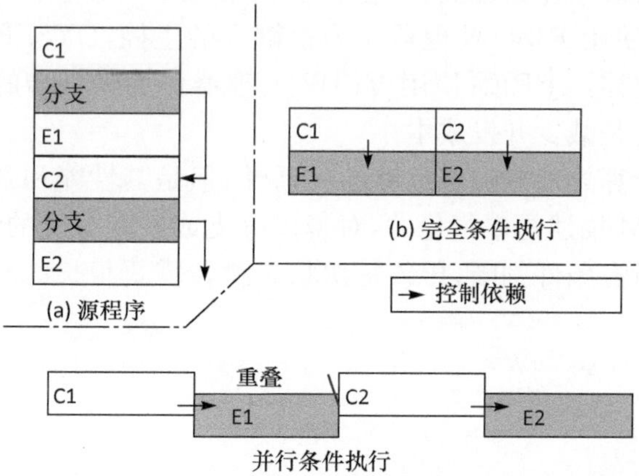

图 6.13　条件执行程序

并行条件执行对应的硬件结构设计如图 6.14 所示。该方法对应的条件输入端(i4)不控制 ALU 的计算,仅仅影响输出的使能信号。作为对比,普通条件执行的输入端(i3)控制整个 PE 的使能。该结构被应用于加速霍夫曼解码、基于上下文的二进制算术编码(context-based adaptive binary arthmetic coding,CABAC)熵解码(entropy decode,ED)、Deblocking 滤波算法、最大公约数等控制密集型应用,并取得了超过 20%的性能提高。

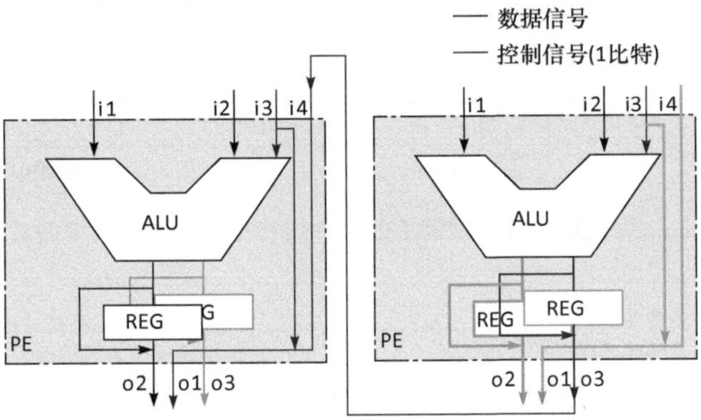

图 6.14　并行条件执行的硬件设计方法

2. 可重构控制器设计

可重构控制器的核心是 PFSM。基本设计方法已经在引言中介绍,但是其实现形式非常多样。在当前流行的可重构计算处理器中,可重构控制的设计实现主要分成如下几类。

1) 通用处理器

为了避免额外的编译器压力,可重构控制器很多时候使用通用处理器实现。例如,Morphosys 使用 RISC 处理器作为松耦合的主控,DYSER 使用 RISC 处理器作为紧耦合的主控,ADRES 使用 VLIW 处理器作为紧耦合的主控。使用通用处理器的好处之一是减少开发成本。

通用可重构计算处理器拥有足够的灵活性,但是其性能和效率并不理想。因为基于指令的 FSM 描述是串行化的,对于多分支或嵌套分支的结构,指令流会以串行的方式执行所有条件判断,导致每次状态跳转需要很长的时间才能完成。以下面的代码为例。

```
Case        (A)
0:          A0
1:          A1
…
15:         A15
```

```
default:    A16
end case
```

基于指令的执行方式需要搜索很多周期才能跳转到执行 A16 这条语句，而用基于查找表的执行方式则只需要一次查找就可以跳转到任何语句(包括 A16)。

虽然通用处理器的性能不理想，但是因为传统的可重构计算处理器主要面向控制密集型应用，任务划分中分配给可重构控制器的任务较少，所以灵活的通用处理器是个不错的选择。

2) 专用集成电路

当目标应用的控制流密度变大，可重构控制器的任务将变重，需要实现复杂的 FSM，此时通用处理器的性能就略显不足，系统需要一个更加强大的 PFSM 结构。如图 6.15 所示，NEC 公司的 DRP(dynamically reconfigurable processor)处理器就是一个典型的例子[19]。它为每个子阵列设计了状态转移控制器(state transition controller，STC)单元，STC 根据内部的状态转移表控制系统的状态跳转和配置加载，显然这就是一个用 ASIC 实现的 PFSM。

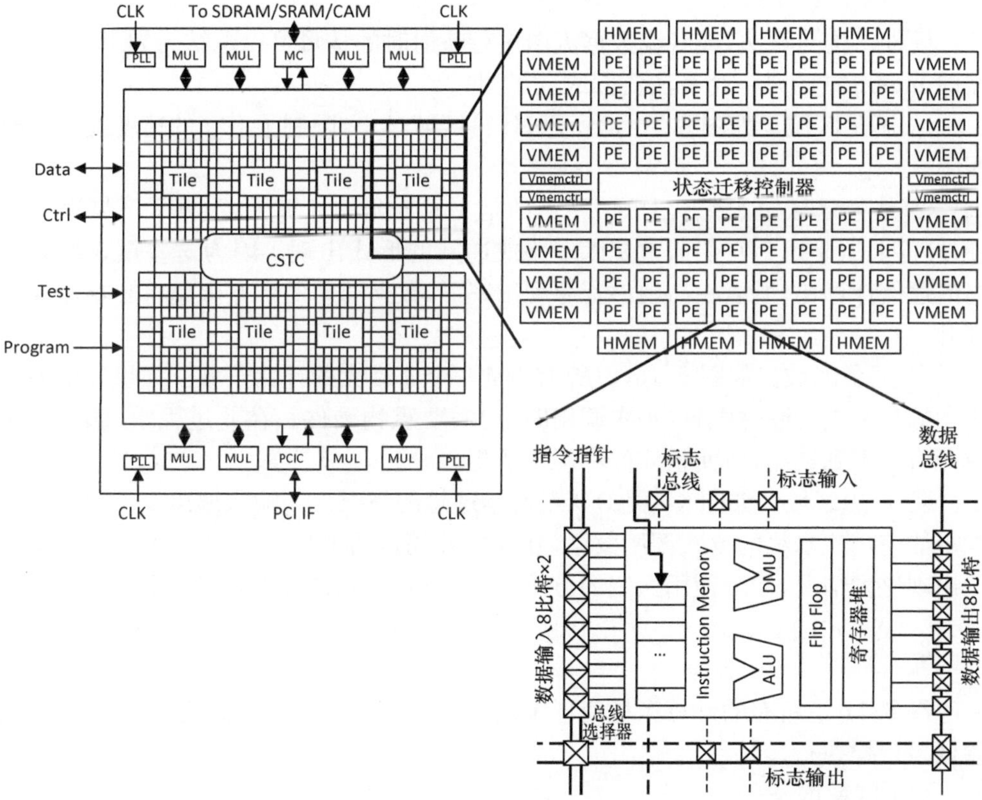

图 6.15　NEC 的 DRP 处理器的系统结构[19]

PFSM 的 ASIC 设计通常由状态转移表和地址生成器组成。状态转移表包括状态转移的条件等信息,地址生成器根据当前系统状态和输入信号生成配置信息的地址。在硬件上,PFSM 可以由细粒度的 LUT 实现,其编译方法类似于 FPGA 的综合。

6.3 计算密集型任务和控制密集型任务的映射方法

本节主要讨论在可重构数据通路上的基础任务映射方法。

6.3.1 计算密集型任务相关的映射方法

可重构阵列的结构是规则的,但是应用和算法却常常是不规则的,要实现两者之间的映射,并且最大化并行度,是可重构计算中最重要的问题之一。下面简单介绍文献[20]采用的空间映射方法。

1. 问题抽象

硬件结构与算法,或者说数据流图进行映射时的情形可以总结为如下几种(区域即 region 指的是一个算法流图或其子图)。

① 不足区域。如图 6.16(a)所示,计算区域过小,限制了潜在的速度提升和利用率。

② 线性区域。如图 6.16(b)所示的是完成划分的计算子域,算子区域适合于硬件阵列,这是因为它们通常是以多路或递减的形式出现。因为这些模式拥有很高的通信计算比,所以在高硬件资源利用率下,数据通信的带宽限制将影响速度的提升。

③ 冗余区域。如图 6.16(c)所示的是一个非常大的计算子域。如果分别为其不同的片区进行硬件配置,每次调用时,均需要重构硬件。在此过程中,部分功能单元将得不到利用,致使整体的利用率下降。

④ 理想区域。如图 6.16(d)所示的是理想的情况——输入输出少,计算量大。如果能使用流水线的方式调用数据,互连的开销也将非常小。虽然实际过程中很少出现这种情况,但可使用一定的方法,将一般的区域转换为理想的情况。

2. 映射方案

图 6.17 是所有的计算区域变形策略,即将任意计算子区域变形,使它们像理想区域一样执行。

(1) 区域增长

该方案对应于不足区域的情形。如果区域太小,映射将不能获得高的利用率,

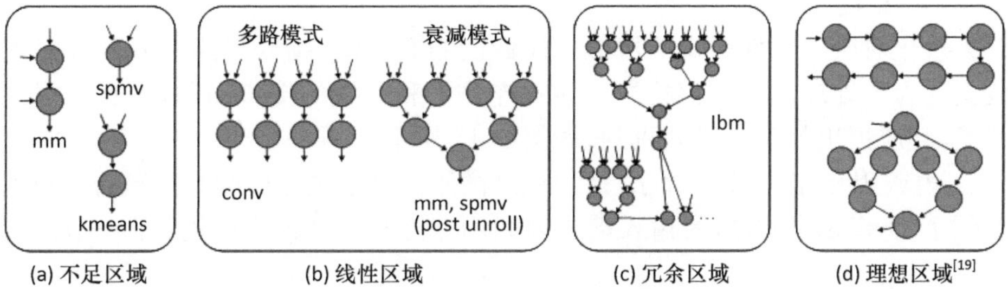

图 6.16　将数据流图映射到可重构阵列的情况

可通过改变循环,扩展计算区域。循环展开(loop unrolling)策略,可使获得适当大小的计算子区域(图 6.17(a))。如果是相互独立的循环,采用多路模式。如果循环执行时相互依赖,则采用衰减模式。如果可能,也可使用标量扩展,为相关数据提供临时存储空间,使循环可并行执行。标量扩展技术可以将一些衰减模式转化为多路模式,这有利于区域输出。

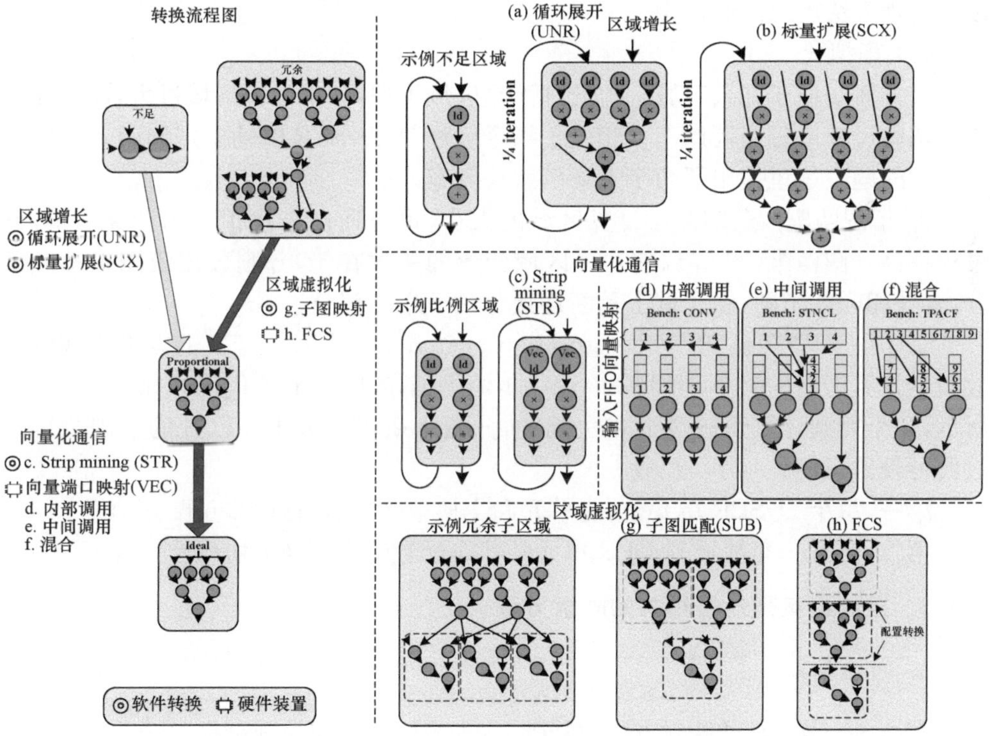

图 6.17　总体映射方案,将任意形状的数据流图转变成理想的形状[20]

(2) 矢量化

矢量化对应于线性区域的情形。矢量化的 DySER 指令只能读入和存储连续的数据。为了处理连续内存数据间的互连关系和区域的接口问题,将互连模式分为几类,相应提出如下一系列机制,如图 6.17 所示。

① 内调用互连。图 6.17(d)是卷积测试的计算子域。连续的存储器字数据被映射到了 DySER 中不同的输入端。内调用互连将 DySER 转化为了一个矢量处理单元。

② 间调用互连。图 6.17(e)是 STNCL 测试的计算子域。连续的存储器字数据被映射到了同一个输入端口,然后采用流水线的方式读入每一个字。

③ 混合互连。图 6.17(f)是 TPACF 测试的计算子域。当以上两种策略均不能满足需求时,可使用混合策略。图中每 3 个字一组,每组采用同一接口,组内使用流水线的方式完成子调用。

如果采用以上互连模式,需要带状压缩变形技术(图 6.17(c))。带状压缩和循环展开均减少了循环迭代的次数,因为需要处理的循环通常循环次数很多,所以以上两种方法可以同时使用。

(3) 虚拟化

该方案对应于冗余区域。与处理不足区域类似,如果计算区域过大,同样需要通过调整尺寸以提高利用率。相较于指令级加速,DySER 的动态定制引入了资源受限的问题。这里提出了两个主要的解决方案。

① 子图匹配。若需减小计算区域的大小,可以通过查找相似的计算结构,此过程称为子图匹配(图 6.17(g))。区域变形的关键在于,分割数据流图中不同部分,合并相同的子图,在子域上重新连接分割下来的部分。

② 快速配置转换(fast-configuration switching,FCS)。若以上方法不能够有效减少计算区域的大小,可以采取进一步的措施,来减少配置代价。如图 6.17(h)所示,一个冗余计算子域通过多次配置,分割为适当的大小。FCS 的实现主要通过两种硬件机制。

第一,每个 DySER 单元(功能单元和交换单元)均可存储多重配置信息。

第二,开发一套基于 DySER 单元的状态配置信息切换的协议。

6.3.2 控制密集型任务相关的映射方法

1. 问题抽象

在 6.3.1 节介绍的映射方法的基础上,本节仅讨论与控制密集型任务相关的特殊映射方法。控制密集型任务的特点是应用中存在大量控制流,对应在硬件上,则是可重构计算处理器的运算单元进行了条件执行的功能扩展,因此控制密集型任务的映射方法可以抽象成如何将控制流映射到运算单元阵列内的条件执行网络的问题。

2. 映射方案

将控制密集型应用映射到可重构阵列上最大的问题是条件分支，为此硬件结构需要支持条件执行或者推测执行，而编译器也需要有相应的技术支持。这里简单介绍最基本的 if-conversion 技术。

(1) if-conversion

if-conversion 技术是指在支持条件执行的硬件平台上进行编译时删除程序中的条件分支的过程[22,23]。if-conversion 最初被提出用来解决带条件分支的循环的自动矢量化问题。该技术首先将代码中的条件分支替换一条产生控制信号的比较功能指令，然后与该分支有控制依赖关系的指令转换成依赖于这些控制信号的条件执行指令。通过这种方式，控制依赖转换成了数据依赖，大部分控制流图可以和任何数据流图一样在可重构阵列上映射。if-conversion 技术可以消除程序中所有非循环的向后跳转的分支。具体的例子可以参考上一节。

但是传统的 if-conversion 也存在一些问题。

① 该技术通常会把多个分支的指令整合成一块，使得每次程序跳转进该块时所有指令都得执行一遍，当所有的执行路径的长度大致相同并具有相同的概率时，这种方法是非常有效的。然而，不同的执行路径的长度和概率通常在一个内部循环不断变化。不常执行的路径和长度较长的执行路径都会限制代码执行的性能。

② 不允许推测执行因而并行度不高，所以针对传统的 if-conversion 方法，研究者提出一些改进的方案，如 Hyperblock[24]，主要通过提取控制流图中的超块来布局控制密集的程序。

(2) Hyperblock

Hyperblock 的定义是那些只有一个入口，但是可以有多个出口的算子块，同时算子块内部也不能存在前向的条件跳转即内部嵌套循环。这样定义的原因是，条件执行的技术仍然不能解决循环的实现问题，而所有循环的基础都是前向的条件跳转，所以 Hyperblock 实际上是把所有内部没有循环而可以在一个支持条件执行的阵列上映射的算子组合起来形成一个块。这样映射时，Hyperblock 布局在阵列上执行，而其余的控制流分配给通用处理器或者是专门的控制逻辑。

Hyperblock 技术的一个重要特点是与执行频度有关的算子选择。在传统的条件执行技术中，节点的所有分支的算子都被组成一个整块，也就是说不需要执行的分支也占用了硬件资源，这样可能导致最终性能下降。文献[24]将算子分级，把使用频度较低、运行时间较长，以及有风险(进程调用、指针操作等)的模块从 hyperblock 中剔除，以此来提高编译的效果。图 6.18 是一个典型的例子，其中 F 算子因为使用频度低而没有包含在大的 hyperblock 里面，为了处理多入口的情况，图 6.18(b)所示的 tail duplication 技术可以被采用。

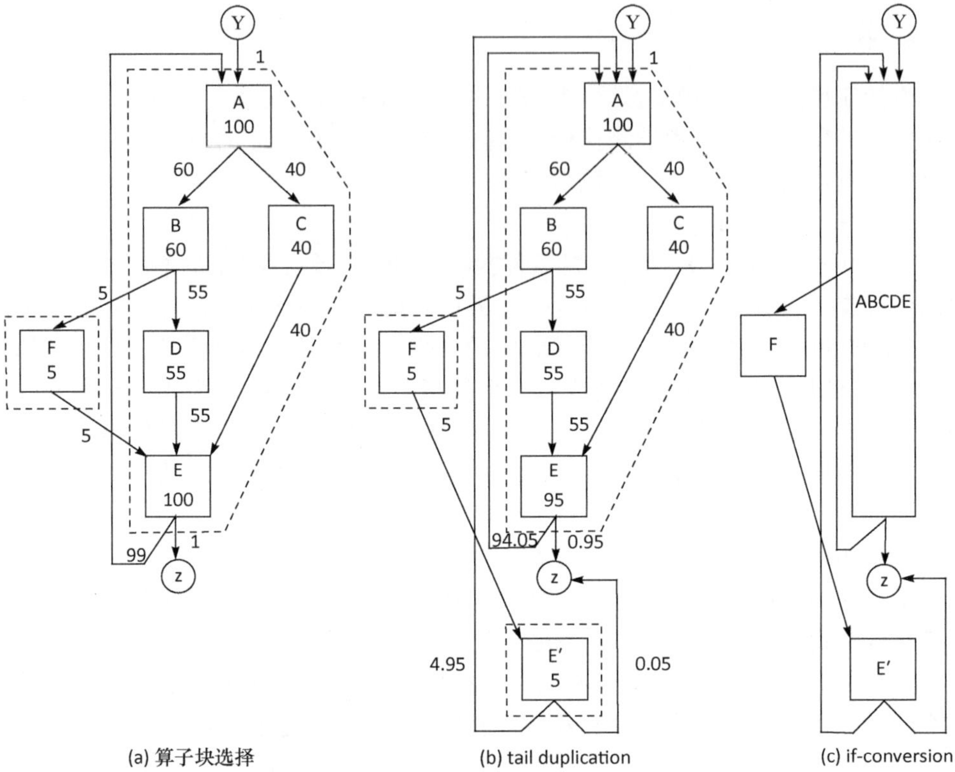

图 6.18　Hyperblock 的形成过程[24]

参考文献

[1] Middleton A M. Data-Intensive Technologies for Cloud Computing[M]//Furht B, Escalante A. Handbook of Cloud Computing. New York: Springer, 2010: 83-136.

[2] Asanovic K, Bodik R, Catanzaro B C, et al. The landscape of parallel computing research: a view from Berkeley[R]. Technical Report UCB/EECS-2006-183, EECS Department, University of California, Berkeley, 2006.

[3] Asanovic K, Bodik R, Demmel J, et al. A view of the parallel computing landscape[J]. Communications of the ACM, 2009, 52(10): 56-67.

[4] 朱敏，刘雷波，尹首一，等. 面向对称密码领域的可重构阵列设计[J]. 微电子学，2012，42(6)：815-818.

[5] TI Inc. OMAP5432 multimedia device data manual[EB/OL]. http://w ww. ti. com/ lit/ds/symlink/omap5432. pdf[2014-6-1].

[6] 朱敏. 面向媒体处理的可重构计算阵列关键技术研究及 VLSI 实现[D]. 北京：清华大学博士学位论文，2012.

[7] Goldstein S C, Schmit H, Budiu M, et al. PipeRench: a reconfigurable architecture and compiler[J]. Computer, 2000, 33(4): 70-77.

[8] Bouwens F. Power and performance optimization for adres[D]. MSc Thesis, Delft University of Technology, 2006.

[9] Smith M D, Johnson M, Horowitz M A. Limits on multiple instruction issue[J]. ACM SIGARCH Computer Architecture News, 1989, 17(2): 290-302.

[10] Wall D W. Limits of instruction-level parallelism[J]. ACM SIGARCH Computer Architecture News, 1991, 19(2): 176-188.

[11] Butler M, Yeh T Y, Patt Y, et al. Single instruction stream parallelism is greater than two [C]//ACM Sigarch Computer Architecture News, 1991, 19(3): 276-286.

[12] Mahlke S A, Hank R E, Mc Cormick J E, et al. A comparison of full and partial predicated execution support for ILP processors[C]//Computer Architecture, Proceedings, 22nd Annual International Symposium on, 1995: 138-149.

[13] Allen J R, Kennedy K, Porterfield C, et al. Conversion of control dependence to data dependence[C]//Proceedings of the 10th ACM SIGACT-SIGPLAN Symposium on Principles of Programming Languages, 1983: 177-189.

[14] Singh H, Lee M H, Lu G, et al. MorphoSys: an integrated reconfigurable system for data-parallel and computation-intensive applications[J]. Computers, IEEE Transactions on, 2000, 49(5): 465-481.

[15] Mei B, Vernalde S, Verkest D, et al. ADRES: an architecture with tightly coupled VLIW processor and coarse-grained reconfigurable matrix[M]//Cheung P Y K, Constantinides G A. Field Programmable Logic and Application. Heidelberg: Springer, 2003: 61-70.

[16] PACT XPP Technologies. XPP-III processor overview-white paper[DB/OL]. http://www.pactxpp.com[2006-7-13].

[17] Lee D, Jo M, Han K, et al. FloRA: coarse-grained reconfigurable architecture with floating-point operation capability[C]//2009 International Conference on Field-Programmable Technology, 2009: 376-379.

[18] Zhu J, Liu L, Yin S, et al. A hybrid reconfigurable architectare and design methods aiming at control-intensive kernels[J]. IEEE Transactions on Very Large Scale Integration, 2014.

[19] Toi T, Nakamura N, Kato Y, et al. High-level synthesis challenges and solutions for a dynamically reconfigurable processor[C]//Proceedings of the 2006 IEEE/ACM International Conference on Computer-aided Design, 2006: 702-708.

[20] Govindaraju V, Ho C H, Nowatzki T, et al. Dyser: unifying functionality and parallelism specialization for energy-efficient computing[J]. IEEE Micro, 2012, 32(5): 0038-51.

[21] Towle R A. Control and data dependence for program transformations[D]. IL, : University of Illinois at Urbana-Champaign Champaign, 1976.

[22] Allen J R, Kennedy K, Porterfield C, et al. Conversion of control dependence to data de-

pendence[C]//Proceedings of the 10th ACM SIGACT-SIGPLAN Symposium on Principles of Programming Languages, 1983: 177-189.

[23] Park J C H, Schlansker M. On predicated execution[R]. Technical Report HPL-91-58, HP Labs, 1991.

[24] Mahlke S A, Lin D C, Chen W Y, et al. Effective compiler support for predicated execution using the hyperblock[C]//ACM SIGMICRO Newsletter, 1992, 23(1,2): 45-54.

第 7 章　可重构计算处理器的中断控制

本章主要讨论使用可重构计算处理器处理中断的方法。首先我们简单介绍中断的基本概念和特点，然后讨论如何使可重构计算处理器适应这些特点，从而能够以更高的效率处理中断。需要申明的是，目前的可重构计算处理器普遍包含一个通用处理器作为主控制器，所以可重构计算处理器既可以用该通用主控制器（软件）处理中断，也可以用可重构阵列（硬件）处理，或是两者结合。这些方法的选择将在 7.3 节进行讨论。使用两个异构的处理器来处理中断并不新鲜，甚至逐渐变得流行，专门为中断控制设计的处理器能提高处理中断的效率，并且已经应用于许多商用多核结构，如 Infineon TriCore＋PCP、Freescale S12X＋XGATE、NXP LPC4357（Cortex M4＋Cortex M0）和 Freescale MPC5510 （Power e200z1＋Pow-ere200z0）。鉴于可重构计算处理器的强大功能，其结合主控核的中断处理方式是非常有潜力的。

7.1　中断的基本原理

中断由硬件（外围设备，异步）或软件（处理器自身，同步）发送给处理器，通知了一个高优先级的需要立刻引起注意的事件，要求处理器中断当前线程。响应中断时，处理器暂停其当前的活动，保存其状态，并执行中断处理程序（interrupt service routines，ISR）来处理事件。中断是暂时的，中断处理程序完成后，处理器将恢复前一个线程的执行。中断有如下两种类型。

① 硬件中断。从外部设备（可以是计算机的自身部件，如磁盘控制器，或是外围设备）发送到处理器的提示信号。例如，在键盘上按一个键或移动鼠标触发硬件中断，使处理器读取按键或鼠标的位置。硬件中断是异步的，可以在指令执行中发生，在编程中需要额外的维护。启动一个硬件中断的行为称为中断请求（interrupt request，IRQ）。

② 软件中断。软件中断由处理器的异常情况或指令集的特殊指令造成。前者通常被称为一个异常，用于错误或程序自身不能处理的特殊事件。例如，处理器的算术逻辑单元的被除数为零将导致异常，可能使电脑放弃计算或显示一个错误消息。软件中断指令的功能类似于子程序调用，用于各种不同的目的，一个典型的例子就是从低层的系统软件，如设备驱动获取程序服务。例如，计算机通常使用软件中断指令与磁盘控制器通信以读写磁盘数据。

每个中断都有自己的中断处理程序。硬件中断的数目受限于连接到处理器的中断线的数目，但软件中断并没有数目限制。中断是一种常用的计算机处理技术，特别是在实时计算系统中。这样的系统包括运行于其上的操作系统，被称为由中断驱动(interrupt driven)。

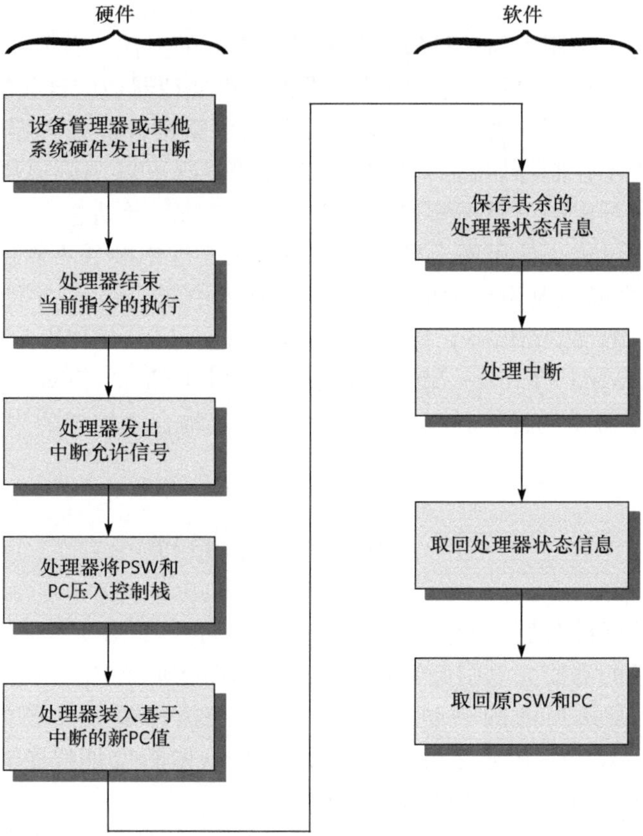

图 7.1　简单的中断处理[1]

7.1.1　中断的意义

中断技术的意义在于提高处理器工作效率、增强处理器功能。最初，引入硬件中断只是出于性能上的考虑。如果处理器不支持中断，则在与外部设备通信时，必须在向该设备发出请求指令后进行忙等待(busy waiting)，反复轮询该设备是否完成了工作并返回结果，会使大量处理器工作周期被浪费。引入中断以后，当处理器发出设备请求后就可以立即返回以处理其他任务，而当设备完成工作后，设备发送中断信号给处理器，后者就可以暂停当前任务并获取处理结果。这样，在设备进行处理时，处理器可以执行其他任务，而只付出一些很小的、切换上下文的时间代价。

后来中断被用于处理器外部与内部的实时事件处理、故障处理、时间控制等多个方面，并产生通过软件方式进入中断处理，这就是软件中断的概念。

7.1.2　中断的特点

中断的特点之一是对于实时性要求较高。在一个计算机系统中，可能连续接受各种各样类型的外设，且这些外设速度有快有慢，处理器必须按一定的速率接受来自多个外设的信息或向外设发送信息，否则高速设备就有丢失信息的危险。

中断的另一个特点是上下文的切换方式，即在响应中断时，必须保存当前任务的运行环境，最少包括处理器状态，位于一个被称为程序状态字的寄存器中；下一条将被执行的指令的位置，位于程序计数器中。这些信息被压入系统控制栈中保存。一个典型的中断处理过程[1]如图 7.1 所示。

7.2　可重构计算处理器的中断控制

7.2.1　可重构计算处理器的中断控制难点

与目前流行的通用处理器相比，可重构计算处理器的一个明显的区别在于数据通路的结构和规模。通用处理器一般只有一个 ALU 或数个独立的 ALU，而可重构计算处理器的数据通路是由互联网络连接的十多个甚至数十个 ALU 组成的阵列。为了组织计算，这个阵列又需要大量的阵列内寄存器或寄存器堆来暂存中间数据等，如果采用上下文的切换方式，必定需要付出很大代价以保存运行现场，包括时间和硬件资源。下面我们讨论如何用可重构计算处理器高效地处理中断、管理外设。

使用可重构计算处理器处理外设的中断时，如下两个原则是必须考虑的。

① 实时性要求。硬件中断是异步的，但是要求系统实时响应，即系统对中断的响应时间是有上限要求的。一个典型的例子就是当可重构计算处理器在执行一个很大的循环时收到中断，必须中断当前的循环计算。要保证不打断阵列工作且保证满足中断实时性的要求，则必须满足下面的条件，即

$$\text{Start time}+\text{WCET}-\text{MIL}<\text{Current cycle time} \tag{7.1}$$

其中，Start time 是启动时间，包括配置和数据准备；WCET(worst case execution time)是最坏情况的阵列延时；MIL(maximum interrupt latency)是中断实时性要求的最长响应延时；Current cycle time 是阵列工作已经持续的时间长等待时间(包括启动时间)。

② 降低现场保存代价。可重构阵列的规模较大，切换时需要保存状态的寄存器数目非常多，因此设计时需要考虑尽量降低切换带来的性能损失。

根据上述的两个基本原则，可重构计算处理器处理中断主要有如下几种方法。

① 修改软件程序，尽量避免软件保存处理器状态(图 7.1 右上角块)。

② 增强硬件资源，降低保存运行现场所需的时间，即用更高效的硬件结构取代系统控制栈。

③ 利用部分重构，缩减必须保存的运行现场状态，使部分 ALU 处于休眠状态，不必保存它们的现场状态。

对应上面三点，下面列举一些相关文献或专利中的具体方法与结构进行分析。

7.2.2 循环迭代拆分的中断控制方法

对于传统的可重构计算处理器，如果在执行循环的过程中需要响应实时性较高的中断请求，就需要立即终止循环，执行中断服务程序，然后重新开始循环。因为保存整个阵列的中间数据开销太大，被终止的循环需要完全从头开始执行，这提高了阵列的功耗，降低了执行效率。

循环迭代拆分技术[2]的目的是在满足中断响应实时性要求的前提下，尽可能减少阵列功耗开销。其主要方法是将原始循环按照预设标准拆分为子循环，只有在子循环执行间隔，才能响应中断请求，即子循环执行过程中，中断将会被屏蔽。

1. 循环迭代拆分的主要步骤

在预处理的过程中，中断分为多个子循环，此过程可以在编译时执行。配置储存器保存相应的子循环配置信息。子循环执行结束后，保存中间结果到可重构阵列外的中央寄存器堆，清空所有和余下的子循环无关的阵列内寄存器，然后中断请求才能被执行。当然，仅当中断任务需要在阵列中执行时，阵列才要进行情景切换，将子循环计算结果从中央寄存器搬运到外部的数据存储器；反之，可在外部的主通用处理器核直接执行中断服务程序。系统执行的流程如图 7.2 所示。

2. 循环迭代拆分的原理

循环拆分过程可以在编译时执行。根据中断对实时性的具体要求，设置拆分的标准，即子循环的最大迭代次数和执行时间。图 7.3 右半部分是一个循环拆分的实例。原始循环拆分为(a)和(b)两个子循环。可以看到，在拆分后的子循环中，前 N－1 个循环的输入输出数据结构相同，均是{r1，r2，r3}，因此可以使用同一组寄存器用作 IO。同时，前 N－1 个子循环均是由原始循环拆分而来，它们的结构相同，可以共享阵列配置信息。

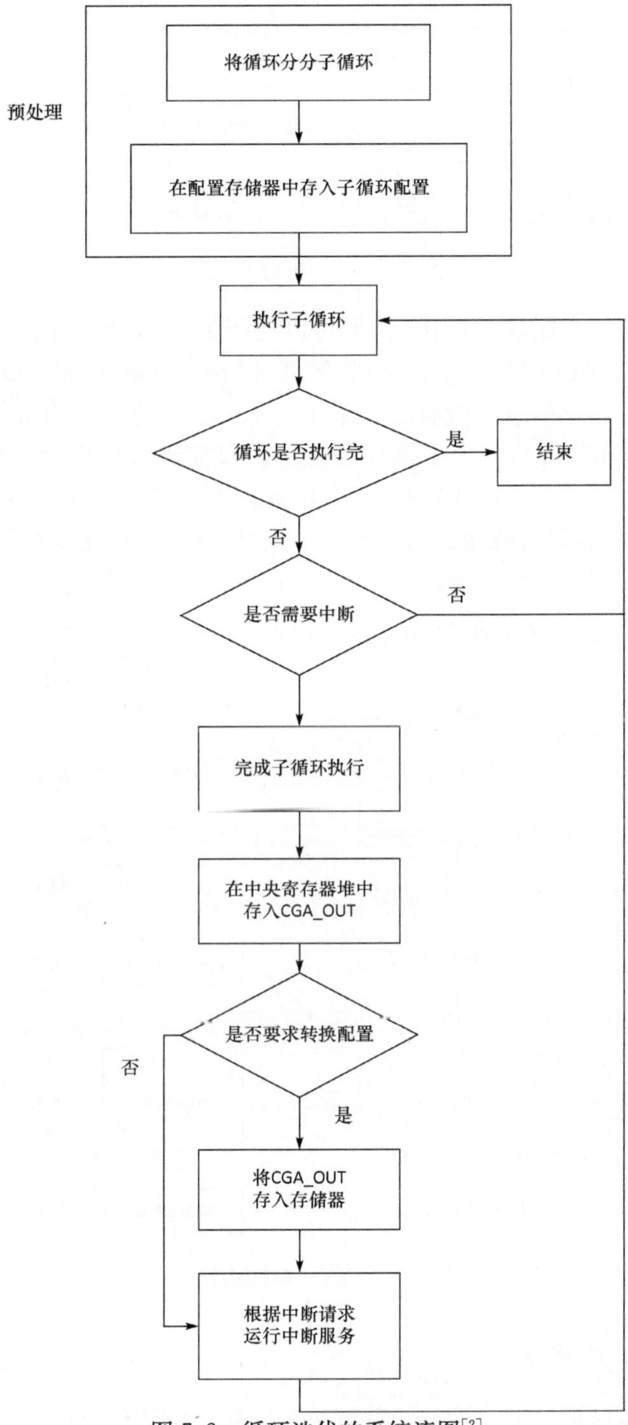

图 7.2　循环迭代的系统流图[2]

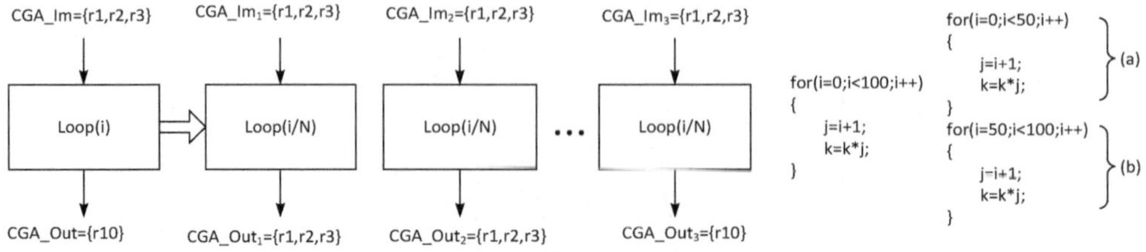

图 7.3　循环拆分实例[2]

如果仔细观察子循环的结构，我们可以将子循环体分为预置部分(pre-body/prologue)、正文部分(a body part)和收尾部分(post-body/epilogue)，它们同时也对应着不同的子配置信息。所有的子循环(1—N)的预置部分和正文部分均相同。前 N—1 个子循环和最后一个子循环的差别仅仅在于收尾部分。如图 7.4 所示，循环(a)是前 N—1 个子循环中的一个，(b)是最后一个子循环。它们的预置部分和正文部分都相同，只有收尾部分有差别。由此，我们可以更加高效地安排配置的信息。

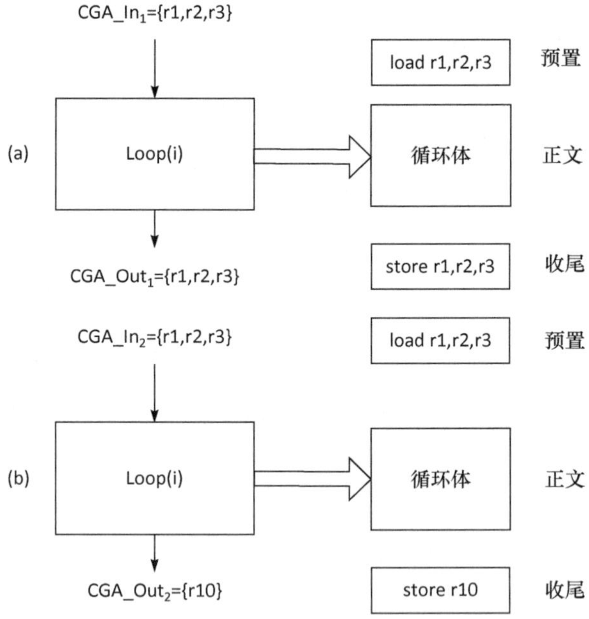

图 7.4　子循环结构比较[2]

3. 配置信息的储存

实现循环迭代拆分的最后一个要解决的问题是配置信息的存储。根据前面介绍,配置信息被分为前置部分、正文部分和收尾部分。所有子循环共用前置部分和正文部分。前 N－1 个子循环共用收尾部分,最后一个循环使用自己的收尾部分。可以看出,配置存储器可以只存储 4 部分的配置信息。

4. 效能分析

循环迭代拆分带来的配置信息增加非常小,因此相应增加的存储开销很小。尽管中断请求需要在子循环执行完成后才能得到响应,但是实时性要求能够得到满足。相较于传统的中断处理机制,被打断的循环不会从头开始执行,浪费的能耗也很小。

7.2.3　部分重构的中断控制方法

类似于 ADRES 的结构,一个由指令处理器和可重构阵列紧耦合构成的处理器可以较好地解决中断响应的问题,其中指令处理器可以由可重构运算单元阵列的部分 ALU 单元部分重构形成[3]。

在响应中断时,首先暂停可重构阵列的执行,如停止时钟,然后保存指令处理器专属寄存器的状态值。指令处理器响应中断的流程与图 7.1 一致,不再赘述。这种方法的好处很明显,可以大幅降低现场保存的时间代价,大部分阵列内寄存器的状态只需要通过停止时钟的方式就可以保存自己的状态,直到系统结束中断响应,使得其代价和一个通用处理器响应中断的没有差别。

使用部分重构方式响应中断的流程如图 7.5 所示。在处理器接受一个中断时,需要首先判断可重构阵列当前正在执行的任务是否能够在实时性要求的时间内完成,即是否满足式(7.1)。如果不能的话,就只用部分 PE 来响应中断;如果能够满足(不需要保存阵列内寄存器的中间状态了),还需要判断对应的中断服务程序是否适合在阵列上执行。如果对应的程序非常小,那么仍然只用部分 PE 执行。只有当中断服务程序本身也非常复杂,是计算密集型的任务时,使用整个阵列来执行中断服务程序才是比较高效的。

7.2.4　影子寄存器的中断控制方法

一般而言,可重构计算处理器处理中断的流程是收到中断后,如果可重构计算处理器处于阵列模式,将保存当前情景的数据,执行中断处理程序,最后恢复场景并重启阵列。可重构阵列拥有数量巨大的寄存器,因此保存数据将造成很大的开销。

为此可以采用影子寄存器(shadow register file)技术[4],通过增加特定位置的寄存器,减少情景切换时保存中间数据的开销。其主要方法是,可重构计算处理器在处理中断时,均使用影子寄存器;执行通常任务时,使用普通寄存器(即中央寄存

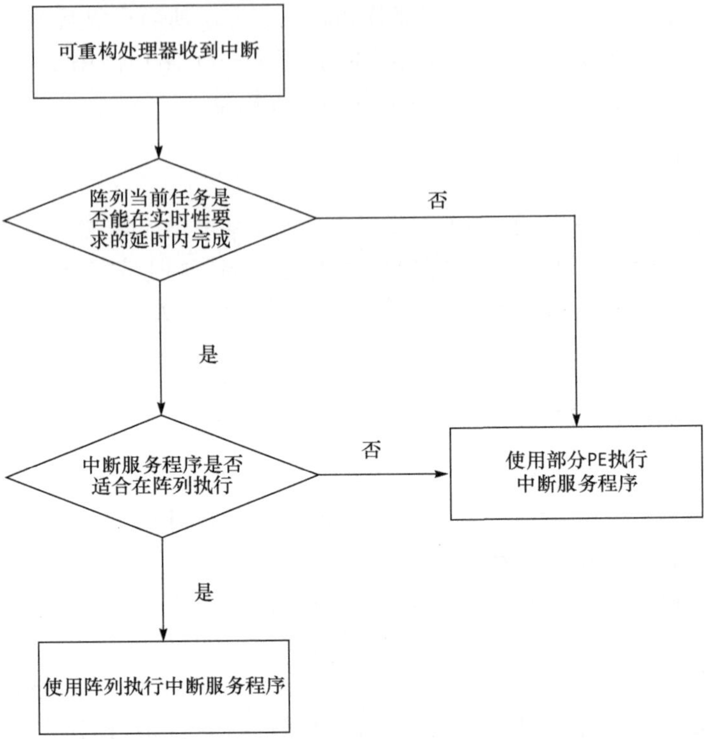

图 7.5　部分重构方式的中断响应流程

器和阵列中的寄存器)。普通寄存器的数据在中断处理的过程中保持不变,以便之后快速恢复被中断的任务。下面举例基于所有的中断处理程序都由可重构阵列的一部分资源完成(参见 7.2.3),所以影子寄存器的数量较少。如果中断处理程序由整个阵列完成,那么所需的影子寄存器数量将会非常大。

1. 硬件结构

可重构计算处理器(图 7.6)的主要结构包括可重构阵列、中央寄存器堆、指令存储器、数据存储器和配置存储器。在可重构阵列中,预定义处理单元可以工作在指令集处理器模式或者阵列模式。在指令集处理器模式下,预定义处理单元作为主处理器,执行通用指令集;在阵列模式下,它将作为阵列的一部分,执行循环任务。

在可重构计算处理器中,加入中断处理专用的影子寄存器,可以减少系统开销。因为中断处理一般是在指令集处理器模式下执行,所以只需针对中央寄存器和预定义单元加入影子寄存器即可。如图 7.6 所示,影子中央寄存器,预定义单元的影子寄存器,它们在大小和功能上与原寄存器一一对应,但只在中断处理时使用。

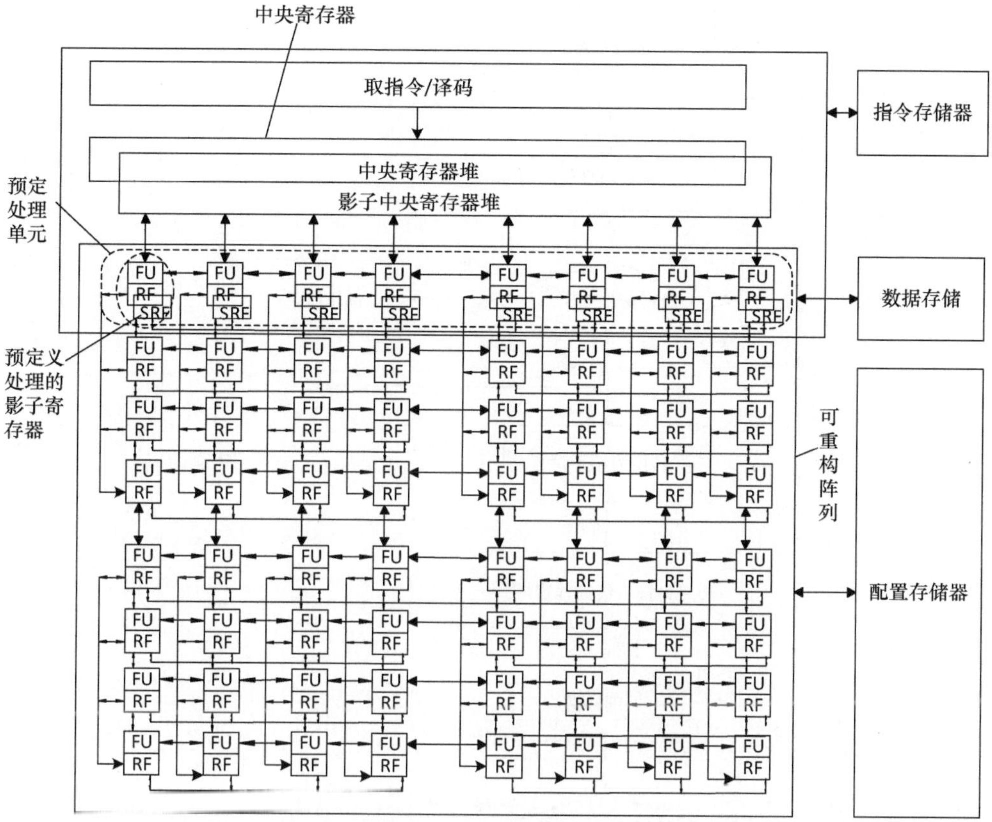

图 7.6　影子寄存器的硬件结构[4]

2. 处理流程

传统的可重构计算处理器在处理中断时，主要包含如图 7.7 所示的几个步骤。可重构处理器根据任务的特点，选择执行模式。当任务含有循环迭代的模块时，采用阵列模式执行，否则选用指令集处理器模式。当中断发生时，可重构计算处理器需要先判断当前执行模式。当是阵列模式时，需要终止阵列的运行，阵列中寄存器的数据保持到中断处理完成。随后，无论阵列处于何种模式，均转换为影子情景，即全部使用影子寄存器，包括影子中央寄存器和预定义模块中的影子寄存器。随后阵列转变为指令集处理器模式。

在指令集处理器模式下执行中断处理程序(exception service routine，ESR)后，可重构处理器将判断执行接下来的任务是否需要情景切换。此时存在一个问题，即中断前后是否需要任务切换。如果中断前后发生了可重构阵列的任务切换，那么保存阵列寄存器堆的信息将不可避免，并产生较大的代价，所幸这种情况在实

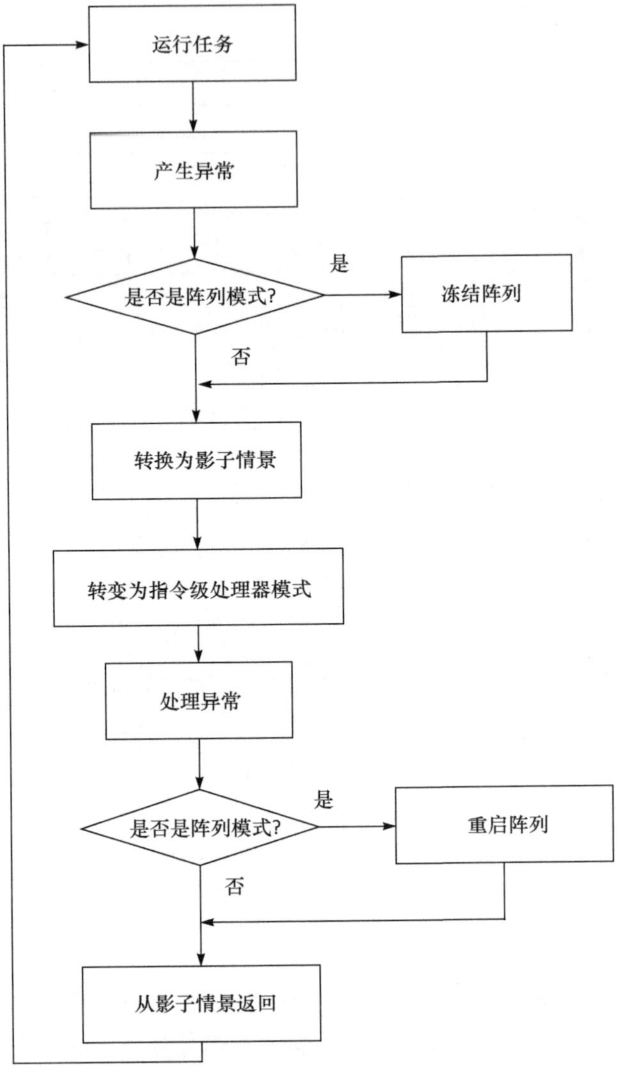

图 7.7　使用影子寄存器后的中断处理流程[4]

时系统中并不多见，中断前后只涉及任务的中断与恢复。

如果中断处理的结果不产生任务切换，可重构计算处理器就不需要场景切换。若被中断任务是阵列模式的，将阵列重启，其中普通中央寄存器和阵列寄存器中的数据在中断处理程序前后不发生改变，还可以继续使用。如果被中断任务是指令集处理器模式任务，则可以继续使用普通寄存器的数据，恢复执行任务。综上可知，可重构计算处理器可以完成被中断的任务，而不需要另外存储寄存器中的数据。

引入影子寄存器,减少了可重构计算处理器处理中断的时间开销,提高了其处理中断的执行效率。虽然阵列的面积会变大,但是只少量地增加了寄存器的数量,这种面积和效率的折中还是可以接受的。

7.3　分析与结论

可重构计算处理器的硬件结构特点是并行计算能力非常强大,所以更加适合处理并行度较高的代码。中断的特点是上下文切换,中断处理程序根据中断序号进行选择,所以可能选择出的中断处理程序是完全串行的,导致计算效率降低。因此,我们应该避免使用整个可重构阵列来执行那些串行的中断处理程序。上一节提到的第三种方法,即部分重构也体现了这一点。

为了尽量遵守该原则,我们提出如下较完整的方案,通过中断程序分类来充分利用可重构计算处理器的结构优势。

① 对于并行度较高的程序,编译实现为可重构计算处理器的配置,为了提高可重构计算处理器的响应速度,可以采用 7.2.1 节和 7.2.3 节介绍的方法,分别从软件和硬件方面来降低中断响应,保存现场所带来的性能降低。

② 对于其他并行度较低的中断处理程序,我们可以将它们交给系统的主处理器响应执行,也可以如 7.2.2 节的方法用阵列的部分资源实现,以此来保证计算的高效性。

用可重构计算处理器进行中断控制是一个较为前沿的课题,针对中断密集的场景,如何提高实时响应性能(减少响应和恢复时间等)是个难题。分级中断响应和中断打包集中响应等是可能的研究方向。

参考文献

[1] Stalling W. 计算机组成与体系结构——性能设计. 彭蔓蔓,等译. 北京:机械工业出版社,2011.

[2] Kim J W,Kim H S,Ryu S J,et al. Method and apparatus for interrupt handling during loop processing in reconfigurable coarse grained array. US,Patent 7529917. 2009-5-5.

[3] Im C S,Kim H S,Kim J W,et al. Method,medium,and apparatus with interrupt handling in a reconfigurable array. US,Patent 7836291. 2010-11-16.

[4] Kim H,Kim J,Ryu S,et al. Apparatus and method of exception handling for reconfigurable architecture. US,Patent Application 11/487407. 2006-7-17.

第 8 章　可重构计算处理器的软件流水技术

在处理器的设计过程中，总是存在频率与功耗的折中。一般来说，频率上升，功耗就随之增大，反之亦然。同样，软件程序的执行速度与相应硬件的功耗也有类似的联系。从根本上讲，软件的执行速度加快也就是原先调用到的逻辑门翻转速度变快，以及原先空闲的硬件资源得到充分利用。基于这种认识，处理器设计的优化目标通常有两种：一种是关注速度，即以功耗的微小增加为代价来获取执行速度的显著提升；另一种是关注功耗，即以可忍受的速度降低为代价来获取功耗的明显降低。

编译器对程序的优化也同样着眼于高性能和低功耗这两个目标。在前面介绍可重构计算处理器编译系统的章节中提到过循环级代码变换的概念，本章和下一章则详细介绍如何通过循环优化来加速程序的执行速度。从宏观的层面来说，提高执行速度的方法即把串行执行变为并行执行。在具体的优化手段上，存在着三类不同的解决方案，即循环展开、软件流水、多面体模型。

循环展开[1,2]是一种比较简单的源代码级的循环优化技术，它通过将循环体内指令复制多份，增加循环体内的指令数量来减少循环的次数，从而更有利于调度产生更多的并行性。由于循环展开在前面的编译系统中已经做过介绍，而且往往是辅助另外两种技术而存在的，因此在这里略过不讲。软件流水[3]（software pipelinging，SP）是对单层循环进行并行化处理的有效技术，借鉴了软件流水技术。多面体模型[4]则是针对嵌套循环的优化技术，能够更好地挖掘循环间的并行潜力，这将在下一章详述。

本章结构大体如下。8.1 节介绍软件流水的基本概念和两类典型方法。8.2 节介绍软件流水在通用处理器领域的应用及对应的具体算法。8.3 节介绍可重构计算处理器领域中软件流水技术的应用，并比较软件流水技术应用在可重构与传统处理器上时所考虑问题的异同。8.4 节介绍可重构计算处理器领域的四种基于软件流水的映射算法。8.4.1 节介绍 EPIMap 的启发式算法，其要点在于把待映射的数据流图中关键节点进行复制，通过对数据流图进行巧妙的变形达到充分利用硬件资源并减少总执行时间的目的。8.4.2 节介绍 REGIMap 算法，阐明如何有效地利用运算单元自带的寄存器来进一步减小启动间隔（initial interval，II）。8.4.3 节介绍基于图子式的软件流水映射算法，其最大的特点在于能够以路由共享的技术来充分利用硬件资源。8.4.4 节介绍本书提出的新算法 MEMap，其最大创新是在软件流水映射中考虑了存储优化。8.5 节总结面向可重构计算处理器软件流水技术未来的发展方向。

8.1　软件流水的基本概念

8.1.1　软件流水与硬件流水

由于软件流水的思想是从处理器硬件流水架构借鉴而来的，因此我们先简要介绍硬件流水的概念，并比较两者的异同。

硬件流水线一般是将完整的一条指令拆分成几个阶段。1989 年 Intel 486 处理器首次采用的流水线中，指令是被拆分成取指(fetch)、译码(main decode)、转址(translate)、执行(execute)、写回(write back)，也称为五级流水线。为介绍基本思想，这里将指令划分为取指(instruction fetch，IF)、取数(data fetch，DF)、执行(execution，EX)、写回(write back，WB)。相应的把硬件资源也如图 8.1 所示划分成四个独立部分，并给上述的四个阶段分配各自的独立硬件，在这里 IF 在 A 上执行，DF 在 B 上执行，依此类推。在未进行指令拆分和配备独立硬件资源之前，运行完整的指令需要四个周期的时间，相当于图 8.1 中斜向下的虚线条经历的时间跨度。经过拆分和配备专属硬件后，完整指令的实际执行时间变短。在图 8.1 中，纵轴表示时间，横轴表示硬件。

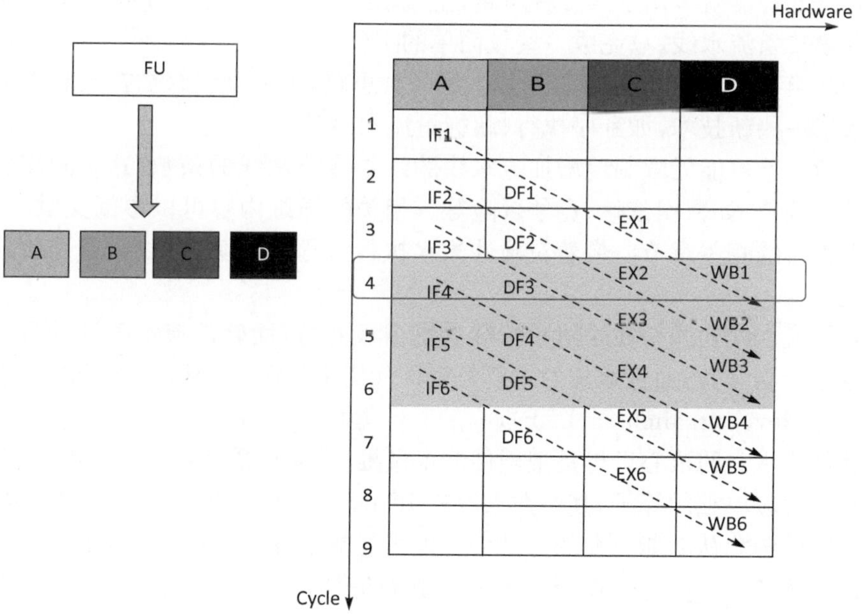

图 8.1　硬件流水的执行过程

由分析流程可知，在第四条指令的取指阶段 IF4 开始在 A 上操作时，第三条指令的译码阶段 DF3、第二条指令的执行阶段 EX2 和第一条指令的写回阶段

WB1 同时在各自的硬件 B、C、D 上操作，这就是一次流水过程，如图 8.1 框出的第 4 个时间段。在这一时间段，来自不同指令的四个阶段实际上等效为一条完整的指令，并且运行完毕只需要一个周期，相比前面未流水时的四个周期，执行效率极大提升。详细的描述如下。

① cycle1～cycle3，这个阶段的硬件资源利用率是逐步增加的，从 1 变为 3，在计算机领域中将该阶段命名为流水线装载阶段(fill pipeline)。

② cycle4～cycle6，这个阶段的硬件资源利用率最高，在这里是全部的四个硬件都在工作，并且该阶段一个 cycle 即可执行完四个阶段，可以视为执行完一条完整指令，该阶段称为流水线稳定阶段(steady state)。

③ cycle7～cycle9，这个阶段的硬件资源利用率逐步下降，从 3 变为 1，最后完成整个执行过程，因此这个阶段被称为流水线排空阶段(drain pipeline)。

从上述的执行过程分析可以看出，即使在装载阶段和排空阶段，也是一个并行执行的过程，其速度比串行执行要快。装载和排空两阶段仅仅是并行度低于流水稳定阶段。因此正常的想法就是可不可以增加流水线级数，也就是把图 8.2 的横轴分的更细一些，这样会增大并行度、提高执行速度，这是一种把管道做长的思路。另外一种想法就是，能不能多增加一条流水线，即相当于将管道做多的思路。1993 年的奔腾处理器就采用了第二种思路，主流水线工作方式基本与 486 相同，增加了额外的第二条流水线，只完成一些较简单的工作。

1995 年的奔腾 Pro 处理器又加入第一种思路，把流水线级数扩展到 12 级，并且引入了一些新技术，如乱序执行、超标量流水线等。

当然也不可能无限制地增加流水线的级数或流水线的条数，这中间需要考虑很多技术细节，如数据依赖、竞争冒险等。相关的详细内容可以参阅文献[5]，[6]等优秀教材的相关章节。带着对硬件流水执行过程的理解，可以继续了解软件流水的概念。

硬件流水线的并行在术语中被称为指令级并行，而软件流水关注的目标要大于指令这个层级，再加上处理的主要是软件代码中的循环，因此经常称之为循环级并行(loop level parallelism，LLP)。

软件流水[3]的核心思想是把硬件流水做推广：完整指令对应一长串算子；划分的子指令对应单独的算子，其中数据流向 IF-DF-EX-WB 对应 O1-O2-O3-O4；分配的独立硬件资源从功能单元的子部件扩展为能够运算完单独算子所必要的最少单元组合。例如，O1 可完全在资源 SO1 上执行完毕。资源 SO1～SO4 互斥，对应硬件流水里的四个独立的 A～D。与硬件流水一致，流水以后在 cycle4 形成稳定阶段，其中稳定阶段的每一个时间片都称为一个核心(kernel)，因为其中包含的算子恰好能够等效为一个完整的循环。软件流水与硬件流水有两个重要的区别。

① O1-O2-O3-O4 之间的依赖问题，实际情况中两两之间的时间不一定相等，

图 8.2 仅仅是理想的简单例子。另外软件流水还大量出现非相邻算子的依赖和环状依赖，这都是硬件流水中所没有的。

② 资源 SO1-SO2-SO3-SO4 可能出现两两不互斥的情况，如果出现，则不可能形成稳态阶段。

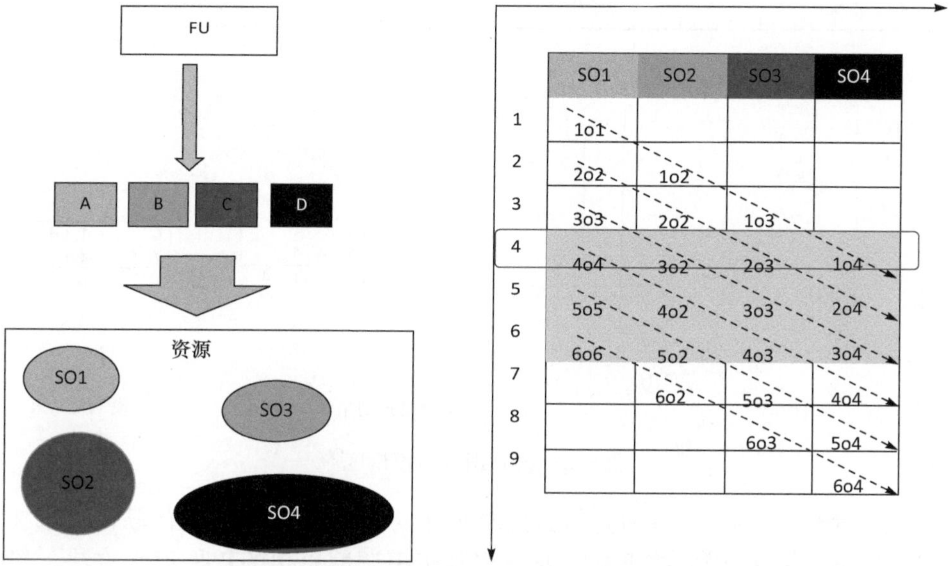

图 8.2　软件流水的执行过程

8.1.2　软件流水算法的两类基本思想

模调度算法的核心思想是按照一种调度方式，主动把一次循环内的算子进行重新排列，然后固定这种排列方式，在不违背数据依赖关系的前提下，按照尽可能短的固定时间间隔(initiation interval，II)启动第二次循环，再过 II 时间启动第三次循环，再过 II 时间启动第四次循环，依此类推，直至到一个时刻出现前面介绍的那样稳态阶段，也就是核心形成。核心识别(kernel recognition)方法属于一种被动的方式。它没有一种宏观的初始规划，也不会按照既定思路把循环内的算子排列顺序固定下来，而是把循环展开恰当的次数，并以一种特定的识别算法来寻找是否形成了核心，这就要求识别算法特别关键。经典算法有 perfect pipelining[7] 和 Petri Net[8]。表 8.1 对比了两种方法的核心指标。模调度的核心形成是主动的，不需要对循环体进行展开。核心识别的核心形成是一种被动的方式，需要对循环进行必要的展开。图 8.3[9] 可以形象的描述两者之间的区别。图 8.3(b)表示在形成的循环体中含有多个原始循环迭代体，但是它并没有带来更好的效益。最优的结果还是通过模调度得到的，尽管图 8.3(c)中的新循环体只含有一个循环迭代。

表 8.1 软件流水的两类方法

方法	模调度	核心识别
核心形成	主动	被动
循环展开	否	是
衡量指标	启动间隔	识别算法

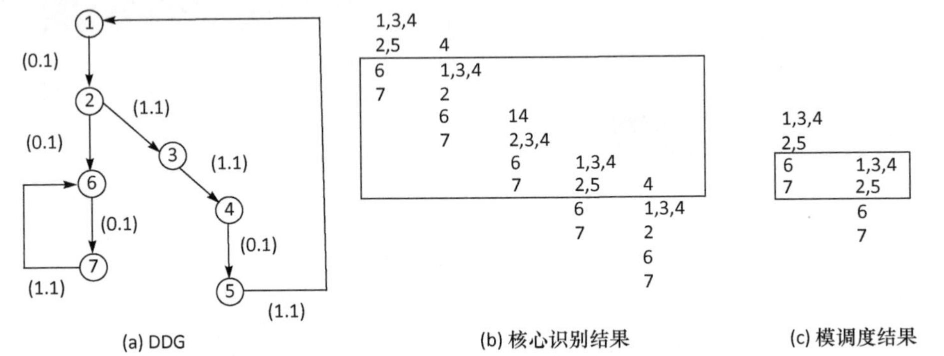

图 8.3 核心识别与模调度[9]

模调度有主动和固定的特点,因此有很好的可控性,目前主流的软件流水技术均采用模调度算法,因此接下来主要介绍基于模调度思想的软件流水方法。根据前面模调度算法的定义,可以提炼出两个要点。

① 调整好一次循环内部的算子顺序后就固定不变,在接下来依次启动的循环里面,算子的执行顺序与第一次循环内部的完全一样。

② 以固定的时间间隔 II 来依次启动相邻的循环,而不是变动的时间间隔。

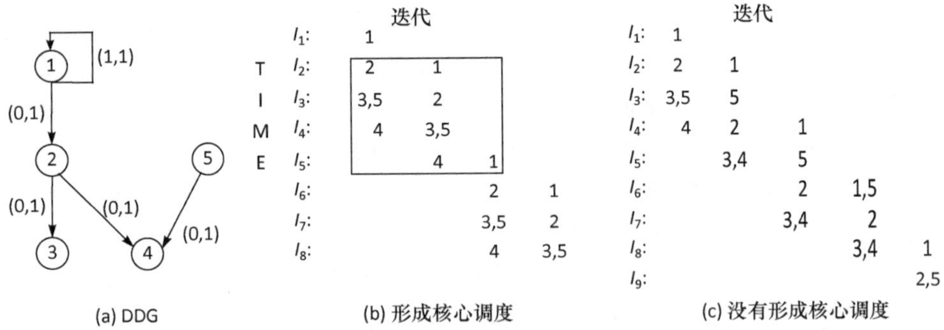

图 8.4 模调度与核心形成[9]

图 8.4(b)[9]是模调度,可以形成 kernel。图 8.4(c)则无法形成 kernel,因为其中每一循环内部的算子顺序都不同。

	I_1:	1		
	I_2:			
F_1:1	I_3:	2,3	1	
F_2:	I_4:	4,5		
F_3:2,3	I_5:	6	2,3	1
F_4:4,5	I_6:	7	4,5	
F_5:6	I_7:		6	2,3
F_6:7	I_8:		7	4,5
	I_9:			6
	I_{10}:			7

图 8.5　模调度的原理[9]

图 8.5 可以解释模调度的模是如何来的。在 cycle5 中，也就是 I_5 阶段，F_5—6；F_3—2、3；F_1—1 是同时执行的，观察 5、3、1 模 2 都等于 1，而这里正好是启动间隔 II=2。cycle6 也是如此。模调度的意思就是第一次循环内部调度好顺序并划分阶段后，模 II 相等的那些阶段，会同时执行。减小循环执行时间只需在满足数据依赖的前提下减小 II，下面叙述这两个关键点。

8.1.3　数据依赖图

一段软件代码中的依赖可分为寄存器依赖和控制依赖。在软件流水领域，所有的算法都是寄存器依赖，因为有一些特殊技术可以将那些少量存在的控制依赖转化为寄存器依赖。首先定义算子之间的依赖，一般情形下如果算子 A 先于算子 B 执行，并且两者都访问内存的同一位置，就说算子 B 依赖于算子 A。实际上经过更详细的观察，寄存器依赖分为四种。

① True Dependence 或称 RAW(read after write)。

② Anti Dependence 或称 WAR(write after read)。

③ Output Dependence 或称 WAW(write after write)。

④ Input Dependence 或称 RAR(read after read)。

上面的第四种依赖在软件流水领域完全可以忽略，而第三种依赖可以通过寄存器重命名的技术来除去，因此软件流水只关注前两种依赖，这两种依赖也常叫做真依赖。

如图 8.6(a)所示，S1 语句先写数据到寄存器 x 然后 S2 语句从寄存器 x 读出该数据。一些文献中经常用一个单箭头示意。如图 8.6(b)所示，S1 语句先读寄存器 x 内容，在 S2 语句中再写入寄存器 x。一些文献中用单箭头加一短横线示意。这两者称之为真依赖，因为 S1 与 S2 语句的位置不能够互换。如图 8.6(c)所示，S1 语句先写到寄存器 x，S2 语句再写入寄存器 x，用单箭头加一圆圈示意。在不采用重命名寄存器的前提下，两个语句也是不能互换的，但如果采用寄存器重命名技术。例如，S1 中寄存器命名为 x1，就可以互换 S1 与 S2，因此有时该依赖被称为假依赖。

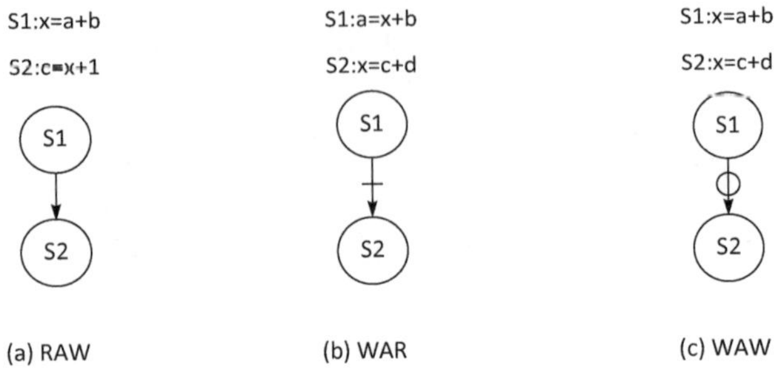

图 8.6　三种数据依赖情形的举例

明白了算子之间的依赖关系之后，接下来介绍分析循环体内部所有算子依赖关系的工具——数据依赖图（data dependence graph，DDG），有时也称为数据流图。

第一种循环叫 doall loop。这种循环最理想，也就是第 i 次循环内的所有算子只与本次循环体内部的算子有依赖关系，其他任何次循环，如第 $i+1$ 次、第 $i+2$ 次、第 $i+3$ 次等与之都没有依赖，因此也称为循环无关（loop independent）。这种情形下的数据流图非常简单，不会形成环路。如图 8.7 所示，第一个循环恰是 doall loop，它的数据流图就是一个无环图。在 DFG 中，节点代表算子，弧或者边代表依赖，节点的数字代表循环体内部的算子标号。

第二种循环叫 doacross loop。实际情况中碰到的实例基本都是这种循环。这种循环体依赖比较复杂，算子除了与本次循环体内部其他算子之间有依赖外，还与其他次的循环体内部算子有依赖，因此成为循环相关。图 8.7 的第二个循环就是一个简单的 doacross loop。它的无环部分，相当于一个 doall loop，与第一个图一致。考虑环路部分时，可以做几次展开，如图 8.7 右下角所示，能够看到第一次循环的 O1 的输出会作为第二次循环的 O1 的输入，对于这种情况就在数据流图节点 1 上面加一个自循环，代表相邻的两次循环的 O1 之间有这种依赖关系。

上面的叙述是一种定性描述，但为了实际的计算，必须能定量地在数据依赖图中表示出原始循环体内部各算子的执行时间，这是因为不可能所有的算子都消耗相同的时间。除此之外，还要能描述出循环间依赖到底是跨度几个循环，要给出一个数字，否则无法计算。基于此，对数据流图进行修正，即给每个弧附加一个权值（dif，min），其中 dif 表示循环间依赖跨度的循环数目，min 表示上一个算子执行完毕需要花费的时间。在这种表示下，循环体单次循环内部的依赖关系，相邻循环间的外部依赖关系能够在一个单独的图中表示出来，外部的依赖关系形成一个环路。

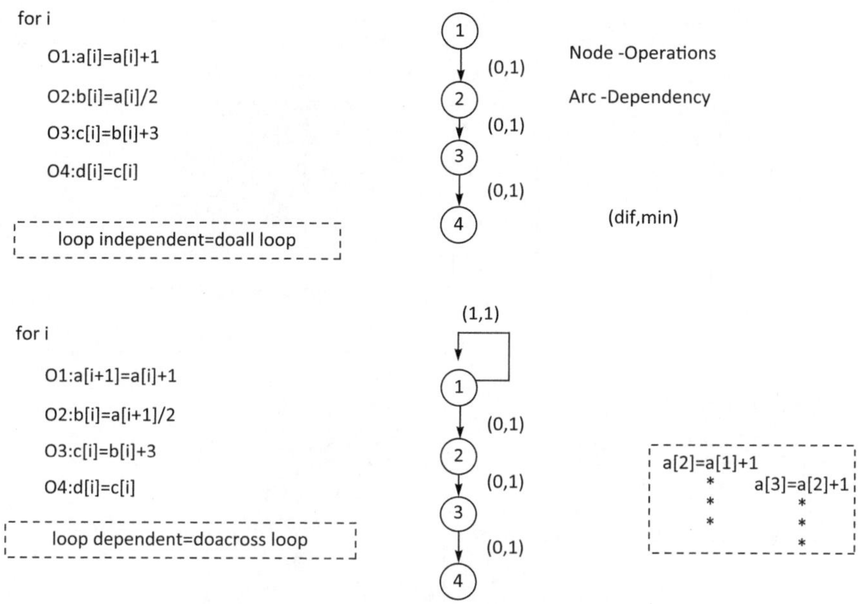

图 8.7　数据依赖的数据流图分析方法

图 8.8 能更清楚的表示(dif,min)的含义。假定每个算子运行只需一个周期，即 min=1。a[5]必须等待 a[3]算完才能进行运算，意味着第三次循环的算子 O1 必须等到第一次循环的算子 O1 运算完毕后才能启动，即 dif−2，此即为 O1 环边的权值(dif,min)=(2,1)。图 8.8(b)表示可以令第一次与第二次循环同时启动，但是这种运行方式不满足模调度要求，即相邻循环间必须有启动时间差。图 8.8(d)才是模调度的运行模式。图 8.9[9]展示的是多条循环间依赖，即多个环状边的情形。

8.1.4　启动间隔

为了有一个直观印象，先来关注图 8.10。首先看图 8.10(d)，意味着四次循环完全并行执行，这就是前边分析的 doall loop，也就是循环无关。图 8.10(a)意味着完全的串行执行，即循环间的依赖关系太强，而不可能做任何并行处理。在现实处理中比较少见上面两种极端情况，经常碰到的情况是循环间依赖适中，可以有一定并行化能力的情形。图 8.10(b)的循环间依赖强于图 8.10(c)。在图 8.10(c)中，第 i+1 次循环只需比第 i 次循环晚启动 1 个单位时间就能满足依赖关系，而在图 8.10(b)所示的情形下，这个启动时间就是 2 个单位时间。现在总体来看这四幅图，执行时间长短很明显可以看出(a)>(b)>(c)>(d)。如果以 II 术语来描述，那么$II_a=4$，$II_b=2$，$II_c=1$，$II_d=0$，要缩短执行时间，那就是要减小 II。

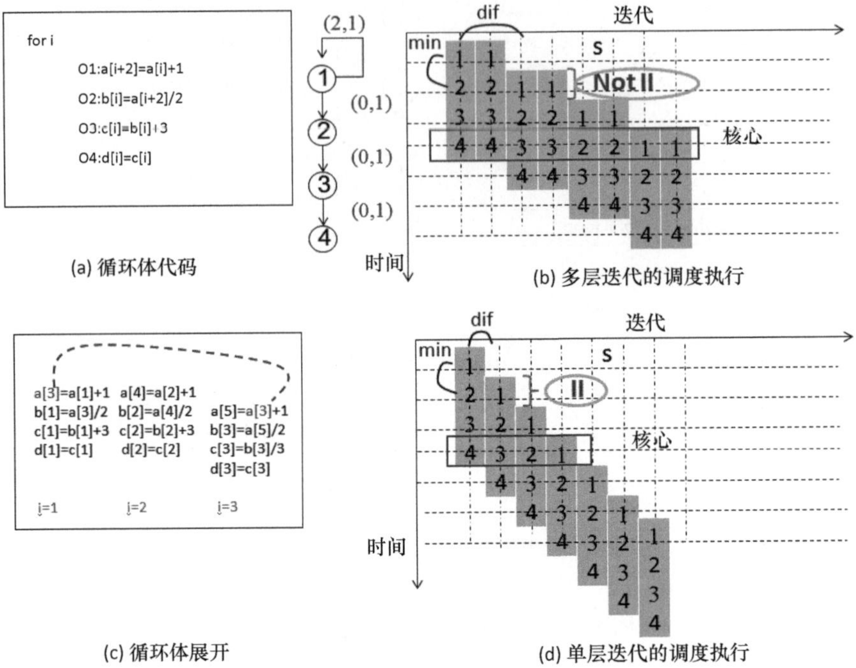

图 8.8　数据流图(dif,min)权值的含义

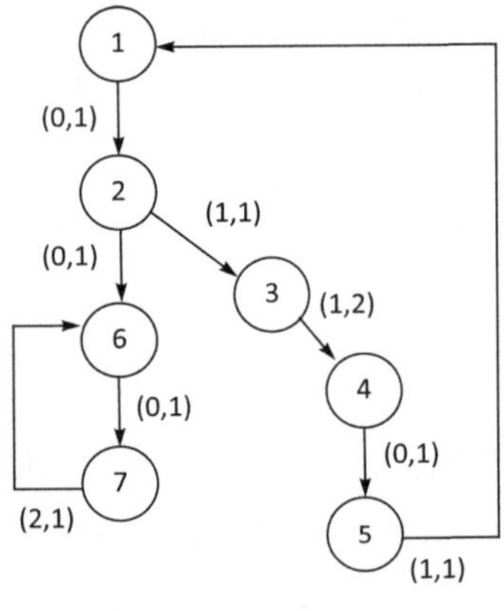

图 8.9　具备多条环状边的数据流图

所以在模调度中,核心任务就是通过依赖分析得出数据流图,接着以它为基础计算出为了满足依赖关系而需要第 $i+1$ 次比第 i 次循环晚启动的最小时间间隔(minimal initiation interval,MII),然后以 MII 为最小值逐步增大,检验该调度是否满足要求。

这里介绍一下各种 II 的定义。

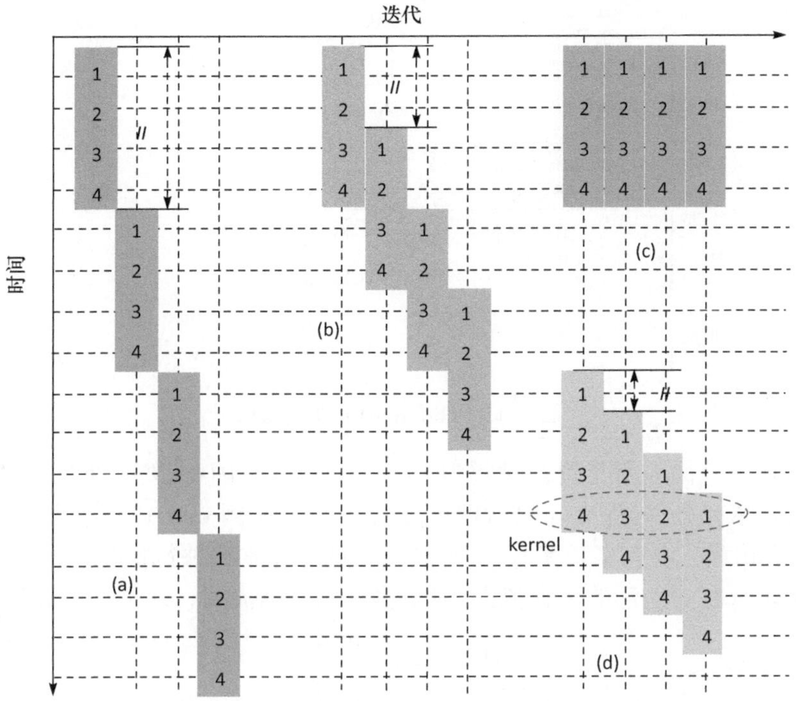

图 8.10　循环启动间隔示例

II(the initiation interval)是实际的两个循环间的间隔时间。

ResMII(the resource-constrained MII)是受到硬件资源的限制而计算出的理论上最小间隔时间。

RecMII(the tecurrence-constrained MII)是基于 DFG 图中循环间依赖而计算出的理论上最小间隔时间。

MII(the minimum initiation interval)是理论上两个循环间的最小间隔时间。其中,MII＝max (ResMII,RecMII)。

ResMII 计算起来比较简单,若假定硬件资源只有 2 个乘法器和 3 个加法器,而循环体内部的算子总共需要进行 6 次乘法,6 次加法,那么由乘法器资源限制得到的 MII＝6/2＝3,由加法器资源限制得到的 MII＝6/3＝2,最终的 ResMII 取其中的大者。在实际情况中,就是列出各类硬件资源的数目,以及循环体内部各类不同运算的数目,最后依例子所述取最大值即可。MII 计算相对麻烦,需要分析(dif,min)的物理意义。

如图 8.11 所示,这是图 8.8 的一部分,通过分析该图能够得出 RecMII 与(dif,min)之间的联系。

min/dif＝1/2,物理意义即为在 min＝1 的时间内,有 dif＝2 两个循环运算,换

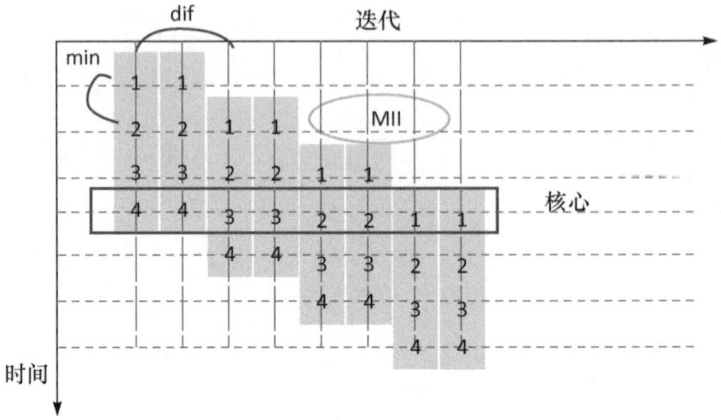

图 8.11　(dif,min)的物理意义

句话说执行一个循环所花费的时间为 min/dif＝1/2。因此，要让下次运算的循环启动时满足依赖条件，那么间隔时间就要大于这个比例 min/dif。实际上，真分数值的 min/dif 意味着有多条流水线，这里就是两条流水线并行执行。

上面是只有一个环的数据流图，对于多环的数据流图，RecMII 的计算如下，即

$$\mathrm{Max}_{(\forall\,\mathrm{cycle}\theta)}\left\lceil\frac{\min_\theta}{\mathrm{dif}_\theta}\right\rceil \tag{8.1}$$

其中，$\min_\theta$和dif_θ是沿着一个完整的环状边，例如从第 i 次的算子 O2 指向第 $i+3$ 次的算子 O2 这样一个边，去累加所有组成边上的权值(dif,min)，然后形成的和值。

从(dif,min)的物理意义，即 $\min_\theta/\mathrm{dif}_\theta$ 指要满足该条环状边的依赖要求，所必须插入的启动间隔时间，那么求出从所有环状边中的 $\min_\theta/\mathrm{dif}_\theta$，从中求得最大值即为循环间依赖所限定的最小启动间隔。

8.1.5　RecMII 的计算

表 8.2 列举了最常见的三种基于数据流图的循环间依赖计算出的最小启动间隔。

表 8.2　最小启动间隔的计算方法

类别	直接法		间接法
	简单法	高级法	迭代法
代表算法	Enumeration	Shortest Path	Path Algebra
复杂度	低	高	中
适用范围	低	广	中

1. 枚举方法[10]

利用 8.1.4 节 RecMII 的定义，枚举数据流图所有的圈弧所带权值(dif,min)，

然后算得各个比例$\left[\frac{\min_\theta}{\mathrm{dif}_\theta}\right]$,取其大者即得 RecMII。但是,该方法有很大的局限性,如果数据流图比较复杂,就不太可能用手工得出正确的结论。

2. 最短路径方法[11]

(1) 算法思想

预先不做 RecMII 的任何猜测,以数据流图为基础,通过定义一个新的代价函数来表示加权路径的长度,然后利用 Floyd 最短路径算法求得一张表格。表格内容全部为(dif,min),主对角线表格恰好为各个圈的(dif,min),接下来就是 enumeration 方法。

(2) 有效距离

图 8.12[9] 只包含唯一的圈,即只有节点 1 自身有循环间依赖,其权值为(dif,min)=(2,1)。意思是必须等待第一次循环的 O1 运算完毕后才能开始运算第三次循环的 O1,即

$$\min_\theta < \mathrm{II} \cdot \mathrm{dif}_\theta \tag{8.2}$$

以此为基础,可以定义一个综合考虑依赖关系和启动间隔后的距离函数,即

$$M_{a,b} = \min_{a,b} - \mathrm{II} \cdot \mathrm{dif}_{a,b} \tag{8.3}$$

该函数把数据流图中圈的影响通过减去 II×dif 而变为无圈,这样两个算子 a,b 之间无论 dif 是否为 0,都可归一化为 dif=0 的同一循环体中的距离。如果 $M>0$,那么 b 必须出现在 a 的前面,如果 $M<0$,那么 a 必须出现在 b 的前面。

代价函数为

$$\mathrm{cost}(i,j)^{\mathrm{II}} = \max_{(\forall(\mathrm{dif},\min)\in c_{ij})}\{\min - \mathrm{II} \cdot \mathrm{dif}\} \tag{8.4}$$

其中,C_{ij} 为节点 i 与 j 之间任意可能的路径。

利用 Floyd 最短路径算法就能求出任意两节点之间的(dif,min),然后列成表格,计算主对角线即可,如图 8.12 所示。

源结点	目标结点				
	5	1	2	3	4
1	(2,6),(3,6)	(1,4),(2,4)	(0,2),(1,2)	(0,3),(1,3)	(0,1)
2	(1,2)	(1,4),(2,6),(3,6)	(0,2),(1,4),(2,4)	(0,3),(1,5),(2,5)	(1,3)
3	(2,4)	(1,2)	(1,4),(2,6),(3,6)	(0,1)	(2,5)
4	(2,3)	(1,1)	(1,3),(2,5),(3,5)	(1,4),(2,6),(3,6)	(2,4)
5	(3,5)	(2,3)	(1,1)	(1,2)	(3,6)

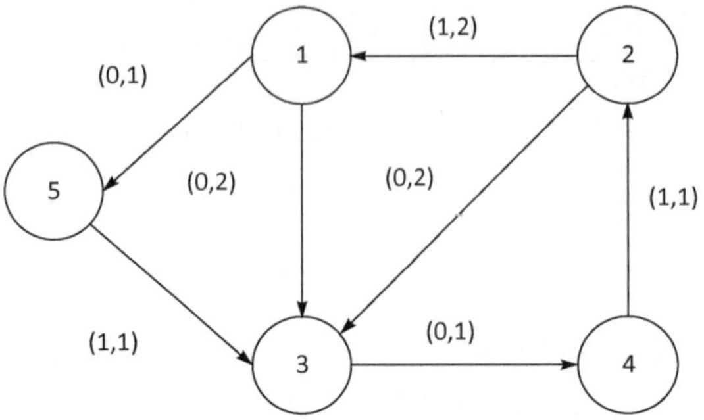

图 8.12　最短路径方法[11]

3. 路径代数方法[12]

算法思想是预先猜测一个 RecMII，看是否满足条件，不满足则令其增加，然后再迭代看是否满足条件，其中的关键在于检测条件。遵循这个思想，有一种称为路径代数的优美数学方法。

① 猜测一个 II，然后生成一个原始矩阵 M，如图 8.13[9]所示，$-\infty$表示两节点一步不能到达，其他的数值则为前面定义的有效距离。

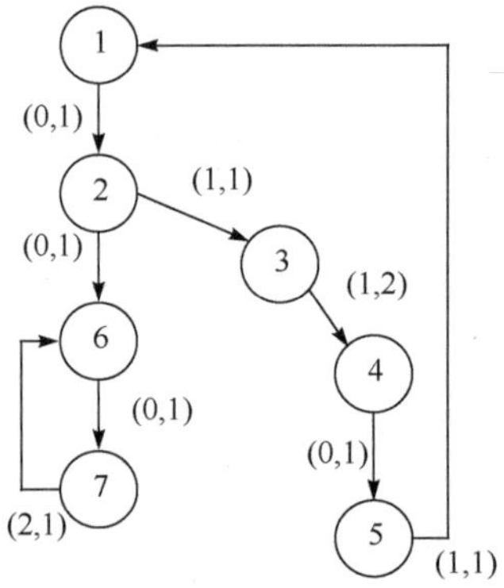

	1	2	3	4	5	6	7
1	-∞	1	-∞	-∞	-∞	-∞	-∞
2	-∞	-∞	-1	-∞	-∞	1	-∞
3	-∞	-∞	-∞	0	-∞	-∞	-∞
4	-∞	-∞	-∞	-∞	1	-∞	-∞
5	-1	-∞	-∞	-∞	-∞	-∞	-∞
6	-∞	-∞	-∞	-∞	-∞	-∞	1
7	-∞	-∞	-∞	-∞	-∞	-3	-∞

(a) Original Matrix M

	1	2	3	4	5	6	7
1	-∞	-∞	0	-∞	-∞	2	-∞
2	-∞	-∞	-∞	-1	-∞	-∞	2
3	-∞	-∞	-∞	-∞	1	-∞	-∞
4	0	-∞	-∞	-∞	-∞	-∞	-∞
5	-∞	0	-∞	-∞	-∞	-∞	-∞
6	-∞	-∞	-∞	-∞	-∞	-2	-∞
7	-∞	-∞	-∞	-∞	-∞	-∞	-2

(b) M^2

	1	2	3	4	5	6	7
1	0	1	0	0	1	2	3
2	-1	0	-1	-1	0	1	2
3	0	1	0	0	1	2	3
4	0	1	0	0	1	2	3
5	-1	0	-1	-1	0	1	2
6	-∞	-∞	-∞	-∞	-∞	-2	1
7	-∞	-∞	-∞	-∞	-∞	-3	-2

(c) Closure

图 8.13　路径代数方法举例[12]

② 定义新的矩阵操作。在该乘法定义下，M^2 各元素代表节点之间的关于两步距离之间的信息，M^6 为六步距离之间的信息，一直计算到次高幂。最后在此加法定义下可以求得 M 的传递闭包 $\vartheta=M+M^2+\cdots+M^6+\cdots$。

③ 检查传递闭包矩阵 ϑ 的主对角线元素，如果有正元素则不满足条件，返回到第一步，让 II+1，再重新此过程，直至主对角线元素全部非正。此时的 II 即可满足依赖要求。

8.2 通用处理器上的软件流水方法

软件流水技术首先是应用在通用处理器中的，而模调度算法第一次出现是 1981 年由 HP 实验室 Rau 和 Glaser 提出的[3]，其基本思想已经在 8.1.2 节叙述。Rau 和 Fisher 经常被称为 VLIW 之父，而模调度算法就是他们在发明 VLIW 的过程中提出的优化算法。1984 年，Fisher 和 Rau 还分别创建了相应的硬件公司 multiflow 和 cydrome，虽然在商业上都不是很成功，但对于技术的促进作用是巨大的。1994 年，Rau 又发表了改进算法 Iterative Modulo Scheduling[13]。

斯坦福大学的 Lam 教授在通用处理器和可重构计算处理器两个领域都发表过软件流水方面的重要文章，这里着重介绍 Hierarchical Reduction[14]。

由于通用处理器的硬件特点，在循环调度优化完毕后不需要映射和布线，所以调度问题相对简单一些。Lam 的 Hierarchical Reduction 方法经过巧妙的简化，把先计算 MII，再进行调度这两步统一为了一步。在算法执行过程中采用从小到大的迭代法，一旦出现一个合适的 II，那么调度方案也随之生成。

算法步骤如下。

① 找出 DFG 图中的所有强连通分量(strong connected component，SCC)。

② 估计一个 II，然后迭代的执行下面步骤。

③ 采用 Lam 的启发式方法，对每个 SCC 进行单独的调度安排。

④ SCC 简化为一个等效节点，更新所有弧上的权值(dif，min)，得到等效 DFG。

⑤ 对得到的无环 DFG 应用表格调度。

⑥ 如果调度失败，则回到②，II+1 重新执行后面部分。

SCC 简化为等效节点，以便原先的数据流图变为等效无环数据流图的示意图，如图 8.14 所示。

图 8.15 展示了节点 3，5 等效为一个节点后，所有的权值(dif，min)更新过程。

调度 SCC 的启发式算法。

① 基于依赖关系，各算子在时间轴上可算得一个可安排区域$[\delta_{\text{low}},\delta_{\text{up}}]$。

② 初始$\delta_{\text{low}}(u)=\max_{u\in N}(u,v)$，$\delta_{\text{up}}(v)=\infty$。

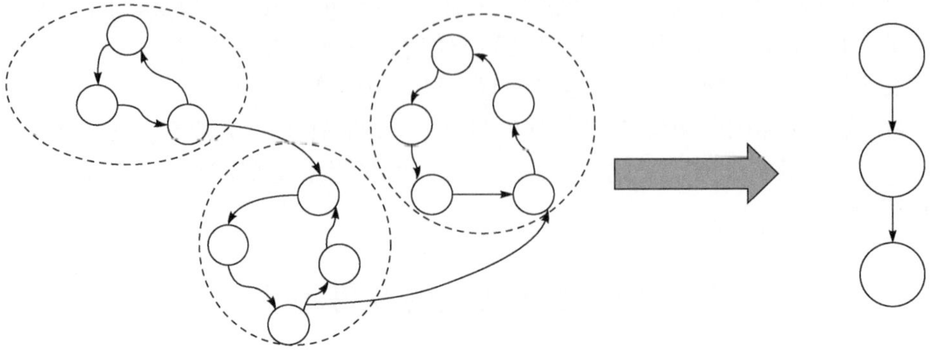

图 8.14　强连通分量的简化[14]

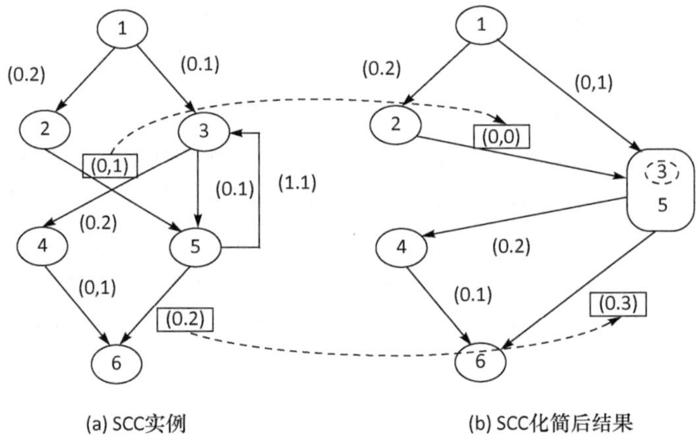

图 8.15　(dif,min)的更新

③ 若节点同时安排,则先安排δ_{up}较小的那一个,若相同,则任取一个。

④ 安排一个节点后,其余节点的可行域要进行更新,即

$$\delta_{low}(u)=\max(\delta_{low}(u),\delta_v+\text{costII}(u,v))$$

$$\delta_{up}(u)=\min(\delta_{up}(u),\delta_v-\text{costII}(u,v))$$

⑤ 具体安排在可行域中哪个特定时刻,原则是从 δ_{low} 到 δ_{up},由低到高尝试,安排在第一个不发生冲突的位置即可。

图 8.16 展示了一个详实的 SCC 调度实例。表 8.3 则为各次迭代时每个节点的可行域更新列表。第一步由于上界都无穷,因此可任取一个,这里选取节点 1,在其可行域安排时由于不会出现负时间,只能安排在时刻 0;按照算法第四步更新完可行域后为表 8.3 第二列,此时节点 2 有最小上界,故第二个安排的节点为节点 2,在其可行域安排时,由于节点 2 与 1 不发生冲突,因此安排在时刻 0;再次更新,看表第三列,只能是第三个安排的节点为节点 3,放在时刻 2;再次更新,安排节点

2 在时刻 3；最后安排的节点为节点 5，只剩下时刻 1 能够安排。结果如图8.16(c)所示。

表 8.3　可行时间域更新表

orig	$n2\ I_0$	$n3\ I_2$	$n4\ I_3$	$n5\ I_1$
n_1: [-2, ∞]				
	n_2: [0, 2]			
		n_3: [2, 2]		
			n_4: [3, 3]	
n_2: [0, ∞]				n_5: [1, 5]
	n_3: [2, 4]			
		n_4: [3, 3]		
			n_5: [1, 5]	
n_3: [2, ∞]				
	n_4: [3, 5]			
		n_5: [1, 5]		
n_4: [3, ∞]				
	n_5: [1, 7]			
n_5: [1, ∞]				

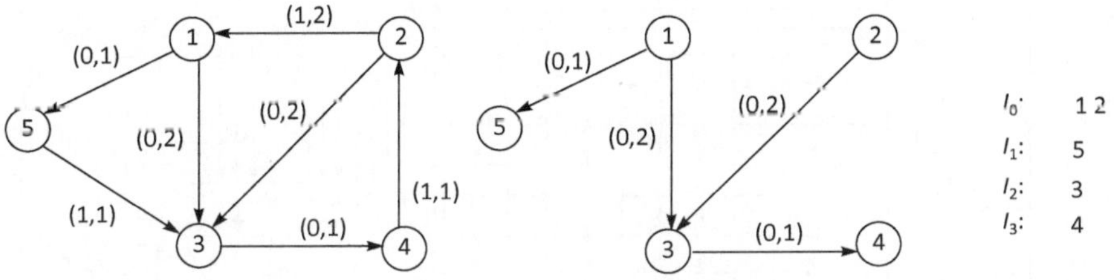

(a) SCC实例　　(b) 循环无关子图　　(c) 调度结果

源结点	目标结点				
	1	2	3	4	5
1	{(2,6)}	{(1,4)}	{(0,2)}	{(0,3)}	{(0,1)}
2	{(1,2)}	{(1,4)}	{(0,2)}	{(0,3)}	{(1,3)}
3	{(2,4)}	{(1,2)}	{(1,4)}	{(0,1)}	{(2,5)}
4	{(2,3)}	{(1,1)}	{(1,3)}	{(1,4)}	{(2,4)}
5	{(3,5)}	{(2,3)}	{(1,1)}	{(1,2)}	{(3,6)}

图 8.16　SCC 调度实例

8.3　可重构计算处理器上的软件流水问题

8.3.1　可重构计算处理器的特殊问题

要明白可重构领域上软件流水技术的特殊之处,必须深刻理解可重构计算处理器与传统处理器硬件架构上的不同。文献[15]详细列举了可重构计算处理器硬件架构的历史变迁,对比成熟的可重构计算处理器 Garp、MorphoSys、RaPid、Piperench 等粒度大小、布线结构、嵌入内存尺寸、各自特性等。另外,还介绍了一些针对可重构计算处理器的编译器的沿革。这里不做赘述,我们通过分析 IMEC 设计的 ADRES 处理器来说明问题。

从宏观层次上讲,ADRES 采用的是主从式结构,即一个传统处理器着重处理控制密集型任务,而附带的可重构单元阵列来处理计算密集型任务。可重构阵列的硬件架构模式采用最流行的网状互连结构,即每个运算单元和四周的四个运算单元都能够进行通信。基本的结构如图 8.17 所示。配置内存负责配置运算单元完成重构。从架构上能够看出可重构计算处理器与通用处理器领域几个重要的区别。

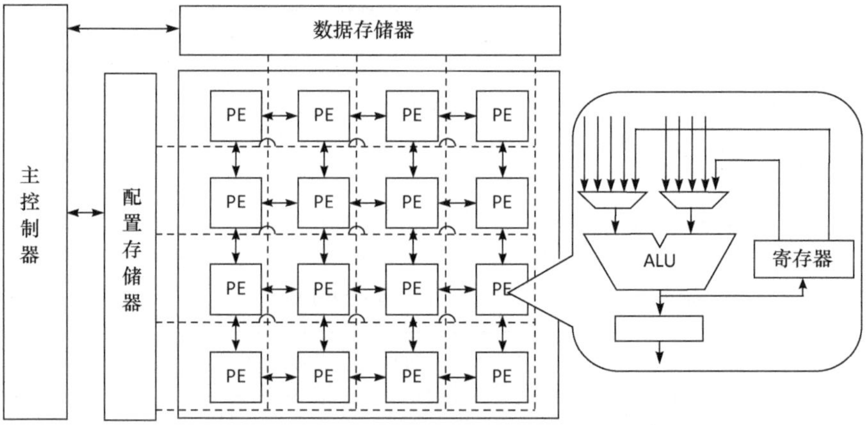

图 8.17　可重构计算处理器抽象模型[4]

① 分布式的寄存器,必须在调度时人为考虑数据的管理问题。

② 可重构的 PE 阵列,要充分利用 PE 功能可变的这个灵活性来加速计算。

③ 两个处理器之间的通信时间必须加以考虑,该时间所占比例不小。

④ 布局问题,如何把算子有效映射到各个 PE 上去。

⑤ 互连问题,如何保证映射后的算子之间互连等效于原程序归根到底,在可重构计算处理器中的软件流水问题的复杂之处是调度与布局、布线相互影响,因此

II 的求取,实际的映射效率,运行时间等都必须通盘考虑。

8.3.2　两类基本的调度映射方法

可重构计算处理器的软件流水存在两类基本的调度映射方法,即空间映射和时间映射(temporal mapping)[16]。

(1) 空间映射

在一次循环中,静态的配置保证每个 PE 执行固定的操作,然后循环体以空间为基准映射,这样的好处是不太需要可重构配置,因为每次重构都要消耗功耗,但相对来说局限性更大,PE 阵列尺寸有限,很多情况下会出现无法映射的问题。

(2) 时间映射

在一次循环中,每个运算单元在不同时间段是执行不同操作的,这需要动态的配置,能充分地利用可重构阵列的灵活性,但因为要频繁的重构,功耗肯定高于空间映射方法。

图 8.18[16]展示了两种映射方法的对比。该例循环体的算子按时间顺序为 $LD/+, x, 1+, 2+, x/ST$。图 8.18(b)是空间映射,只需要 1 层或 2 层配置,而且后三列功能不随时间改变。图 8.18(a)是时间映射,需要 5 层配置才行,每一列在

时钟周期	1	2	3	4	5	6	7	8
列#1	LD/+	×	1+	2+	×/ST	NOP	NOP	NOP
列#2		LD/+	×	1+	2+	×/ST	NOP	NOP
列#3			LD/+	×	1+	2+	×/ST	NOP
列#4				LD/+	×	1+	2+	×/ST

时钟周期	1	2	3	4	5	6	7	8
列#1	LD/+	LD/+	LD/+	LD/+	×/ST	×/ST	×/ST	×/ST
列#2		×	×	×	×	NOP	NOP	NOP
列#3			1+	1+	1+	1+	NOP	NOP
列#4				2+	2+	2+	2+	NOP

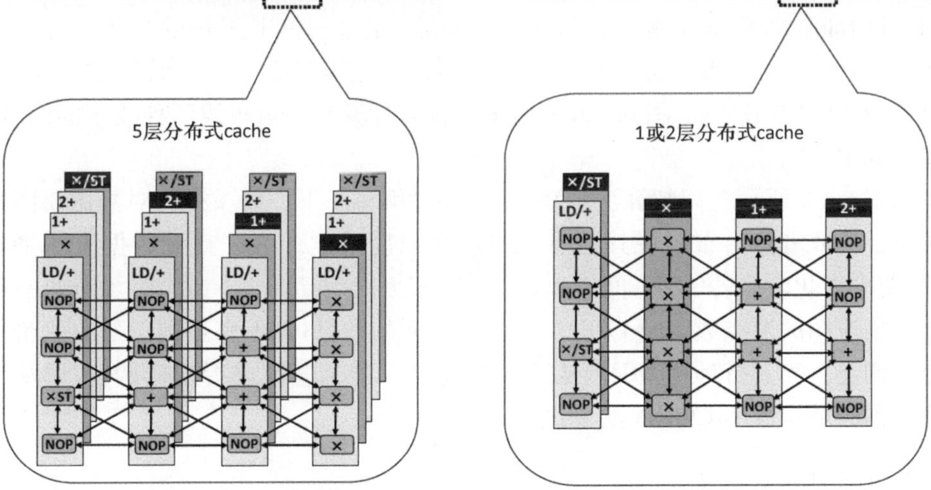

算子 :第五周期执行的算子

(a) 时域映射　　(b) 空间映射

图 8.18　空间映射和时间映射方法示意

不同时间功能都是在改变的。

目前以速度优化为目标的主流方法均采用时间映射，因为这种方法能充分利用可重构处理的灵活性，会采用一些技术来减少重构的次数。

8.4 可重构计算处理器上的软件流水方法

可重构计算处理器上的软件流水方法是在传统软件流水机制的基础上，充分利用可重构计算处理器的架构特点，从而获得更大的循环层次并行度。本节介绍几种有代表性的算法。

8.4.1 EPIMap 方法

传统的软件流水方法都不对原始 DFG 图做任何实质改动，仅做一些适当变形。亚利桑那州立大学的 Mahdi[17] 指出，可以通过重复计算(re-computation)，把某些面临冲突的算子多复制几份，在此基础上做布线后可以显著减小 II。

图 8.19 展示了重复计算与路由布线技术应用的一种场景。图 8.19(b)中的节点 b 的出度(out-degree)为 4，但是时序扩展 CGRA(time-extended CGRA，TEC)最大的出度只有 3，这肯定会有资源冲突。例如，节点 b 在 $t+1$ 时刻映射到 PE4 上，那么 4 个子节点在 $t+2$ 时刻只有三个资源，即 PE4、PE1、PE3 可以映射，资源不够。

图 8.19(c)采用传统的路由布线方法解决出度问题，在 $t+2$ 时刻保留一次 b 值，通过增加时刻 $t+3$ 来解决空间不足的问题。图 8.19(d)采用的是重复计算的方法。在时刻 $t+1$ 复制一份 b 值，来解决 $t+3$ 时刻空间不足 4 个的问题。图 8.19(c)和图 8.19(d)均为 II=3。图 8.19(e)展示了重复计算与路由布线两种技术的结合，可以看到 II=2。

如图 8.20 所示是详细算法步骤，这里略微解释一下。第 1 行为对数据流图进行重复计算或者路由布线使其所有节点满足出度限制。第 3 行对数据流图平衡化，所谓平衡化就是若 i 与 j 间有弧 (i,j)，则调度时间 $T_j-T_i=1$。第 4 行每一层保证数据流图的节点数少于 CGRA 的运算单元的数目，若不满足则以最小代价进行上下调整。第 5 行计算 MII。从第 6 行起以 MII 为基准进行迭代调度，即从数据流图到时域扩展的 CGRA 图上进行映射。

8.4.2 REGIMap 方法

EPIMap 通过重复计算与路由布线的结合使 II 有效减少，但是从算法执行过程中可以发现运算单元自带的寄存器没有被充分利用，传递数据时只使用运算单

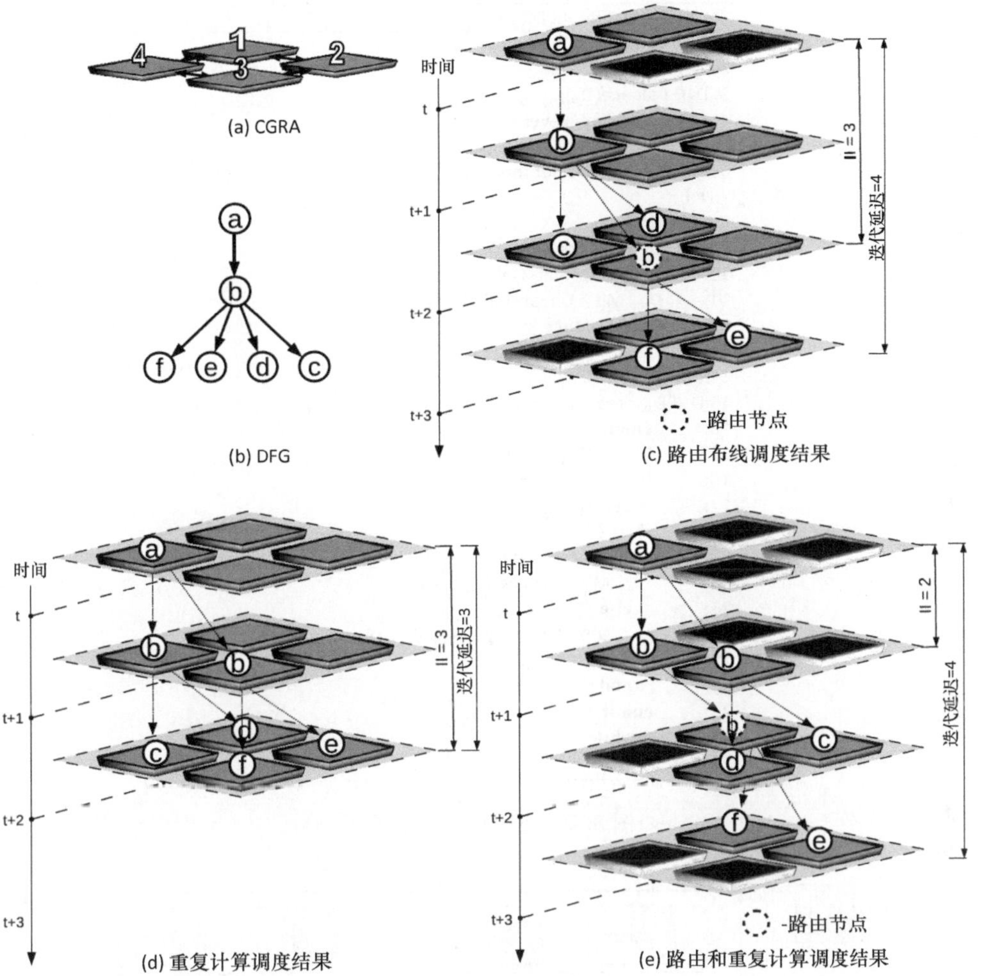

图 8.19 重复计算与路由布线技术

元本身(实际是输出寄存器)。文献[18]研究了如何有效地利用运算单元自带的寄存器来改进调度结果。图 8.21 显示了寄存器应用的简单示意,图 8.21(c)是不利用寄存器的调度结果,可以看到节点 a 的数值要在时刻 2 和 3 都保持在 PE2 中,此种方法 II=4。图 8.21(d)是利用寄存器后的调度结果,图中上标表示的循环次数,可以看到 II=2。REGIMap 算法的核心步骤有三步。

① 构建数据流图与时域扩展图之间的兼容图(compatibility graph)$P=(V_p, E_p)$。顶点是可能的算子到资源的映射,边表示兼容性。

```
算法　EPIMap(Input D,InputC)
D_p←Constrain_Outdegree(D);
M ← |V_c|;
D_p←Balance(D_p);
D_p←Constraint_Levels( D_p,M);
II ← DeterminMII( D_p); D_i←D_p;
while Mapping is not found do
N=I ;
while true do
        D_i←Balance(D_i);
        D_i←Constraint_Levels( D_i,M);
        D_mp,MII←UpdateMII( D_i,M);
         ifMII>II then
II←II+1;
M← |V_c|;
D_i←D_p; break;
         end if
         CS ← MCS( D_mp,II,C );
         ifV_CS=V_Dmp then
            return CS;
         else
            ifV_Di-V_CS >Nthen
               M←M-1; D_i←D_p; break;
            else
               D_i←ChangeInput(V_Di-V_CS,D_i);
               N ← |V_Di-V_CS |;
            end if
         end if
      end while
end while
```

图 8.20　EPIMap 伪代码[17]

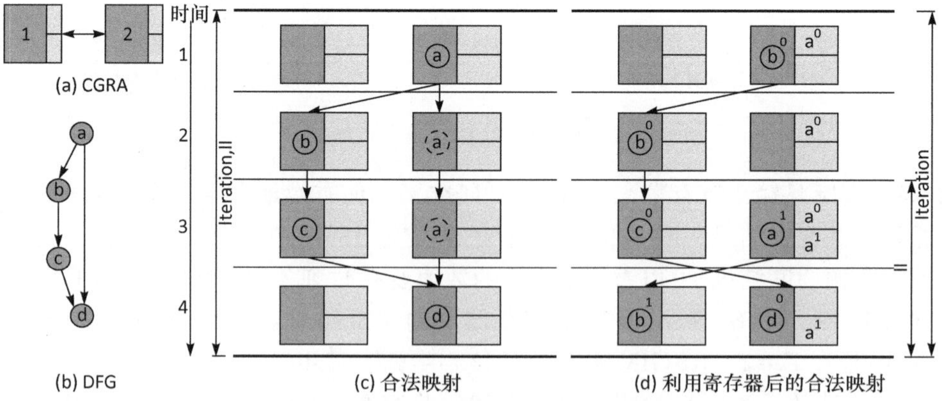

图 8.21　寄存器在调度中的应用[18]

② 给兼容图赋权值。边上的权值为两节点相继执行的中间时段需要寄存器的数量，节点权值为出边权值之和。

③ 在该图中找最大团(maximal clique)。该团的所有节点权值之和必须小于可用寄存器的数量。图 8.22 显示了一个较为详细的调度结果。

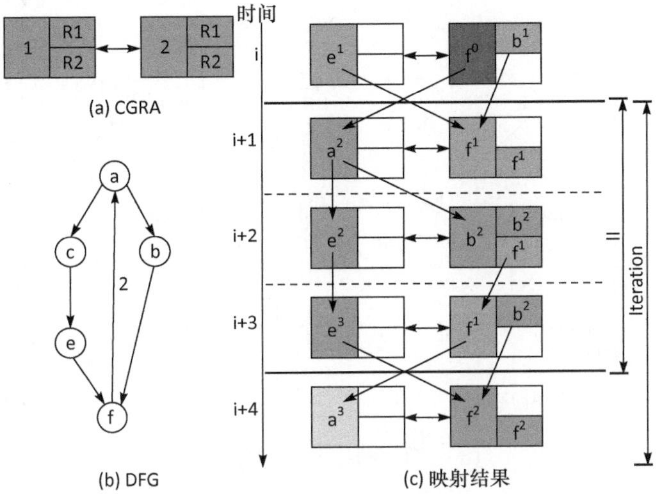

图 8.22　寄存器调度结果[18]

8.4.3　图子式方法

图子式方法(graph minor)[19]有两个核心贡献,即共享路由 PE,映射问题转化为图子式检测问题。

1. 共享路由 PE

前面的 EPIMap 和 REGIMap 方法做边的映射时,背后的数学模型决定了在时域扩展 CGRA 图中得到的映射之后的边之间是相离的或者仅仅是端点重合而中间节点相离。假设数据流图中存在一条单源多目标的组合边,那么在时域扩展 CGRA 图中对应的像也应该是分叉的拓扑结构,这就造成了运算单元的资源浪费,因为原本可以让其中一些中间节点共享给所有路径使用的。图子式方法与 EPIMap 相比,最大的改进就是能够做到路由共享,如图 8.23[19]所示。

2. 映射问题转化为图子式检测问题

首先以传统模调度方式计算得到最小启动间隔 MII,然后据此建立修改版的时域扩展 CGRA 图,称为调度与路由图(schedule and route graph,SRG)。原先时域扩展图中所有的边为沿着时间方向的单向边,在这种模型中,要沿着时间轴扩展很长才能够找到一个有效映射。如果采用给时域扩展图加上环绕边的方式生成调度与路由图,只保留高度为 MII 的时域扩展图部分,同样可以得到有效映射。

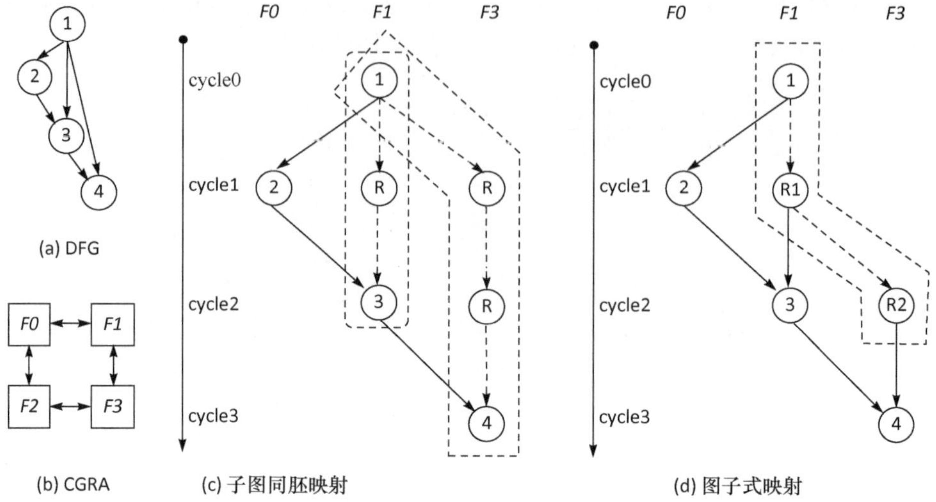

图 8.23 路由共享示意图[19]

接着，如果能找到调度与路由图 G 中的一个子图 G'，使得原始数据流图 H 是图 G' 的一个图子式，那么就能把数据流图 H 以当前的启动间隔映射到可重构阵列上。所谓 H 是 G' 的图子式，就是 H 可以通过对 G' 进行边的收缩得到。如果刚才的图子式检测失败，就增加启动间隔进行迭代尝试，最终得到映射成功或者失败的消息。

8.4.4 MEMap 方法

前面提到的 EPIMap 利用满态映射的数学工具，提出重复计算与路由布线相结合的连线方式，并且在 REGIMap 中考虑如何有效利用运算单元的寄存器资源。图子式方法则改为用图子式检测的数学工具，通过其路由共享的特点能够提高运算单元的利用率。以上所有方法都忽略了存储器对调度问题的影响，而访问存储器的执行时间一直是应用程序很大的开销，这在 CGRA 处理器中依然是关键。我们提出一种考虑多种数据传输方式的映射算法 MEMap。首先分析存储架构都需要解决哪些问题，然后介绍调度算法的核心框架，最后详述启发式策略。

1. 存储架构需要解决的问题

(1) 需要同时访问多个内存地址

软件流水形成的并行核心在执行的时候，同一时间片内通常会有多个运算单元需要访问内存，而单 bank(槽)的内存结构无法满足需求。所谓单 bank 就是在一个时间片内只能提供一个访问内存的接口。在高度并行化的环境中，必须采用多 bank 的内存结构。图 8.24 所示的语句需要同时对 5 个内存地址进行操作，此时只能通过将其内存地址合理分配至不同的 bank 才能确保同时访问到这 5 个地址。

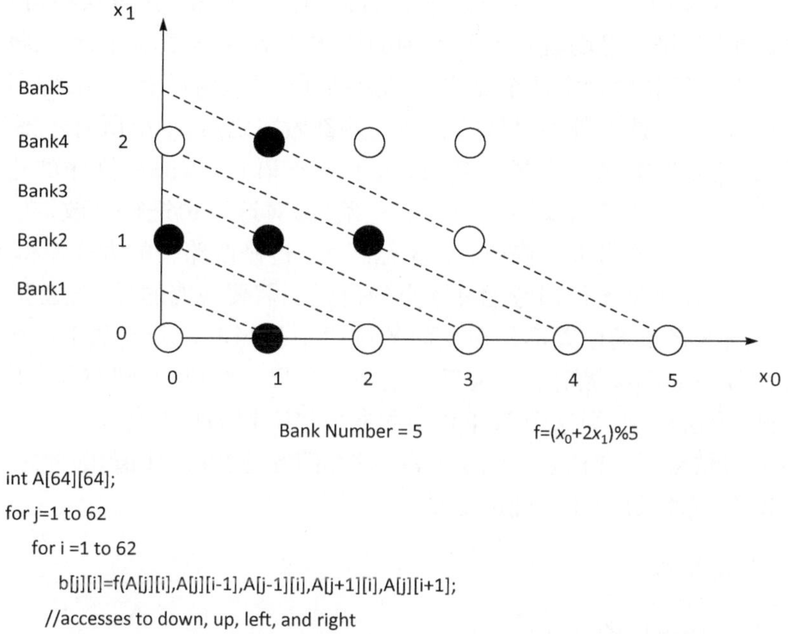

图 8.24　多 bank 的内存要求

（2）临时数据的传输问题

临时数据传输可以通过共享存储器或者共享内存的方式予以解决。这种共享方式的优点是可以在任意时刻被其他运算单元访问，缺点就是访问时间过长。另外也可以通过寄存器级由的方式来传输，优点是访问时间短，缺点是仅能执行相邻算子产生的数据。

本节最终寻找一种考虑存储优化问题的映射算法，该方案能够最优化数据访存，解决数据在多 bank 内存里的分配问题，以及临时数据的存储问题，从而获得最优的循环执行性能。

2. MEMap 调度算法

MEMap 算法的流程如图 8.25 所示。在启动部分，首先对变量初始化，之后输入对应的数据流图信息，包含节点、依赖关系。之后用在 8.1.5 节提到的寻找循环边的方法计算最小 II，同时按照边的优先级原则对输入的所有边进行从高到低排序。

在中间的循环迭代部分，采用了回溯的方法来实现解空间的全方位搜索。从启动部分排好优先级顺序的列表中选择第一条边进行布局布线，在这里先要判断其源操作是否被放置，如果没有的话则需要先放置源操作，放置准则为最低资源成本。若已经放置则用 EMS[20] 的方法搜索目标可行的位置，并对这些可行的位置进行优先级排序，排序准则就是上面提到的成本函数的排序，从低到高排序，选择其中最低的。之后就要确定两个点之间的路线了，这里将所有的路线用计算起伏度的方法进行排序，选择其中最低的。在这些都做完之后，如果所有步骤都顺利完成的话，那么这条边就顺利布局成功，进入下一条语句，依旧从排序的边里面选。如果某条边布局失败，这时就要回溯至上一条边，对这条边进行修改，在修改的过程中，为了尽可能的不做大的修改，先尝试能否通过修改路径的方式使得下面的语句布局成功，如果还是不行则考虑移动点的位置。需要说明的是，在这里重新选择路径或者重新选择点的位置都是在上面的排序中从当前位开始的下一个选项，从而保证每次都是局部最优情况。最后一条边也布局布线成功，则布局完成；第一条边布局失败，无法回溯，则这个 II 下没有可行解，需要增加 II 值。

最后输出结果，包含核心的映射情况，核心间互连情况，II 值，除此之外还可以包含尝试次数、布线百分比等辅助变量。

3. 启发式策略

1）阵列时序占用图

如果用灰度值表示单个核心内每个 PE 的占用情况，占用越多灰度值越大。灰度值＝占用次数/II×Maxvalue。转换成的图像如 8.26 所示，对于一个 2×2 的 CGRA 结构，假设对某一特定数据流图存在以下两种映射方式，其对应的灰度图如图 8.26 表示。

简言之，就是描述 PE 被占用密集程度的表示图，那么提出这个图有什么意义呢？猜测结合实验证明：在大数据下大部分合法映射对应的阵列时序占用图灰度起伏并不大，即色差变化较小。少部分解存在着极度的灰度起伏。这带来的启发在于，如果算法能够在映射过程中就把降低灰度起伏考虑在内，那么是否有较大可能性找到合法映射？或者说能够更快地找到合法解而避免过多地尝试。

对于这点可以从数学角度加以解释与验证。一般而言，映射失败的原因主要是用于布线的运算单元的限制，在模调度基本方法下，单个 II 内（即一个核内）只有有限的运算单元被用作路由功能，导致后续的数据传输路线被阻塞，从而影响布局布线成功率。

举例说明，如图 8.27 所示。

对于这种 1×5 的 CGRA 结构，假设存在数据流图中存在 5 个依次依赖的算子。在考虑它们在 CGRA 中的映射情况时存在图 8.27 的三种可行方案。但是这

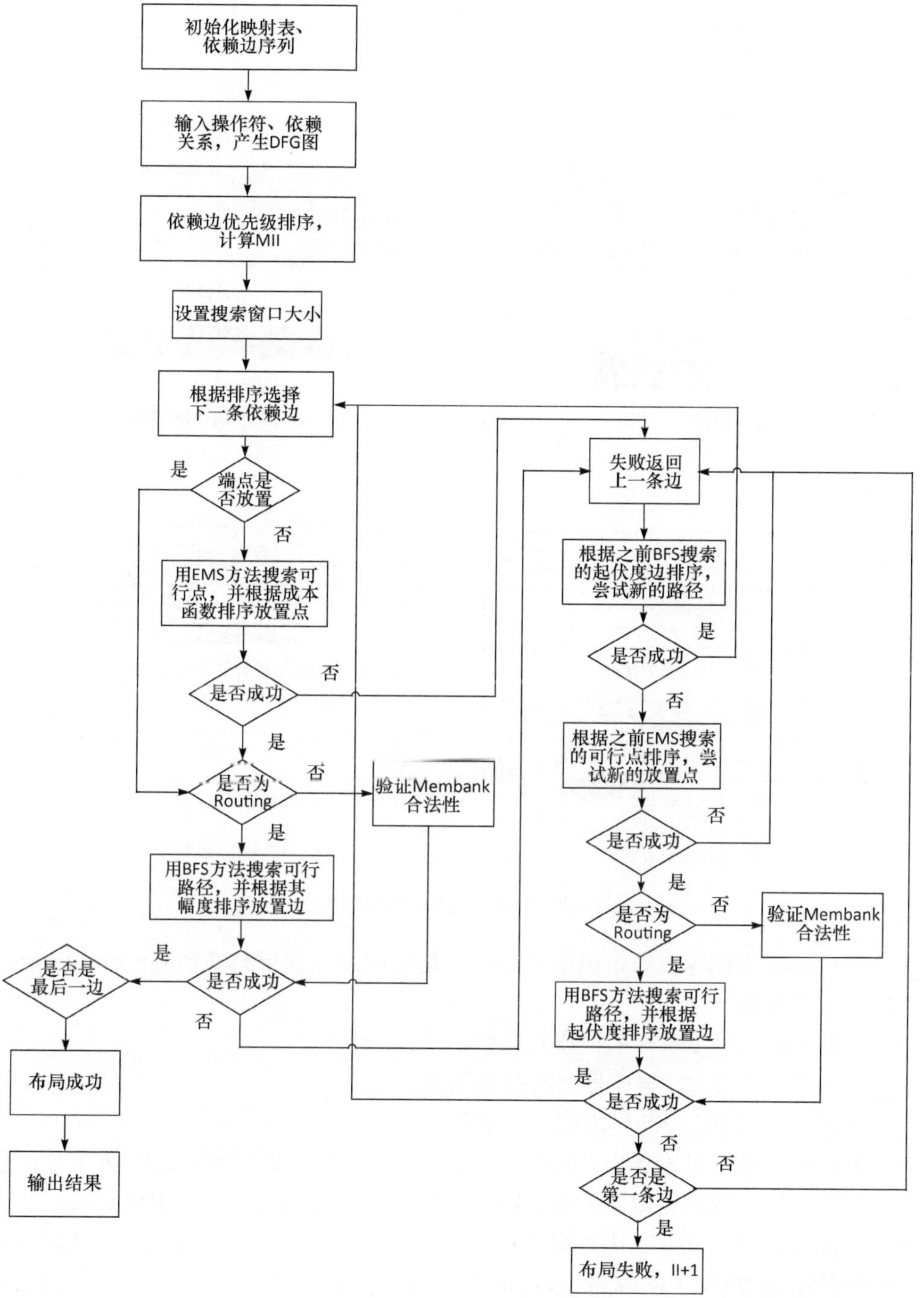

图 8.25　MEMap 算法流程图

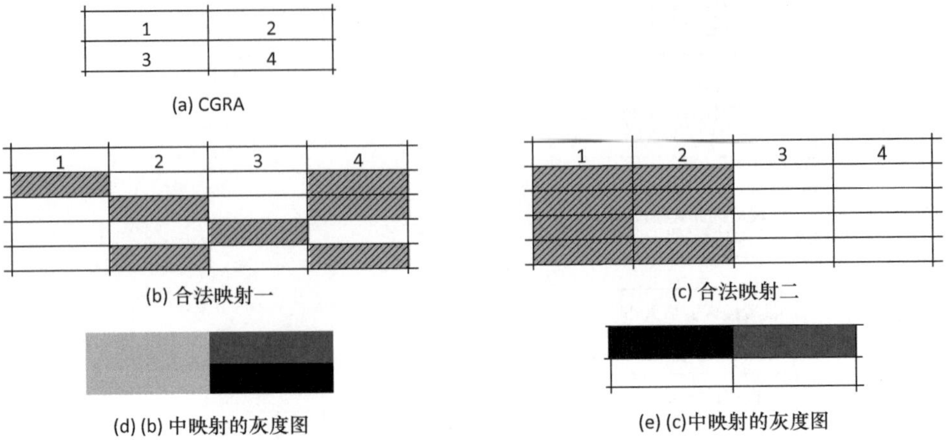

图 8.26　阵列时序占用图

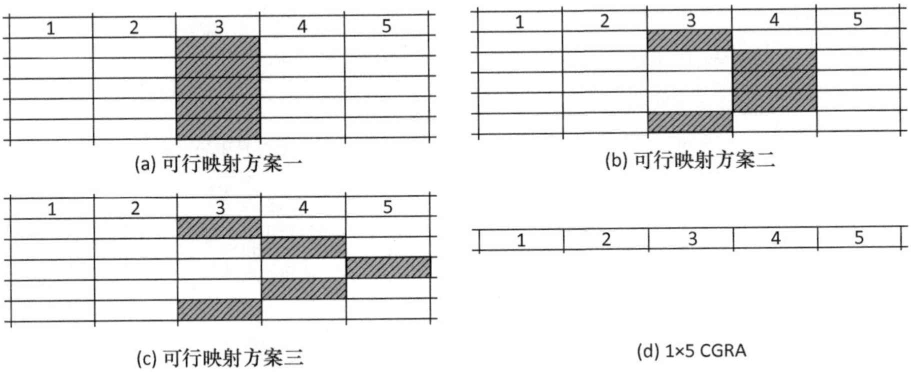

图 8.27　routing PE 的影响示例

三种方案对后续其他布局布线带来的后果是不同的。如果只考虑 cycle1 和 cycle5 之间的连接关系。

方案 1:1、2 号 PE 与 4、5 号 PE 之间完全隔开。

方案 2:1、2 号 PE 与 5 号之间完全隔开。

方案 3:1 号 PE 与 5 号之间完全隔开。

由以上的例子可以看出,方案一对之后映射产生的最坏影响最大,方案 3 产生的最坏影响最小。需要说明的是,这里比较的原则是最坏影响,即阻隔程度。但是并不能说明方案 1 就绝对比方案 3 好,原因是方案 1 对于 4 号与 5 号 PE 之间的路径影响很小,就减少了两条路径,然而方案 3 明显影响了 4 号与 5 号之间的连通性,如果对于某些案例需要多次使用 4 号与 5 号之间的通道,那么显然就不会选择方案 3 了。既然如此,为何还要用这种方法呢?原因在于,现阶段在映射之前是不会去通过提取数据图的特征来考虑特殊情况的，而且总是假设均匀性来简化映射。实际上就较为庞大的数据图而言，表现结果也确实如此，总体而言，虽然会产生局部的特殊情况，但大部的表现形式还是比较均匀的。

另一方面，从直观的角度考虑。基于边的映射往往是越往后越难，空间越来越小，连通程度越来越局限。在 EMS 中对边进行的分类也体现了这一点，将越难映射的边放在开始，越容易映射的边放在越后面。因此，如果考虑降低灰度起伏，尽可能地保持连通度到最后，那么映射的成功率也会大大增加。

副产物：对于存储器组的内存分配，目前的想法是找到合理解之后，按照解的形式进行分配（哪个操作放在哪个 PE 对应的 bank 中），如果考虑降低灰度起伏，那么在一定程度上也能保证 bank 内存分配的均匀性（不会出现某个 bank 内数据特别多的情况），这也是优化中非常渴望的一点。这样内存优化问题就只剩下临时数据的走向了。

2）正依赖关系明细

在之前提到的数据流图中，每一条依赖关系都是正依赖关系。对于一条操作 $A=f(B,C)$，其操作过程如下：读取 BC、运算、写入 A。如果 A 是内存变量，则此语句必须在能够在具备访问内存能力的运算单元中执行。

对于一条正依赖：S—>T，其中 S 代表源操作，也就是数据的产生来源，T 为目标语句，即需要引用 S 产生的数据。用 M 来表示操作是否需要访问内存，同时用 Δcycle 来表示 S 与 T 操作之间的时间间隔，可以分为如下几种情况。

(1) 均为 M 操作

T 在同一 bank，Δcycle 任意。

T 不在同一 bank，Δcycle=1，S 和 T 所在 PE 必须互连。

(2) S 为 M 操作

T 在同一 bank，Δcycle 任意—> 无路由，占用 Mem PE。

一般的路由 —>占用 routing PE

(3) T 为 M 操作

T 在同一 bank，Δcycle 任意—>无互连，占用 Mem PE。

一般的路由—>占用 routing PE。

(4) 无 M 操作（一般的路由）

对于以上各种情况，用图 8.28 来解释说明，对于 1×5 CGRA，II=4 的情况，有以下映射结果。其中阴影部分为对存储器进行操作的部分，2、3、4 号 FU 可以直接对 Mem 进行访问，A—>E、A—>B 为 A 类情况；E—>H、E—>I 为 B 类情况；C—>D、F—>D 为 C 类情况。对于临时数据的走向问题，从图 8.26 中可以看出仅当 S 和 T 中有一个需要对 M 进行操作时需要考虑。对于数据传递的选择，通过路由传递临时数据，或通过存储器存储临时数据。选择方法是利用如下法

则，即

最少资源利用＋最低灰度起伏＝当前最合法映射

其中用成本函数、起伏度这两个量来描述如何实现最少资源利用和最低灰度起伏。

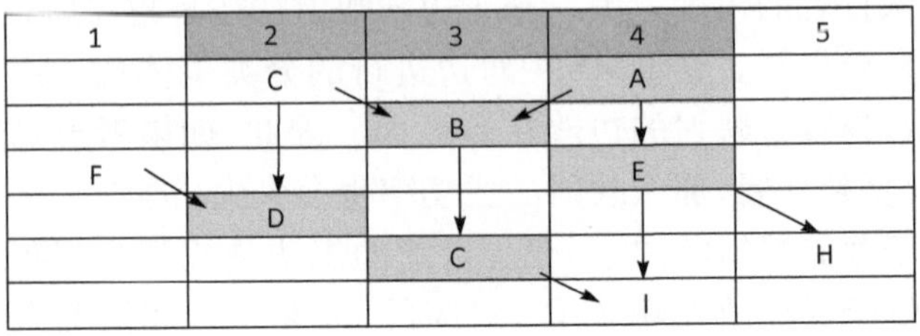

图 8.28　正依赖关系明细示例

3）成本函数与起伏度

对于目前以边为中心的映射，每条依赖的映射大致可以分为确定源和目标的位置（预测成本、计算资源利用），确定之间的路由路线（计算起伏度确定最佳路线）。

第一阶段，源和目标位置的确定。对大部分情况而言，总是有一个（源或目标）在上次操作中位置已经被确定，因此通常而言只需要确定其中一个的位置。确定方法则采用最低资源利用率。位置的确定决定了数据间的传递方法，即回归到开始讨论的问题，即如果能够实现这一问题，那么临时数据的传输问题就能够解决了。那么如何实现最低资源利用率？可以用计算成本函数的方法来确定算子放的位置。

成本函数 C 用于表征算子占用当前槽的资源成本，如图 8.28 所示。

在映射 E—>I 时，假设 E、G 已经映射完毕，H 还未映射，对于 I 的位置确定，过程如下。

① E—>I 依赖中 E 为内存数据，I 为临时数据可以通过存储器传，也可以通过 Routing PE 传。

② 当前一个 II 内剩余 Mem PE 为 7 个，普通 PE 数为 7 个。

③ 若通过存储器传递，I 可以放在 4 中的 E 之后任意一个位置，成本为 1/7。

④ 若用路由传递，用 EMS 的方法确定成本至少为 4/7＋1/7。

第二阶段，路由路线的确定。如果需要路由，则进行第二阶段（存储器形式传递不需要）。不过有些特殊情况需要利用 mem PE 来路由，需要甄别是否是存储器形式传递。这种甄别采用最低起伏度的方法，如图 8.27 所示。

起伏度 F 是用于表征路由路线起伏程度的变量。即

$$F=\sqrt[N]{\prod_{i=1}^{N}\alpha_i}$$

阶数 N 代表路由距离(下面的例子距离为 3),假设 II 为 5。当前 PE 占用率 α_i 代表每一步路由使用的 PE 当前的密集度。

对于上述的这个例子,从左到右起伏一次为

$$F=\sqrt[3]{\frac{1}{3}*\frac{1}{2}*1},\quad F=\sqrt[3]{\frac{1}{5}*\frac{1}{4}*\frac{1}{3}},\quad F=\sqrt[3]{\frac{1}{5}*\frac{1}{5}*\frac{1}{4}}$$

就通常情况而言,起伏度的比较只有放在阶数相同情况下才显得有意义。路由距离不同,比较其起伏度来确定路线没有意义。只有在源和目标位置决定之后,需要考虑之间路由路线起伏度才有价值。对于本节的研究方法,对于某条映射,都是先考虑端点位置,再考虑之间的连线。这也从客观上保证了起伏度是有意义的(同等阶数),不会出现随意路由的情况。

8.4.5　映射算法的比较和总结

EPIMap 算法通过利用路由布线和可重复计算技术,来降低启动间距,提高性能。尤其是对具有很大出度算子的循环应用来说,EPIMap 能得到更佳的映射方案。REGIMap 算法对运算单元内的寄存器进行了研究和利用,从而达到进一步降低启动间距的目标。Graph Minor 的方法,通过对路由 PE 的共享,利用图子式检测方法,来降低资源利用率,获得性能更优的调度方案。MEMap 算法是一种考虑了 memory 影响的调度映射算法,通过结合 EMS 搜索方法和引入灰度起伏度的概念来优化寄存器和路由之间的传递,降低启动间距。尽管这些算法针对的情况和考虑的结构有差别,但共同的优化目标只有一个,就是减少最终的执行时间,改善应用的性能。

8.5　可重构计算处理器上的软件流水方法分析与展望

传统的软件流水技术都是为提升应用的执行速度而引入的。前面介绍的所有方法都是在基于模调度的基础之上做一些修改并形成有效的循环映射方法。EPIMap 和图子式方法忽略了寄存器的影响,REGIMap 则对运算单元内存在多个寄存器的情况进行了研究,但是这些现有的优秀算法又都忽略了内存读取这个重要的因素。因此,本章提出基于多 bank 内存结构的 MEMap 方法。

这些方法的优化目标就是如何使得最终的执行时间最短,所以软件流水的一个发展方向就是继续减小启动间隔。继续减小启动间隔,可以从只对最内层循环进行优化转向对嵌套循环进行并行化处理,这里可以采用多面体模型,第 10 章将详细叙述。另一个目标是在不增加执行时间的基础上减少功耗,目前相关文献很少涉及这方面的研究。

想要对功耗进行研究,就必须对模调度的执行过程和可重构计算处理器的硬件执行过程有比较细致的了解。我们回顾了模调度是如何形成核心的。核心中的每一个阶段都必须具备同样的执行时间,若执行时间不等是无法形成核心的。该执行时间必然是取所有算子执行时间中的最大值,这就导致那些运算相对较快的算子有一部分空闲时间。例如,乘法算子执行时间为 8cycle,加法算子执行时间为 2cycle,那么在一个阶段的运算中,加法算子有 6cycle 的空闲。电压的降低会令执行时间变长,所以可相应的降低加法算子的电压,只要最终执行时间不长于乘法算子的 8cycle 即可。可重构计算处理器上许多非关键算子在低电压下进行执行,最终的功耗相应会大大减小,由于这种情形并不影响最终形成的核心,因此依然能够保证当前的执行速度。

参考文献

[1] Yin C, Yin S, Liu L, et al. Compiler framework for reconfigurable computing architecture [J]. IEICE Transactions on Electronics, 2009, 92(10): 1284-1290.

[2] 殷崇勇. 可重构处理器任务编译技术研究[D]. 北京:清华大学博士学位论文, 2012.

[3] Rau B R, Glaeser C D. Some scheduling techniques and an easily schedulable horizontal architecture for high performance scientific computing[C]//ACM Sigmicro Newsletter, 1981, 12(4): 183-198.

[4] Liu D, Yin S, Liu L, et al. Polyhedral model based mapping optimization of loop nests for CGRAs[C]//Design Automation Conference, 2013 50th ACM/EDAC/IEEE, 2013: 1-8.

[5] Hennessy J L, Patterson D A. Computer architecture: a quantitative approach[M]. New York: Elsevier, 2012.

[6] Stallings W. Computer organization and architecture: designing for performance[M]. India: Pearson Education, 1993.

[7] Nicolau A A. Perfect pipelining: a new loop optimization technique[C]//European Symposium on Programming, 1988: 221-235.

[8] Allan V H, Rajagopalan M, Lee R M. Software pipelining: Petri net pacemaker[C]//Proceedings of the IFIP WG10. 3. Working Conference on Architectures and Compilation Techniques for Fine and Medium Grain Parallelism, 1993: 15-26.

[9] Allan V H, Jones R B, Lee R M, et al. Software pipelining[J]. ACM Computing Surveys, 1995, 27(3): 367-432.

[10] Dehnert J C, Hsu P Y T, Bratt J P. Overlapped loop support in the Cydra 5[C]//ACM Sigarch Computer Architecture News, 1989, 17(2): 26-38.

[11] Smith A. Data Structures: Form & Function Instructor's Manual[M]. New York: Harcourt, 1997.

[12] Zaky A M. Efficient static scheduling of loops on synchronous multiprocessors[D]. Ohio: The Ohio State University, 1989.

[13] Rau B R. Iterative modulo scheduling: an algorithm for software pipelining loops[C]//Pro-

ceedings of the 27th Annual International Symposium on Microarchitecture, 1994: 63-74.
[14] Lam M. Software pipelining: an effective scheduling technique for VLIW machines[C]// ACM Sigplan Notices, 1988, 23(7): 318-328.
[15] Todman T J, Constantinides G A, Wilton S J E, et al. Reconfigurable computing: architectures and design methods[J]. IEE Proceedings-Computers and Digital Techniques, 2005, 152(2): 193-207.
[16] Kim Y, Park I, Choi K, et al. Power-conscious configuration cache structure and code mapping for coarse-grained reconfigurable architecture[C]//Proceedings of the 2006 International Symposium on Low Power Electronics and Design, 2006: 310-315.
[17] Hamzeh M, Shrivastava A, Vrudhula S. EPIMap: using epimorphism to map applications on CGRAs[C]//Proceedings of the 49th Annual Design Automation Conference, 2012: 1284-1291.
[18] Hamzeh M, Shrivastava A, Vrudhula S. REGIMap: register-aware application mapping on coarse-grained reconfigurable architectures (CGRAs)[C]//Proceedings of the 50th Annual Design Automation Conference, 2013: 18.
[19] Chen L, Mitra T. Correction to "Graph Minor Approach for Application Mapping on CGRAs"[C]//2013 International Conference on Field-Programmable Technology (FPT), 2013: 510-510.
[20] Park H, Fan K, Mahlke S A, et al. Edge-centric modulo scheduling for coarse-grained reconfigurable architectures[C]//Proceedings of the 17th International Conference on Parallel Architectures and Compilation Techniques, 2008: 166-176.

第 9 章　可重构计算处理器的嵌套循环优化

可重构计算处理器最主要的特点是可以重复配置其硬件结构，即硬件的结构可以通过配置信息进行动态及时的改变。可重构计算架构可以并行计算，并具备一些特殊运算能力，很多应用程序都能在该架构上发挥出很好的性能。这种新型架构拥有并行计算和多流控制的能力，能够在多个层次(算子、基本块、循环、函数、任务等层次)挖掘应用程序的并行性。大部分现存的可重构计算系统存在多个片上和片外存储，这些存储器有各不相同的容量和访问策略。可重构计算系统编译器通过突破一些架构性能的瓶颈，来挖掘出可重构计算系统的计算能力。在实际生活应用程序中，如声音、图像处理等应用，循环往往占据了这些程序的大部分运行时间[1]。循环的特点是多次重复同一个计算内核，不改变运算的结构，只改变运算的数据。通过以上分析可以发现，少数循环占用了大量计算时间，这些循环被称为应用中的关键循环。处理关键循环可以大幅度减少需要处理的循环数量，得到很好的加速效果。同时，对于可重构阵列来说，一次配置多次执行的模式可以有效地降低配置的代价。因此，提取出应用中的关键循环，并把它们映射到可重构阵列上执行可以降低映射的复杂度。循环优化是可重构计算系统编译器的重要组成部分。

第 8 章介绍了针对单层循环进行并行优化的软件流水技术，本章将进一步研究对嵌套循环的并行化处理，以得到更好的加速效果。

9.1　嵌套循环优化

在通用处理器上，循环优化的主要目的是增加计算的并行性和数据的局部性[2-4]。通过循环变换，在不改变数据依赖的情况下寻求循环实例之间的并行性。同时，变换得到的更好的数据局部性也会降低 cache 的缺失率，从而提高程序的运行性能。在图形处理器上，循环变换又有不同的目标[5]。一般图形处理器[6]由多个多核处理器组成，每一个多核处理器又由多个单指令多数据(SIMD)处理器组成，SIMD 处理器之间通过片上共享存储器进行数据交互，而多核处理器之间通过片外的 DRAM 进行数据通信。另外，每一个多核处理器拥有一些固定数量的寄存器堆。根据图形处理器系统存储器的不同特点，循环优化的目标主要是增加片外 DRAM 的联合访问，减少片上共享存储器的访问 bank 冲突，增加计算并行程度，减少多核处理器内部的寄存器压力。

在可重构计算处理器中，硬件架构（尤其是阵列形式和存储架构）的不同给循环优化带来新的挑战。第 8 章对单层循环的软件流水技术已经提到，可重构阵列的硬件拓扑结构极大增加了布局布线的难度。虽然软件流水是比较成熟有效的技术，但仔细分析还是可以发现两个缺点。第一，CGRA 的架构信息并没有在循环变换的时候予以充分的考虑。例如，软件流水只用启动间隔 II 作为性能衡量指标，但是该指标并不能充分反映 CGRA 的配置代价。第二，软件流水仅仅处理单层循环的并行性，浪费掉了潜在的多层循环间的并行性。因此，本章主要关注嵌套循环的优化技术，并且提出新的性能衡量指标来代替传统的启动间隔 II，该指标能够全面反映 CGRA 的架构信息和重构代价。

首先，阵列功能的改变表示需要重新配置，因此减少配置次数来减少配置时间是循环优化的目标。其次，处理阵列上的寄存器数量有限，因此循环优化也需要减缓阵列内的寄存器压力，从而增加阵列的处理单元的利用率。第三，可重构计算系统采用层次化的存储结构，通过循环优化来减少片内存储和片外存储的访问是难点之一。最后，在最内层循环忽视的通信时间也是嵌套循环的优化重点。

本章主要是针对粗粒度的动态可重构计算系统，研究嵌套循环优化技术，以达到减少内部数据通信量、减少配置信息量、增加阵列处理单元的利用率、增加计算的并行性这四个目标。同时，通过以上循环优化技术，优化可重构计算编译器，从而提高可重构计算处理器的计算性能。9.1 节和 9.2 节分别介绍对嵌套循环进行并行化的优势和难点，以及现有的多面体模型数学工具的基本概念。接下来的 9.3 节介绍如何运用多面体模型对嵌套循环进行优化。9.4 节给出具体的测试实例。9.5 节对未来面向可重构处理器的嵌套循环优化的发展方向进行简单讨论。

9.2　多面体模型介绍

9.2.1　多面体模型的基本概念

循环优化是编译理论的重要组成部分之一，对于提高存储器性能、发掘程序的并行性及减少执行循环的开销有着重要的作用。循环优化的过程可以看做是一系列循环变换的组合，每一次循环变换都会将源代码或者中间表达形式转换成另一种形式，从而提高代码的执行效率。合法的循环变换需要保持源程序所有的数据依赖关系。循环优化的好处很难评估，因为一种循环变换带来的好处很容易被其所伴随的其他循环变换抵消。

多面体模型是一个专门针对嵌套循环代码优化的数学工具。它把嵌套循环中的每一个循环实例当做数学多面体中的一个格点，然后在这个数学多面体上通过仿射变换或者一般的非仿射变换（如分块技术）把原始多面体转换成一个等价且优化过的多面体，最后重新生成优化过的代码使其具有更好的执行性能。多面体模型可以一步完成比较复杂的循环变换组合，可以做精确的数据依赖分析。多面体的数学理论已经非常完善可以直接加以利用。多面体模型适用于程序中的静态控制部分(static control part，SCoP)。

在多面体模型中有迭代空间、数组访存函数和散射函数三个基本的概念，如图9.1所示。

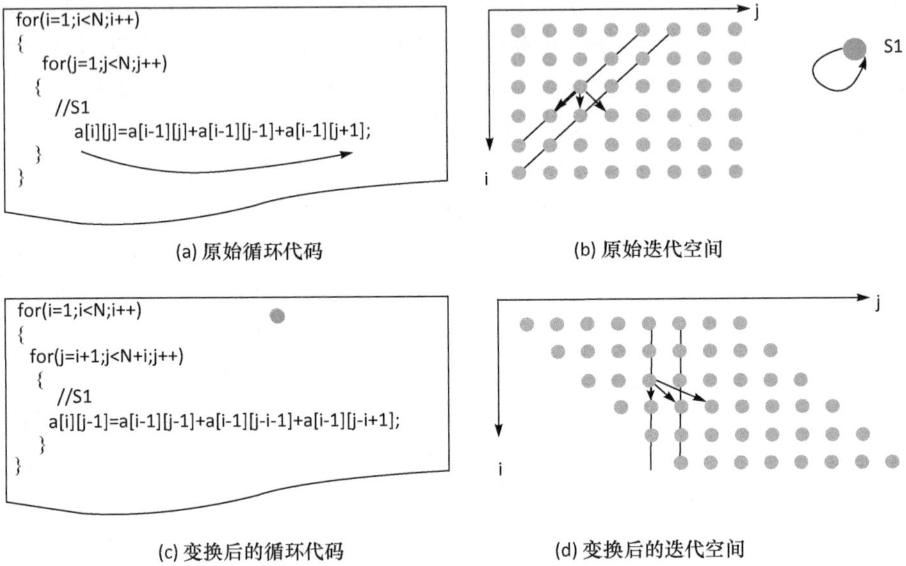

图 9.1　多面体模型

1. 迭代空间

在 SCoP 程序中，被 d_S个外层循环包围的语句 S 可以表示成一个 d_S维的封闭多面体(polytope)，多面体中每一个整数点的坐标 $\vec{l}_S$表示循环实例从外层到内层的索引，而多面体中每一个点则表示语句 S 在循环索引确定之后的一个运行实例。迭代空间就可以用表示语句 S 循环变量边界的一系列仿射不等式 $D_S(\vec{l}_S)\geqslant\vec{0}$ 来表示。通过矩阵的形式来表达这些不等式，迭代空间可以表示为

$$D_S\cdot\begin{bmatrix}\vec{l}_S\\ \vec{g}_S\\ 1\end{bmatrix}\geqslant\vec{0} \tag{9.1}$$

其中，D_S表示一个矩阵；$\vec{l}_S$表示语句 S 的索引向量；$\vec{g}_S$表示语句 S 的常量参数向量。

图 9.1(a)中 S1 语句的迭代空间可以表示为

$$\begin{bmatrix} 1 & 0 & 0 & 0 \\ -1 & 0 & 1 & -1 \\ 0 & 1 & 0 & 0 \\ 0 & -1 & 1 & -1 \end{bmatrix} \begin{bmatrix} i \\ j \\ N \\ 1 \end{bmatrix} \geqslant \vec{0}$$

2. 数组访存函数

在 SCoP 程序中，数组的下标可以表示成循环索引变量和常量的仿射组合，也可以用矩阵的形式表示。如果用$F_{kAS}(\vec{l}_S)$表示语句 S 中对数组 A 的第 k 次引用，那么这个数组访存函数可以表示为

$$F_{kAS}(\vec{l}_S) = F_{kAS} \begin{bmatrix} \vec{l}_S \\ \vec{g}_S \\ 1 \end{bmatrix} \tag{9.2}$$

其中，F_{kAS}表示一个矩阵。

运用这样的表示方法，图 9.1(a)中的对数组 A 的第一个和第二个索引可以分别表示为

$$F_{1AS}(\vec{l}_S) = \begin{bmatrix} 1 & 0 & 0 & 0 \\ 0 & 1 & 0 & 0 \end{bmatrix} \begin{bmatrix} i \\ j \\ N \\ 1 \end{bmatrix}$$

$$F_{2AS}(\vec{l}_S) = \begin{bmatrix} 1 & 0 & 0 & 3 \\ 0 & 1 & 0 & 1 \end{bmatrix} \begin{bmatrix} i \\ j \\ N \\ 1 \end{bmatrix}$$

3. 散射函数

散射函数给出了嵌套循环中每个循环实例的执行顺序，这也是循环索引变量和全局参数的仿射组合。一种非常有用的原始程序的散射函数是通过建立程序的抽象语法树来作为循环实例执行顺序的调度。如图 9.2(a)所示的因式分解的例子，其对应的抽象语法树如图 9.2(b)所示。

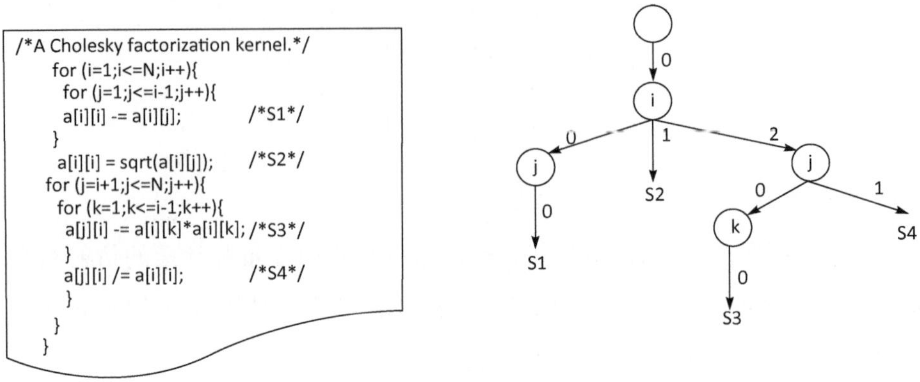

(a) 因式分解循环内核　　　　(b) 抽象语法树

图 9.2　散射函数

散射函数也可以用矩阵形式来表示，即

$$T(\vec{l}_S)=T_S\begin{bmatrix}\vec{l}_S\\ \vec{g}_S\\ 1\end{bmatrix} \tag{9.3}$$

其中，T_S 是矩阵。

S4 语句的散射函数可以表示为

$$T(\vec{l}_{S4})=\begin{bmatrix}0&0&0&0\\1&0&0&0\\0&0&0&2\\0&1&0&0\\0&0&0&1\end{bmatrix}\begin{bmatrix}i\\j\\N\\1\end{bmatrix}=\begin{bmatrix}0\\i\\2\\j\\1\end{bmatrix} \tag{9.4}$$

通过以上三个概念，SCoP 中的循环就可以抽象为多面体模型的中间表示，然后在多面体模型的基础上进行一系列的仿射变换把多面体表示转换成另外一个等价，且优化的多面体表示，转换完之后再从多面体表示转换为程序代码，这样就可以提高代码的运行效率。

基于以上三个基本的概念可以对循环进行精确的数据依赖分析。多面体依赖图(pdytope dependency graph，PDG)用来精确地表达语句之间，以及语句内部的数据依赖，是一个有向多图。图中的每一个节点代表一个语句，从节点S_i到S_j的一条边 e 表示一个从语句S_i的运行实例到语句S_j的运行实例的多面体数据依赖。这个数据依赖可以用依赖多面体 P_e 来表示。依赖多面体的维度是源语句多面体的维度、目标语句多面体的维度以及全局参数的维度之和，可以表示为

$$P_e \equiv \left[\begin{array}{cc} D_S & \\ & D_T \\ \hdashline \multicolumn{2}{c}{h_e} \end{array}\right] \begin{bmatrix} \vec{l}_S \\ \vec{l}_T \\ \vec{g} \\ 1 \end{bmatrix} \begin{array}{l} \geqslant 0 \\ \geqslant 0 \\ \text{----} \\ = 0 \end{array} \tag{9.5}$$

其中,S 代表依赖的源语句;T 代表依赖的目标语句;h_e代表从目标语句相同的数组下标到源语句相同数组下标的映射;结果为 0 表示目标语句和源语句对同一数组的同一下标位置进行访问,两个语句中至少有一个语句是对同一数组的写操作。

通过求解这个依赖多面体,如果存在可行解,则表明存在从语句 S 到语句 T 的一个数据依赖关系。

在几何空间中,对一个向量空间进行一次线性变换并加上一个平移而变换成另外一个向量空间的过程叫做仿射变换。对嵌套循环进行仿射变换是把语句 S 从原始的程序中映射到另外一个优化过的程序,语句 S 的仿射变换可以表示为

$$\phi(\vec{l}_S) = \Phi_S \begin{bmatrix} \vec{l}_S \\ \vec{g}_S \\ 1 \end{bmatrix} \tag{9.6}$$

此处的Φ_S是一个代表一维仿射变换的行向量,这样的一维仿射变换 ϕ 在多面体中也叫做超平面,代表把原来多面体空间一分为二的平面,在二维空间中超平面是一条直线,在三维空间里面它是一个平面。

每一个仿射变换都可以由基本的仿射变换来组成,每一个基本仿射变换都是对应于源代码或者中间表示上的简单的改变,共有如下 7 个基本的仿射变换。

① 融合:循环融合是把源程序中来自多个循环的语句映射到同一个循环下面。

② 裂变:循环裂变是循环融合的逆向转换。它把源程序中同一循环下面的语句映射到不同循环下面。

③ 重新索引:重新索引是把一个语句的执行实例偏移固定多个迭代。

④ 比例变换:比例变换是把源程序中的连续迭代用一个常量因子隔开。

⑤ 反置:反置是以相反的顺序来执行循环中的迭代。

⑥ 交换:循环交换是交换源程序中的内层和外层循环。

⑦ 倾斜:循环倾斜是沿着一个角度来遍历循环的迭代空间。

在这 7 种基本仿射变换中,反置、交换和倾斜这三个变换是幺模变换。幺模变换仅有一个幺模矩阵,没有常量向量。幺模矩阵是一个方阵,行列式为±1,把一个 n 维迭代空间映射到另外一个 n 维的迭代空间,这两个迭代空间一一对应。

9.2.2 多面体模型的仿射变换与映射

可重构阵列一般由二维处理单元组成，可以互连起来相互传递数据。PE 的功能及其互连的形式可以根据配置信息动态改变。

如图 9.3 所示，嵌套循环在可重构阵列上的变换及映射可以分为如下步骤。

① 把符合 SCoP 条件的原始循环代码(图 9.3(a))抽象并转换成多面体模型的中间表示并进行依赖分析，如图 9.3(b)所示。

② 通过仿射变换来变换原有的多面体中间表示，在变换的过程中把影响可重构阵列执行性能的一些因素，如通信量、阵列利用率、重构代价等作为变换的目标。变换后的多面体空间如图 9.3(c)左边的迭代空间表示。

③ 由于原有的循环网络很大，而可重构阵列的资源往往有限(如 8×8 PE 大小)，因此需要对变换后的循环进行分割(tiling)，分割后的小块(如图 9.3(c)左边的灰色小框所示)刚好可以映射到可重构阵列进行运算。

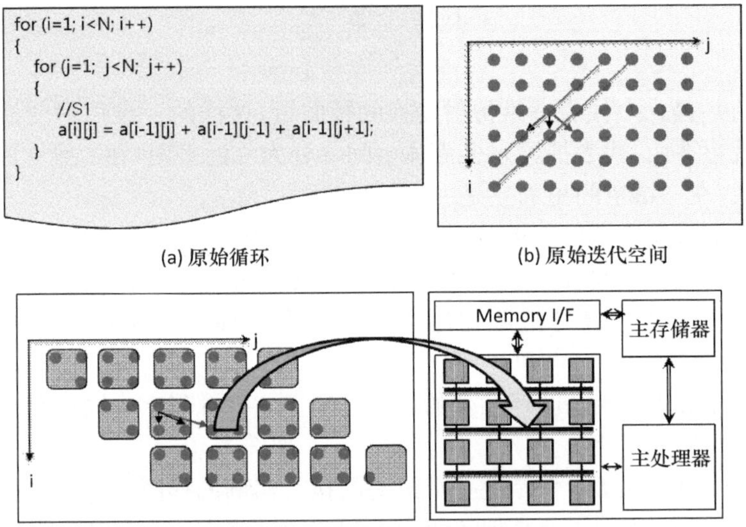

(a) 原始循环　　(b) 原始迭代空间

(c) 变换后的迭代空间以及阵列上的映射

图 9.3 可重构阵列上的循环仿射变换与映射

因此，可重构阵列上的循环仿射变换和映射就是寻找合适仿射变换并进行循环分块，使循环在可重构阵列具有更好的执行性能。

9.3 基于多面体模型的嵌套循环优化技术

9.3.1 流水线结构上处理单元利用率和通信量的统一优化

本节介绍一种将处理单元利用率和通信量进行统一考虑的优化算法[7]。流水线结构的可重构阵列是粗粒度可重构计算处理器通常采用的一种 RPU 单元，通常由一个二维 PE 阵列组成。每个 PE 通常由一个算数逻辑单元和几个临时寄存器构成，每个 PE 可以和邻近行中的 PE 单元进行通信。如图 9.4 所示，流水线结构中 PE 及其互连方式的特点使映射的时候对数据依赖有几个特别需要注意的地方。

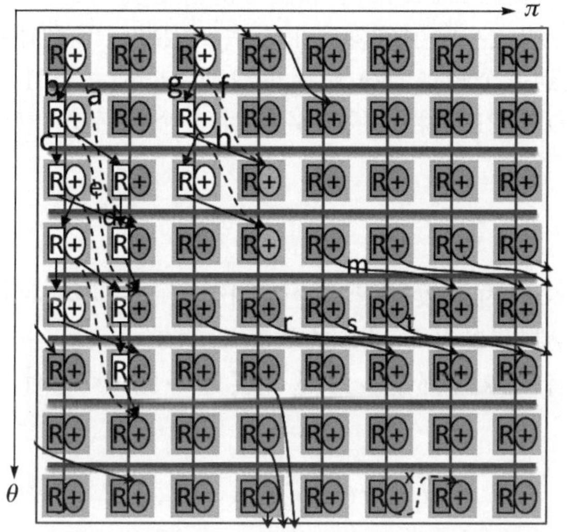

图 9.4　可重构阵列内部 PE 合法的互连方式

① 依赖必须有正的 θ 分量。因为可重构计算数据通路每一行都代表流水线中的一个控制步。因此，通过具有正 θ 分量的依赖限制来保障下面行的执行必须晚于上面行的执行。

② 同一行内的横向数据依赖是不允许的。在 π 方向上，所有的 PE 都位于同一行之内，而这一行中的每一个 PE 又是在同一个控制步中执行的。同一行内的数据依赖是不允许的。例如，图 9.4 中最后一行中的依赖 x 是不允许的。

③ 跨越多行的依赖将导致更多的临时寄存器占用，从而降低 PE 的利用率。在 PE 的互连中，只有相邻行之间有互连线来进行数据通信，而跨越行的数据依赖，需要通过 PE 中的临时寄存器传输下去。因此，临时数据存在的周期越长，就需要越多的临时寄存器。一旦一行中所有的临时寄存器都被占用了，那么本行中

就存在 PE 会因为没有临时寄存器的进行传输数据而不能被应用，因此造成 PE 的浪费，降低其利用率。PE 的利用率是影响可重构计算处理器执行性能的一个重要因素。与此同时，跨越多列的依赖的传输代价是比较小的。因为多列之间的数据传输是直接通过多路复用选择器(MUX)来进行选择的，不会占用临时寄存器。举例来说，如图 9.4 中的依赖$\vec{a}$跨越了三行，这个依赖会被转换成依赖$\vec{b}$，$\vec{c}$，$\vec{d}$和两个临时寄存器。依赖$\vec{e}$也会经过同样的转换。由于长依赖在 θ 方向上的相互重叠而占用一行中的两个临时寄存器。因此，一行中 PE 和临时寄存器的占用比例为 1∶2。最后，一行中有一半的 PE 会因为没有临时寄存器的传输而浪费掉。

④ 跨越多列的数据依赖拥有较小的数据传输代价。例如，图 9.4 中的数据依赖$\vec{m}$、$\vec{r}$、$\vec{s}$、$\vec{t}$都是合法的，而且传输代价都很小。

按照上面的分析，在二维 RCD 上的循环仿射变换就变成了寻找两个合法的超平面，然后再确定分块大小映射到阵列上面去。因此，PE 利用率和通信量的统一优化工作首先是找到一个超平面 Θ，然后再找到一个独立于 Π 的另外一个超平面。超平面 Θ 是与 RCD 的 PE 行相关的超平面，由这个超平面的方向正是阵列内部流水线的方向。

1. 寻找超平面 Θ

按照上面对 RCD 内部数据依赖的限制分析，发现第一条和第二条限制是最严格的。按照控制步的顺序，PE 的执行顺序是一行接一行的。要寻找一个超平面 Θ 使得所有的依赖都至少跨越一层超平面，因此时间控制步的限制条件可以描述为

$$\Theta(\vec{l}_{\mathrm{T}})-\Theta(\vec{l}_{\mathrm{S}})\geqslant 1,\quad \vec{i}_{\mathrm{T}}\in P_{\mathrm{e}} \tag{9.7}$$

为了推导出一个优化目标，先定义了一个和文献[8]中一样的代价函数，即

$$\delta_{\mathrm{e}}(\vec{l}_{\mathrm{T}})=\Theta(\vec{l}_{\mathrm{T}})-\Theta(h_{\mathrm{e}}(\vec{l}_{\mathrm{T}}))\geqslant 1,\quad \vec{l}_{\mathrm{T}}\in P_{\mathrm{e}} \tag{9.8}$$

从几何意义上讲，$\delta_{\mathrm{e}}(\vec{l}_{\mathrm{T}})$表示依赖 e 所跨越的超平面 Θ 的层数。在 RCD 上，$\delta_{\mathrm{e}}(\vec{l}_{\mathrm{T}})$有自己特殊的物理意义，代表着每一个 PE 所用的临时寄存器个数，更进一步，它还代表一行中浪费掉的 PE 的个数。例如，把一个循环体语句只有一个算子的嵌套循环映射到每一个 PE 只有一个临时寄存器的 RCD 上，$\delta_{\mathrm{e}}(\vec{l}_{\mathrm{T}})=1$ 表示不需要临时寄存器进行传输数据，所以没有 PE 浪费。$\delta_{\mathrm{e}}(\vec{l}_{\mathrm{T}})=2$ 表示需要一个临时寄存器的进行数据传输，因此没有 PE 浪费。$\delta_{\mathrm{e}}(\vec{l}_{\mathrm{T}})=3$ 代表每一个 PE 需要两个寄存器进行传输，但是每一个 PE 又只有一个临时寄存器。因此，会有一半的 PE 因为没有临时寄存器传输数据而浪费。

在文献[8]中，也通过边界函数的方法来优化预设目标。由于循环变量本身就是在全局参数$\vec{g}$的控制范围之内，因此每一条依赖 e 也应该是在全局参数的仿射组合的范围之内，即存在一个函数 $v(\vec{g})=\vec{u}\cdot\vec{g}+w$，使得

$$\Theta(\vec{l}_{\mathrm{T}})-\Theta(h_{\mathrm{e}}(\vec{l}_{\mathrm{T}}))\leqslant v(\vec{g}),\quad \vec{l}_{\mathrm{T}}\in P_{\mathrm{e}},\quad \forall\,\mathrm{e}\in\mathrm{E}$$

$$\text{i. e.}\quad v(\vec{g})-\delta_{\mathrm{e}}(\vec{l}_{\mathrm{T}})\geqslant 0,\quad \vec{l}_{T}\in P_{\mathrm{e}},\quad \forall\,\mathrm{e}\in\mathrm{E} \tag{9.9}$$

然后，可以应用 Farkas 引理到式(9.9)上，即

$$v(\vec{g})-\delta_{\mathrm{e}}(\vec{l}_{\mathrm{T}})\equiv\lambda_{\mathrm{e0}}+\sum_{\mathrm{k=1}}^{\mathrm{me}}\lambda_{\mathrm{ek}}P_{\mathrm{e}}^{\mathrm{k}},\quad \lambda_{\mathrm{ek}}^{\mathrm{T}}\geqslant 0 \tag{9.10}$$

其中，$P_{\mathrm{e}}^{\mathrm{k}}$是$P_{\mathrm{e}}$的表面。

通过整数线性编程系统，上述不等式可以通过寻找$(\vec{u},w,\cdots,c_i,\cdots)$的最小词典序很快地得到最优的循环变换参数，即

$$\mathrm{minimize}\prec(\vec{u},w,\cdots,c_i,\cdots) \tag{9.11}$$

通过带参数的整数编程，上面的式子可以很容易的求解，而且其算法复杂度在多项式时间之内。

2. 寻找超平面 Π

在寻找到时间控制步的超平面 Θ 后，接下来就要寻找一个独立于超平面 Θ 的另外一个超平面来划分一个二维的嵌套循环。与式(9.7)不同，超平面 Π 用来分割 RCD 的不同列，在时间上没有执行先后顺序的要求。因此，空间约束可以表示为

$$\Pi(\vec{l}_{\mathrm{T}})-\Pi(\vec{l}_{\mathrm{S}})\geqslant 1,\quad \vec{l}_{\mathrm{T}}\in P_{\mathrm{e}} \tag{9.12}$$

通过式(9.7)和式(9.12)的限制，两个超平面就可以把嵌套循环分块，而且保证块与块之间只有单向的数据依赖，从而保证块在 RCD 上面的合法执行。

为了保证新寻找的超平面 Π 与之前寻找到的超平面 Θ 相互独立，与 Θ 正交的子空间可以表示为

$$\begin{gathered}\Pi=\mathrm{I}-\Theta^{\mathrm{T}}\ (\Theta\Theta^{\mathrm{T}})-1\Theta\\ \Theta\cdot\Pi\geqslant 1\ \text{or}\ \Theta\cdot\Pi\leqslant -1\end{gathered} \tag{9.13}$$

其中，$\Pi\cdot\Theta^{\mathrm{T}}=\vec{0}$，$\Theta\cdot\Pi\geqslant 0$ 或者 $\Theta\cdot\Pi\leqslant 0$ 来保证与 Θ 正交的子空间有一个非零的元素。

因此，正交性可以通过 $\Theta\cdot\Pi\geqslant 1$ 或者 $\Theta\cdot\Pi\leqslant -1$ 来保障。

在寻找超平面 Π 的过程中，改变约束(9.12)，新增加正交约束(9.13)，按照寻

找超平面 Θ 的方法，应用 PIP 工具软件，可以得出超平面 Π 的变换系数。

3. 分块大小的确定

通过找到以上两个超平面，就可以确定分块的形状和大小。以 8×8 的 PE 阵列为例，如果循环体语句只有一个算子，那么一次循环迭代就可以映射到一个 PE 上面去。在很多情况下，循环体语句不只是一个算子。此时，通过分析循环体语句内部的算子及其依赖情况就可以确定循环体语句的长宽比 ζ/η（表示循环体语句占据了长为 ζ 宽为 η 的 PE 阵列）。

在图 9.3 中，循环体语句包含两个算子，且这两个算子需要不同的控制步。因此，一次循环迭代需要占用一个长宽为 2∶1 的 PE。由于 RCD 阵列是方块的(8×8)，因此循环分块的长宽比 L/W 应该与语句的长宽比 ζ/η 成反比例。如图 9.3所示的例子，由循环分块的长宽比则要为 1∶2。进一步，由循环分块的大小可以计算得出，令 RCD 的长和宽分别为L_{RCA}和W_{RCA}，则

$$\begin{aligned} L_{\mathrm{tile}} &= L_{\mathrm{RCA}}/\zeta \\ W_{\mathrm{tile}} &= W_{\mathrm{RCA}}/\eta \end{aligned} \tag{9.14}$$

其中，L_{tile}向下取整是分块的长度；W_{tile}向下取整是循环分块的宽度。对图 9.3 的例子做计算，$L_{\mathrm{tile}}=4$，$W_{\mathrm{tile}}=8$。显然，确定分块长宽比的算法是很简单的。

9.3.2 处理单元利用率和通信量及重构代价的联合优化

上面的算法并没有考虑重构的代价问题，而可重构计算处理器在执行并行化程序时存在频繁的实时重构，因此重构代价是很重要的一个因素。我们将在上一节的基础上改进为 PE 利用率、通信量和重构代价的联合优化[9]。实验结果表明，与上一节的算法相比，在运动检测（motion estimation，ME）和偏微分方程（partial differential equation，PDE）的例子中执行时间分别下降了 5.8%和 13.6%。

与上节方法类似，该方法也是通过寻找两个超平面来划分原始代码得到通信和重构代价最小的分块。在映射到 2D 可重构阵列时，利用调度超平面（scheduling hyperplane，Θ）来表示时序划分，在二维结构上表现为行相关的划分。在执行时，划分好的处理单元可以按照时序一行一行的顺序执行。其次，用空间超平面（space hyperplane，Π）来表示空间划分，在二维结构上表现为列相关的划分。空间超平面保证了同一行中划分出的不同小块相互之间是依赖无关的，因此能够保证改行中的不同小块能够并行执行。宏观流程包括如下方面。

① 最优先找到最好的调度超平面。通信量和 PE 利用率是统一考虑做优化的，只有有了这个基础才能寻找到第二个超平面，即空间超平面。

② 找到与调度超平面无关的空间超平面。在本算法中，空间超平面的寻找必须同时考虑通信代价和配置代价作折中，具体实现时通过加入一个角度约束(angle constraint)来满足要求。

重构代价指的是为了对 RCD 进行功能改变而耗费在配置文件准备的时间。通信代价和重构代价的折中如图 9.5 所示。图 9.5(a)是原始代码，其多面体模型表示如图 9.5(b)所示。数组 a 有两个引用，即写操作 $a_w[i][j]$ 和读操作 $a_r[i-2][j-1]$，因此从引用(i,j)到引用(i−2,j−1)有数据依赖。未做变形的映射策略如图 9.5(c)所示，其中虚线箭头表示数据依赖，黑色实心圆点表示源点，空心源点表示目标点。图 9.5(d)展示的是仅考虑通信代价最小所做的变换。在划分以后，整个 RCD 只需要 4 个输入数据和 4 个输出数据，即 8 个数据交换，而未做变换的原始循环需要 20 个数据交换。划分之后会存在很多异构的分块，这些分块必须通过重构改变数据通路功能来实现，因此会导致额外的重构代价。在进行划分时必须同时考虑通信代价和重构代价。寻找调度超平面的方法与 9.3.1 的方法一致，下面详细叙述如何在新的考虑下寻找空间超平面。

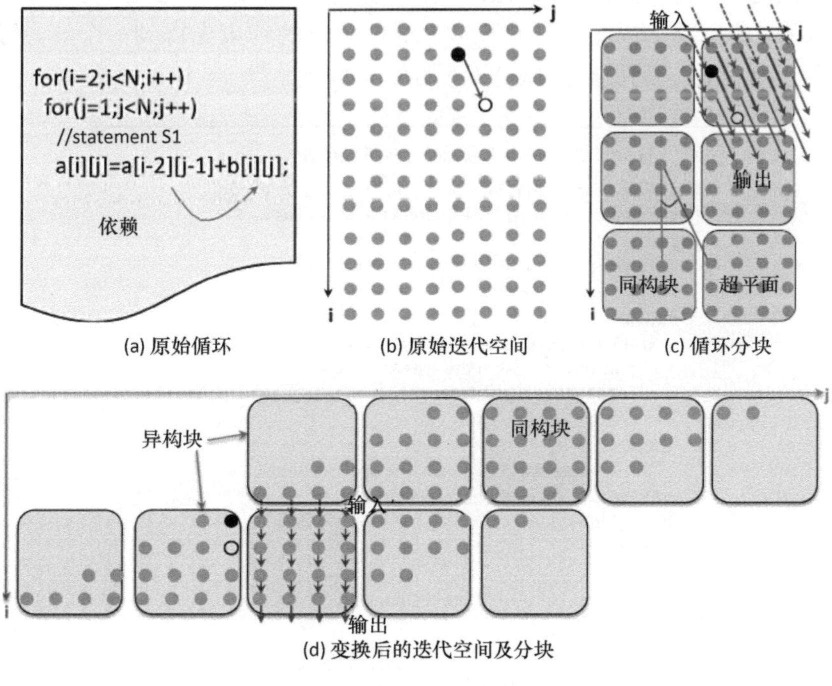

图 9.5　通信代价最小的划分示例

首先水平方向的路由不通过传递寄存器，只需通过多路选择器 MUX 即可，因此对水平方向的数据依赖进行路由布线时代价最低，相应的变换限制条

件为

$$\Pi_{S_i}(\vec{l}_t)-\Pi_{S_j}(\vec{l}_S)\geqslant 0,\quad <\vec{i}_s,\vec{i}_t>\in P_e \tag{9.15}$$

空间超平面 Π 必须独立于调度超平面 Θ,该限制条件可表示为

$$c_1d_2-c_2d_1>0,\quad c_2d_1-c_1d_2>0 \tag{9.16}$$

其中,c_1和c_2是调度超平面里的系数,d_1和d_2是空间超平面的系数。

配置代价与两个超平面之间的角度选择息息相关,而且两个平面之间的夹角越接近 90 度,配置时间就越少。式(9.17)将考虑配置代价而产生的限制条件,即

$$\left|\frac{c_1d_1+c_2d_2}{\sqrt{c_1^2+c_2^2}\sqrt{d_1^2+d_2^2}}\right|<\varepsilon,\quad 0<\varepsilon<1 \tag{9.17}$$

其中,ε 是控制两个平面之间角度的实验参数,绝对值号里的内容指两个平面之间夹角的余弦值。

实际上,如果枚举所有由线性不等式限定的多面体模型的系数,那么寻找空间超平面的问题可以转化为整数线性规划问题。在本算法中,用逐步扩张的搜索方法来取代暴力搜索算法,即一开始不考虑式(9.17)的约束先得到一个解,然后再考虑该限制逐步优化。伪代码如图 9.6 所示。

算法　针对问题2的基于伪最优的逐步扩大搜索

```
find all dependence P0,P2,⋯,Pn, by dependence polyhedra;
figure out the initial optimal solution (ω*,d1*,d2*)using PIP
repeat
   determine search local areaA from (ω*,d1*,d2*) to
   (ω*+k,d1*+k,d2*+k)
   repeat
      if IsSearched(p⃗)is false then
         feasibleA ← p⃗ is in the area A
         feasibleB ← IsSatisfyEqn14(p⃗)
         IsSearched(p⃗) ← true
      end if
      p⃗ → p⃗  increase in lexicographic order in area A
   until feasibleA is false or feasibleB is true
   if feasibleA is false then
     k ← k+k
   end if
until feasibleA is true and feasibleB is true
```

图 9.6　联合优化的伪代码

其中,Problem2 指的是如何寻找空间超平面的问题,相应的 Problem1 是指寻找调度超平面的问题。算法主要包括三个步骤。

① 利用求解整数线性规划的 PIP 软件,在不考虑式(9.17)的情况下得到初始

最优结果(w^*, d_1^*, d_2^*)。

② 给初始最优结果的所有分量增加增量 k，给出逐步扩张的搜索域。

③ 按照字典顺序(lexicographic)从(w^*, d_1^*, d_2^*)到$(w^*+k, d_1^*+k, d_2^*+k)$进行搜索，一旦得到一个满足式(9.17)的解，就停止搜索，此解即为全局最优解。

9.3.3 PolyMAP：基于多面体模型的嵌套循环优化算法

前面两种算法都针对流水线结构的可重构数据通路来进行优化，未能推广到更加普适的架构，因此缺乏精确的测量可重构计算处理器加速性能的数学模型。本节介绍的 PolyMAP 算法[10]针对这两个侧面进行了深入分析和建模。图 8.17 给出了普适可重构数据通路架构的抽象模型[10]，其中可重构计算数据通路是网状互连，尺寸可以是 4×4、8×8 或者更大。每一个处理单元都能完成任意的计算功能，接下来介绍精确的性能分析模型。

由于最终的优化目标是减少总体执行时间，因此我们用 TET(total execution time)作为替换启动间隔 II 的性能指标来指导循环的映射优化。考虑到可重构数据通路的架构特点，TET 的计算必须考虑到 RCD 的配置时间、RCC 与 RCD 之间的通信时间，以及 RCD 的计算时间。可重构计算处理器的计算操作如图 9.7[10]所示，其中 CFC、LDC、CPC 和 STC 分别代表配置时间、数据装载时间、RCD 计算时间和数据存储时间。在执行任务时，可重构计算处理器首先从配置存储器读取配置信息来部署各个 PE 的功能。接着输入数据从数据存储器读入 PE 中，经过计算后将结果写回数据存储器中。图 9.7(a)展示了需要进行重新配置的情况下的执行过程，图 9.7(b)则是不需要重构的情形。

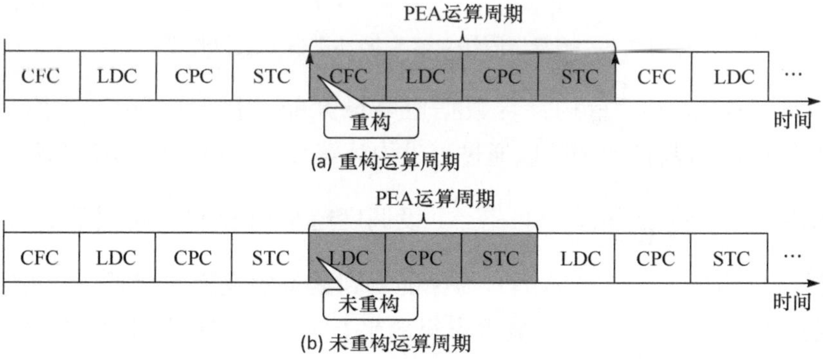

图 9.7　CGRA 的操作机制[10]

大部分程序包含很多连续的具备不同特性的操作，记为 $p=[1,P]$，因此可重

构计算处理器的性能可以由时间和操作频率表示为

$$\mathrm{TET}=\frac{1}{f}\sum_{\mathrm{p}\in\mathrm{P}}(\mathrm{CFC_P}+\mathrm{LDC_P}+\mathrm{CPC_P}+\mathrm{STC_P}) \tag{9.18}$$

为了减小 TET，首先要对嵌套循环按照资源限制进行分块操作。假设 $L(M,N,W_{\mathrm{lb}},L_{\mathrm{lb}})$ 是输入的 2D 嵌套循环，其中 M 和 N 表示外层和内层循环的边界，W_{lb} 和 L_{lb} 表示循环体的尺寸大小，如图 9.8(a)和图 9.8(b)所示。W_{pea} 和 L_{pea} 则表示可重构计算数据通路的尺寸大小，如图 9.8 (c)所示。

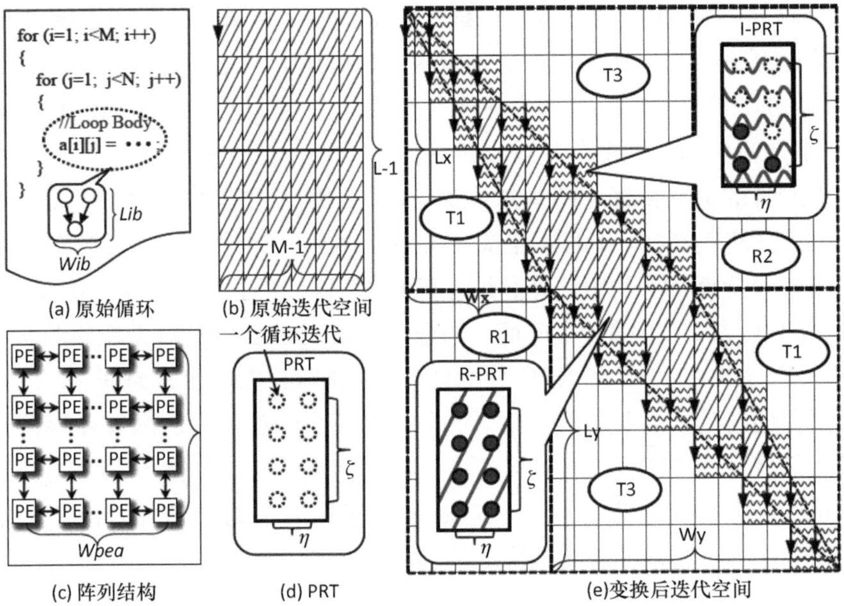

图 9.8 按资源限制对嵌套循环进行分块操作[10]

图 9.8(d)定义了可重构计算数据通路最大能够执行的分块尺寸(PEA resource tile,PRT)，其长和宽可以通过可重构计算数据通路与嵌套循环两者尺寸的比值来确定，即 $\eta=\left\lfloor\frac{W_{\mathrm{pea}}}{W_{\mathrm{lb}}}\right\rfloor,\zeta=\left\lfloor\frac{L_{\mathrm{pea}}}{L_{\mathrm{lb}}}\right\rfloor$。设调度超平面 Θ 和空间超平面 Π 的仿射变换系数分别为 (c_1,c_2) 与 (d_1,d_2)，为保证得到紧致的变换迭代域，必须遵循幺模变换限制，即 $|c_1d_2-c_2d_1|=1$，最后求得的平行四边形能够被 PRT 依次覆盖，如图 9.8(e)所示。

接下来整个优化问题可以建模为

$$
\begin{aligned}
&\text{Min TET}\\
&\text{s. t. } \Theta(\vec{l}_t^e)-\Theta(\vec{l}_t^e)\geqslant 0\\
&\Pi(\vec{l}_t^e)-\Pi(\vec{l}_t^e)\geqslant 0\\
&|c_1d_2-c_2d_1|=1\\
&c_1,c_2,d_1,d_2\in Z,\quad \mathrm{e}\in E
\end{aligned}
\tag{9.19}
$$

其中,前两个约束条件使仿射变换有效,该约束与文献[8]中约束相同,后面两个约束条件则是为了得到紧致的变换空间而附加的。

由于 TET 的计算是非凸问题,前面的方法都是采用枚举和暴力搜索算法,PolyMAP 首先借助约束 $|c_1d_2-c_2d_1|=1$ 将维度降为 3 维问题,由于仅考虑最内层与次内层循环,变换空间不是太大,因此采用了基因算法(genetic algorithm, GA)来求解该问题。

```
算法  LoopTrans( M = 4 , G = 32 , N = 4 , Pc = 0 .65, Pm = 0 .003)
M  PopulationNumber;
G ← MaxGenerationNumber;
N ← VariableWidth;
i ← FirstGenerationNumber;
P_i^j ← Random( D, D ), j ∈ (1, M);
repeat
  Fitness( P_i^j ) ← 1/TET( P_i^j );
  P_i^j ← RouletteWheel( P_i^j ,Fitness( P_i^j ));
  for j ← 1 to M/ 2 do
    if Random(0,1) > Pc then
      repeat
        CrossBit  ← Random(1 , 3N−1);
        P_i^j , P_i^(j+M/2)  Crossover( P_i^j , P_i^(j+M/2) , CrossBit );
      until P_i^j , P_i^(j+M/2) ∈ DD
    end if
  end for
  for j ← 1 to M do
    if Random(0,1) > Pm then
      repeat
        CrossBit  ← Random(1 , 3N−1);
        P_i^j ← Mutation( P_i^j );
      until (P_i^j ∈ DD )
    end if
  end for
  for j ← 1 to M do
    CrossBit  ← Random(1 , 3N−1);
    P_(i+1)^j ← P_i^j , j ∈ (1, M );
  end for
until  i > G
```

图 9.9　PolyMAP 伪代码

PolyMAP 算法的伪代码如图 9.9 所示,其流程如下。

① 先初始化种群数量(population number, M=4)、最大子代数量(maximum generation number, G=32),以及为表述四个变量 c_1、c_2、d_1、d_2 而设定的变量比特

宽度(N=4)。

② 在定义域(definition domain,DD)中随机得到四个不同的解 $P_i^j, j \in (0,4) \in DD$。

③ 为每一个 P_i^j 计算其 TET 的倒数。

④ 在训责种群数量时采用 roulette wheel scheme[11]。

⑤ 在概率P_c下运用单点交叉得到定义域 DD 中的新解。

⑥ 在概率P_m下对所有的解进行单点变异。

⑦ 从⑤和⑥中得到下一代的种群。

⑧ 重复前面 5 个步骤直到超过最大子代数量。

最终我们能得到优化后的变换系数 c_1、c_2、d_1、d_2,该算法复杂度为 $O(G \cdot M \cdot N)$。与软流水和其他方法的实验比较在 9.4 节详细叙述。

9.4　可重构计算处理器的嵌套循环优化实例

9.4.1　嵌套循环优化测试基准

为了验证循环优化的性能,需要寻找一些测试基准程序作为实验对象。常用的循环测试基准程序主要有以下两种。

1. 利弗莫尔循环(Livermore loops)

Livermore 是一类针对并行计算机的测试程序。它是由 McMahon 从 Lawrence Livermore 国家实验室的科学计算源代码中创造的 24 个循环,其中一些能被向量化,另外一些则不能向量化。这个测试程序在 1986 年第一次以 Fortran 内核的形式发布出来[12]。之后,又产生了 C 语言形式的 Livermore 测试基准程序。这个测试基准程序主要包括以下内核。

① hydrodynamics fragment。

② incomplete Cholesky conjugate gradient。

③ inner product。

④ banded linear systems solution。

⑤ tridiagonal linear systems solution。

⑥ general linear recurrence equations。

⑦ equation of state fragment。

⑧ alternating direction implicit integration。

⑨ integrate predictors。

⑩ difference predictors。

⑪ first sum。

⑫ first difference。
⑬ 2-D particle in a cell。
⑭ 1-D particle in a cell。
⑮ casual Fortran。
⑯ Monte Carlo search。
⑰ implicit conditional computation。
⑱ 2-D explicit hydrodynamics fragment。
⑲ general linear recurrence equations。
⑳ discrete ordinates transport。
㉑ matrix-matrix transport。
㉒ Planckian distribution。
㉓ 2-D implicit hydrodynamics fragment。
㉔ location of a first array minimum。

Livermore 测试基准程序中有很多都不属于 SCoP 程序，而且有很多可以直接向量化。因此，这个测试程序集不太适用多面体模型来进行循环优化，可以通过传统的循环展开和循环软件流水的方法来进行循环优化，从而在可重构计算处理器上得到更好的性能。

2. Polybench

Polybench 是一类包含 SCoP 的基准测试程序集。其目的是使程序内核的执行和监控更加统一，现在 C 语言版的 Polybench 基准测试程序已经被广泛应用。这个测试基准程序主要包括以下内核。

① 2mm：2 Matrix Multiplications (D=A. B;E=C. D)。
② 3mm：$ 3 Matrix Multiplications (E=A. B;F=C. D;G=E. F) $ 。
③ adi：$ Alternating Direction Implicit solver $ 。
④ atax：$ Matrix Transpose and Vector Multiplication $ 。
⑤ bicg：$ BiCG Sub Kernel of BiCGStab Linear Solver。
⑥ cholesky：$ Cholesky Decomposition。
⑦ correlation：$ Correlation Computation。
⑧ covariance：$ Covariance Computation。
⑨ doitgen：$ Multiresolution analysis kernel (MADNESS)。
⑩ durbin：$ Toeplitz system solver。
⑪ dynprog：$ Dynamic programming (2D)。
⑫ fdtd-2d：$ 2-D Finite Different Time Domain Kernel。
⑬ fdtd-apml：$ FDTD using Anisotropic Perfectly Matched Layer。
⑭ gauss-filter：$ Gaussian Filter。

⑮ gemm：＄Matrix-multiply C=alpha. A. B+beta. C。

⑯ gemver＄Vector Multiplication and Matrix Addition。

⑰ gesummv＄Scalar，Vector and Matrix Multiplication＄。

⑱ gramschmidt＄Gram-Schmidt decomposition。

⑲ jacobi-1D＄1-D Jacobi stencil computation。

⑳ jacobi-2D＄2-D Jacobi stencil computation＄。

㉑ lu＄LU decomposition。

㉒ ludcmp＄LU decomposition。

㉓ mvt＄Matrix Vector Product and Transpose。

㉔ reg-detect＄2-D Image processing。

㉕ seidel＄2-D Seidel stencil computation。

㉖ symm＄Symmetric matrix-multiply。

㉗ syr2k＄Symmetric rank-2k operations。

㉘ syrk＄Symmetric rank-k operations。

㉙ trisolv＄Triangular solver。

㉚ trmm＄Triangular matrix-multiply＄。

基于 Polybench 测试基准程序进行循环展开，可以对循环软件流水及多面体模型等循环优化技术进行很好的验证。因此，可以选择 Polybench 测试基准程序来验证上一章提出的循环优化方法。

9.4.2 PE 利用率和通信量的循环仿射变换优化实例

为验证循环优化方法，我们使用的实验平台是一块可重构计算处理器，拥有四个 8×8 的可重构计算数据通路，具体参见第 11 章的平台描述。为了展示基于多面体模型的循环优化具体过程，这里以理想的 1D Jacobi 为例，其源代码和循环网络如图 9.10 所示。

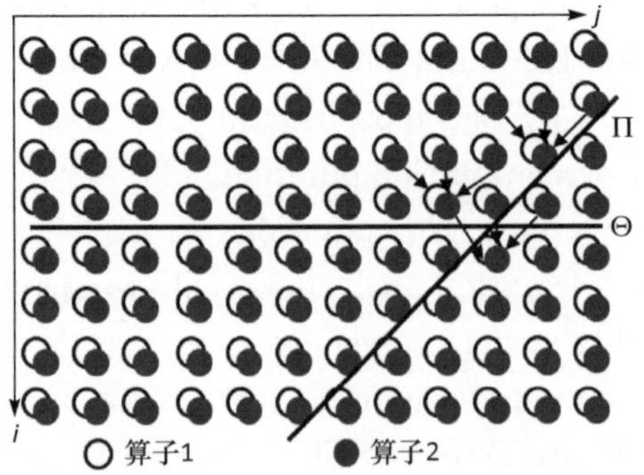

图 9.10 1D Jacobi 源代码与循环网络

```
for(i= 1;i< N;i+ + )
    for(j= 2;j< N- 1;j+ + )
        a[i][j]= a[i-1][j]+ a[i-1][j-1]+ a[i-1][j+1];
```

通过依赖分析得到的 h 变换和依赖多面体如下。

$$\text{flow}: a[i'][j'] \rightarrow a[i-1][j]$$

$$h: i'=i-1, j'=j; D_1: 1 \leqslant i \leqslant N-1, 2 \leqslant j \leqslant N-2$$

$$\text{flow}: a[i'][j'] \rightarrow a[i-1][j-1]$$

$$h: i'=i-1, j'=j-1; D_1: 1 \leqslant i \leqslant N-1, 2 \leqslant j \leqslant N-2$$

$$\text{flow}: a[i'][j'] \rightarrow a[i-1][j+1]$$

$$h: i'=i-1, j'=j+1; D_1: 1 \leqslant i \leqslant N-1, 2 \leqslant j \leqslant N-2$$

接下来寻找两个超平面来优化循环。

(1) 寻找时间约束超平面 Θ

依赖 1:分块约束

$$c_i i + c_j j - c_i(i-1) + c_j j \geqslant 1 \Rightarrow c_i \geqslant 1$$

边界约束是 $w-c_i \geqslant 0$。

依赖 2:分块约束

$$c_i i + c_j j - c_i(i-1) + c_j(j-1) \geqslant 1 \Rightarrow c_i + c_j \geqslant 1$$

边界约束是 $w-c_i-c_j \geqslant 0$。

依赖 3:分块约束

$$c_i i + c_j j - c_i(i-1) + c_j(j+1) \geqslant 1 \Rightarrow c_i - c_j \geqslant 1$$

边界约束是 $w-c_i+c_j \geqslant 0$。

归纳所有的约束和优化目标,可以得到

$$c_i \geqslant 1$$

$$w-c_i \geqslant 0$$

$$c_i + c_j \geqslant 1$$

$$w-c_i-c_j \geqslant 0$$

$$c_i - c_j \geqslant 1$$

$$w-c_i+c_j \geqslant 0$$

$$\text{minimize} \prec (w, c_i, c_j)$$

向量(w,c_i,c_j)在词典序中最小的是 (1,1,0),这样得到$c_i=1, c_j=0$。

(2) 寻找空间划分超平面 Π

增加空间划分约束(9.12)和独立约束(9.13),再按照寻找超平面的方法,可以得到超平面 Π 的变换参数为$c'_i=1, c'_j=1$。

(3) 分块大小的确定

通过循环体内部的依赖分析可以发现:语句 S1 拥有两个处在不同控制步的算

子，因此从算子 1 到算子 2 需要一个临时寄存器进行数据传递。因此语句 S1 需要占用一个 2×1 的 PE 数量，通过分块大小的决定算法，分块的长度L_{tile}和宽度W_{tile}分别是 4 和 8。变换和分块后的循环网络如图 9.11 所示。

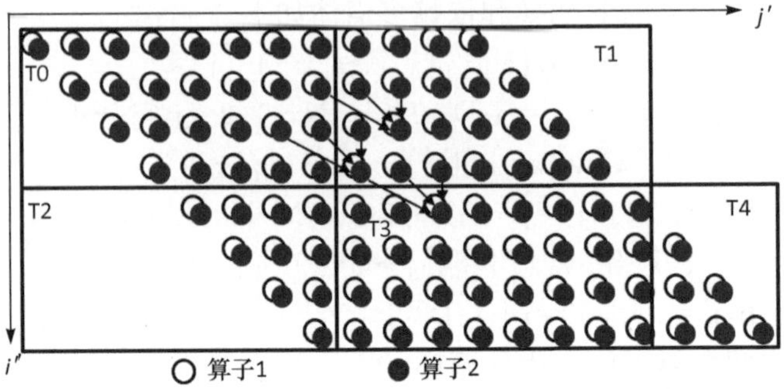

图 9.11　1D Jacobi 变换后的循环网络及分块[7]

通过以上三个步骤可以把分块映射到阵列上，分块的形状和大小就能得以确定。现在分块可以被映射到可重构计算数据通路上了。如图 9.12 所示，只有循环网络边缘的分块（如 T0、T1、T2 和 T4）不是规则的，内部的分块（如 T3）都是规则的。事实上，当循环的规模很大的时候，规则分块的数量占绝大部分的比例。在图 9.12 中，一个完整的规则分块被映射到了一个 8×8 可重构数据通路上面去，这里带圈的＋、带网格的＋和带框的 R 分别表示算子 1、算子 2 和临时寄存器。

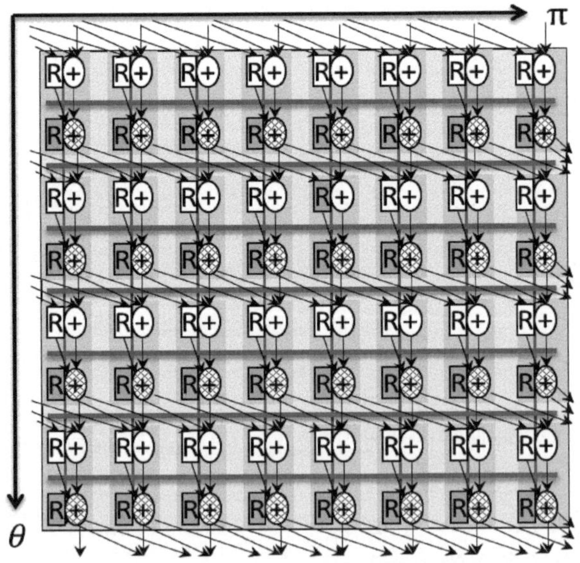

图 9.12　循环分块在 RCD 上面的映射[7]

综上所述，优化 PE 利用率和通信量的方法在重构周期、计算周期和通信周期三方面都有性能优化，因此使得循环网络在可重构计算处理器上执行的整体性能有较大的提升。

9.4.3 PE 利用率和通信量以及重构代价的联合优化实例

本例的实验平台仍选用 9.4.2 节的 8×8 可重构阵列的实验平台，其中每个处理单元仅有两个可用的传递寄存器。本算法先通过源到源的变换将 2D 嵌套循环按照资源限制划分成许多小块(tiles)，再将小块转化成数据流图映射到可重构计算数据通路中。源代码采用 C 语言作为输入，利用 Clan[13] 抽取出多面体模型的中间表示(IR)并进行依赖分析。测试实例包括 1D Jacobi、运动估计(motion estimation，ME)和偏微分方程的模板计算(stencil computation)。

本例的优化算法针对的是 PE 利用率、通信量，及重构代价的联合优化(Joint PE+COM+CFG)，为了证明算法的有效性，最终的实验结果与循环展开和 9.4.2 节中的算法做了性能比较，如表 9.1 所示。其中，t_{com}、t_{cfg}、t_{op}、t_{total} 分别表示通信时间、配置时间、操作时间和总体时间 $t_{total}=t_{com}+t_{cfg}+t_{op}$。PI 表示本算法相对于其他算法的性能提升比例。$t_{pe}$ 表示处理单元的利用率。

表 9.1 三类方法的优化结果对比[9]

测试实例		1D JACOBI	ME	PDE Solvers
PE+COM+CFG	r_{pe}/%	77.2	58.3	49.3
	t_{com}(cycles)	1.1e2	2.8e2	2.7e2
	t_{op}(cycles)	1.4e2	1.8e3	1.2e3
	t_{cfg}(cycles)	7.5e1	1.1e3	4.5e2
	t_{total}(cycles)	3.3e2	3.2e3	1.9e3
PE+COM	r_{pe}/%	77.2	61.2	52.6
	t_{com}(cycles)	1.1e2	2.1e2	1.2e2
	t_{op}(cycles)	1.4e2	1.7e3	1.1e3
	t_{cfg}(cycles)	7.5e1	1.5e3	9.3e2
	t_{total}(cycles)	3.3e2	3.4e3	2.2e3
	PI/%	0	5.8	13.6
Loop unrolling scheme	r_{pe}/%	52.4	53.0	40.2
	t_{com}(cycles)	1.8e2	6.1e2	4.1e2
	t_{op}(cycles)	1.7e2	1.9e3	1.5e3
	t_{cfg}(cycles)	1.1e2	1.8e3	1.1e3
	t_{total}(cycles)	4.6e2	4.3e3	3.0e3
	PI/%	28.3	25.6	36.7

从结果可以明显看出，三个因素（PE 利用率、通信代价和配置代价）极大地影响了最终的性能。PE 利用率r_{pe}越高，时间t_{op}就越少。例如，偏微分方程应用若采用 Combined PE＋COM 方法中r_{pe}＝61.2％对应的t_{op}＝1.1e3，而循环展开方法中r_{pe}＝40.2％对应的t_{op}＝1.5e3。但是，PE 利用率仅仅是其中一个因素，因此尽管偏微分方程中 Combined PE＋COM 方法r_{pe}最高，但整体性能确不是最好的。

由图 9.13 可以看出，Combined PE＋COM 和 Joint PE＋COM＋CFG 都比循环展开性能要好，但整体性能上 Joint 比 Combined 在运动估计和偏微分方程中分别提升 5.8％和 13.6％。表 9.2 展示了三种方法在不同循环体尺寸的性能优化结果，可以看出小尺寸下的优化性能高于大尺寸的，如在尺寸增大时，偏微分方程中优化效果从 13.6％降到 11.3％，运动估计同样从 5.8％降到 4.3％。

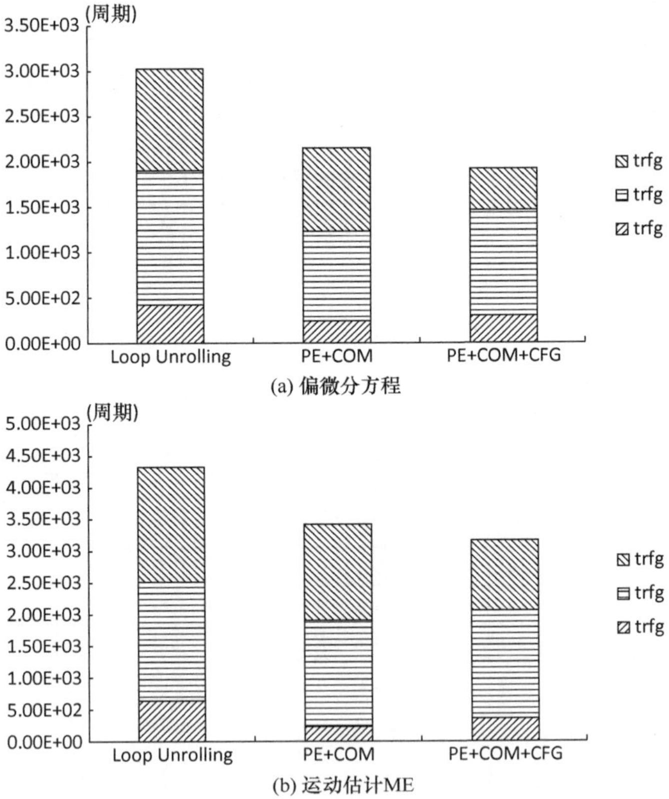

图 9.13　三种方法的各部分时间对比

表 9.2　三类方法在不同循环尺寸下的优化效果

循环体尺寸	PE+COM+CFG	PE+COM	性能改善/%
PDE Solvers(N=64)	1.9e3	2.2e3	13.6
PDE Solvers(N=128)	3.9e3	4.4e3	11.3
ME(N=64)	3.2e3	3.4e3	5.8
ME(N=128)	6.6e3	6.9e3	4.3

9.4.4　PolyMAP 算法的优化实例

9.4.2 节和 9.4.3 节都是针对流水线结构的可重构计算数据阵列所做的优化算法，而 PolyMAP 则基于业界和学术界盛行的网状互连结构的可重构计算数据阵列进行嵌套循环优化。除了提出完整的性能分析模型外，还与第 9 章提及的软件流水中的 EPIMap，9.4.2 节的算法分别进行了性能对比，实验结果表明，基于多面体模型的嵌套循环映射 PolyMAP 优化效果更好。

实验仿真时间和 PolyMAP 提出的性能模型之间的结果对比如图 9.14(a)所示，可以看出性能模型已经足够精确。图 9.14(b)则比较了三种方法的优化性能，PolyMAP 比 PolyCom 平均提升了 36%，经过分析可知，PolyCom 的最大劣势在于未采用最精确的性能分析模型。PolyMAP 比 EPIMap 平均提升了 21%，说明 PolyMAP 的性能分析模型比软件流水仅仅采用启动间隔 II 作为性能指标有效，就像 9.3.3 节分析的一样，II 并不是一个非常完美的性能指标。另外，对嵌套进行循环比仅考虑最内层循环的软件流水，更能挖掘循环本身蕴含的并行潜力。图 9.14(c)则比较了三者的编译时间，可以看到 PolyMAP 需要耗费更多的编译时间，但幸运的是增加的编译时间与映射后减少的计算时间相比属于可接受的范畴。图 9.15 则给出了更细致的时间分析。

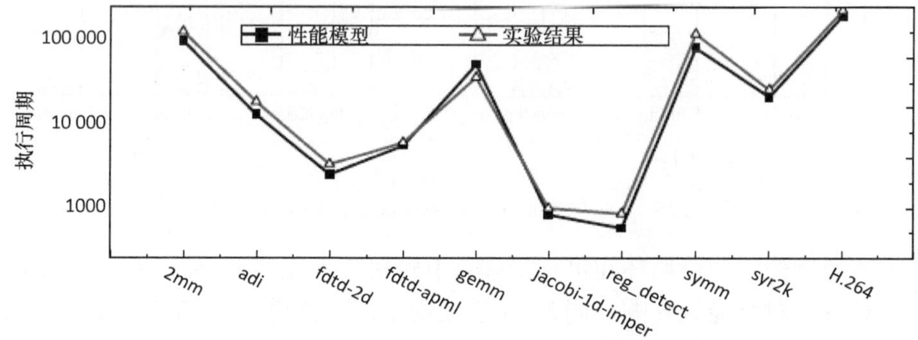

(a) The accuracy of the proposed performance model

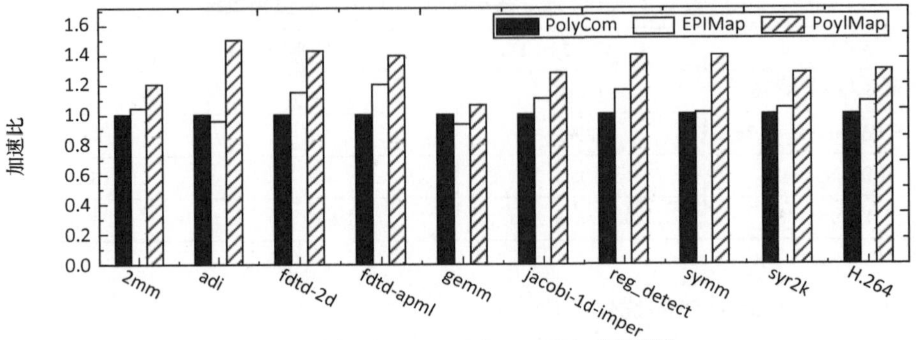

(b) PolyMap、PolyCom、EPIMap加速对比

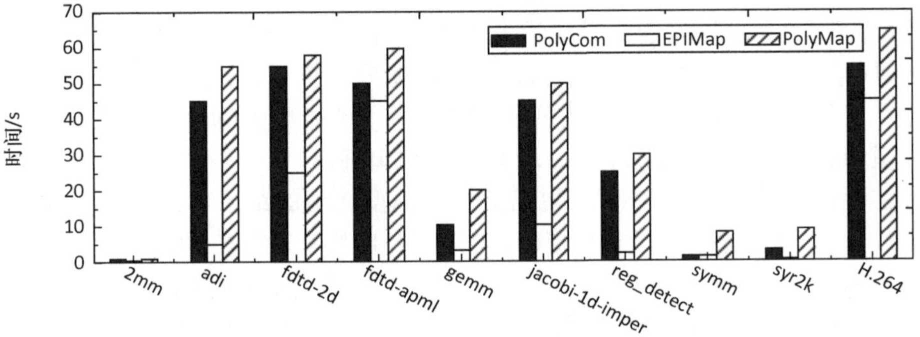

(c) PolyMap、PolyCom、EPIMap编译时间对比

图 9.14　PolyMAP、PolyCom、EPIMap 的对比[10]

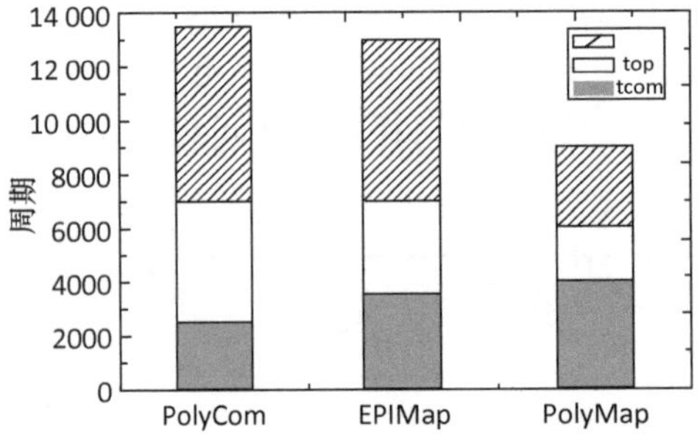

(a) adi

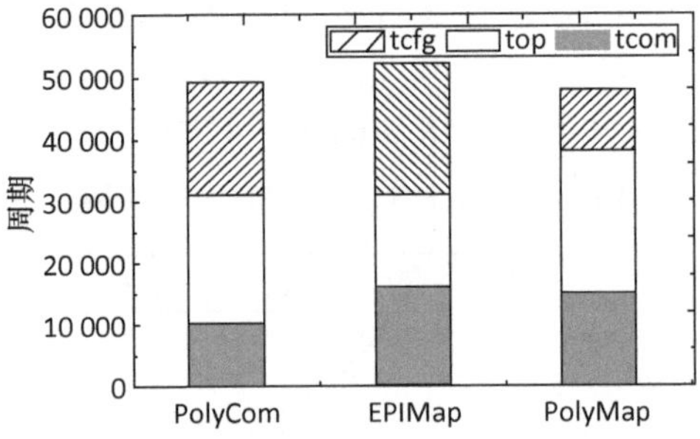

(b) gemm

图 9.15　adi 与 gemm 算法中各部分的时间分配[10]

本节通过建立嵌套循环在可重构阵列上映射的性能模型,综合考虑了重构、通信的计算时间对性能的影响。同时,灵活运用了多面体模型,把循环变换参数融合到性能模型中,最终建立 CGRA 上的嵌套循环优化流程。实验结果表明,Ploy-Map 相比于 EPIMap 而言,可以有 21%的性能提升,并且额外增加的编译时间是可以接受的。

9.5 嵌套循环映射优化的展望

目前我们在可重构处理器上的嵌套循环的映射优化，主要是针对完美循环（即所有语句均只在最内层出现的嵌套循环）、具有常量依赖的循环（即循环包含的所有依赖距离均是常量的循环），以及不包含 if 语句的循环。今后的研究工作将朝着非完美、非常量依赖和包含 if 语句的循环方向进行，这样使我们面向可重构计算处理器的嵌套循环优化工作具有更宽的适用范围，具有更好的通用性，为日后应用在通用可重构处理器上打下理论基础。另外，目前的嵌套循环优化一般只是支持单个 CGRA 阵列，而为了挖掘更大粒度的运算并行性，对多阵列 CGRA 的支持也是我们未来的探索方向之一。

参考文献

[1] Li Y, Callahan T, Darnell E, et al. Hardware-software co-design of embedded reconfigurable architectures[C]//Proceedings of the 37th Annual Design Automation Conference, 2000: 507-512.

[2] Lim A W, Lam M S. Maximizing parallelism and minimizing synchronization with affinepartitions[J]. Parallel Computing, 1998, 24(3,4): 445-475.

[3] Wolf M E, Lam M S. A loop transformation theory and an algorithm to maximize parallelism [J]. IEEE Transactions on Parallel and Distributed Systems, 1991, 2(4): 452-471.

[4] Wolf M E, Lam M S. A data locality optimizing algorithm[J]. ACM Sigplan Notices, 1991, 26(6): 30-44.

[5] Baskaran M M, Bondhugula U, Krishnamoorthy S, et al. A compiler framework for optimization of affine loop nests for GPGPUs[C]//Proceedings of the 22nd Annual International Conference on Supercomputing, 2008: 225-234.

[6] Lee S, Min S J, Eigenmann R. OpenMP to GPGPU: a compiler framework for automatic translation and optimization[J]. ACM Sigplan Notices, 2009, 44(4): 101-110.

[7] Liu D, Yin S, Yin C, et al. Mapping optimization of affine loop nests for reconfigurable computing architecture[J]. IEICE Transactions on Information and Systems, 2012, 95(12): 2898-2907.

[8] Bondhugula U, Hartono A, Ramanujam J, et al. A practical and fully automatic polyhedral program optimization system[C]//ACM SIGPLAN PLDI, 2008.

[9] Yin S, Liu D, Liu L, et al. Affine transformations for communication and reconfiguration optimization of mapping loop nests on CGRAs[J]. IEICE Transactions on Information and Systems, 2013, 96(8): 1582-1591.

[10] Liu D, Yin S, Liu L, et al. Polyhedral model based mapping optimization of loop nests for CGRAs[C]//2013 50th ACM/EDAC/IEEE Design Automation Conference, 2013: 1-8.

[11] Goldberg D E, Holland J H. Genetic algorithms and machine learning[J]. Machine Learning, 1988, 3(2): 95-99.

[12] McMahon F H. The livermore fortran kernels: a computer test of the numerical performance range[R]. Lawrence Livermore National Lab., CA, 1986.

[13] Bastoul C, Cohen A, Girbal S, et al. Putting polyhedral loop transformations to work[M]// Languages and Compilers for Parallel Computing. Berlin: Springer, 2004: 209-225.

第 10 章　可重构计算处理器的能耗感知编译技术

众所周知，可重构计算处理器具有很高的性能和灵活性，这些特性使其可以方便地应用在移动设备上。通常，移动设备都采用电池供电的模式，因此延长电池寿命，增加移动设备的使用时间便成为一项重要课题。本章介绍一种应用于可重构计算处理器的能耗感知编译技术。该方法可大幅减少移动设备中的电池电量消耗，有效延长电池寿命。本章将对电池模型及可重构计算处理器的能耗来源进行分析，并结合电池模型提出一种适用于电池供电可重构计算处理器的低能耗编译方法，并对其进行实验评估。

10.1　可重构计算处理器的能耗来源分析

可重构计算处理器在执行任务时需要经过以下几步：首先配置 PE 阵列，使其满足任务的功能要求。配置完成后，PE 阵列从数据存储器读入数据作为输入，并根据配置的功能展开运算。执行完毕后，产生的结果将被存入寄存器。图 10.1 给出了完整任务运算过程的示例，包含配置、数据访问、运算、数据存储等阶段，同时也是可重构计算处理器的能耗来源。为了给能耗建模，需要计算每个阶段的工作电流。

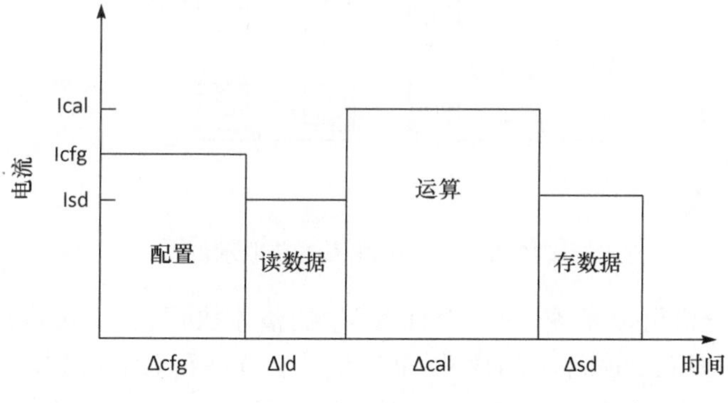

图 10.1　任务的放电电流分布[1]

在数据读入和数据存储阶段，PE 阵列的工作电流等于存储器的访问电流，用 I_{cc}表示。数据访问和存储的时间分别用 Δ_{ld}和 Δ_{sd}表示，这两个时间正比于需要访问或存储的数据量。对第 i 个任务 V_i，如果用 $D_{IN}(V_i)$和 $D_{OUT}(V_i)$分别表示输入

数据量和输出数据量，B_{cc}表示存储器带宽，则 Δ_{ld}和 Δ_{sd}分别为

$$\Delta_{ld}(V_i)=\frac{D_{IN}(V_i)}{B_{cc}} \tag{10.1}$$

$$\Delta_{sd}(V_i)=\frac{D_{OUT}(V_i)}{B_{cc}} \tag{10.2}$$

在运算阶段，工作电流用I_{cal}表示，等于所有被激活的 PE 单元工作电流之和，在此阶段，不需使用的 PE 将被关闭以节省电量。对于第 i 个任务 V_i，被激活的 PE 数等于 V_i内包含的算子数，也就是 V_i的规模。V_i的工作电流为

$$I_{cal}(V_i)=\sum_{k=1}^{S(V_i)} I_{PE}(k) \tag{10.3}$$

其中，$I_{PE}(k)$表示 V_i中第 k 个算子的运算电流。

如果以周期作为时间单位，任务 V_i的运算时间 $\Delta_{cal}(V_i)$等于 V_i中关键路径的长度。图 10.2 给出计算一个给定任务的工作电流和持续时间的例子。该任务有四个＋、两个－，以及一个×，因此在转移到 PE 阵列后，将有 7 个算子被激活，分别表示算子的功能。容易得出，任务 V_i的运算电流是 $4I_{PE}(+)+2I_{PE}(-)+I_{PE}(\times)$。从图中容易看出，$V_i$关键路径长是 4，它的持续时间是 4 个周期，即 $\Delta_{cal}=4$ cycles。

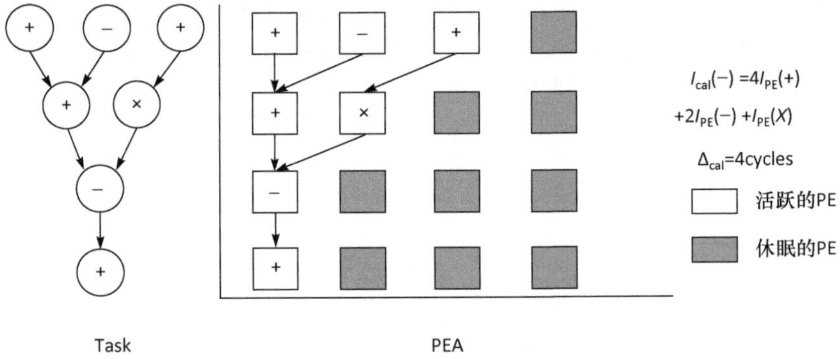

图 10.2　运算阶段 I，Δ 获取示例[1]

基于以上分析可以发现，对一个任务 V_i 的整体执行过程，可以用 V_i在各个阶段的运算电流和持续时间对的序列，即(I_{cfg},Δ_{cfg})、(I_{cc},Δ_{ld})、(I_{cal},Δ_{cal}) 和 (I_{cc},Δ_{sd})来描述放电过程。执行一个大型应用的能耗可以用一系列由该应用分割出的任务总能耗表示。通过评估由应用划分出的每个任务，可以得到一系列这样的参数，从而得到放电电流随时间的分布情况，利用式(10.1)可以得到可重构计算处理器在任务运算时的能量消耗。

10.2　可重构计算处理器的能耗感知编译方法

通过对可重构计算处理器能耗来源的分析我们可以看出，在编译过程中如果考虑加入对能耗的感知，得到的编译结果将具备更好的能耗-效率比。下面重点介绍可重构计算处理器的能耗感知编译方法。

10.2.1　电池模型介绍

能耗感知的编译方法主要针对电池供电的移动设备，优化的过程和电池特性紧密相关。我们使用电池模型来模拟电池特性，阐述电池模型的相关内容。

目前的便携式设备大多使用电池供电，常用的充电电池技术有镍镉电池、锂离子电池等。电池的基本构成如图 10.3 表示。电池包括一个阳极(锂化物)、一个阴极(石墨)和电池电解液。电解液将两个电极分开，并在两者之间提供电荷传输机制。

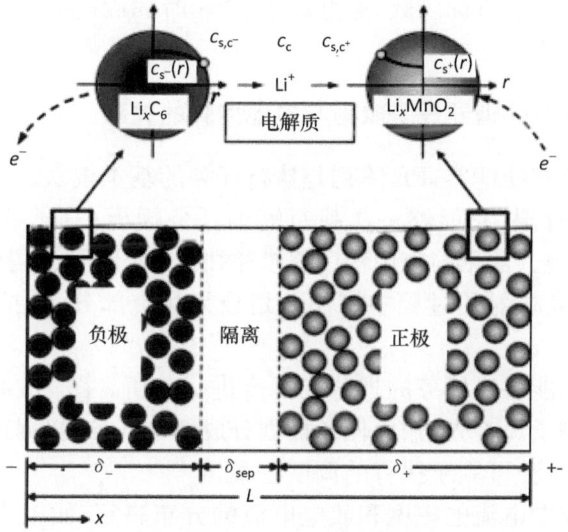

图 10.3　电池的基本构成[2]

电池的使用时间对放电电流的分布十分敏感，主要由两种效应决定，一种是比率电流效应(rate capacity effects，RCE)，即放电电流幅度过大会降低能量转化效率；另一种是恢复效应(recovery effects)，即通过插入休息时间提升电池可提供的有效电荷。这两种效应可以显著地影响电池释放的电荷总量及使用时间。因此，从一个电池中所能提取的能量和电池使用时间与两个因素有关：一是放电电流的幅度，二是放电电流的分布情况。

电池模型是为了模拟实际电池特性而提出的一种数学模型，利用它可以预测各种放电情况下的放电行为。电池模型的发展经历了漫长的过程，预测精度得到了不断提高，复杂度不断下降，其中 Rakhmatov 模型[3]作为一种精确且成熟的方法被广泛使用。本章将使用 Rakhmatov 模型为电池效应建模。

Rakhmatov 模型基于电池内部的化学动力学方法得出，是一种可变负荷的解析模型，它同时考虑比率电容效应和恢复效应。该模型的平均预测误差是 2%，最大预测误差是 4%，只需要两个参数 α 和 β，α 代表电池容量，β 代表电池的非线性效应，取值介于 0 到 1。β 的值越大，表明电池特性越接近理想电池。电池模型可以表示为

$$\delta=\sum_{k=0}^{n-1}\left(I_k\times\Delta_k+2I_k\times\sum_{m=1}^{10}\frac{e-\beta^2m^2(T-t_k-\Delta_k)-e^{-}\beta^2m^2(T-t_k)}{\beta^2m^2}\right) \tag{10.4}$$

其中，δ 是电池在 T 时刻消耗的电量，是 n 个放电间隔的放电总和；I_k、t_k 和 Δ_k 分别表示电池的放电电流、第 k 个放电间隔的开始时间，以及持续时间。

当 $\delta\cong\alpha$ 时，电池电量耗尽，此时的放电时间 T 就是电池的寿命。这里使用式(10.4)作为优化工作的目标函数，通过评估 $\delta\cong\alpha$ 时的放电时间 T 求解电池寿命，并寻求延长它的方法。

10.2.2 可重构计算处理器任务映射与电池能耗的关系

对于可重构计算处理器，PE 阵列是执行任务的基本模块。由于 PE 阵列的规模(PE 单元数量)有限，它能够一次执行完的任务规模(算子数量和关键路径长度)也受到严重限制。常见的应用程序规模往往比 PE 阵列大得多，无法一次执行完，因此需要在任务映射的过程中将任务划分为几个部分，并按照一定的次序来完成。

下面结合电池能耗对任务的划分和调度进行分析。图 10.4 给出一个任务划分和任务调度的例子。首先，输入任务被划分成 6 个任务，根据这 6 个任务间的数据依赖关系，给出 4 种可用于执行的调度方案。

电池能耗由放电电流的幅度和放电电流的分布决定，而电流幅度和分布又取决于划分出的任务数量、关键路径长度、数据通信量，以及开始时间四个因素。从任务映射的角度看，前三个因素取决于任务划分，第四个因素取决于任务调度，也就是说，放电电流分布是由任务划分和任务调度共同决定的。

任务映射通过决定任务数量、关键路径长度、数据通信量，以及开始时间影响电池能耗。传统的映射方法只考虑部分因素的优化，如分层划分算法(LPA)[4]在划分时只优化任务数量，它们可以起到一定的优化作用，但效果有限。下面探讨一种任务映射方法，该方法综合考虑了以上 4 个因素对电池能耗的影响，通过对 DFG 进行智能划分和调度达到优化能量消耗的目的。

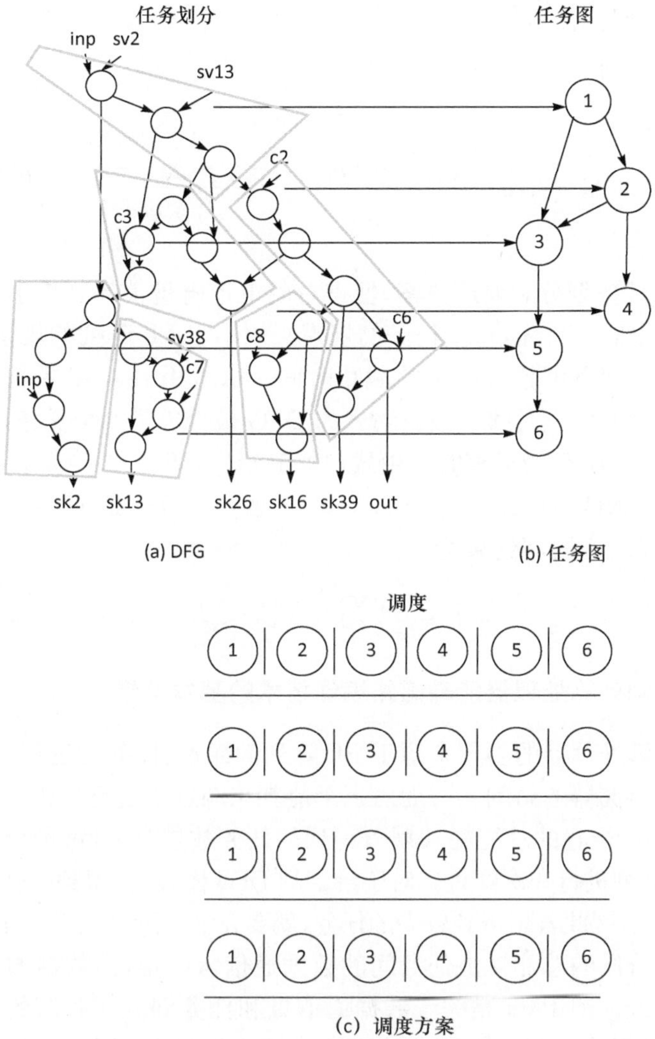

图 10.4　任务划分和调度示例[1]

10.2.3　电池能耗问题定义

如上所述，电池能耗受到任务划分和任务调度方案的影响。因此，我们把任务划分和调度过程定义为一个联合优化问题，该问题的目标是最小化电池耗电量，问题的解是优化过的任务划分和调度方案。任务划分和调度问题的定义如下。

输入：DFG $G=(V,E)$

限制条件：

$V=\bigcup_{i=1}^{K} V_i$

$S(V_i) \leqslant A_{PEA}, 1 \leqslant i \leqslant K$

$\sum_{i=1}^{K} R(V_i) \leqslant T$

评价函数：

$$\delta = \sum_{k=0}^{n-1}\left(I_k \times \Delta_k + 2I_k \times \sum_{m=1}^{10} \frac{e-\beta^2 m^2(T-t_k-\Delta_k) - e-\beta^2 m^2(T-t_k)}{\beta^2 m^2}\right)$$

目标：

产生 G 的任务划分和调度方案，使得总的电池电量消耗 δ 最小。这个优化问题有两个额外限制。首先，每个任务的规模必须小于 PE 阵列的规模。其次，所有任务的总运行时间不可超过应用的截止时间。这里用 A_{PEA} 和 T 分别表示 PE 阵列的规模和应用的截止时间。假设输入的 DFG 被分成了 k 个任务，并用 $R(V_i)$ 表示任务的运算时间，V_i 的运算时间由式(10.5)给出，即

$$R(V_i) = \Delta_{cfg}(V_i) + \Delta_{LD}(V_i) + \Delta_{e\times e}(V_i) + \Delta_{ST}(V_i) \tag{10.5}$$

总的运算时间 T_{sum} 和时间约束为

$$T_{sum} = \sum_{1}^{k} R(V_i) < T \tag{10.6}$$

10.2.4　可重构计算处理器能耗感知编译技术的基本思想

可重构计算处理器的功耗来源于 PE 阵列的配置、任务的运算，以及数据载入与存储阶段对存储器的访问。下面对每个能耗来源逐个进行分析。

从整体来看，配置的总能耗和划分得到的任务数量有关，每运行一个任务就需要对整个 PE 阵列进行一次配置。对于给定的 DFG 图，划分得到的任务数量由每个任务的尺寸决定，因此若想得到较少的任务，就要在划分阶段让每个任务尽可能大。

数据访问阶段的总能耗由任务间的数据通信量决定，而数据的通信量取决于任务划分的方式。图 10.5 是关于数据通信量和任务划分间关系的一个例子。图中的 DFG 图被划分成两个任务，如果采用图 10.5(a)的划分方案，任务间只要进行 1 个数据的通信；如果采用图 10.5(b)的划分方案，将有 4 个数据的通信，与之相应的能耗会大于图 10.5(a)的方案。因此，为了减小数据访问阶段的能耗，在任务划分阶段应尽量减少通信量。

任务运算阶段的总能耗取决于如何在各个任务中分配关键路径的长度，因为它能决定每个任务的运行时间。我们通过将关键路径合理放入各个子任务中来减少运算阶段的能耗。

基于以上考虑，任务映射方法的基本思想如下。

① 把 DFG 图划分为几个宏块来优化数据通信量，同时最大化每个宏块的尺寸来优化配置能耗。

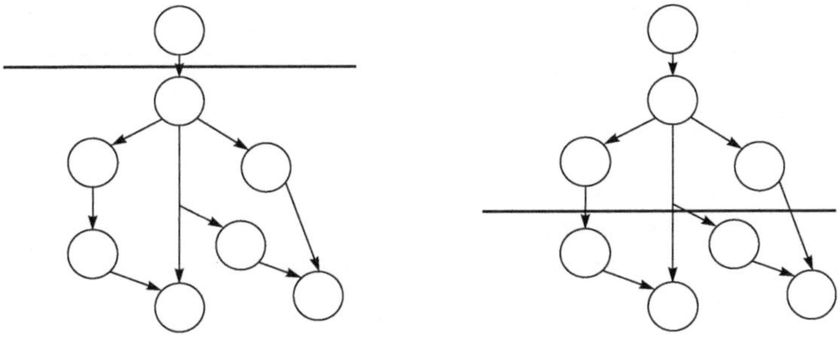

图 10.5　任务划分和数据通信量间的关系[1]

② 进一步把每个宏块分成基本块(basic block,BB)来实现关键路径的分配。这里的基本块是用于之后构造任务的基本模块。

③ 遍历基本块组合的所有可能,产生所有可行的任务划分方案。

④ 对每个任务划分方案,寻找使总耗电量 δ 最小的任务调度方案作为对应该划分的最优方案。

⑤ 从所有任务划分方案的最优方案中,选出耗电量 δ 最小的方案,由于相应的最优调度方案已经在步骤④给出,因此可以得到最终的任务映射方案。

10.2.5　可重构计算处理器能耗感知编译技术的任务划分和调度算法

基于以上想法,本书给出 3 个算法。算法 1 把输入 DFG 图划分为宏块,使用"最大流-最小割"方法。算法 2 把宏块分割为基本块,并产生所有可行的任务。算法 3 用于调度任务,并得到优化的结果。

在算法 1[5] 中,最大流-最小割算法将输入 DFG 图分为 X 和 X',两者间的数据通信量是所有可行的割中最小的,这种割称为最小割,用 $C=(X,X')$ 表示。通过在 DFG 图上反复执行最大流-最小割算法,便可得到所有的最小割。

在得到一个最小割 $C=(X,X')$ 后,X 的面积可能比尺寸约束 A_{PEA} 小,此时便可从 X' 向 X 添加节点,使 X 的面积扩充到 A_{PEA}。新得到的 X_1 和 X_1' 将构成新的割 $C'=(X_1,X'_1)$,这种割称为面积割,用这种割划分 DFG 图,可以得到较大尺寸的任务。至此共得到两种割,即最小割和面积割。借助这两种割,DFG 被分成若干个宏块,宏块的边界是最小割,或者面积割。

图 10.6 给出了算法 1 的详细流程。步骤 1 的输入给 DFG 图加了一个源节点 s 和一个汇节点 t,s 连接 DFG 的所有输入,而 t 汇聚 DFG 的所有输出。这两个节点用于执行最大流-最小割算法。在某次分割后,如果得到的宏块 X 满足 $\text{Area}(X)>A_{PEA}$,则在 X 内搜索最小割,步骤 15 和 16 用于把这种情况下的 X 转化为新图 G'。如果宏块 X 满足 $\text{Area}(X)\leqslant A_{PEA}$,则表示找到了一个最小割 C。步骤 6～9 用

于向 X 中添加节点以寻找面积割，步骤 10 记录面积割。

算法1

```
   输入: G = (V, E, W)
   输出: C = {C1, C2, … , Cn}
   初始化: C = Ø , mark_node=null;
   C Mincut_Areacut(G) //此方程搜索最小割和面积割
   {
1   增加源节点s和漏接点t到DFG
2   while (1)  do
3      通过在s和t之间执行最大流算法寻找最小割 Ci= (X, X')
4      if ( Area(X)< APEA )  then
5         记录割C
6         while (1)  do
7            if ( Area(X)+Area(v)< APEA )  then
8               把v从 X'  加到 X
             end
9            if ( Area(X)+ Area(v)> APEA )  then
10              记录新割C' =( X_new, X_new' )
11              把 X_new融入 s
12              把从X _new到 X _new'  的边变成从 i S 到 X _new'
13              break;
             end
          end
      end

14     if ( Area(X)> APEA )  then
15        把 X'  中所有节点融入 t
16        把从 X 到 X'  的边改为从 X 到 t, 构建新图 G'
17        递归执行 Mincut_Areacut(G' ) 函数
       end
18     if ( Area(X' )< APEA )  then
19     break;
       end
    end
18  return C ;
   }
```

图 10.6　算法 1[1]

图 10.7 是算法 1 的一个示例，并假设 $A_{PEA}=8$。图 10.7(a)是找到的第一个最小割，X 的尺寸是 5，小于 A_{PEA}，因此可以向 X 中加入节点。通过执行算法 1 中的步骤 7～9，可以得到图 10.7(b)所示的面积割。通过迭代执行最大流-最小割方法，可以得到第二个最小割，如图 10.7(c)所示。该步中 X 的规模是 6，通过添加节

点可以得到第二个面积割，如图 10.7(d)所示。继续执行迭代，便可得到如图 10.7(f)所示的最终结果，共有 3 个最小割和 3 个面积割。DFG 图被分成 6 个宏块。

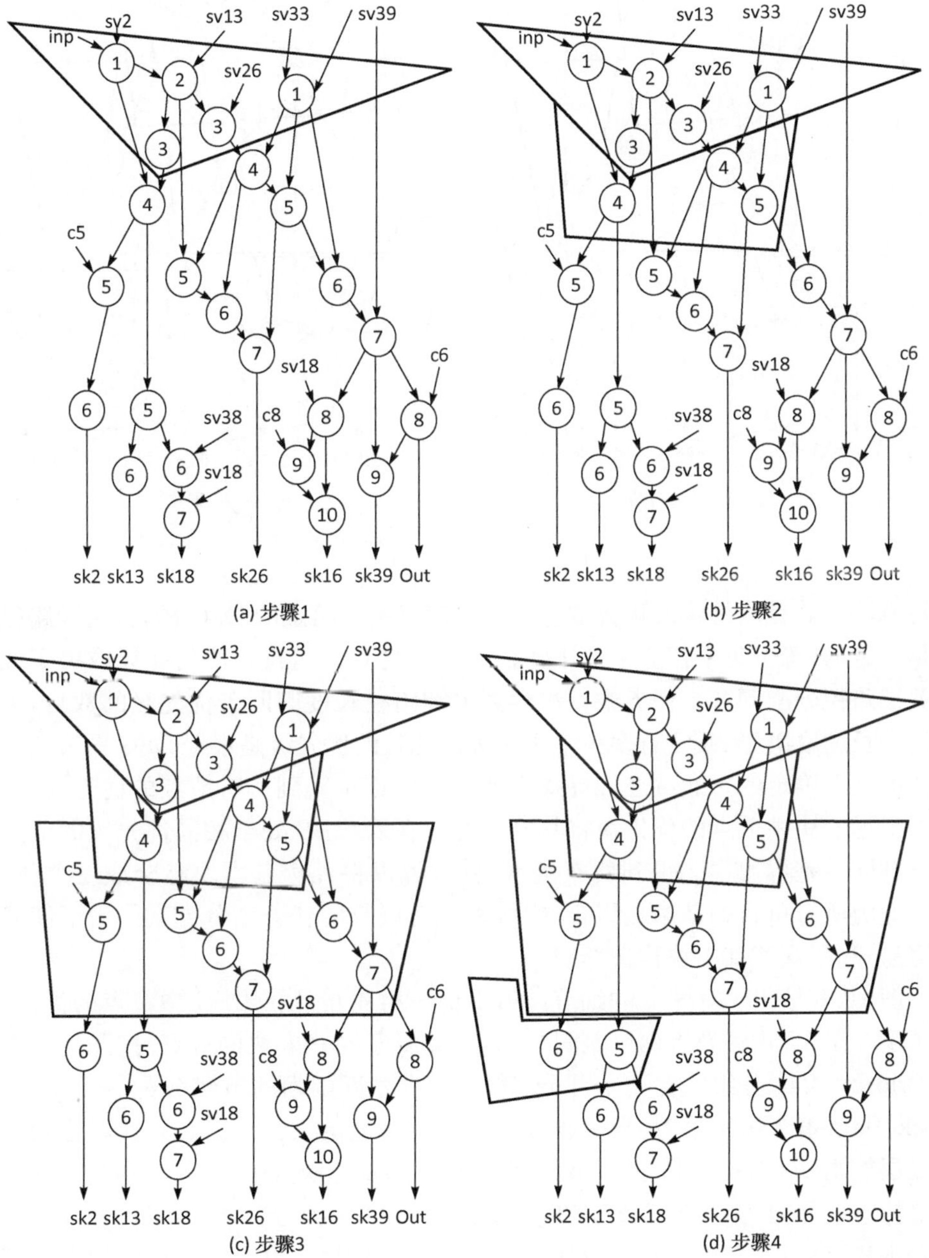

(a) 步骤1　　(b) 步骤2

(c) 步骤3　　(d) 步骤4

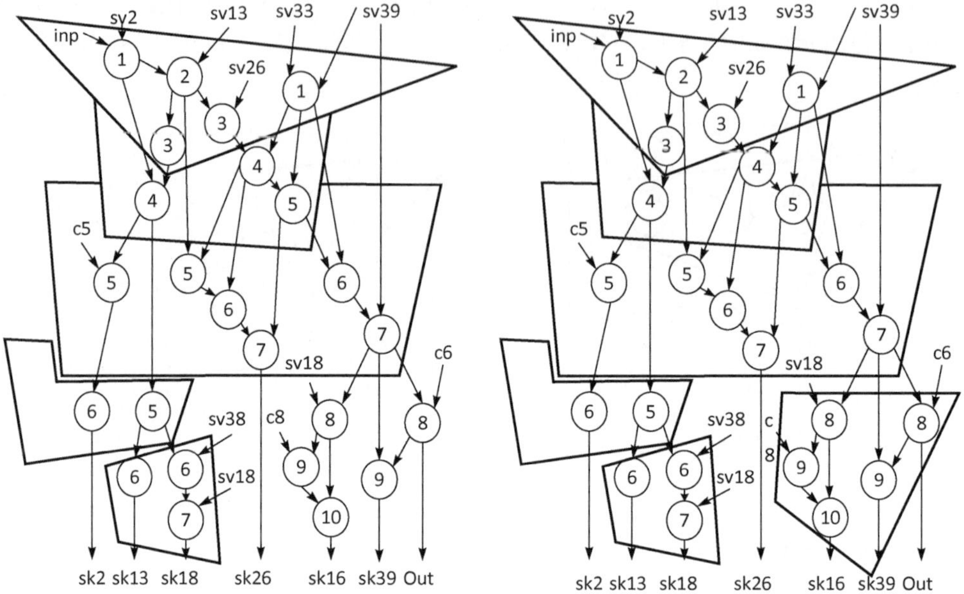

(e) 步骤5　　(f) 步骤6

图 10.7　算法 1 实例[1]

算法 2 的目的是将宏块分成基本块。对于一个给定的 DFG 图，其关键路径长度是固定的，等于每个任务中关键路径的长度之和。运行阶段的能耗取决于如何将关键路径分配到各个任务中。注意到关键路径长度等同于优先级的数目，关键路径的长度取决于 DFG 有多少个优先级。此处的优先级是根据 DFG 图节点的数据依赖关系确定的。通过迭代寻找根节点可以逐步得到所有节点的优先级，因此可以根据宏块中节点的优先级将其分割开。在宏块中，处于相同优先级的节点被划分到同一基本块中。得到所有基本块后，可以将几个基本块组合成一个任务。通过遍历所有可行的基本块组合，能得到所有可行的任务划分方案。为了使遍历更容易，利用这些基本块构造新图。

图 10.8 给出了算法 2 的细节。第 1 步～第 4 步计算 DFG 中节点的优先级。第 7 步～第 17 步将邻近两个割间的节点（即属于同一宏块的节点）按照优先级编号 Priority_flag 分组。在这个部分，第 9 步给邻近割间的节点分配一个 Macro_block_flag，第 9 步～第 12 步在通过遍历所有可能的 Priority_flag 在邻近割边之间逐层搜索基本块，第 13 步～第 15 步给找到的基本块分配 Basic_block_flag 作为序号标志。从第 18 步～第 27 步构造新图 M。M 中的每个节点代表 DFG 中的一个基本块，节点的权重是其对应基本块中节点的数量。由于基本块中的节点都来自同一宏块，而且它们优先级相同，因此有相同的 Macro_block_flag 和 Priority_

算法2

```
输入: G = (V, E, W), C = {C_1, C_2, … , C_n}
输出: Graph M
 初始化: Count= 1 Basic _block_count= 1, Basic _block_count_used= false
C FN (G, C)
{
  While (G 非空) do//求解G中每个节点的 priority _flag
    寻找G中根节点
    Foreach 根节点  do
       分配给根节点 Priority _flag, 值为 Count的值
    end
    Count= Count+ 1.
    从G中删除这些点
  end
  Foreach i from 1 to n-1  do
    Foreach  Ci和Ci+1 间的节点 do
       给节点分配 Macro_block_flag值,值为 i.
    Foreach j from 1 to count-1  do
        Basic _block_count_used= false
        Foreach  Ci 和 Ci+1间的节点 do
          if Priority _ flag== j  then
            给节点分配 Basic _block_flag值,值为Basic _block_count.
            Basic _block_count_used= true.
          end
        end
        if Basic _block_count_used== true  then
          Basic _block_count= Basic _block_count+ 1.
        end
     end
   end
   //构建新图M
   给M加空节点s
   Foreach i from 1 to Basic _block_count-1  do
       给M加新节点，代表原图中 Basic _block_count_flag = i的各点
       给该点分配权重,值为该点所代表原图点的数量
       给M中新点分配它在G中对应点的 Macro_block flag 和 Priority _flag
   end
   根据Priority _flag给各点一个从小到大的序号，具备相同 Priority _flag 的点通过
   其Macro_block_flag 从小到大排序
   Foreach node i  from 1 to Basic _block_count- 2 do
     Foreach node j from i+ 1 to Basic _block_count-1 do
       If (sum(weight of nodes) from i+1 to j)<A_PEA  then
         给节点i和j间加边
       end
     end
   end
   return Graph M ;
  }
```

图 10.8　算法 2[1]

flag。步骤 23 依据 M 中节点的优先级次序重新给节点编号。有时会遇到两个基本块来自不同的宏块，且 Priority_flag 相同的情况，此时可以根据其 Macro_block_flag 给节点编号。第 24 步～第 27 步给 M 加入节点。如果节点 $i+1$ 到 j 之间节点权重之和小于 A_{PEA}，则给 M 加边 $<i,j>$。

图 10.9 给出了算法 2 的一个例子。如图 10.9(a)所示，DFG 图的每个节点都被赋予一个数字用于标识节点优先级。通过将邻近割间的节点按优先级分组，可以得到图 10.9(b)的结果。图 10.9(c)是 M 的一个示例。s 是空节点，节点旁边的数字表示 M 中基本块的编号，节点上的数字表示其权重。通过遍历从 s 到节点 15 的所有路径，就能遍历所有可行的任务划分方案。路径穿过的每个节点就是任务划分的位置。图 10.9(c)中的红线给出路径的一个示例。该路径穿过节点 4、7、10 和 15，因此节点 1～4 组成第一个任务，节点 5～7 组成第二个任务，节点 8～10 组成第三个任务，最后五个节点组成第四个任务。

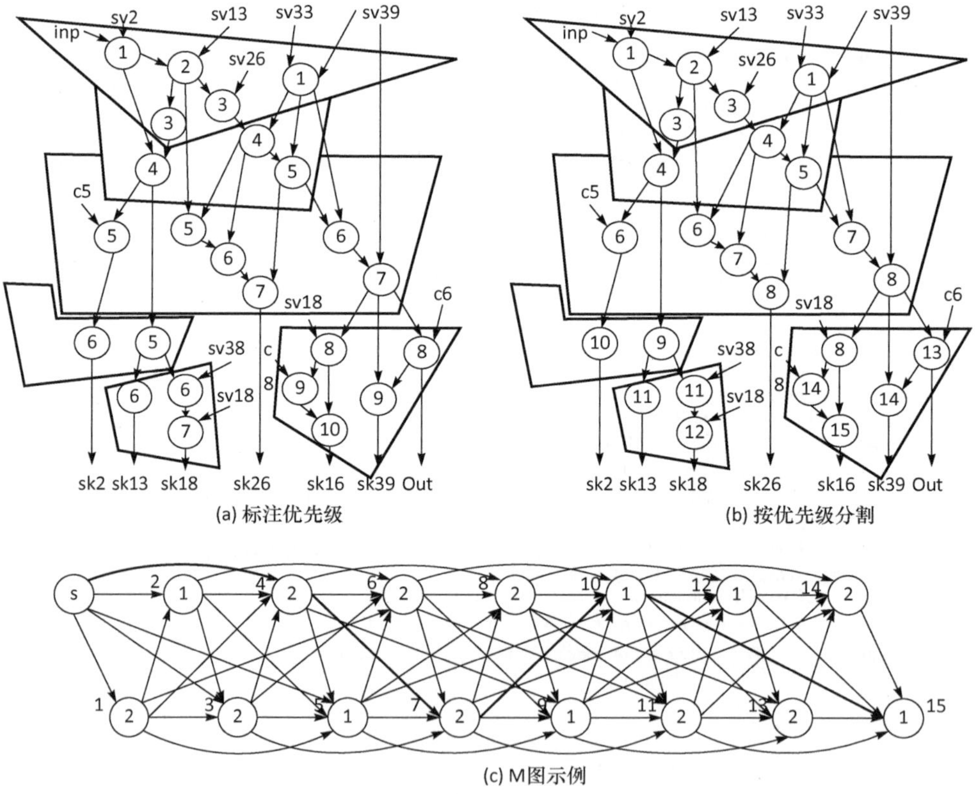

图 10.9　算法 2 示例[1]

任务调度是决定每个任务开始时间序列的过程。在该过程中，时间约束 T 是应该考虑的约束。然而，任务的总运行时间不但与任务调度有关，也与任务划分有关，这表示无法忽略任务划分而得到最优的任务调度方案。这两个问题应该作为联合问题一起解决。算法 3 的细节如图 10.10 所示。

```
算法3
输入: M=( V,E,W), G=( V,E,W)
输出: T //T 记录最终划分、调度方案
初始化: T = Ø ,Schedule_step=1, energy=9999999, former_node=0,  Same_count=0;
 TS( M )
{
    从M中寻找从v0到vm的未被搜索到的路径P
    将之前步骤构建的图P清空
    Foreach M图中从1到n中的节点i do
       if 节点i在路径上then
          在P图中添加新节点，它代表M中从former_node+ 1到i的节点
          former_node= former_node+ 1
       end
    end
    Foreach M图中从i到j的边 do
       if i != j then
          if 若i在P中用x表示，j用y表示，且x!= y then
             在x和y之间添加一条边
          end
       end
    end
    While P 非空 do
       在P中寻找根节点R
       随机从R中找一个节点用于调度
       给该节点分配一个 schedule_ flag值, 该值是 Schedule_step
       Schedule_step= schedule_step+!
       从P中删除该节点
    end
    计算此步的Energy_temp
    if 如果 Energy_temp和 energy 之间的关系满足接受条件  then
       把该方案作为备选方案
    end

    While same_count< 500 do
       随机从1到Schedule_step-1选一个数k
       把P中schedule_flag 比 k大的点都返回 P中
       Schedule_step= k
       While P 非空 do
          从P中寻找根节点R
          从R中随机选择一个点用作调度
          给该节点分配一个 schedule_flag值, 该值是 Schedule_step
          Schedule_step= schedule_step+!
          从P中删除该节点
       end
       计算该步的能耗
       if 如果 Energy_temp和 energy 之间的关系满足接受条件then
          把该方案作为备选方案
          same_count=0
       end
       else do
          same_count= same_count+!
       end
    end
    return 最终的任务划分调度方案;
}
```

图 10.10　算法 3[1]

算法 3 的基本思想是通过遍历 M 中所有可能的路径考察所有可行的任务划分方案。对每个路径，使用模拟退火算法得到相应的最优调度结果。首先计算当前调度方案的能量消耗，然后产生新的调度方案并计算它的能耗。根据模拟退火算法的接受条件比较这两个结果，判断是否接受这个新调度方案。反复执行这个过程就能找到所需的最优结果。在图 10.10 中，步骤 1～10 用于将找出的路径构造新图 P，P 中每个节点代表路径所决定的任务。步骤 11～16 用于产生初始调度方案，步骤 17 用于计算其能量消耗。步骤 20～29 用于产生新调度方案。首先从 1～(Schedule_step－1)之间选一个数字 k，其中 Schedule_step 用于指示调度的顺序。然后把所有 Schedule_flag 比 k 大的节点退回 P。通过反复执行步骤 24～29 找出一个新调度方案。步骤 30 计算新方案的能耗，并用模拟退火中算法的接受条件来判断是否接受它。接受条件和模拟退火算法的其他细节如图 10.11 所示。

模拟退火算法

1　起始温度: T_0=100000
2　温度衰减方程: T_{k+1}=0.95 * T_k
3　停止条件: 结果连续500次不变
4　新解的产生: 如算法3所示
5　接受条件:
　　Energy_temp-energy<0 Or exp((Energy_temp-energy/kT))>random(0,1)

图 10.11　模拟退火算法细节[1]

10.2.6　任务划分和调度算法的复杂度分析

任务映射算法主要由任务划分模块和任务调度模块构成。下面对各模块的复杂度进行逐个分析。

在任务划分阶段，最耗时间的运算是寻找 DFG 图的最大流。在上述算法中，使用了 Ford-Fulkerson 算法[6] 寻找最大流。假设 DFG 图有 n 个节点 m 条边，Ford-Fulkerson 算法的复杂度就是 $O(nm^2)$。任务划分阶段的最坏情形是，在算法 1 的迭代阶段，每次的划分都只从 DFG 切下一个节点，即共需 n 次迭代才能完成运算。由于每次迭代都执行一次 Ford-Fulkerson 算法，任务划分算法的复杂度是 $O(n^2m^2)$。

为了进行任务调度，需要遍历 M 图中所有可能的路径。从 M 图中找到路径的复杂度是 $O(n+m)$，每次找到一条路径，均需用模拟退火算法寻找优化的结果。模拟退火算法的复杂度是 $O(x^3\mathrm{In}(x))$，x 是问题的规模。在最坏情况下，基本块由 DFG 中一个节点组成，因此任务调度算法最坏情形下的复杂度是 $O(n+m)\cdot O(n^3\mathrm{In}(n))=O(n^4\mathrm{In}(n)+n^3m\mathrm{In}(n))$。

10.3　任务划分和调度算法的性能分析与比较

为了评估任务映射方法，我们在可重构计算处理器模拟器上进行一系列实验，以对任务划分和调度算法的性能进行分析和比较。实验选取的处理器关键数据如表 10.1 所示。每个 PE 有两个输入端(A 和 B)。PE 的功能和各功能下的工作电流如表 10.2 所示。

表 10.1　可重构计算处理器关键参数[1]

关键参数	值
系统时钟/MHz	100
PE 阵列	4×4
存储器带宽(B_{cc})/(MB/s)	64
配置电流(I_{cfg})/mA	20
配置时间 (Δ_{cfg})	4clock cycles
存储器访问电流 (I_{cc})/mA	12

表 10.2　PE 功能及工作电流[1]

功能	电流/mA	功能	电流/mA
$A+B$	2.26	$\|A-B\|$	1.94
$A-B$	2.35	$A\times B$	2.37
$A>>B[3:0]$	1.96	comp? $A:B$	1.98
$A\&B$	1.94	$A\cdot B$	2.06
transfer A to Output	1.97	transfer B to Output	1.97

这里选取一些测试用例来评估算法效率，所有用例皆取自 H.264 译码应用。表 10.3 给出用例的细节。Loop Filter 用于纵向滤波，IDCT_for_Col 对矩阵列做反余弦变换，IDCT_for_Row 用于对矩阵行做反余弦变换。ADD4_Clip 用于预测结果和反余弦变换结果残差的相加。IDCT_main 是 IDCT 的顶层函数，Mat_mul4_4 用于执行 4×4 矩阵相乘。表 10.3 给出用例的节点数量、边数量、关键路径长度，以及并行度，其中并行度通过节点数除以关键路径长度得到。

表 10.3 测试用例[1]

测试用例	节点数	边数	关键路径长度	并行度
Loop Filter	166	278	22	7.5
IDCT_for_Col	63	124	8	7.875
IDCT_for_Row	54	106	8	6.75
ADD4_Clip	208	379	11	18.9
IDCT _main	56	112	6	9.3
Mat_mul4_4	112	176	7	16

为了评估性能，本节选取一些相关算法与上述算法比较[1]。由于上述算法将任务划分和调度联合解决，因此可同时得到任务划分和调度的结果。到目前为止还没有其他方法将这两个问题联合解决。例如，分层划分算法(LPA)[4]和基于网络流方法(NFA)[7]只注重任务划分，而电池效率调度算法(BES)[8]只注重任务调度。因此，在比较时使用算法的组合(LPA+BES 和 NFA+BES)作为比较对象。

本节将从以下方面展开比较，即算法得到的任务数(task number，TN)、任务间的数据通信量(data volume，DV)、任务耗电量，以及电池的剩余放电时间。

实验结果与非线性因子 β 和时间约束 T 有关。以下的性能评估，首先选取 $\beta=0.574$[2] 的一款实验平台在时间约束很紧(no slack)的条件下进行，然后改变 β 评估非线性因子对结果的影响，最后改变 T 的值来评估时间约束对结果的影响。

10.3.1 $\beta=0.574$ 无松弛时间下的性能评估

首先评估任务划分算法的性能。表 10.4 给出三种方法在任务数量和通信的数据量方面的比较。

表 10.4 任务数量和数据通信量比较[1]

测试用例	LPA		NFA		本书方法	
	TN	DV/byte	TN	DV/byte	TN	DV/byte
Loop Filter	11	31	17	17	13	18
IDCT_for_Col	4	13	6	8	5	9
IDCT_for_Row	4	5	7	3	5	4
ADD4_Clip	13	49	20	15	17	17
IDCT _main	4	12	7	6	5	7
Mat_mul4_4	7	24	12	9	11	9

从表 10.4 可以发现 LPA 总能得到最少的任务数量，这是因为 LPA 只考虑任务的规模，它产生的任务尺寸都等于 PE 阵列的尺寸(A_{PEA})。NFA 在优化数据通

信量方面表现出良好的性能，因为它也考虑了最小割的方法，但是 NFA 没考虑任务的规模，因此任务数量较多。上述算法的结果就像 LPA 任务数量和 NFA 数据通信量的组合，任务数稍多于 LPA，但比 NFA 少很多；数据通信量几乎和 NFA 相同，但比 LFA 小很多。总体而言，本书方法吸取了 LPA 和 NFA 的长处，并且同时考虑了数据通信消耗和配置消耗。

接下来进行能耗比较。此处基于 LPA 和 NFA 产生的任务，划分方案 BES 方法产生调度方案，并在 PE 阵列上执行。表 10.5 给出三种方法的电池电量消耗情况。由于电池的实际耗电量难以衡量，此处的耗电量根据 Rakhmatov 电池模型计算得出。表 10.5 中的结果是任务执行 5000 次后累加得到的结果。从表中数据可以发现，LPA＋BES 和 NFA＋BES 的耗电量均比本书算法大。在处理高并行度任务时，算法的结果比 LPA＋BES 好得多，处理低并行度任务时，算法的结果比 NFA＋BES 好得多。总体而言，本书算法的耗电量平均比 LPA＋BES 少 22.37％，比 NFA＋BES 少 10.49％。

表 10.5　β=0.574 时电池耗电量比较[1]　　（单位：mA-sec）

测试用例	LPA＋BES	NFA＋BES	本书方法	相对 LPA＋BES 的改进/％	相对 NFA＋BES 的改进/％
Loop Filter	3.340	2.912	2.509	4.86	13.83
IDCT_for_Col	1.398	1.293	1.137	18.66	12.06
IDCT_for_Row	1.229	1.279	1.035	15.82	19.08
ADD4_Clip	3.465	2.470	2.358	31.94	4.54
IDCT_main	1.249	0.909	0.828	33.68	8.84
Mat_mul4_4	1.447	1.375	1.313	9.25	4.53
平均	—	—	—	22.37	10.49

本章对算法的改进源自三个方面。首先是将任务划分和任务调度联合优化，任务划分对放电电流分布起决定性作用。然而，LPA 和 NFA 都没有考虑这一点。虽然 BES 方法可以在调度阶段优化放电流分布，但效果受到任务划分结果的限制。与此相反，算法是将任务划分和任务调度进行联合优化。此外，在任务划分和调度算法设计时，电池的非线性效应被自然的考虑其中。本节算法，首先找出所有可行的任务划分和调度方案，并针对每个方案用 Rakhmatov 电池模型计算能耗，因此任务划分和任务调度算法都是用贴近实际效果的非线性模型评估的，对优化目标的精确评估使得任务划分和调度算法都得到了很高的电池利用率。与此相反，BES 方法虽然也考虑电池的非线性效应，但 LPA 和 NFA 产生的任务都没有考虑电池效率。第三，本节算法采用的能耗模型更加准确。在 BES 方法没有分开

考虑 PE 阵列的配置、数据读取/存储，以及执行过程模型较粗糙。

我们在实际的锂离子电池上测试了算法性能。由于实际电池的耗电量难以直接衡量，所以此处采用非直接的方法评估电池剩余电量：不直接测量电池的具体耗电量，而是找出在计算一系列任务后，电池的剩余寿命是多少。虽然只能得到一些相关的结果，但也很具有参考价值。在实验中，用电池执行任务 10 亿次后再用 500mA 恒定电流给电池放电，直到放完为止。剩余放电时间如表 10.6 所示。可以发现，算法平均比 LPA+BES 放电时间长 20.2%，比 NFA+BES 长 5.7%。这些较好的结果来源于对电池非线性效应的考虑，以及任务划分和调度的联合优化。需要注意的是，表 10.6 中的数值结果与电池容量和放电速率有很大关系。对不同容量的电池和不同的放电率，改进结果可能会比该表的结果好很多。

表 10.6　剩余放电时间比较 [1]　　(单位：min)

测试用例	LPA+BES	NFA+BES	本书方法	相对 LPA+BES 的改进/%	相对 NFA+BES 的改进/%
Loop Filter	73.1	79.6	91.2	25.0	14.67
IDCT_for_Col	117.9	119.5	123.1	4.40	3.01
IDCT_for_Row	125.3	121.5	127.6	1.85	5.00
ADD4_Clip	57.4	91.2	96.2	67.54	5.53
IDCT _main	120.0	123.9	126.6	5.53	2.19
Mat_mul4_4	100.4	113.4	117.6	17.13	3.67
平均	—	—	—	20.2	5.7

10.3.2　电池非线性效应影响下的性能评估

为了评估电池的非线性效应，本节测试另外两个 β 值下的实验结果，分别为 $\beta=0.75$[9]、$\beta=0.273$[9]。这两个结果分别用于考察接近理想情况和不接近理想情况时电池的性能，它们均取自实际的锂电池参数。

表 10.7 和表 10.8 分别给出两个 β 值下电池耗电量比较。这些数据是执行 5000 次任务的累加结果，在两个 β 下，算法都比 LPA+BES 和 NFA+BES 性能高。结合表 10.5 中的结果($\beta=0.574$)可以得出结论，无论 β 是高还是低，本书算法都能有效降低能量消耗。

表 10.7　β=0.75 时电池耗电比较[1]　(单位:mA-sec)

测试用例	LPA+BES	NFA+BES	本书方法	相对 LPA+BES 的改进/%	相对 NFA+BES 的改进/%
Loop Filter	3.233	2.817	2.442	24.45	13.29
IDCT_for_Col	1.378	1.285	1.123	18.52	12.61
IDCT_for_Row	1.213	1.249	1.022	15.74	18.17
ADD4_Clip	3.342	2.397	2.293	31.38	4.33
IDCT_main	1.232	0.898	0.820	33.46	8.66
Mat_mul4_4	1.414	1.351	1.292	8.65	4.37
平均	—	—	—	22.03	10.24

表 10.8　β=0.273 时电池耗电比较[1]　(单位:mA-sec)

测试用例	LPA+BES	NFA+BES	本书方法	相对 LPA+BES 的改进/%	相对 NFA+BES 的改进/%
Loop Filter	3.467	3.026	2.588	25.36	14.47
IDCT_for_Col	1.419	1.338	1.152	18.81	13.90
IDCT_for_Row	1.246	1.294	1.048	15.90	19.01
ADD4_Clip	3.612	2.556	2.434	32.62	4.80
IDCT_main	1.267	0.920	0.837	33.91	9.03
Mat_mul4_4	1.476	1.403	1.337	9.45	4.71
平均	—	—	—	22.67	10.98

通过对表 10.5、表 10.7 及表 10.8 的深入分析可以发现,β 的值越小,本书算法对耗电量的优化效果越明显。这与电池的非线性效应是一致的,因为 β 的值越小,电池的非线性度就越高,优化空间就越大。本书算法由于充分考虑了电池的非线性效应,因此对较小的 β 值效果更好。

10.3.3　电池使用时间约束下的性能评估

为了评估时间约束的影响,本节首先用较松的时间约束(较大的松弛时间)对算法进行测试。表 10.9 给出实验中使用的较松时间约束。本节测试的三组时间约束按照如下原则设定。

① 使用纯粹的任务执行时间作为基准时间。

② 时间约束取自 H. 264 视频解码过程，这就要求每个任务必须在截止时间前完成以实现实时解码。

③ 测试松弛时间很长时的性能，时间约束 2 是时间约束 1 的 5 倍。

表 10. 10 和表 10. 11 显示了在时间约束 1 和 2 的条件下对电池放电时间的比较。这些数据是任务执行 5000 次累加的结果。从表中可以发现，在两个时间约束下，本书算法均比 LPA+BES 和 NFA+BES 表现出更好的性能。结合表 10. 5 中的内容(无松弛时间)可以得出结论，无论时间约束的松紧，本书算法均能大大减小能量消耗。

进一步分析表 10. 5、表 10. 10、表 10. 11 中数据可以发现，时间约束越松弛，算法对电池消耗的优化能力就越强，松弛时间越长，优化效果越明显。这主要是电池的恢复效应造成的。松弛时间越大，电池就有越多的机会恢复电量。即便是在没有松弛时间的情况下，本书算法也能用任务划分和调度过程调整放电电流分布，从而优化电池耗电量。

表 10. 9 每个测试用例的时间约束[1] (单位：clock cycles)

测试用例	运算时间	时间约束 1	时间约束 2
Loop Filter	137	235	1175
IDCT_for_Col	60	139	695
IDCT_for_Row	57	117	585
ADD4_Clip	140	207	1035
IDCT_main	48	95	475
Mat_mul4_4	79	215	1075

表 10. 10 时间约束 1 下的耗电量比较[1] (β=0. 574，单位：mA-sec)

测试用例	LPA+BES	NFA+BES	本书方法	相对 LPA+BES 的改进/%	相对 NFA+BES 的改进/%
Loop Filter	1. 181	1. 031	0. 880	25. 48	14. 64
IDCT_for_Col	0. 598	0. 488	0. 396	33. 78	18. 85
IDCT_for_Row	0. 563	0. 561	0. 383	31. 97	31. 73
ADD4_Clip	1. 300	0. 978	0. 874	32. 77	10. 63
IDCT_main	0. 621	0. 481	0. 410	33. 98	14. 76
Mat_mul4_4	0. 514	0. 494	0. 470	14. 40	10. 93
平均	—	—	—	27. 76	15. 91

表 10.11　时间约束 2 下的耗电量比较[1]　(β=0.574，单位:mA/s)

测试用例	LPA+BES	NFA+BES	本书方法	相对 LPA+BES 的改进/%	相对 NFA+BES 的改进/%
Loop Filter	0.869	0.786	0.597	31.30	24.04
IDCT_for_Col	0.459	0.394	0.302	34.20	23.35
IDCT_for_Row	0.422	0.425	0.293	30.57	31.06
ADD4_Clip	0.960	0.678	0.585	39.06	13.72
IDCT_main	0.469	0.341	0.241	48.61	29.33
Mat_mul4_4	0.379	0.364	0.307	24.27	15.66
平均	—	—	—	33.79	22.86

参 考 文 献

[1] Yin S,Liu L,Wei S. Battery-aware task mapping for coarse-grained reconfigurable architecture [J]. IEICE Transactions on Information and Systems,2013,96(12):2524-2535.

[2] 张凯,汤依伟,邹忠,等. 锂离子电池 LiMn2O4/石墨电极放电过程中扩散极化的仿真[J]. 中国有色金属学报,2013,23(8):2235-2242.

[3] Rakhmatov D,Vrudhula S. Energy management for battery-powered embedded systems[J]. ACM Transactions on Embedded Computing Systems,2003,2(3):277-324.

[4] Purna K M G, Bhatia D. Temporal partitioning and scheduling data flow graphs for reconfigurable computers[J]. Computers,IEEE Transactions on,1999,48(6):579-590.

[5] Yin S, Ouyang P, Liu L, et al. Extending lifetime of battery-powered coarse-grained reconfigurable computing platforms [C]//Proceedings of the Conference on Design, Automation and Test in Europe,2014:337.

[6] Cormen T H,Leiserson C E,Rivest R L,et al. Introduction to Algorithms[M]. Cambridge: MIT,2001:651-664.

[7] Jiang Y C,Wang J F. Temporal partitioning data flow graphs for dynamically reconfigurable computing[J]. IEEE Transactions on Very Large Scale Integration Systems,2007,15(12): 1351-1361.

[8] Khan J,Vemuri R. Energy management for battery-powered reconfigurable computing platforms[J]. IEEE Transactions on Very Large Scale Integration Systems, 2006, 14 (2): 135-147.

[9] Rakhmatov D,Vrudhula S,Wallach D A. A model for battery lifetime analysis for organizing applications on a pocket computer[J]. IEEE Transactions on Very Large Scale Integration-Systems,2003,11(6):1019-1030.

第四部分　可重构计算处理器设计实例

第 11 章 REMUS

本章介绍 REMUS 的硬件架构、编译系统、集成开发环境和样机等多方面内容，为读者展示一个完整的可重构计算系统。

本书作者参与研发的 REMUS 可重构计算系统是一套面向计算密集型应用的可重构计算系统，全称为可重构多媒体系统。该系统包括一款可重构运算核验证芯片、两款可重构计算处理器验证芯片（分别面向高性能和低功耗的应用）、一套可重构计算处理器编译器、一套集成开发工具（包括模拟器、仿真调试器和开发电路板）和两款应用样机。REMUS 除可被用于媒体处理领域外，还可被用在计算机视觉处理、通信基带处理和加解密计算等领域。REMUS 是在我国科技部十一五 863 重点项目嵌入式可重构移动媒体处理核心技术（编号：2009AA011700）的支持下完成的。参加该项目的研发单位包括清华大学、东南大学、上海交通大学、国防科技大学、中国科学院微电子学研究所、西安交通大学和浙江大学。2013 年 5 月，REMUS 通过教育部组织的科技成果鉴定。鉴定意见指出：REMUS 在计算模式、存储机制和映射优化等方面取得了多项重大原始创新，达到国际领先水平。

11.1 REMUS 的硬件架构

11.1.1 REMUS 的总体硬件架构

多标准视频解码可重构计算处理器——REMUS[1] 主要应用于多媒体领域内的视频解码应用，可以实现多种标准的视频解码——H. 264、MPEG2[2] 和 AVS。除此之外，REMUS 还扩展实现了通信基带处理领域内的全球定位系统（global position system，GPS）算法，计算机视觉领域的 Adaboost 算法[3]、SIFT 算法[4] 和 SURF 算法[5]，以及密码学领域内的多种加解密算法——AES、DES、SHACAL-1、SMS4 和 ZUC。REMUS 实现的应用实例将在第 12 章展开叙述。

如图 11.1 所示，REMUS 包含一条多层系统总线，用于连接主控制器、外设控制器、DMA 控制器、片上存储器和片外存储控制器。除此之外，主控制器通过配置总线对整个系统中的核心模块——可重构处理单元（reconfigurable processing unit，RPU）进行控制，RPU 通过设置片外存储控制器对其进行读写访问。

与图 2.5 中给出的可重构计算处理器的通用架构相似，REMUS 的硬件架构也分为可重构数据通路和可重构控制器两大部分。

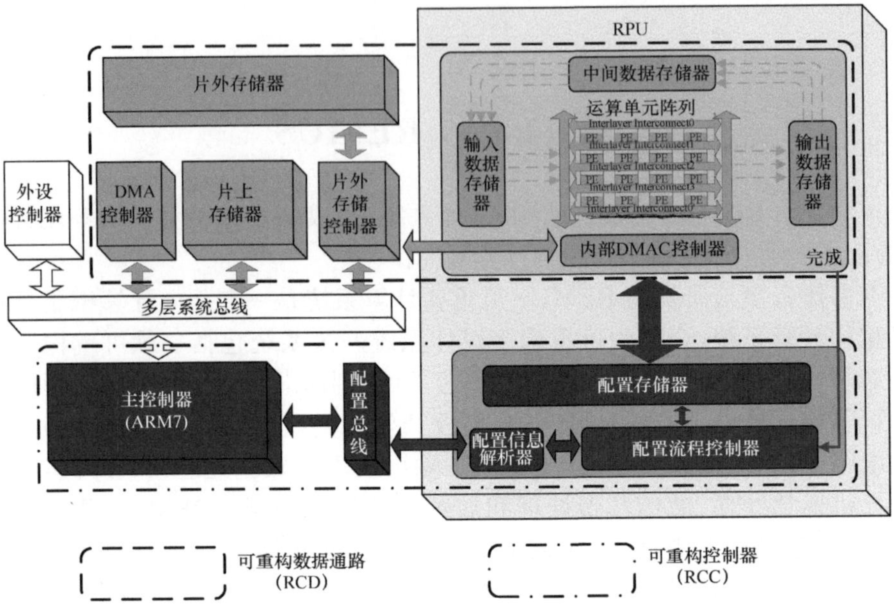

图 11.1　REMUS 的系统架构

首先，REMUS 的可重构数据通路包括系统级的可重构数据通路和 RPU 内的可重构数据通路。系统级的可重构数据通路包括 DMA 控制器、片上存储器、片外存储控制器和片外存储器。其运行流程如下：DMA 控制器被系统中的主控制器设置后，通过片外存储控制器访问片外存储器，将数据从片外存储器读出并写入至片上存储器，或者将数据从片上存储器读出并写入至片外存储器。RPU 内的可重构数据通路包括运算单元阵列、输入数据存储器、输出数据存储器、中间数据存储器和内部 DMAC 控制器。其运行流程如下。

① 内部 DMAC 控制器通过设置片外存储控制器将原始数据从片外存储器读出并写入 RPU 内的输入数据存储器。

② PEA 从输入数据存储器中读取数据并对数据进行运算。

③ 运算结果存于输出数据存储器，并将中间运算结果存于中间数据存储器。

④ 待多次运算全部完成后，内部 DMAC 控制器将结果数据从输出数据存储器中读出，并通过片外存储控制器写出至片外存储器。

其次，REMUS 的可重构控制器也分为系统级的可重构控制器和 RPU 内的可重构控制器。系统级的可重构控制器由主控制器和配置总线组成。主控制器采用了 ARM7 来实现，包含系统级控制、RPU 控制。其中，系统级控制任务通过多层系统总线对系统中的外设控制器、DMA 控制器和片外存储控制器进行控制，以完成系统级的控制。RPU 控制任务包括通过配置总线向 RPU 写入配置信息，以完成对 RPU 运行的控制。RPU 内的可重构控制器包括配置信息解析器、配置流程控制器和配置存储器。其运行流程如下。

① 配置信息解析器对主控制器写入的配置信息进行解析。

② 配置流程控制器根据解析出的配置信息对配置存储器的读访问进行控制，以完成对配置流程的控制。

③ 从配置存储器中读出的配置信息被写入到 RPU 内的可重构数据通路，以完成对数据通路的功能的配置。

④ 数据通路在完成运算后，将完成信号反馈回配置流程控制器，以触发下一次对配置存储器的读访问。

REMUS 的可重构控制器同样是一个 PFSM[6]。在 REMUS 中，FSM 被分为带有分支的部分和顺序执行的部分。带有分支的部分被分配至主控制器上，通过软件的方式来实现。顺序执行的部分则由 RPU 内的配置流程控制器来实现。这种复合的方式通过软件的方式来灵活地支持 FSM 中带有分支的部分，而通过专用的配置流程控制器来对 FSM 中顺序执行的部分进行加速。

如图 11.2 所示，REMUS 共有两个版本，分别为 REMUS 高性能版本(REMUS high-performance processor，REMUS_HPP)和 REMUS 低功耗版本(REMUS low-power processor，REMUS_LPP)。REMUS_HPP 和 REMUS_LPP 的区别在于包含的 RPU 的个数：REMUS_HPP 中共有 2 个 RPU，而 REMUS_LPP 中只有 1 个 RPU。每个 RPU 包含有一个规模为 16×16(行×列)的运算单元阵

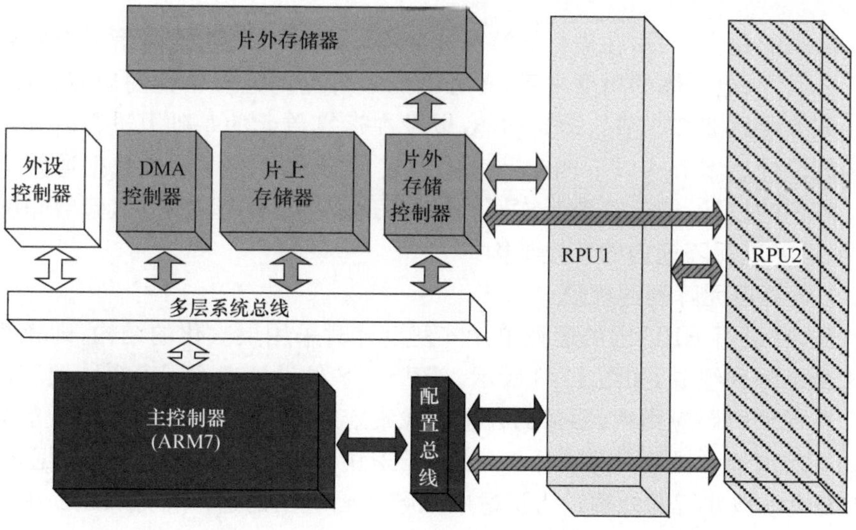

图 11.2　REMUS 的两个版本：REMUS_HPP RPU1 与 RPU2 同时接入系统和 REMUS_LPP 仅 RPU1 接入系统

列，因此 REMUS_HPP 和 REMUS_LPP 中分别包含 512 个和 256 个运算单元。REMUS_HPP 主要应用于高清分辨率（1920×1080）的视频码流的实时解码。REMUS_LPP 主要应用于低分辨率（720×480）的视频码流的实时解码。

下面从可重构数据通路和可重构控制器的角度来对 REMUS 进行更为详细的介绍。

11.1.2 REMUS 的可重构数据通路

如图 11.1 所示，REMUS 的可重构数据通路分为系统级的数据通路和 RPU 内的数据通路。其中，系统级的数据通路包括 DMA 控制器、片上存储器、片外存储控制器和片外存储器，其运行流程已在上文介绍过。系统级数据通路的设计难点在于片外存储控制器的设计需要满足系统对大量的片外数据进行访问时的低延时需求。REMUS 的设计中采用了片外存储访问 cache 结构来解决这一问题。RPU 内的数据通路又可以被分为运算部分，即运算单元阵列；数据传输部分，包括图 11.1 中提到的输入数据存储器、中间数据存储器、输出数据存储器和内部 DMA 控制器。REMUS 采用多层数据 cache 结构来实现 RPU 内的数据传输。本节将分为三个部分，分述 REMUS 的可重构数据通路的三个组成部分，即运算单元阵列、RPU 内的数据传输（多层数据 cache 结构）、系统级的数据通路（片外存储访问 cache 结构）。

1. 运算单元阵列

从宏观的角度来看，在进行运算单元阵列的设计时首先需考虑的是阵列的规模[7]。之后，从更具体的角度来看，需考虑的是阵列内运算单元的运算粒度（粒度的定义请参照第 2.2.2 节）、运算功能，以及在运算单元的基础上进行阵列内的互连结构的设计。本节从以下四个部分来叙述 REMUS 的可重构数据通路中的运算单元阵列的设计，即运算单元阵列的规模、运算单元的运算粒度、运算单元的运算功能、运算单元阵列内的互连结构。

（1）运算单元阵列的规模

首先，在进行 RPU 内的运算单元阵列设计时采用层次化的结构，即整个阵列是由 4 个子阵列组成，如图 11.3 所示。REMUS 的设计考虑了多媒体领域的应用特点。在视频解码应用中，图像的处理以像素宏块为单位进行，一个宏块的规模为 16×16。宏块通常被划分为 4 个 8×8 的子宏块。由于子宏块之间无数据相关性，4 个子宏块可被并行的处理。为了适应视频解码应用的这一特点，RPU 中的运算单元阵列分为 4 个同构的子阵列，对应于 4 个子宏块的处理。如果 8×8 的子宏块还存在更细的划分（4×8、8×4、4×4），划分后的子宏块仍在此运算单元阵列上顺序地被处理。

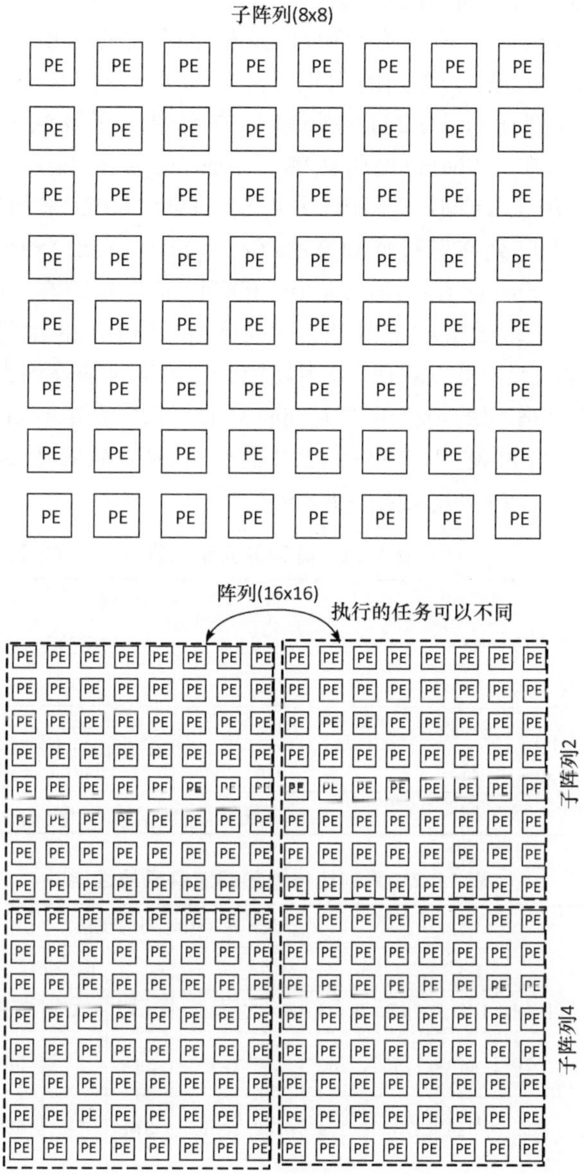

图 11.3　阵列规模选择

其次,每个子阵列的规模为 8×8(8 行 8 列),如图 11.3 所示。阵列的行数和列数均采用 2 的多次幂的形式是为了避免地址编码上的冗余,以及由此引起的一系列问题。子阵列规模的选择是阵列的面积代价与所能达到的性能之间的折中,增大阵列的规模固然能提升阵列在运行应用时的性能,但需付出额外的面积代价。

因此,选择子阵列规模的原则是在最小的面积代价下达到所需的性能指标。表 11.1 列出了不同规模的子阵列的面积,以及整个阵列的面积。从表 11.1 中可以看出,随着阵列规模的增大,阵列的面积也随之增大。表 11.2 中列出了不同规模的子阵列组成的阵列运行 H. 264 视频解码应用中的子算法的性能。REMUS_HPP 的性能指标为在 200MHz 时钟频率下完成 30fps 的 H. 264 格式高清分辨率视频码流的解码,并且 REMUS_HPP 中集成了两个 RPU 来加速,即集成了两个阵列。因此,第一个阵列在运行预测算法(prediction,pred.)和反离散余弦转换算法(inverse discrete cosine transformation,IDCT)时需限定在 816 个时钟周期内,第二个阵列在运行去块效应滤波算法(deblocking,DeB.)时也需限定在 816 个时钟周期内。通过表 11.2 可以看出,采用规模为 8×8 的子阵列即可完成上述的性能指标,并且随着子阵列的规模的增大,获得的性能增益并不明显,但需要付出额外的面积代价。综合对表 11.1 和表 11.2 的分析,REMUS 中 RPU 内的阵列由 4 个子阵列组成,每个子阵列的规模为8×8。

表 11.1　阵列的面积代价　　(单位:千等效逻辑门)

项目		$N\times N$ (子阵列的规模)			
		4×4	8×8	16×16	32×32
单个子阵列	运算单元	50	201	804	3,216
	互连	165	375	959	2,982
	总和	215	576	1,763	6,198
整个阵列(四个子阵列)		860	2,304	7,052	24,792

表 11.2　阵列运行视频码流解码的性能　　(单位:时钟周期)

视频码流名称	$N\times N$ (子阵列的规模)											
	4×4			8×8			16×16			32×32		
	Pred.	IDCT	DeB.	Pred.	IDCT	DeB.	Pred.	IDCT	DeB.	Pred.	IDCT	DeB.
BenQ. HD. Demo _high_30. 264	570	449	1,356	380	156	695	347	98	588	333	57	525
Van. Helsing _high. 264	622	346	1,356	404	122	695	374	88	588	355	73	525
CITY_704×576 _high. 264	845	440	1,356	507	153	695	471	98	588	425	58	525
CITY_704×576 _high_2ref. 264	921	438	1,356	568	152	695	530	97	588	490	59	525
Red_high. 264	881	370	1,356	587	130	695	557	90	588	547	70	525

(2) 运算单元的运算粒度

运算单元的运算粒度的选择是运算单元阵列设计中的一个重要问题。如无特别说明，粒度均指运算粒度。FPGA 采用单比特的粒度，其配置的灵活性高。但单比特的粒度将产生巨大的配置文件，由此使得 FPGA 无法进行动态重构。通用处理器的粒度分为 8 位、16 位、32 位，一般体现的是处理能力的大小或者处理器的复杂度。可重构计算中涉及的粒度相对复杂一些，需要在灵活度和配置效率之间寻求折中。粒度越小则配置越灵活，但需要付出更大的配置间开销；粒度越大，则配置速度越快，但配置的灵活性会下降。

粒度的选择需要遵循应用领域内运算过程对数据的有效位数的需求。如表 11.3所示，在多媒体领域中，运算单元的粒度选定为 16 比特比较合适。首先，16 比特的粒度直接适用于视频应用。其次，16 比特的粒度可向下兼容粒度小于 16 比特的音频应用。最后，当面对粒度为 32 比特的图形应用时，可采用将 32 比特的运算拆分到多个 16 比特的运算单元上运行的方式来实现图形应用的移植。综合上述原因，REMUS 内运算单元的运算粒度被选定为 16 比特。

表 11.3 应用程序的数据宽度

应用	数据宽度/比特
音频	9-16
视频	16
图形	32

(3) 运算单元的运算功能

运算单元的功能，即可配置功能集合的选取在运算单元阵列的设计中非常重要。类似于 GPP 指令集中的操作码定义，表 3.1 中给出了常见算术逻辑单元的功能选择[8]，有算术、比较、逻辑、移位等几个大类的操作。作为一款针对多媒体领域的领域定制可重构计算处理器，在运算功能上需要考虑到应用的特殊需求(表 11.4)，同时也要兼顾不同操作之间的硬件复用，以及映射的效率。

表 11.4 视频解码算法的配置算子统计

运算功能	H264	AVS	MPEG2	运算功能	H264	AVS	MPEG2
加法	1178	1678	164	大于	35	34	0
减法	100	165	52	等于	0	0	1
左移	536	104	88	大于等于	0	0	0
右移	4	66	9	非负饱和	164	156	24
四舍五入	0	297	0	对称饱和	10	72	64

续表

运算功能	H264	AVS	MPEG2	运算功能	H264	AVS	MPEG2
旁路	2716	680	38	分支选择	0	34	0
按位与	29	30	32	乘法低 16	286	222	0
按位或	0	0	0	乘法高 16	0	0	50
按位异或	8	0	5	乘法移位	0	0	0
按位同或	0	0	0	空运算	2716	847	305
差绝对值	26	31	0				

根据表 11.4 对算法中的算子出现概率进行的统计，我们得到了表 11.5 中运算单元的运算功能。运算单元共包括 12 个小类、26 种运算功能。除了保留原有的算术、比较、逻辑、移位等基本运算功能之外，运算功能中还增加了绝对值、饱和、条件、非对称运算等视频解码应用中需要的特殊运算功能。这些运算功能的加入不仅满足应用的特殊需求，同时还提升了映射的效率。以饱和运算为例，虽然可以通过基本运算来实现，但这需要消耗更多的运算单元。将饱和运算加入到运算功能中后，单个运算单元即可实现该运算功能，从而使得节省下的运算单元可被用于映射其他的运算，提升了映射的效率。

表 11.5　运算单元的功能设计

类编号	类型	编号	功能描述	备注
I	算术	0	A+B	加法
		1	A−B	减法
II	比较	2	A−B>0	比较 A>B
		3	A−B==0	比较 A==B
		4	A−B>=0	比较 A>=B
III	逻辑	5	A&B	按位与
		6	A|B	按位或
		7	A^B	按位异或
		8	~(A^B)	按位同或
IV	移位	9	A>>B[3:0]	右移，移位操作数 B 均视为无符号
		10	A<<B[3:0]	左移
		11	(A+((1<<B)>>1))>>B	四舍五入右移
V	旁路	12	A	直通、寄存
		13	B	直通、寄存
VI	绝对值	14	|A−B|	相减绝对值

续表

类编号	类型	编号	功能描述	备注
VII	饱和	15	A 以[0,B]	特殊的双边限饱和
		16	A 以 B 下限	单边限饱和
		17	A 以 B 上限	单边限饱和
VIII	条件	18	res？ A：B	根据 res 的值选择结果为 A 或者 B
		19	temp＝＝1？ B＋A：B－A	根据 temp 的值选择结果是加法或者减法的值
IX	乘法	20	A×B 低 16 位	乘法
		21	A×B 高 16 位	乘法
X	乘右移	22	A×B>>temp	乘法加右移
XI	非对称运算	23	B－A	减法
		24	B－A>0	比较 B>A
		25	B－A>＝0	比较 B>＝A
XII	空指令	26	NOP	空指令

注：A、B 是运算单元的两个输入；res 是阵列中该运算单元上方的运算单元的输出；temp 是运算单元的内部寄存器。

(4) 运算单元阵列内的互连结构

运算单元阵列内的互连结构可以分为运算单元内的路由结构；在运算单元内路由结构的基础上组成的阵列的互连结构。

如图 11.4 所示，运算单元内的路由结构由输入部分和输出部分组成。首先，运算单元的输入可以来自阵列的输入接口、常数寄存器和 Crossbar 连接层。其中，通过 Crossbar 连接层运算单元可以获得阵列中上一行运算单元的运算结果。一个典型的 4 输入 4 输出的 Crossbar 结构如图 11.5 所示，可以实现任意输入与输出之间的点对点通信，这在极大程度上提升了阵列中行间的互连灵活性。在实际阵列中，Crossbar 的规模为 8 输入 8 输出，规模并不大。因此，采用 Crossbar 结构作为阵列内的行间互连结构并不会因为提升了互连的灵活性而付出巨大的互连面积代价。除此之外，运算单元的输入还可以来自其内部的寄存器，如图 11.4 所示。其次，在运算单元的输出端，运算单元的运算结果既可以通过 Crossbar 连接层传递给下一行的运算单元，也可以通过阵列的输出接口输出到阵列外。

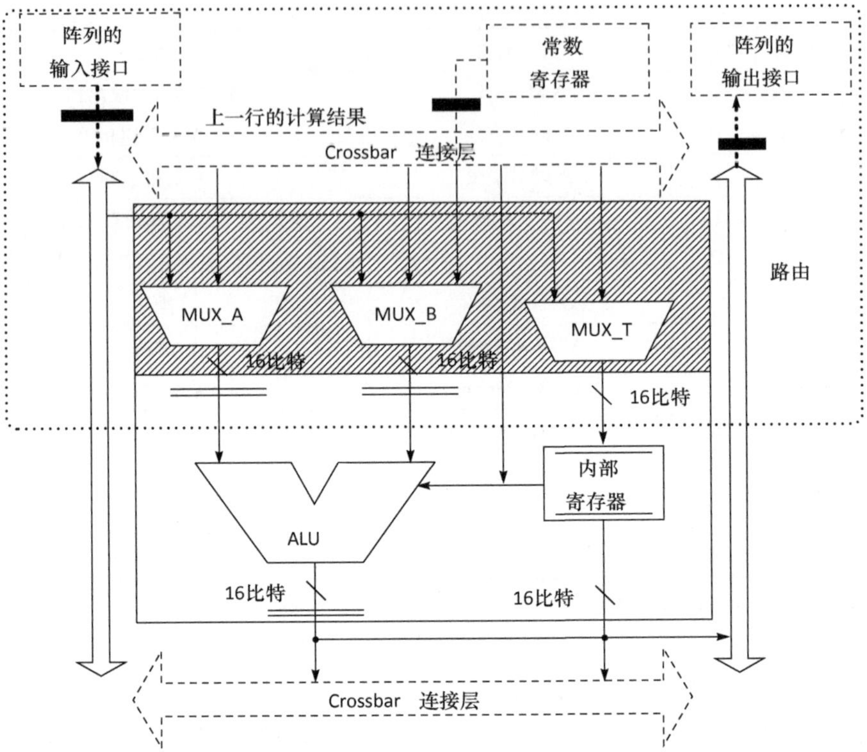

图 11.4　运算单元内的路由结构

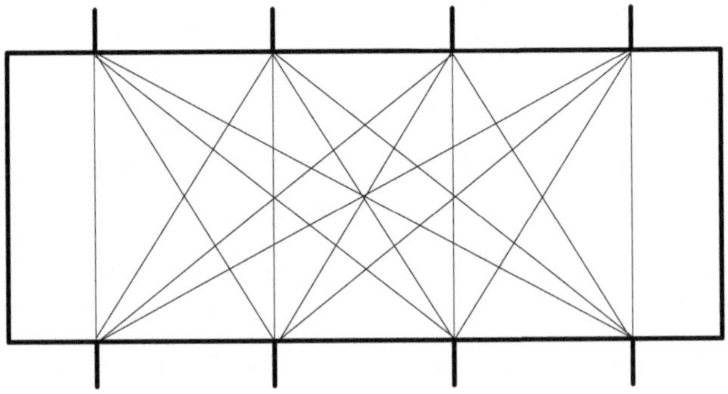

图 11.5　4 输入 4 输出 Crossbar 结构

在运算单元阵列内路由结构的基础上形成的阵列内的互连结构如图 11.6 所示。运算单元阵列内的路由结构接收上一行运算单元的运算结果,并将自身的运算结果传递给下一行运算单元。因此,阵列内的数据流向是单向的。除此之外,阵列内最后一行运算单元的运算结果被传递至阵列内第一行的运算单元。因此,阵列内的数据流向又是循环的。总体而言,阵列内形成了单向、循环的数据流向。这种数据流向可以方便地实现算法的中间表达形式——数据流图到阵列的映射，以及在数据流图的长度大于阵列的长度时，可以采用对数据流图进行折叠的方式实现数据流图到阵列的映射。

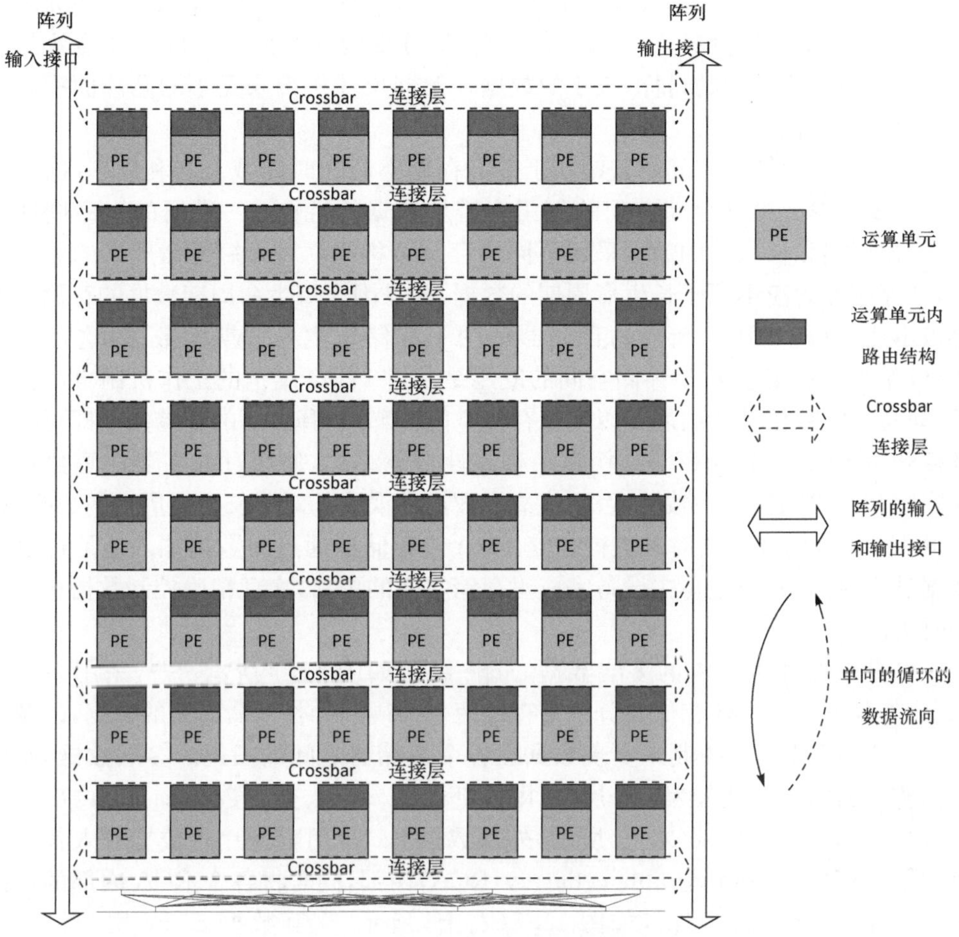

图 11.6 运算单元阵列的路由设计

2. *多层数据 cache 结构*

总的来说，包括通用处理器和可重构计算处理器在内，处理器中的数据存储器结构需要解决的问题是一样的，即数据的空间局部性和时间局部性。空间局部性指的是在存储的空间域中找出目标数据。时间局部性指的是在连续的时间域中找出目标数据。对于可重构计算处理器而言，其数据具有自身的特点，即数据往往以大尺寸数据块的形式出现，并且被使用的频率高，原因是可重构计算处理器的处理能力强，对数据吞吐量的需求高。可重构计算处理器内数据储存结构的设计目标是在保证性能的前提下，尽量减小存储器的尺寸。对于保证性能目标，数据存储器结构所能做出的努力是尽量地减小数据访问延迟。更进一步，减小数据访问延迟实际上是减少可重构计算处理器中运算单元阵列的停滞时间。降低运算单元阵列的滞停时间，提升运算单元阵列的利用率，是可重构计算处理器取得高能效的基础。对于存储器尺寸的目标，较小的数据存储器尺寸将带来更小的芯片面积和更低的存储器功耗。

减小片上存储器空间的关键在于提升存储空间在时间域上的利用率，即存储空间的复用率。提升存储空间的复用率需从数据的特性——数据的生命周期入手，对短周期和长周期的数据采用不同的存储结构[9]。对于短生命周期的数据而言，其存储方案应不同于长生命周期的数据，这是因为短生命周期数据的存储空间会被迅速释放。FIFO 结构的存储器适用于存储短生命周期的数据，这是因为 FIFO 结构的存储器对于存储空间的复用是通过 FIFO 结构的工作机制自动实现的，即写入的数据被读出后可以实现存储空间的释放，释放后的存储空间即可被用来存储后续的数据。FIFO 结构是一种线性存储结构，使用过程需要注意数据写入顺序和读出顺序的一致性，否则将造成数据的误读。对于长生命周期的数据，采用 RAM 结构的存储器对其进行存储。RAM 存储器通过对数据加入地址标签对数据进行存储，并通过写主设备完成对存储空间的更新，实现精确控制数据被覆盖的时机。

可重构处理单元内的多层数据 cache 结构如图 11.7 所示[10-12]，采用一系列 FIFO 存储器和 RAM 存储器分别来存储短生命周期和长生命周期的数据，以及采用了一些内部 DMA 控制来实现数据在各个存储器之间的搬运。多层数据 cache 结构按数据的内容被分为三个层次，即外部数据 cache、交互数据 cache、内部数据 cache。首先，如图 11.7(左上)所示，外部数据 cache 用于将片外数据写入各个可重构单元阵列(reconfigurable cellarray，RCA)内部，同时将各个 RCA 内部的数据读出至片外存储器。其次，如图 11.7(右上)所示，交互数据 cache 用于将各个 RCA 内部的数据读出至交互存储器，并由数据交互 DMA 控制器写入至各个 RCA 的内部，从而实现 RCA 间的数据交互和可重构处理单元间的数据交互。最后，内部数据 cache 用于为 RCA 内部的子运算单元阵列准备输入数据，并将运算结果分发至 RCA 内部的存储器。运算结果根据其数据生命周期的长短被分发至 FIFO 存储器和 RAM 存储器。

多层数据 cache 结构的内部 DMA 控制器根据可重构处理单元内对数据传输的需求实现了 7 种模式的数据传输，即 1D(维)传输、2D 传输、多拼接行、单行拆分、双 2D 拼接、多 2D 拼接和转置。

图 11.8 展示了 RPU 的系统实现细节，RPU 包含 4 个 8x8 的子阵列即 RCA，

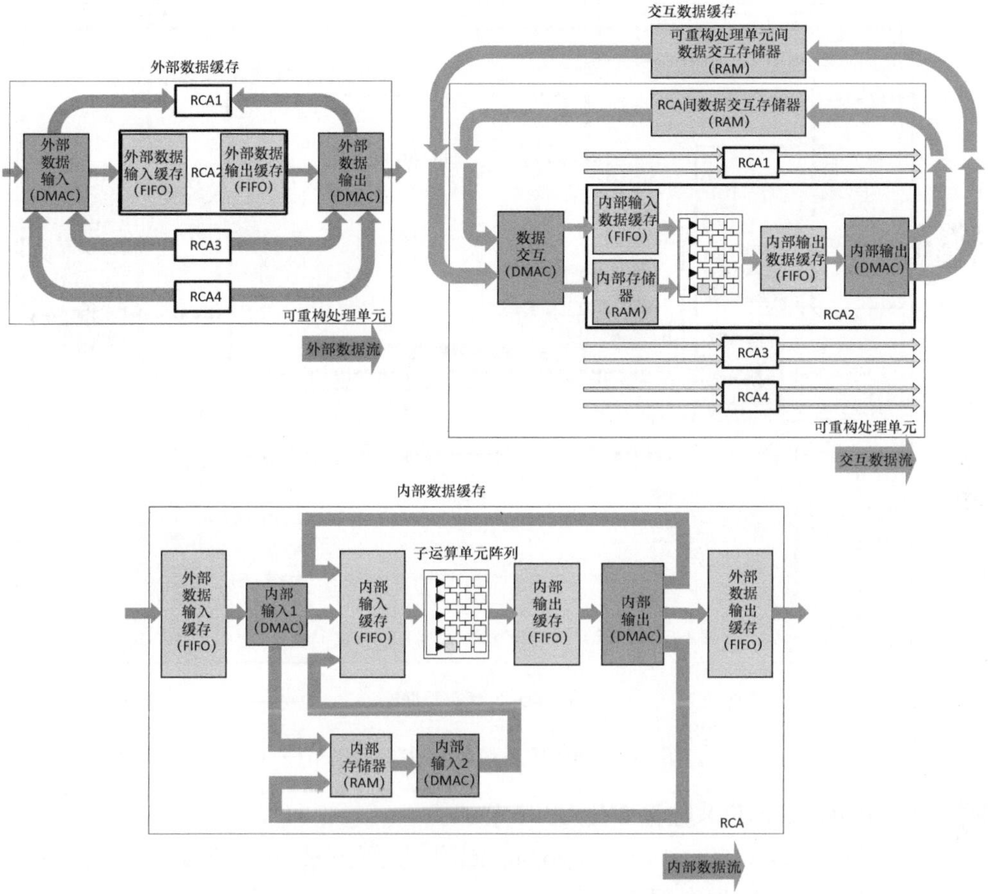

图 11.7　RPU 内的多级数据 cache 结构[10-12]

每个子阵列都有独立的计算单元阵列、局部存储器和内部 DMAC 功能模块。在图 11.8 中，每个子阵列中局部存储器由如下模块组成。

① ELDF(external load data FIFO)是一个从 RCA 外部输入数据的缓冲器，设计为宽度 256，深度 32，双端口。

② CIM(core internal memory)是一个包含由 32 个 256 比特(16 个 16 比特)寄存器组成的寄存器组，双端口，暂存单个 RCA 阵列的运算中间数据。可以接收阵列的输出、ELDF、直接从外部输入等多种来源的数据，输出给阵列输入。

③ ESDF(external store data FIFO)是一个从 RCA 向外部输出数据的缓冲器，设计为宽度 256，深度 32，双端口。

而用于局部存储器之间数据搬运的内部 DMAC 主要由如下模块组成：

① CEDL(core external data load)将 ELDF 的数据(RCA 外部数据)导入

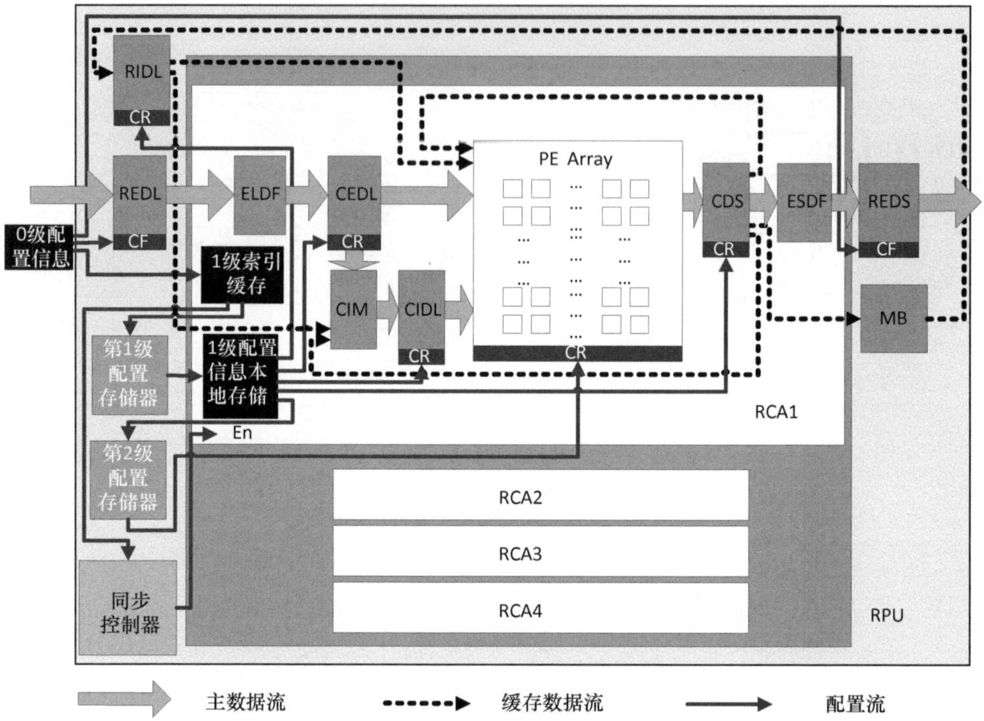

图 11.8　RPU 系统设计实现的细节

RCA 阵列的输入 FIFO,数据宽度 32 字节。

② CIDL(core internal data load)将 RIM 的数据(RCA 内部数据)导入 RCA 阵列的输入 FIFO,数据宽度 32 字节。

③ CDS(core data store)将 RCA 阵列的输出 FIFO 数据导出到 ESDF(RCA 外部),每个数据大小 32 字节。

4 个 RCA 之间也有共享的存储器和 DMAC 功能模块,RCA 间共享的存储器是 MB(micro buffer),这是一片宽度为 256 比特、深度为 32 比特的单端口存储器,存储单个 RPU 内 4 个 RCA 的中间数据,可以在 4 个 RCA 的阵列输出和 CIM 之间交换数据。

共享 DMAC 包括如下模块:

① RIDL(RCA internal data load)将 RPU 中缓存的数据导入到 RCA 内部的缓存 CIM,或者直接送入 RCA 阵列的输入 FIFO。数据来源可以是 MB 或者 EM (exchange memory),数据宽度 32 字节。

② REDL(RCA external data load)通过 EMI 访问外部存储器的数据,导入到 RPU 中单个 RCA 阵列的 ELDF 中去,数据宽度 32 字节。

③ REDS(RCA external data store)将 RPU 中单个 RCA 的 ESDF 中的数据通过 EMI(external memory interface)接口导出到外部的存储器，数据宽度 32 字节。

在 RPU 内，由于广泛采用了 FIFO 结构的存储器，通过 FIFO 存储器自身的运行机制，存储器内的存储空间可以被自动地复用，提升存储空间的复用率。因此，RPU 内的片上数据存储器尺寸得到了压缩。除此之外，由于在目标应用——多标准视频解码应用对数据的处理以像素宏块为单位进行，因此可重构处理单元中的内部 RAM 存储器的存储空间在开始处理下一个像素宏块时即可被覆盖。因此，可重构处理单元中的内部存储器的存储空间只需满足一个像素宏块被处理过程中的中间结果数据的存储即可。综合以上两个因素，RPU 具有较小的片上数据存储器尺寸。表 11.6 列出了 RPU 内各个片上数据存储器的尺寸。通过简单的计算可以得到一个 RPU 的总的片上数据存储器尺寸为 17.5 K 字节(4×4.125+1)，其中包含 1 个 1 K 字节大小的 PEA 间数据交互存储器。REMUS_HPP 总的片上数据存储器尺寸为 36 K 字节(2×17.5+1)，其中包含 1 个 1 K 字节大小的 RPU 间数据交互存储器。

表 11.6　RPU 内的片上数据存储器核心参数

<table>
<tr><th colspan="2">位置</th><th>存储器名称</th><th>存储器类型</th><th>存储器尺寸
/比特</th><th>归一化存储器
尺寸/字节</th></tr>
<tr><td rowspan="6">RPU 内</td><td rowspan="5">RCA 内
(4 个)</td><td>外部输入 cache</td><td>FIFO</td><td>32×256</td><td>1K</td></tr>
<tr><td>内部存储器</td><td>RAM</td><td>32×256</td><td>1K</td></tr>
<tr><td>内部输入 cache</td><td>FIFO</td><td>32×256</td><td>1K</td></tr>
<tr><td>内部输出 cache</td><td>FIFO</td><td>4×256</td><td>128</td></tr>
<tr><td>外部输出 cache</td><td>FIFO</td><td>32×256</td><td>1K</td></tr>
<tr><td>RCA 之间</td><td>交互存储器 1</td><td>RAM</td><td>32×256</td><td>1K</td></tr>
<tr><td colspan="2">RPU 之间</td><td>交互存储器 2</td><td>RAM</td><td>32×256</td><td>1K</td></tr>
</table>

表 11.7 列出了三款可重构计算处理器实现单位性能所需的片上数据存储器的尺寸。其中，第一款和第二款可重构计算处理器分别为 XPP-III[13] 和 ADRES[14]，第三款为 REMUS_HPP。为了公平起见，可重构计算处理器的性能对时钟频率进行归一化，归一化后的性能——MBs/s/MHz 表示在相同的时钟频率下每秒内可完成解码的像素宏块数。如表 11.7 所示，相比于 XPP-III 和 ADRES，REMUS_HPP 内的实现单位性能所需的片上数据存储器尺寸只有 XPP-III 和 ADRES 的 20.0%和 12.4%。

表 11.7　可重构计算处理器片上数据存储器的比较

可重构处理器	片上数据存储器尺寸/kB	H. 264 解码性能	归一化性能/(MBs/s/MHz)	归一化数据存储器尺寸/(kB/(MBs/s/MHz))	比较/%
XPP-III[13]	64	1920×1080 @24fps @450MHz	435	0. 147	20. 0
ADRES[14]	32	720×480 @30fps @300MHz	135	0. 237	12. 4
REMUS _HPP	36	1920×1088 @30fps @200MHz	1224	0. 029	/

3. 片外存储访问 cache 结构

针对计算密集型算法的访存特点，片外存储访问缓存结构如图 11. 9 所示[15]。该 cache 结构包含若干个数据缓冲器、一个数据访问接口和一个数据加载接口。

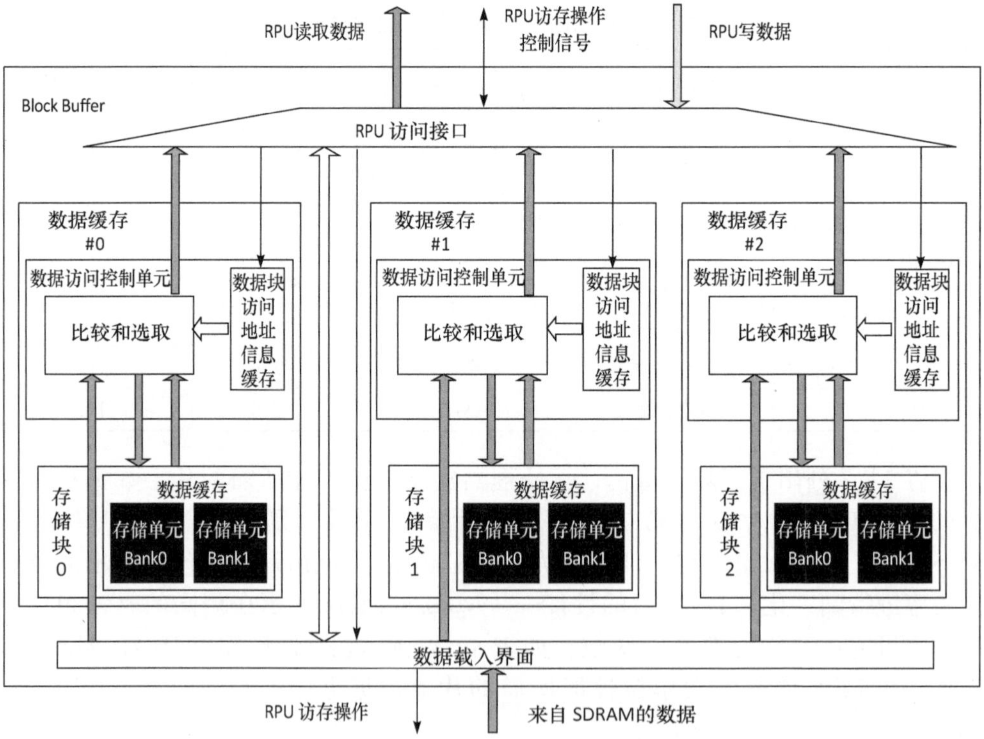

图 11. 9　RPU 片外存储访问 cache 结构

每个数据缓存又包括一个存储单元和一个数据访问控制单元。以视频解码应用为例,数据缓冲器的个数为 3,分别用于缓存一个像素宏块的一个亮度数据块和两个色度数据块——Cb 和 Cr。当 RPU 需要取数据时,先将要取的宏块地址信息与 cache 结构中所有缓存的宏块的地址信息比较,如果命中,那么直接将该宏块的亮度数据或色度数据通过数据访问接口输出到 RPU;否则,即为不命中,从外部存储器中读取所需宏块及其相邻多个宏块的数据到 cache 结构中。此外,因为在参考帧数据读取时,既有可能读取当前帧之前的帧图像数据(前向预测),也有可能读取当前帧之后的帧图像数据(后向预测)。因此,为了避免由于前向预测和后向预测访问不同帧图像而引起的 cache 结构数据的频繁更新,cache 结构分别缓存亮度、色度 Cb、色度 Cr 的每个数据缓冲器都包含了两个缓存单元,分别用于缓存前向预测的数据和后向预测的数据。

对于一个包含大量数据访问的应用而言,其数据的访问通常都具有很规则的空间分布特点。以视频解码应用为例,参考帧数据的访问通常都集中在横向和纵向两个方向上,即媒体图像通常总是做水平或者垂直运动的。因此,以视频解码应用为例,RPU 中设计的矩形数据框方式(如图 11.10 所示的矩形数据框块 1 和块 2),将提升存储的效率。此外,cache 结构在预取数据时使用的矩形数据框的参数是可配置的。如图 11.10 所示,矩形数据框的属性参数包括 Offset(矩形框顶点相对于待访问宏块的位置偏移)、Length(矩形框的长度)和 Height(矩形框的高度)。

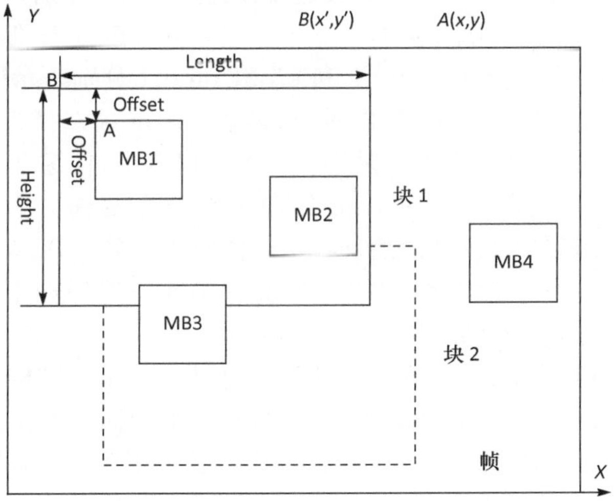

图 11.10　基于矩形数据框的预取机制原理

为了选择合适的预取框属性参数，需要通过命中率(hit ratio)和收益率(profit ratio)来评估 cache 结构的性能，即

$$\text{hit ratio}=\frac{\text{hit num}}{\text{total read num}} \tag{11.1}$$

$$\text{profit ratio}=1-\frac{\text{optimized read time}}{\text{previous read time}} \tag{11.2}$$

在式(11.1)的定义中，total read num 表示 RPU 从外存中读取数据的次数，hit num 表示 cache 结构命中的次数。因此，hit ratio 代表数据在 cache 结构中被成功读取到的几率。式(11.2)右端的 optimized read time 表示采用了本 cache 结构优化后，RPU 在解码一个宏块时，访问外存数据平均花费的时间周期数；previous read time 表示不采用本 cache 结构之前，RPU 在解码一个宏块时，访问外存数据平均花费的时间周期数。高的收益率代表更好的数据访问性能，收益率为零代表没有优化，而收益率为负值则代表不合理的 cache 结构参数选择，反而有可能会降低数据访问的性能。

为了选择合适的 cache 结构参数，获得较高的命中率和收益率，我们分别对预取框的三个参数 Offset、Length、Height 进行探索。因为预取框的设计参数选择主要与数据访问的空间局部性相关，以视频解码应用为例，即与视频图像的运动规律有关。图 11.11～图 11.13 以 H.26 视频解码应用为例，分别分析了三个参数对访问命中率和收益率的影响。其中，hit ratio 0 和 hit ratio 1 分别代表前向预测和后向预测的访问命中率，profit ratio 0 和 profit ratio 1 分别表示前向预测和后向预测的访问收益率。从图 11.11 可以看出，参数 Offset 被选择为 15%～20%时，可以获得最优的命中率和收益率。从图 11.12 可以看出，在综合权衡了存储单元的硬件开销和访问性能之后，参数 Length 选择 64 字节最佳。从图 11.13 可以看出，当参数 Height 超过 32 字节之后，cache 结构的命中率几乎没有增加，而收益率反而会下降。综上所述，缓存结构的 3 个属性参数的选择如下：Offset＝20%、Length＝64 字节、Height＝32 字节。

采用了上述设计参数之后，在视频解码应用中，本 cache 结构获得的命中率和收益率如表 11.8 所示。从表 11.8 可以看出，对于不同标准的视频码流，本 cache 结构的访问命中率均达到了 90%。表 11.9 对比了几种不同的片外存储访问 cache 结构的性能收益和存储开销。与前两种缓存结构[16,17]相比，这里提出的 cache 结构仅需要少量的存储开销(每个 cache 块的大小为 64×32 字节，共计 6 个 cache 块 12K 字节)，就可以达到类似的优化效果(性能提升率 32% ～43%)。

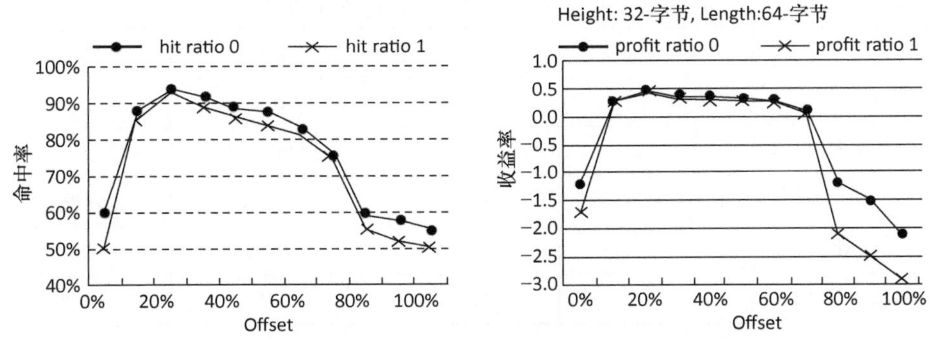

图 11.11　参数 Offset 对访问命中率和收益率的影响

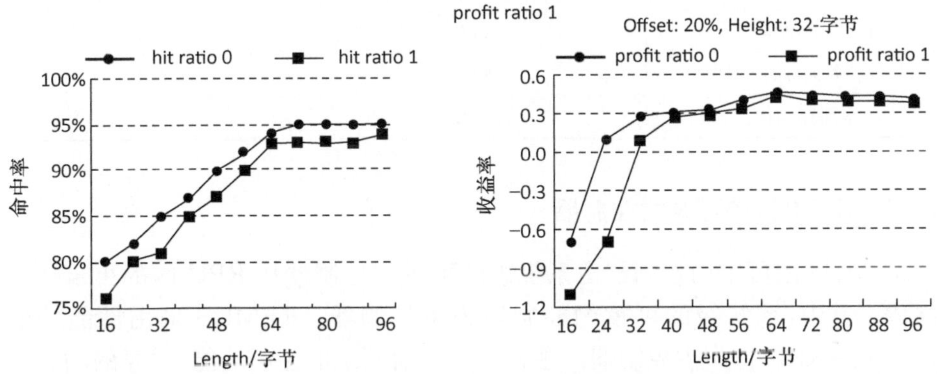

图 11.12　参数 Length 对访问命中率和收益率的影响

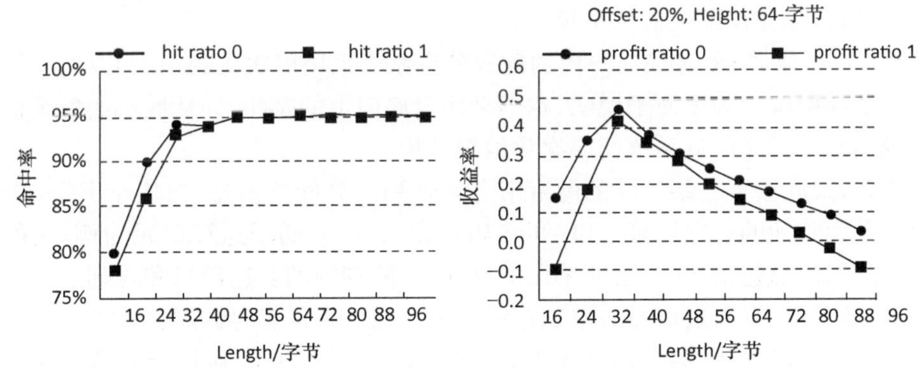

图 11.13　参数 Height 对访问命中率和收益率的影响

表 11.8　采用本 cache 结构后访存性能的改善

码流	Foreman	Van. Helsing	City	Mobile
算法	H. 264	H. 264	MPEG-2	MPEG-2
分辨率	176×144	1920×1080	1920×1080	720×480
类	主要类	高端类	主要类	基础类
命中率	0.94	0.90	0.93	0.92
收益率	0.43	0.32	0.37	0.35

表 11.9　不同外存访问优化策略的性能和开销对比(H. 264 解码)

片外存储访问 cache 结构	外存访问性能提升/%	存储开销/K 字节
3D cache 结构[16]	58.85	50
基于 2D 映射的 cache 结构[17]	30	9.0
本缓存结构	32～43	12

11.1.3　REMUS 的可重构控制器

REMUS 的可重构控制器由系统级的可重构控制器和 RPU 内的可重构控制器组成。其中，系统级的可重构控制器为主控制器。REMUS 采用性能较低的 RISC——ARM7 作为主控制器。主控制器除对系统的控制功能，主要的功能是通过配置信息对 RPU 进行控制。因此，REMUS 中将主控制器、配置总线，以及 RPU 内抽象出的配置解析器、配置流程控制器和配置存储器统称为 REMUS 的可重构控制器，也称作配置信息系统。

如图 11.14 所示，REMUS 内的配置信息系统采用层次化的组织结构[10,11,18]，共分为三个层次。为了便于说明，本书采用自底向上的顺序，即从底层的配置信息开始说明整个配置信息系统的层次化组织结构。

首先，最底层——第 2 层的配置信息为阵列运算配置信息，对应于 RCA 内的子运算单元阵列的一次运算。以 RCA 内规模为 8×8 的子运算单元为例，它的阵列运算配置信息包括 64 个运算单元的操作码，阵列内的互连信息和阵列的时序控制信息。阵列运算配置信息被单独存储于第 2 级配置信息存储器。

其次，中间层——第 1 层的配置信息为迭代配置信息。迭代配置信息对应于 RCA 内的子运算单元阵列的连续多次运算。迭代配置信息实现了可重构控制器对应的 PFSM 中顺序执行的状态跳转。具体而言，迭代配置信息由多个单元组成，每个单元除了阵列运算配置信息外，还包括与此次运算对应的内部输入配置信息和内部输出配置信息。阵列运算配置信息在迭代配置信息中是以其在第 2 级配

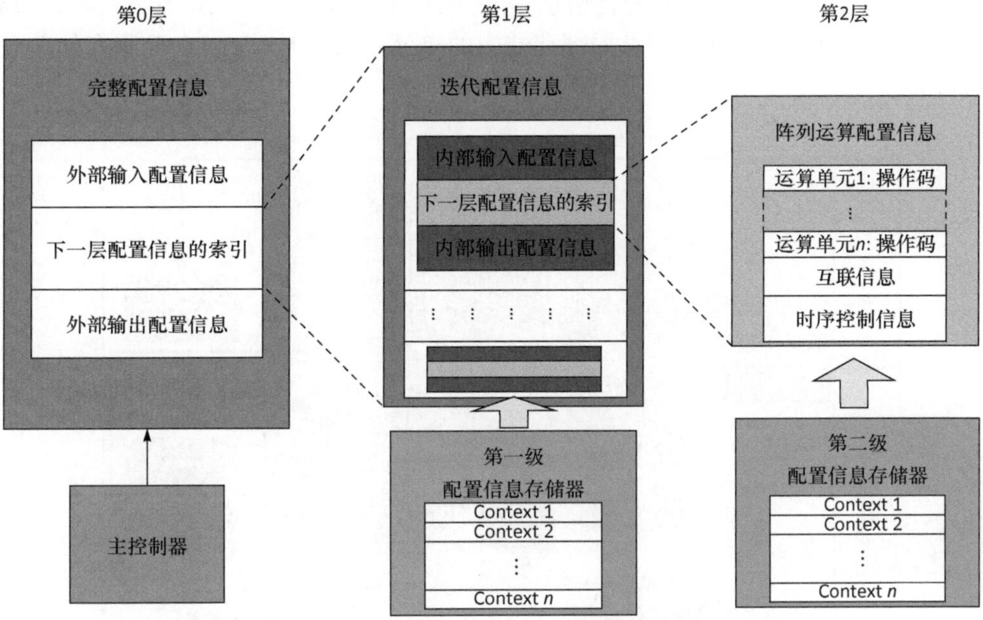

图 11.14　REMUS 内配置信息系统的层次化组织结构[1,2,9]

置信息存储器中的索引形式存在的。通过这种索引的方式,可以避免迭代配置信息内以及迭代配置信息间相同的阵列运算配置信息被冗余地存储,由此降低配置信息的存储尺寸。迭代配置信息被单独存储于第 1 级配置信息存储器。

最后,最高层——第 0 层的配置信息被称为完整配置信息。完整配置信息由主控制器实时生成,包括迭代配置信息在第 1 级配置信息存储器中的索引,即执行什么任务;外部输入配置信息,即从哪里读入原始数据;外部输出配置信息,即向哪里写出结果数据。主控制器采用 RISC 处理器来实现,因此可重构控制器对应的 PFSM 中带有分支状态的跳转由软件的方式来实现。

在配置信息系统的层次化组织结构的基础上,REMUS 采用相应的层次化配置流程。如图 11.15 所示,层次化的配置流程共分为三步[19]。首先,在第一步中,主控制器通过配置总线将完整配置信息写入可重构处理单元内。完整配置信息中的外部输入配置信息和外部输出配置信息分别用于配置外部输入模块和外部输出模块(图 11.15 中的 Step1.1 和 Step1.3);迭代配置信息的索引被写入 RCA 内的索引 cache 内(图 11.15 中的 Step1.2)。其次,在第二步中,通过迭代配置信息的索引,迭代配置信息从第 1 级配置信息存储器被读出并被写入到 RCA 内。最后,在第三步中,从 RCA 内的迭代配置信息局部存储中读出第一个单元,其中内部输入配置信息和内部输出配置信息分别用于配置内部输入模块和内部输出模块(图 11.15 中的 Step3.1 和 Step3.3),其中阵列运算配置信息的索引用于从第 2 级配置存储器中读取出阵列运算配置信息，并完成对子运算单元阵列的配置(图 11.15 中的 Step3.2)。迭代配置信息局部存储中的单元不断地被读出，直至所有的单元执行完。

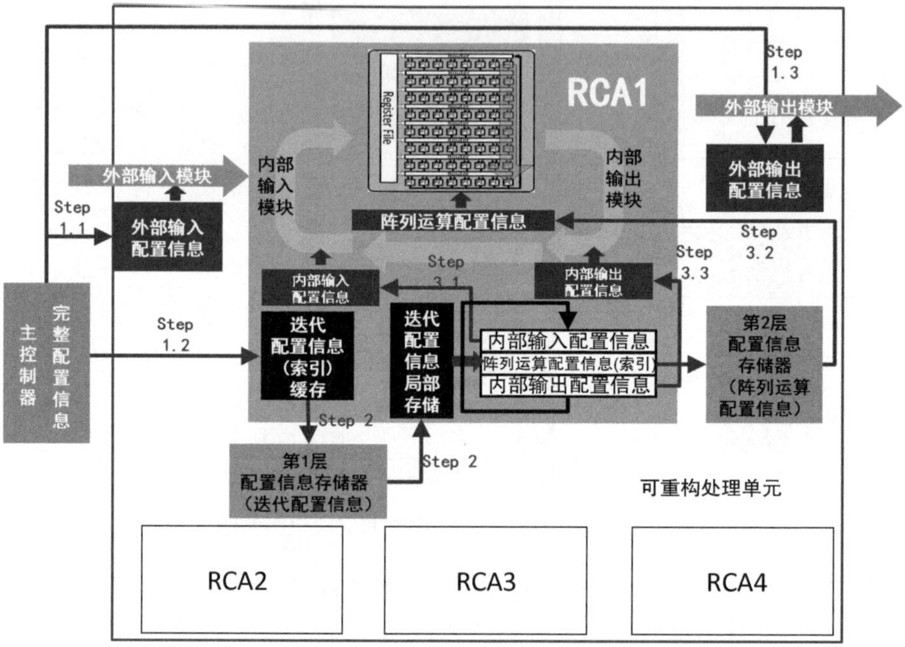

图 11.15　REMUS 内配置信息系统的层次化配置流程

表 11.10 为 REMUS 内的配置存储器尺寸和配置延迟[20]。首先，由主控制器实时生成的完整配置信息尺寸为 5 个字(word)，采用 32 比特位宽的系统总线，理想的配置延迟为 5 个时钟周期。其次，迭代配置信息尺寸为 $1+4n$，n 为单元的个数($n=1\sim16$)，上限 16 已可满足绝大多数计算密集型任务的需求。因此，迭代配置信息尺寸为 5～65 个字，由于配置信息量较小和配置的频率较低，可以采用中等的配置位宽——256 比特，产生 1～9 个时钟周期的配置延迟。最后，阵列运算配置信息尺寸为 107 个字。由于阵列运算配置信息量较大，并且配置的频率较高，因此需采用高配置位宽——1024 比特来降低配置延迟。计算配置信息的配置延迟为 4 个时钟周期。

表 11.10 REMUS 中 RPU 内的配置存储器尺寸和配置延迟

层次化的配置信息	配置信息尺寸/字	配置存储器尺寸/比特	归一化的配置存储器尺寸/kB	配置位宽/比特	配置延迟/cycle
完整配置信息（第 0 层）	5 (2+2+1)	/	/	32	5
迭代配置信息（第 1 层）	$1+4n$ ($n=1\sim16$)	1024×256	32	256	1~9
阵列运算配置信息（第 2 层）	107	1024×1024	128	1024	4

表 11.11 为在 H.264 视频解码应用中的四个计算密集型算法上，采用非层次化配置存储方案和层次化配置存储方案在配置信息尺寸上的对比。从表 11.11 可以看出，采用非层次化方案，阵列运算配置信息会被冗余地存储，数量达到 1053 个；采用层次化方案，可以消除冗余存储的阵列运算配置信息，数量减少到 211 个。如表 11.11 所示，相比于非层次化方案，层次化方案在 H.264 视频解码应用上可以将总的配置信息量减小 76.67%。

表 11.11 REMUS 中两种配置存储方案的比较[11,18]

H.264 Decoding 中的子算法	非层次化存储方案		所提出的层次化存储方案			
	计算配置信息个数	总配置信息量/kB	计算配置信息		迭代配置信息量/kB	总配置信息量/kB
			个数	配置信息量/kB		
IDCT & 帧内预测 & MC	852	366.09	198	82.76	11.86	95.62
去块效应滤波	201	811.227	13	5.43	2.53	7.96
总数	1053	452.46	211	88.19	15.39 (14.86%)	103.58
比较	↓ 76.67%					

表 11.12 为 REMUS 内 RPU 和 XPP40 在执行 H.264 解码应用中的四个计算密集型算法的性能比较。如图 11.16 所示，XPP40 的总运行时间中配置延迟所占的比例极高，达到了 76.16%～89.85%，因此严重影响了 XPP40 的总体性能。REMUS 内的配置信息系统采用层次化的组织结构和层次化的配置流程，该层次化方案对阵列运算配置信息进行了压缩，因此压缩后的配置信息可全部存储于片上配置存储器，并采用高配置位宽进行传输，具有极低的配置延迟。相比 XPP40，RPU 在执行相同的 4 个算法时，配置延迟在总运行时间中仅占 4%～13%

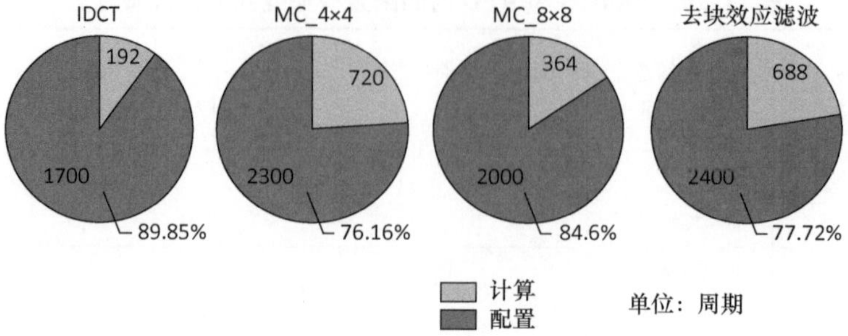

图 11.16　H.264 视频解码在 XPP40 上的运行时间

(图 11.17)，配置延迟的降低将直接提升 RPU 的总体性能。如表 11.12 所示，相比 XPP40，RPU 在执行 H.264 视频解码应用中的 4 个计算密集型算法时，总体性能可以提升 1.85～8.85 倍。

表 11.12　RPU 与 XPP40 的性能比较

H.264 解码的子算法	XPP40	RPU[11,18]	Speed up
IDCT	1892	192	8.85×
MC_4×4	3020	1059	1.85×
MC_8×8	2364	323	11.222×
去块效应滤波	3088	704	3.39×

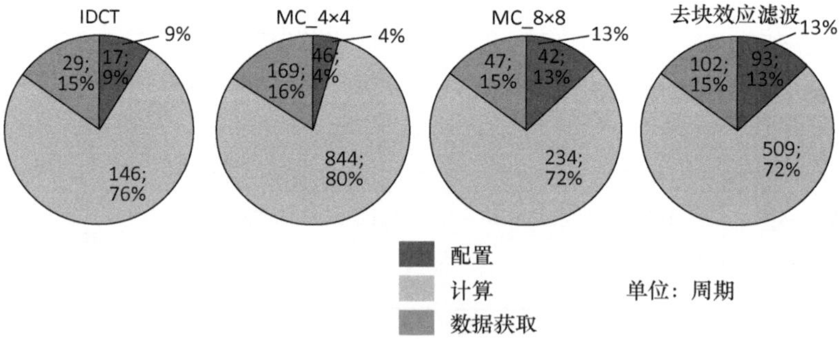

图 11.17　H.264 视频解码程序在 RPU 上的运行时间[11,18]

11.2　REMUS 的编译系统

11.2.1　REMUS 的编译器架构

根据第 4 章介绍的内容可以看出，所有的可重构计算处理器都需要对应一个编译器，为其生成相应的控制码和配置信息。REMUS 对应的编译器称为 REMUS 编译器（reconfigurable multi-media system compiler，REMUSCC）。REMUS 编译器[21]设计的核心工作就是建立起整体的编译架构，并在此编译架构的基础上对各项编译关键技术进行深入研究。REMUS 编译器的设计目标就是生成包含在主控制器中运行的控制码和可重构单元 RPU 的配置信息。本节首先介绍 REMUS 编译器的设计需求，随后结合设计需求提出 REMUS 编译器的整体架构，并对其中的各个功能结构的关系进行介绍。

1. 需求分析

REMUS 编译器经过对输入的应用程序（C 语言描述）进行代码划分、分析、转换、优化、映射等过程，最终生成 REMUS 中主控制器的控制码和 RPU 的配置信息。从输入的源代码到最终的控制码和配置信息，需要经过多次、多层次的编译处理，整个编译流程主要包括代码变换和优化、任务时域划分、内部存储器管理和配置信息优化等过程。

输入的应用程序代码可分为控制密集型代码段和计算密集型代码段。计算密集型代码段通常指的是应用程序的循环体，有研究表明[22]程序的循环体运算花费整个程序运行的大部分时间，这部分循环体称为核心循环。如果应用程序的核心循环体能提取并在 REMUS 中的 RPU 进行映射，则能提升整个应用程序的运行性能。在 REMUS 编译器设计中，首要考虑的问题就是如何将提取的核心循环进行代码变换，并在变换的基础上进行循环优化，提高核心循环代码的执行效率。在 REMUS 结构中，重构部件 RPU 包含多个子阵列，适合完成并行化的计算，因此在将提取的核心循环映射到 RPU 时，需要充分利用 RPU 的并行运算能力来提升循环的执行性能，也就是说在满足硬件约束的情况下，对循环进行合理展开来提升代码的并行度。另外，重构部件 RPU 仅作为运算部件参与数据的重构计算，即 RPU 不能作为主控制设备完成地址寻址及存储访问，因此将核心循环代码映射到 RPU 中时，需对循环体代码进行分析，优化处理好寻址访问类操作。循环代码优化结束后，需将代码转换为编译器的中间表示。中间表示是一种格式定义，因此在 REMUS 编译器设计时，还需要综合考虑目标硬件的特性，定义出一套有效的中间表示。

经过代码转换、优化处理后，输入的应用程序转换为某种中间表示，而 REMUS 编译器的终极目标是生成控制码和 RPU 的配置信息，即将中间表示表达的计算任务映射成控制器中的控制码和 RPU 的配置信息。从 REMUS 硬件结构章节中可知，RPU 中的计算阵列的规模是有限的（单个阵列的规模为 8×8），而待映射计算任务的计算算子规模或许会超过阵列的规模，因此需要对输入的计算任务进行时域划分，即将输入的计算任务在时域上划分成一系列相互依赖的子任务（或称子模块)列表。时域划分后生成的子任务之间必然会存在数据间的依赖关系,在子任务相继运行时,两者之间的数据依赖将转化为彼此间的数据传递交互。子任务间频繁的数据交互将增加系统功耗和共享存储器的空间,因此在设计 REMUS 编译器中任务时域划分算法时,需要综合考虑生成子任务间的数据通信量大小。

在任务时域划分后,输入的计算任务已表示成一系列相互依赖的子任务列表,为了生成 REMUS 的配置信息,还需将这些子任务映射到 RPU 中的计算阵列中以生成对应的配置信息。由于子任务间存在数据间的依赖关系,当这些子任务在 RPU 中一次配置执行时,需考虑子任务间的数据传递交互。在 REMUS 中,子任务的中间数据传递交互依靠重构硬件内部的存储器(RIM 存储器)来完成,因此在子任务映射过程中需综合考虑这些子任务间的数据交互及对应的内部存储器管理策略。

子任务列表中所有的子任务完成映射后,REMUS 编译器生成了相应的配置信息和控制码。RPU 的配置信息是一串具有特定含义的比特流,而在这些计算阵列配置信息当中,可以发现配置信息中存在相同或相似的比特流。为进一步提高这些子任务在 RPU 中运行时的配置性能,需要对配置信息进行合理优化,去除冗余的配置,减少 RPU 的配置代价以提升系统的执行性能。

REMUS 编译器依次完成以上编译步骤后,最后将输入的应用程序编译生成主控制器的控制码和 RPU 的配置信息,其中配置信息包含计算阵列配置信息、数据传输配置信息,以及外部存储访问配置。

2. 编程规范

表 11.13 给出了 REMUS 的编程规范。

表 11.13 REMUS 的 C 语言编程规范

名称	类别	备注
变量	数据类型	仅支持 16 比特整型数据(√);不支持其他类型,例如:浮点(×)、结构体(×)、共用体(×)、指针型(×)等数据类型
	变量声明	声明位置位于函数体开始位置
	存储类别	局部变量,不建议使用全局变量
	作用域	不建议 static/register/extern 存储类别
运算符		除法(×);求余(×);成员运算符(×);指针、地址(×);支持的运算符有:加法、减法、右移、左移、与、或、非、异或、同或;
表达式		Inline(×);restrict(×);非计算语句(×);
分支判断		If-else-then(×);switch-case(√)

续表

名称	类别	备注
循环控制	规范	循环边界已知；步长为常数；循环体内不对循环索引(index)修改
	控制	goto(×)；return/break/continue(×)
数组	定义、引用	不允许在同一个表达式中同时包含读写操作；不支持指针
	初始化	必须初始化，确定数组大小
函数		可重构阵列不支持函数调用，递归以及系统函数等；
预处理	注释	注释采用“/＊…… ……＊/”形式；不支持“//……”形式
	宏	支持常数定义，不支持表达式类型定义
文件		可重构阵列中不支持文件类型操作

3. 编译架构设计

遵循以上讨论的编译器的设计需求，下面给出 REMUS 编译器的整体架构，如图 11.18 所示。图中显示了编译器的整体架构和各个设计细节，可以看出，该架构与图 2.8 给出的编译框架流程对应。整个 REMUS 编译架构的设计原则就是将应用程序编译生成片上主控制器(对应 RCC)的控制码和 RPU(对应 RCD)的各项配置信息。

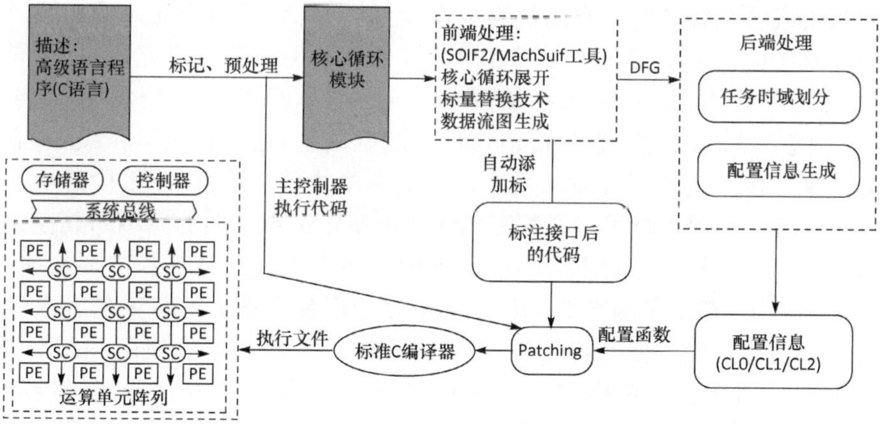

图 11.18　REMUS 编译器的编译架构

REMUS 编译器的输入是用高级编程语言编写的应用程序(如 C 程序)，在编译预处理阶段将提取出应用程序中的核心循环，并交给编译器做代码变换和优化处理，这一过程在 REMUS 编译器中称为前端设计。在 REMUS 编译前端处理中，选取了 SUIF2/MachSUIF 作为前端处理工具，即代码变换和优化的工作环境。

在前端处理环境中，主要完成核心循环展开、标量替换技术和中间表示生成（数据流图生成），即 REMUS 编译前端输出的是 DFG 数据流图。REMUS 编译前端设计中的各项技术将在 11.2.2 节详细介绍。

编译流程中的 DFG 图时域划分和配置信息生成步骤统称为 REMUS 编译后端设计。任务时域划分是根据 RPU 中的阵列规模及最终子任务间的数据通信量来权衡划分方案，最后将输入的 DFG 数据流图划分成一系列具有数据依赖的 DFG 子图（即子任务）。随后针对各个子任务，将它们映射到 RPU 中的计算阵列，生成对应的配置比特流（即配置信息）。在后端处理中，主要完成任务时域划分和最终配置信息生成，REMUS 编译后端设计中的各项技术，将在 11.2.3 节和 11.2.4 节详细介绍。

11.2.2　REMUS 编译器的代码优化及变换技术

随着集成电路技术的发展和应用领域的不断拓展，针对各种各样的应用场景，程序员开发出了大量的算法。REMUS 编译器处理的对象就是程序员根据具体的应用需求编写的算法程序（如 C 程序）。从 REMUS 编译器架构章节的论述中，可以知道 REMUS 编译器的首要环节是对输入带标记的代码进行前端优化处理，包括代码标记的识别、关键代码段提取及代码转换技术。本节将进一步阐述 REMUS 编译器的前端设计任务。

目前，在各个应用领域中，程序员基于各类编程语言开发了海量的源代码，如何高效利用或者兼容这些已有的代码工作，已成为后续程序开发人员和编译器设计人员需要考虑的重要问题。在可重构计算处理器编译器的研究当中，也同样面临着此类问题。例如，NAPA-C 编译器[23]，NAPA-C 是 NS 公司生产的 NAPA1000 型芯片的编译器，是在 C 语言标准基础之上，通过扩展 # pragma 语句语法的方式来方便应用程序开发人员在已有的程序中使用 NAPA 结构的功能。利用 # pragma 标记，程序员可以在编写的程序中指定运算数据的大小和其存放的物理位置，同时程序员还可以用 # pragma 标记来指定哪些计算任务需要加速处理。如图 11.19 所示，指定了函数 Logic_Operator 中形参变量 x、y、z、w 的存放位置和数据位宽。这样可以方便兼容已有的代码，同时还可以便捷的使用 NAPA 芯片。基于对标准 C 语法进行扩展和补充的方式，在可重构计算处理器编译器的研究中，出现了 SA-C[24,25]、DIME-C[26] 等编译器。在本节内容中，亦将对 REMUS 编译器的代码标记进行探讨。

1. 代码标记及关键段提取

代码标记是 REMUS 编译器运行的基础，为了更好地表达计算任务在 REMUS 的执行，在设计 REMUS 编译器的时候，提出了基于 # pragma mes-

```
int Logic_Operator(unsigned int x, unsigned int y,
                   unsigned int z, unsigned int w )
{
   #pragma MALP loc reg x y z w
   #pragma size 4 x y
   #pragma size 2 z w
   retum((x & y)^(x|z)^(w & z))
}
```

图 11.19　NAPA-C 的＃pragma 标记示例

sage[27]的代码标记方式，而后在该标记的基础上，对标记为关键计算任务的代码进行代码转换、代码优化、生成中间表示等过程。下面介绍 REMUS 编译器代码标记的详细内容。

1）基于＃pragma message 的代码标记

为了更好地兼容使用已有的程序代码，同时确保添加标记程序的功能的正确性，在 REMUS 编译器的设计过程中，使用了预处理指令（＃pragma 指令）。＃pragma 指令是预处理指令中最为复杂的指令之一，改变＃pragma 指令的参数，可以方便设置编译状态或者让编译器完成规定的处理。在标记 REMUS 计算任务的具体工作中，仅需标记出计算任务在 REMUS 的执行阵列的具体位置。因此，在 REMUS 编译器中，仅使用＃pragma 指令的 message 参数，该参数的功能是输出相应的信息。在 REMUS 编译器中，标记的格式用法如图 11.20 所示。图中给出了计算任务前标记、后标记共两条标记格式。

＃pragma message (“DFG_BEGIN:filename__funcname_NODE－b0－b1－b2b3－b4b5b6”)

＃pragma message (“DFG_END”)

标记项	定义
DFG_BEGIN/DFG_END	标识开始位置/结束位置
filename	计算任务所在的文件名
funcname	计算任务的函数名
b_0	bit类型(取值0：RPU0;取值1：RPU1)
b_1	int类型(表示在RPUx执行第b1组运算)
b_2b_3	对应RPU中的阵列位置编号：00, 01, 10, 11
$b_4b_5b_6$	同组运算阵列的同步模式：取值0～7

图 11.20　＃pragma message 标记格式及定义

在标记某应用程序的过程中，某计算任务需要映射到 REMUS 的 RPU 阵列中进行计算时，可以利用这两条标记在该计算任务函数中进行标记说明。例如，多个计算任务具有并行性，则可以将这些计算任务标记为同一 RPU 计算的同一组。同理，多个计算任务存在数据依赖性，就只能将这多个计算任务标记为不同的组，从而调度 RPU 分别进行配置计算。

2）关键代码段提取

使用＃pragma message 标记可以将应用程序中数据规整、计算密集类的计算任务划分到 REMUS 中的 RPU 阵列进行运算。REMUS 编译器的首要任务是将该类计算任务映射到 RPU 生成对应的配置信息。因此，REMUS 编译器在预处理阶段的工作就是从带标记的源代码中根据相应的标记信息提取出需要映射的计算任务。

关键代码段提取的核心工作就是读取＃pragma message 标记，解析各条标记的信息，并将各个待映射的计算任务进行分类，最后输出由各个计算任务组成的逻辑关系列表文件。在 REMUS 编译器后端配置信息生成时，该文件将作为约束文件，指导编译后端按逻辑关系列表文件规定的计算任务执行顺序来生成对应的配置信息。

图 11.21 给出了一个计算任务的关系列表文件的具体信息。由此可知，该文件已将代码中标记的关键段信息转化为一个列表，该列表将指导后续编译流程按照此顺序逐个生成计算阵列的配置信息和对应运算组间的控制信息。

```
RPU0//计算位置在RPU0阵列
2 //共执行几组运算

0 //第0组
2 //第0组中共有2个并行的计算任务
00 main_put_h264_luma_mc_11_c_4x8_1_NODE_1 //任务00
00 main_put_h264_luma_mc_11_c_4x8_2_NODE_1 //任务01

0 //第1组
1 //第1组中共有4个并行的计算任务
00 main_put_h264_luma_mc_12_c_8x8_2_1_NODE_1 //任务00
01 main_put_h264_luma_mc_12_c_8x8_2_2_NODE_1 //任务01
10 main_put_h264_luma_mc_12_c_8x8_2_3_NODE_1 //任务10
11 main_put_h264_luma_mc_12_c_8x8_2_4_NODE_1 //任务11
```

图 11.21 计算任务关系列表文件内容示例及其各项定义注释

2. 研究对象说明

1）热点函数

在代码优化及变换技术的研究中，存在许多研究内容。本节主要考虑计算密集型任务的优化和变换。通过考查发现，应用程序的大部分执行时间都花在了几个关键算法中，如 MPEG4 编解码算法（图 11.22），运动估计算法、运动补偿和

DCT 变换算法占据了大部分的执行时间，这些关键算法通常称为热点函数(热点算法)，如果能将这些热点算法进行优化处理，则能提升系统的运行性能。

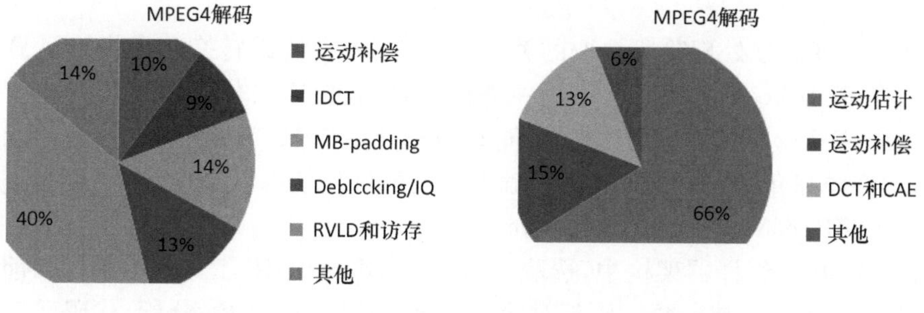

图 11.22　MPEG4 编解码中的计算密集型算法

2）核心循环

通过以上讨论可知，一个应用程序的大部分执行时间消耗在几个热点函数上，研究者对这些热点函数进行深入的研究后发现，函数内部的循环体占用了大量的执行时间[22]。表 11.14 列出了核心循环的执行时间占总执行时间的比例情况[22]。

表 11.14　核心循环的执行时间占总执行时间的情况表[22]

算法名称	循环体总数目	$N>2\%$数目	占比/%
EPIC 编码算法	132	13	92
小波变换压缩	25	13	99
UNEPE 编码算法	62	15	99
MPEG2 编码算法	165	14	85
SKIPJACK 加密算法	6	2	99
ADPCM 调制算法	3	3	98

表中列出了每个算法中的循环体总数目，同时根据每个循环体在算法执行过程中占用时间与总时间的比例，列出了超过 1%的循环个数($N>1\%$)。例如，EPIC 编码算法包含 132 个循环，其中有 13 个循环的执行时间超过 1%。表中最后给出了所有超过 1%循环体的总时间与算法运行总时间的占比，由此可知，所有超过 1%的循环的总时间基本接近整个算法的执行总时间，也就是说，在算法运行过程中，大部分时间消耗在几个循环体中，这类循环体称为核心循环。例如，EPIC 编码算法核心循环运行时间就占用了 92%的总时间。在代码优化及变换过程中，如果能将核心循环进行优化处理，则能进一步提升系统性能。本节的研究对象是应用程序中的核心循环，通过代码剖析，找出整个应用的核心循环，按照 REMUS 编程规范对这些核心循环进行修改，并进行前端优化处理。本节后续内容将详细介

绍各个优化技术。

3. 代码转换及前端优化技术

针对编译器预处理阶段提取的关键计算任务,在代码转换阶段提取计算任务程序。在SUIF2&MachSUIF工具中进行代码词法、语法分析和代码优化。下面首先介绍SUIF2&MachSUIF工具,同时为充分发挥REMUS中硬件的并行结构优势,还将详细介绍在SUIF表示基础上开发的优化技术。

1) SUIF2&MachSUIF工具简介

在REMUS编译器架构中,选取SUIF2和MachSUIF工具作为编译器前端开发的研究平台[28]。其主要工作是对输入的算法程序进行词法分析、代码转换和代码优化。

(1) SUIF2简介[29]

SUIF是斯坦福大学开发的一个编译器基础框架,其实质是定义了一套中间表示的规范;同时提供了众多编译器开发工程中需要使用的处理子程序,每个处理子程序称为一个遍(pass)。各个遍可以独立的执行,每个遍从磁盘读取SUIF文件,完成规定的功能,再次输出为SUIF中间表示。因此,整个SUIF系统可看做是由一系列针对SUIF中间表示处理的遍组成。在此基础框架中,可以方便的开发相关处理器的编译器前端原型。此外,编译器设计开发人员还可以在此基础框架上自行设计遍的功能。SUIF2是SUIF的升级版,它不仅进一步支持面向对象语言,而且还优化了遍执行,提高了编译速度和编译质量。目前,SUIF2已作为一种编译器开发平台,广泛用于各类高级编译器的开发研究工作。

SUIF提供两层的中间表示,即高SUIF(high SUIF)和低SUIF(low SUIF)。高SUIF表示适合用于编译器前端源码级别的优化,因为它使用接近源码层次级别的关键字(如do-while和jump等)来重新表达语句。为更好的优化指令调度和寄存器分配等过程,SUIF又提供了低SUIF层的表达方式,此时可将低SUIF表达的代码看做是一种汇编语言[28]。

在SUIF2的处理流程中,首先对输入的高级程序(如C程序)进行解析,转换生成高SUIF表示,利用SUIF2系统提供的优化遍对高SUIF代码进行优化(如常量传播、循环不变量外移、常量合并、循环展开、常见子表达式合并、运算强度缩减等)[30-34]。然后,调用一系列转换生成低SUIF的遍将代码转换为低SUIF表示。最后,将转换生成的低SUIF代码输入到MachSUIF工具,进行进一步的转换处理。

(2) MachSUIF简介[35,36]

MachSUIF是一种可变目标编译系统,是针对SUIF2中的低SUIF优化的工具。MachSUIF继承了SUIF2的灵活性和模块化特点,通过它可以方便的搭建和处理 suifvm 级的中间表示，并且可以通过修改编译参数生成多目标的机器语言。在 REMUS 编译器中，使用 SUIF2 和 MachSUIF 组合完成编译前端的各项工作。

在 SUIF2 生成低 SUIF 过程当中，已将高 SUIF 中的 for 和 do-while 循环语句变换为条件跳转语句。此时，代码已由一系列的基本程序块组成。对需要在可重构阵列上映射的基本程序块进行筛选，将符合条件的程序基本块转化为 DFG 表示，以生成 DFG 描述文件供 REMUS 编译器后端使用。

MachSUIF 处理过程主要包括以下七个部分[28]。

①将低 SUIF 表示转换为不依赖目标结构的 SUIF 系统中的虚拟机器语言表示。

②依据目标硬件结构进行指令翻译，形成指令列表。

③指令列表转换为控制流图。

④进行寄存器优化分配。

⑤数据内存空间的分配。

⑥控制流图逆向转换为指令列表。

⑦返回最终代码。

2）前端优化技术

REMUS 编译器前端设计是整个编译器设计过程中的一个关键问题。在 REMUS 编译器前端处理中，需要对 RPU 阵列执行的程序代码进行前端优化处理，最终输出前端结果——DFG 表示[37]。REMUS 中的 RPU 计算阵列具有高的并行性，为了有效地利用 RPU 的并行性，提升应用程序在 REMUS 中的执行性能，REMUS 编译前端将对计算任务中的核心循环进行循环展开以提高并行度。同时，考虑到 RPU 硬件结构的特点，在确保当前计算任务的数据依赖关系正确的前提下，进一步对循环体内的数组访问类（取数、存数）操作进行标量替换以进一步优化 RPU 阵列运算数据的传输开销[37]。考虑到 REMUS 硬件结构的特殊性，在 REMUS 编译前端代码优化处理过程中还要综合解决以下几个主要问题。

① 在 REMUS 编译器中，处理的编程语言是 C 语言，由于 C 语言是面向过程式的编程语言，因此 C 算法程序中包含的可并行计算的代码段较少，并且在程序中不是以显式表达式的形式出现。为了有效地提高算法程序在 REMUS 的执行性能，必须充分挖掘 C 代码中并行计算度高的程序块[32]。有关研究表明，在各类应用程序中核心循环体占据了程序大量的计算时间[22]。由于循环运算涉及迭代间的数据依赖，因此需要对循环体进行有效展开，在此基础上进一步挖掘各个迭代间的并行运算。

② 在多媒体或信号处理领域中，算法程序中的循环体往往包含大量数组访存（取数据、存数据）操作。如果这些包含频繁访存操作的核心循环体映射到 RE-

MUS 中的 RPU 上，那么 RPU 在执行时就会反复被中断以请求主控制器进行外部访存操作，增加了系统访存代价，从而抵消 RPU 阵列并行计算带来的性能提升。为消除或者减小 RPU 运行时频繁的外部数据访问操作带来的运算性能降低，在编译器前端处理中就需要通过代码变换，将数组访存类的操作进行标量替换以消除此类影响。另外，应用程序经过标量替换优化处理后，不仅消除了此前 RPU 阵列运行此计算任务时的额外中断问题，而且还可进一步将该计算任务的输入运算数据、输出结果数据组织成数据块，方便使用直接存储器访问控制单元(DMAC)进行数据块传输操作，以减少运算数据传输代价[37]。

③ 在 REMUS 中，将提取的串行执行的计算任务映射在 REMUS 中的 RPU 并行阵列中执行，即将串行代码转换为并行执行的代码，随后进行数组访存操作的标量替换。为确保该段代码功能的一致性，必须对代码中数据的依赖关系进行正确性分析。本节将对各个数组元素的数组下标进行依赖关系分析，通过确保数组元素间数据依赖关系的正确性，来保证运算数据依赖关系的完整性[37]。

本节剩余的内容将阐述 REMUS 编译器前端优化设计部分的功能及其实现，其中核心循环展开、数组标量替换、数据依赖关系分析是本节的重点。

(1) 常规优化

在 REMUS 编译器前端处理中，SUIF2 系统已将待映射的计算任务代码转换为 SUIF 表示。为了在编译前端输出更有效的中间表示(DFG)，给编译后端生成阵列配置信息和系统控制信号，就需要在编译前端工具(SUIF2)对该代码进行常规优化。因此，在 SUIF 表示的基础上，利用 SUIF2 系统提供的各种优化类遍对高 SUIF 代码进行优化，如常量传播、循环不变量外移、常量合并、循环展开等。将这些常规优化手段应用于本节 REMUS 编译器前端设计中，有利于编译前端生成优化的中间表示，以提高执行效率[31-34]。

(2) 循环展开

循环的执行过程就是循环体反复的计算，每次循环体计算结束时，都需要根据循环条件来判断该循环是否运行结束。在现代并行编译器优化设计中，对固定循环次数的循环体，可以通过循环展开来提高代码并行执行度。循环展开是一种代码等价变换技术，通过将程序中的循环体复制多份并发执行，其目的是减少循环结束判断所造成额外的程序开销，从而有效提高程序的并行执行速度。在 REMUS 编译器前端设计中，循环展开的目的是提高循环体内程序的并行度。如图 11.23 所示，图中 for 循环体展开之后，由于循环体间不存在数据依赖关系，可并行计算的各个操作已显式地表达了出来。如果循环体间存在数据依赖关系的情况，虽然循环展开后并没有提高算子的并行性，但循环体间数据依赖关系已清晰的表达，这样就方便了 REMUS 编译后端进行算子级别的优化，同时还可以在优化过程中针对应用特点开展针对性的优化处理，如缩短关键路径长度等方面。

循环展开存在两种策略。一种是循环完全展开，将整个循环体复制多份，形成一个整体的程序块，即将整个循环展开、打平成顺序程序结构。针对多层嵌套的循环结构，循环完全展开的方式就是从最里层循环依次逐步向外层展开。采用这种循环完全展开方式，生成的中间表示(DFG)就是该循环整个的 DFG 表达，不存在跨迭代边界的数据依赖问题，可以最大限度地对图中的算子进行优化合并，挖掘其运行的并行性[37]。完全展开的缺点是当循环次数较大或操作算子较多时，生成的 DFG 较大，不仅造成编译过程缓慢，而且在 REMUS 编译器后端生成配置时，对 DFG 进行优化、资源分配及算子调度也十分复杂。因此，完全展开只适合循环次数小的循环体，其展开后的算子总数应与 RPU 阵列的计算单元数目处于同一数量级[37]。另一种是最内层循环体展开，是将多层嵌套式循环的最里层循环体进行合理展开。最后生成的算子规模由内层循环的循环次数和内层循环体的算子数目共同决定，相比于完全展开，这种循环展开处理方式更快速，同时又不缺失算子并行性的挖掘，有效地实现了编译处理速度与算子并行性发掘的平衡折中。

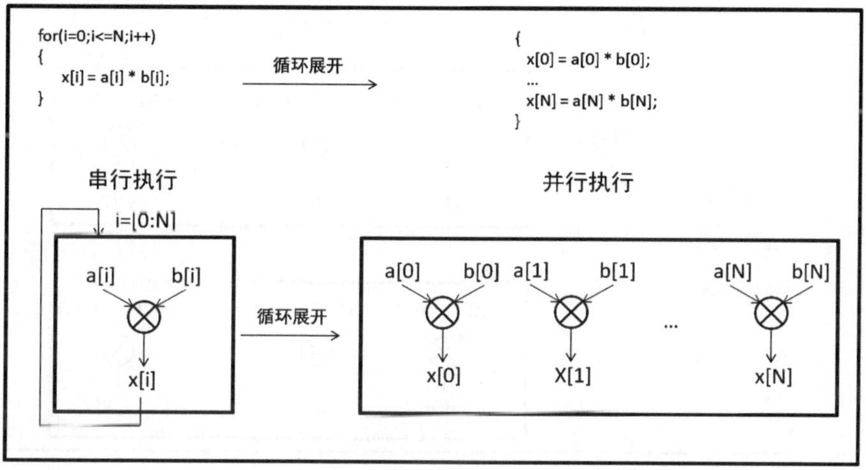

图 11.23 循环展开技术对 DFG 图的优化作用

(3) 标量替换

由于 REMUS 中 RPU 带有的 PE 运算阵列仅是一个负责数据运算的从设备(slave)，不具备主设备(master)的功能，因此不能直接从系统内存地址空间(memory)中读出或者存入相关数据。另外，如果假设所有的运算数据传输都由可重构控制器 ARM 处理器来完成，将会造成大的数据通信代价。为了在代码优化阶段解决此类“访存”问题，可以在 REMUS 编译器设计中引入一种新的标量替换方式，该方法可以有效地减少计算数据传输开销，并消除因访存操作而造成的计算中断，保证了循环并行化执行的性能。标量替换就是用标量替代待映射计算任务中的数组访问操作以优化并提高程序的执行速率[38,39]。

为了解决作为从设备的 RPU 计算阵列无法直接访问系统内存的问题，在 REMUS 编译前端设计中，采取标量替换的方法。如图 11.24 所示，该方法是用一系列的标量来替换任务中的数组元素读写操作，每个数组运算对应一个标量；同时将该任务中数组数据读取类的操作移动到整个计算任务执行的前面，并将更新数组数据类的语句移动到该计算任务执行之后。通过使用标量访问的方式消除数组访问，这种标量替换方式不但使 RPU 在执行过程中无需通过中断进行存数、取数操作，而且可进一步对计算任务进行并行优化。

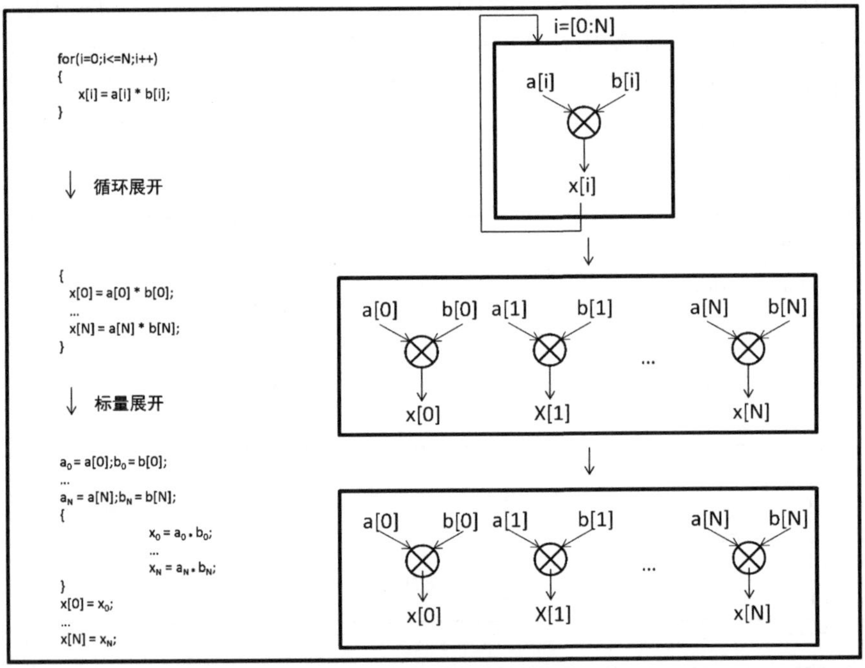

图 11.24　循环展开与标量替换相结合的应用示例

在媒体处理领域，待处理的数据（图像像素数据）均以像素点阵形式存储。在媒体视频、图像处理算法中，往往采用数组形式表示这些待处理的数据。应用程序对这些数据的处理主要是对存储图像、视频数据的多维数组的索引进行迭代访问，因此在媒体应用程序中，数组访问操作较多。尤其是在实时处理系统中，如果待处理的图像和视频数据不能及时的输入到 RPU 计算阵列，则会造成整个 RPU 计算阵列运行中断，影响 REMUS 的并行计算效率。尤其在程序循环展开之后，这类数组访存操作数也成倍的递增，消除并优化这些数组访存操作成为 REMUS 性能提升的关键。

在前端设计过程中,将标量替换与循环展开相结合,可以进一步提高任务并行度。如图 11.24 所示,循环展开前的代码包含 2 次数组数据读取、1 次乘法运算和 1 次数组赋值操作,并且循环次数为 N 次。循环展开后的程序主体含有 2N 次数组数据读取、N 次并行乘法计算和 N 次数组回写操作。假设完成 1 次总线传输周期只能传输 1 个有效数据,那么从数据传输角度来看,3N(2N 取数+N 存数)次读、写操作需要消耗 3N 次总线操作,这个数据传输开销可能会抵消 RPU 计算阵列并行加速的收益。标量替换技术可以将这 3N 次读、写操作交由主控制器(ARM)或 DMA 传输,RPU 计算阵列只负责 N 次并行的乘法计算。考虑到在媒体处理背景下,待处理的图像、视频数据往往是以连续或有规律的地址存放在系统内存中,而且数据访问时,亦是成块访问,因此在系统中可使用 DMA 传输方式来传输运算数据,从而降低传输数据的时间代价,提高系统的执行性能。

(4) 数据依赖分析

数据依赖关系是指程序语句中算子与算子之间的一种约束关系,由生产—消费的数据流形成。图 11.25 给出了两算子之间的 4 种数据依赖关系,即真依赖、反依赖、输入和输出依赖。在 REMUS 编译器设计中,真依赖和反依赖关系最为重要,在数据依赖分析当中,需保证这两种依赖关系的正确性,这是因为它直接决定源代码进行代码变换后功能的正确性;同时在编译处理中,输入依赖关系和输出依赖关系可为后续数据访问优化提供依赖关系等信息。

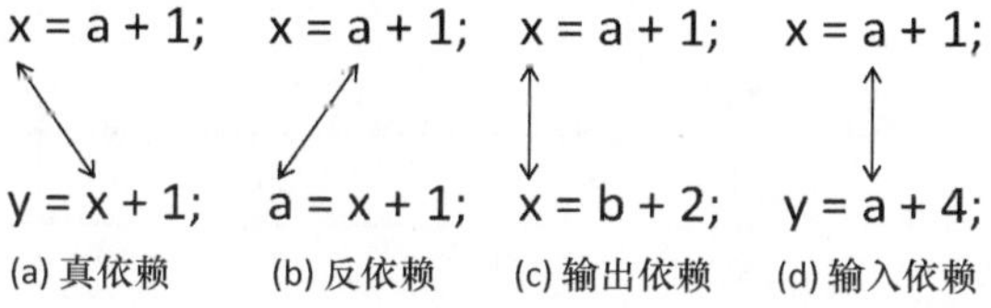

图 11.25　数据依赖关系的 4 种类型示意图

在 REMUS 编译器前端设计中,将主要分析循环体中的数据依赖关系。程序在串行执行情况下,只要指令的执行顺序没有发生改变,则其运行结果就能保证正确。在编译前端优化处理中,已将循环进行了展开,其中的依赖关系并未发生变化。对于需要进行并行优化及标量替换处理的循环体代码来说,则需要通过数据依赖分析过程来保证程序功能的正确性,否则就会生成错误的并行代码。在面向 REMUS 的程序设计中,需将数组指针访问类语句修改为基地址+偏移量的形式来避免这种问题。

循环体中存在大量数组类型的操作,数组具备规则的维度结构和访问方式。对该类数组数据依赖分析的算法如下。

第 1 步,判定数组名是否相同。在编写程序定义数组空间时,数组名不同的数组被认为是具有不同存储空间的数组,而在程序中,同名数组间存在着数据依赖关系，即数组元素间存在着依赖关系。

第 2 步，对每个数组的下标变量进行分析。利用数组下标分析，判定某个同名数组中是否存在着同名的变量，如果存在，则还需判断同名变量存储的是否是同一个值。

第 3 步，判定数组下标的表达式是否相同，考虑同名变量的计算表达式是否相同。

如果两个数组访问的空间指向同一个存储区域，则上面 3 个判定步骤的结果都是相同的，因此这两个数据就存在数据依赖关系。具有数据依赖关系的数组元素在标量替换阶段中，将使用同一标量进行替换，这就保证了代码在并行转换后的数据依赖关系的正确性。

3）实验结果分析

为了验证编译前端优化技术的有效性，本节选取一组媒体和信号处理领域的基本算法，利用本节设计的编译前端工具，针对这组实验样例进行编译处理，表 11.15给出了编译前端处理的实验结果。

表 11.15　编译前端优化的实验结果[37]

实验样例	优化前/GPP	优化后/GPP	比值(优化后/优化前)
矩阵乘法(4×4)	7.2	28	3.8
IDCT 算法	2.1	5.2	2.4
DCT 算法	6.4	18.7	2.9
FFT(256 点)	31.1	120.4	3.8
MC 算法	5.3	11.5	2.2
平均值	—	3.0	—

优化前指使用未包含各项前端优化技术的编译工具对实验样例进行编译的结果。由于编译工具的目标平台是可重构计算处理器，因此在未进行前端优化的情况下，亦能取得比通用处理器更好的运行性能，这是因为可重构计算处理器具有内在的并行执行特性，这也是硬件并行结构所带来的性能提升。优化后指编译工具中含有本节设计的编译前端优化技术。由实验结果可知，含有前端优化技术的编译工具能进一步提升系统运行性能。与优化前相比，含有本节设计的前端优化技术的编译工具平均能提升约 3 倍的运行性能。实验结果表明，本节设计的编译前端可充分利用硬件的并行特性，并对输入的核心循环进行有效展开，提高了任务的并行度，提升了任务运行时的整体性能[37]。

4. 数据流图生成技术

在 REMUS 编译器架构中，选用的中间表示是 DFG。DFG 可以简单、直观的表示图中算子类型(算术逻辑计算和特殊功能算子等)、算子并发性、算子间的数据关系(互连关系)，以及执行该算子的硬件结构单元规模。下面阐述 REMUS 编译器中选取的 DFG 的格式定义及其生成算法等相关内容。

1) DFG 介绍

图 11.26 显示了 DFG 与 RPU 阵列单元配置的关系图。在 REMUS 的 RPU 阵列中，每个计算单元均可视为是一个算子(每个计算单元可配置为不同功能的算子操作)，当某个计算任务中所有的算子都将配置在 RPU 计算阵列，整个 RPU 计算阵列就可看做是一个可配置算子操作类型和互连逻辑关系的图，这与 DFG 的组成结构相同。因此，对 RPU 计算阵列的配置过程就可以看成是将某个 DFG 映射到 RPU 计算阵列的过程。从另一方面来看，RPU 阵列配置完后，各个阵列单元均依据 DFG 中算子类型进行配置，同时阵列的连接关系也依据 DFG 中的数据依赖关系进行了对应配置。此时的 RPU 阵列就是一张算子类型确定、连接关系明确的 DFG 的复本，因此 DFG 与电路存在一一对应关系。

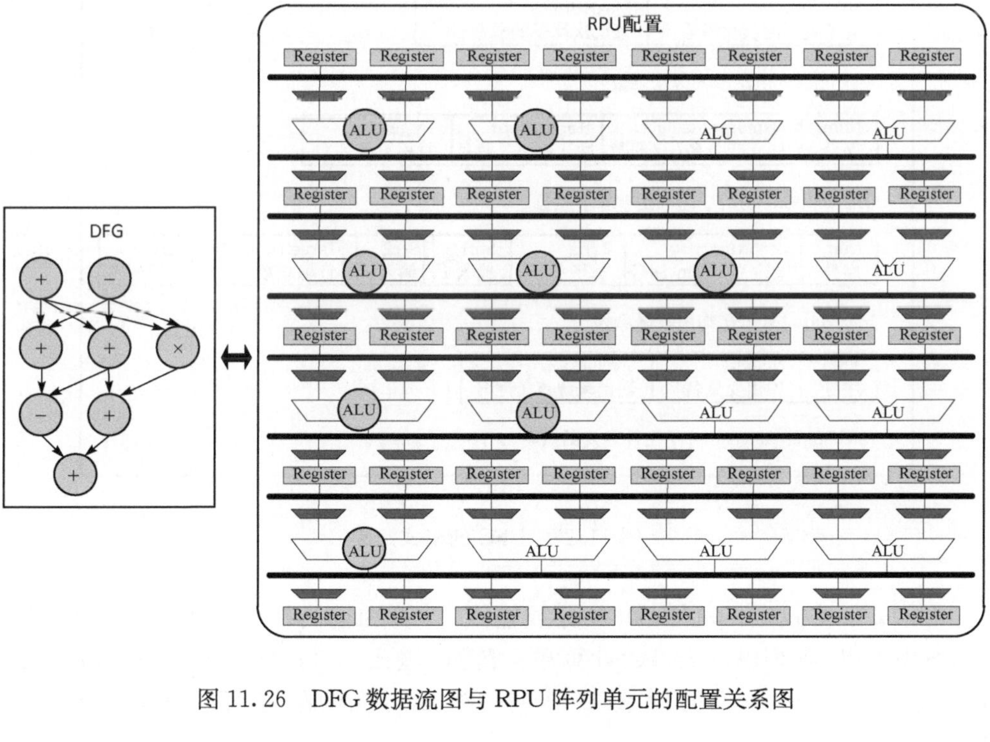

图 11.26　DFG 数据流图与 RPU 阵列单元的配置关系图

在 REMUS 编译器架构中，正是选用 DFG 作为编译器的中间表示。在编译前端中输出 DFG，这样可以直观的计算出该 DFG 在后续任务映射时需要花费的硬件资源（可配置单元）、中间数据 cache 空间大小，以及寄存器资源，从而反馈给编译前端优化器进行深层次的优化处理。同时，在编译后端，可以方便地利用 DFG 表示的算子类型、算子并发性，以及算子间的数据关系来配置 RPU 阵列，从而生成对应的配置信息和系统控制信号。

2) DFG 的格式

由 11.2.1 节可知，REMUS 编译后端将 DFG 映射到 RPU 阵列生成配置信息，由于输入、输出变量与 DFG 中算子需要明确的对应关系，因此在定义 DFG 格式的时候，需要确定唯一的序号和变量名。DFG 的格式定义如图 11.27 所示，主要包括关键路径及各控制步信息、输入数据列表、算子信息描述和输出数据列表。这 4 个方面的内容共同描述了一张 DFG，其中 DFG 中算子节点的描述是核心。各个算子的描述内容包括算子序号、算子类型、输入源、输出源。

[node number] //DFG 图基本块生成的图

MaxStepValue // 关键路径长度值

StepNum 算子处于的层次序号	MaxNUm 该层次算子的总数目

MaxInputNum // 输入数据总数

Num 序号	Name/immediate 输入变量名/ 立即数	TargetNum 目标算子总数目	TargetList 目标算子列表

DFGNodeNum //DFG　图中算子总数

Num 序号	StepNum 算子的setup 序号	Type 算子类型	Src1 输入1	Src2 输入2	TargetNum 目标总数	TargetList 目标算子列表

MaxOutputNum // 输出数据总数

Num 序号	Name 输出变量名	SrcNum 输出来源算子序号

[filenaume_funcname] // 文件名及函数名

图 11.27　DFG 的格式定义

由 DFG 格式定义可知，DFG 分成输入、计算和输出部分的组织形式与 REMUS 中 RPU 阵列输入 cache、计算单元阵列、输出 cache 的结构一一对应，因此该 DFG 可以方便地映射到 RPU 阵列中生成对应的配置信息及其系统控制信息。

3) DFG 图生成算法

REMUS 编译器前端工作的一个重要任务就是筛选出在可重构 RPU 计算阵列上映射的基本程序块，并将这些基本块转化为 DFG 表示，以供 REMUS 编译器后端映射使用。DFG 生成算法的核心过程就是遍历基本程序块的指令序列，针对每条指令按照它的源操作数和目标操作数的匹配关系来创建 DFG 的各项信息(输入数据列表、输出数据列表、算子节点信息及关键路径)。图 11.28 给出了 DFG 生成算法的流程图，包括如下主要步骤。

① 筛选需在可重构 RPU 阵列映射的基本程序块。

② 遍历指令序列以生成 DFG 的计算算子列表、输入数据和输出数据列表。

③ 优化输入数据和输出数据列表，同时保证 DFG 的一致性。

④ 计算 DFG 的关键路径长度和各个控制步的并行度。

⑤ 按照本节定义的 DFG 格式要求，输出 DFG。

下面重点介绍各个步骤的详细内容[40]。

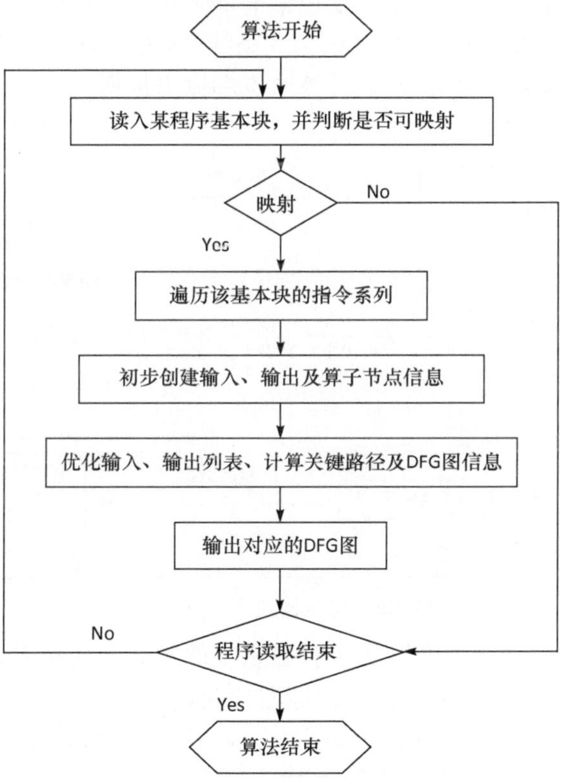

图 11.28　DFG 生成算法的流程图

第 1 步，筛选出需要在 RPU 阵列中执行的程序基本块。由于 RPU 阵列仅执行数据规整、运算规则类的运算，而程序基本块中往往存在着某些指令不能够在 RPU 阵列上执行。例如，寻址类、函数嵌套调用、跳转类指令和浮点运算等，这些操作只能在 REMUS 中的主控处理器中执行。因此，DFG 生成算法的首要步骤就是遍历程序基本块中的各条指令，筛选出能在 RPU 阵列执行的程序基本块。例如，在筛选处理中发现指令序列含有 RPU 阵列不可执行的指令，则将放弃该基本块的 RPU 映射。

第 2 步，DFG 生成算法顺序遍历指令序列以初步生成 DFG 的算子列表、输入和输出列表。可以知道，在 MachSUIF 中的低 SUIF 表示中，常量和数组元素均表示为临时变量的形式，各个临时变量在指令列表中成对出现，且读、写唯一。因此，构成某个 DFG 中的算子的边就是该指令的源操作数和目标操作数。而指令中具有运算功能的指令码（如 add、sub、mul 等）就是某个 DFG 节点的计算类型。对某变量的赋值或者数据加载类指令（如 mov、ldc 等）就是生成该 DFG 的输入数据和输出数据的信息。图 11.29 显示了赋值语句 scalar1＝scalar0＋8；对应的 DFG 生成过程。该语句在 MachSUIF 中分解为 3 条指令，这 3 条指令都生成了对应 DFG 的 3 个部分（实线框），即输入数据、计算节点和输出数据。

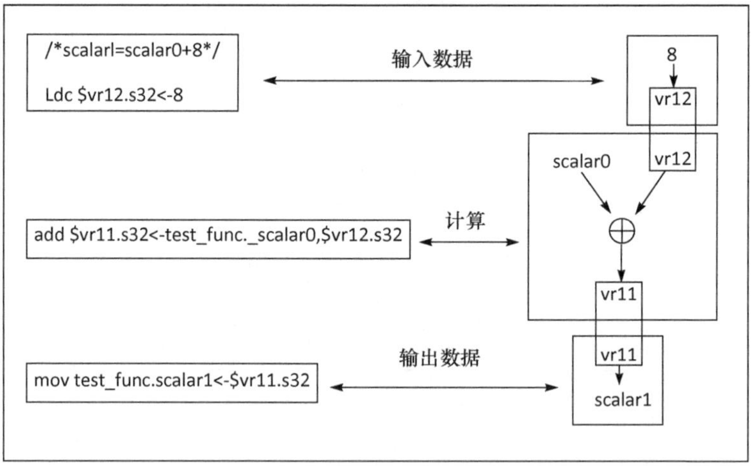

图 11.29 初步构建 DFG 的示意图

第 3 步，由于 suifvm 指令列表中存在重复的常数和变量名，所以为优化 RPU 阵列中的输入输出 FIFO，降低后续存储器优化的复杂度，需对生成的 DFG 的输入和输出数据列表消除冗余优化。如图 11.30 所示，源代码中 2 个语句都使用常数 8，在优化的时候可将输入 8 进行合并。对输出依赖关系的语句仅需保留最后的有效输出，因此在图 11.30 中优化 DFG 时消除了变量 vr11 对 scalar1 的赋值操作。

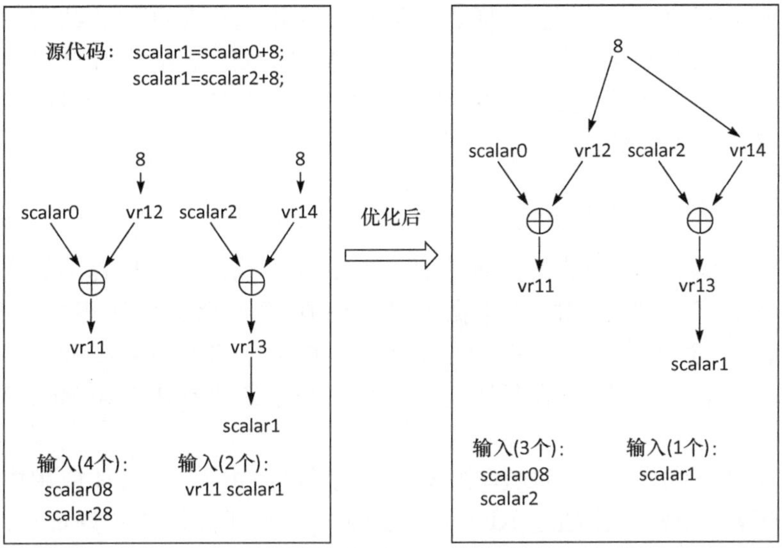

图 11.30　输入和输出数据列表优化的示意图

第 4 步,根据 DFG 中节点的信息计算得出该图的相关信息。生成 DFG 相关信息的过程本质上就是遍历 DFG 中的节点列表,分别计算 DFG 的关键路径长度和各个控制步的并行算子数量(并行度)。根据本节定义的 DFG 格式要求,输出该基本块的 DFG 表示。DFG 能简单、直观的表示出各个算子间的运算类型和依赖关系,因此当一个任务转换生成它的 DFG 后,通过分析该 DFG,就可以得出该任务的算子规模,从而评估出任务运行时将要占用的计算资源。

11.2.3　REMUS 编译器的关键路径任务时域划分算法

在整个编译架构中,输入的应用程序最终编译生成硬件平台中可重构阵列的配置信息和系统的控制信息。当应用程序的计算规模超过可重构阵列的规模时,需对输入的任务进行时域划分以生成一系列满足硬件约束的子任务(子模块),即对 DFG 进行时域划分。随着半导体工艺技术和应用领域的不断拓展,可重构计算技术已被应用于诸多行业,针对各类应用均可通过编译前端工具将应用程序转换为 DFG 表示。在 REMUS 编译架构章节中,REMUS 编译后端处理的首要环节是对输入的 DFG 进行任务时域划分处理,将输入的 DFG 划分成一系列满足硬件资源约束的 DFG 子图,然后对各个子图进行算子映射以生成相应的配置信息。

REMUS 含有 RPU 运算阵列,一个 RPU 阵列由 4 个 PE 8×8 子阵列构成。对于某个应用来说,如果需要的计算资源大于一个 PE 8×8 的资源时,那么该应用就需要分解成多个满足 PE 8×8 硬件约束的子任务,这些子任务通过动态配置、分时复用 PE 8×8 阵列来完成整个任务的功能。在编译器设计中,该类问题就归为任务时域划分问题[41]。首先,对任务时域划分的相关研究进行总结,并在此基础上给出任务时域划分问题的定义。其次,针对 REMUS 的结构特点,本节提出一种基于关键路径中算子节点数据依赖性的时域划分算法。最后,讨论所提算法的有效性和实验结果分析。

1. 运算阵列约束条件

为 RPU 阵列生成有效的配置信息是 REMUS 编译设计过程中的主要问题。在 REMUS 编译后端处理中,需根据 RPU 阵列中的子阵列资源规模情况对输入的 DFG 进行任务时域划分。考虑到 REMUS 中 RPU 阵列的规模和 RPU 阵列动态配置执行机构的特殊性,在任务时域划分过程中还要具体考虑 RPU 阵列的硬件规模。

在 REMUS 编译器后端处理中,处理的对象是 DFG。在具体应用中,算法程序 DFG 的算子规模往往超过 REMUS 的 RPU 阵列所提供的计算资源。也就是说,硬件资源是有限的,而计算需求是无限的,这就要求编译器对输入的 DFG 进行划分,将某个任务划分为一系列的子任务,通过子任务的调度和动态配置共同完成初始任务的功能。由于 REMUS 中的 RPU 阵列是由 4 个 PE 8×8 构成的,因此 REMUS 编译器中任务时域划分的首要依据就是 PE 8×8 的硬件规模。任务中的算子最终需要 PE 8×8 阵列中的计算单元来完成,而任务中的数据依赖关系,则需要 PE 8×8 中的互连结构来匹配。因此,在设计任务时域划分算法时还需要综合考虑各个子任务间的数据通信和划分完整性等因素。

2. 基于关键路径的任务时域划分算法

1) 问题定义

对于给定的 DFG,为了确保划分后的算子满足正确的数据依赖关系,在多目标划分的过程中,往往需要生成算子就绪列表来避免死锁问题。假设应用程序由 DFG 表示,即 $G=(V,E)$,V 代表 DFG 中算子节点集合,$|V|=N$,N 表示 DFG 中的节点总数目,E 代表 DFG 内的数据边集合,每一个算子节点 $v_i \in V(1 \leqslant i \leqslant N)$ 表示一个特定的功能操作(如算术逻辑运算)。如果存在一条有向边 $e_{ij}=<v_i,v_j>$,$e_{ij} \in E$,表示两个算子节点 v_i 和 v_j 存在数据依赖关系。

任务时域划分的问题定义为给定 DFG,即 $G=(V,E)$ 及目标硬件平台约束条件集合 C_{set}。任务时域划分问题就是如何将输入的 DFG 即 $G=(V,E)$ 划分得到一系列独立的子任务模块 $V_1,V_2,\cdots,V_m$,同时满足如下条件。

①$V=V_1 \cup V_2 \cup \cdots \cup V_{\text{m}}$,即任务时域划分满足划分完整性的要求。

②$V_i \cap V_j=\phi,i \neq j,1 \leqslant i,j \leqslant m$,即子任务模块间满足独立性的要求。

③$\text{resource}(V_i) \leqslant C_{\text{set}}$,$\text{resource}(V_i)$ 表示子任务模块 V_i 占用的计算资源,即划

分满足有效性[42]。

划分目标是减少子任务模块间的数据通信量、子模块的总数目和提高子任务模块内的算子并行性。

2）算法流程

在任务时域划分过程中，子模块数目往往由硬件目标阵列规模决定。在本研究中，为了验证时域划分算法的有效性，选取规模为 PE 8×8 的计算阵列，其中含有 64 个计算单元。在算子节点划分步骤中，子模块的创建是否结束由计算阵列规模和就绪列表是否为空共同决定。在划分开始前，先利用 ASAP 和 ALAP 调度算法共同计算出 DFG 中的各个算子节点的自由度。为了提高子模块中算子的并行度，减少子模块间的数据通信量，在更新就绪算子列表时，需充分利用各个算子的自由度信息。在整个时域划分过程，综合考虑了数据通信量、子模块内算子并行度和模块总数目等划分因素。

任务时域划分算法整体的流程如图 11.31 所示，主要包括算子调度过程、生成划分就绪节点列表和 DFG 划分算法主体部分。算法的输入是 DFG 数据流图表示的应用和目标资源硬件的约束，在资源约束中主要含有计算单元数目、输入/输出

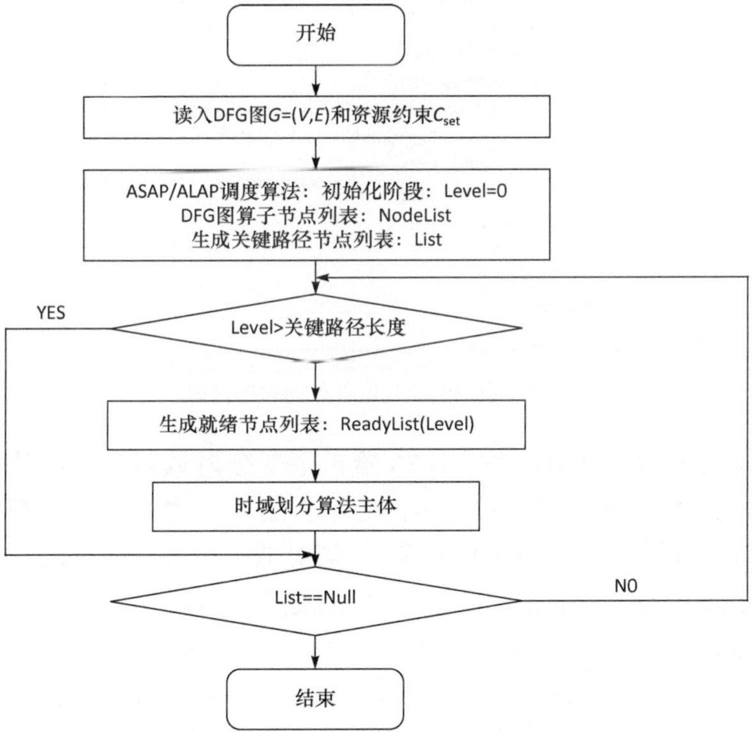

图 11.31　任务时域划分算法整体流程图

寄存器个数和各个计算单元的互连结构、连接方式等信息。时域划分算法的主要过程介绍如下。

① ASAP/ALAP 算子调度步骤。对输入的 DFG 进行算子调度，可以方便的得出该 DFG 的关键路径，并将该 DFG 中的算子节点组成一个节点列表 List，同时收集图中的各个节点，生成 DFG 的节点列表 NodeList，并对层次变量 Level 初始化。

② 针对某一层次 Level 值，生成该层的就绪节点列表。就绪节点是当前可供划分的算子节点，如果某个算子节点的所有输入是来自外部输入 cache 或者该节点的前驱节点均匀划分，那么该节点就是处于待划分状态，可将此节点归入就绪节点列表，以供后续划分。图 11.32 给出了生成就绪节点列表的伪代码，其中针对某一层次值 Level 进行算子遍历，查找满足就绪条件的算子节点，并生成就绪节点列表 ReadyList。

```
//构建就绪列表
//input:  G=(V,E)
//output: ReadyList
for each node v in V
      if(v.Level==Level)
         v.ReadyFlag =0;
         for each preceding node pre_v of node v
              if(pre_v.PartitinedFlag ==TRUE)
                 v.ReadyFlag =1;
                 add(ReadyList,v);
              endif
         endfor
       endif
endfor
```

图 11.32　生成就绪节点列表伪代码

③ 时域划分算法主体。图 11.33 给出了任务时域划分算法的主体流程步骤，划分的着手点是从关键路径中的起始节点开始，依次逐层判断该节点的后续节点和前驱节点是否满足划分条件，同时兼顾硬件资源约束。选取关键路径中的节点作为划分依据，为的是确保划分后任务的执行时间和算子的执行顺序不会被打乱，保证整个任务执行的时候是以关键路径为主线依次执行。从算子节点就绪列表中选取划分算子节点的时候，由于就绪列表含有多个可供选择的算子节点，此时需要当前节点前驱节点或后续节点来共同选择，避免随机选取所带来的划分缺点，算法充分利用了算子节点间的数据依赖关系进

行节点选择。假设 DFG 中节点的后续节点个数为 S，在层次 Level 时，需遍历$(2^{\text{Level}}-1)$次，每个节点算法复杂度为 $O(S\cdot(2^{\text{Level}}-1))$，考虑 DFG 中各个算子节点都需遍历，则划分主体算法的复杂度可表示为 $O(|V|\cdot S\cdot(2^{\text{Level}}-1))$，由于 $S\ll|V|$、$2^{\text{Level}}\approx|V|$，则算法的时间复杂度为 $O(|V|^2)$。

```
输入G=(V, E), Cin, List, NodeList, Level;

Step_1:
查找就绪列表中是否含有关键路径的节点；

Step2:
sel= FindNodeOnCriticalPath(ReadyList); List_tmp=(sel==1)?List:Nodelist;

Step3:
从当前Level中划分-节点Node到-子模块中：SelectNode (List_tmp, Level); Level'=Level;

Step4a:
如果划分的节点Node存在后续节点：  FindNodeSucccessor(Node); Level'=Level'+1;

Step4b:
如果划分的节点Node存在前驱节点：  FindNodePredecessor(Node); Level'=Level'-1;

Step_5:
针对每一个节点Node的后续节点
 (a) 如果Node划入当前子模块Vi,且满足resource(Vi)<Cin, 则查找Node节点的前驱节点；否则，算法跳至Step_6;
 (b) 划分的节点Node的前驱节点到子模块Vi中存在，划入条件是该节点在就绪列表中或者该节点所有的前驱节点都已划分完毕；否则，程序跳转至Step_4b.

Step_6:
判断子模块Vi中的资源是否占用完？如占用完，程序跳转至Step_1;

Step_7:
更新NodeList; Level=Level+1;
```

图 11.33　任务时域划分算法主要步骤

3）任务时域划分实例

基于关键路径的任务时域划分算法的核心工作就是寻找 DFG 中的关键路径，并将每一层的划分起始点选定在关键路径中的算子。从算子节点就绪列表中选取算子时，需考虑各个算子间的数据依赖性，图 11.34 给出了一个任务时域划分的实例，假设目标平台是一个 4×4 规模的计算阵列。

首先，算法通过调度过程，确定 DFG 的关键路径。然后，从关键路径的首节点开始确定划分算子，依据算子的数据依赖关系，判定关键路径中的下一个算子是否满足划分，如果不满足，则回溯到该算子的上一层的父节点，继续判定是否满足划

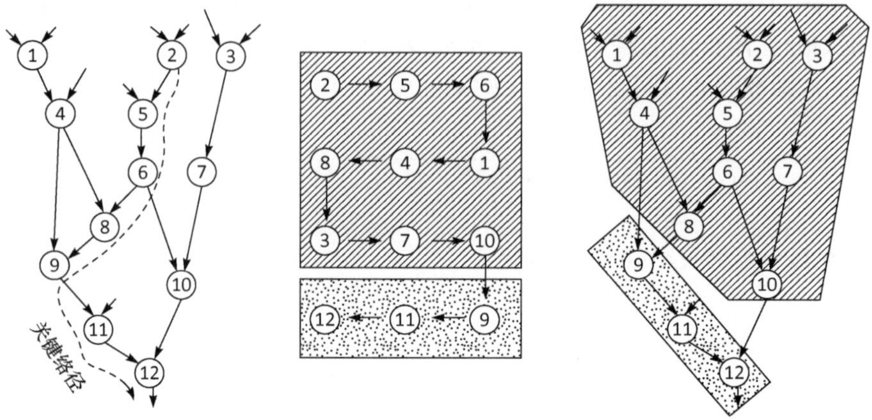

图 11.34 任务时域划分的实例

分条件，直到判定成功，最坏情况是回溯到第 0 层的算子。在算子划分过程中，考虑硬件规模限制，以确定是否退出。最后，返回划分结果。

4) 算法验证及分析

为了验证基于关键路径的任务时域划分算法的功能及有效性，本节选取了一组测试程序集[43]，表 11.16 给出了各个测试样例的属性。

表 11.16 测试样例属性表

样例	节点数目(*N*)	边数目(*E*)	关键路径长度(*L*)	并行度(*N*/*L*)
Elliptic Wave Filter	34	47	14	2.43
MESA Interpolate AuX	108	104	8	13.5
MPEG Motion Vevtor	32	29	6	5.33
MESA Smooth Triangle	197	196	11	17.9
EPIC Collapse	56	73	7	8
FIR Filter	44	43	11	4
MESA Feedback Points	53	50	7	7.57
Auto Regression Filter	28	30	8	3.5

REMUS 编译前端工具已将这些测试样例转换生成了 DFG 表示，表 11.16给出了各个测试样例的 DFG 的属性，包含 DFG 中的算子节点数目、DFG 中的数据边数目、DFG 的关键路径长度和该图的并行度。DFG 并行度的值由该 DFG 中的

算子节点数目除以关键路径长度得到，表示整个 DFG 的并行能力。并行度数值越大，表明该图中能并行执行的算子数目越多，同理并行度数值越小，表明该图中能并行执行的算子数目越少。

首先，从子任务模块数目的角度来讨论本节提出的时域划分算法的有效性，子任务模块数目意味着整个任务在执行时需配置的最少次数，即该任务的配置代价。子任务模块数目越大意味着系统在配置时需花费更多的配置时间。表 11.17给出了划分后子任务模块数目的比较表格。在测试验证中，本节选用三个典型的任务时域划分算法与本节算法进行对比分析。从表 11.17 可知，各个算法在生成的子模块数目上没有显著差别，数值比较接近，这是因为目标平台的资源规模决定了子模块数目，也就是说目标平台直接决定了划分后的子模块数目。各个任务时域划分算法提升空间主要是在提高操作算子的并行性和减少子模块间数据通信量方面，接下来将着重介绍数据通信量方面的对比分析。

表 11.17　子模块数目表

测试样例	子模块数目			
	文献[44]	文献[45]	文献[46]	本书算法
Elliptic Wave Filter	4	4	4	4
MESA Interpolate AuX	3	3	3	2
MPEG Motion Vevtor	3	3	3	3
MESA Smooth Triangle	4	4	4	4
EPIC Collapse	4	4	4	4
FIR Filter	2	2	2	2
MESA Feedback Points	4	4	4	4
Auto Regression Filter	2	3	2	2

任务时域划分是将输入的任务划分成一系列具有依赖关系的子任务模块集。由于划分后的子任务模块间可能存在数据依赖关系，则各个子任务模块间需要传递相关运算数据来实现运算，数据的交互必然导致系统延时，在时域划分时统计子任务模块间的数据通信量具有实用性。数据通信量是指子任务模块间的数据交互量，测试使用数据交互次数作为子任务模块间的数据通信量，即统计划分后的各个子模块的输出数据个数。如果某个时域划分结果的数据通信量大，则表明该种类型划分产生了大量的中间数据。在这种情况下，系统执行时，就需要在系统内部开辟额外的存储空间去缓存这些中间数据，这必然会降低系统运行的性能，因此在评估某个时域划分算法时候，需要综合考虑子模块间数据通信量的大小。

表 11.18 给出了本节所述时域划分算法和其他算法的数据通信量对比。文献[44]是基于网络流一个优化子模块间数据通信量的时域划分算法，通过计算各个

子模块间的通信量，并不断调整热点算子的位置来优化子模块间的数据通信量。相对于文献，本节的数据通信量性能较优，在文献的基础上平均提高了约 20%。与文献[45]和文献[46]相比，数据通信量平均降低了 63.9%和 39.9%。对 EWF 算法来说，由于 EWF 算法中算子的自由度为零，其中算子都处于固定的层次内，因此各类时域划分算法在硬件资源给定的情况下，对 EWF 算法的划分结果都是一样的。

表 11.18 数据通信量比较表

测试样例	数据通信量				比率/%		
	文献[44]	文献[45]	文献[46]	本书算法	文献[44]	文献[45]	文献
Elliptic Wave Filter	15	15	15	15	—	—	—
MESA Interpolate AuX	4	11	7	4	—	63.6	42.8
MPEG Motion Vevtor	10	18	9	7	30	61.1	22.2
MESA Smooth Triangle	12	28	19	10	16.7	64.2	47.3
EPIC Collapse	16	37	19	14	12.5	62.1	263
FIR Filter	2	6	6	2	—	66.7	66.7
MESA Feedback Points	10	39	17	10	—	74.3	41.1
Auto Regression Filter	5	9	6	4	20	55.6	33.3
平均值		19.8	63.9	399			

11.2.4 REMUS 编译器基于子任务分组的配置信息生成技术

在 REMUS 执行中，阵列配置信息需要预加载到片内内存中，而系统控制信息则在主处理器中实时运行。为提高执行速度和减少子任务的控制信息，将多个子任务集合起来成为一个组，该组中的子任务将动态切换完成其功能[47-50]。配置信息生成就是将任务时域划分的各个子图(或称子任务)映射到可重构阵列中，生成各个计算单元的配置和互联网络的配置。对于一个组中的子图，在生成配置信息的时候，就需要考虑各个子图间的数据依赖关系和控制信息。相对 REMUS 中的 RPU 阵列来说，需要考虑多个 PE 8×8 或者单个 PE 8×8 上的数据交互。在 PE 8×8 中用于数据间交互的物理机构就是内部存储器 RIM 单元，因此需要对 RIM 存储器进行存储空间分配和访问管理。

1. 配置信息生成

在 REMUS 系统运行过程中，子任务间的动态配置行为实质上就是各个子任务的配置信息动态的切换。不同的配置信息意味着不同子任务的功能，配置信息生成过程就是生成 REMUS 中 RPU 阵列的三层配置信息（CL0、CL1 和 CL2 层）[47,48]。下面对配置信息生成过程中的各个细节内容（配置信息生成流程、核心函数功能介绍、映射管理等）进行详细讨论。

1）配置信息生成算法流程图

在 REMUS 中，RPU 阵列的配置信息分成 CL0 层、CL1 层和 CL2 层，如图 11.35 所示。各层负责不同的功能，CL0 层配置信息负责 RPU 与外部存储器 SSRAM 进行数据交互；CL1 层配置信息负责 RPU 内部数据传输及组配[51]；CL2 层配置负责内部计算阵列的功能及连线配置。在具体实现阶段，CL1 称为一个组（group），包含多个 CL2 的子模块（最多为 16 个子模块）。同时，CL1 作为一个组整体，负责对外的数据交互，直接决定了 CL0 层的配置信息。因此，CL1 是配置生成的核心层次，也是基础，在算法的设计过程中，正是基于 CL1 层的分组，而后调用 CL2 配置生成函数生成该组子模块的 CL2 层配置信息，并对外组合成 SSRAM 的访问逻辑，即 CL0 层配置信息。

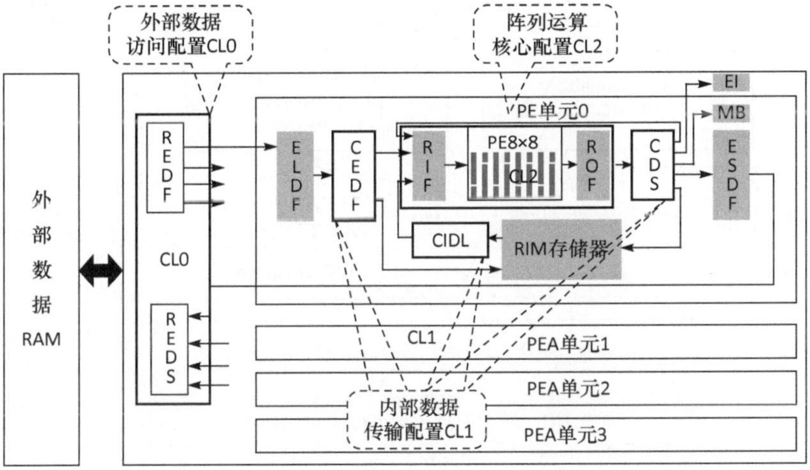

图 11.35 RPU 单元三层配置信息的配置位置图

图 11.36 给出了配置信息生成算法流程图，核心是对输入的子任务模块列表（rcalist）进行分组，并对分组进行预判定和预处理。随后将该组已经准备好的子模块（readyRCA）进行逐个映射，分配 RIM 空间并管理 RPU 内部数据传输。在该组映射完后，在组后面添加专门用于存取 RIM 内部数据的 PseudoRCA 子模块。随后调用配置信息生成函数生成各层的配置信息，并更新子任务模块列表中的信息，算法返回到 CL1 分组主函数中继续执行，直到列表所有子任务模块映射完成。

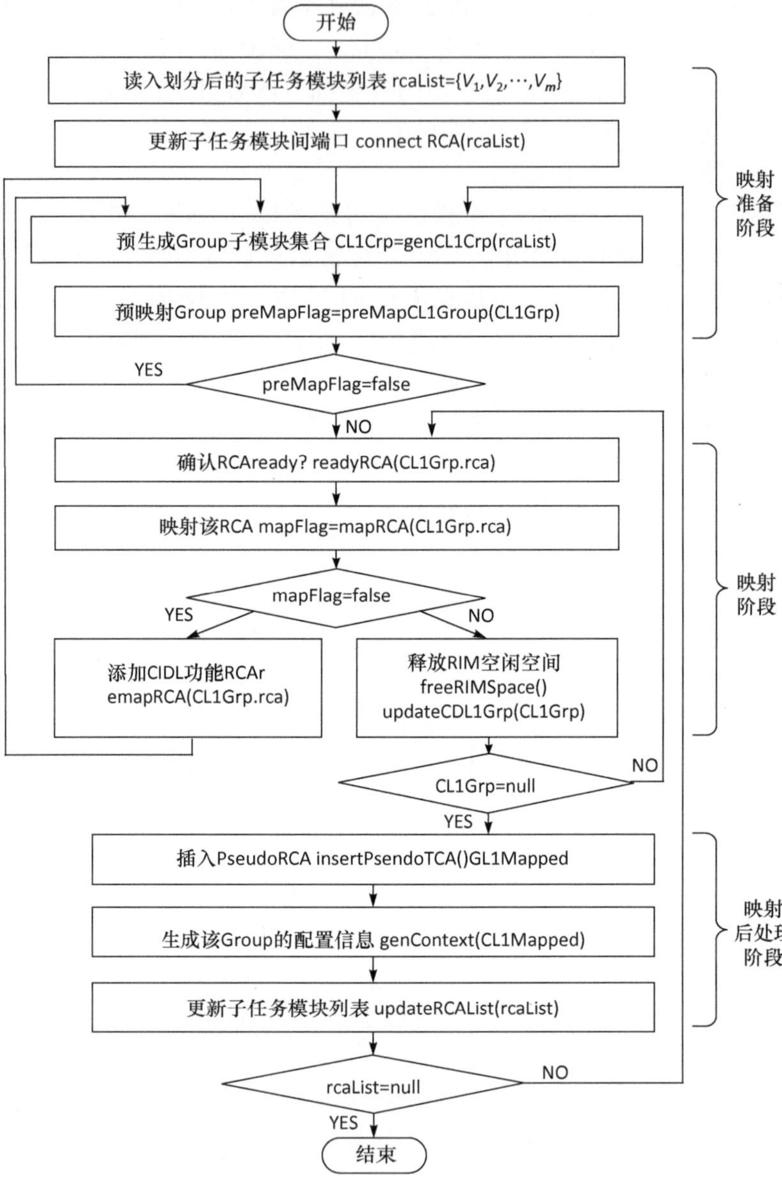

图 11.36 配置信息生成算法流程图

整个配置信息生成过程可以归纳为映射准备阶段、映射阶段和映射后处理阶段。这些阶段相互衔接、相互配合共同完成某个输入子任务模块列表的分组、映射和配置生成等步骤。在本节后续内容中，将对这 3 个阶段的设计任务及相关的核心函数进行详细介绍，同时对涉及的内部存储器 RIM 单元的资源分配、资源管理进行深入探讨。为实现多个子任务模块能组成一个组在 RPU 中的某个 RCA 运行，我们设计了 PseudoRCA 的数据传输机制。后续章节也会对此机制的由来、细节设计进行介绍。

2）映射准备阶段

映射准备阶段是持续的准备好待映射的组，通常称为生成 CL1 组。在 REMUS 编译器流程框架中，可以知道编译前端输出的 DFG 数据流图经过任务时域划分后生成一系列的子任务模块，在编译后端的配置信息生成中，这些子任务模块根据它们之间的数据依赖关系组成一个子任务模块列表。针对 rcalist 列表，在映射准备阶段需对子任务模块列表进行端口更新、预分组及预映射处理，则在映射准备阶段过程中，主要涉及如下三个核心处理函数，即 connectRCA（rcalist）、genCL1Group（rcalist）和 preMapCL1Group（CL1Grp）。

（1）connectRCA（rcalist）函数

任务时域划分过程生成的子任务模块列表中，各个子模块中只是包含算子节点的信息，而各个算子节点的依赖关系并没有在划分算法中进行更新处理，因此在映射准备阶段需对各个子模块间的输入、输出关系进行更新操作。在生成各个子模块配置信息之前，需遍历子任务模块列表并更新其中各个子模块的端口信息。connectRCA函数的工作示意图如图 11.37 所示。connectRCA 函数对子任务模块列表中的 RCA 进行逐个节点遍历，如果检测到该 RCA 中的某算子节点的输入来自外部 SSRAM 存储器，则将该端口的信息加载到该 RCA 的输入端口列表中。如果某算子节点的输入来自其他子模块节点的输出（例如图 11.22 中 P1 模块是 P2 模块的父模块，P2 为 P1 模块的一个子模块；P2 模块的节点 6 的输入来自于 P1 模块节点 2 的输出），则在该 RCA 输入端口中，需加入一个类型为内部端口（in-

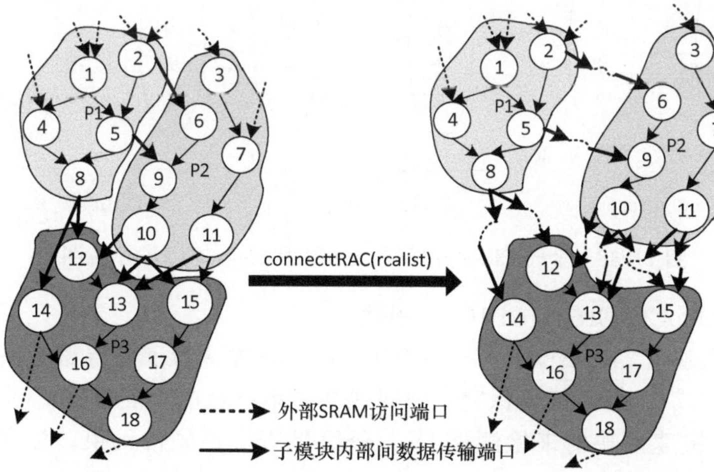

图 11.37　更新端口信息函数 connectRCA(rcalist)示意图

nerport)的输入,同时在该 RCA 父模块中的输出端口也需相应的加载一个类型为内部端口的输出。如图 11.37 中,虚线表示已经拆分为内部端口。当 connectRCA 函数遍历完整个子任务模块列表时,子任务模块列表中的各个 RCA 间的数据依赖关系重新建立起端口表达形式,每个 RCA 所需的输入、输出端口均更新为端口列表形式,子模块间的依赖变成了内部端口的表示,以便后续针对各个 RCA 生成对应的 CL0 层的配置信息。

(2) genCL1Group(rcalist)函数

在 RPU 阵列运行时,往往连续执行若干个子任务模块,这些子任务模块组成一个 CL1 组,硬件设计规定一个 CL1 组最多包含 16 个子模块。图 11.38 显示配置信息生成过程中对子任务模块列表进行分组的示意图,即将子任务模块列表预分成若干个 CL1 组。需要注意的是,这仅仅是预先分组,而不是最终子任务模块列表的 CL1 分组,最终分组需要子任务模块列表中所有 RCA 映射完成并生成对应的配置信息。genCL1Group(rcalist)函数对子任务模块列表分组时,需满足以下三个硬件约束条件。

① 在一个 CL1 组中,REDL 的数目小于等于 8(RPU 阵列从 SSRAM 取数的次数约束)。

② 在一个 CL1 组中,REDS 的数目小于等于 8(RPU 阵列存数到 SSRAM 的次数约束)。

③ 在一个 CL1 组中,分配的子模块数目理论数值为 16,但实际分组时,仅分布 12 个实体 RCA(考虑后续存数 PseudoRCA 的影响,详见 11.4.2 节)。

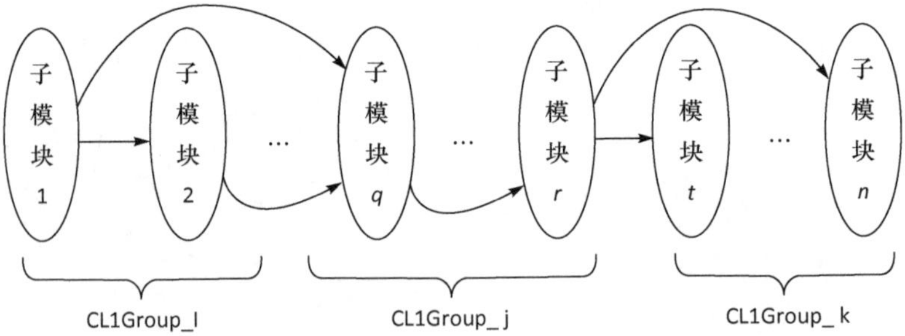

图 11.38 生成 CL1 分组函数 genCL1Group(rcalist)示意图

(3) preMapCL1Group(CL1Grp)函数

CL1 组预映射 preMapCL1Group(CL1Grp)函数是为了确保该分组能在一定的情况下映射成功,但不能确保完全映射成功。该函数的功能是对 CL1 分组进行预处理,通过快速预映射来检测该 CL1 分组是否满足硬件约束。如果预映射失败,则重新进行 CL1 分组。经过 preMapCL1Group(CL1Grp)函数处理的分组尽管不能完全保证映射成功,但它能排除大部分不能正常映射的分组,节省了映射代价和提高了编译时间。由于 preMapCL1Group(CL1Grp)函数的功能是 mapRCA 函数的部分功能,因此具体细节将在 mapRCA 函数中叙述。

3) 映射阶段

映射阶段就是将 CL1 组的各个 RCA(即子模块)映射到 RPU 中相应的单元部件中去,包含计算算子的映射、数据流映射。计算算子映射是 CL2 层次的算子映射,CL2 层仅需要将算子与阵列中的 PE 单元一一对应,并生成对应的 CL2 层的配置信息,由于该层配置信息只是对照算子类型及互连进行直接翻译,为提高映射阶段的层次化,在本节的配置信息生成过程中,已将计算算子映射封装成函数调用的形式以供映射后处理阶段调用并进行算子配置信息翻译。因此,在本节映射阶段中,将着重介绍数据流的映射。数据流映射就是根据 CL1 组中的各个 RCA,布局好内部数据的流动方向、数据大小和数据装配。同时,在映射时着重管理 RIM 存储器资源分配、资源释放等核心步骤。在映射阶段过程中,主要涉及以下五个核心处理函数,即 readyRCA(CL1Grp. rca)、mapRCA(CL1Grp. rca)、remapRCA(CL1Grp. rca)、freeRIMSpace( ) 和 updateCL1Grp(CL1Grp)。

(1) readyRCA(CL1Grp. rca)函数

readyRCA(CL1Grp. rca)就是再次确认 CL1 组内的 RCA 是否具备映射条件,遍历检查当前映射 RCA 的所有具备数据依赖的父 RCA 是否已经映射完成,如果当前 RCA 的所有父 RCA 已经映射完成,则当前 RCA 的映射状态设置为 ready。

(2) mapRCA(CL1Grp. rca)函数

mapRCA(CL1Grp. rca)函数是将 CL1 组中映射状态为 ready 的某个子模块 RCA(CL1Grp. rca)映射到 RPU 中相应的单元部件中去,规划好该 RCA 内部数据的传输方向、数据大小和数据组合装配。具体的映射过程如下所述,针对备选映射的子模块 RCA,先检查该 RCA 的输出端口中的内部输出端口(innerport)和访问外部 SSRAM 的输出端口(outputport)个数,而后向内部存储器 RIM 申请分配存储空间。如果当前子模块 RCA 的输出端口在 RIM 的空间申请失败,则当前子模块 RCA 标记为映射失败。如果申请成功,则 RIM 管理函数将继续映射操作,按照各个端口的排列顺序分配 RIM 的具体位置和 RPU 输出 FIFO 的位置。

当该子模块 RCA 中的输出端口分配完毕后,将遍历该 RCA 的输入端口,检测是否含有直接外部 SSRAM 数据输入,是否含有 CL1 组间模块 RCA 数据传递。如果存在 CL1 组间的数据传递,则需要通过 CL0 中的 REDL 单元从外部 SSRAM 读取相关数据块。如果不存在这种 CL1 组间数据依赖,说明当前的子模块 RCA 的数据均来自内部存储器 RIM 单元,但此时需要查找当前 RCA 数据在 RIM 中的区域,以便后续取数操作。

当前子模块 RCA 的输入端口遍历完成后，可以得到该 RCA 的所有运算数据的存放位置，利用相关取数模块从规定的数据区域中取出来，存放到阵列运算数据 FIFO 中(在 REMUS 中，该单元称为 RIF)。此时，当前子模块 RCA 的输入端口和输出端口均已映射完毕，mapRCA 函数继续处理本组内的下一个处于 ready 的子模块。mapRCA 函数的整个过程中还涉及映射时 RIM 存储器的管理、RIM 资源分配、资源释放等核心步骤，本章后续内容将给予相关介绍。

(3) remapRCA(CL1Grp. rca)函数

在 mapRCA 函数中，当映射子模块 RCA 中的输入端口存在内部端口类型时，说明子模块 RCA 的数据来自内部存储器 RIM 单元。查找确定出当前 RCA 输入数据在 RIM 中的区域范围，利用 RPU 中的 CIDL 单元从内部存储器 RIM 进行取数操作。由于 CIDL 单元取数模式仅设计为单次 2D 数据取数，当该 RCA 所需的运算数据在内部存储器 RIM 中较为分散时，CIDL 单元的单次 2D 数据取数模式就会从 RIM 中取出大量冗余、无效数据，使得 RIF 无法容纳所有的运算数据。此时需要引入额外的提取运算数据的操作函数，即 remapRCA (CL1Grp. rca)函数。

remapRCA(CL1Grp. rca)函数就是在当前的 CL1 组中插入几个专门用于提取运算数据的子模块 RCA(称为 remapRCA)。通过控制各个 remapRCA 中的节点是否输出来提取出有效的运算数据，同时消除冗余无效数据。此时需要更新 CL1 组内各个子模块 RCA 间的依赖关系。

(4) freeRIMSpace( )函数

当 CL1 组内某个 RCA 映射成功后，即 mapRCA(CL1Grp. rca)函数返回 1，内部存储器 RIM 中有些 RCA 占用的资源生命周期结束，有些数据在后续映射过程中不会被调用，则需要从逻辑上释放这些 RIM 资源，这项工作由 freeRIMSpace( )函数来完成。释放的原则是 RIM 中的数据不会被再次调用，假设当前 CL1 组内的某个 RCA 占用了 RIM 若干数据空间，如果在 freeRIMSpace( )函数检测时发现当前 CL1 组中所有 RCA 的子 RCA 都已经映射完成，则该 RCA 占用的 RIM 资源可释放给后面的 RCA 使用。

(5) updateCL1Grp(CL1Grp)函数

updateCL1Grp(CL1Grp)函数是更新当前 CL1 组内子模块 RCA 的状态，由于 CL1 组内的子模块 RCA 已经映射成功，则设置为其状态为 mappedFlag=1，并将已映射的子模块从 CL1 组内删除，如 CL1 组内还有未映射的子模块，则函数跳转至映射阶段开头，重新处理下一个子模块 RCA。

4) 映射后处理阶段

映射后处理阶段就是在 CL1 组内子模块 RCA 列表的最后面插入四个数据存取子模块 PseudoRCA，以及调用配置信息生成函数为各个已映射好的 RCA 和

PseudoRCA生成对应的配置信息比特流。在映射后处理阶段过程中，主要涉及以下三个核心处理函数，即 insertPseudoRCA(CL1mapped)、genContext(CL1mapped)和 updateRCAList(rcalist)。

(1) insertPseudoRCA(CL1mapped)函数

当 CL1 组内的子模块 RCA 都映射完毕，生成了这些子模块 RCA 的映射信息，此时这些已映射 RCA 及其映射信息都存在 CL1mapped 数据结构中。由于整个 CL1 组中所有子模块 RCA 运算完成后，在退出该组运算时，需要配置本组运算结果的输出，而 CL1 组的数据结果都存储在内部存储器 RIM 当中，为了能将内部数据存储到外部 SSRAM 中，则需要添加具备存取数据功能的子模块 RCA。函数 insertPseudoRCA(CL1mapped)即在已经映射好的 CL1 组后添加四个用于存取数据的子模块 RCA，称为 PseudoRCA，最后生成包含 PseudoRCA 的 CL1mapped 结构。

(2) genContext(CL1mapped)函数

生成包含存取数的 PseudoPCA 的 CL1mapped 结构后，配置信息生成算法将调用配置信息生成函数为各个已映射好的 RCA 和 PseudoRCA 生成对应的配置信息比特流。对于 CL2 层的配置信息生成，即计算算子与阵列中 PE 一一对应的映射，依据算子类型及互连生成 CL2 层配置信息。CL1 层配置信息生成就是安排映射中分配好的数据流动方向、数据大小区域生成 CL1 层中各个单元模块的配置字。对于 CL0 层，仅需要根据相应子模块 RCA 的输入和输出端口，在外部 SSRAM 中分配存储空间即可，同时还将生成对应的接口文件，提供系统主控制器与 RPU 阵列进行数据交互的访问接口。

(3) updateRCAList(rcalist)函数

将已经映射并生成对应配置信息的子模块 RCA 从子任务模块列表中删除，更新子任务模块列表。如果子任务模块列表不为空，则配置生成算法继续分组子任务模块列表中的子模块，直到子任务模块列表中所有的子模块映射完成。

2. 内部存储管理

当多个子任务在同一个可重构硬件中运行时，由于子任务间存在着数据依赖关系，则在编译生成配置信息的过程中，需综合考虑各个子任务间的数据交互，图 11.39给出了内部数据交互的两个主要问题。第一，算子多目标输出时的数据交互，如图 11.39(a)所示。当某个子任务中的某个算子存在多个输出目标时(外部直接输出和内部子任务数据传递)，由于考虑到硬件的设计复杂度，硬件仅提供有限的数据操作方式，为了保证数据的正确性，需对可重构硬件内部的存储资源进行有限的管理。第二，当某个子任务需要较多的中间数据作为输入时，由于这些数据存储位置松散，不利于数据块操作，考虑到硬件资源有限，此时不能处理大量的输入数据，因此需对这些松散数据进行压缩以提取当前子任务所需的运算数据。对于 REMUS 来说，数据交互依赖于内部存储器的 RIM 存储器单元，RIM 单元用于各个计算阵列 PE 8×8 数据交互[48,49]。下面从两个方面来讨论内部 RIM 存储器的存储空间分配和访问管理。

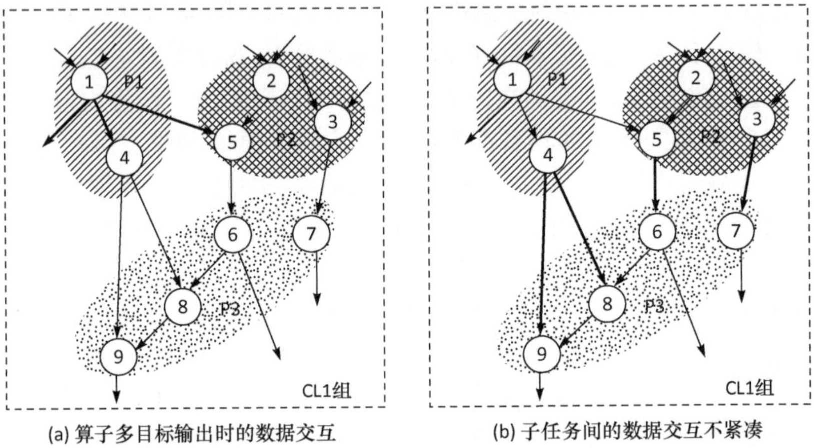

图 11.39 算子多目标输出时的数据交互与子任务间的数据交互不紧凑

1) RIM 存储资源管理

在 RPU 阵列内部，存在一块用于存放运算数据中间结果的存储区域，该存储区域是一个 32×32B 的空间，称为 RIM 存储器。由于 CL1 组运行的时候，是多个 CL2 组成一组进行计算，因此组内数据传递及交互统统依赖于 RIM 的管理。对 RPU 阵列来说，RIM 只能够用 CIDL 单元进行单次 2D 访问，因此对 RIM 区域的管理，将直接影响系统的运算性能。在 REMUS 编译器设计中，提出对 RIM 存储器进行分区分片的管理方式，该方式能有效的利用 RIM 单元[48,49]。

图 11.40 给出了内部存储器 RIM 单元的结构示意图。RIM 单元是一个 32×32B的矩阵数据区域，图中每个方块矩阵的宽度表示 2B，高度也表示 2B。在 16 比特数据宽度情况下，RIM 区域可看做是 32 行乘以 16 个数据的矩阵区域。在本节设计的 REMUS 编译器中，把这块区域分成了左右 2 个大小相等的小区域，即临时数据存储区域（temp region）和输出数据存储区域（output region），每块空间变成 32 行乘以 8 个 16 比特数据，同时这两块区域用作不同的目的。对于 CL1 组内子模块 RCA 的内部端口来说，这些内部输出端口的中间数据将暂存在临时数据存储区域；内部输入端口将从临时数据存储区域读取子模块的运算数据。

对于内部端口来说，RIM 管理策略如下，首先根据内部端口个数计算出在临

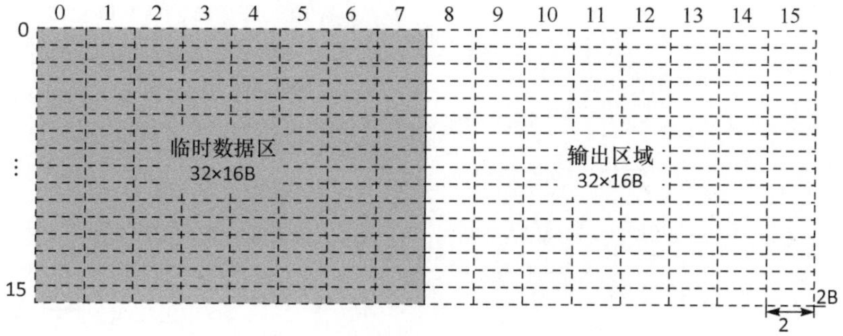

图 11.40　内部存储器 RIM 单元的组织结构

时数据存储区域中所需占有的行数，然后从第 0 行开始向下申请 RIM 空间，如申请成功，则将申请到的 RIM 空间标记为当前子模块 RCA 占有，同时临时数据存储区域的数据是基于行的分配，即从上行到下行、从左到右的分配 RIM 资源。如果 RIM 空间申请失败，则该 RCA 映射失败。对于输出数据存储区域，RIM 管理的策略有所不同，在申请成功后，输出数据存储区域的数据是基于列的分配，采用从右列到左列、从上到下的方式来分配 RIM 资源。

2) PseudoRCA 管理

为了区分可重构阵列中的计算子模块，引入专门用于数据传输的子模块，称为 PseudoRCA。PseudoRCA 是具备存数据、取数据功能的子模块 RCA，是为了能将内部数据存储到外部 SSRAM 中，以及压缩并提取 CL1 组内运算数据而额外添加的。PseudoRCA 具有两种类型。

① 由于 RPU 中 CDS 单元的功能只提供单一目标，因此当数据存在多个目标时，需要将数据暂存在内部 RIM 单元中，然后通过 PseudoRCA 将数据写到 SSRAM 中，此处使用 4 个 PseudoRCA 专门用于存数到外部 SSRAM 的功能。

② CL1 组内，提取计算数据的 PseudoRCA。当 CL1 组内后续执行的子模块 RCA，需要从组内先行执行的子图中取数时，为防止过多的冗余无效数据，需要将 RIM 中的数据进行压缩提取。这是因为 CIDL 单元不支持多 2D 数据的拼接组合(大于 2)，同时 RIF 结构不支持行数大于 8 的数据块。

图 11.41 给出了存数的 PseudoRCA 输出数据与 RIM 区域的对照关系，这是为了使整个 RIM 中的数据都能输出。将 RIM 分成 4 个大小相同的区域，每个区域可暂存的数据为 16 行×8 个 16 比特数据=128 个，正好可用一个 PE 8×8 子模块的 PE 单元和旁路寄存器单元完成存数功能。

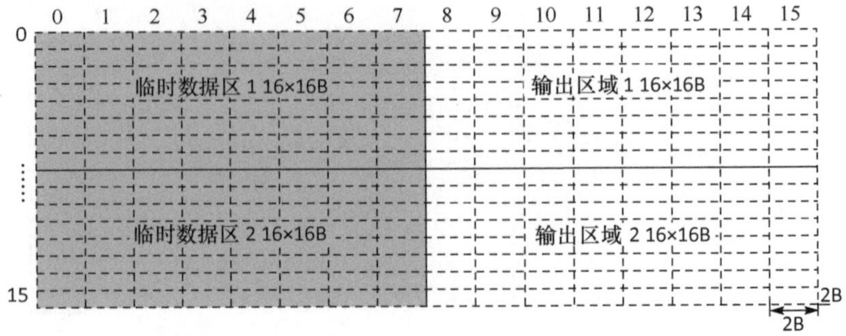

图 11.41　PseudoRCA 输出数据对应 RIM 的空间位置

11.2.5　REMUS 编译器的功能验证及性能分析

REMUS 编译器对应用程序(C 程序)进行代码分析、转换、映射等步骤最终生成 REMUS 的控制信息和 RPU 部件的三层配置信息(CL0/CL1/CL2)。本节将对设计的 REMUS 编译器进行功能验证和性能分析。首先介绍 REMUS 编译器的功能验证方法和具体流程。然后,在定性分析的角度上,将 REMUS 编译器与其他几款编译器作比较,比较内容是编译器支持的主要特性。最后,对 REMUS 编译器的性能进行分析和讨论,从实验数据角度评估 REMUS 编译器,主要内容包括性能分析的方法、实验对象的选择、实验设置及结果讨论,对评估 REMUS 编译器性能情况的内容进行详细的介绍。

应用程序经过 REMUS 编译器的编译处理,最终得到 REMUS 的控制信息和 RPU 部件的配置信息。对 REMUS 编译器来说,首先需要解决的问题是确保编译结果的正确性,因此需要对 REMUS 编译器进行功能验证。考虑到 REMUS 结构的特殊性和 RPU 部件内部调试的困难,以及缺乏便捷的调试平台,故采用分层次的验证手段来验证 REMUS 编译器。首先利用 RPU 的 C 模型(RPU 设计团队开发的 RPU 模型,该模型仅支持计算阵列的功能验证)来验证测试样例的配置信息是否正确,而后在 RTL 仿真系统中验证控制信息的正确性。下面对 REMUS 编译器功能验证的详细情况进行介绍。

REMUS 编译器是一款针对 REMUS 开发的编译器,在本节,亦将它与其他几款编译器进行比较,主要从编译器支持的特性角度来分析,内容包括编译器的基本信息、前端编译特性和后端编译特性,并对各项支持的特性进行分析。

REMUS 编译器功能验证完成后,为了测试 REMUS 编译器的性能,本节提出一个完整的评估方法,整个测试流程包括实验样例选取、实验设置及相关实验数据收集,并对收集的实验数据进行合理分析得出 REMUS 编译器的性能结果,在性能分析中,还与其他编译器的编译结果进行了比较。本节对使用的评估方法和各项实验数据进行详细说明，同时对性能分析中的相关内容进行介绍。

1. 编译器的验证

REMUS 是由主控制器(ARM)和可重构硬件构成，而它的编译器将输入的应用程序编译生成了 ARM 执行的指令序列和 RPU 的配置信息[52]。编译器验证的首要问题是确保编译器代码的完整性，及通过相应的代码测试来保障编译器代码执行时，能生成相应的目标代码(控制码和配置信息)。

对于 REMUS 编译器的验证来说，必须验证编译器生成的目标代码的正确性。REMUS 结构的特殊性给编译结果验证带来两大挑战：第一是没有完整的可重构硬件的验证、调试环境，硬件开发人员仅提供了一个缺乏时序仿真 RPU 的 C 模型，这个 C 模型仅能用于 RPU 内部计算阵列的计算功能验证；第二是 RTL 硬件仿真环境缺乏 RPU 内部调试接口，不利于快速定位错误发生位置。面对这些挑战，我们提出软件功能验证和硬件时序仿真相结合的方式来验证 REMUS 编译器的编译结果。

1) 编译器代码测试

编译器代码测试的工作是测试编译代码的完整性，确保编译代码中各个函数和过程都能准确的调用和赋值。对于 REMUS 编译器的代码测试工作，主要是测试配置信息生成部分的代码函数，因为这部分代码直接决定最后生成的配置信息的正确性。

REMUS 编译器验证工作的首要任务是确保编译器代码中生成控制码和配置信息代码段的全覆盖测试。在这部分代码测试工作中，选取 H. 264 算法[53]中关键子算法 IDCT、MC、去块效应滤波的核心循环作为测试输入[54,55]，并在 REMUS 编译器代码生成配置的函数中设置访问标记。随后调用 REMUS 编译器生成这三个子算法对应的控制码和配置信息，并统计各个配置信息生成函数是否访问。如果在测试过程中，发现存在未访问的配置函数，则重新编写专门的测试实例进行定点测试，从而确保 REMUS 编译器中配置生成代码的完整性。

2) 功能验证流程及设置

由于 REMUS 的目标代码中含有 ARM 的控制指令和 RPU 的配置信息，不同于传统通用处理器的目标代码，为了全面验证 REMUS 编译器生成目标代码的功能，我们提出软件功能验证和硬件时序仿真相结合的验证手段来验证 REMUS 编译器，REMUS 编译器验证的整体流程图，及 RPU 的 C 模型验证和 RTL 的仿真环境验证，如图 11. 42 所示。在测试准备阶段，利用 REMUS 编译器编译生成了一系列测试样本程序的控制码和 RPU 的配置信息，同时针对每个测试样例还利用算法的软件编译环境准备了参照输入和输出结果。利用标准输入和输出来判定生成的配置信息是否正确，从而完成相应的功能验证。

首先利用 RPU 的 C 模型验证测试样例的配置信息是否正确，具体验证流程如图 11.42(a)所示。针对每个测试样例，调用 RPU 的 C 模型进行软件验证，将 RPU 模型运行结果与标准输出进行比对。如果结果相等，则意味着 REMUS 编译器生成的 RPU 配置信息的功能计算是正确的(但该 C 模型无法保证配置字中时序控制参数的正确性)。如果结果不相等，则说明 REMUS 编译器生成的配置信息不能体现该样本在 RPU 的映射信息，需要在 C 模型代码中利用软件调试找到错误点，并对 REMUS 编译器的代码进行定位和修改。如此反复，直到测试样例全部验证通过。

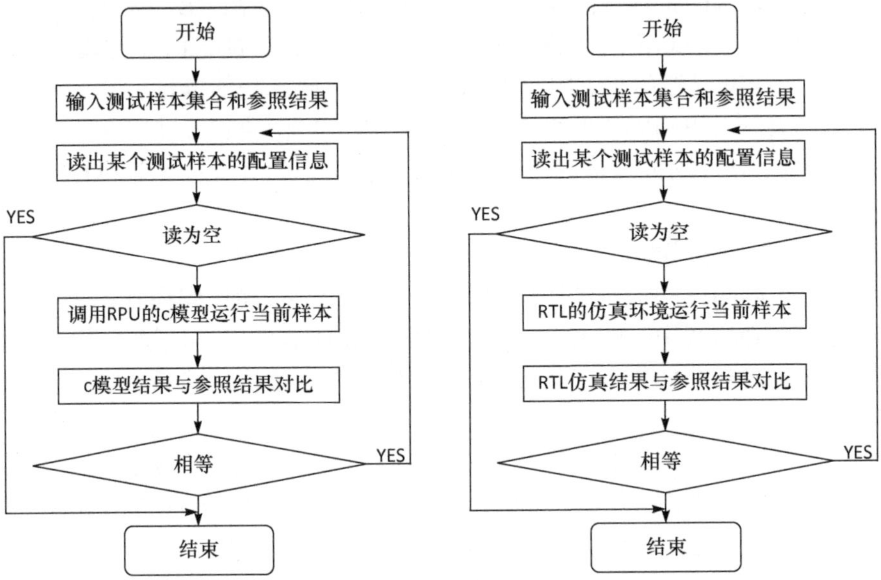

图 11.42 REMUS 编译器的验证流程图

RTL 仿真系统主要验证控制时序参数信息的正确性，如图 11.42(b)所示。在 RTL 仿真系统验证时，读入 REMUS 编译器生成的两类信息(控制指令和配置信息)，进行的是 REMUS 系统的验证，通过硬件 RTL 仿真结果与标准参照输入进行比较，修改 REMUS 编译器生成的控制时序参数，达到与硬件环境符合的条件。如在测试中发现仿真的运算结果与标准不等，则需通过调用 RTL 仿真环境中的时序波形进行分析，查找、定位错误点并进行修改，如此反复，直到验证通过。

3) 代码测试及功能验证结果

代码测试环节主要考查编译器工程中配置信息生成部分的代码函数，因为这部分代码直接决定最后生成配置信息的正确性。通过函数调用关系来确定相应配置生成函数是否被准确调用。功能验证主要通过大量的测试样例来发现错误、查找错误、修改错误，从而保证编译器编译生成的目标代码的可靠性。本节将给出配置信息生成过程主要函数的调用关系和功能验证的结果概述。

mapDFGraph 函数的调用关系如图 11.43 所示。该函数是配置信息生成中的数据流映射函数，11.2.4 节已介绍了该函数的详细功能，在该函数中含有当前子模块的序号、源和目标子模块，同时还通过调用 connetctRCA 函数来更新子模块的输入输出端口信息，并分配当前子模块中各个算子在可重构阵列中的具体位置信息。

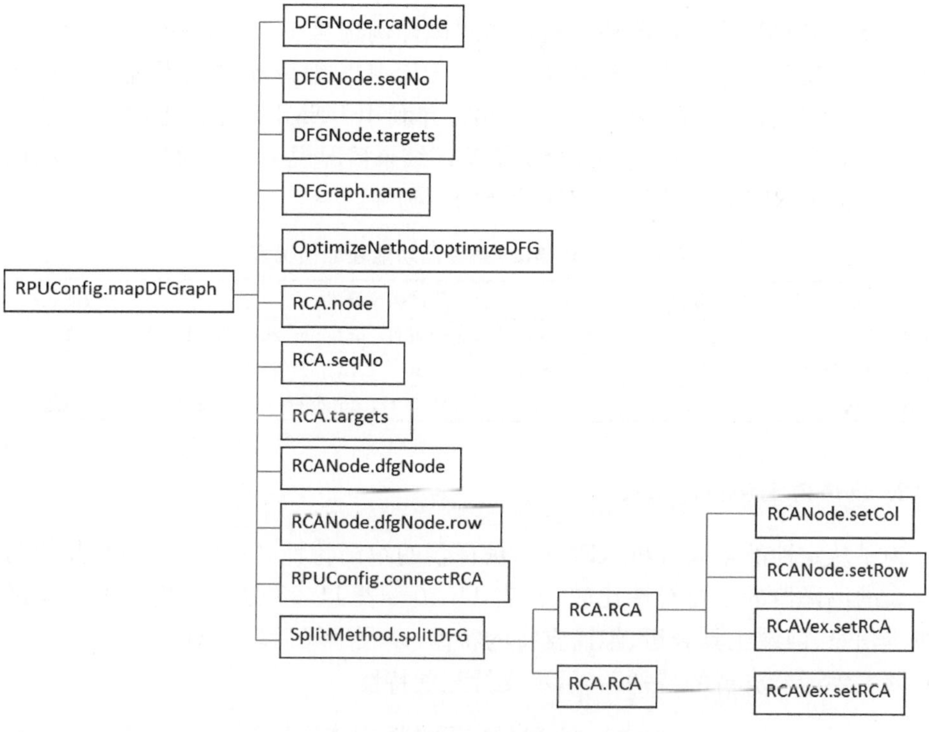

图 11.43　mapDFGraph 函数的调用关系图

图 11.44 给出了 genContext 函数的调用关系图，即配置信息生成中子任务分组的主要函数，包括 genGroupContext 函数，其主要功能是对各个子模块的输入端口和输出端口进行分析，根据各个端口类型将它们分配到内部存储器 RIM 单元中不同的存储位置。

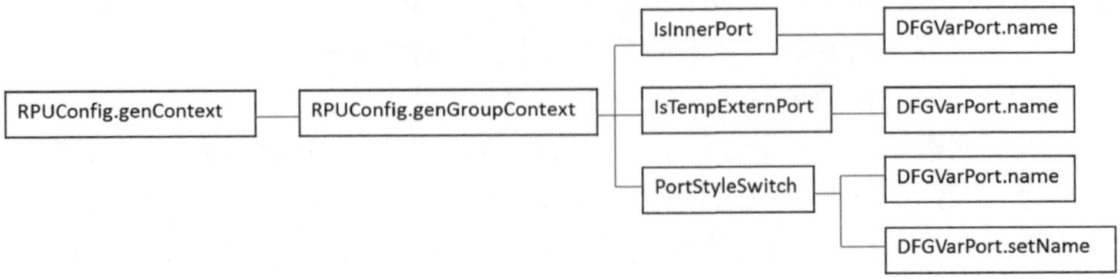

图 11.44 genContext 函数的调用关系图

本节对 REMUS 编译器功能验证的测试样例选自 H.264 中的 MC、IDCT 和去块效应滤波等关键媒体处理算法。依据 REMUS 编译器的编程规范改写这三个算法的代码实现，得到 194 个映射函数，并利用 REMUS 编译器将这些子算法编译生成对应的配置。表 11.19 给出了验证结果情况说明表。通过大量的测试验证工作保证了 REMUS 编译器编译功能的正确性。

表 11.19 REMUS 编译器功能验证情况表

子算法	循环数目	测试码流属性	验证状态
IDCT 算法	16	Suzie(20f),akiyo(20f),container(20f),QCIF	通过
去块效应滤波算法	22	Suzie(20f),akiyo(20f),container(20f),QCIF	通过
MC 算法	156	Suzie(150f),akiyo(300f),container(300f),QCIF	通过

2. 编译器主要特性比较

为了从定性的角度分析 REMUS 编译器的编译特性，本节列出了与其他已公开发表的编译器的主要特性比较表，表 11.20～表 11.23 分别列出了相关编译器的基本信息、前端工具分析、编译支持的特性，以及编译后端工具[56]。表中√符号表示该型编译器支持的特性，×示不支持某项特性。

表 11.20 编译器的主要特性:基本信息[56]

名称	发表年份	发表机构	编程语言	编程模型
Maruyama	2000	日本筑波大学	C 子集	过程式
NAPA-C	1997	Sarnoff 公司	C 子集+扩展	过程式,并行
Garpcc	1998	Berkely	C	过程式
Rapid-C	1997	华盛顿大学	Rapid-C	Rapid 语法
ROCCC	2003	Riverside	C 子集	过程式
XPP-VC	2006	PACT 公司	C 子集+扩展	过程式
DAPDNA	2005	IPFlex 公司	C 子集+扩展	过程式
DRESC	2002	IMEC	C 子集+XML	过程式
REMUSCC	2011	清华大学、 上海交通大学	C 子集	过程式

表 11.21 编译器的主要特性:编译前端分析

名称	前端工具	数据类型	钟健表示	并行性
Maruyama	定制	Primitive	DDGs	算子级
NAPA-C	SUIF	Pragmas(比特级)	AST	算子级
Garpcc	SUIF	Primitive	AST	算子级
Rapid-C	定制	Primitive+pipe+ram	CT:控制树表示	算子级、函数
ROCCC	SUIF2	Primitive	CIRRF	算子级
XPP-VC	SUIF	Primitive	CDFG	算子级、基本块、循环
DAPDNA	DAP-C	Primitive	CDFG	算子级、函数
DRESC	IMPACT	Primitive	Lcode	算子级、函数、循环
REMUSCC	SUIF2/MachSUIF	Primitive	DFG	算子级、函数、循环

表 11.22 编译器的主要特性:支持的特性[56]

名称	循环	数组	浮点	指针	递归	功能单元共享
Maruyama	√	√	×	×	Limited	×
NAPA-C	√	√	×	×	×	√
Garpcc	√	√	Software	√	Software	×
Rapid-C	√	√	×	×	×	√
Stream-C	√	√	×	×	×	√
Handle-C	√	×	×	×	×	×
XPP-VC	√	√	×	×	×	×
DAPDNA-DFC	√	√	×	×	×	×
REMUSCC	√	√	×	×	×	√

表 11.23 编译器的主要特性:编译后端[56]

名称	时域划分	空域划分	编译输出	目标平台	比特流生成
Maruyama	×	×	RTL-HDL	FPGA	商业 P&R 工具
NAPA-C	×	×	RTL-HDL	FPGA	商业 P&R 工具
Garpcc	×	×	bitstreams	μP+Array	Gama 工具
Rapid-C	×	×	bitstreams	RapidRPU	自行设计
Handle-C	×	×	RTL-HDL	FPGA	商业 P&R 工具
ROCCC	×	×	RTL-HDL	FPGA	商业 P&R 工具
XPP-VC	√	×	bitstreams	XPP	Xmap 工具
DAPDNA	×	√	bitstreams	DNA	DNA-C
DRESC	√	√	bitstreams	ADRES CGA	自行设计
REMUSCC	√	√	bitstreams	REMUS RPU	自行设计

针对不同的应用领域和目标结构，可重构计算处理器编译的特性也呈现出不同的特点，表 11.20～表 11.23 列出了几款编译器的编译特性比照表，结合 REMUS 编译器(表中显示为 REMUSCC)的自身特点，从以下四个方面来讨论编译器的编译特性。

1）编程特性

采用过程式编程模型，过程式编程较为简单且编程方便，能快速的编写应用程序，接受度高。使用扩展并行语法来实现并行编程，这会增加程序设计人员的编程难度[57]。在 REMUS 编译器中，选用 C 子集的语法进行面向 REMUS 的程序设计，设计者不必关注 REMUS 内部的详细结构，可以更高效的设计出应用程序的算法。这不仅减轻了当前程序设计人员设计 REMUS 应用程序的负担，也适应了可重构计算处理器在编程方面简便的要求。随着可重构计算处理器的快速发展和应用的不断拓展，是否提供简便有效的编程方式将决定该款可重构计算处理器的使用范围和接受程度，因此 REMUS 编译器采用 C 子集的编程方式，符合可重构计算处理器在编程方面的发展要求，具有较大的发展潜力。

2）中间表示

在表 11.21 中，给出了各款编译器的前端特性，它们均通过对应的编译前端工具，分析并提取出需要编译到可重构阵列的代码段或核心函数，同时将这部分代码变换成相应的中间表示，如数据依赖图(DDG)、抽象语法树、DFG 和控制数据流图(control data flow graph，CDFG)等中间表示。在 REMUS 编译器中，选取 DFG 作为中间表示，这是因为 DFG 能简单、直观的表示某个应用的运算特性。从 DFG 可以快速的分析出该任务在映射完成后需要占用资源的数目，因此在编译前端输出 DFG 后，即可快速的估计出任务的资源数，从而可反馈给编译前端进行优化处理，生成更高效的 DFG。另外，DFG 中的算子和目标硬件中的计算单元也形成了一一对应的关系，可以方便的利用硬件结构的某些特性进行有针对性的优化处理，提高整个任务 DFG 的执行效率。

3）支持特性(循环、数组、浮点、指针等)

在表 11.22 中，给出了各款编译器支持的特性，主要是考查它们是否支持循环、数组、浮点操作和指针类型等。当前，程序运行耗费时间最多的部分是循环体，因此支持循环处理是一个编译器的基本特性。数组在很多应用领域已得到广泛的应用，尤其是媒体处理和信号处理领域，在 REMUS 编译器中，通过标量替换方式很好地支持了编译器对数组的处理。由于 REMUS 中的 RPU 阵列不支持浮点和指针类型，因此 REMUS 编译器中亦没有对这些类型进行处理。随着可重构硬件功能的不断增加，在未来的硬件结构中可以逐步加入对浮点处理的硬件单元，在后续编译研究中，也可以考虑浮点的编译处理。

4）任务映射方法

表 11.23 显示可重构计算处理器研究初期的可重构硬件大多数都使用 FPGA 作为可重构部件，在设计算法的并行性时，都基于对算子层次的并行操作及优化，同时为了编译到 FPGA 平台中，往往需将中间表示再次转换成 HDL 描述，在生成相应的配置比特流时，还需借助商业布局布线工具（P&R 工具）。对于领域定制的可重构处理阵列来说，根据可重构硬件的特性开发了相应的配置生成工具。随着集成电路技术的发展，在单位芯片面积上已能集成更多的计算资源，资源之间存在并行性，因此在任务映射阶段支持时域、空域划分将成为编译器的主要特性之一。时域划分是指将任务划分成一系列的子任务分时复用某一硬件资源。空域划分则是将任务划分到不同的硬件资源并行运行。表中显示 REMUS 编译器在此领域开展了相关研究，并且支持时域划分和空域划分的特性，从而适应了编译器在任务映射上的发展要求。

3. 编译性能分析

评估传统通用处理器的编译器的性能时，经常使用编译时间、目标代码（可执行程序）的大小及运行时间来评价它的性能情况。对于 REMUS 编译器而言，由于 REMUS 的结构不同于通用处理器的结构，因此评价 REMUS 编译器编译性能的方法也不同于传统的评价体系。虽然不能完全采用传统编译器的评估方法，但在具体评估 REMUS 编译器时，可借用传统编译器性能评价的思想。下面讨论 REMUS 编译器性能评价的方法。

REMUS 编译器将输入的应用程序编译生成了 ARM 执行的指令序列和 RPU 的配置信息。为了进一步讨论 REMUS 编译器的性能情况，将对 REMUS 编译器的编译性能分析进行介绍，主要内容包括实验对象选取、实验设置、实验数据分析及结果比较。

1）性能评价方法

由于 REMUS 硬件结构不同于传统通用处理器的结构，因此在评估 REMUS 编译器的编译性能时不能采用传统编译器的评估手段，需要针对 REMUS 的目标代码提出合理有效的评价方法。REMUS 编译器的功能是将程序代码编译生成 REMUS 中主控制器 ARM 的指令序列和可重构硬件 RPU 的配置信息，因此 REMUS 编译器评估时需要综合考虑这两部分信息的影响。为了评价 REMUS 编译器的性能，需要结合 REMUS 的结构特点提出合理有效的评价方法。下面介绍各个性能评价点。

（1）编译时间

编译时间数据就是在测试的过程中依次统计出各个任务的编译时间，编译时间反映的是 REMUS 编译器的编译能力。在 REMUS 编译器中，编译时间取决于输入应用程序中包含的算子规模。由于各个任务的算子规模不等，因此针对每个任务的编译时间就不同。在评估 REMUS 编译器的编译能力时，需要考查各个任务的算子数目和编译时间，并对两者之间的关系进行分析。

(2) CL2 配置套数

在传统编译器评估时，经常使用目标代码(可执行程序)的大小来评价传统编译器的优劣，而在 REMUS 编译器中，生成的目标代码包含两部分信息(主控制器 ARM 的指令序列和可重构硬件 RPU 的配置信息)。相较 RPU 的配置信息来说，主控制器指令序列的大小基本上可以忽略，因此在评估 REMUS 目标代码时仅考虑 RPU 的配置信息。RPU 的配置信息包含三层配置信息(CL0/CL1/CL2)。CL2 层配置是 RPU 内部计算核心阵列的配置信息，在某个任务的配置信息中，CL2 层配置信息占比最大，因此在测试中仅考虑 CL2 层配置的数目。CL2 层配置信息的套数反映了 RPU 内部结构的配置规模，本节从 CL2 配置套数出发评价 REMUS 编译器生成配置信息的能力(即从目标代码大小的角度)。

(3) CL2 配置调用次数

在 REMUS 运行中，整个运行周期包含系统的配置周期和执行周期，因此评估编译器性能时，还需从码流的运行角度去分析。对于配置代价来说，指的是配置信息的调用次数，如果在 REMUS 系统运行时，调用次数越多，则表明系统需要越多次的配置，这意味着配置代价大。在实验中，将考查各个测试码流 CL2 层配置的调用次数，从 CL2 配置调用次数角度评价 REMUS 编译器优化提升系统运行的能力(考查配置代价)。

(4) 运行周期数

从码流运行角度分析编译器性能时，除了考查系统的配置代价外，还需要评估系统的运行速度。运行周期数是统计运行的周期数目。运行周期数考查的是目标代码的运行特性，运行周期数少，则意味着编译器生成了精简高效的目标代码(控制码和配置信息)。实验根据各个子算法的执行周期数目，从子算法运行周期数来评价 REMUS 编译器的运行性能。

2) 实验对象

为了评估 REMUS 编译器的性能情况，需要从两个角度评估 REMUS 编译器，分别为编译生成 REMUS 目标代码的角度和目标代码运行的角度。这里选取一组实验对象来评估 REMUS 编译器生成目标代码的能力，实验样例取自 H.264 解码算法中的 IDCT、MC 和 Deblocking。从这三个媒体算法中提取出 194 个核心循环函数，同时利用编译器将这些子算法编译生成对应的配置信息，为了更方便的讨论 REMUS 编译器的编译性能，我们整理了各个函数的部分中间结果(DFG 数据流图、任务时域划分后的子模块数目、配置信息套数等信息)。表 11.24 给出了部分实验对象的中间结果。为了从系统运行角度(配置代价和运行周期数)评估

REMUS 编译器的性能，本节还选取了一组 H. 264 编码的码流。表 11. 25 给出了部分实验码流的属性列表，列出了各个码流的分辨率大小、测试的帧数和各个测试帧内的宏块数目。

表 11. 24 编译输出的中间结果(部分测试样例)

属性 / 子算法	关键路径长度	时域划分后子模块数目	算法说明
idct4	4	3	对 4×4 像素块的变换
idct8	8	7	对 8×8 像素块的变换
loop_filter_luma_c	13	12	亮度分量滤波
loop_filter_chroma_c	3	5	色度分量滤波
luma_mc_01_c_4×4	16	7	对 4×4 像素块的 MC01 模式
luma_mc_20_c_4×4	13	6	对 4×4 像素块的 MC20 模式

表 11. 25 部分实验测试码流属性表

属性 / 码流名称	码流大小	宏块数目 /frame	测试的帧数目
bolt_8×8	176×144	99	32
30000Sample_8×8	176×144	99	32
CatsAndDogs_8×8_baseline	176×144	99	30
Mobile_qcif_main_8×8_baseline	176×144	99	29
OceanWorld_sample_8×8_baseline	176×144	99	32
SL1_SVA_B_8×8_baseline	176×144	99	29
720_576_2_base	720×576	1620	300
CAMPCM1_Sand_E	352×288	396	30
CITY_704×576_high	704×576	1584	200
CVPCMNL1_SVA_C	352×288	396	30
Mobile_cif_high_direct_temp	352×288	396	100
red_high	720×368	1035	214

3）实验设置

本节设计的 REMUS 编译器含有编译前端处理工具(SUIF2&MachSUIF 工具[29,35,36])和编译后端配置生成过程，其中编译前端工具和编译后端已在系统中整合为一体，可将输入源代码直接编译成 REMUS 的控制指令和 RPU 配置信息

(CL0/CL1/CL2)。在整个编译流程中，主要完成提取核心循环、循环展开及标量替换、生成 DFG 数据流图、任务时域划分及生成配置信息等步骤。

REMUS 编译器整体运行于 VMware 中的 Cent OS 5.7 虚拟机平台上，针对某个符合 REMUS 编译器编程规范的应用程序 foo.c，只需运行 rpucompiler foo.c 就可将该程序编译生成 REMUS 中 ARM 的指令序列和 RPU 的三层配置信息。在实验过程中，已将测试样例通过脚本整合在一起，一次性完成多个子算法的编译工作，生成对应的目标信息。

4) 实验结果及分析

为了评估 REMUS 编译器的性能，本节做了大量的实验工作，按照性能评价方法的要求，在实验过程中收集了相关的实验数据。本节对实验过程中收集的各类实验数据进行分析，主要从三个角度来分析 REMUS 编译器的性能，即编译时间代价、目标代码大小和系统运行时间角度。

(1) 编译时间代价角度

为了观测和分析某个算法的算子数目与编译时间的关系，图 11.30 给出了 MC 算法中算子数目与编译时间的关系。图 11.45 显示的是 MC 算法中 4 种宏块划分方式中算子数目与编译时间的关系。由此可知，针对某种划分像素块来说，随着 MC 算法算子数目的增加，对应的编译时间也随之线性增加。由于在 MC 算法中，针对不同的像素点位置，插值步骤和插值次数也不同，呈现线性的特性，与实验结果相符合。

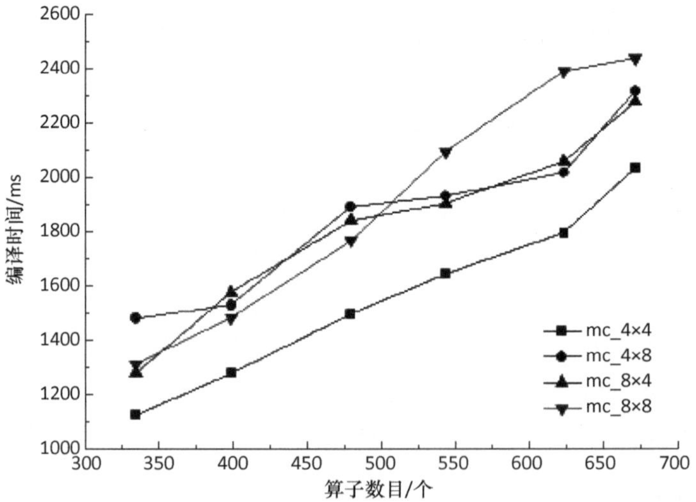

图 11.45　MC 算法中的算子数目与编译时间关系图

图 11.45 给出了单个算法的编译时间与算子数的关系，为了考查整体编译时间的影响，在测试实验中，针对各个子算法收集了该子算法的算子数目及其编译时间。图 11.46 给出了整个实验过程中，所有子算法算子数目与编译时间关系图。

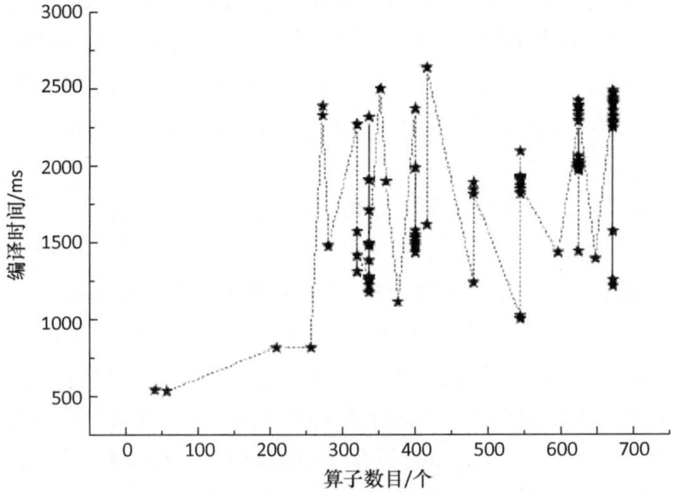

图 11.46　算子数目与编译时间关系图

从图 11.46 可以看出，随着算子数目的增加，相应的编译时间也增加，但编译时间并未随着算子数目的增加而急剧增加，依然呈现出一个稳定的变化范围。这说明从编译时间的角度来看，REMUS 编译器能对输入的应用程序进行有效的处理，最终生成目标配置信息。

(2) 目标代码大小角度

应用程序经 REMUS 编译器编译生成主控制器 ARM 的指令序列和可重构硬件 RPU 的配置信息。本节从生成目标代码大小(CL2 配置信息套数)的角度来考查 REMUS 编译器生成配置信息的能力。

表 11.26　编译生成 CL2 配置情况表

算法名称	pseudoRCA 套数(Np)	计数套数(Nc)	总套数(Ntotal=Np+Nc)	Rp(Np/Ntotal)/%
IDCT	16	30	46	34.78
去块效应滤波	76	70	146	52.05
MC	310	688	998	31.06
合计	402	788	1190	33.78

在实验过程中，针对关键核心算法，REMUS 编译器共编译生成 402 套 pseudoRCA 和 788 套的计算 CL2 配置。在表 11.26 中,也给出了 pseudoRCA 套数的占比平均约有 34%的子模块专门用于数据传输。这说明在自动编译过程中,为适应硬件的某些设计特性额外添加了约 34%的子模块。pseudoRCA 的引入源于两个方面,即将 CL1 组内部存储器 RIM 数据传输到外部 SSRAM 中的 4 个 pseudoRCA,以及为适应 CIDL 的设计缺陷而额外引入的用于运算数据压缩的 pseudoRCA,即在一个 CL1 组内(16 个子模块)至少有 4 个 pseudoRCA 子模块,则 pseudoRCA 占比 25%,而 pseudoRCA 占比的实验测试数据为 33%,实验结果符合预期。

为了适应 REMUS 的硬件特性而额外增加用于存取数据子模块(pseudoRCA)。由表 11.26 给出的实验结果可以看出,pseudoRCA 的占比达到了 34%。也就是说,为了适应 REMUS 内部 RPU 阵列的特性,在编译时需额外增加 34%的配置信息,增加了目标代码的大小。pseudoRCA 的引入增加了配置信息,在系统运行时,也增加了整个系统的配置代价,这个配置代价是由硬件设计缺陷造成的,为了消除这个额外代价,在以后的研究工作中,可从以下两方面考虑优化。

① 通过规范编程来回避编译时添加 pseudoRCA 子模块。通过制定更为严格的编程规范,确保程序员编写的程序不会出现多目标的存数操作(回避 CDS 单元的设计缺陷),以及对各个子任务间的数据交互进行严密的设定(回避 CIDL 单元的设计缺陷)。但是增加了编程人员的负担,不符合简便编程的原则,需要权衡考虑。

② 修改硬件单元设计,增加相应功能单元数据的存取功能。硬件设计者针对 CDS 单元和 CIDL 单元的设计缺陷,针对性的修改硬件设计,使其满足编译的处理需求。需要对这两个单元进行针对性的设计修正以满足编译的要求,在以后的设计中还需要综合考虑多种复杂情况的存取数据操作。

(3) 系统运行角度

从以上讨论可知,REMUS 完成一个计算任务需要进行多次的配置-执行过程。为了更全面的考查 REMUS 编译器的性能情况,下面从运行的角度分析编译器的性能情况。

表 11.27 给出了完成单个 H.264 算法宏块运算需要调用 CL2 层配置的次数和运行的周期数。对于配置周期来说,系统需要花费时间完成对 RPU 的配置加载、配置解析和 PE 单元的配置,因此系统的配置次数就是衡量配置代价的一个重要指标。在 REMUS 编译器测试过程中,收集了各个测试码流 CL2 层配置的调用次数和统计出运行周期数,根据不同码流的属性(分辨率和测试帧数),完成一个宏块的计算平均需要调用 485 次的 CL2 配置,以及 3150 个周期数。

表 11.27 CL2 配置调用次数和运行周期数

码流名称	CL2 调用总次数	次/MB	周期数/MB
bolt_8×8	1 392 203	439	3122
3000Sample_8×8	1 405 652	444	3146
CatsANDdogs_8×8_baseline	1 198 965	404	2584
mobile_qcif_main_8×8_baseline	1 459 628	508	3156
OceamWord_sample_8×8	1 408 968	445	4054
SL1_SVA_B_8×8_baseline	1 398 665	487	3150
720_576_2_base	192 327 043	396	3474
CAPCM1_Sand_E	7 400 843	623	2998
CITY_704×576_high	178 569 201	564	3010
CVPCMNL1_SVA_C	5 070 968	427	2846
mobile_cif_high_direct_temp	22 652 391	572	3214
red_high	1 131 109 052	511	3051
平均值	—	485	3150

完成一个宏块的各项计算，需要从配置信息中调用平均约 485 套的 CL2 配置，这 485 套配置，完成 H.264 码流的相关解码操作，如运动补偿、IDCT 和去块效应滤波算法。在研究中，这三个媒体算法占据了大量的解码时间，因此在 REMUS 中将这些核心算法分配给 RPU 阵列去处理，从整体来看，完成一个宏块的解码周期数平均为 3150 个周期，如果在 200MHz 的主频工作下，综合考虑熵解码基于上下文的自适应变长编码(context adaptive variable length coding，CAVLC)和 CABAC 的熵解码的时间代价，编译器生成的目标代码能实时完成 CIF 格式的解码要求。更进一步讨论，如果除去 pseudoRCA 的额外配置代价，系统的编译性能还将得到提升。在以后的研究工作中，将重点完善 pseudoRCA 的配置代价，以及提升整体系统的运行性能。

5) 实验结果比较

为了进一步分析 REMUS 编译器的性能，本节给出与其他编译器(LEAP-C[58]、SA-C[59]、MORA-ASM[60,61]、XPP-VC[62]和 DRESC[63])的实验结果，并对实验结果进行了比较分析，图 11.47～图 11.50 给出 IDCT4×4、SAE、IDCT8×8、Matrix16_Add 被各个编译器编译后的运行周期数，图中纵坐标表示各个编译器的名称，横坐标表示的是该算法的运行周期数。由于各款编译器面向的硬件结构不同，可重构阵列的规模也存在差别，图中显示的运行周期数已进行归一化处理，已将各款编译器的运行结果归一化到 8×8 的目标阵列中。下面分别对各个算法的运行情况进行分析。

图 11.47 显示的是 IDCT 4×4 算法的运行周期数。在媒体处理中,IDCT 4×4 算法完成的功能是对输入 4×4 像素块进行变换,同时针对各行像素点的变换可以并行执行。通过分析 IDCT 4×4 的源代码可知,IDCT 4×4 算法完成的是对输入的各个像素数据进行蝶形运算,并且输出一行变换后的数据,整个蝶形变换处理的关键路径长度是 3,且每个层次的算子数目最多为 2。因此,对于规模为 8×8 的可重构阵列来说,一个 4×4 大小的像素块仅需在该阵列中并行执行一次的变换操作。在 REMUSCC 编译该代码时,通过循环展开能充分利用运算的并行性,将 4 次运算循环展开后形成并行计算形式,并行完成相关的变换处理,从而获得较小的运行周期数。LEAP-C[58] 是针对优化循环处理的编译器,由于多次数据交互时,还需占用一些运行周期数,因此该 LEAP-C 性能略差于 REMUS 编译器。考虑 SA-C、MORA-ASM、XPP-VC、DRESC 等编译器,针对循环还需进行专门的编程处理,因此 REMUS 编译器具有较大的编程优势和性能优势。

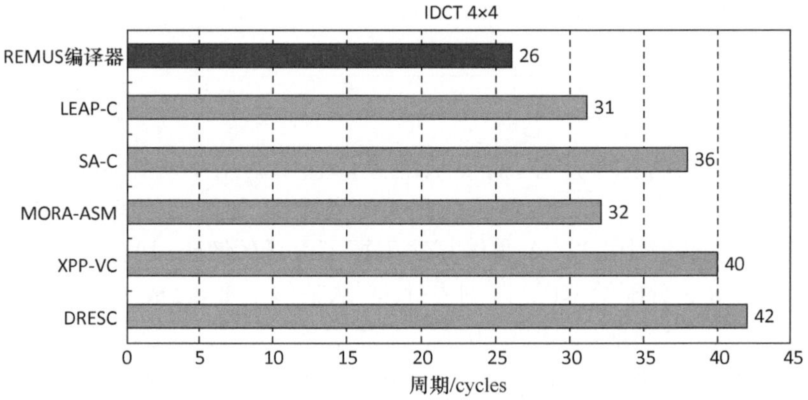

图 11.47　IDCT 4×4 算法的运行周期数比较

REMUS 中的可重构处理阵列适合并行操作,REMUS 编译器代码优化的主要功能是对输入的应用程序进行并行化处理,图 11.48 显示的是 SAE 算法的运行周期数,SAE 算法完成的功能是求绝对误差和的运算,从运算本质来看,存在并行性,由图中结果可知 REMUS 编译器、LEAP-C[58] 和 MORA-ASM[60,61] 均能较好的利用 SAE 算法的并行性,从而完成一次运算需要较少的运行时间。针对 MORA-ASM 来说,由于在 MORA 架构[60] 中的每个计算单元中都含有 RAM 存储单元,因此涉及中间数据交互的情况下,能取得较好的运行性能。REMUS 含有内部存储 RIM 单元,因此也能获得较好的运行性能。

矩阵运算在媒体和信号处理领域是相当常见的运算,图 11.49 显示的是一个 16 维矩阵的加法运算的运行周期数,与 DRESC[63] 相比,REMUS 编译器编译的目标程序,在运行时能提升一倍的运行速度,完成一个 16 维的矩阵加法运算,

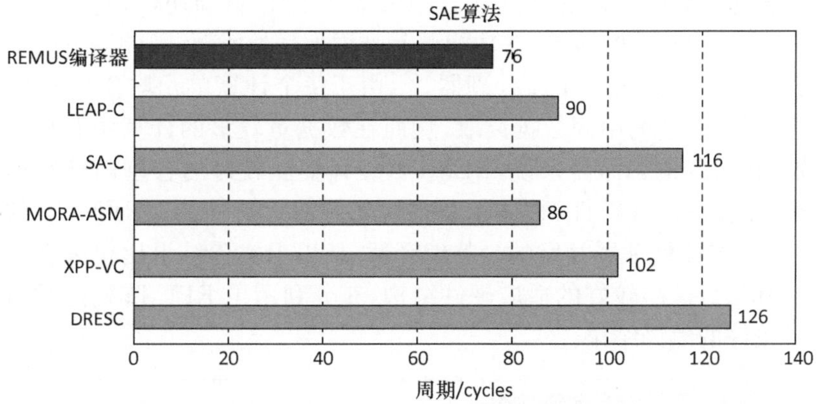

图 11.48 SAE 算法的运行周期数比较

REMUS仅需 ADRES 处理器[63] 约一半的周期数。由于矩阵加法的计算比较简单,其他几个编译器均能获得较好的运行性能。针对计算简单的运算类型,对编译器编译性能主要是考查输入输出运算数据在内部的管理策略的优劣,针对图 11.49给出的几款编译器来说,REMUS 编译器和 MORA-ASM 均能较好的利用内部存储单元。

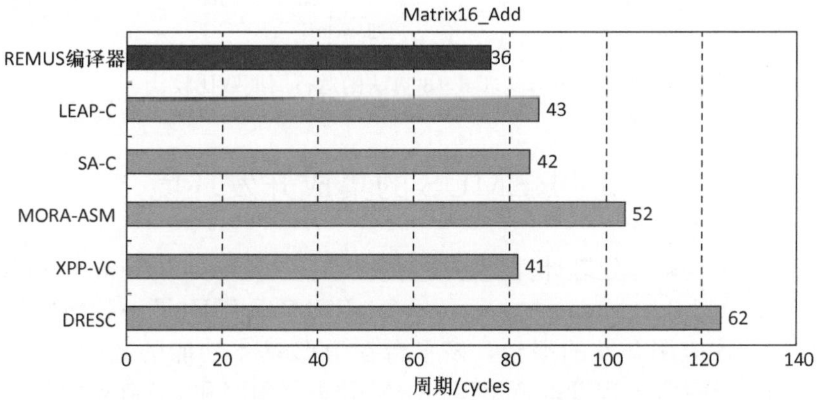

图 11.49 矩阵加法的运行周期数比较

IDCT 8×8 算法在媒体处理时是对 8×8 像素块进行变换处理,其关键路径及运算数据量已超过 IDCT 4×4 变换。图 11.50 给出了 IDCT 8×8 算法的运行周期数。可以看出,REMUS 编译器能较好的对输入的算法进行并行化处理,将算法中的循环进行展开,并采取并行化的操作策略,获得较少的运行周期数。针对不同的算法,各个编译器都呈现不同的编译性能。LEAP-C 编译器[58] 是针对循环进行流水线优化处理,当应用程序的规模大于 LEAP 资源规模时,则运行时还需要将任务细分,因此会影响整体的周期数。DRESC[63]的运行周期较多,这是由于它对应的 ADRES 处理器结构简单,在功能单元未添加额外资源,因此运行时需要额外存取数据的开销。对于 MORA 处理器[60],由于每个计算单元均含有 RAM 单元,在运行时可考虑快速的中间数据读取,从而在数据量较多的计算中获得较小的运行周期数。相对其他编译器来说,REMUS 编译器能较好的管理内部数据交互和有效优化应用程序的并行性,整体上取得了较好的运行性能。REMUS 编译器是面向 REMUS 媒体处理器开发的一款编译器,从以上实验结果比较来看,REMUS 编译器在编译时,已能较好的适应硬件结构,充分利用了 RPU 阵列的并行执行特性,取得了较好的编译结果。

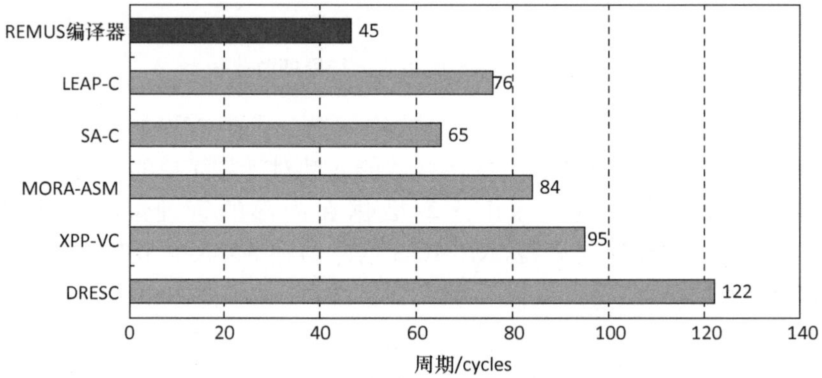

图 11.50 IDCT 8×8 算法的运行周期数比较

11.3 REMUS 的集成开发环境

嵌入式可重构媒体处理计算核心的集成开发环境(reconfigurable multi-media system integrated development environment,REMUS-IDE)是一款面向可重构媒体处理计算芯片应用开发的平台。该平台在 IDE 基本功能的基础上,主要实现 PE 阵列的软件模拟;工程管理及编译;ARM 处理器程序和 PE 阵列硬件调试。本书实现的嵌入式可重构媒体处理计算系统的集成开发环境的基本结构如图 11.51 所示。

工程管理及编译模块又称为 REMUS 开发工具链,主要实现编译器的参数设置和调用等功能插件,以及自动的装载功能。通过将 ARM 编译链接工具和 PE 阵列编译器进行链接,可以为用户提供一个统一的编译链接工具链。整个 REMUS 工具链的结构如图 11.1 中的工程管理及编译模块,实现了 REMUS 工程管理配置模块,并将上海交通大学开发的编译器集成到工具链中。

REMUS 模拟模块,主要实现对 PE、DMA 等 ARM 外围硬件单元的软件模

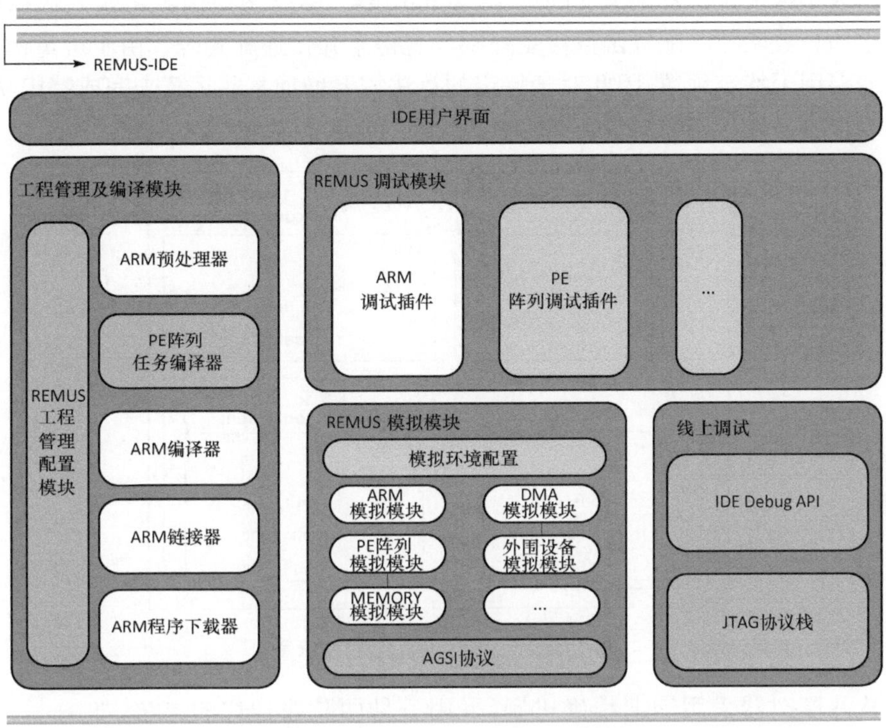

图 11.51　REMUS-IDE 组成

拟。此处采用统一的 AGSI 插件接口来实现模拟功能，其结构如图 11.51 中 REMUS 模拟器部分，可以方便的对 PE 阵列、ARM Core 等模拟模块进行装载，生成仿真环境。

REMUS 调试器主要是在已有的 ARM 调试器的基础上进行扩展，通过插件的方式在继承的开发环境中实现 PE 断点设置、单步执行和 PE 阵列信息查看等功能。

以下两节给出软件模拟器和调试器的实现细节。编译器部分可以查看 11.2 节的相关内容。

11.3.1　REMUS 的软件模拟器

可重构计算处理器软件模拟器是集成开发环境的关键部分，可以将目标应用的配置文件转换为相应功能，从而让目标应用在指定的可重构计算平台上模拟执行。

可重构计算处理器软件模拟器采用基于对象的方法建模。在 RPU 部分，每个模块都被打包在一个类中，如图 11.52 所示。通过这种方法可以对 RPU 中的每个模块定义一组函数，从而模拟可重构计算的过程。例如，PE_CLASS 包括一个算术函数(arith_func)、多路选择函数(mux_func)和配置函数(config_func)。

算术函数实现配置信息预定义的算术、逻辑功能。多路选择函数将输入数据转达给特定的算数函数。配置函数接受外部配置信息并传递配置码。由于可重构计算处理器多用于特定领域，因此对于特定的算法需要增加某些运算来完成特定功能，这可以很容易地通过增减每个 PE 的 ALU 中的算子做到。

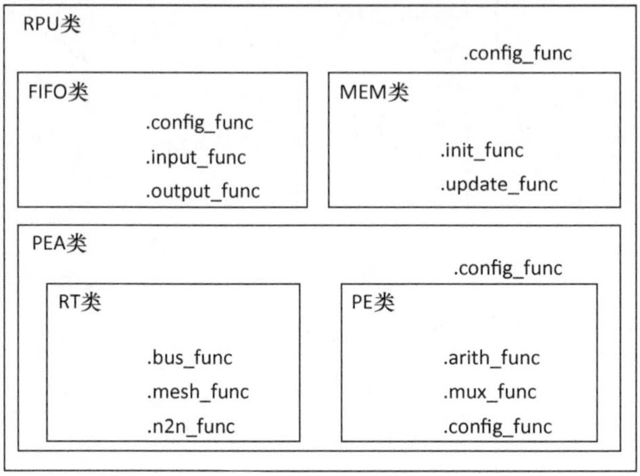

图 11.52　RPU 的高层建模示意

软件模拟器采用周期精确机制，采用一种两阶段迭代的方法，如图 11.53所示。在第一阶段，即通信阶段，模拟器完成系统内不同原件间的通信；在第二阶段，也就是更新阶段，原件间停止通信，转而对每个原件执行写操作，然后更新共享的资源。这两个阶段在每个周期都执行一次，从而实现周期精确的模拟。

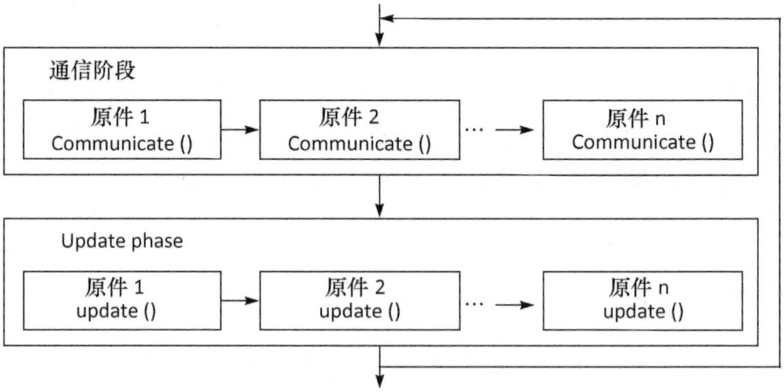

图 11.53　周期精确机制

除此之外，软件处理器还实现面积建模和功耗建模，从而获取模拟过程中的面积参数和功耗参数。

这些类均使用 System C 编写，利用这些类可以搭建目标架构，用户只需要在初始阶段配置好参数即可。为了执行应用级仿真，我们使用 SoC Designer 提供的系统级仿真环境，以及各种 C++版本的 IP 核，如主控制器(如 ARM7)、外围设备(如 DMAC)、存储器(如 DDR 或 SDRAM)。

所有用于模拟的模型都有一个包含一组数据的交互界面，这些数据被包含在一个数据结构中，并通过读写交互进行操作。我们提出的模拟平台不区分端口的输入输出，而是区分主端口和从端口。主端口发起数据传送，从端口回应传送请求。图 11.54 给出该处的示例。一些有一个或多个从端口的原件使其他原件获取共享资源。从端口界面根据获取方式提供读功能(图 11.54 中的 read())或写功能(图 11.54 中的 write())。对于主端口的原件，到从端口的互连采用了被良好设计的连接方法，如 read() 和 write()。图 11.54 给出在 SoC Designer环境下使用 RPU 模型实现的可重构计算处理器。

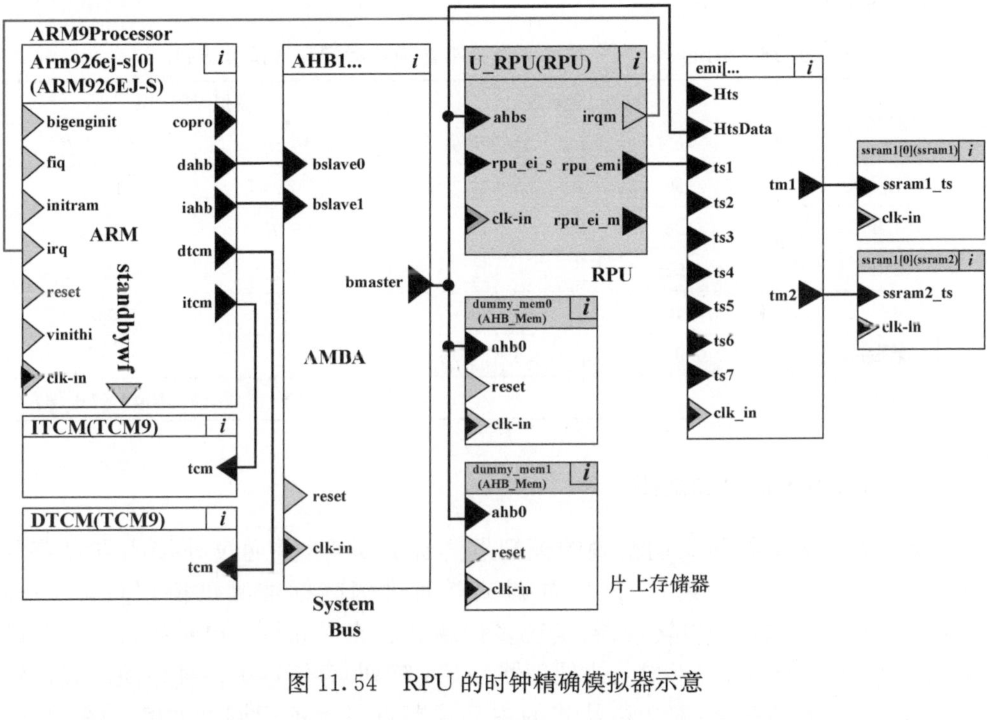

图 11.54　RPU 的时钟精确模拟器示意

为了加速模拟过程，我们在实现模拟器时采用了一系列优化手段。

①数据类型替换。System C 中的某些复杂数据类型(如 sc_int)不如传统 C 数据(如 int)在周期精确模拟中高效。sc_int 包含数据和定义在数据上的功能，因此与 int 比需要更多时间和空间。下面给出用 int 替换 sc_int 的两个原则。

第一，当只有数据的几位需要获取时，int 可以替换 sc_int。对复杂的位操作，例如奇偶校验 sc_int 更高效，但对于简单操作 int 更高效，此时可用 int 代替 sc _int。

第二，如果数据结构未被几种特殊的 System C 函数获取，如线程函数等，sc_int 可被 int 替代。

②条件计算。通过一组简单逻辑去监视某些模块的输入和寄存器状态，没有高效工作的模块可以被关掉。这可以减少大量的低效率计算操作，降低工作负载。

③固定持续期注释。有固定持续期的特定模块可以被模拟器用预定义的时间信息注释。因此，可以避免多周期计算，注释的时间信息可以被用于之后减少模拟的工作负载。

本章的软件模拟器是周期精确的，通过优化可以大大提高模拟器的速度。与 Synopsys VCS 相比，我们的模拟器可以平均加速 20.4 倍，表 11.28 给出相关数据。此外，上述给出的三种优化手段，只有数据类型替换是依赖于 System C 语言的，其余两个和语言无关。

表 11.28 Synopsys VCS 与本书模拟平台模拟时间和准确度比较[64]

算法	性能/周期数		模拟时间/ms	
	VCS	本书方法	VCS	本书方法
8×8 MC	150	143	321	13.28
4×4 IDCT	108	106	59.7	3.45
8×8 IDCT	197	192	193	7.79
128 FFT	740	693	1060	68.9
错误率	0.0%	3.8%(平均)	—	—
加速	—	—	1×	20.4×(平均)

11.3.2 REMUS 仿真调试器

硬件仿真调试器和周期精确的模拟器界面相关联，并通过外接的方式获取 System C 模型内部的参数。该仿真调试器通过国际标准测试协议(joint test action group，JTAG)接口转换器，实现多种调试功能，如断点、单步执行等。调试器支持动态信息输出，包括嵌入式处理器、RCA 阵列、存储器等多种模块。我们针对 JTAG 调试技术提出一种主-从式的主动式断点触发远程调试方案。图 11.55 给出该方案的整体结构。

主动式断点触发的多计算核心调试方案特点如下。

①单 JTAG 调试接口的主-从式调试结构。

②采用数据流、控制流分隔的通信结构。

③RCA 中增加专用调试模块进行断点操作。

④RCA 触发断点操作，控制 ARM11 进入调试模式。

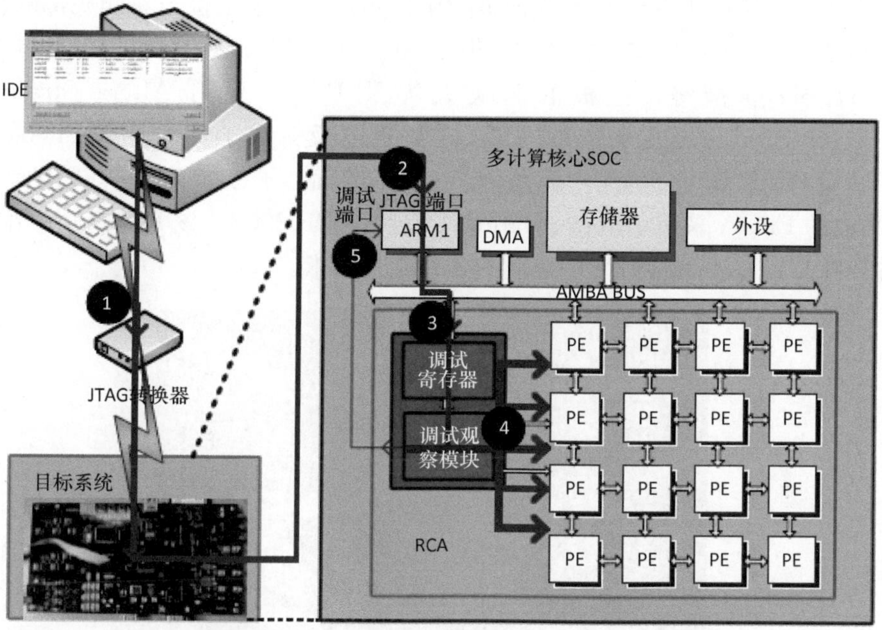

图 11.55　主动式断点触发的多计算核心调试方案的结构方案

11.3.3　REMUS 验证开发板

REMUS 采用的验证板结构如图 11.56 所示。

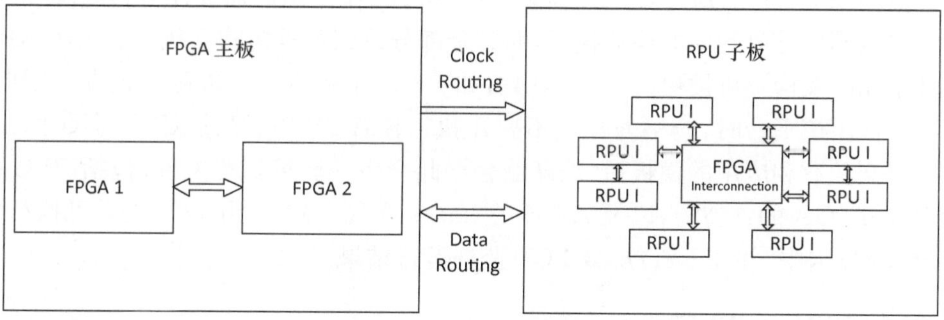

图 11.56　验证板构成

验证板包括一块主板(FPGA motherboard)和一块子板(RPU daughterboard)组成。主板的主要部件是两块大容量 FPGA,子板的主要部件是 8 块 RPU。通过主板和子板间的互连和配合,可以实现对多种粒度类型的支持。

验证板除包括上述部件外,还包括位于主板的主控制器、LCD、SD 插槽、两块片外存储,以及子板上实现高效互连的 FPGA。

图 11.57 给出了 REMUS 验证板的实物照片。主板是位于右侧底部的板，集成多套硬件，如 ARM、AMBA、EMI、集成 RPU 的子板、片外存储，以及外围电路，如 LCD、SD 插槽等。主板的两块大容量 FGPA 采用 Altera Stratim IV EP4SE340/820。主板上集成的 ARM 主处理器及集成于其中一个 FPGA 上的 AMBA AHB 总线可以为用户提供易于控制的界面。子板用于提供高效的计算资源，集成的 FPGA 采用 Altera Stratim II EP2S90F1020C3。该 FPGA 可被配置成各种拓扑结构，从而支持 RPU 之间的各种互连需求。

图 11.57　REMUS 验证板

使用该平台进行应用实现还需要一些额外工作。用户需使用 # pragma 语句标注代码哪部分放到主处理器执行，而其余部分放到可重构阵列执行。由于 RPU 硬件单元的架构不可被更改，一些参数，如 PE 算子数量等不能随意选择。因此，用户在使用该平台时，应格外注意不要让执行模板的尺寸超过 RPU 的尺寸。在用户提交参数和应用的模板后，编译器会据此产生一套可执行文件，包括 RPU 配置文件、FPGA 的比特流，以及 ARM 的 image 文件。然后，用户把这套可执行文件放入 SD 卡中，并在 LED 屏或 LCD 监视运行结果。

11.3.4　REMUS-IDE 软件开发流程

使用 REMUS-IDE 开发软件的第一步是创建和管理工程。点击菜单 File —> Device Datebase 可以打开参数窗口配置处理器类型等各项参数。在参数配置好后通过 Project —> New uVision Project 可以创建新的工程。新建工程仍是空的，用户可右键单击 Target 1 —> Manage Components 添加源代码等文件，也可单击 New(Insert)，再单击 ADD Files 为每个组添加新的文件。

在源代码编译阶段，用户通过界面输入源代码，点击 View —> Source Browser 可以查看所有变量在文件中的位置。

点击菜单栏中如图 11.58 所示的按键，可以对当前文件进行编译。

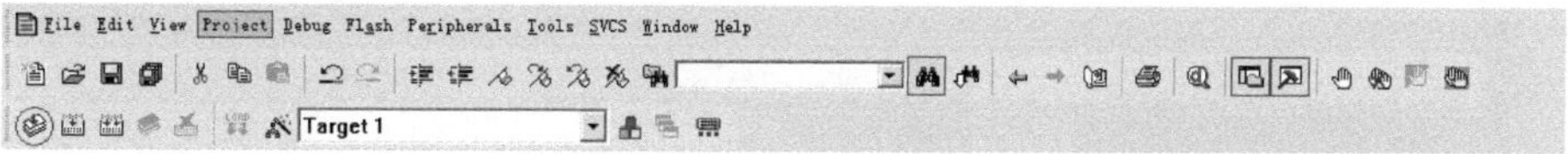

图 11.58　编译按钮位置

如果需要对某个特定的文件使用 RPU 编译，只需要单独对该文件设置参数-rpu 即可，如图 11.59 所示。

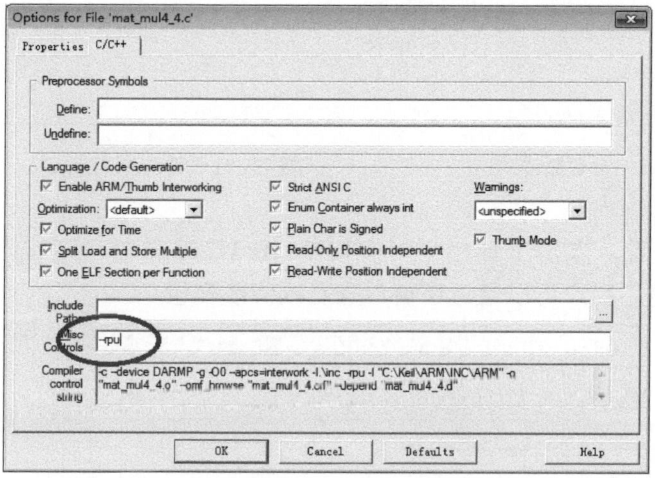

图 11.59　参数配置窗口

为使用调试功能，单击 Debug —> Insert/Remove Breakpoints 启动调试工具。IDE 可对源代码的调试提供有效支持，下面逐条介绍 IDE 中常见调试手段的用法。

①设置断点。单击 Debug —> Insert/Remove Breakpoints，进入图 11.60 所示界面可以添加或删除断点。调试器也提供对所有断点进行统一操作的功能。单击 Debug —> Breakpoints 出现图 11.61 所示窗口，用户在此处对所有断点进行操作。

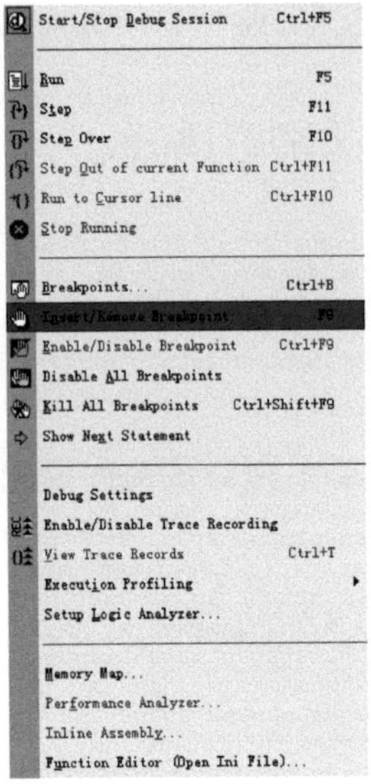

图 11.60　设置断点

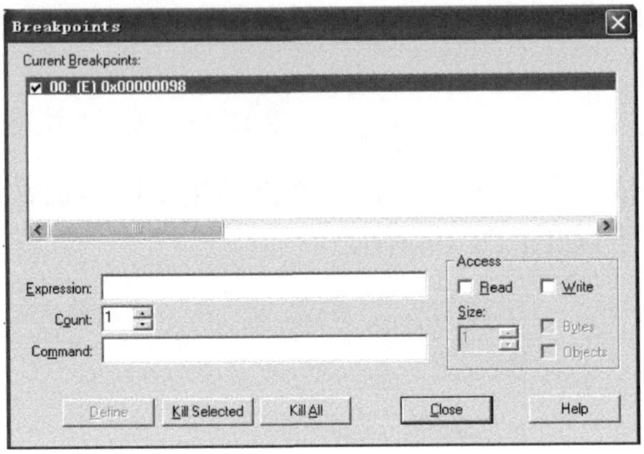

图 11.61　管理所有断点

②变量查看。点击工具栏中对应按钮(图 11.62(a)),可以打开 watch 窗口(图 11.62(b))。用户可以通过该窗口查看或修改变量。

(a)

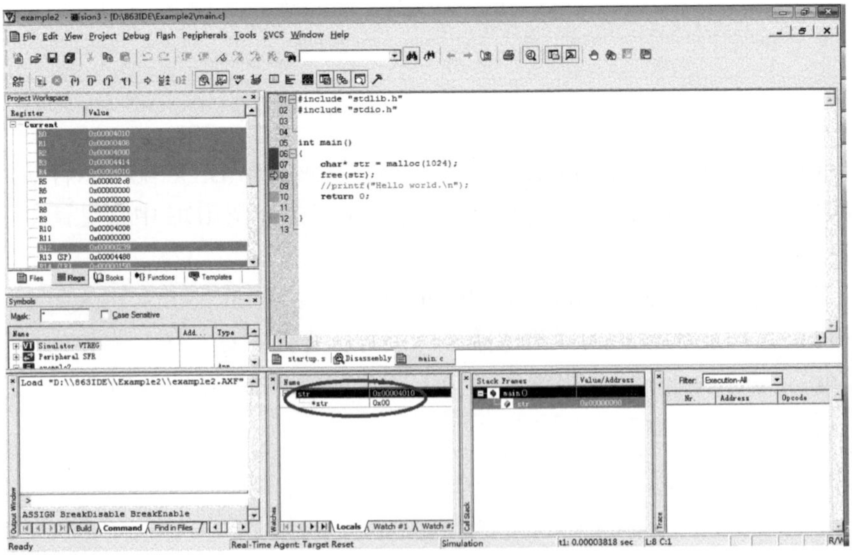

(b)

图 11.62　变量查看窗口

③内存查看。单击对应按钮可进入内存查看窗口，如图 11.63(b)所示。

(a)

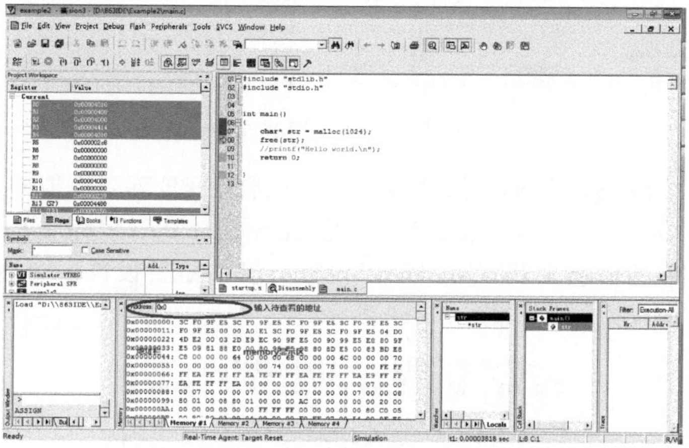

(b)

图 11.63　内存查看窗口

④外围设备 I/O 寄存器查看。单击 Tools－>RPU Debug 可以打开 RPU 寄存器查看窗口如图 11.64 所示。用户可在此处查看或修改寄存器的值。

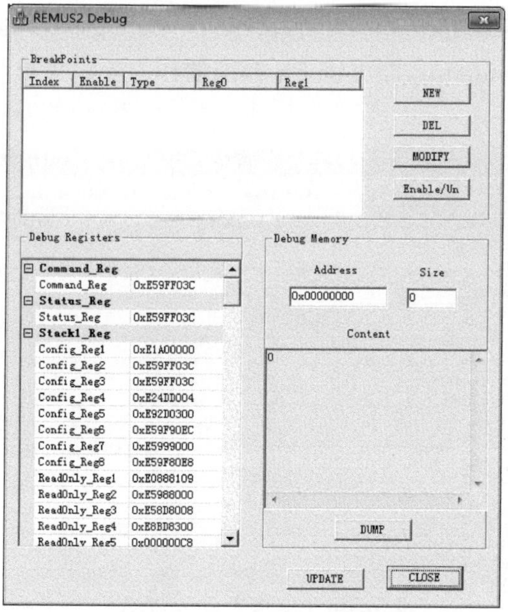

图 11.64　外围 I/O 查看

⑤单步与追踪。用户可以在调试过程中执行单步调试,并对各寄存器值进行追踪。通过图 11.65 中 Step Into 和 Step Out 按钮可以选择两种不同的单步运行模式。

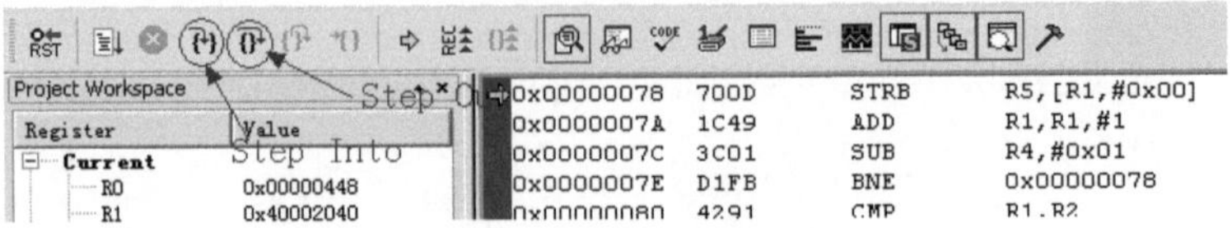

图 11.65　单步调试按钮

IDE 可对调试过的代码提供模拟支持。在启动 PE 阵列模拟前,用户需单击 Tools —> Configure Socket Number,先设置 Socket Port 值完成 PE 阵列调试模块和 RV MDK 的信息交互。用户可以根据自己的需要设置一个适当的 Socket Port 值,这里设置为 4823,如图 11.66 所示。

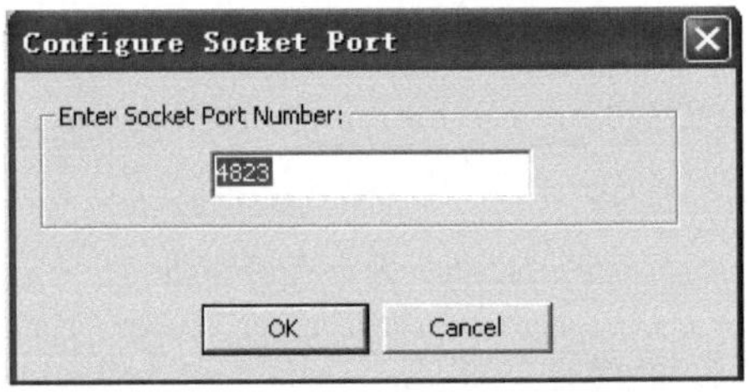

图 11.66　Socket Port 设置窗口

单击 Project —> Option for Target1 —> Debug 在 Dialog DLL 参数列表内增加参数－dRPUSimulator,即可将 PE 模拟器作为外设加载至 MDK,如图 11.67 所示。

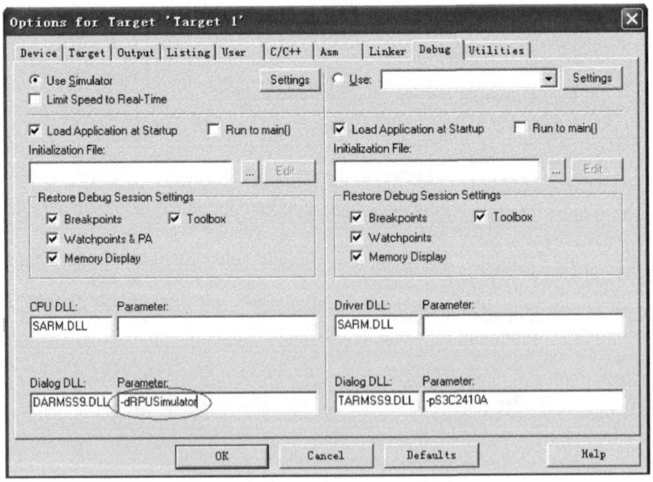

图 11.67　模拟器界面设置

11.4 REMUS 的验证芯片与样机

如图 11.68 所示，REMUS 系列可重构计算处理器采用自底向上的层次化设计流程，由此衍生出了三款验证芯片。首先，研发团队基于运算核——可重构处理单元设计了运算核验证芯片——CHAMELLEON。CHAMELLEON 可用于进行高性能计算板卡的开发。其次，研发团队基于 REMUS 的高性能版本——REMUS_HPP(内嵌 2 个 RPU)，设计了高性能可重构计算处理器验证芯片——RHINOCEROS，并基于此 SoC 芯片进行了高清视频机顶盒样机系统的设计。最后，研发团队基于 REMUS 的低功耗版本——REMUS_LPP，设计了低功耗可重构计算处理器验证芯片——REINDEER，并基于此 SoC 芯片进行手持移动媒体播放器样机系统的设计。REMUS 系列可重构计算处理器除实现了多媒体领域的视频解码应用外，还扩展实现了 H.264 和 MPEG-2 标准的视频编码[2]、基带处理应用 GPS、计算机视觉领域的 Adaboost 算法[3]、SIFT 算法[4]和 SURF 算法[5]。

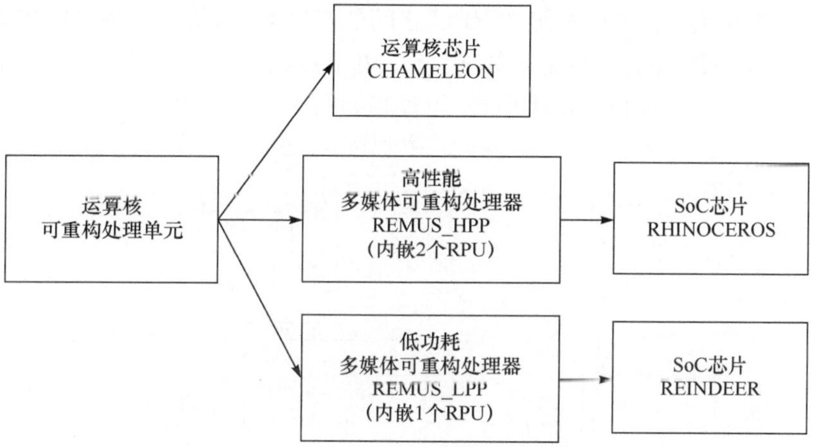

图 11.68 REMUS 验证芯片间的关系图

三款验证芯片的物理实现参数如表 11.29 所示。三款验证芯片均采用 TSMC 65nm LP1P8M 的低功耗工艺，RPU 内的阵列的规模为 16×16，RHINOCEROS 和 REINDEER 中分别集成了 2 个和 1 个 RPU。

表 11.29 三款验证芯片的硅实现物理参数

芯片名称	CHAMELEON	RHINOCEROS	REINDEER
采用的核	RPU	REMUS_HPP	REMUS_LPP
芯片面积/mm^2	6.2×6.2	9.28×9.28	6.9×11.25
核的面积/mm^2	16.7	48.9	21.6
运算单元阵列规模	16×16	(16×16)×2	(16×16)×1
工艺	TSMC 65 nm LP1P8M		

11.4.1 可重构运算核验证芯片——CHAMELEON

运算核验证芯片——CHAMELEON 的结构如图 11.69 所示。它基于可重构处理单元，在此基础上加入了三组接口，即标准 AHB 2.0 接口、片外存储访问接口、RPU 间扩展接口。首先，标准 AHB 2.0 接口用于在系统级设计中通过该接口将 CHAMELEON 接入到采用 AHB 标准的系统总线上。其次，片外存储访问接口用于连接系统中的片外存储访问控制器，读写片外存储器中的数据。最后，RPU 间扩展接口用于实现系统中 RPU 之间的高速直连，从而增强系统中 RPU 的可扩展性。在 RPU 间扩展接口中，接口 1 用于接收数据，接口 2 用于发射数据。运算核验证芯片——CHAMELEON 的管芯如图 11.70 所示。

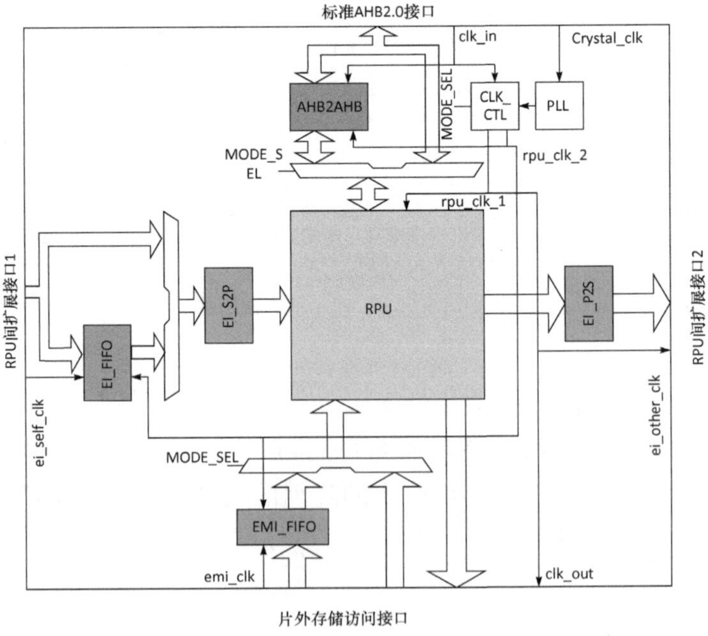

图 11.69 运算核验证芯片——CHAMELEON 结构图

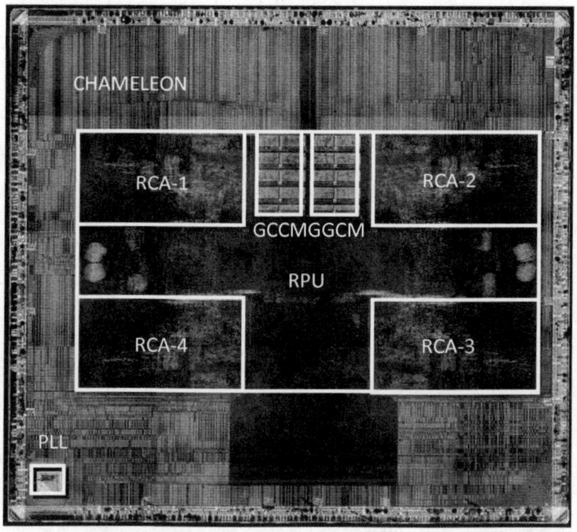

图 11.70 运算核验证芯片——CHAMELEON 的管芯照片

图 11.71 为基于运算核验证芯片——CHAMELEON 进行的板级设计。整个板卡系统包括两个 PCB 板：上层是运算核子板，放置 8 个运算核验证芯片；下层是 FPGA 母板，放置超大容量 FPGA。母板实现目标系统中除 RPU 外的部分，负责数据和配置的输入，以及采集对比输出，甚至是视频播放。子板的 8 个运算核验证芯片可以单独工作，也可以多种方式协同工作。8 个运算核验证芯片的连接通过子板上的小型 FPGA 来实现。子板与母板之前通过

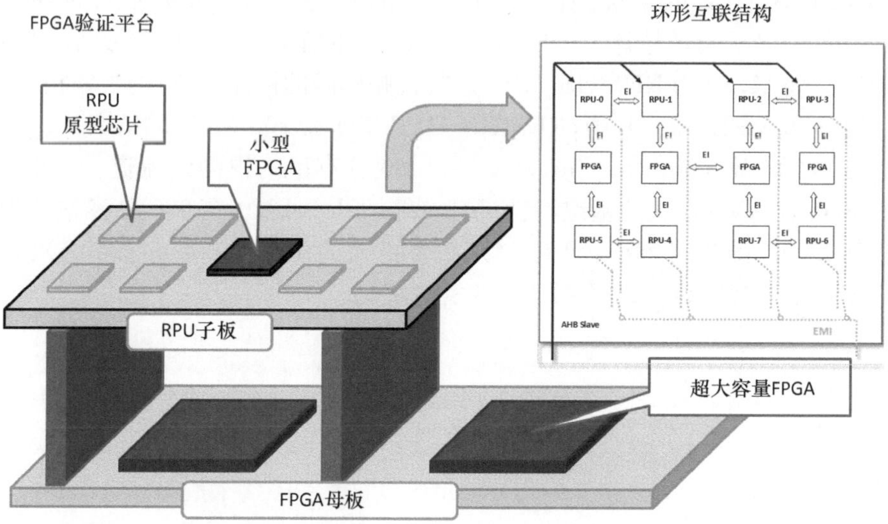

图 11.71 基于运算核验证芯片——CHAMELEON 的板级设计

12 个 samtec 接口来连接。图 11.72为具体实现的用于验证 REMUS_HPP 功能和性能的板卡系统。由于 REMUS_HPP 内嵌 2 个 RPU,因此该板卡系统的子板上放置了 2 颗运算核验证芯片。

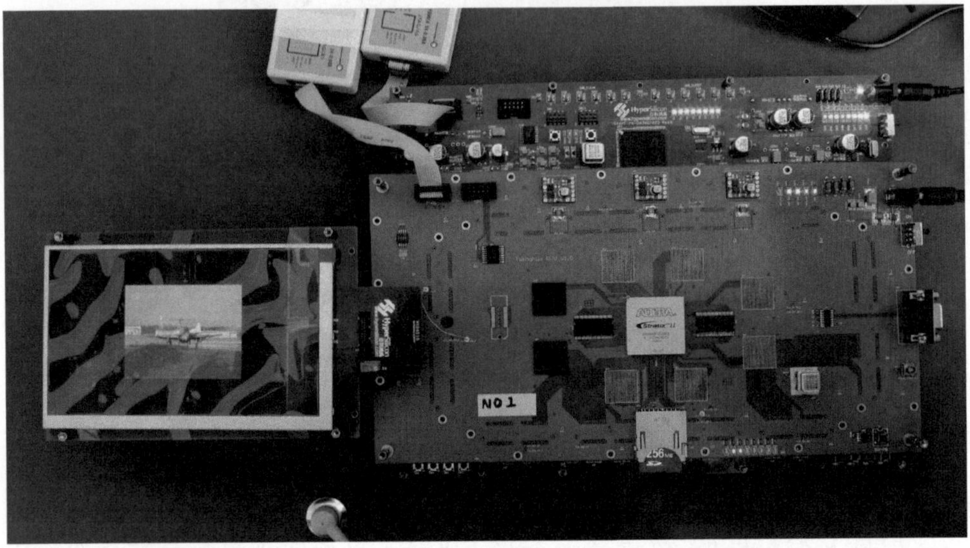

图 11.72　基于大容量 FPGA 平台的可重构计算处理器验证平台

11.4.2　高性能可重构计算处理器验证芯片——RHINOCEROS 与样机系统

REMUS_HPP 的系统图已在 11.1.1 节具体介绍过,此处不再赘述。基于 REMUS_HPP 的验证芯片——RHINOCEROS 的管芯如图 11.73 所示,集成了 2 个 RPU。表 11.30 为 REMUS_HPP 进行视频解码的性能,支持的视频格式有 H.264、AVS 和 MPEG-2。其中,REMUS_HPP 工作在 200 MHz 的频率下,可对 H.264 格式的高特性(high profile)、1920×1080 分辨率的视频码流进行 30fps 的实时解码,可对 AVS 格式的基准特性(jizhun profile)、1920×1080 分辨率的视频码流进行 39 fps 的实时解码,可对 MPEG-2 格式的主特性(main profile)、1920×1080 分辨率的视频码流进行 41 fps 的实时解码。

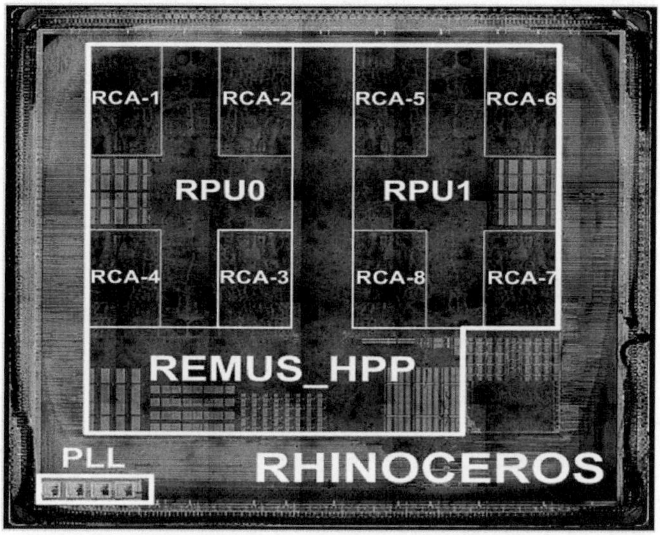

图 11.73　RHINOCEROS 管芯照片

表 11.30　REMUS_HPP 的视频解码性能(200 MHz)

视频格式	Profile	性能/fps	分辨率
H.264	high	30	1920×1080
AVS	jizhun	39	
MPEG-2	Main	41	

表 11.31 为 REMUS_HPP 在 H.264 解码应用上与其他硬件平台的比较。除 REMUS_HPP 外，还包括了另一款高性能可重构计算处理器 XPP-III[13]、多核处理器架构[65]，以及一款最新报道的采用通用计算图形处理器(general purpose graphic process unit，GPGPU)的多格式编解码器[66]。在表 11.31 中，视频分辨率均为 1920×1080 像素，因此一帧图像包含 8160 个宏块。表 11.31 中计算归一化性能和能量效率时均以宏块为单位，MBs/s/MHz 表示单位频率下每秒钟解码的宏块数，MBs/s/mW 表示单位功耗下每秒钟解码的宏块数。在进行能量效率比较时，为了保证比较的公平性，表 11.31 中的能量效率 2 为等比例缩小或放大至 65nm 工艺下的能量效率。相比于 XPP-III，REMUS_HPP 不但具有更高的性能，而且具有极低的功耗，因此能量效率能达到 XPP-III 的 15 倍，归一化至 65nm 工艺，能量效率仍能达到 8 倍。相比多核处理器架构[65]，REMUS_HPP 在工艺不占优的情况下仍具有较低的功耗，因此具有更高的能量效率，归一化至 65nm 工艺，能量效率可以达到该多核架构的 4.7 倍。最后，REMUS_HPP 在工艺上落后两代的情况下，能量效率在数量级上接近最新报道的采用 GPGPU 结构的多格式视频

编解码器[66]，若归一化至 65nm 工艺，能量效率将优于该多格式视频解码器。

表 11.31　REMUS_HPP 在 H.264 解码应用上与其他硬件平台的比较

项目	可重构计算处理器		多核处理器[65]	多格式编解码器(GPGPU)[66]
	REMUS_HPP[1]	XPP-III[13]		
工艺/nm	65	90	40	32
面积/mm^2	48.9	75	210	N/A
频率/MHz	200	450	333	166
分辨率	1920×1080	1920×1080	1920×1080	1920×1080
性能/fps	30	24	30	30
功耗/mW	280	3420	500	<100
归一化性能/(MBs/s/MHz)	1224	435	735	1474
能量效率/(MBs/s/mW)	874	57	490	>2448
能量效率 2/(等比例缩小或放大至 65nm 工艺)	874	109	186	>593

基于高性能可重构计算处理器验证芯片——RHINOCEROS，研发团队设计出一款高清视频机顶盒样机系统，如图 11.74 所示。样机系统的设计包括 PCB 板的设计、制作和调试；硬件开发平台相关驱动软件的开发、移植与调试，包括 HDMI 发送模块、模拟音频输出模块(音频 DAC)、SDRAM 模块、I^2C 接口、SD 卡接口

图 11.74　高清视频机顶盒样机系统

等;Linux 操作系统的开发、移植与调试;嵌入式软件的开发、移植与调试。高清视频机顶盒样机系统的研制完整地验证了 REMUS 在高性能媒体处理上的可行性,并为 REMUS 在日后的大规模并行计算领域的应用奠定了基础。

11.4.3　低功耗可重构计算处理器验证芯片——REINDEER 与样机系统

REMUS_LPP 的系统图已在 11.1.1 节具体介绍过,此处不再赘述。基于 REMUS_LPP 的验证芯片——REINDEER 的管芯如图 11.75 所示,其中集成了 1 个 RPU。表 11.32 为 REMUS_LPP 进行视频解码的性能,支持的视频格式分别 H.264、AVS 和 MPEG-2。其中,REMUS_LPP 工作在 100 MHz 的频率下,可对 H.264 格式的基础特性(baseline profile)、720×576 分辨率的视频码流进行 30 fps 的实时解码,可对 AVS 格式的基准特性(jizhun profile)、720×576 分辨率的视频码流进行 43 fps 的实时解码,可对 MPEG-2 格式的主特性(main profile)、720×576 分辨率的视频码流进行 48 fps 的实时解码。

图 11.75　REINDEER 管芯照片

表 11.32　REMUS_LPP 的视频解码性能(100 MHz)

视频格式	Profile	性能/fps	分辨率
H.264	baseline	30	720×576
AVS	jizhun	43	
MPEG-2	main	48	

表 11.33 为 REMUS_LPP 在 H.264 解码应用上与其他硬件平台的比较。除

REMUS_HPP 外，还包括另一款低功耗可重构计算处理器 ADRES[14,67]，以及 DSP 处理器[68]和基于 DSP 处理器的多格式编解码器[68]。为了便于和 ADRES 进行比较，将 REMUS_LPP 的图像分辨率调整为 720×480；为了获得更低的功耗，将 REMUS_LPP 的工作频率下降为 75 MHz。在表 11.33 中，在计算归一化性能和能量效率时同样以宏块为单位。在进行能量效率比较时，为了保证比较的公平性，表 11.33 中的能量效率 2 为等比例缩小至 65nm 工艺下的能量效率。ADRES 作为一款经典的可重构计算处理器，其研究成果最早于 2005 年发布[14]，在 2013 年最新的研究成果中它作为 IP 核被集成至一款数字视频广播解调器 SoC 芯片中[67]。因此，ADRES 可重构计算处理器具有较强的产品生命力和实用价值，代表了当今可重构计算处理器的领先水平。在表 11.33 中，在与 ADRES 进行比较时，将 ADRES 的芯片参数按等比例定律缩小至 65nm 工艺下，保证了比较的公平性。相比 ADRES，REMUS_LPP 不仅具有更高的性能，而且具有更低的功耗，因此能量效率能达到 ADRES 的 5 倍，归一化至 65nm 工艺，能量效率仍能达到 2.6 倍。最后，相比于一款 DSP 处理器[68]和另一款基于 DSP 处理器的多格式视频编解码器[69]，在归一化至 65nm 工艺后，REMUS_LPP 的能量效率均能高出近两个数量级。

表 11.33　REMUS_LPP 在 H.264 解码应用上与其他硬件平台的比较

项目	可重构计算处理器		DSP[68]	多格式编解码器[69]
	REMUS_LPP[1]	ADRES[14,67]		
工艺/nm	65	90	130	65
面积/mm^2	21.6	3.6	529	25.6
频率/MHz	75	300	600	333
分辨率	720×480	720×480	720×576	1280×720
性能/fps	35	30	25	30
功耗/mW	24.5	106	1900	139
归一化性能/(MBs/s/MHz)	630	135	67.5	324
能量效率/(MBs/s/mW)	1904	384	21.3	777
能量效率 2(等比例缩小至 65nm 工艺)(MBs/s/mW)	1904	737	85.2	777

基于低功耗可重构计算处理器验证芯片——REINDEER，研发团队设计出一款手持移动媒体播放器样机系统，如图 11.76 所示。移动样机系统是一个 6 英寸

(1 英寸=2.54 厘米)大小的平板电脑(MID),REINDEER 芯片作为其应用处理器(application processor,AP)单元,相当于 iPAD 中的 A8 处理器。在移动样机系统的研制过程中,进行了 linux 操作系统的移植、wifi 上网、影音播放等一系列常见应用的测试工作。移动样机系统的研制完整的验证了 REMUS 在低功耗媒体处理上的可行性,并为 REMUS 在日后手持移动设备上的应用奠定了基础。

图 11.76 手持移动媒体播放器样机系统

参 考 文 献

[1] Liu L,Deng C,Wang D,et al. An energy-efficient coarse-grained dynamically reconfigurable fabric for multiple-standard video decoding applications[C]//Custom Integrated Circuits Conference,2013 IEEE,2013:1-4.

[2] Nguyen K H,Cao P,Wang X. Mapping H. 264/AVC Fractional Motion Estimation Algorithm onto Coarse-Grained Reconfigurable Computing System[M]//Jin D,Lin S. Advances in Future Computer and Control Systems. Heidelberg:Springer,2012:299-309.

[3] Jian X,Zhang J,Zhu M,et al. Fast adaboost-based face detection system on a dynamically coarse grain reconfigurable architecture [J]. IEICE Transactions on Information and Systems,2012,95(2):392-402.

[4] Ouyang P,Shouyi Y I N,Hui G A O,et al. Parallelization of computing-intensive tasks of SIFT algorithm on a reconfigurable architecture system[J]. IEICE Transactions on Fundamentals of Electronics,Communications and Computer Sciences,2013,96(6):1393-1402.

[5] Zhang W L,Liu L B,Yin S Y,et al. An efficient VLSI architecture of speeded-up robust feature extraction for high resolution and high frame rate video[J]. Science China Information Sciences,2013,56(7):1-14.

[6] 刘雷波,朱敏,王延升,等. 一种动态可重构阵列处理器的构令流工作方法[P]. 中国,201110226931. x. 2013. 12. 11.

[7] 朱敏. 面向媒体处理的可重构计算阵列关键技术研究及 VLSI 实现[D]. 北京:清华大学博士学位论文,2011.

[8] Myjak M J,Delgado-Frias J G. A medium-grain reconfigurable architecture for DSP: VLSI design,benchmark mapping and performance[J]. IEEE Transactions on Very Large Scale Integration Systems,2008,16(1):14.

[9] 刘雷波,王延升,朱敏,等,一种动态可重构处理器内数据流运转的方法[P]. 中国,201110140357. 6. 2014. 01. 01.

[10] 王延升. 粗粒度动态可重构计算处理器中的高能效关键配置技术研究[D]. 北京:清华大学博士学位论文,2014.

[11] Wang Y,Liu L,Yin S,et al. On-chip memory hierarchy in one coarse-grained reconfigurable architecture to compress memory space and to reduce reconfiguration time and data-reference time[J]. IEEE Transactions on Very Large Scale Integration Systems,2014,22(5):983-984.

[12] Wang Y,Liu L,Yin S,et al. The organization of on-chip data memory in one coarse-grained reconfigurable architecture[J]. IEICE Transactions on Fundamentals of Electronics,Communications and Computer Sciences,2013,96(11):2218-2229.

[13] Lambrechts A,Raghavan P,Jayapala M,et al. Energy-aware interconnect optimization for a coarse grained reconfigurable processor[C]// 21st IEEE International Conference on VLSI Design,2008:201-207.

[14] Mei B,Veredas F J,Masschelein B. Mapping an H. 264/AVC decoder onto the ADRES reconfigurable architecture[C]//IEEE International Conference on Field Programmable Logic and Applications,2005:622-625.

[15] Liu X,Mei C,Cao P,et al. Date flow optimization of dynamically coarse grain reconfigurable architecture for multimedia applications[J]. IEICE Transactions on Information and Systems,2012,95(2):374-382.

[16] Brun Z,Leandro M L ,Arnaldo A,et al. A reduced memory bandwidth and high throughput HDTV motion compensation decoder for H. 264/AVC High 4:2:2 profile[J]. Real-Time Image Processing,2013,8(1):127-140.

[17] Chuang T,Ysung P,Lin P,et al. A 59. 5mW scalable/multi-view video decoder chip for Quad/3D full HDTV and video streaming applications[C]//International Solid-State Circuits Conference,2010:330,331.

[18] Wang Y S,Liu L B,Yin S Y,et al. Hierarchical representation of on-chip context to reduce reconfiguration time and implementation area for coarse-grained reconfigurable architecture [J]. Science China Information Sciences,2013,56(11):1-20.

[19] 刘雷波,王延升,朱敏,等. 一种动态可重构处理器中层次化执行配置流的方法[P]. 中国,201110140266. 2. 2013. 07. 17.

[20] Chen Y,Liu L B,Wang Y S,et al. Configuration approaches to improve computing efficiency

of coarse-grained reconfigurable multimedia processor[C]//IEEE International Conference on Field Programmable Logic and Applications, 2014.

[21] Yin C, Yin S, Liu L, et al. Compiler framework for reconfigurable computing architecture [J]. IEICE Transactions on Electronics, 2009, 92(10): 1284-1290.

[22] Li Y, Callahan T, Darnell E, et al. Hardware-software co-design of embedded reconfigurable architectures[C]//Proceedings of the 37th Annual Design Automation Conference, 2000: 507-512.

[23] Gokhale M B, Stone J M. NAPA C: compiling for a hybrid RISC/FPGA architecture[C]// Proceedings of IEEE Symposium on FPGAs for Custom Computing Machines, 1998: 126-135.

[24] Hammes J P, Böhm A P W. The SA-C language-version 1. 0[EB/OL]. http://www. cs. colostate. edu/cameron/[1999-5-7].

[25] Draper B A, Böhm A P W, Hammes J, et al. Compiling SA-C Programs to FPGAs: Performance results[M]. Heidelberg: Springer, 2001: 220-235.

[26] Nallatech Inc. DIME-C User Guide[EB]. Reference Manual, United Kingdom, 2001.

[27] 霍尔顿，杨浩. C 语言入门经典[J]. 中国科技信息，2014，(2)：44-44.

[28] 杨超. 可重构处理器编译技术研究[D]. 北京：清华大学博士学位论文，2010.

[29] Aigner G, Diwan A, Heine D L, et al. An overview of the SUIF2 compiler infrastructure[J]. Portland Group, Computer Systems Laboratory, Stanford University, 1999.

[30] 敖富江. 并行编程模式[M]. 北京：清华大学出版社，2005.

[31] Andrew W. Appel Modern Compiler Implementation in C[M]. 北京：人民邮电出版社，2005.

[32] Lam M, SethiR, Ullman J D. Compilers: Principles, Techniques, and Tools[M]. New Jersey: Addison Wesley, 2006.

[33] Wolfe M J. High Performance Compilers for Parallel Computing[M]. New York: Wesley, 1996.

[34] 赵建华，郑滔，戴新宇，等. 编译原理[M]. 北京：机械工业出版社，2009.

[35] Smith M D, Holloway G. An introduction tomachine SUIF and its portable libraries for analysis and optimization[EB/OL]. http://www. cse. iitd. ac. in/～nagaraju/TA/2004-2005/SDS-04/project/overview. pdf[2002-07-12].

[36] Holloway G, Smith M D. The machine-SUIF SUIFvmlibrary[EB/OL]. http://65. 54. 113. 26/Publication/2110100/the-machine-suif-suifvm-library[2007-7-14].

[37] 殷崇勇，尹首一，刘雷波，等. 可重构媒体处理器编译器的前端设计[J]. 北京邮电大学学报，2011, 34(3): 108-112.

[38] So B, Hall M. Increasing the Applicability of Scalar Replacement[M]. Heidelberg: Springer, 2004: 185-201.

[39] So B, Hall M W, Ziegler H E. Custom data layout for memory parallelism[C]// Proceedings

of the International Symposium on Code Generation and Optimization: Feedback-Directed snd Runtime Optimization. IEEE Computer Society, 2004: 291.

[40] Yang C, Yin S, Liu L, et al. A data-flow graph generation algorithm for a coarse-grained reconfigurable processor[C]// Proceedings of IEEE 8th International Conference on ASIC, 2009: 898-901.

[41] Dasu A, Panchanathan S. Reconfigurable media processing[J]. Parallel Computing, 2002, 28(7): 1111-1139.

[42] Yin C, Yin S, Liu L, et al. Temporal partitioning algorithm for a coarse-grained reconfigurable computing architecture[C]//Integrated Circuits, Proceedings of the 12th International Symposium on, 2009: 659-662.

[43] Lee C, Potkonjak M, Mangione-Smith W H. MediaBench: a tool for evaluating and synthesizing multimedia and communicatons systems[C]//Proceedings of the 30th Annual ACM/IEEE International Symposium on Microarchitecture, IEEE Computer Society, 1997: 330-335.

[44] Jiang Y C, Wang J F. Temporal partitioning data flow graphs for dynamically reconfigurable computing[J]. IEEE Transactions on Very Large Scale Integration Systems, 2007, 15(12): 1351-1361.

[45] Galanis M D, Dimitroulakos G, Goutis C E. Partitioning methodology for heterogeneous reconfigurable functional units[J]. The Journal of Supercomputing, 2006, 38(1): 17-34.

[46] Pan X, Sun K, Lu K, et al. Temporal task partitioning algorithm for dynamically reconfigurable systems[J]. Journal-Zhejiang University Engineering Science, 2007, 41(11): 1839.

[47] 殷崇勇，尹首一，魏少军. 可重构媒体处理器配置信息优化生成技术[J]. 吉林大学学报(工学版)，2011，42(4)：1059-1065.

[48] 谢雳. 粗粒度可重构计算系统中算法映射的研究与设计[D]. 上海：上海交通大学硕士学位论文，2011.

[49] 刘鏓. 面向粗粒度可重构处理器 REMUSII 的编译后端设计[D]. 上海：上海交通大学硕士学位论文，2011.

[50] 曹超. 面向可重构阵列编译的循环变换技术研究[D]. 上海：上海交通大学硕士学位论文，2011.

[51] 刘雷波，王延升，朱敏，等. 一种动态可重构处理器间一对一数据交互方法及装置[P]. 中国，201110159481.7. 2013.05.22.

[52] Zhu M, Liu L, Yin S, et al. A reconfigurable multi-processor SoC for media applications [C]//IEEE Proceedings of 2010 IEEE International Symposium on Circuits and Systems, 2010: 2011-2014.

[53] Smith J R. The H.264 video coding standard[J]. IEEE Computer Society, 2006, 13: 86-90.

[54] GengT, LiuL, Yin S, et al. Parallelization of computing-intensive tasks of the H.264 high profile decoding algorithm on a reconfigurable multimedia system[J]. IEICE Transactions

on Information and Systems, 2010, 93(12): 3223-3231.

[55] Geng T, Liu L, Yin S, et al. Parallel implementation of computing-intensive decoding algorithms of H. 264 on reconfigurable SoC[C]// Proceedings of 2010 IEEE International Symposium on Circuits and Systems, 2010: 1153-1156.

[56] Cardoso J M P, Diniz P C, Weinhardt M. Compiling for reconfigurable computing: a survey [J]. ACM Computing Surveys (CSUR), 2010, 42(4): 13.

[57] Mencer O, Platzner M, Morf M, et al. Object-oriented domain specific compilers for programming FPGAs[J]. IEEE Transactions on Very Large Scale Integration Systems, 2001, 9 (1): 205-210.

[58] 左艳辉. 粗粒度可重构阵列处理器编译工具研究[D]. 湖南: 国防科学技术大学硕士学位论文, 2008.

[59] Singh H, Lee M H, Lu G, et al. MorphoSys: an integrated reconfigurable system for data-parallel and computation-intensive applications[J]. IEEE Transactions on Computers, 2000, 49(5): 465-481.

[60] Chalamalasetti S R, Purohit S, Margala M, et al. MORA-an architecture and programming model for a resource efficient coarse grained reconfigurable processor[C]// NASA/ESA Conference on Adaptive Hardware and Systems, 2009: 389-396.

[61] Vanderbauwhede W, Margala M, Chalamalasetti S R, et al. Programming model and low-level language for a coarse-grained reconfigurable multimedia processor[C]//International Conference on Engineering of Reconfigurable Systems and Algorithms, 2009: 195-201.

[62] Cardoso J M P, Weinhardt M. XPP-VC: AC compiler with temporal partitioning for the PACT-XPP architecture[M]. Field-Programmable Logic and Applications: Reconfigurable Computing is Going Mainstream. Berlin: Springer, 2002: 864-874.

[63] Mei B, Berekovic M, Mignolet J Y. Adres&dresc: architecture and compiler for coarse-grain reconfigurable processors[J]. Fine and Coarse-Grain Reconfigurable Computing, 2007: 255-297.

[64] Liu L, Wang D, Yin S, et al. SimRPU: a simulation environment for reconfigurable architecture exploration[J]. IEEE Transactions on Very Large Scale Integration Systems, 2014.

[65] Xu H, Tanabe J, Usui H, et al. A low power many-core soc with two 32-core clusters connected by tree based noc for multimedia applications[C]// 2012 Symposium on VLSI Circuits, 2012: 150, 151.

[66] Park Y, Yu C, Lee K, et al. 72. 5 GFLOPS 240Mpixel/s 1080p 60fps multi-format video codec application processor enabled with GPGPU for fused multimedia application[C]// 2013 IEEE International Solid-State Circuits Conference Digest of Technical Papers (ISSCC), 2013: 160, 161.

[67] Yang H, Basutkar N, Xue P, et al. Software-defined DVT-T2 demodulator using scalable DSP processors[J]. IEEE Transactions on Consumer Electronics, 2013, 59(2): 428-434.

[68] Pescador F, Sanz C, Garrido M J, et al. A DSP based H. 264 decoder for a multi-format IP set-top box[J]. IEEE Transactions on Consumer Electronics, 2008, 54(1): 145-153.
[69] Mori T, Ueda Y, Nonogaki N, et al. A power, performance scalable eight-cores media processor for mobile multimedia applications[J]. IEEE Journal of Solid-State Circuits, 2009, 44(11): 2957-2965.

第12章 基于REMUS系统的算法映射实现

了解可重构计算的原理、技术和实现后，许多问题也随之而来，例如可重构计算到底好不好用？可重构计算可以应用于哪些领域？应用时有哪些关键点？与传统的计算架构（CPU、FPGA、ASIC）相比，可重构计算有哪些优点？又有哪些不足？

本章将以上一章的REMUS系统为平台，介绍可重构计算的算法映射实例。为了具有普遍意义，本章将从媒体处理、密码安全、机器视觉、通信基带四个不同的领域，选取典型应用在REMUS上实现，评估可重构计算在这些领域的性能和效率。

如何让一个可重构计算处理器执行一个应用呢？由第5章知道，可重构计算中的应用程序的载体是配置信息。编译器会分析一个应用的代码，根据可重构计算处理器的硬件资源将应用分成一系列子任务，再将它们映射到处理器上。因此，对应用实例都先分析应用的算法，再将算法映射到可重构计算处理器上，最后分析该应用的实现结果。

如何评估应用在一个处理器体系结构上执行效果的优劣呢？传统的体系结构研究中最重要的评估指标是性能，例如每秒执行的浮点运算次数（floating-point operations per second，FLOPS）。如今，芯片的功耗和功耗密度（即单位面积功耗，过高会导致芯片温度过高）越来越成为芯片设计中重要的约束条件。因此，本章将采用性能和能量效率（即单位功耗完成的任务，Operation/J）作为评估指标。

12.1 媒体处理领域的算法映射实现

媒体处理包括对多媒体对象，如文本、手写体数据、音视频对象、静态图像、2-D/3-D图形、动画，以及全动态视频等的捕捉、存储、传输等操作，可以说媒体处理算法是日常生活中接触最多的算法。其中视频解码是最常用的，且对计算性能要求较高的算法。例如，在购买手机时，最直观地衡量手机性能的方法就是用手机播放一段高清视频，看一下能否流畅播放，以及播放一段时间后手机热不热。因此，这里首先以视频解码算法为例，分析可重构计算在媒体处理领域的应用。

原始视频文件都是非常大的。1秒钟的1080p视频由25张图像组成，每张图像有1920×1080个像素点，每个像素点对应一个1字节的数据，那么这1秒钟的视频就有大约50M。因此，我们需要用视频编码技术，根据人的感知特征，去除原始视频中的冗余信息。在常见的视频编码技术中,MPEG-2 的压缩率大约为 25∶1,MPEG-4 的压缩率大约为 60∶1,H. 264 的压缩率达到了惊人的 100∶1。但是,仅考虑压缩率是不行的。在播放视频时,我们需要根据压缩后的码流复原原始码流。每一个编码算法都有一个对应的解码算法,通常编码的压缩率越高,解码算法的计算复杂度就越高。

视频编解码算法众多,因此需要通过标准来进行规范。图 12.1 是常见视频编解码标准的发展历程。本章主要以 H. 264 算法为主,MPEG 和 AVS 算法为辅进行分析。

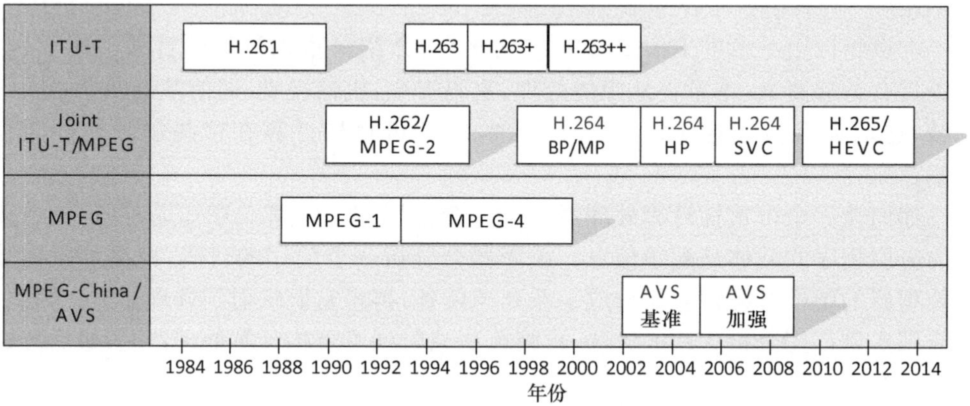

图 12.1 视频编解码标准的发展历程[1]

为什么重点分析 H. 264 算法呢? 首先,H. 264 标准应用最为广泛,而且系统性能评估测试(standar performance evaluation corporation,SPEC)、嵌入式微处理器基准(embedded microprocessor benchmark consortium,EEMBC)等如今通用的标准测试程序都采用了 H. 264 编解码算法中的子程序作为测试标准。其次,H. 264 算法子程序覆盖了媒体处理算法的方方面面,从高度并行化的计算密集型的运动补偿,到很难并行的控制密集型的 CABAC。如果 H. 264 算法可以映射成功,那么其他媒体处理算法的映射可行性基本可以得到保证。

下面就按照算法分析、映射实现、结果评估的逻辑顺序,重点介绍 H. 264 算法在可重构计算处理器上的执行,并辅以 MPEG 和 AVS 算法的讨论。

12.1.1 算法分析

H. 264 的解码流程如图 12.2 所示。H. 264 的原始码流可以分割成一段段的网络抽象层(network abstract layer,NAL)单元。每个 NAL 单元都可以独立地送到熵解码单元,通过 CAVLC 或者 CABAC 算法解码之后得到许多宏块。一个宏块是一个 16×16 像素的方格,每个宏块可以进一步划分为 4 个 8×8 的块,以及更加细分的 4×8、4×4 的子块。之后的所有视频解码操作，都是以宏块、块或者子块为单位并行执行的。注意，熵解码用到的 CAVLC 或者 CABAC 算法是高度串行化的算法，即每一次解码都会用到之前解码的结果。

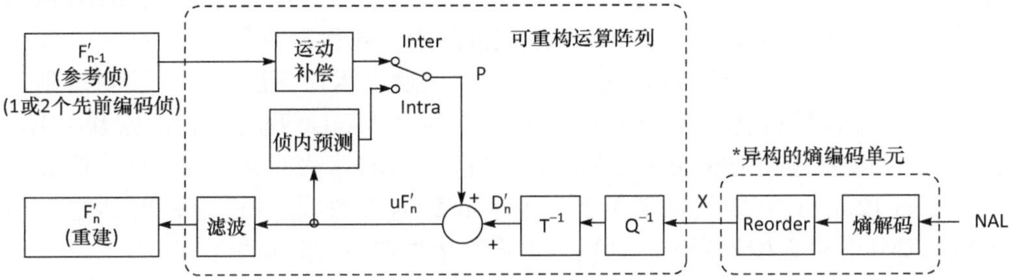

图 12.2　H.264 的解码框架和模块划分

每一个宏块都需要先通过反扫描(inverse scan，IS)和反量化来恢复每个宏块的数据在编码前的精度。IS 和 IQ 广泛用于现代通信编码中。对于 H.264 来说，这两步是一个简单的数据拼接操作。

恢复精度后的宏块通过 IT(反 DCT 变换，IDCT)进行一次基变换。DCT 通过将一个向量的基从$(1,x,x^2,x^3,\cdots)$变化为$(1,\cos x,\cos^2 x,\cos^3 x,\cdots)$，从而达到去除向量内冗余信息的目的。IDCT 变换就是要恢复这些冗余信息，使之便于后面的解码操作。图 12.3 是 DCT 变换的数据流图，IDCT 变换的数据依赖关系与它类似。H.264 的 IDCT 以 4×4 或 8×8 的子块为单位，计算复杂度低，数据依赖关系非常规则，只需要分别以每行或每列作为输入，将图 12.3的数据流图分别执行两遍。

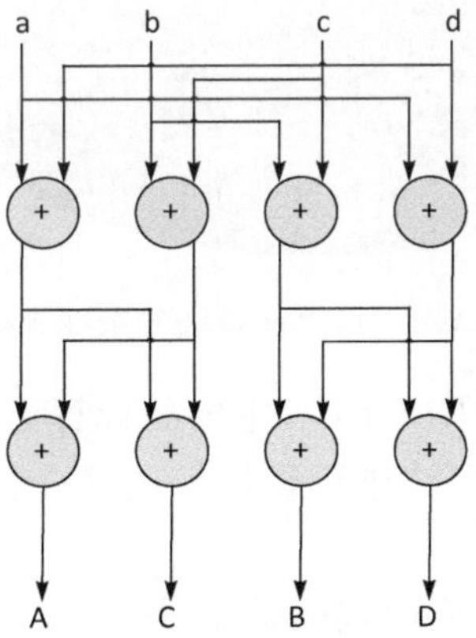

图 12.3　DCT 变换中行/列变换的依赖关系

接下来，待解码的宏块需要与参考宏块计算出的预测值相加，重建该宏块的数据。什么是参考宏块呢？在视频中，时间相邻和空间相邻宏块之间，一般都具有相似的属性。H. 264 在编码时对大部分宏块都进行了差分编码，即在对一给定宏块编码时，首先根据周围的宏块预测，然后对预测值与实际值的差值进行编码，从而使码率相对直接编码大幅度减小。提供基准的宏块被称为参考宏块。

因此，在对宏块解码时，首先要将参考宏块通过运动补偿和帧内预测得到该宏块的预测值，然后将该预测值和差分编码的结果（IDCT 后得到的宏块数据）相加，就可以重建这个宏块了。MC 和 IP 这两步的算法非常复杂，但计算过程类似于图 12.3，具有规则依赖关系的 16-bit 数据流图，非常适合映射到之前描述的 REMUS 可重构阵列上。这里就不再给出详细的数据流图了。

由于误差的存在，直接将恢复后的宏块拼接起来，会因为两个宏块边缘的数据不连续而导致画面看起来是一块一块的，这种现象称为块效应。因此，在最终得到一个宏块的解码结果前，需要将该宏块与周围宏块一起做一次滤波，即去块效应滤波。这一步表面看上去不容易并行，因为一个宏块需要参考周围所有宏块的结果，但通过合理调整一幅画面中宏块的访问顺序，可以取得很好的并行性，并很容易映射到阵列上。

了解大致解码流程后，我们还需要分析流程中每个子算法的执行时间，从而决定要重点对哪些算法进行加速。图 12.4 为 H. 264 中各个子算法占总执行时间的比率。

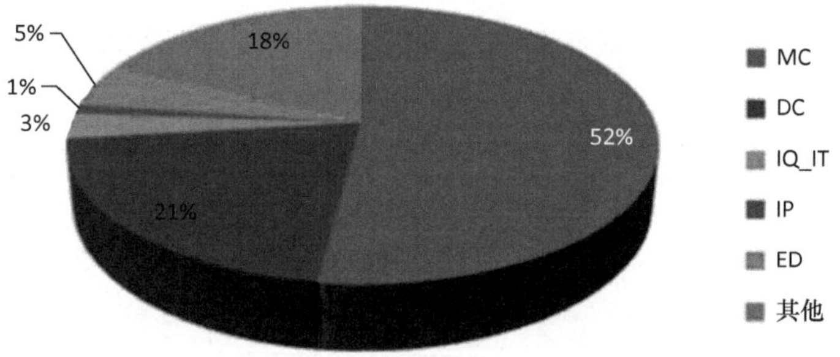

图 12.4　H. 264 算法复杂度分析[2]

可以看到，在 H. 264 解码应用中，主要的计算量均集中在 MC、DF 等有限的几个算法中。针对这些重点算法进行硬件加速和并行性的挖掘，可以显著提高整个应用的执行效率。

MPEG-2、MPEG-4 和 AVS 的解码算法具有与 H. 264 相似的性质。首先，它们的大部分解码操作都是基于块的并发操作。在 MPEG-2 和 MPEG-4 标准中，基于宏块（16×16 像素）进行的运动估计和补偿算法用于压缩视频帧的时间冗余信息，基于块（8×8 像素）进行的 DCT 变换用于压缩空间冗余信息。AVS 标准在此基础上增加了 16×8、8×16 的子块操作方式。其次，它们的大部分子算法都具有非常规则的数据依赖关系，很适合映射到阵列上执行。最后，它们的计算复杂度也集中在少数几个子算法上，适合用硬件进行加速。

下面介绍 H. 264 1080p 视频解码算法在 REMUS 上的映射调度方法。

12. 1. 2　映射实现

要将一个算法映射到可重构阵列上，我们只需要将该算法用数据流图的形式表示出来，然后将数据流图节点的对应 PE 和边对应互连。当然，如果数据流图的大小超过了阵列的大小，需要对数据流图进行裁剪。

图 12. 5 是之前提到的 IDCT 变换的数据流图，可以看到它与图 12. 3 中 DCT 变换的数据流图相似。如果阵列要执行 IDCT 时，只需要将数据流图中每一个节点都对应到阵列的一个 ALU 上，每一条边都对应到一个行间路由的数据通路上，从而可以得到图 12. 6 中将 IDCT 映射到可重构阵列上的方法。注意，每一次 IDCT 变换需要 3×4 的 PE 单元，因此一个 8×8 的 PEA 可以映射 4 次 IDCT。

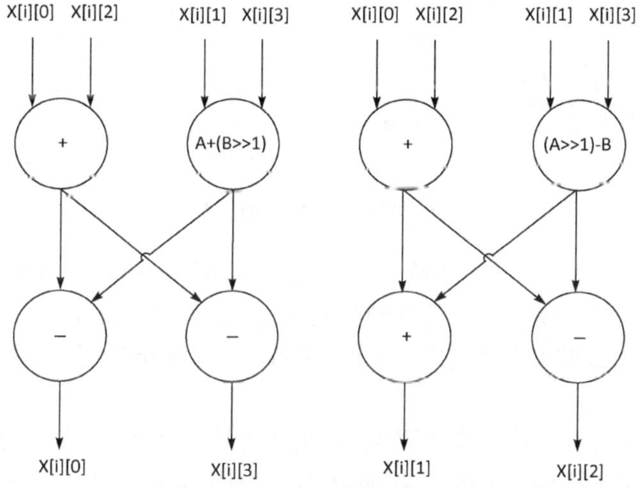

图 12. 5　IDCT 行列变换数据流图

类似的，上一节提到的 MC、IP、DF 等子算法，同样可以表示为数据流图的形式。数据流图经过切分之后，都可以映射到 8×8 的可重构阵列上执行[3]。

再观察图 12. 2 的 H. 264 解码流程图，我们可以发现，在熵解码以后，所有宏块的运算都已经可以在可重构阵列上执行了，但产生宏块的熵解码和提供解码方法指导的 NAL 单元解析还没有进行映射。

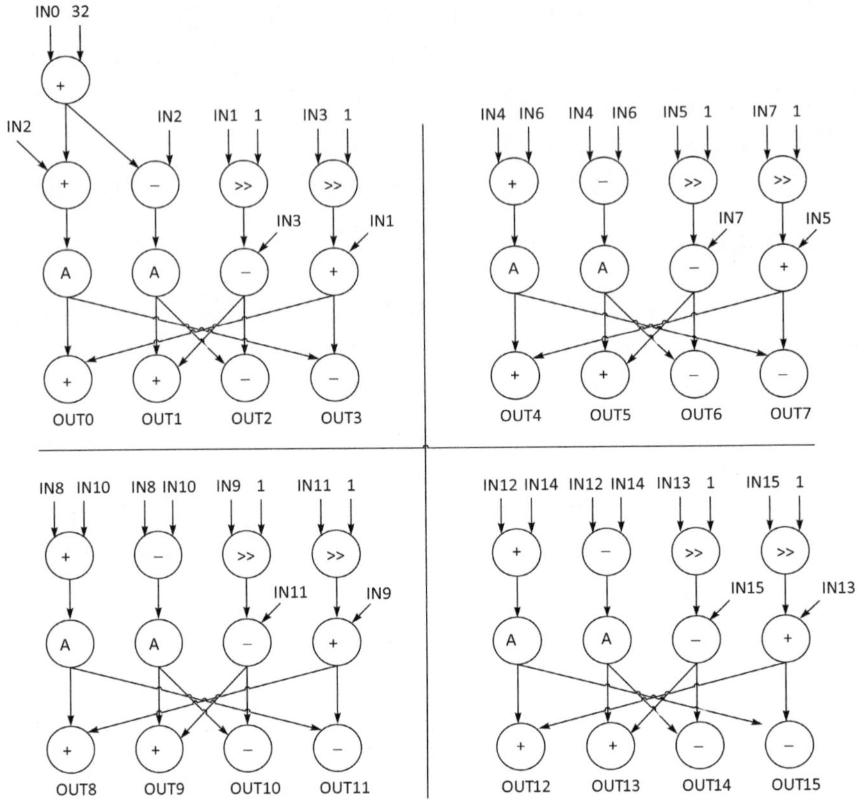

图 12.6 IDCT 行列变换映射方法

回顾 REMUS 系统，可重构阵列的配置是由 RMC 控制的，而 NAL 单元解析只是一个单纯的读取数据并进行判断的过程，没有复杂的运算，且 NAL 单元解析的结果将控制之后的解码操作。因此，NAL 单元解析很适合放在系统的控制单元。

对于熵解码这样的控制密集型运算，由于 REMUS 系统可重构阵列数据通路为 16bit，很难以较低的代价执行，因此在 REMUS 系统中加入了 VPP 来执行所有类型的熵解码操作。同时，在第 7 章介绍的面向控制密集型的可重构计算处理器很适合用来执行熵解码等控制密集型算法。

现在已经可以执行 H. 264 的解码操作了，但是解码的性能怎么样？评估解码操作的性能，最重要的就是要满足视频播放的实时性需求。如果手机的处理器能力不够，那么播放视频的时候就会发生卡顿的现象。因此，视频解码需要满足实时性需求，即解码速度大于播放的速度。美国的 NTSC 制式规定，视频的播放速度为每秒 29.97 帧，下面以此为目标，分析阵列的性能能否满足 1080p H. 264 的实时性需求。

在 REMUS 系统中,一个 RPU 有 4 个 PEA,每个 PEA 都是一个计算通路为 16bit 的 8×8 阵列。测试将几个核心子算法映射到 RPU 上后,处理单个宏块所需的时间周期,结果如表 12.1 所示。对照表 12.2 给出实时解码频率和宏块处理周期数关系,可以发现单个宏块的处理时间已经远远超过高清 1080p H.264 视频实时解码要求的每个宏块处理时间的上限。

表 12.1 H.264 核心算法映射性能统计

子算法	cycles/宏块
运动补偿 MC_4×4 (sub-macro-block size is 4×4)	2968
运动补偿 MC_8×8 (sub-macro-block size is 8×8)	628
去块效应滤波	1310
IDCT 4×4	144
IDCT 8×8	322

表 12.2 宏块处理性能和 16×16 阵列频率需求

视频分辨率	宏块数	实时解码要求	30fps			
		阵列工作频率	100MHz	200MHz	300MHz	400MHz
HD:1920×1088	8160	单个宏块的处理时间(cycle)	408	817	1225	1634

但是,实时性需求其实是可以满足的。首先,不同宏块间没有依赖关系的子算法是可以并行的。其次,宏块数据的输入、输出和宏块的运算之间是可以并行的。最后,同一宏块不同子宏块间也可以并行。这里,并行化的关键是将视频数据看成一个流,用宏块对流进行分割,从而可以用流水线的方法进行并行。

先来看同一宏块内的不同子算法间是如何并行的。H.264 中表示一个像素的色彩需要三个整数,分别是 Y(亮度)、U(色度)、V(浓度)。在 H.264 中存在三个色彩空间,且这三个色彩空间相互独立。在一个 16×16 的宏块内,有 4 个 8×8 的 Y 子宏块,分别命名为 Y1、Y2、Y3 和 Y4,且这四个子宏块完全独立。U 和 V 色彩空间也有类似的性质。

图 12.7 是两个不同种类的宏块在一个 RPU 上各个子算法的调度过程。图 12.7(a)中的宏块在 IDCT 变换后,与通过动作补偿获得预测帧相加。图 12.7(b)中宏块 IDCT 的结果则是与帧内预测的结果相加。通过计算资源的冗余,利用宏块内子算法间的并行性进行映射调度。

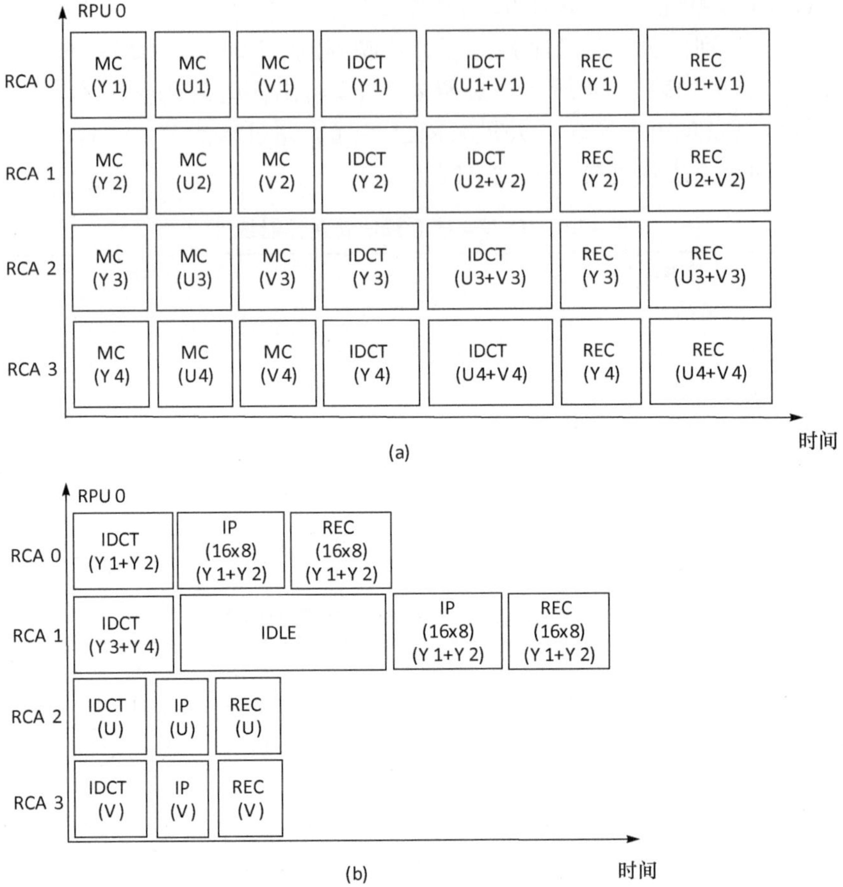

图 12.7 RPU 上子算法的调度和映射

经过单个宏块内的子算法级调度优化后，我们可以得到每个宏块的各个子算法所需的时间。如表 12.3 所示，单个宏块的运算时间已经大大缩短。

表 12.3 H.264 核心算法映射性能统计

子算法	cycles/宏块(优化前)	cycles/宏块(优化后)	加速比/%
运动补偿 MC_4×4 (sub-macro-block size is 4×4)	2968	1059	280
运动补偿 MC_8×8 (sub-macro-block size is 8×8)	628	323	194
去块效应滤波	1310	704	186
IDCT 4×4	144	106	136
IDCT 8×8	322	192	168

现在，每个宏块在阵列上的计算时间为 1059＋704＋192＝1955，依然无法满足表 12.2 中的实时性需求。

下面分析不同宏块间及宏块的运算与数据访存间的并行。图 12.8 给出了考虑 RPU 资源的约束后整个宏块层的并行化方案，重点关注宏块 0 和宏块 1 这两个宏块间的流水并行。RMC、VPP 和阵列之间形成流水处理。RMC 单元实现 NAL 单元的解析，借此给出可重构阵列上执行算法的配置。VPP 是专用硬件加速单元，可以实现多种媒体算法的熵解码。阵列上执行 MC、帧内预测、IDCT 和去块效应滤波操作。这里使用两个 RPU，第一个 RPU(RPU0)上实现 MC、帧内预测、IDCT；第二个 RPU(RPU1)实现了去块效应滤波操作。由于运动补偿一般情况下执行时间大于帧内预测，且每个宏块只需要执行一种预测，因此图上显示了运动补偿的执行关系。此外，考虑到视频解码数据吞吐量很大，模块之间的数据传输也需要重点计算并加入到流水线中。在图 12.8 中，下面四行标出了模块间通信的流水方式。

宏块层的流水线并没有缩短每个宏块所需的处理时间，由于流水线可以同时处理多个宏块，因此从输出端来看，每个宏块输出之间的间隔时间仅为流水线中最长那一级的延时，即 1059＋192＝1251。对比表 12.2，可以发现此时已经满足视频解码的实时性需求。

上面的分析都是以 1080p 全高清视频实时解码为基础。当要解码的视频比 1080p 的码率低时，如果还是使用之前的方法，势必造成浪费。因为实时性要求是一个硬性的标准，即使每秒解码 60 帧，应用依然只会播放 30 帧，剩下的 30 帧只能缓存起来，这对计算单元和存储系统来说都会浪费很多能量。解决的办法就是利用可重构计算处理器的灵活性，通过改变配置信息，关闭一部分计算单元，从而提高能量效率。

下面以移动设备中最常见的 720×576 的 H.264 D1 制式为例。由于宏块数量大大减少，解码一帧图像的时间也大大减少，实时性需求很容易满足。为了尽量地降低功耗，可以在时域上复用一个可重构阵列，具体而言，就是先用可重构阵列完成运动补偿、帧内预测、反量化反变换，及 IDCT 得到重建图像之后，将重建图像存储在缓存中。之后再将可重构阵列的配置切换为去块效应滤波，将重建图像输入，得到最终结果，如图 12.9 所示。这样，将另一个可重构阵列断电之后可以用很低的功耗完成解码。

这种对不同应用场景的适应性，正是可重构计算处理器与专用集成电路相比的优势。这是可重构计算灵活性的第一个体现。可重构计算灵活性的第二个体现是对于不同的解码算法，都可以用同一个芯片完成。专用集成电路需要根据不同的算法选择不同的芯片。

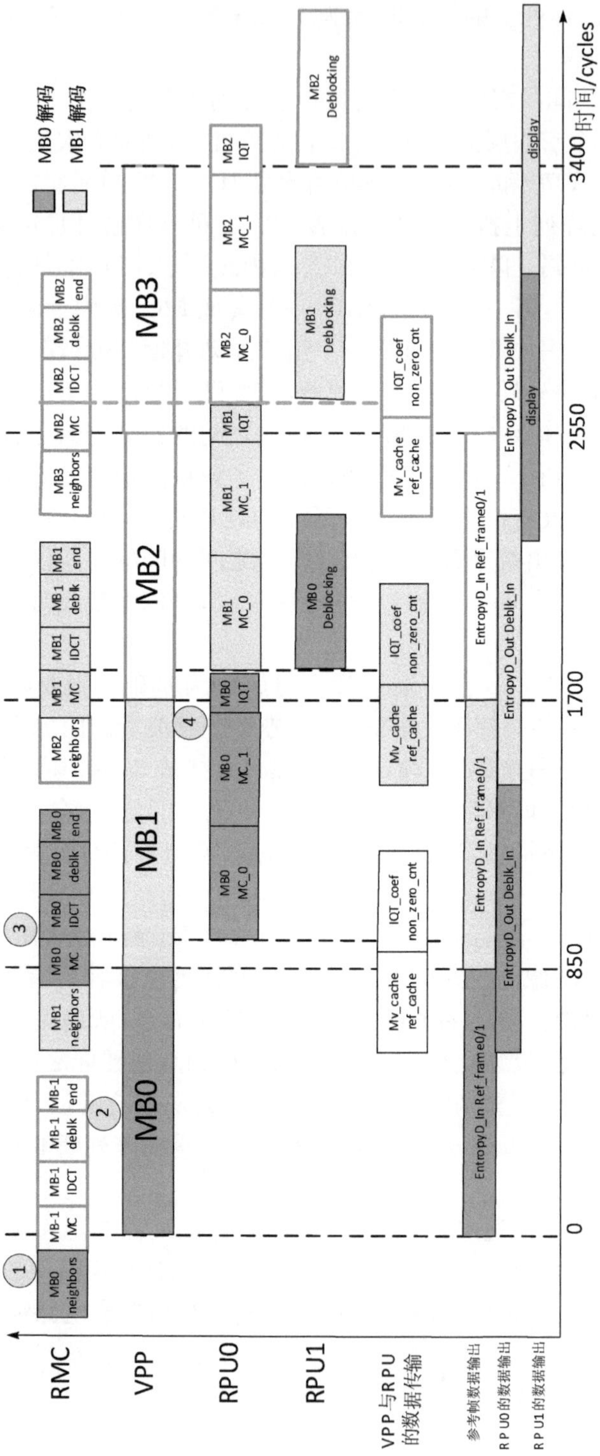

图 12.8　宏块层的并行化方案

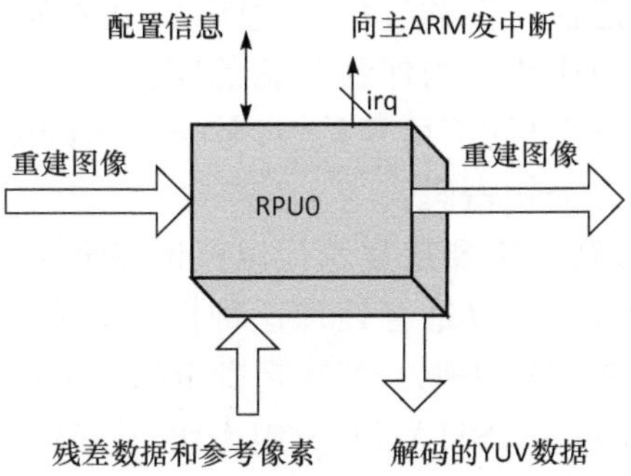

图 12.9　720×576 的 H.264 解码过程示意图

MPEG2 视频压缩标准主要采用离散余弦变换编码技术和时间预测(帧间的运动补偿预测)的帧间 DPCM(差值编码)编码技术。它和前面 H.264 算法最主要的区别是没有帧内预测和环路滤波两个部分,大大减少了计算量。

AVS 是中国自主知识产权的媒体编解码标准,采用了许多经典算法,包括熵编码、离散余弦变换、运动补偿、帧内预测和环路滤波等。丰富的预测模式使其具有比 MPEG-2 标准更高的压缩效率。与 H.264 相比的主要区别在于,AVS 不对亮度 8×8 和色度 4×4 以下图像块作进一步划分,并适当简化各项压缩算法,大大降低了运算复杂度和对硬件资源的要求。AVS 也可以采用和 H.264 类似的映射方案[4]。

本节先以 IDCT 算法为例,简要介绍将子算法映射到可重构阵列上的方法,然后,利用宏块内与宏块间子算法的并行性,优化调度子算法的执行过程,最终满足了实时性需求。此外,还分析了可重构计算在媒体处理领域的灵活性。下一节分析在 REMUS 系统芯片实际运行上述映射的结果。

12.1.3　结果评估

关于 H.264 解码算法在 REMUS 和其他可重构计算处理器(XPP-III 和 ADRES)、DSP、多核系统上实现的性能和功耗分析可以参考 11.4.3 节。结果显示,可重构计算处理器能够很好地实现媒体处理类应用,不仅可以满足高清解码的计算需求,而且功耗还非常低,拥有远高于其他计算系统的能量效率。

12.2　密码计算领域的算法映射实现

随着互联网等信息技术的发展,信息安全日益受到人们的重视。在保证信息的保密性、完整性、真实性与不可否认性的过程中,各种密码算法功不可没。密码算法有很多种不同的分类方式,为了便于读者理解,按照各自实现的功能给出一个大致的分类。在保证信息保密性的过程中，可以使用对称密码，而对称密码又可以进一步分为分组密码与流密码。为保证信息的完整性和真实性，一般会用杂凑函数和消息认证码；为保证信息的不可否认性，数字签名的使用是必不可少的，而这当中较为关键的技术就是公钥密码。

在密码算法中，大多数都需要反复迭代以保证安全性，这也使其成为一种计算密集型的应用。可重构计算正好适合处理这种模式的应用，那么是否可以利用可重构计算的方式来实现密码算法呢？答案是肯定的。下面以杂凑函数安全散列算法-1(secure hash algorithm-1，SHA-1)、分组密码 SHACAL-1 在 REMUS 系统上的实现作为例子，来讨论利用可重构计算方式实现密码应用的问题。

12.2.1 算法分析

SHA-1[5]是一种杂凑函数，由 NIST 设计并最早于 1993 年以 FIPS 180 发布，与其他杂凑函数一样，接收任意长的消息作为输入，并且产生一个固定长度的值为输出。SHA-1 的总体架构如图 12.10 所示，对消息做适当填充后，使其变成 512 比特的一些消息分组，然后对每一个消息分组用算法的核心模块处理，最后得到结果。

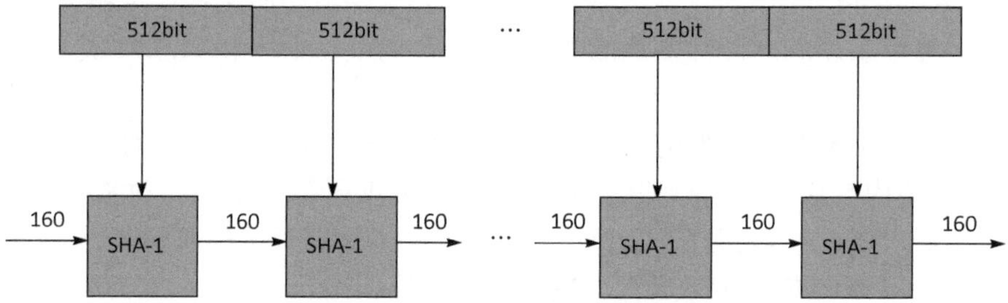

图 12.10 SHA-1 的总体架构

SHA-1 的核心处理单元如图 12.11 所示，由 4 轮相似的迭代组成，每一轮迭代(称为大迭代)都由 20 次操作组成(称为小迭代或步)，四轮迭代合计由 80 次小迭代或步组成。SHA-1 先把 512 比特的消息分组分成 16 个 32 比特的子分组，然后用这 16 个子分组产生另外 64 个子分组，连同原来 16 个子分组，共 80 个子分组，分别用于 80 次小迭代。

SHA-1 的每一次小迭代实际上就是执行一次相应的压缩函数，图 12.12 给出了 SHA-1 的压缩函数示意图，图中的 A、B、C、D、E 分别代表长度为 32 比特的数据块，t 为执行编号，f_t 为基本逻辑函数，S^k 为子分组循环左移 k 位，W_t 为第 t 个子分组，K_t 为加法常量，$+$为模 2^{32} 加法。

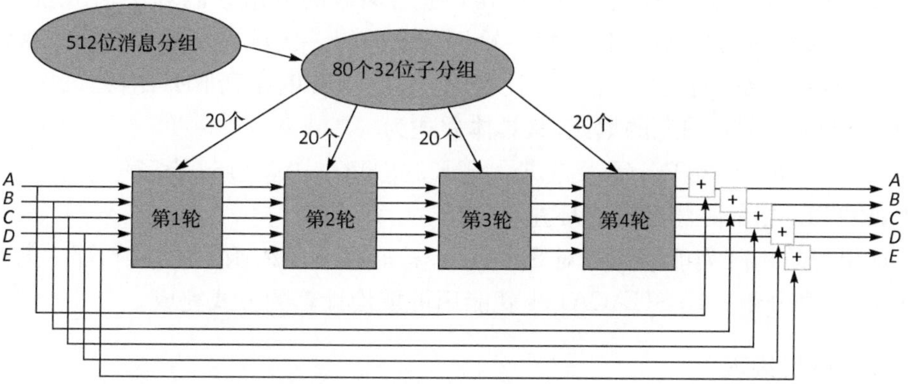

图 12.11　SHA-1 的核心处理单元

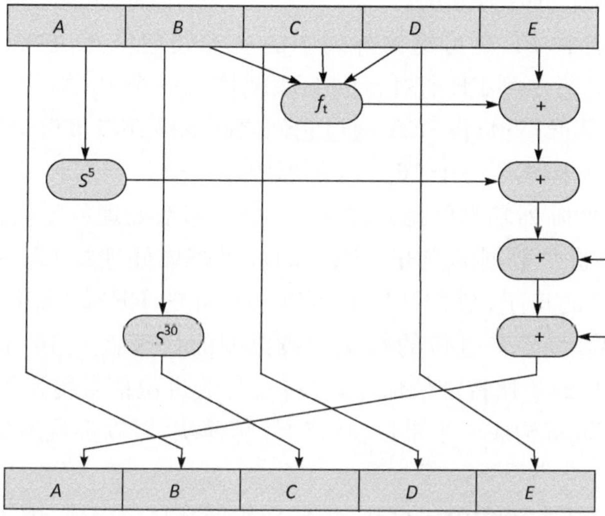

图 12.12　SHA-1 的压缩函数

由压缩函数可以看出，SHA-1 是以 32 比特作为基本处理粒度的，主要操作有：模 2^{32} 加法，对 32 比特数据的循环移位操作，按位与、或、非、异或等运算。其中的与、或、非、异或运算是在基本逻辑函数 f_t 中实现的，当 t 取不同的值时，压缩函数执行不同的 f_t。下面列出各种不同情形下的基本逻辑函数。

$$f_1 = f_1(B,C,D) = (B \wedge C) \vee (\overline{B} \wedge D)$$
$$f_2 = f_2(B,C,D) = B \oplus C \oplus D$$
$$f_3 = f_3(B,C,D) = (B \wedge C) \vee (B \wedge D) \vee (C \wedge D)$$
$$f_4 = f_4(B,C,D) = B \oplus C \oplus D$$

SHACAL-1[6]是一种基于 SHA-1 中压缩函数的分组密码算法，分组长度为 160 比特，共有 80 轮迭代操作。每一轮相当于进行一次压缩函数的操作。密钥为 0～512 比特，当密钥长度小于 512 比特时，需要将其填充到 512 比特。这一过程类似于 SHA-1 中对消息的填充，其具体方式为

$$K_i = \mathrm{ROTL}_1(K_{i-3} \oplus K_{i-8} \oplus K_{i-14} \oplus K_{i-16}), \quad 16 \leqslant i \leqslant 79$$

其中，ROTL_1 指的是将数据循环左移 1 位。

如果可重构阵列能够完成对 SHA-1 中核心操作压缩函数的映射，那么杂凑函数 SHA-1 和分组密码 SHACAL-1 就能用可重构计算的方式完成。

12.2.2 映射实现

经过前面的分析可以看出，压缩函数的映射是以上两种算法实现的关键，所以这里首先讨论压缩函数的映射方法。

在 REMUS 系统中，PE 是可重构阵列中的基本处理单元，它的计算是以 16 比特为基本粒度的；8 行 8 列 PE 通过行间互联就构成一个 PEA，它构成一个 128 比特宽、共 8 级的计算通路；4 个 PEA 通过它们之间的缓存与接口交换数据，进一步扩展了计算通路，就构成了一个 16×16 的 RPU。

要想用 16 比特的阵列基本单元完成 32 比特为基本处理粒度的密码操作，就必须在 PE 之间进行进位数据的交互。原有的针对媒体处理的 REMUS 系统 PE 中并没有涉及带进位的算子，故在开发兼容密码运算的 REMUS 升级系统时，在原有 PE 的 ALU 中添加了带进位的算子。最典型的代表就是 16 比特进位加运算，算子接收右侧 PE 的 1 比特进位信号，并将自身的进位信号传递给左侧相邻的 PE，这样每行 8 个 PE 就构成一个带进位链的计算模块，可以实现诸如 128 比特操作数的加法运算。

除了模 2^{32} 加法，压缩函数中还存在 32 比特的循环移位操作，由于所移的位数不一定为 8 的整数倍，也就是说，这样的操作很难利用以字节为操作单位的可重构计算阵列接口单元或缓存实现。这里，利用 PE 单元中原有的对 16 比特数据的左移及右移操作及异或操作实现 32 比特的循环移位。首先，REMUS 中有两个对应于移位运算的操作，即右移或左移 1-16 位：$A \gg B[3;0]$，逻辑右移，移位操作数均视为无符号；$A \ll B[3;0]$，左移。下面给出 32 比特循环移位操作在 REMUS 中的映射，这里以 32 比特数循环左移 i 位为例进行说明，可以分两种情况进行讨论。

当 $1 \leqslant i < 16$ 时，如图 12.13 所示，若将 32 比特数据分为(1)、(2)、(3)、(4)四部分，那么可以通过对 32 比特分成的两个 16 比特数据进行左移 i 比特，右移 $16-i$ 比特，并对中间结果进行异或来实现。

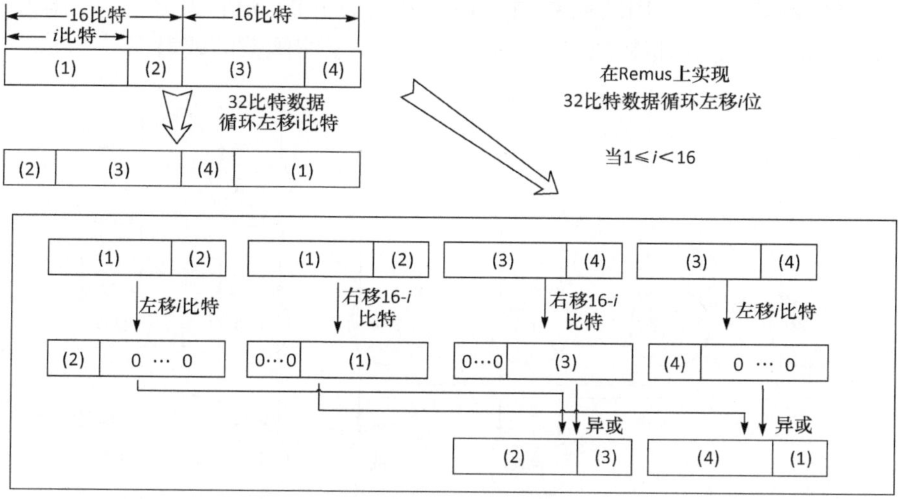

图 12.13　循环左移 i 位($1\leqslant i<16$)在 REMUS 上的实现

当 $16\leqslant i<32$ 时,如图 12.14 所示,其操作过程与前一种情况很相似,只不过相应的操作要改为左移 $i-16$ 比特,右移 $32-i$ 比特。此外,这两种情形只是针对循环左移而言的,但实际上循环右移操作可以转换为对应的循环左移操作的,即 32 比特数据的循环右移 i 位相当于对其循环左移 $32-i$ 位。

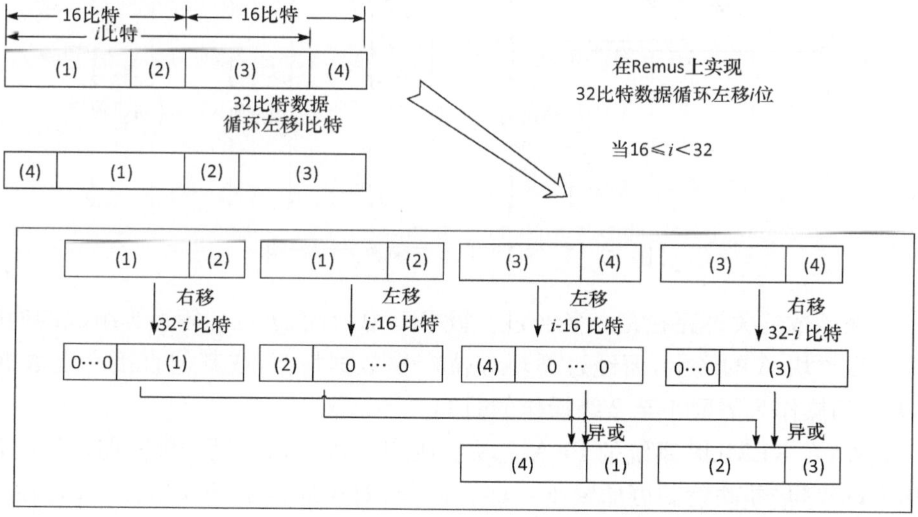

图 12.14　循环左移 i 位($16\leqslant i<32$)在 REMUS 上的实现

在分析了算子的具体映射与实现方式后,可以开始讨论压缩函数的映射方法。回顾图 12.12 中 SHA-1 的压缩函数,包含两次循环移位操作,若干模 2^{32} 加法运算

与基本逻辑函数 f_t。利用之前对循环移位映射方式的分析，并选取 f_2 作为基本逻辑函数，那么可得到如图 12.15 所示的 SHA-1 压缩函数的映射图。

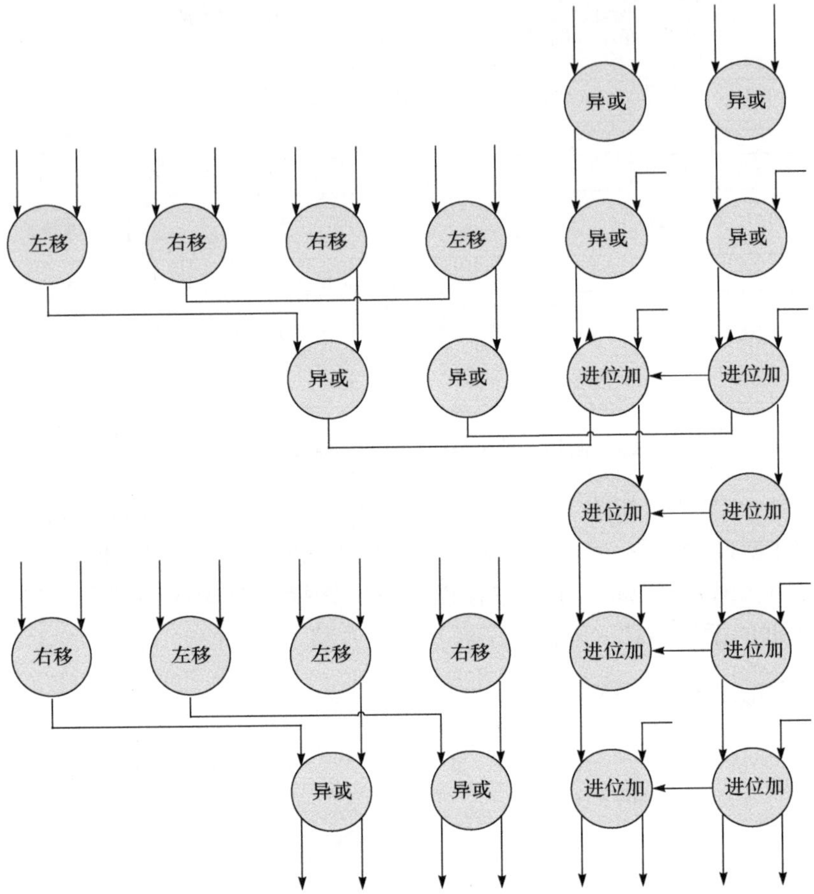

图 12.15　SHA-1 压缩函数的映射图

压缩函数的关键路径是一条经过 6 级 PE，由异或、进位加等运算组成的通路，对应于数据块 A 的产生，而经过循环移位产生数据块 C，或其他直接产生数据块 B、D、E 的操作只需要 1 至 2 级操作的时间。

此外，在 REMUS 系统的 PEA 上映射压缩函数时，为了提高阵列运算单元的利用率，应尽量使映射图更加紧凑一些。例如，对压缩函数的映射而言，若在由 8 行 8 列 PE 构成的 PEA 上直接采用如图 12.15 所示的映射方式，即利用 6 行 6 列的 PE 实现映射，那么其中剩余的 12 个 PE 资源很可能在这一张映射图中就浪费了，这种阵列计算资源利用率的下降将会影响到整个数据通路的性能。值得庆幸的是，REMUS 的 PE 中除了 ALU 之外还有另外一条数据通路，即除 input A 和

input B 之外，还有 input C，对应于 temp reg，它可以接受上一行 PE 的输出并将 temp reg 中的数据输出到下一行 PE 中。利用这种旁路功能，就可以将原来的 6 行 6 列的压缩函数映射图缩减到 6 行 4 列，即利用旁路功能将其中的 2 行 4 列的循环移位操作变为 3 行 2 列。

在讨论完压缩函数的映射问题后，还要对杂凑函数 SHA-1 的子分组生成过程进行说明。子分组生成过程是先将四个 32 比特数据异或，再对结果进行循环移位，这一基本操作过程的映射如图 12.16 所示。要产生 64 组子分组，则要反复进行 64 次这样的计算。

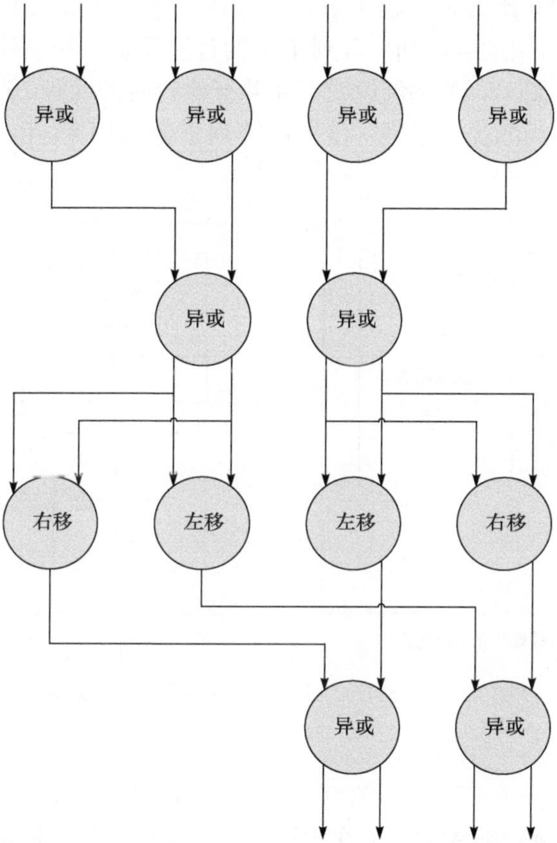

图 12.16　SHA-1 中 32 比特子分组生成过程的映射图

实际上，这种对 SHA-1 子分组生成过程的映射，同样适用于分组密码算法 SHACAL-1 的子密钥产生过程。只不过在产生子密钥的过程中，将原来子分组生成过程的消息分组换成了密钥而已。

综上所述,已经对杂凑函数 SHA-1 及分组密码 SHACAL-1 中各部分的映射进行了较详细的说明,这里再从算法的层次上对映射进行总体描述。

由于杂凑函数的功能是对任意长的消息进行压缩,进而产生一个 128 比特的数据,那么它的操作实际上是一个串行执行的过程,即必须在时间次序上顺序执行压缩函数,从而得到最终结果。因此,只要在 PEA 上分别映射一个压缩函数模块与一个子分组生成模块,并对其进行时间上的复用,就可以完成算法的需求。

对于分组密码算法 SHACAL-1,它对每一个 160 比特明文输入,都要经过 80 轮迭代,产生 160 比特密文输出数据。在电码本工作模式下,各个分组数据产生的密文互不相关,因此可以利用阵列丰富的计算资源,并行执行这些操作,从而提高整体的性能。图 12.17 举例说明了在并行执行时的两种 PEA 映射图,实际中可以通过各模块布局的优化来进一步提高阵列资源利用率,由于篇幅的限制不再赘述。

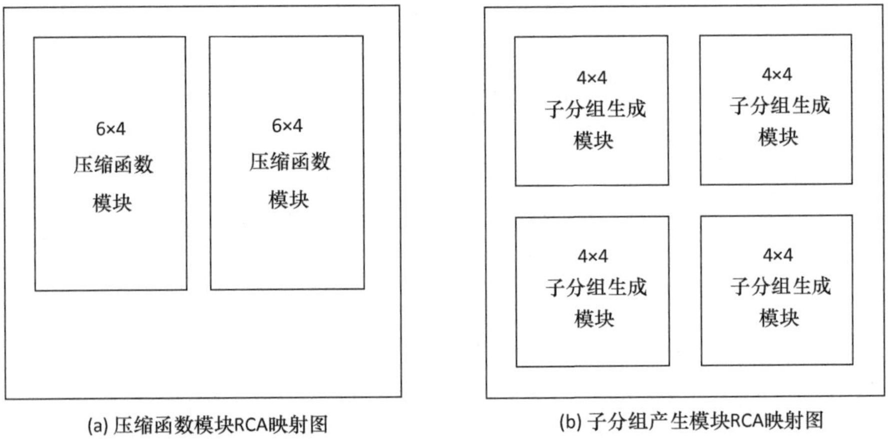

图 12.17　SHACAL-1 算法在 PEA 上的映射

12.2.3　结果评估

这里对分组密码 SHACAL-1 在 REMUS 系统上实现的性能进行大致评估,并没有给出杂凑函数 SHA-1 的性能指标,是由于杂凑函数的输入可以是任意长度的消息,并且其计算复杂度也与消息长度有关。此外,其串行操作的特点使其无法利用可重构阵列的并行计算优势进行加速,因此只对分组密码 SHACAL-1 的性能进行说明,如表 12.4 所示。

表 12.4　REMUS 系统上 SHACAL-1 算法的执行性能

计算资源	计算模式	时钟频率/MHz	执行效率/(b/cc)	吞吐率/(Gb/s)
1 个 RPU	ECB	200	8.6	1.72

注：b/cc：bit per cycle；Gbps：Giga bit per second

除了 SHA-1 和 SHACAL-1，其他各种类型的密码算法也可以利用可重构计算的方式实现，下面概括地讲一讲对称密码以及公钥密码在可重构计算处理器上映射的普遍方法。

对称密码一般包含基本的算术与逻辑运算、有限域上的模运算、移位与循环移位运算、基于查找表的替换运算等。通过在 PE 中添加适当的算子，这些运算都可以通过 PE 单元的组合来实现。例如，对于如今被广泛使用的对称密码 AES[7]，其密钥加操作可以通过 PE 中的异或逻辑来实现，其字节替换操作可以通过在 PE 中添加查找表来实现，其行移位操作可以利用 PE 之间的互联网络来实现，其列混合操作可以利用一系列组合逻辑(包括异或、与)及移位运算来实现。此外，对称密码一般都通过对轮函数循环迭代多次，以保证足够的安全性。由于可重构计算处理器有丰富的计算资源，可以通过流水执行以及循环展开的方式，充分提高对称密码的执行性能。

公钥密码一般具有较大的计算复杂度，通过特定数学问题的难解性，如大数分解问题、离散对数问题来保证其安全性。公钥密码中的核心运算是大数模幂运算，而模幂运算又可以进一步分解为一系列模乘运算，故能否高效的完成模乘运算就成为公钥密码处理的核心所在。最常用的处理模乘的优化算法是蒙哥马利算法，在利用可重构计算处理器实现蒙哥马利算法时，可以将操作数分解为与 PE 的计算位宽相匹配的数据段，并通过流水线的方式处理。例如，对于目前最常用的公钥密码 RSA 算法[8]，在利用 REMUS 系统实现时，可以将其分解为 16 比特的数据段，利用 PE 中的乘法，以及加法来流水地处理各段数据。

在本节中，主要以杂凑函数 SHA-1 和分组密码 SHACAL-1 在改进的 REMUS 系统上的实现为例，论述了密码算法在可重构阵列上的映射方式，并给出了最终的结果评估。可以看出，利用可重构计算的方式实现密码应用，在理论上是可行的。若对可重构系统进行针对密码应用的优化，是可以高效的执行密码算法的。

12.3　机器视觉领域的算法映射实现

与机器视觉领域相关的算法很多，并且仍在不断地改进。其特点是计算密集和数据密集，适合于在可重构计算处理器上执行。本节以著名的尺度不变特征转换(scale-invariant feature transform,SIFT)算法为例,介绍该领域的映射实现方法。SIFT 算法[9]是一种优质的特征检测方法。随着 SIFT 算法加速方案的研究,其运算速度得到大幅提高。作为应用广泛的数据密集型算法,SIFT 需要具有密集计算和灵活的特点,但现有的加速方案都会在可处理图像的尺寸、高斯金字塔层数,以及算法中的尺寸系数等方面约束 SIFT 算法,这降低了算法的性能和灵活性。本节将提出一种使用可重构计算处理器加速 SIFT 的解决方案。首先分析 SIFT 算法的特点,然后分阶段给出优化方案,最后结合 REMUS 实现并评估效果。

12.3.1 算法分析

SIFT 算法是从图像中检测和提取特征的优秀算法,提取的特征具有旋转、尺寸和光照的不变性。由于其卓越的性能,SIFT 被广泛应用于检测和识别相关的领域。SIFT 算法流程分为建立高斯尺度空间(gauss scale space,GSS)、高斯差分(difference of gaussian,DOG)、像素梯度赋值和方向计算、构造描述子。本章根据计算相似性将 SIFT 算法分为四个阶段,即 Scal_Space,包括 GSS 的建立和 DOG;Det_Loc,包括极值点检测、去除低对比度关键点和边缘响应消除;Ori_Mag,计算像素的梯度幅值和梯度方向;Key_Des,构造描述子。图 12.18 给出了这四个阶段的示意。SIFT 算法较为复杂,消耗的时间随输入图像的尺寸快速增长。此外,输入图像的层数和尺度系数也会对计算复杂度和检测精度产生影响。因此,使电路具有根据各项参数有针对性配置的能力,寻求计算复杂性和算法精度间的折中,就显得十分重要。

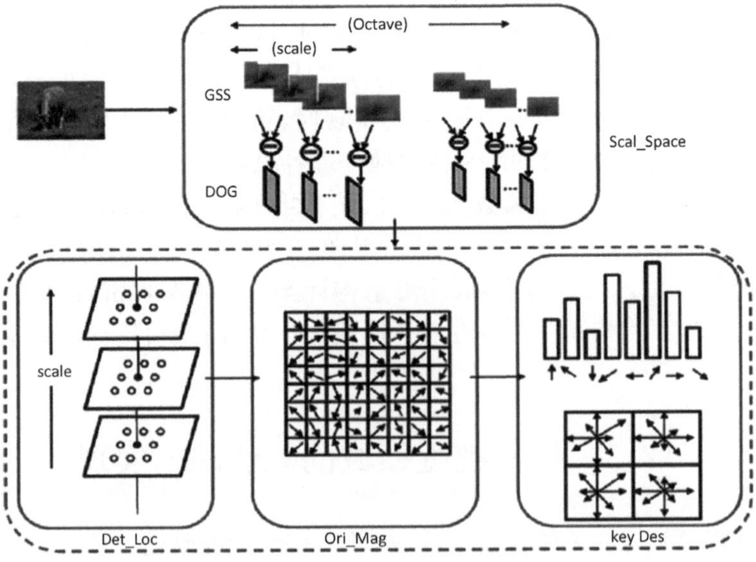

图 12.18　SIFT 算法的四个阶段[10]

为了分析 SIFT 在不同阶段的时间开销，用测试集[10]中的 30 606 张图片在奔腾(R)双核处理器上进行仿真测试，如图 12.19 所示。图中给出 SIFT 每个阶段所占总计算时间的百分比。由此可知，Det_Loc、Scal_Space、Ori_Mag 三个阶段共占用多达 90%的总执行时间，属于计算密集关键部分。由于每个像素在三个阶段的计算是相互独立的，因此它们互相没有数据依赖，适于可重构计算。

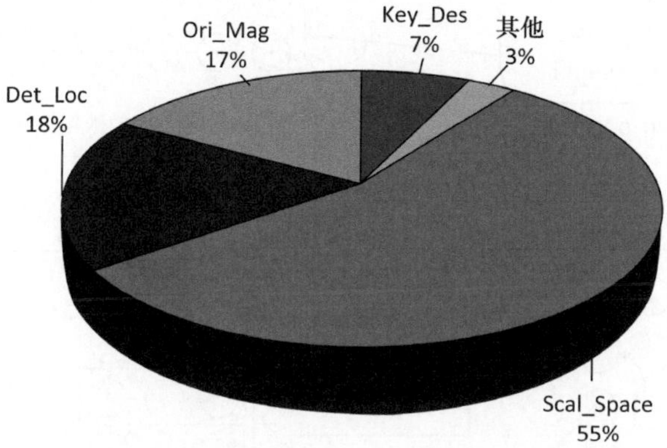

图 12.19　SIFT 算法中计算复杂性的分布

基于以上分析，在算法优化的过程中，我们对 SIFT 算法进行了软硬件划分，将计算密集型计算放到可重构计算处理器的 PEA 上并行执行，把不能用 PEA 执行的部分交给主处理器完成。

12.3.2　映射实现

本节给出 SIFT 算法优化的设计思路和设计方法，所有优化均针对在 REMUS 处理器上完成。

1. Scal_Space 分析与优化

Scal_Space 是 SIFT 的第一步，其操作过程分为 GSS 和 DOG。下面对两部分的优化分别进行叙述。

在第一个部分，GSS 的结果 $L(x,y,\sigma)$是通过将原始图像 $I(x,y)$和可变尺度的高斯函数 $G(x,y,\sigma)$卷积计算得到的。其中，σ 表示尺度系数，大 σ 值对应轮廓特征(低分辨率)，小 σ 值对应细节特征(高分辨率)。$G(x,y,\sigma)$表示高斯函数，它被 Koenderink 和 Lindeberg 证明是唯一的可构成尺度空间的核函数。

本书采用三种方法来简化计算和重构过程。

① 将矩阵卷积分为行卷积和列卷积，分步执行，合并相同的计算操作，以及实现两步卷积的并行化。

② 由于卷积主要是根据中心像素周围的像素得出，我们通过将高斯函数简化成不同 σ 下的 $g[i]$，在确保一定精度的情况下加速计算。

③ 旋转列卷积的 DFG 以适应 RCA(PEA)尺寸，提高 PE 利用率。以卷积为例，图 12.21 给出了其中的部分计算。

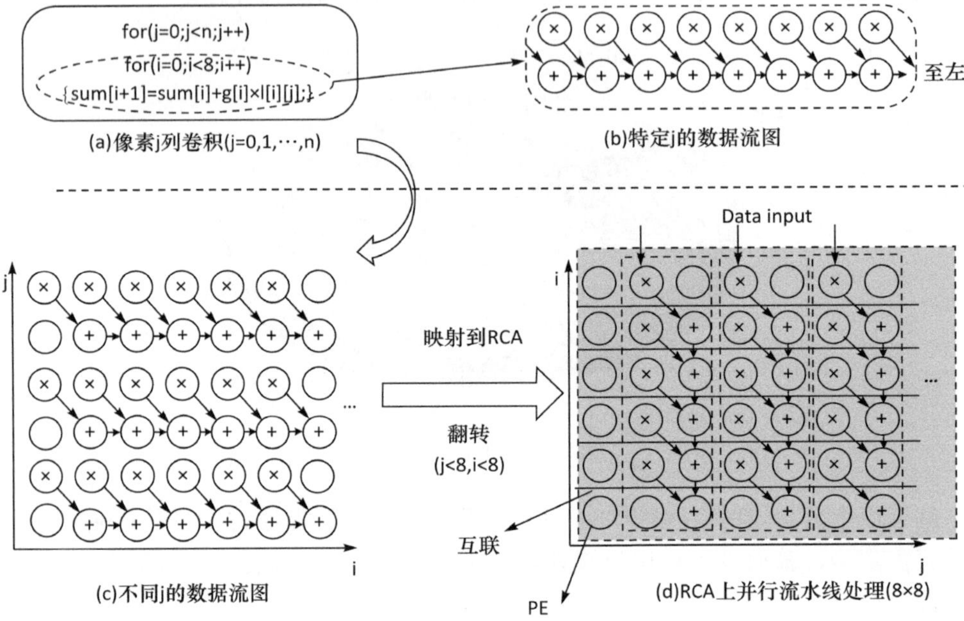

图 12.20　SIFT 算法中 GSS 的并行化

如图 12.20 所示，循环包含乘法和加法两种运算。对每个像素 j，都要执行 8 次循环，处理一个循环需要乘法和加法总计 16 次。DFG 如图 12.3(b)所示。在映射到 PE 8×8 阵列时，采用了 DFG 旋转策略提高 PE 利用率。由于 REMUS 有两个 PEA，因此 16 个像素的卷积可以同时实现。由于列与列之间的数据没有依赖，因此在每一列的计算中都采用独立的流水线，从而保证每次卷积均在一个周期内完成。

在第二部分，DOG 的结果可以通过将 GSS 操作后的图像相减得到。像素的数据密集性给这部分的计算和内存访问带来很大挑战。本书采用三种技术进行优化，分别是分块技术、流水线技术和加载顺序调整技术。首先所有高斯图像被分成小块。由于 REMUS 支持 1K 字节容量，因此每个小块的尺寸是 512 字节从而在 REMUS 上一次容纳两块。如果将图片高斯金字塔层数设为 3，则对于第一层尺寸是 640×480 的图，每幅图被分为 600 块。对于第二层，尺寸为 320×240 的图，每幅图被分为 150 块。对于第三层，图像被分为 37 块及 256 个小块。第二，优化各分块加载到 REMUS 上的次序以优化内存访问。以 8x8 的 RCA 为例，外部 FIFO 和 RCA 内存大小都是 1K（图 12.21），在计算（L2-L1）时，将 block1 和 block2 载入内存；当计算（L3-L2）时，block2 可共用，因此只需将 block3 载入内存替换掉 block1。总之，在同一层中，计算的顺序是（L2-L1）、（L3-L2）、（L4-L3），关键在于让任意相邻两步均存在公用分块。

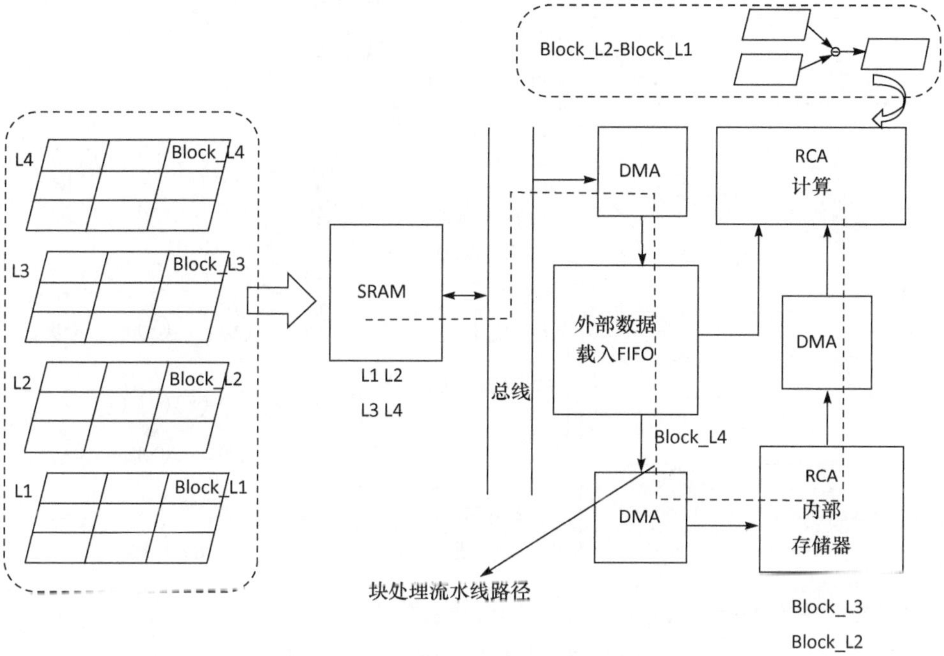

图 12.21　DOG 到 PEA 上的映射

2. Det_Loc 分析与优化

该阶段用于检测关键点，去除低对比度的关键点和边缘响应。本书采用三种技术提高算法性能。

① 分块技术。此处分块大小是 256 字节每块，移动窗口的大小也是 256 字节。在每个分块中，极值点的检测是通过用目标像素和它当前及相邻尺度下共计 26 个邻近像素比较完成的。每个 RCA 载入四个分块到其内存用于计算。如图 12.22所示，RCA 8×8 阵列进行了水平和垂直的扩展，从而使它可同时容纳 26 次比较操作。在最坏的情形下，扩展后的 RCA 需要五行来完成比较。从 RCA 8×8到 RCA 16×16 的虚拟扩展可以确保整个极值点检测过程的独立性，避免两个 RCA 8×8 之间额外的数据交换。由于这种运算相对独立，因此八个 RCA 8×8 可以同时执行比较任务。当检测到高斯差分图像的极大极小值时，D4、D3、D2、D1

中的分块被依次载入内存，块中的所有非边缘备选点均被检测出来后，接着载入四个分块完成相似的操作。通过这种方法，内存访问的次数可以减少 50%。

② 每四个块的操作(在 D4、D3、D2、D1 中)是完全相同的，如图 12.22 所示。因此，不同的 RCA 8×8，DOG 检测可以并行执行。

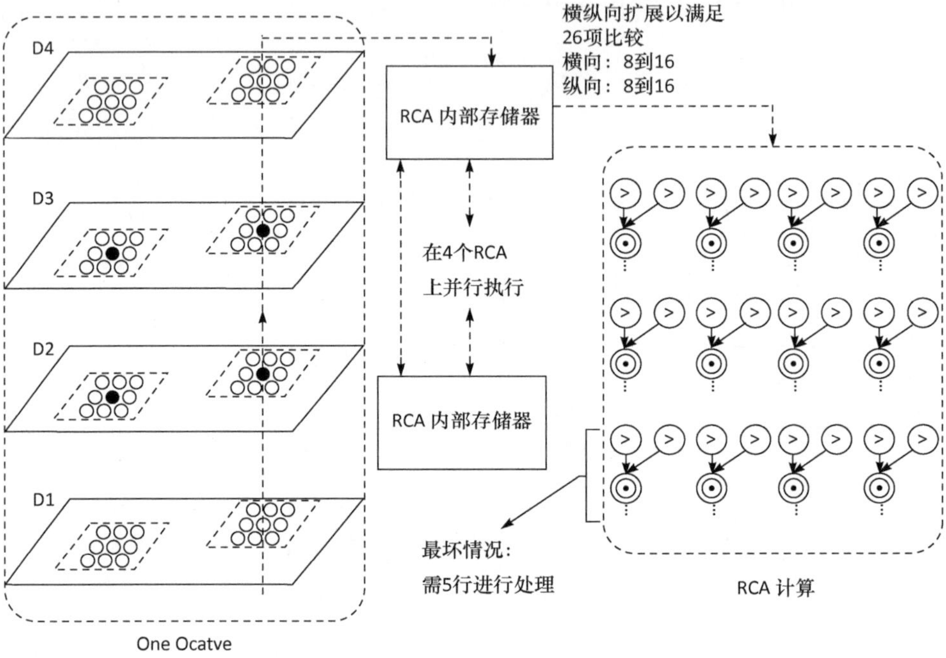

图 12.22　在 PEA 中的极值点检测

③ 检测出极值点后需要检测非边缘像素来消除边缘响应。尽管这步需要执行除法和乘法运算，但由于参与计算的像素点的数目较少，因此整体计算量不大。另外，这些点直到第四步(Key_Des)才会被用到，由 ARM 核完成，并和 PEA 第三阶段(Ori_Mag)同时进行。

3. Ori_Mag 分析与优化

该阶段方向和大小的计算，包括平方根、三角函数等运算，都是通过坐标旋转数字计算器(coordinate rotation digital computer，CORDIC)以向量形式进行，CORDIC 使用加法、移位和查找表的操作，实现平方根和三角函数等运算，从而提高执行效率，使方向和大小的计算更适于用运算单元阵列的实现。如图 12.23 所示，该步骤使用流水线技术和循环展开技术实现高度并行化。

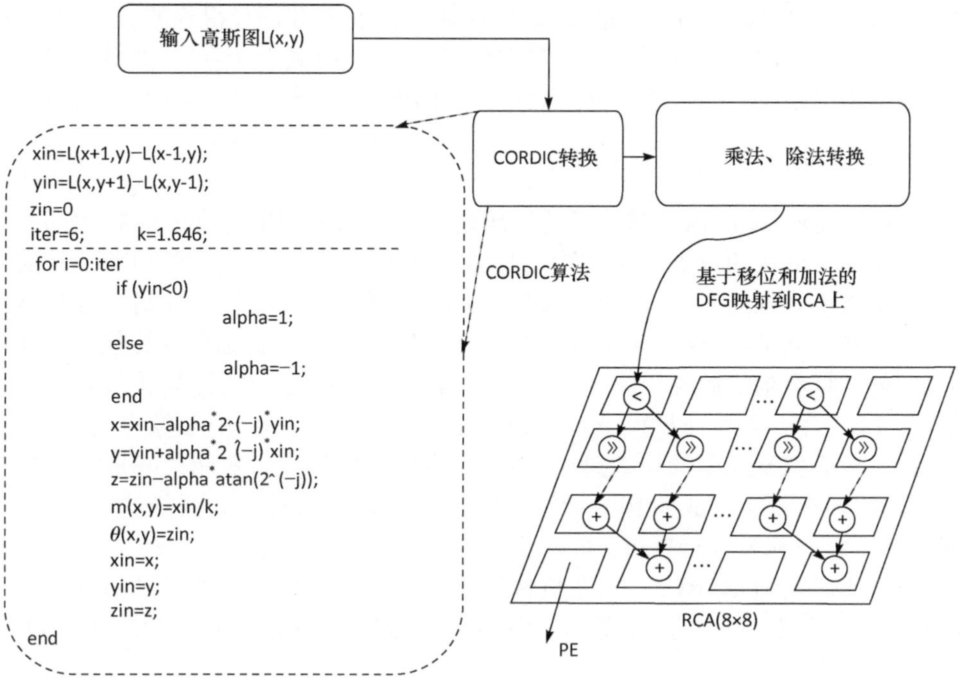

图 12.23 方向和大小的计算

Ori_mag 采用式(12.1)和式(12.2)分别计算梯度的幅值和角度,即

$$m(x,y)=\sqrt{(L(x+1,y)-L(x-1,y))^2+(L(x,y+1)-L(x,y-1))^2} \tag{12.1}$$

$$\theta(x,y)=\tan^{-1}((L(x,y+1)-L(x,y-1))/(L(x+1,y)-L(x-1,y))) \tag{12.2}$$

其中,$m(x,y)$和$\theta(x,y)$分别表示高斯尺度空间的图像$L(x,y)$在(x,y)处的梯度大小和方向。

优化过程可以分为两步展开。

① 通过使用 CORDIC 将乘法和除法转换,使用移位和加法代替式(12.1)和式(12.2)的运算。然后,将这些运算的 DFG 映射到计算单元阵列中同步执行。在计算梯度大小时,每次迭代要消耗 16 个周期,且对于本系统 7 次迭代已经达到足够精度,因此计算一次梯度大小花费的周期是 120 个周期(8 个周期用来准备数据)。计算方向时,采用查找表的方式完成计算。查找表经由外部存储预先传入 RCA 的内存中,一次迭代需要 5 个周期。经测试知,约 98%的像素点在 7 次迭代后即可得到正确的方向值。因此,每次计算需要 35 个周期。

② 第二项优化是基于以下事实,并非所有的梯度大小和方向都用于构建描述子[10]。由分析可知,关键点不可能出现在 DOG 空间每一层中位于顶部和底部的图

像中，而 DOG 空间顶部的图片是由 GSS 空间中顶部的两张图片得到的。因此，可省去顶部和底部各两张图片梯度大小和方向的计算，从而减少计算量，提高性能。这个阶段的输出是记录每个像素梯度大小和方向的矩阵 D[位置][方向][大小]。

4. Key_Des

在这个阶段，中心像素描述子的生成包括中心像素周围梯度方向和大小的分块量化组成。分块的权重和它与中心像素的距离成反比。根据 SIFT 算法，描述子被表示为 128 维的向量。一个关键点有 128 维信息，计算复杂性高，实现困难，图像中关键点越多，实现的困难就越大。这就要求 PEA 有灵活的计算能力以满足不确定的计算需求。此处用图 12.24 所示的方式，把描述子的计算映射到处理单元阵列 PEA 中。两个 PEA 16×16 联合起来便可计算一个中心像素的描述子。由于一个中心像素周围的块数是 16(4×4)，因此 PEA 合起来能很好地满足这一要求，仅需两次就能完成所有的计算。由于不同分块间没有数据依赖，因此两个 PEA 16×16 可充分并行执行。

如图 12.24 所示，RCA 8×8 负责计算一个分块的计算。这里采用行累加来完成方向从 0°到 360°的量化，这一阶段的原始数据是 Ori_Mag 阶段的输出 D[位置][方向][大小]。

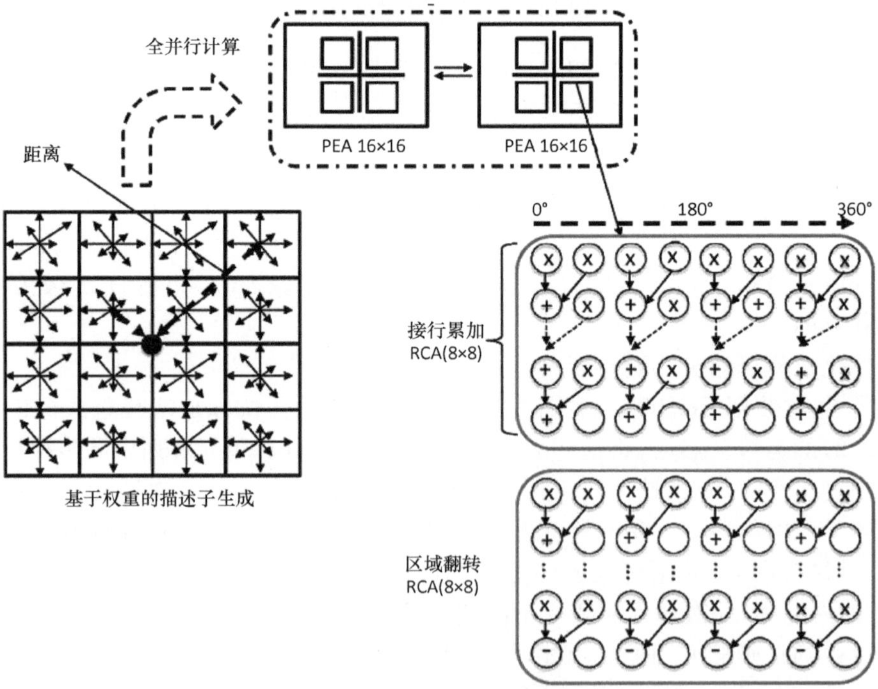

图 12.24　特征点描述子的生成

12.3.3　结果评估

1. 用 REMUS 实现算法

在 SIFT 的四个阶段(Scal_Space，Det_Loc，Ori_Mag，Key_Des)中，Scal_Space 是最典型的算法，具有计算密集、复杂性高和控制逻辑灵活等多个特性。本节以 Sacal_Space 为例，说明如何根据上一节的设计方法在 REMUS 上实现 SIFT 算法。

第一步是软/硬件的划分。Scal_Space 分为两个阶段，即参数准备阶段(如尺度系数、高斯金字塔层数等)和像素计算(如 GSS、DOG)阶段。在参数准备阶段，参数依据应用被写入配置文件。PEA 适合进行密集型计算，负责像素计算阶段，参数准备阶段由主处理器完成。

第二步是将 GSS 映射到 PEA 上。此步使用了几条策略：为了充分利用流水线技术，计算被拆分成无依赖关系的几块，然后把这些操作模块分别映射到 PEA；采用多条流水线的方案提高性能；使用 DFG 翻转优化卷积的映射。该变换如图 12.3 所示。设输入图有 VGA 尺寸分辨率(640×480)，金字塔层数为 3，每层有六种尺寸，则对于 GSS 卷积，优化后的计算需要 75 607 个周期，而优化前需要 15 123 个周期。

第三步是将 DOG 映射到 PEA 中。分块技术在提高并行化方面起关键的作用，而载入顺序调整也被用于减少内存访问次数。考虑到这一阶段的固有特性，本书采用图 12.21 展示载入顺序调整方案。该方案可以有效降低内存数据读写次数。高斯差分空间的像素数等于算子数。考虑到这一阶段的计算特性和高度并行化的需求，完成这一阶段需要用到 2362 个周期。另外，考虑到内存访问的时间、计算时间和 PEA 中配置信息切换的时间，当使用并行化技术和 5:2:0 格式的动态配置信息技术时，执行所需的总时间是 77 969+31 818=109 787 个周期。

2. 实现结果

一个典型的 REMUS 任务可以分为重构、数据读写，以及计算。为了提高性能，在设计中，内存读取、并行化方法，以及配置信息的复杂性被考虑在内。动态配置信息由 ARM 阵列产生，独立于 PEA 和主处理器。在任务处理过程中，动态重构和计算以流水线方式交替进行。表 12.5[11] 给出四个计算密集型阶段在 REMUS 上的执行结果。SIFT 被划分为 4 个阶段，因为它太过复杂，无法用一套配置信息完成。本书采取一些技术来减少配置信息、内存访问，同时提高计算能力。以 Scal_Space 为例，在主存储器负责参数准备，而 PEA 负责计算密集的卷积和 DOG。这些操作耗费两套配置信息和 9450 次内存访问。在 Key_Des 阶段共提取出 1600 个描述子，若 PEA 每周期能处理 4 个描述子，则处理一幅图需要 400 个周期。此外，由于 1600 个描述子存储在内存中，而分块尺寸是 1024，因此还需要两次额外的内存访问。

表 12.5　4 阶段执行结果

阶段	配置信息/套数	内存访问/次数	PEA/周期
Scal_Space	2	9450	77 969
Det_Loc	2	15 597	151 382
Ori_Mag	2	4726	142 144
Key_Des	1	2	400

除上述内容外，动态配置方案可根据图片尺寸、金字塔层数等信息来配置PEA，以适应不同的应用。在实际的检测应用中，输入图尺寸、尺度系数，以及金字塔层数均会影响检测的精度和计算量。可重构映射体系可以有效地平衡检测精度和执行时间。图 12.25 展示了这一灵活性。在该图中，ARM 阵列对基本配置信息和主处理器的指令重新打包，生成动态配置信息。若图片尺寸、金字塔层数或尺寸系数发生变化，动态配置信息便配置 PEA，调整其运算能力，避免使用额外的硬件资源。运算能力调整反映在如下三个方面。

① 两个 PEA 16×16 中共 8 个 PEA 8×8，可以灵活的构造出多级流水、全并行和部分并行等多种工作模式。

② PEA 8×8 可实现了虚拟化扩展，包括水平和竖直的扩展。

③ 在 PEA 8×8 中，灵活的路由器可保证分块技术被高效执行。

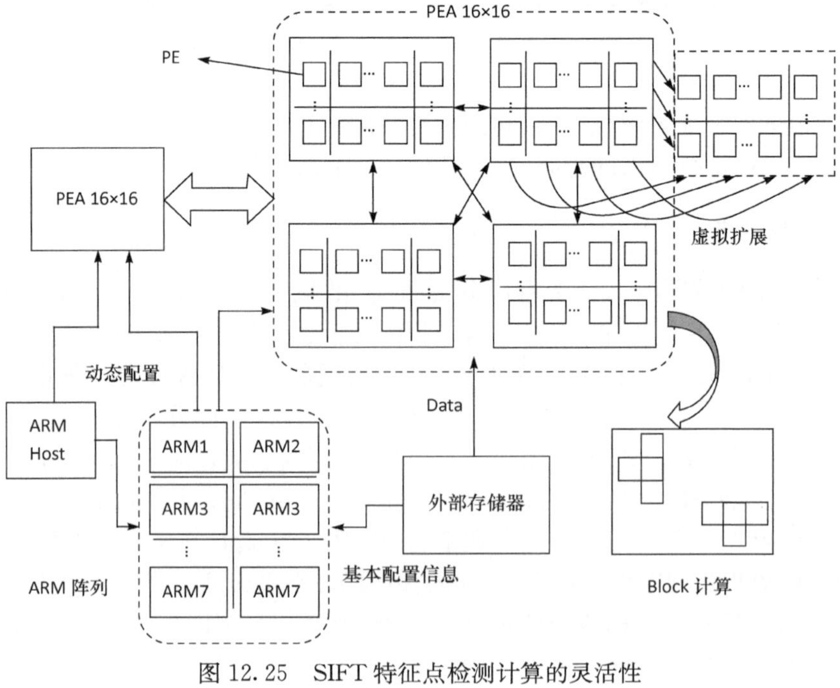

图 12.25　SIFT 特征点检测计算的灵活性

为了测试灵活性，本书用开源的数据集 Pascal VOC 和来自因特网的图像与视频验证性能，从数据集中选取了 500 幅图片，消除背景，并将它们作为训练图片来获取 SIFT 特征。然后，选取来自与这些类别相同或相近的物体的照片作为测试集。检测到的物体用圆圈标记起来。部分结果如图 12.26 所示。接受者操作特性曲线(receiver operating characteristic，ROC)如图 12.27 所示，横轴代表 1 减去精度，纵轴代表召回率。召回率等于所有正确的图像中正确检测的图像比例，反映了数据集的覆盖率。精度表示正确检测的图像占所有检测图像的比例。从图 12.27可以看到，在检测精度高达 95%时，召回率大于 0.7，充分说明整个数据集的高覆盖率。随着精度的下降，召回率保持稳定，说明本书提出的 SIFT 算法取得了非常优秀的表现。实验结果如表 12.6～表 12.8所示。表 12.3 和 12.4 对应的实验由使用 VGA 尺寸(640×480)的图片完成。表 12.6～表 12.8 的执行时间是指 SIFT 四个阶段耗费的总时间。搜索和匹配过程的时间没有包括在内。在表 12.6 中，该方案结果和 PC 平台(奔腾双核 CPU)相比达到平均 100 倍的性能提高，即使是处理 1080p(1920×1080)的高清视频，也能达到 30 帧/秒的帧率。此外，与 PC 平台相比，本书方案工作消耗稳定增长的时间。这表明本节方法的计算能力是可伸缩的，能满足不同图片尺寸的需要。在表 12.7 和表 12.8 中，随着金字塔层数和尺度系数的增加，消耗时间增长，同时检测精度也得到提高。综上可看出，本书在可重构计算架构上的映射工作，很好地平衡了检测精度和时间消耗。如果需要更高的检测精度，可以配置参数，从而提高计算量。如果需要较短的执行时间，仍可通过灵活配置参数降低计算量。在本书的工作中，参数的配置会影响计算资源的分配和计算模式。

图 12.26　REMUS 系统上的 SIFT 实例检测结果

表 12.9 给出了几种不同的架构的结果对比。由于充分挖掘了算法的并行性，实验结果表明 REMUS 的表现比多核通用处理器，如 GPU、FPGA、ASIC 等多种

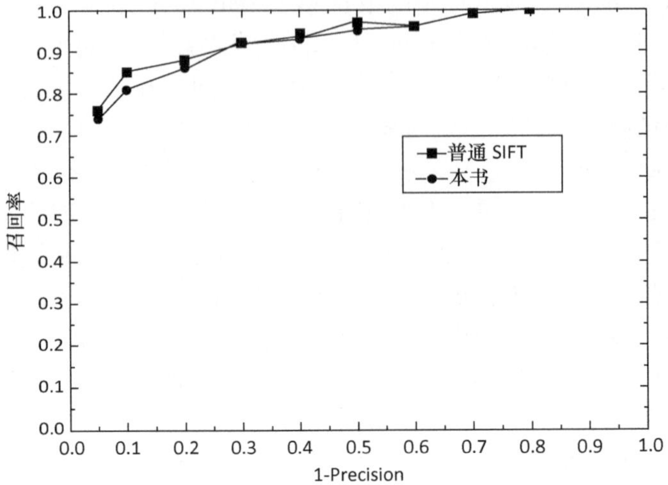

图 12.27 SIFT 特征检测的 ROC 曲线

方法好很多。多核通用处理器使用 2.3GHz 的工作频率，每秒可处理 45 帧 VGA 尺寸的图像。REMUS 的性能比多核通用处理器提高了 33%。与 FPGA 相比，当频率、图片尺寸、金字塔层数和尺度系数都一致时，该方案的性能比 FPGA 好 50%；与 ASIC 实现相比，当图片尺寸等条件一致时，该方案的性能是 ASIC 实现方法的 8 倍。

表 12.6 不同图片尺寸下的执行时间

图像尺寸	PC 平台*（软件）/ms	本书方法/ms
128×128	407	2.9
320×240	689	6.1
640×480	2384	20.0
720×576	4497	24.5
1920×1080	16 148	29.4

* 酷睿双核 E7200 2.53GHz，内存 4G

表 12.7 不同组数下的运行效果

组数	检测精度	执行时间/ms
3	0.953	20.0
4	0.955	25.7
5	0.964	28.4
6	0.977	33.2

表 12.8　不同尺度系数下的运行效果

尺度系数	检测精度	检测时间/ms
5	0.951	19.7
6	0.953	20.0
7	0.957	22.4
8	0.965	25.8

表 12.9　不同实现方式之间的对比

方式 属性	非对称多核	异构多核	GPU	ASIC	FPGA	FPGA	REMUS
架构	8 核系统	Cell 宽带引擎处理器	GPU+CPU	NA	NIOS+FPGA	FPGA	Host proccessor+PEA
工作频率	2.33Ghz	NA	3GhzCPU NV7900GTX	200Mhz	100Mhz	100Mhz	200Mhz
图像尺寸	640×480	1600×1200	640×480	320×240	320×240	640×480	640×480
速度(fps)	45	0.5	10	15.9	30	32	60;0.1ms 一个描述子
组数和尺度系数	NA	NA	NA	NA	O=3,S=6	O=2,S=4	O=3,S=6
粒度	细粒度	粗粒度	粗粒度	粗粒度	细粒度	细粒度	粗粒度
可重构性	静态	静态	静态	否	静态	静态	动态

12.4　通信基带领域的算法映射实现

通信基带处理是当今整个 3G,即第三代移动通信的重要基础。上一代通信系统的各个模块,如混频器、滤波器、调制解调器等,都是由专用集成电路实现的。通信基带处理技术通过将传统发射机、接收机中的上下变频和调制解调都用数字信号处理实现,使这些模块可以用可编程的软件方式实现,便于移植到 DSP 处理器或嵌入式处理器上。通信基带处理的目标是让信号的模数转换尽可能地靠近天线,从而可以用可编程的软件替代专用集成电路进行信号处理。

最近几年中,针对可重构技术在通信基带处理中应用的研究非常多。例如,Xilinx 就用细粒度的 Virtex FPGA 实现了整个通信基带处理的系统[12],而之前提到的粗粒度的 ADRES 已经被瑞萨电子、三星、东芝用于 4G 无线通信的研发。其实，可重构计算本身的特性也很适合通信基带处理的应用。

本节第一部分和第二部分以 GPS 接收机中的捕获模块为例，分析通信基带领域中的典型算法，并在 REMUS 上映射实现；第三部分分析为何可重构计算符合通信基带领域的应用需求。

12.4.1 算法分析

GPS 已经渗入到日常生活的方方面面。十年前使用过 GPS 的人可能还记得，那时的 GPS 接收机都是一个上千元的专门手持仪器；现在，智能手机几乎都带有 GPS 的功能。传统的 GPS 接收机采用专用集成电路实现射频前端和信号处理部分，称为硬件接收机。硬件接收机的信号处理由芯片定制实现，用户很难改变相应的参数或更换新的算法。基于通信基带处理思想的软件接收机，能适应不同导航信号处理的需要和各种导航算法，是当前 GPS 接收机的主流发展方向[13]。

很多人都有这样的经验，手机刚打开 GPS 的时候，定位速度都会非常慢，而且定位精度都有好几公里。在打开 GPS 几十秒到几分钟以后，定位速度才能跟得上行车的速度，并且精度可以提高到十几米。在这段时间内，GPS 接收机在做的就是 GPS 卫星的捕获。GPS 打开后，要先漫天搜索卫星发出的信号，搜到一个信号后，计算它的载波频率和码相位后就用锁相环跟着它，不用再捕获，除非数据突然跳变跟不上。早期 GPS 接收机的捕获过程长达几十分钟，经过许多年算法的优化和硬件性能的提升后，这个过程终于被大大缩短了。这里就先分析一下这个捕获过程到底发生了什么。

GPS 接收机实际上是一个还原系统，目的是去除各种噪声和干扰（主要是多普勒效应引起的频偏），无失真地还原出卫星发射的导航电文。还原的第一步，是要先给出空间中信号的扩频码（C/A 码）和载波频率的估计，以便之后对信号的跟踪。每一个 GPS 卫星都有自己的扩频码，不同的扩频码之间相互正交。因此，可以将所有可能的扩频码与输入信号做相关，最大的相关结果对应的扩频码就是该信号的扩频码。同时，信号在空间传播时，由于多普勒效应的影响，频率会发生偏移。为了去除多普勒频偏，需要在接受机上对载波频率附近的区间进行扫描，然后将各个扫描的频率产生的采样波形与输入信号进行混频。

快速傅里叶变换（faster fourier transform，FFT）将信号从时域变换到频域，从而时域的卷积就变成了频率的相乘。类似的，FFT 也可以处理时域的相关，将时域的相关变成频域上一个信号乘以另一个信号的共轭。之后再进行快速傅里叶逆变换（inverse FFT，IFFT）就可以将结果变回时域。因此，上一段的那些时域操作都可以在频域得到化简。一般捕获过程都会先对输入信号和本地产生的信号做 FFT 处理后，在频域进行混频、相关等操作。综合上面的描述，就可以得到图 12.28。

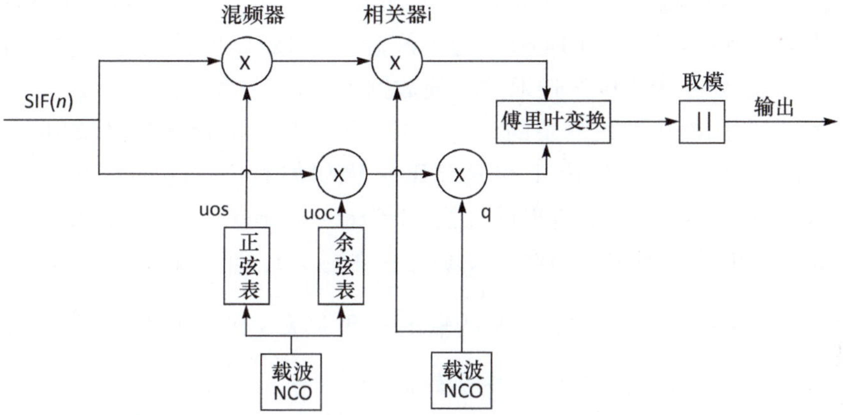

图 12.28 并行频率搜索捕获算法流程

捕获算法的具体步骤如下。

① 对 1ms 的输入电文 $x(n)$进行 FFT，将输入转换到频域，值为 $X(k)$。

② 取 $X(k)$的共轭 $X^*(k)$。

③ 产生 11 个不同频率的本地码 l_{si}，然后对本地码采样。

④ 对 l_{si}进行 FFT，变换到频域 $l_{si}(k)$。

⑤ 将 $X^*(k)$与 $l_{si}(k)$点对点相乘，结果为 $R_{si}(k)$。

⑥ 对 $R_{si}(k)$进行反傅里叶变换，变换到时域中的值为 $r_{si}(n)$，得到其绝对值$|r_{si}(n)|$。

⑦ $|r_{si}(n)|$最大值中的第 n 位和第 i 个载波频率给出了扩频码的初始点。

12.4.2 映射实现

参考上面的捕获算法流程，设计 REMUS2 系统中的捕获算法操作步骤如下。

① 产生 11 路本地信号 $l_{si}(n)$，其中 $i=1,2,\cdots,11$。本地信号 C/A 码与本地载波做复乘运算后的乘积，采样频率为 2.048MHz，本地载波的频率间隔为1kHz，对乘积做 FFT。这部分数据预先存储于 REMUS2 系统的 memory 中。

② 对 1 block 的输入数据 $x(n)$进行 FFT 操作，将输入数据变换到频域$X(k)$，其中 $n=k=0\sim2047$，1 block 表示 1ms 的采样数据。

③ 根据想要搜索的频偏，选取 memory 中对应地址的本地数据和 $X(k)$逐点相乘，结果为 $Z_{si}(k)$。

④ 对 $Z_{si}(k)$取 FFT 逆变换，得到 10 组 2048 点的输出。

⑤ 对 10×2048 的矩阵，按列做 10 点 FFT 运算。

⑥ 对 10×2048 的矩阵每一点求其幅度，寻找最大值。

因为在 1ms 的相干积分中，2048 点相加为 1 点，输出采样时间是 1ms，因此整个操作覆盖的频率范围仅为 1kHz。为了覆盖大于 1kHz 的带宽，以上过程需要执行多次，不同之处在于步骤③选取的本地数据不同。

很明显，上面操作中最复杂的计算就是 FFT，其余的计算都是映射中已有的算子。因此，下面重点分析 FFT 在 REMUS 上的映射。

快速傅里叶变换是离散傅里叶变换（discrete fourier transform，DFT）的快速算法。离散傅里叶变换定义为对于长度为 N 的输入序列 $x(n)$，$n=0,1,\cdots,N-1$，其离散傅里叶变换为同样长度为 N 的输出序列 $X(k)$，其中 $X(k)=\sum_{n=0}^{N-1}x(n)W_N^{kn}$，$k=0,1,\cdots,N-1$；$W_N=e^{-j(2\pi/N)}$为旋转因子。

按照上式进行运算，需要进行 $O(N^2)$次运算。为了减少计算量，使用快速傅里叶变换对其进行加速。

使用快速傅里叶变换对其进行加速。以最为经典的基 2 FFT 为例，对于序列 $x(n)$，$n=0,1,\cdots,N-1$，N 是 2 的整数次方，$DFT_N(x(n))$可以分解为 $DFT_{N/2}(x(n)+x(n+N/2))$和 $DFT_{N/2}((x(n)-x(n+N/2))W_N^n)$，即两个长度为 $N/2$ 的子列的 FFT 变换。其中，第一个子列的变换结果为原输出序列的奇数项，第二个子列的变换结果为原输出序列的偶数项。这样，长度 $N=r^2$ 的序列 $x(n)$，经过 $r=\log^2 N$ 级分解即可化为长度为 1 的点的变换，之后根据公式计算。每一级分解需要 N 次复数加和 $N/2$ 次复数乘运算，将分别计算两个子列时输入相同的运算合并，得到 $N/2$ 次蝶形运算。此外，还有基 4 FFT 算法等变种，这里仅以最经典的基 2 算法为例说明，如图 12.29 所示。

可以看出，图 12.30 中长度为 8 的输入序列，经过三次分解，成为了 8 个长度为 1 的点，而每一点的 FFT 变换结果为其自身，所以总共经过 3 级运算得出结果。

将每一级运算中输入相同的两组运算看成由两个输入和两个输出构成的一个蝶形运算（图 12.30），那么每一级运算共需蝶形运算 $N/2$ 次，这里给出的例子为 4 次。

蝶形运算是 FFT 的基本运算。输入是来自序列中的 A 和 B，以及相应的旋转因子 W，需要进行两次复数加法（其中一次为减法，计算量相同）和一次复数乘法，如图 12.31 所示。

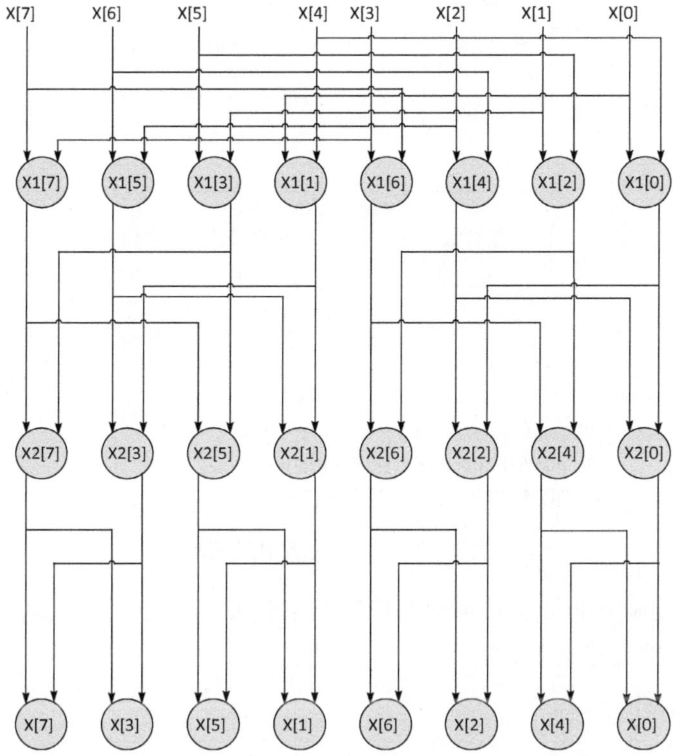

图 12.29　基 2FFT 运算过程

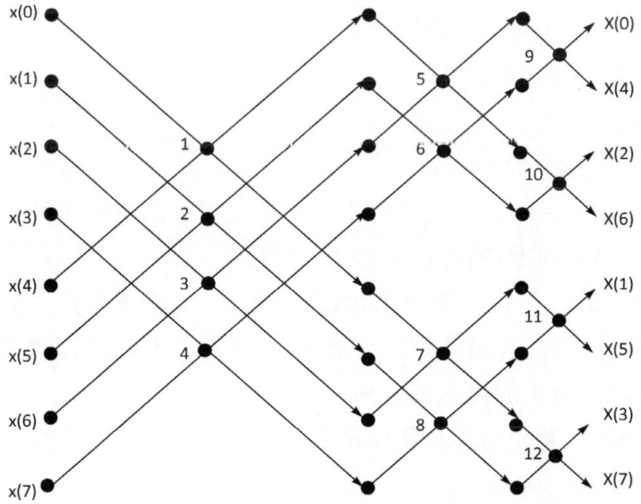

图 12.30　输入点列长度为 8 时的蝶形运算

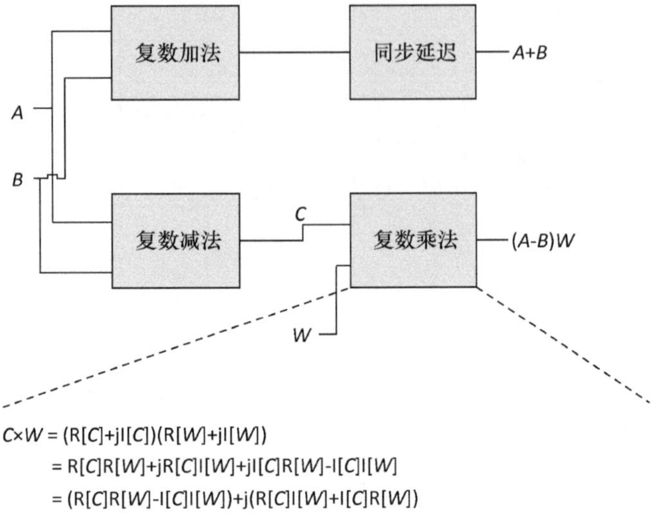

图 12.31　蝶形运算单元实现

注意,复数域上的加法和乘法都可以分解到实数域上。下面的代码就在实数域上完成了一次蝶形运算,即

```
O_R1=R1+R2;
O_Q1=Q1+Q2;
T_Re=R1-R2;
T_Im=Q1-Q2;
O_R2=T_Re×WR-T_Im×WI;
O_R2=(O_R2+64)≫7;
O_Q2=T_Re×WI+T_Im×WR;
O_Q2=(O_Q2+64)≫7;
```

在 REMUS 中,一个 8×8 的 PE 阵列可以实现 4 次蝶形运算。将上面的这段代码映射到可重构阵列上,就可以得到图 12.32。

对于 128 点 FFT,需要 7 级运算,每级含有 64 个蝶形运算。由于同一级内的蝶形运算相互独立,因此在将阵列配置成图 12.32 后,只要不断地将缓存中的数据输入阵列,就可以以流水的形式高效地完成 FFT 变换。

类似地,IFFT 运算也可以用类似的分析过程完成映射,感兴趣的读者可以自行尝试。

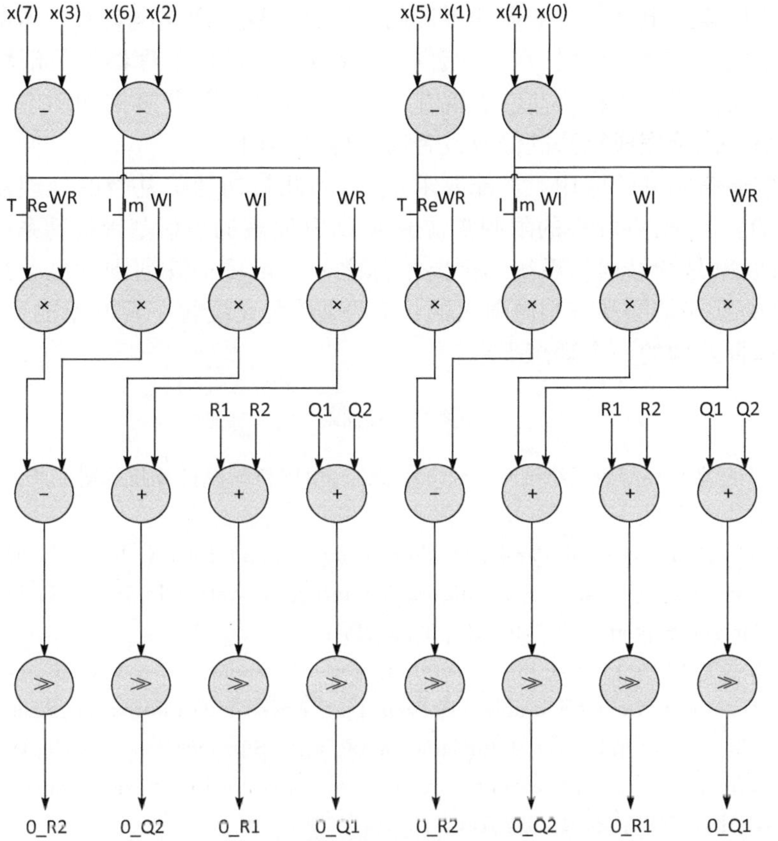

图 12.32　FFT 的蝶形图在可重构阵列上的映射

12.4.3　结果评估

在将 GPS 基带处理算法映射到 REMUS 后，REMUS 可以同时处理 12 颗以上卫星的捕获、跟踪和定位解算，且定位精度（CEP）为 1.24m，跟踪灵敏度≤156dBm，平均功耗 23.75mW。这个结果已经非常接近现有专用 GPS 基带处理集成电路的结果[12]。

对于其他的通信基带领域应用，可重构计算处理器也可以取得不错的结果。文献[14]对比了可重构计算处理器和 ASIP、DSP 的结果，发现对于 massive MIMO(multiple-input multiple-output)，采用可重构处理方式来实现，既可以满足一定性能，同时又满足可扩展性的要求，其能量效率高。

通信基带处理最重要的优点就是灵活性。支持多种通信标准，可以对通信功能、工作频率、系统带宽、调制方式、信源编码等进行编程控制。它最终的目的是实现一个通用的硬件平台，可以通过软件编程的方式使硬件编程支持多个通信标准，避免之前专用集成电路实现的通信系统的专一性。这与可重构计算技术的目的何其相似！毕竟，可重构计算技术的初衷就是希望结合通用处理器的灵活性和专用集成电路的高性能。这种灵活性表现在，可重构计算的部分重构和动态重构技术可以以很小的代价完成算法的修改或者通信标准的切换。

大多数通信领域的应用对性能要求很高，因此最初通信基带的处理器都是用DSP实现的。但是，吞吐率的限制常常成为DSP实现的通信基带处理系统的性能瓶颈，而吞吐率是衡量通信系统的重要指标之一。可重构阵列则凭借着高带宽的接口、丰富的互连结构和阵列内强大的计算资源，大大缓解了吞吐率的压力，是高性能通信基带处理的一个理想平台。

参考文献

[1] 郑俊浩. 多标准视频解码系统结构研究[D]. 北京：中国科学院计算技术研究所博士学位论文，2009.

[2] Geng T, Liu L, Yin S, et al. Parallelization of computing-intensive tasks of the H. 264 high profile decoding algorithm on a reconfigurable multimedia system[J]. IEICE Transactions on Information and Systems, 2010, 93(12): 3223-3231.

[3] Liu L, Chen Y, Wang D, et al. Implementation of multi-standard video decoder on a heterogeneous coarse-grained reconfigurable processor[J]. Science China Information Sciences, 2014.

[4] Liu L B, Chen Y J, Yin S Y, et al. Implementation of AVS jizhun decoder with HW/SW partitioning on a coarse-grained reconfigurable multimedia system[J]. Science China Information Sciences, 2014, 57(8): 82401-082401(14).

[5] Burrows J H. Secure hash standard[R]. Washington: Department of Commerce Washington, 1995.

[6] Handschuh H, Naccache D. SHACAL[C]//Proceedings of NESSIE First Workshop, Leuven, 2000.

[7] Heron S. Advanced encryption standard[J]. Network Security, 2009, (12): 8-12.

[8] Rivest R L, Shamir A, Adleman L. A method for obtaining digital signatures and public-key cryptosystems[J]. Communications of the ACM, 1978, 21(2): 120-126.

[9] Lowe D G. Distinctive image features from scale-invariant keypoints[J]. International Journal of Computer Vision, 2004, 60(2): 91-110.

[10] Griffin G, Holub A, Perona P. Caltech-256 object category dataset[R]. California: California Institute of Technology, 2007.

[11] Ouyang P, Shouyi Y I N, Hui G A O, et al. Parallelization of computing-intensive tasks of SIFT algorithm on a reconfigurable architecture system[J]. IEICE TRANSACTIONS on Fundamentals of Electronics, Communications and Computer Sciences, 2013, 96 (6): 1393-1402.

[12] Devunuri V. SFI-4. 1 16-channel SDR interface with bus alignment using virtex-6 FPGAs[J/

OL]. http://www. bdtic. com/DownLoad/Xilinx/xapp880. pdf[2010-5-6].
[13] 谢刚. GPS 原理与接收机设计[M]. 北京：电子工业出版社，2009.
[14] Chen X, Minwegen A, Hassan Y, et al. FLEXDET: flexible, efficient multi-mode MIMO detection using reconfigurable ASIP[C]// 2012 IEEE 20th Annual International Symposium on Field-Programmable Custom Computing Machines, 2012: 69-76.

第五部分　可重构计算发展方向

第 13 章　通用可重构计算

之前介绍的可重构计算架构可以分为两类，一类是以 FPGA 为代表的细粒度可重构计算，它们的数据通路都是基于查找表。由于查找表可以实现任何逻辑，因此 FPGA 具有很好的灵活性，任何计算类型都可以在 FPGA 上实现，这也正是 FPGA 的设计初衷。但是，查找表的灵活性是以极慢的速度和极低的逻辑密度为代价的，这使得 FPGA 面积很大且速度很慢，很难用于芯片原型设计以外的应用。此外，FPGA 为了进行原型设计采用 RTL 级的编程模型，这使得非硬件开发者很难对 FPGA 进行编程，这更限制了 FPGA 的应用范围。另一类是基于 ALU 的粗粒度可重构阵列，与 FPGA 相比，它们逻辑密度更高，且速度也会快一些。但是，之前对这类架构的大量研究都将它们作为一个通用 CPU[1] 的协处理器，且都是针对某个特定领域的应用进行加速。因此，虽然粗粒度可重构架构具有很高的能量效率和不错的性能，但协处理器的地位和对特定领域的应用大大限制了它们的实际价值。那么，有没有可能设计一个可重构计算处理器，既具有现在 CPU 的普适性，又能保持极高的能量效率?

本章将结合近几年国际上对可重构计算的研究，介绍通用可重构计算的最新进展。首先，以一个归并排序的计算过程为例，分析以 CPU 为代表的通用计算面临的困境。然后，用可重构计算技术完成这个归并排序的过程，看看可重构计算为什么具有走出这种困境的潜质。最后，简要介绍可重构计算在通用之路上面临的问题。

13.1　传统通用处理器的挑战

通用计算体系结构变革的根本驱动力在于设计中约束条件的变革。20 世纪 70 年代，存储器访问延时是最主要的约束条件，而那个年代体系结构设计中最具代表性的技术是复杂指令集计算机(CISC)。CISC 中指令为变长编码，并且所需的寄存器数量很少(1978 年的 8086 处理器只需要 4 个 16 位的寄存器)，其根本目的都是为了减少存储器的使用。进入 80 年代，cache 技术的发展放宽了访存延时的约束，但单个硅片上晶体管的集成度已经跟不上越来越复杂的 CISC 处理器，由此诞生了 RISC 技术及无内部互锁流水级的微处理器(micro processor without interblocked stages，MIPS)、SPARC 和 ARM 等一系列处理器。但是，在 80 年代末 90 年代初时，摩尔定律的发展最终导致单个硅片上可以集成 cache、专用浮点单元等模块,CISC 处理器指令集的复杂度不再是约束,Intel 凭借之前积累的 PC 市场优势和用户惯性进入了黄金十年,单纯依靠工艺优势而不是体系结构的创新主导了市场。在 2000 年之后,能量效率成为最重要的约束条件,虽然 Intel 凭借多核技术和超前的工艺依然能在 PC 和处理器领域占主导地位,但是在市场最大的移动领域,ARM 等 RISC 处理器已经彻底击败 Intel 成为新的霸主。

但是 RISC 也不是万金油,如今越来越严格的能量效率约束已经开始迫使学术界和工业界重新审视之前的通用计算体系结构。斯坦福大学的 Hameed 等[1]分析了 H.264 编码器在 Tensilica RISC 处理器上的执行时处理器各个模块的功耗,然后通过各种优化手段试图拉近通用处理器与专用芯片间的能量效率的差距。相关文献指出,通用处理器能量效率低下的根本原因在于处理器运行时花在实际计算上的功耗很少(90nm 工艺下每条指令的 ALU 能耗平均只有 0.1pJ,而平均每条指令的能耗为几 pJ),而取指、译码等功耗的额外开销却非常大。这导致即使对于计算密集型应用,实际花在计算上的功耗最多也只有 40%。H.264 编码器的算法非常复杂,因此我们以一个归并排序算法[2]为例,定性地分析现有通用计算体系结构的缺陷。

归并排序是一种建立在归并操作上的排序算法,其复杂度为 $O(n\log n)$,由于与快速排序相同,在超大规模数据集下是非常优秀的排序算法。该算法的基本思想是先将一个无序数组(表)划分成多个子表,由于子表内数据个数较少,可以进行快速排序,然后按照两两归并的方法,将有序的子表合并成一系列更大的新的有序子表,如此迭代反复,最终将形成一个完整的有序大表。

下面给出归并排序的具体实现。MergeArray 函数将两个有序数列合并成一个有序数列,MergeSort 函数则递归地将要排序的数列分成两组一次进行排序,然后再调用 MergeArray 将两个有序数列合并。

```
    //将有二个有序数列 a[first…mid]和 a[mid…last]合并
void MergeArray(int a[],int first,int mid,int last,int temp[])
{
    int i=first,j=mid+1;
    int m=mid,n=last;
    int k=0;

    while(i<=m && j<=n)
    {
      if(a[i]<=a[j])
            temp[k++]=a[i++];
      else
```

```
            temp[k++]=a[j++];
    }

    while(i<=m)
            temp[k++]=a[i++];

    while(j<=n)
            temp[k++]=a[j++];

    for(i=0;i <k;i++)
            a[first+i]=temp[i];
}
//归并排序
void MergeSort(int a[],int first,int last,int temp[])
{
    if(first <last)
    {
      int mid=(first+last)/2;
      MergeSort(a,first,mid,temp);//左边有序
      MergeSort(a,mid+1,last,temp);//右边有序
      MergeArray(a,first,mid,last,temp);//将二个有序数列合并
    }
}
```

借助编译器很容易让上面的代码运行在一个现有的 CPU 上。我们来详细评估 CPU 的执行代价。对于一个长度为 N 的数列，MergeSort 函数的递归调用过程可以用一颗深度为 $\log_2 N$ 的二叉树进行建模。根节点的 MergeSort 函数中待排序的数列 a[]为整个长度为 N 的数列，第二层的 MergeSort 函数中待排序数列长度为 $N/2$，第三层为 $N/4$，依此类推，直到最下层的叶子节点待排序数列长度为 1。这样二叉树上共有 N 个 MergeSort 函数，每个 MergeSort 函数中都会调用一次 MergeArray 函数进行合并。每次调用 MergeArray 合并两个长度为 $M/2$ 的数列时，会发生 M 次读 a[]操作，最多 M 次，最少 $M/2$ 次比较操作，M 次写 temp[]数列的操作和 M 次写 a[]数列的操作。注意到，第 n 层有 2^n 个 MergeSort 函数，每个 MergeSort 函数待排序的数列长度为 $N/2^n$，即每层所有 MergeSort 函数合起来完成了一次对 N 个数的遍历。这样，对 N 个数进行排序时，总代价为 N 次 MergeSort 函数的递归调用，$N\log_2 N$ 次读操作，最多 $N\log_2 N$ 次，最少 $(N/2)$

$\log_2 N$ 次比较操作，$2N\log_2 N$ 次写操作。

但是，这里仅仅考虑了完成算法所需的基本开销，实际运行过程中还会有很多硬件架构引入的额外开销，主要有以下三种。

① cache 引入的额外时间、额外功耗开销。如果数据集规模较小，所有数据都可以放在一级 cache 中，那么这部分的额外开销几乎可以忽略不计。如果数据集规模很大，一级 cache，甚至二级 cache，都无法容纳下整个数据集。此时，需要频繁地对 cache 中的数据进行替换，由此引入的时间和功耗开销会非常大。

② 过度串行化引入的额外时间开销，以及为了解决过度串行化问题带来的额外功耗开销。由于指令的执行方式是顺序执行的，因此如果之前一条指令因为种种原因(如对 a[i]的访问发生读缺失，需要等待 cache 从主存中取数)被阻塞，那么之后所有指令(如同一个 MergeArray 中的 i++，j++等语句，以及其他的 MergeArray 函数)都会被阻塞，即使这些指令与阻塞的指令之间没有依赖关系，这一问题被称为过度串行化(over-serialization)。通用处理器引入了超标量技术、多线程乃至多核技术来解决过度串行化问题，但是这些技术都会带来非常大的额外功耗开销。例如，在超标量技术中，通过多发射和寄存器重命名(register renaming)等技术可以同时动态调度 4 条指令避免阻塞，但这些技术都会引入非常复杂的判断逻辑并消耗大量的能量。多核需要有 cache 一致性协议保证多个处理器同时访问 cache 不发生冲突，而协议本身会导致 cache 功耗很高。这一问题的本质在于传统通用处理器使用的编程模型的缺陷。

③ 指令的取址、译码等执行步骤带来的额外开销。通用处理器执行一条 $C=A+B$ 的指令时，并不是简单地去内存中将 A、B 读入，用 ALU 将两个数加起来，再写入 C 中，而是需要先去内存中将指令读入，将指令翻译成硬件的控制码，然后才回去进行实际的操作。由于超标量处理器的执行机制越来越复杂，取址和译码等操作带来的额外功耗开销也越来越大，从而导致通用处理器能量效率难以提升。同时，很多非常简单的指令(如 i++对应的累加指令)也需要执行取址-译码-执行这个流程，这进一步恶化了通用处理器的能量效率。

总之，通用处理器能量效率低下的根本原因在于指令执行过程中引入的额外功耗开销巨大。因此，在这个能量效率成为主要约束条件的时代，亟须对现有通用处理器架构进行革新。

13.2 面向通用计算的可重构计算架构

可重构计算技术具有完成这次革新的潜质，因为可重构计算可以拥有远高于传统 CPU 的能量效率。为了说明这一观点，我们用可重构计算处理器架构执行上面的归并排序算法，然后分析可重构计算处理器是怎样克服传统通用处理器不足的。

在用可重构计算处理器实现归并排序之前,我们先从另一个角度上来审视归并排序中最关键的合并数列 MergeArray 函数的实现。如果把输入的两个有序数列看做两个先入先出的队列,那么处理器要做的事就是比较两个队列头部元素的大小,取大的元素加入输出队列,并将该元素从原输入队列出队。当一个队列为空时,处理器直接将另一个队列头部的元素输出。这样得到的输出队列也是一个从大到小排序的队列,该队列可以继续与其他队列合并,得到最终排序后的结果。

可以看到,这里处理器要做的事情其实非常简单,就是在两个输入队列的头元素中选择较大的元素。但是,在传统通用处理器中,因为它采用一个串行的时序编程模型,处理器必须在 PC 寄存器的指引下一条条地执行指令,最终这样一个简单的归并操作所需的汇编代码会非常长,传统通用处理器的能量效率非常低下。感兴趣的读者可以用编译器编译之前的 MergeArray 函数,感受一下编译后的汇编代码的复杂性。

在可重构计算处理器中,程序的载体不再是汇编指令而是配置信息,因此它可以摆脱传统通用处理器时序编程模型带来的种种约束。以 MergeArray 函数为例,由于它是一个简单的比较加条件判断的操作,很容易将整个 MergeArray 函数映射到一个运算单元上。此时,只要再给运算单元输入两个有序队列,输出就可以得到排序后的队列(如图 13.1(a))。这样用一次对运算单元的配置就可以替代和传统通用处理器中逐指令执行时每条指令的取址、译码等步骤,大大提高了能量效率。同时,这里数据的输入和输出都可以建模成数据流的形式,通过 DMA 等硬件机制保证数据流的有效性,避免了传统通用处理器中 cache 替换缺失引发的巨大时间开销和功耗开销。

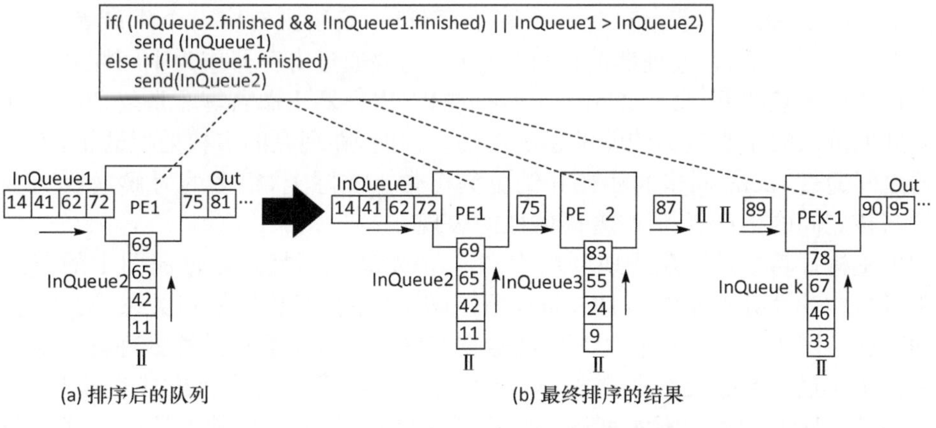

图 13.1 从基 2 归并推广到基 k 归并的可重构计算处理器实现

之前我们介绍的可重构技术的物理实现大多是阵列的形式，一个阵列中会有很多 PE。那么我们能不能利用多个 PE 对归并排序进行加速呢？当然可以，只需要将多个 PE 进行级联，前一个 PE 的输出队列作为后一个 PE 的输入队列，最后一个 PE 的输出就是最终排序的结果（如图 13.1(b)，除了第一个 PE 外，其余 PE 的判决条件需要做少许修改），这种实现就是基 k 归并排序。类似于之前对于基 2 归并排序的分析，基 k 归并排序递归调用过程可以用一颗深度为 $\log_k N$ 的二叉树进行建模，算法的复杂度为 $O(n\log_k n)$。显然，在数据集较大时，基 k 归并排序($k \geqslant 2$)的性能要远优于基 2 归并排序的性能。

那么能不能用传统通用处理器实现基 k 归并排序呢？可以用一个处理器对 k 个有序数列进行 $k-1$ 次合并，或者用多个处理器相互交换数据完成排序。需要注意的是，这两种方法都会涉及对 cache 的频繁访问，尤其是在多核的情况下共享存储通常都是整个系统的性能瓶颈。其根本原因在于，传统通用处理器使用的时序编程模型难以发现两行代码间的数据依赖关系，因此需要寄存器堆，甚至 cache 作为载体隐式地在两段程序间传递数据。

两行代码间的数据依赖关系常被称为生产者-消费者局域性（producer-consumer locality）。前一行代码被看成生产者，它生产的数据被后一行代码使用。而且，生产的数据在近期使用几次之后再也不会被用到，这就是所谓的局域性。在基 k 归并排序中，PE1 与 PE2 之间就是生产者-消费者的关系，两者之间通过数据流（队列）显式传递数据。由于队列中的数据在出队后不会再进入同一个队列，因此具有局域性。编译器编译程序时会生成一个数据流图作为程序的中间表示，通过对数据流图的优化完成对程序中数据依赖关系的优化。之后数据流图会转换成汇编代码供处理器执行，但这一转化过程丢掉了显式的数据依赖关系的信息，仅通过寄存器名隐式地表达依赖关系。图 13.2 是这一过程的一个简单示例。在图 13.2 的数据流图中，每一个节点对应一个算子，而每一条边则对应一个生产者-消费者局域性关系。之后，在处理器的执行过程中，需要通过寄存器作为中间媒介动态重新发现这种依赖关系，由此还引入了数据前传、寄存器重命名等非常复杂的硬件机制来确保流水线不受数据依赖关系的影响。同时，在现在的多核处理器中，不同处理器之间通过 cache 同步的功耗开销更为可怕。实际上，很多的时候这些同步也是核与核之间的生产者-消费者局域性的表现。

可重构计算处理器显式地利用生产者-消费者局域性。数据流图中的节点对应于可重构计算处理器中的 PE，而数据流图中的边，即数据依赖关系，则对应 PE 间的互连。图 13.3 是将图 13.2 中的数据流图映射到可重构计算处理器上执行的结果。由于这个数据流图非常简单，可重构计算处理器的执行方式也非常直观。之前归并排序的例子则不太直观，它的数据依赖关系表征为数据流的形式。两者的共同点在于通过显式地利用生产者-消费者局域性，避免了传统通用处理器在运行时隐式地处理该局域性引入的额外开销。

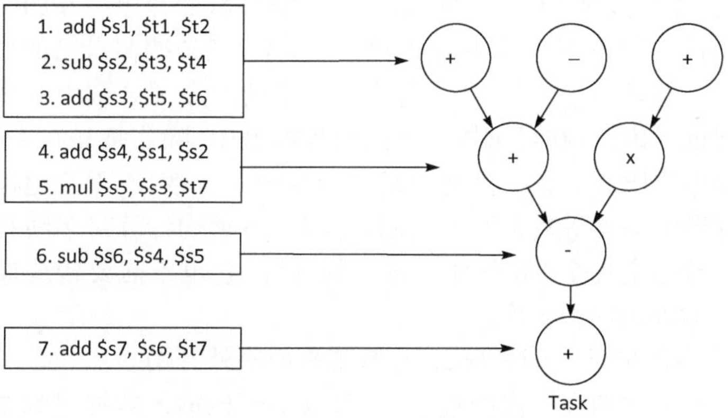

图 13.2　数据流图与汇编代码中数据依赖关系的不同表达方式

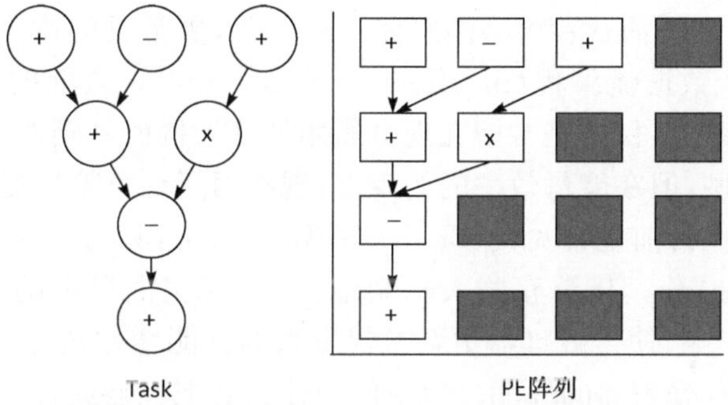

图 13.3　数据流图对应到可重构计算处理器上

下面来看可重构计算处理器是如何通过显式利用生产者-消费者局域性，消除传统通用处理器存在的额外开销问题的。

问题 1：cache 引入的额外时间、额外功耗开销。

解决方法：由于两段程序间的依赖关系在硬件上已经显式指定，存储系统可以更好地对其中的数据进行调度，因此数据发生替换缺失的概率大大降低。此外，由于程序的输入输出数据都是以数据流的形式在编译时确定的，硬件在实际执行时可以更有效地对数据进行预取和写回，从而大大提高了 cache 的利用率。当然，这样做需要在编译时了解各个计算单元生产/消费数据流的速度，从而对计算单元进行调度避免死锁，但这会增加编译器设计的难度。

问题 2：过度串行化引入的额外时间开销，为了解决过度串行化问题带来的额外功耗开销。

解决方法：传统通用处理器的过度串行化问题的根源在于时序编程模型中两条指令间必须有一个先后关系。但在显式表达生产者-消费者局域性的空间编程模型中，各段程序是按照 PE 的空间分布进行划分的，而程序内在的时序特征以数据流的形式表达。例如，在归并排序的例子中，各个 PE 按照自己的位置对不同的输入队列进行合并，而合并时要遵守的先大后小的时序关系则由有序队列的数据流形式得到保证。因此，在可重构计算的编程模型中，除非是显式声明，没有对各个操作的顺序做出限制。它天然地利用了指令级并行性，不需要超标量处理器中多发射和寄存器重命名等复杂硬件机制。同时，可重构计算对多线程的开发是通过编译器显式地指定各个 PE 的任务进行的，因此它也不需要传统通用计算在线程切换时需要的现场保护工作。

问题 3：指令的取址、译码等执行步骤带来的额外开销。

可重构计算处理器在一次配置之后，可以不断地输入数据得到结果。尤其是对于计算密集型应用中的关键循环，一次配置的时间、功耗开销都远小于大量指令的取址、译码开销。

学术界对生产者-消费者模型的研究由来已久，更常见的称为流处理（streaming processing）或数据流编程（dataflow programming）。之前的研究大多数局限在编程模型的研究上，目的是希望在现有通用计算架构的基础上，开发出一套更有效的并行编程模型，但在能量效率的约束下，现有通用计算架构提升的空间已经越来越小。尤其是在目前最常见的 CPU＋GPU 平台上，只对特定并行性很高的负载有很好的性能提升。甚至有些人悲观地认为，现实世界中的并行性不足加上 Amdahl 定律的影响，使得处理器更新换代带来的性能增益边际递减，最终会导致没有必要继续提升处理器的性能。但我们为什么要把性能提升的方法局限在传统通用处理器对并行性的开发上呢？换个角度看问题，往往能带来很多新的想法。

13.3 通用可重构技术的关键难题与最新进展

通用可重构技术相比传统通用计算有诸多优势，但是它离实际应用还有很长的路要走。伯克利在一份著名的研究报告中将计算机体系结构设计中需要考虑的 7 个问题分为硬件问题、编程模型问题、应用问题和评估问题，并以金门大桥为例，将硬件和应用比喻成金门大桥的两个高高在上的索塔，而编程模型则是连接两个索塔的桥梁，如图 13.4 所示。

对于可重构技术而言，上面的 4 类问题只有硬件问题是相对确定的。从最近的进展来看，当前最重要的问题有硬件方面设计一套与现有体系兼容的编程接口；编程模型方面寻找一个易用的编程模型；应用方面寻找一个杀手级应用。下面结合可重构技术的最新进展依次分析这三个问题。

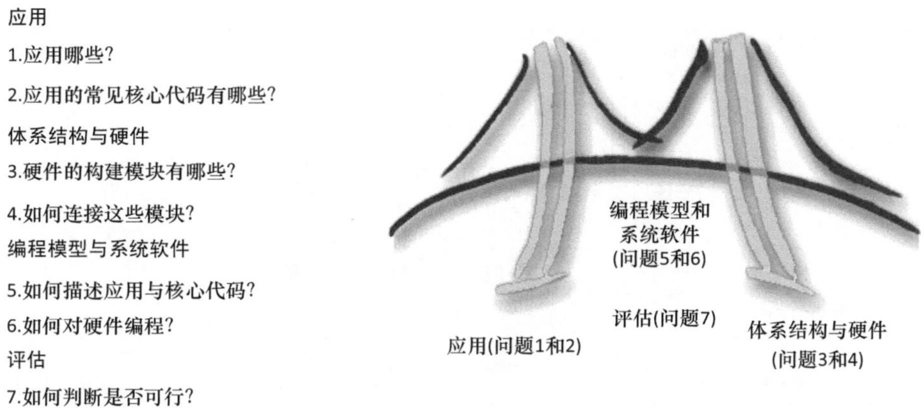

图 13.4　计算机体系机构设计中需要考虑的问题

13.3.1　与现有体系兼容的编程接口

计算机系统都会利用简单的抽象模型来掩盖复杂的实现细节,这样在设计高层实现时不需要去考虑底层的细节,只需要使用底层提供的抽象。传统通用计算体系结构中最重要的抽象有两种。第一种是将机器级程序的格式和行为抽象为指令集架构(instruction set architecture,ISA)。虽然 CPU 在执行实际指令时行为会非常复杂,但对于程序员来说,他看到的就是 ISA 中一条条的指令顺序执行。第二种是将一个运行中的程序使用的所有资源抽象为进程。当其中某个程序运行时,系统会提供一种假象,好像整个系统的处理器、内存、I/O 设备等都被这个程序所有,实际上所有处理器都是交错执行多个进程的。通过这两个抽象,程序员在编写程序时可以假设它的程序单独占据了系统中的所有资源,并且在执行时可以按照程序员的思路一步步地执行,而不需要考虑硬件上执行程序的实际情况。这样大大简化了程序员的负担。

要保证通用可重构计算处理器的可用性,也必须考虑指令集架构和进程这两个抽象,否则得到的硬件将会很难编程。

DySER[3,4]可重构阵列是最近非常具有代表性的可重构计算处理器。它将一个粗粒度可重构阵列整合到 OpenSPARC 的数据通路中(图 13.5)。可重构阵列只包含计算单元,而访存和分支预测都交给了 OpenSPARC 处理器,这样可以更好地利用超标量处理器的内存相关性预测和分支预测,同时降低了可重构阵列的设计难度。文献[3]将 SPECint 和 Parsec 两个 benchmark 都进行了映射实现,平均比带有 SSE 的超标量处理器获得 3.2 倍的性能提升,并节省了 60%的功耗。这证明了可重构技术在通用领域的有效性。

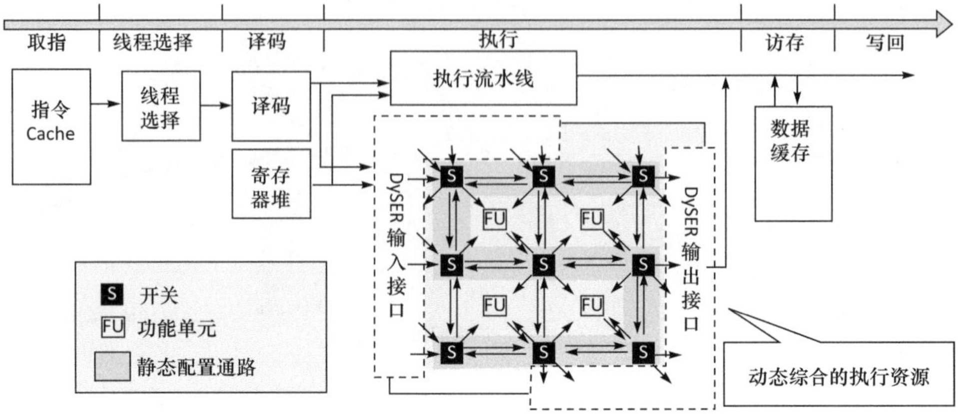

图 13.5　DySER 整合到 OpenSPARC 处理器的数据通路中

DySER 中最有趣的一点在于它是在传统通用处理器的基础上开发的，这就很好地保证了它与现有体系结构的兼容性。DySER 的设计中严格遵守了奥卡姆剃刀原则：如无必要，勿增实体(if not necessary，not by entity)。在将 DySER 整合到 OpenSPARC 时，只需要在 OpenSPARC 的指令集中增加 5 条指令，并且这些指令的格式与指令集完全兼容(图 13.6)。由于 DySER 与 OpenSPARC 之间的交互机制非常简单，对于 OpenSPARC 上的程序只需要做少许修改就可以移植到 DySER 上。

指令	指令编码							
dyser_init	10	配置	110111	配置			000	配置
dyser_send	10	DI1[4:0]	110111	RS1[4:0]	DI2[4:0]	V	001	RS2[4:0]
dyser_recv	10	DO1[4:0]	110111	RD[4:0]	unused		010	unused
dyser_load	10	DI1[4:0]	000000	RS1[4:0]	0	1000000	000	RS2[4:0]
dyser_store	10	DO1[4:0]	000100	RS1[4:0]	0	1000000	000	RS2[4:0]

图 13.6　为 DySER 扩展 OpenSPARC 的指令集

在硬件实现上，只需要为整个 OpenSPARC 流水线增加 11 个信号即可，因此设计师在 OpenSPARC RTL 级代码中仅仅修改了 500 行，就完成了 DySER 和 OpenSPARC 的整合，大大降低了人力成本。

DySER 很优雅地处理了传统通用处理器指令集架构抽象与新架构间的兼容性问题，通过奥卡姆剃刀原则大大降低了新硬件开发和程序设计的成本，是新体系结构编程接口设计的典范。但它有点过度强调了兼容性，并没有从根本上解决通用处理器能量效率低下的问题，因此仅能对某些特定应用有较好的加速效果。

BORPH(berkeley operating system for reprogrammable hardware)[5]是第一个在可重构技术中实现进程抽象的例子。进程脱离不了操作系统,而在之前可重构体系结构中,操作系统完全运行在一个传统通用处理器上。当某一进程需要使用可重构阵列时,它会唤醒可重构阵列并加载配置信息。这样可重构阵列完全从属于传统通用处理器,仅起到了一个加速器的效果。可重构阵列作为从属模块时,软件开发人员在开发可重构阵列时,常常还需要使用硬件提供的专用 API,这无疑为应用的开发增大了难度。

BORPH 将 FPGA 与传统通用处理器并列。运行在传统通用处理器上的进程称为软件进程,而运行在 FPGA 上的进程称为硬件进程。两者都建立在 linux 操作系统的内核上(图 13.7)。要启动 FPGA 时,直接在 linux 系统中创建一个硬件进程,该硬件进程对应的配置信息就被传输到 FPGA 上。硬件进程与 linux 内核间的通信是在 linux 文件系统框架下进行的,FPGA 上的某些寄存器的值对应于 linux 下的某些文件,对这些文件的读写就是对寄存器的读写。

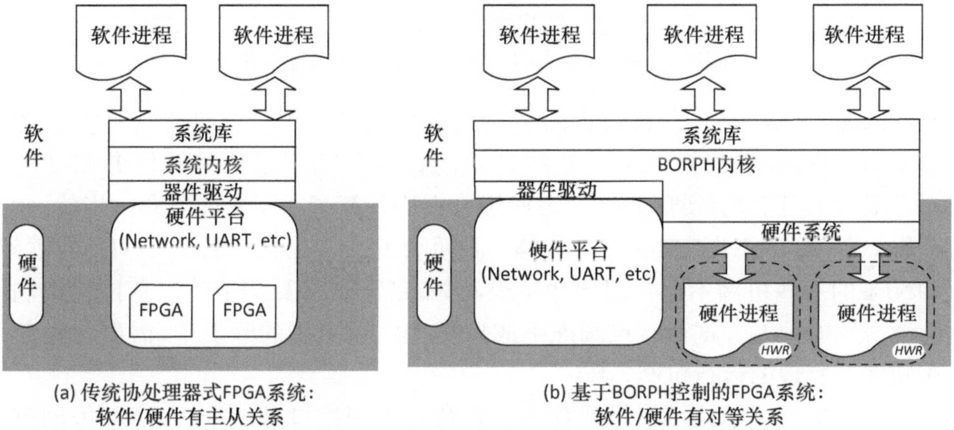

图 13.7　传统可重构系统和 BORPH 的系统框图对比

BORPH 通过硬件进程的抽象模糊了 FPGA 与传统通用处理器间的界限,大大减轻了使用和管理 FPGA 的压力。图 13.8 是在 bash 中执行一个硬件进程的示意。第一条命令引发了 linux 的 exec 系统调用,只不过调用的参数不再是一个传统的程序,而是一个包装好的 FPGA 配置文件。通过 ps 命令可以看到硬件进程和软件进程之间没有本质差别,接下来则通过读写文件访问 FPGA 的寄存器,与正常访问磁盘上的文件没有任何差别。BORPH 甚至可以通过管道直接在软件进程和硬件进程间传递数据,如 bash $ cat video. in|v decode|v filter|v encode>video. out,这句命令就完成了输入视频码流、解码、滤波、编码、输出等一系列操作。

```
1:bash$ ./counter.bof &
[1] 1399
2:bash$ ps j
 PPID   PID  PGID   SID TTY      TPGID STAT   UID   TIME COMMAND
 1386  1387  1387  1387 pts/3     1400 Ss    1000   0:00 -bash
 1387  1399  1399  1387 pts/3     1400 S     1000   0:00 ./counter.bof
 1387  1400  1400  1387 pts/3     1400 R+    1000   0:00 ps j
3:bash$ cat /proc/1399/hw/ioreg/cntval
A3B498E0
4:bash$ cat /proc/1399/hw/ioreg/cntval
B289E906
5:bash$ echo 0 > /proc/1399/hw/ioreg/cnten
6:bash$ cat /proc/1399/hw/ioreg/cntval
C103D024
7:bash$ cat /proc/1399/hw/ioreg/cntval
C103D024
8:bash$ kill -9 1399
[1]+  Killed       counter.bof
9:bash$
```

图 13.8　在 bash 中对 FPGA 上硬件进程进行管理

可以说，BORPH 中硬件进程的抽象理念彻底颠覆了传统可重构计算研究中对可重构计算的定位，使 FPGA 运行环境的设计脱离了以往单纯任务调度的窠臼。它展示了可重构计算的潜力，为通用可重构计算指明了发展方向。当然，作为一个先驱者，BORPH 中也有很多缺陷。最重要的一点是它受制于 UNIX 的框架，而 UNIX 的一些机制不适合用硬件实现，例如完全采用 UNIX 的消息传递机制使硬件读写性能很差。这就有点画虎不成反类犬。在未来的开发中，需要考虑更适合在硬件上实现的运行机制。

为可重构系统设计一个与现有体系兼容的编程接口是一个极重要、极困难又极容易产生新点子的问题。说它重要，是因为如果没有一个良好的接口，设计出来的任何体系结构都只能是纸上谈兵，很难被其他人使用；说它困难，是因为问题的求解空间过于广阔，同时又缺乏一套行之有效的评价体系可以对两种方案孰优孰劣进行对比；说它易产生新点子，是因为这样的接口设计需要对新体系与旧体系的本质差别进行思考，这样很容易产生颠覆性的想法。通用可重构计算处理器的编程接口设计可以参考 GPU 与 CPU 等异构平台间的接口设计，但同时还需要考虑可重构技术的特性。

13.3.2　易用的编程模型

编程模型是一个应用与硬件实现之间的桥梁，从传统的串行编程模型，到如今多核时代使用较多的 OpenMP、MPI 等并行编程模型，它们决定了硬件的可编程性。在编程模型设计中,最重要的两个评价指标是模型的易用性和模型对硬件潜能的开发程度,并且这两个指标是互斥的。通常,一个编程模型的抽象层次越高,越容易被程序员使用,但同时也越难发挥出硬件的全部能力。这有点像编程语言中汇编与 Python 等高级语言的关系,汇编效率最高,而 Python 更容易使用。

通用可重构计算由于显式利用了生产者-消费者局域性,因此很难直接套用现有的并行编程模型。因此,设计一套行之有效的可重构计算编程模型就是当务之急了。例如,归并排序在换个角度观察后,就很漂亮地实现了在可重构计算处理器上的映射,换个角度实际上就是从传统通用处理器的编程模型转向了面向可重构计算处理器的编程模型。

触发指令(triggered instruction,TIA)[2]是 Intel 最新提出的一个通用可重构计算架构。它借鉴了 20 世纪 70 年代 Dijkstra 提出的带哨命令(guarded command)计算范式,同时提出一种用触发执行的方式完全消除了硬件上的程序计数器和指令集的分支指令。

TIA 的编程模型有点像 verilog 中的 always 块。它的每条指令都由两部分组成:一条作为 trigger 的布尔表达式和一个 PE 要执行动作。一条指令的实例如下,即

```
when (!p0 && % in0.tag !=EOL
&& % in1.tag !=EOL) do
cmp.ge p1,% in0.data,% in1.data (p0:=1)
```

这比任何 RISC 指令都复杂,每条指令间完全并行。调度器从所有布尔表达式为真(即被 trigger 触发)的指令中,按照优先级顺序选择一条放入数据通路中执行。同时,被执行的指令可以通过修改谓词寄存器(predicate register)与调度器形成反馈(图 13.9)。为了减小功耗,TIA 中作为 trigger 的布尔表达式只能通过与逻辑连接两个条件,这样大大降低了各个节点的翻转概率。

TIA 的指令非常适合在可重构阵列上映射。由于消除了分支指令,大规模的阵列结构不用担心分支影响算法映射到阵列上的执行效率。同时,所谓的 trigger 本质上就是一种数据驱动的结构,与数据流驱动的可重构阵列执行机制相符。

TIA 是传统通用可重构计算编程模型的超集。如果每条指令都将谓词寄存器设定为它在串行编程模型下的程序计数器,那么我们就得到了传统的串行编程模型。显然,超集的代价是需要耗费额外的面积,但在这个用面积换取低功耗的时代,面积是芯片设计中最不值钱的资源。

不过 TIA 的编程模型还不够直观。写过 verilog 的读者都会了解用 always 块写一个非常复杂的时序逻辑时是多么的困难。TIA 提醒我们在设计可重构计算的编程模型时,不要把眼光局限在传统通用计算的编程模型上,这一点是最难能可贵的。

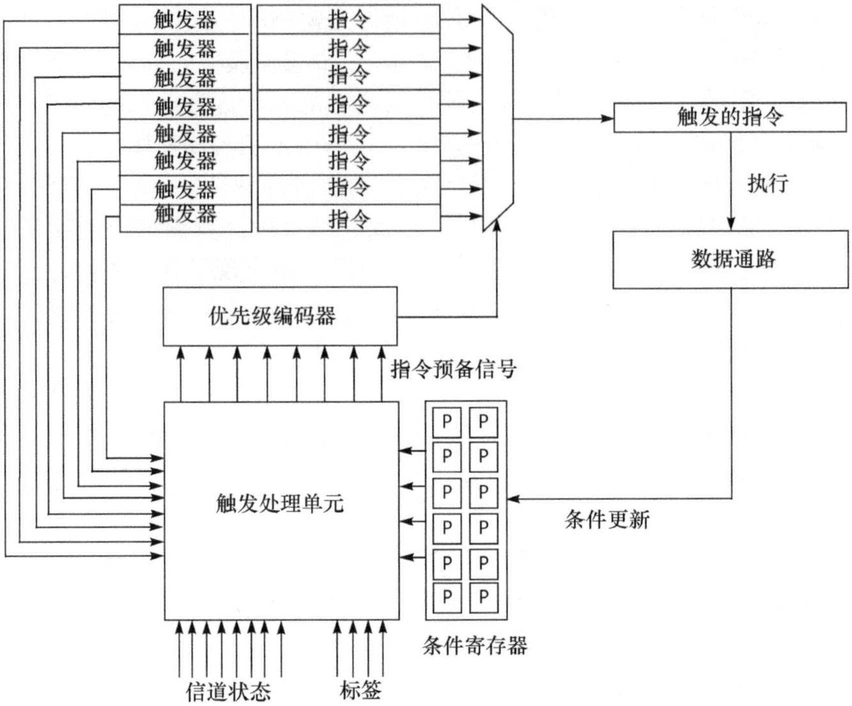

图 13.9　TIA 中指令的执行方式

13.3.3　杀手级应用

到这里可能已经有读者开始疑惑，本书认为通用可重构技术前景非常光明，是不是在几年内我们就能从市场上买到以可重构技术为基础的手机或者平板电脑了吗？在回答这个问题前，我们先来看看 RISC 技术的故事。

最早的 RISC 处理器是 20 世纪 70 年代由 Patterson 等在 UC Berkeley 设计出来的。当时整个产业界正是 CISC 处理器大行其道的时代，DEC 公司的 VAX-11/780 代表了当时 CISC 处理器的设计巅峰，它的设计文档一经发布就立即被学术界奉为圭臬。那个时代人们也普遍认为应该设计越来越复杂的指令来提高处理器的性能。直到 RISC 处理器的横空出世。Patterson 当时敏锐地意识到了所谓的 80/20 法则，即有 80%的计算其实只采用了指令集中较简单的 20%指令，因此新增的那些复杂指令其实收效甚微。与其设计越来越复杂的指令，不如统一采用简单的指令，通过指令间并行(即流水线)提高性能。

RISC I 处理器是一个单发射、五级流水线的处理器，相信现在任何看过 Patterson 那本《计算机组成与设计》的人都可以写出这样一个处理器，并觉得这样设计是理所当然的。在 20 世纪 70 年代，RISC I 的流片结果一经发布立即引起轰

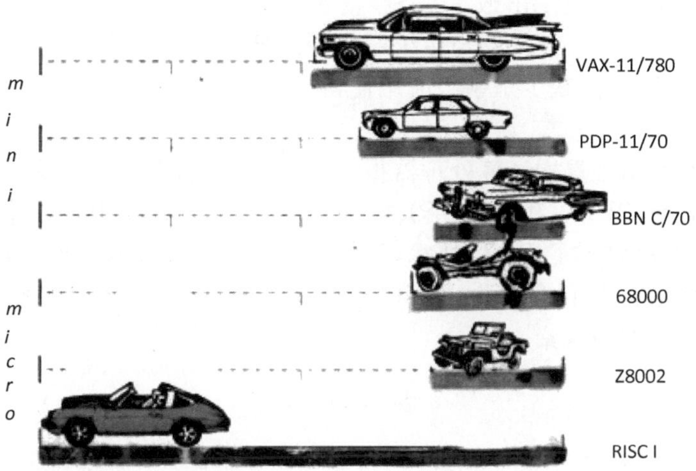

图 13.10　RISC I 与同时代 CISC 处理器的性能对比[6]

动。Patterson 后来也回忆到："一群研究生竟然设计了一个比工业界能够做到的极限速度还要快的原型芯片，这件事至今令我惊讶。"于是，从 70 年代后期到 80 年代，整个学术界都大肆赞美 RISC 技术，并普遍认为 CISC 技术已经可以被扔进垃圾堆。

但是，仍然有一家公司还在抱着 CISC 技术不放，那就是 Intel。由于 Intel 的目标用户都是个人用户，而个人用户肯定都不希望买了一个新的处理器之后之前所有的程序都不能用了。因此，为了保证前向兼容性，Intel 必须继续采用 CISC 技术。当然，为了利用流水线技术，Intel 使用额外的硬件把 x86 指令翻译转换成内部的 RISC 指令（即所谓微码），因此 CISC 处理器在很长的时间内一直在为更长流水线、额外转换硬件和复杂指令的微码负担着额外开销。

Intel 也有自己的优势。它的工艺线比任何一家 RISC 处理器公司都要先进，因此虽然体系结构落后，但性能并不落后。同时，随着 20 世纪 90 年代 PC 的普及，加上用户的惯性，Intel 进入了黄金时代，终于将 MIPS、SPARC 等 RISC 处理器挤出了 PC 市场。CISC 技术虽然在学术界已经被扔进了垃圾堆，但它借着 Intel 公司老而弥坚，反而击败了 RISC 技术。

在这十年间，PC 市场逐渐式微，移动市场成为各大处理器厂商的新战地。由于在移动市场上功耗变得和性能同样重要，Intel 的 CISC 包袱变得越来越沉，使得 Intel 在移动市场上举步维艰。此时，以 ARM 为代表的 RISC 阵营发起了反击，并最终凭借功耗优势击溃了 Intel。如今，RISC 处理器的出货量已经远大于 CISC 处理器。

RISC 技术在襁褓中就被看做是未来之星，可它也花了 30 年的时间才找到了移动市场这个杀手级应用击败了 CISC 技术。可重构技术的发展路线可能也是类似的。虽然可重构计算处理器与传统通用处理器相比有较大的能量效率优势，但巨大的用户惯性，以及缺少杀手级应用使得可重构技术近期很难取代传统通用处理器。

既然近期通用可重构计算处理器很难被实际应用，那么我们为什么还要研究它呢？还是看看 RISC。90 年代 RISC 处理器在 Intel 的压力下很难看到出头之日，如果所有人都放弃了 RISC 技术，那么还会有今天的 ARM 吗？因此，只要我们看到一项技术有应用的可能，就不能放弃对它的研究。毕竟，科研的最大魅力就在于对各种可能性的探索。

参考文献

[1] Hameed R, Qadeer W, Wachs M, et al. Understanding sources of inefficiency in general-purpose chips[C]//ACM SIGARCH Computer Architecture News, 2010, 38(3): 37-47.

[2] Parashar A, Pellauer M, Adler M, et al. Triggered instructions: a control paradigm for spatially-programmed architectures[C]// Proceedings of the 40th Annual International Symposium on Computer Architecture, 2013: 142-153.

[3] Govindaraju V, Ho C H, Nowatzki T, et al. Dyser: unifying functionality and parallelism specialization for energy-efficient computing[J]. IEEE Micro, 2012, 32(5): 38-51.

[4] Benson J, Cofell R, Frericks C, et al. Design, integration and implementation of the DySER hardware accelerator into open SPARC[C]// 2012 IEEE 18th International Symposium on High Performance Computer Architecture, 2012: 1-12.

[5] So H K H, Brodersen R. A unified hardware/software runtime environment for FPGA-based reconfigurable computers using BORPH[J]. ACM Transactions on Embedded Computing Systems, 2008, 7(2): 14.

[6] Patterson D. RISC versus CISC wars in the pie PC and PC Ens-part 1[EB/OL]. http//community arm com/groups/processors/bloy/2011/01/18/risc-versus-cisc-wors-in-the-prepc-and-pc-eras-part-1[2011-1-18].

第 14 章　大规模并行计算

随着计算规模越来越大，对计算速率的需求越来越高，这促使研究人员不断寻找更优的计算模式，大规模并行计算便是当前较为时兴的一种解决方案。

以 Google 为例，其最新推出的按图搜索功能的实现过程包含了超大规模实时并行计算的关键技术，通过对来自网络的近百亿张数量的图片实时提取图像特征信息，并通过大规模并行计算，实现图像的特征匹配，从而在足够短的时间内把相关的搜索结果返回给用户[1]。NVIDIA 等公司也在研究 GPU 与 CPU 实现大规模异构并行计算的工作[2]。国产的天河一号系统[3]也应用了大规模的并行计算技术。此外，大规模并行计算在气象、流体动力学、环境科学、半导体和超导体研究等极大运算量的领域中也有应用。可见，大规模并行计算已经成为计算模式的一种发展趋势。

14.1　关于大规模并行计算

什么是大规模并行计算？

我们先来看并行计算的概念，它指的是将求解问题分解成若干部分，各个部分划分到独立的计算单元上并行地进行处理。并行计算的执行模式分为时域和空域两种。时域并行通常指的是流水线技术，而空域并行则指的是由多个处理器并行执行的计算。显然，大规模并行计算主要使用到的就是空间上的并行模式。

空域并行计算的模式引出了两种不同类型的并行机，一种是单指令流多数据流并行机，另一种是多指令流多数据流并行机。大规模并行计算机则属于后者。

所谓大规模，是指计算规模的单元数目巨大。就目前来看，即便是千万单元级的计算规模，对于现有的高性能计算资源也完全不构成挑战，而目前国际顶尖的计算规模大概在 10 亿单元级左右。

基于以上解释，在计算领域的定义中，大规模并行计算指的是使用大量的处理器（或分立的计算机）来并行地执行一系列同等的计算任务。通常大规模并行计算指的是由多个微处理器、内部存储器及网络接口电路构成的节点来完成的并行计算，节点与节点之间则通过定制的高速网络进行互联。

在截至 2014 年的全球 500 强高性能计算机排行中，IBM 基于蓝色基因/Q 架构的 Sequoia 排名第三，拥有 98 304 个计算节点，接近 160 万个处理器核心，内存容量 1.6PB，整体功率约为 7890 千瓦（排行第四的富士通“京”的功率为 12 650 千瓦)。以 Linpack 计算机为例,其通常/峰值性能为 16.32/20.13 petaflops[4]。这台机器就是使用了典型的大规模并行计算系统芯片作为主板上的系统芯片。该计算机将用于美国军队模拟核试验数据,确保美国核武库的稳定性和有效性。

此外,当前的 GPU 也是一种典型的大规模并行计算的实现,其计算任务主要分为顶点渲染处理(vertex shading)、几何渲染处理(geometry shading)、像素渲染处理(pixel shading)、物理计算(physical calculation),以及通用计算(general-purpose calculation)五类。GPU 选取的处理单元是能够完成全部五类计算任务的单元。这样的运算单元组成的阵列可以针对数据密集型的图形处理算法产生很好的加速效果。

大规模并行计算可以用通用处理器、专用集成电路芯片等处理单元来实现,但是它们带来的问题也很明显。通用处理器由指令进行驱动,而执行指令的时间绝大多数用于准备计算所需的各种条件,使得执行计算的效率非常低。专用集成电路芯片虽然带来较高的执行计算的效率,但是其面向的应用非常固定,使得由其组成的系统只能处理特定的任务。在进行大规模并行计算系统开发的时候,这些问题就变得尤其明显,无论是从计算效率、功耗,还是设计制造成本等因素考虑,传统的计算模式都很容易受到瓶颈限制。

因此,引入可重构计算处理器作为大规模并行计算的处理单元,就成为了一种合理考虑,其灵活性和较高的计算能效比,将在大规模并行计算系统的设计中拥有明显的优势。

14.2 可重构计算处理器运用于大规模并行计算的可行性

上一节提到,基于计算效率、功耗和设计制造成本的考虑,设计者希望引入可重构计算处理器作为大规模并行计算的处理单元。本节主要讨论将可重构计算处理器运用于大规模并行计算的可行性。

我们以 Map-Reduce 为实际案例。Map-Reduce 是一种大规模并行运算的常用算法,主要有两个步骤,一是映射的过程,称为 Map;二是规约的过程,称为 Reduce。这种思想源自于函数式的编程语言,包含从矢量编程语言里借来的特性。因此,即便编程人员对分布式并行编程的过程并不熟悉,他们也可以很方便地将自己的程序运行在分布式系统上。

如图 14.1 所示,对于 Map-Reduce 的执行方式,我们可以将它简单地看做是把一堆杂乱无章的数据先按照某种特定的特征进行汇集,然后按照一定的规则进行处理,最后将得到的结果按照一定的特征归纳起来。因此,映射过程面对的是杂乱无章且互无关联的数据,它先对每个数据进行解析,从中提取出键(key)和值(value),键值对就代表了数据的特征。经过洗牌(shuffle)阶段,在归纳阶段所能看到的数据都是按照一定规律归纳好的数据。

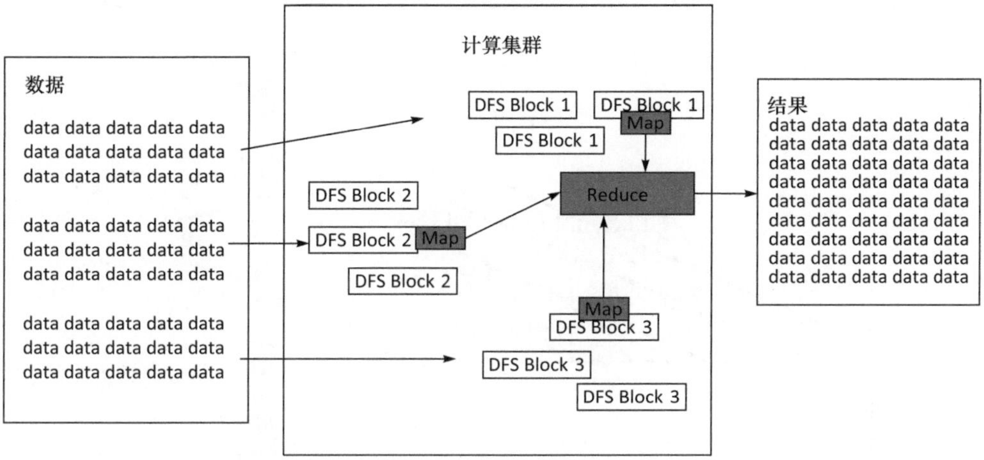

图 14.1　Map-Reduce 算法的概念示意图

Map-Reduce 算法通过把大规模的数据操作分发给计算网络上的每个节点来实现可靠性，过程中每个节点会周期性地对其工作状态进行反馈。如果在某个预设的时间间隔过程中，发现一个节点始终保持未工作状态，那么主节点就会把这个节点标记为死亡状态，并把分配给这个节点的数据分发给其他节点进行处理。每个操作使用命名文件的原则进行操作，以确保并行线程之间不会发生冲突；当文件被改名的时候，系统则有可能会把它们复制到另外一个名字上去。

化简操作工作方式与之类似，但是由于化简操作的可并行性相对较差，主节点会尽量把化简操作分配在一个节点上，或者离需要操作的数据尽可能近的节点上。

首先，在可重构运算单元上，我们使用 Map-Reduce 算法进行循环优化。例如，我们考虑如下所示的一个典型的单层循环的伪代码，即

```
for i=1:N
  foo();
endfor
```

对这个循环进行循环展开，就是把 foo()函数综合之后所对应的循环体 DFG 图复制多份，即生成了多个映射体(mapper)。

考虑生成 k 个映射体(将循环体展开为 k 份)，由于 CGRA 架构中隐含的流水线特性(3.1.1 节)，DFG 图在被映射到 CGRA 阵列的过程中就已经被流水线化了。

假设 foo()函数对应的 DFG 图如图 14.2(b)所示。当 foo()函数被映射到可重构运算单元阵列上时，实际上形成了一个流水线，这个流水线的分级方式由

图 14.2(a)中的黑线表示：A 在第一层、两个 B 在第二层、C 在第三层、D 在第四层。流水线的级数等于 DFG 图的深度，这是 DFG 图向可重构运算单元阵列映射的一个重要特征。

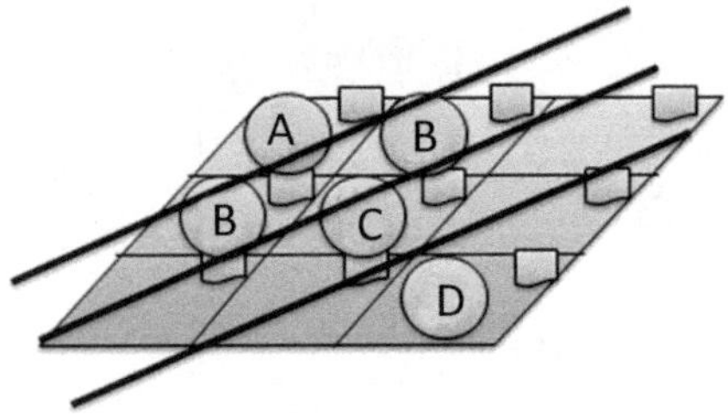

(a) 映射

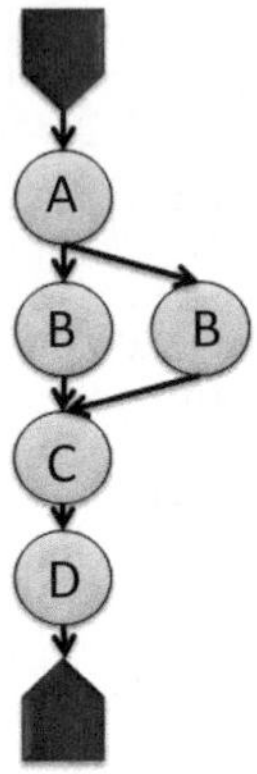

(b) 循环体DFG

图 14.2　单层循环向 CGRA 映射

把循环体对应的 DFG 图展开为 k 份后就可以并行执行 k 次循环体。同时，循环体本身映射到可重构运算单元阵列的时候又被流水线化。

将 Map-Reduce 优化后的 DFG 图映射到可重构运算阵列上进行运算。在实验中，我们设置向量维数 N 为 1000 的点乘运算，并以 REMUS 作为实验的可重构计算处理器平台。实验最终结果得出总的运行周期数为 55，即使用 55 个周期完成了两个 1000 维向量的点乘。我们进行对比实验，在实验中同样设置向量维数 N 为 1000，映射到 REMUS 平台上运行，但是设有 Map-Reduce 优化机制，最终总的运行周期为 163，即使用 163 个周期完成了两个 1000 维向量的点乘。

可以看到，Map-Reduce 优化机制将向量点乘运算提速至 2.96 倍，如表 14.1 所示。

表 14.1　性能比较——向量点乘运算(N=1000)

实验设置	运行周期数	相对性能
无 Map-Reduce 优化机制	163	1.00x
引入 Map-Reduce 优化机制	55	2.96x

由此可见，在单个可重构计算处理器单元上可以运用 Map-Reduce 算法，并且能够在性能上得到明显的优化。基于这一方法，我们把 Map-Reduce 的算法扩展到由多个可重构计算处理器阵列的大规模并行计算系统上使用。

基于 MapReduce 的算法，Apache 基金会开发了名为 Hadoop 的开源框架，包含的分布式文件系统称为 HDFS(Hadoop distributed file system)。包括 Map-

Reduce 算法在内的很多并行计算任务都可以在 Hadoop 的框架上执行。

在一个完全配置的计算集群上，运行 Hadoop 意味着在不同的节点服务器上运行了一组守护进程(daemons)。这些守护进程各司其职，一些仅存在于单个节点服务器上，一些则运行在多个节点[5]服务器上。

1. *名字节点*(name node)

名字节点是一个通常在 HDFS 实例中的单独机器上运行的软件，位于 HDFS 的主端，指导从端的数据节点执行底层的 I/O 任务，相当于 HDFS 的书记员。它跟踪文件如何被分割成文件块，而这些块又被哪些节点存储。同时，它还会检查 HDFS 的整体运行状态是否正常。因此，运行名字节点需要消耗大量的内存和 I/O 资源。出于这点考虑，运行名字节点的机器就不会再运行数据节点或者任务跟踪节点。

2. *数据节点*(data node)

每个 Hadoop 集群的从节点都会驻留一个数据节点来守护进程，把 HDFS 中的数据块读取或者写入到本地文件系统的实际文件中。当数据节点希望对 HDFS 文件进行读写时，文件被分割成多块，由名字节点告知客户端每个数据块驻留在哪个数据节点。客户端直接与数据节点守护进程进行通信，来处理与数据块相对应的本地文件。此后，数据节点会与其他数据节点进行通信，复制这些数据块来实现冗余，以保证任何一个数据节点无法通过网络访问时，仍可读取这些文件。

数据节点不断向名字节点报告。初始化时，每个数据节点将当前存储的数据块告知名字节点，在这个初始映射完成之后，数据节点仍然会不断地更新名字节点，来提供本地修改的相关信息，同时接收指令，以创建、移动或删除本地磁盘上的数据块。

3. *次名字节点*(secondary name node)

次名字节点是一个用于监测 HDFS 集群状态的辅助守护进程，像数据节点一样，每个集群都会有一个次名字节点，通常独占一台服务器，并且该服务器不会运行其他诸如数据节点或任务跟踪节点的守护进程。次名字节点与名字节点的不同在于它不接收或记录 HDFS 的任何实时变化。相反，它与名字节点通信，根据集群配置的时间间隔获取 HDFS 元数据的快照。

正如前面提到的，名字节点是 Hadoop 集群的单一故障点，而次名字节点的快照则有助于减少停机的时间，降低数据丢失的风险。然而，名字节点的失效处理还是需要手动地重新配置集群，将次名字节点提升用作主要的名字节点。

4. 作业跟踪节点(job tracker)

作业跟踪节点守护进程是应用程序和 Hadoop 之间的纽带。一旦提交代码到集群上，作业跟踪节点就会执行特定的工作任务，包括对处理哪些文件、为不同的任务分配节点、监控所有任务的运行这些决策。如果任务失败，作业跟踪节点将自动重启任务，但所分配的节点可能会不同，同时也会受到预定义的重试次数限制。

每个 Hadoop 集群上只可能有一个作业跟踪节点来守护进程，通常运行在服务器集群的主节点上。

5. 任务跟踪节点(task tracker)

与存储的守护进程一样，计算的守护进程也遵循主从架构：作业跟踪节点作为主节点，监测 Map-Reduce 作业的整个执行过程，同时任务跟踪节点管理各个任务在每个从节点上的执行情况。这种交互关系如图 14.3 所示。

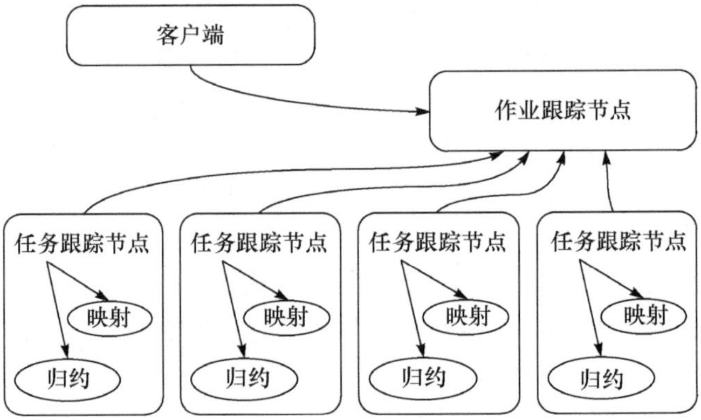

图 14.3　客户端、作业跟踪节点与任务跟踪节点的交互关系

每个任务跟踪节点负责执行由作业跟踪节点分配的单项任务。虽然每个从节点仅有一个任务跟踪节点，但每个任务跟踪节点可以生成多个 Java 虚拟机(Java virtual machine，JVM)来并行地处理许多映射或规约任务。

任务跟踪节点有一项职责是持续不断地与作业跟踪节点通信，来反馈自身的状态。如果作业跟踪节点在指定的时间内没有收到来自任务跟踪节点的“心跳”，那么作业跟踪节点就会假定任务跟踪节点已经崩溃了，从而把相应的任务重新提交到集群的其他节点上执行。

一个典型 Hadoop 集群的拓扑结构如图 14.4 所示。

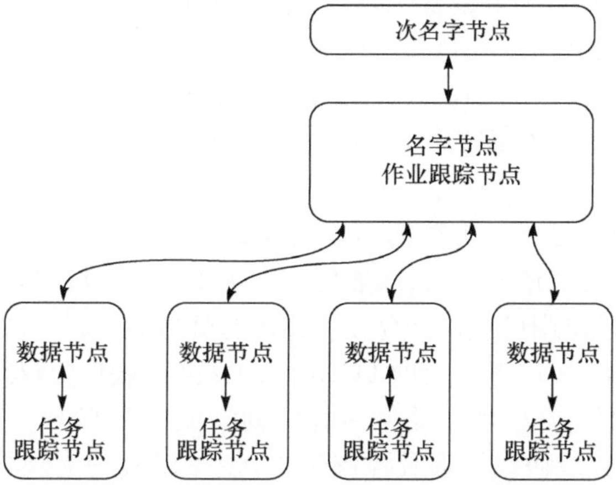

图 14.4　典型 Hadoop 集群的拓扑结构

基于以上结构，我们可以给出 Hadoop 具体的执行流程，如图 14.5 所示。一个 Map-Reduce 程序首先启动一个任务，客户端从作业跟踪节点处获取新的任务 ID，

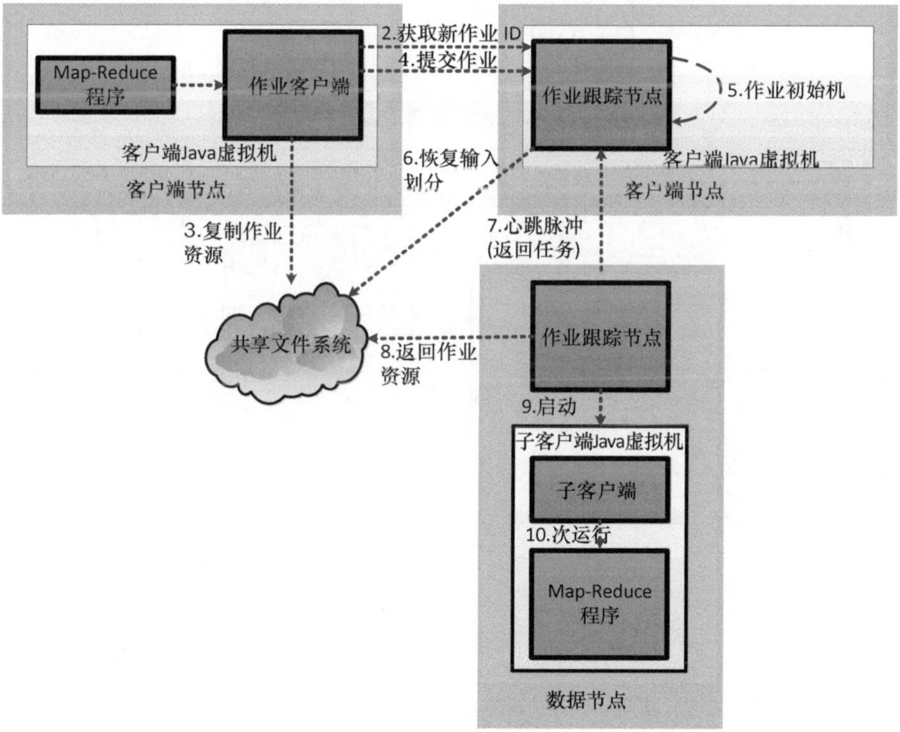

图 14.5　基于 Hadoop 的典型任务执行流程

并从 HDFS 中复制任务所需的数据，然后把任务提交给作业跟踪节点。作业跟踪节点对任务进行初始化后，从 HDFS 中获取输入的片段。任务跟踪节点向作业跟踪节点发出“心跳脉冲”(heartbeat)，询问是否有待完成任务，一旦收到分配任务，就从 HDFS 中获取任务所需的资源，并且启动节点内部的 Java 虚拟机，执行相应的映射或规约任务。

以上数据节点都是基于传统的通用结构处理器的计算机，通过调用 CPU 资源进行任务运算。类似地，只要打通数据节点上 Java 虚拟机与可重构计算处理器的通道，同样也可以调用可重构计算处理器进行任务运算。

如图 14.6 所示，可以考虑借助 PCI Express 高速接口协议作为计算机与可重构计算处理器的通信方式，将可重构运算阵列集成在带有 PCI Express 接口的板卡上，借助 FPGA 完成协议管理及控制工作，便可以实现大规模可重构计算处理器阵列的搭建，供 PC 端调用完成计算工作。

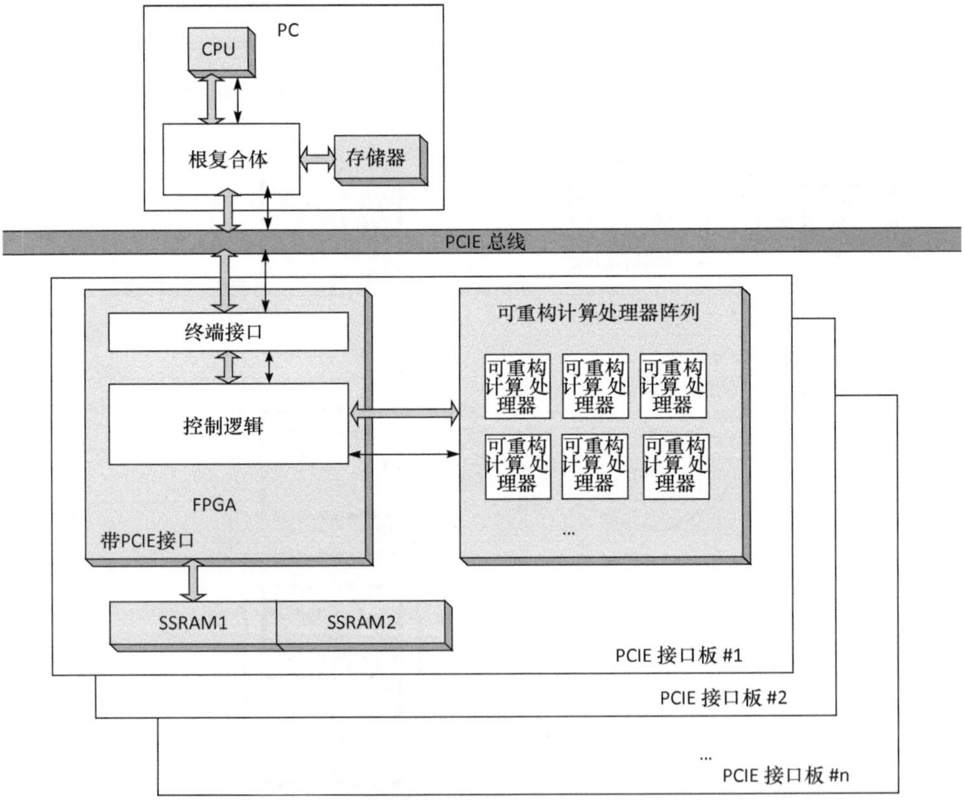

图 14.6　基于 PCI Express 高速接口协议的可重构计算阵列

这样一来，结合 Hadoop 架构，我们便可以搭建一个拥有大规模可重构计算阵列的计算系统，完成大规模并行计算任务。

14.3　关于大规模并行计算的展望

14.3.1　大规模并行计算的能效问题

在大规模并行计算中，能效一直是值得关注的重要问题。2002 年，美国国防部提出了高效能计算机系统计划[6]。该计划指出高效能计算机系统不仅仅需要高的计算性能，同时还需要经济可行，即成本上需要进行控制。大规模并行计算系统往往都会产生较大的能耗，并且会配备温度控制系统，这些都会造成很高的运行成本。因此，降低系统工作的功耗，无疑将大幅度地减少系统的运行成本。

通常情况下，在实际的大规模并行计算系统中，很难对系统的实际功耗进行测量。例如，对一个由 10 000 台机器组成的集群，其实际功耗是很难直接进行测量的。因此，引入量化估计的方法，从数学建模的角度对功耗进行估算，成为了一种可以考虑的方式。

来自弗吉尼亚大学的 Wang 在其发表于 2013 年的一篇文章中，基于多核应用领域的 Amdahl 定律，提出一种量化研究的方法[7]估算不同类型的计算单元组成的总体性能。他们通过使用修改过的预测模型对 32 位加法器的仿真结果进行仿真来校正物理缩放参数[8]，选择类似于 Niagara2 的计算核作为单核基线设计，并将 Niagara2 的频率缩放至 45nm 工艺水平，最终通过 McPAT 平台得到这款基线计算核在 45nm 工艺下的特征参数[9]。具体参数值如表 14.2 所示。

表 14.2　通过 McPAT 平台得到的 45nm 工艺基线计算核参数

频率/GHz	动态功耗/W	漏电功耗/W	面积/mm^2
4.20	6.14	1.06	7.65

根据这一方法，他们对计算单元的频率、功耗和性能等参数进行了数学建模，从而得到系统整体的能耗和计算性能。

14.3.2　可重构计算处理器的能效优势

基于上一节提到的方法，可以考虑将可重构计算处理器作为加速计算单元引入到计算单元阵列中，并分析各种运算单元不同比例的组成所带来的能效上的区别。

测试使用的计算任务由一系列可划分为并行部分和串行部分的程序组成，而一个程序中的某些部分也可以被划分为几个计算内核，这些内核都可以通过可重构计算处理器进行加速。由此，将每个加速核的加速比及内核的分布进行建模，并根据模型进行了一系列测试。假设加速单元(可重构计算处理器)的加速比 η 和内核的分布情况均按正态分布，即

$$\begin{cases}\eta\sim N(\mu_s,\sigma_s^2)\\ \varepsilon\sim N(\mu_c,\sigma_c^2)\end{cases}\tag{14.1}$$

正态分布的各项参数如表 14.3 所示。

表 14.3　可重构计算处理器的数学建模统计参数

μ_s(RCP)	σ_s(RCP)	μ_c	σ_c
40x	10	40%	10%

我们采用通用处理器和可重构计算处理器异构混合的方式构成系统,并观察系统中可重构计算处理器占有比例的大小变化对系统整体能效产生的影响。采用上述的程序集进行测试,通过测试发现,在完成同样工作量的情况下,带有 20%可重构核的系统消耗的功率仅为传统通用处理器的 15%,这将带来非常可观的功耗节省,如图 14.7 所示。尤其是将应用场景换到大规模计算中,这样的功耗节省将带来巨大的经济利益和能源节约。由此可见,可重构计算处理器在能效上拥有巨大优势。

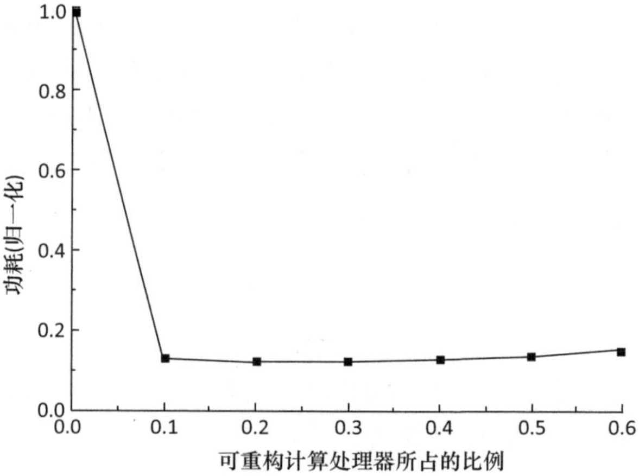

图 14.7　可重构计算处理器所占比例与系统功耗关系

同样,根据 Amdahl 定律以及程序集和加速比的数学建模,我们可以以系统整体能效作为优化目标,从而采用一个较优配比设计可重构计算处理器和通用处理器的异构混合结构。

这样一来,便可以把一个大的计算任务分为两大类:适合可重构计算处理器处理的数据、循环密集型部分,映射到可重构计算处理器上执行;适合通用结构处理器执行的部分,则映射到基于通用结构的处理器上执行。这种计算模式可以在 Hadoop 框架上实现,图 14.8 给出了对这种情况的描述。这样一来,便可以充分利用可重构计算处理器的优势,提高系统整体的运算效能。

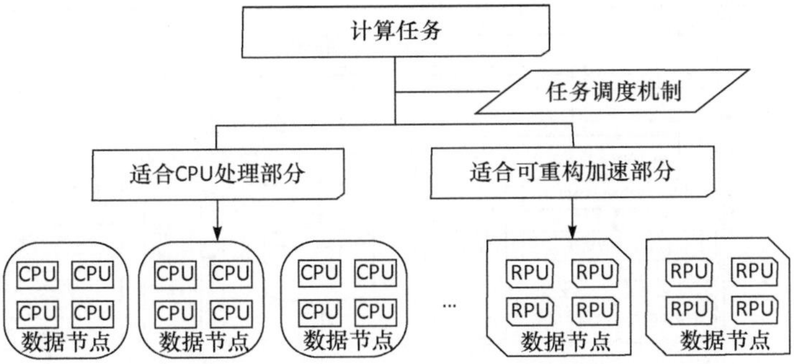

图 14.8　基于 Hadoop 的大规模并行计算模式

14.4　基于可重构处理器的弹性云计算平台

云计算作为大规模计算的一种计算应用模式，是近年来特别热门的一项技术。业内的很多人士都预测，云计算会成为影响互联网乃至整个产业格局的一项技术。根据全球最权威的技术咨询机构 Gartner 给出的报告也显示，云计算已经于 2011 年绕过了应用上的瓶颈，开始真正落地。这也意味着未来几年将是云计算高速发展的几年。云计算将成为各大企业紧密关注的战场，必然会有很多新的发展成果如雨后春笋般出现。因此，对云计算平台的开发成为一个热点。

传统的云计算平台基于冯·诺依曼架构的处理器硬件和以虚拟机为基本单位的资源调度机制实现，不可避免地会遇到计算能力瓶颈和高能耗的困扰，同时资源调度粒度过大，造成计算资源和能源的浪费。为解决这些问题，我们可以探索采用可重构计算处理器作为核心处理器，构建云计算平台。

首先，我们将完成基于可重构处理器的弹性云计算软硬件架构的研究，这部分研究工作既涉及可重构计算硬件平台，又涉及弹性云计算资源管理技术。该平台架构与我们已经实现的基于传统 CPU 的云平台架构有一定的相似之处，都是通过用户界面，利用 Web Service 调用相应的功能模块，对被虚拟化的计算资源进行控制与管理。虽然它们的大体结构与功能有相近之处，但在底层硬件架构，虚拟化技术，对计算单元的控制流程与实现业务流程上具有根本性的不同。基于 RPU 的弹性云计算软硬件架构如图 14.9 所示。

从逻辑上看，基于 RPU 的云计算平台分为三个层次。最底层为虚拟化层，将由 RPU 阵列构成的物理硬件计算资源虚拟化为 VRPU 资源池，对上层应用管理系统屏蔽掉硬件细节，同时提供足够细粒度的计算资源调度能力；中间层为控制层，提供面向上层应用的 web service 接口和面向下层 VRPU 资源池的任务调度器和任务调度协调单元，该层次通过灵活的弹性资源控制，将用户的计算资源需求

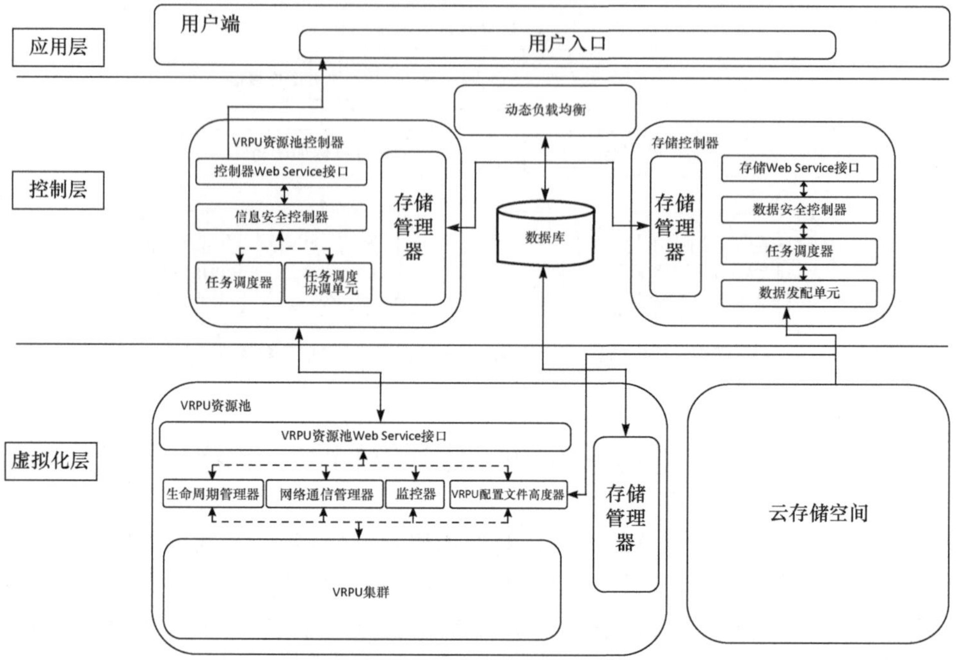

图 14.9　基于可重构处理器(RPU)的云计算平台体系架构

映射到底层 VRPU 资源池中，并最终映射到物理计算资源上；顶层为应用层，对应具体用户业务。

基于上述软硬件体系结构，我们将实现系统软硬件功能划分和模式定义，最终确定硬件平台与软件平台的物理接口和交互机制，以便开展下一步研究。

可重构硬件平台的核心是可重构处理器，此处我们将采用自主知识产权设计的 RPU。基于 RPU 的可重构硬件平台架构如图 14.10 所示。该硬件平台包含有通用处理器(例如现有的基于 x86 架构或 RISC 架构的处理器)、由 RPU 阵列构成的计算引擎和协处理器、解析控制器等辅助部件。通用 CPU 负责可重构硬件平台的控制和管理。多块 RPU 构成一个 RPU 阵列板卡，多个 RPU 阵列板卡构成计算引擎。该硬件平台支持 RPU 板卡的按需扩展和拼装，可以根据负载需求调整 RPU 板卡数量，获得所需的计算能力。可重构硬件平台通过资源管理调度系统 CERPM(chomolungma embedded reconfigurable processor manager)完成硬件计算资源的虚拟化。CERPM 被固化在每一块 RPU 阵列板卡上。CERPM 接收控制层的应用指令，并动态地按需、按量调度 RPU 计算单元(包括开启、关闭 RPU 整列；实现纵向或工作流式运算等)执行运算。CERPM 使被管理硬件对上层应用程序透明，应用程序无需关心底层硬件调度情况，CERPM 负责按照应用程序运行需求自动分配硬件资源。每块板卡上的 CERPM 可以利用特定协议进行通信，形成板卡计算集群。

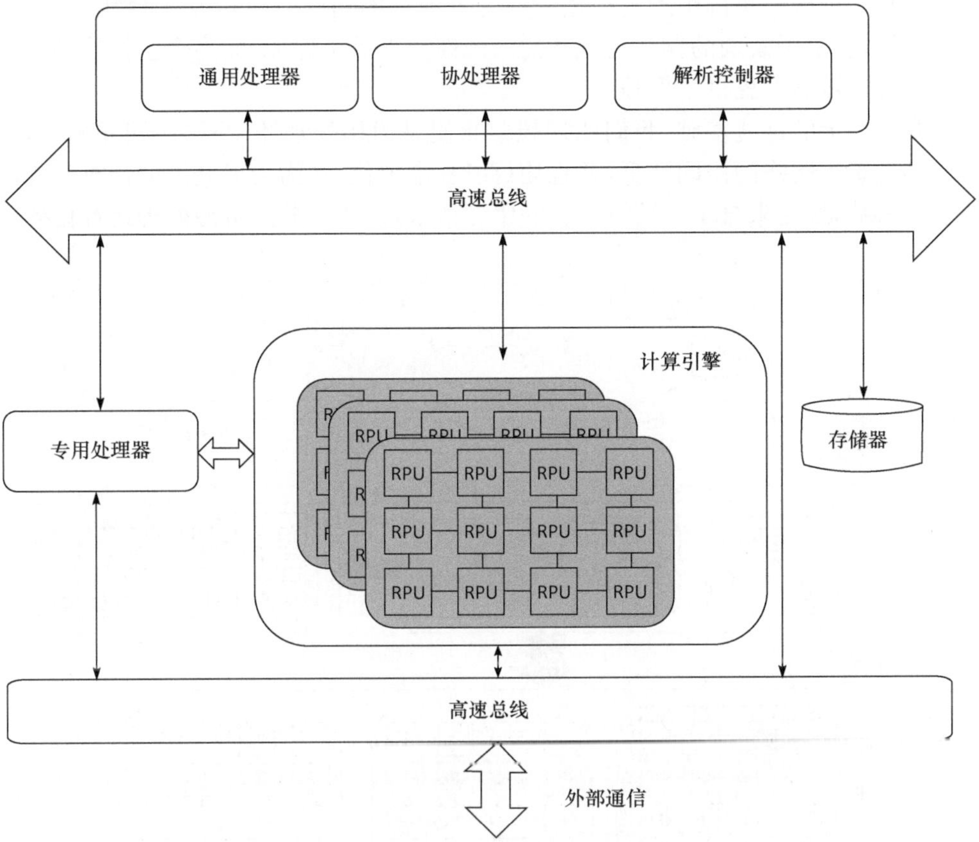

图 14.10　基于 RPU 的可重构硬件平台架构

弹性云计算管理引擎的核心是虚拟化资源管理模块。该模块会被绑定在每个独立的物理硬件上用以管理其上的计算资源，如 RPU、内存、I/O 等。该模块会依据上层应用对资源的需求及其所管理的物理资源的情况动态地对其管理的计算资源进行分配，同时保证分配给不同应用的资源的绝对隔离。通过实现不同的调度算法与优化策略，虚拟化资源管理模块可以实时地根据上层应用行为的不同，使其管理资源的利用率达到最优。虚拟化资源管理模块同时负责其管理硬件的能耗使用情况管理。闲置的资源可以被资源管理模块关闭以降低能耗。多个虚拟化资源管理模块可以形成的一个主从结构(master-slave)的多代理(multi-agent)系统。位于不同物理硬件上的虚拟化资源管理模块通过硬件的拼装，可以互相通信从而实现多硬件资源的协同调度与分配。在初次拼装后，子管理模块会将其所管理的计算资源信息交付给主管理模块，主管理模块会将该子模块的计算资源映射为其管理的全部资源的一部分，并通过向子模块发送指令以实现对子模块资源的控制。

当两个物理设备被分离时，主管理模块会自动释放其所管理的子管理模块的资源信息。在一个拼装集群中的虚拟化资源管理模块的角色既可以是子模块，也可以是主模块，多个子模块的存在为较高的系统性能提供了保障，而多个主模块的存在则为系统的可靠性提供了保障。

有了以上的这些基础，我们的理想愿景便是通用处理器 CPU 和可重构 RPU 可以实现基于网络的协同计算，并且均可以被虚拟化，作为可以利用的计算资源池放置于云端，接受来自于云计算平台的服务请求，动态地分配资源处理运算任务。

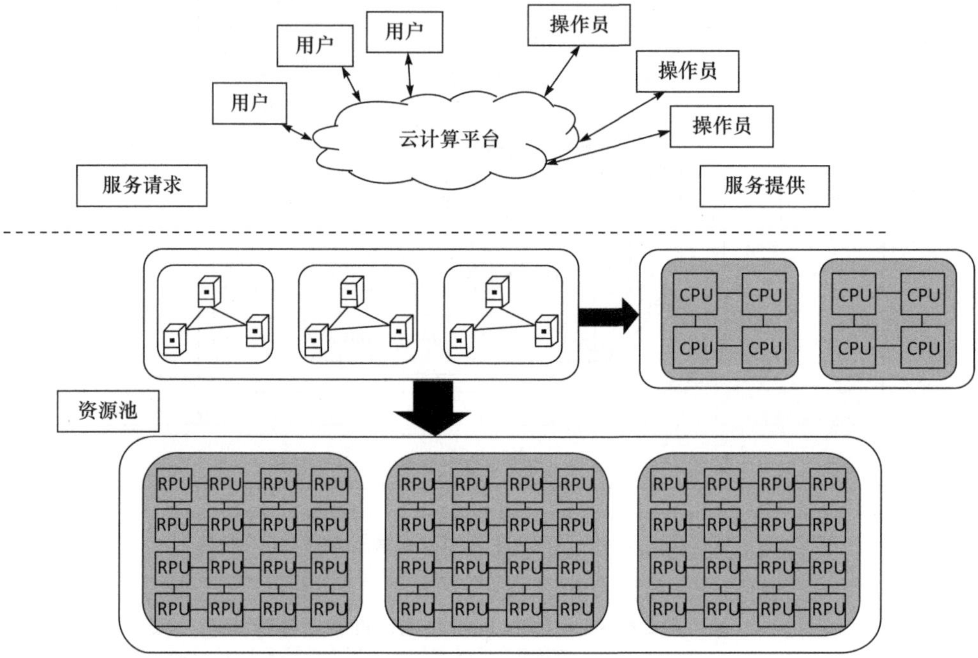

图 14.11　CPU 与可重构核的云计算架构

这样一来，可重构计算核便也可以作为云端资源，因此将产生更大的商业价值，从而带动相关的软硬件技术开发及潜在市场发展。未来，我们将会看到可重构计算核具备更好的通用性，并且将被利用在更多、更广的平台领域中。

14.5　总　　结

本章介绍了大规模并行计算的概念，并针对传统大规模并行计算存在的问题，提出了使用可重构计算处理器作为运算单元的方法。经过对可行性和计算能效的评估，可以发现可重构计算处理器的灵活性和高效性，将为大规模并行计算带来可观的效能收益。

但不可忽视的问题是,可重构计算处理器所能处理的计算类型还比较局限,其执行方式与通用可重构计算处理器的执行方式尚存在不同。在大规模并行计算系统的调度执行过程中需要考虑这些问题。

参考文献

[1] Google 按图搜索突破关键字局限:超大规模并行计算[EB/OL]. http://tech. qq. com/a/20110901/000309. htm[2011-09-01].

[2] Nickolls J, Buck I, Garland M, et al. Scalable parallel programming with CUDA[J]. Queue, 2008, 6(2):40-53.

[3] Calamia J. China's homegrown supercomputers[J]. IEEE Spectrum, 2012, 49(1):54.

[4] TOP 500 supercomputer site[EB/OL]. http://www. top500. org/[2014-06-01].

[5] Lam C. Hadoop in action[M]. Greenwich: Manning Publications, 2010.

[6] DARPA homepage site[EB/OL]. http://www. darpa. mil/[2014-06-15].

[7] Wang L, Skadron K. Implications of the power wall: dim cores and reconfigurable logic[J]. IEEE Micro, 2013, 33(5):40-48.

[8] Calhoun B H, Khanna S, Mann R W, et al. Sub-threshold circuit designwith shrinking CMOS devices[C]//International Symposium on Circuits and Systems, 2009:2541-2544.

[9] Li S, Ahn J H, Strong R D, et al. McPAT: an integrated power, area, and timing modeling framework for multicore and manycore architectures[C]// The 42nd Annual IEEE/ACM International Symposium on Microarchitecture, 2009:469-480.

索　引

后　　记

长久以来，我都有写本书的冲动，但到下笔时又感到自己对写书的目标似乎并不明确。2004 年，我和同事着手编写《数字系统的高层次综合》一书，并经过几个月的努力完成初稿。记得有一天晚上，夜深人静，我仔细阅读和修改书稿的时候，突然觉得有必要回答一个问题，那就是为什么要编写这样一本书。是为了把这些年我在清华大学和北京大学教授《数字 VLSI 系统的高层次综合》课程的内容集结成书？显然不是，因为 2000 年相关内容已经过整理并作为单独的一章收进李志坚院士主编的《ULSI 器件、电路与系统》，而且我的同事高志强教授和一位学生林敏 2002 也基于我授课的内容编写出版了一本名为《VHDL 数字系统设计与高层次综合》的书。是为了总结我和同事的研究成果？显然也不是，因为高层次综合的理论和方法成型于 20 世纪 90 年代初，那时我刚刚获得博士学位，且博士论文研究题目并不是高层次综合。虽然之后我在比利时蒙斯理工学院担任助理教授时开设了高层次综合的课程，1995 年回到母校清华大学任教后把该课程又搬回清华，同时指导研究生开展高层次综合的研究并取得了一些成果，但是从高层次综合的完整理论和方法体系上看，我们的贡献微乎其微，基本上可以忽略不计。面对这两个问题，我有些动摇，感到编写一本总结前人工作成果的书并不是我的初衷，似乎落入了为写书而写书的俗套。那天晚上，我睡得很晚，最终下决心放弃了那本书的编写。今天，每当我看到那本书的初稿无助地存放在一个不起眼的文件目录中的时候，多少都会产生出由于我的决定令参与编写那本书的同事做了无用功的愧疚。

随着年龄的增长，要写一本自己的书想法越来越强烈，决心也更加坚定。我想这本书应该有自己的思想，主要反映的是我和同事有价值的研究成果。决心易下，困难重重。想让这本书有自己的思想谈何容易？2006 年起，我和同事们尝试采取逆向思维的方式基于高层次综合的方法来构建可重构计算，开始了为期 8 年的探索。开始的时候，我们对可重构计算的理解只是一种模糊的概念，凭着直觉认为如果将高层次综合的方法反过来应用，理应形成一套与现有理论和方法不同的新方法。要开展可重构计算的研究就必须先回答几个问题，包括可重构计算的定义是什么，它与传统计算架构的差别是什么，包含哪些关键技术，是否符合产业界的发展趋势，能否解决集成电路走向纳米时代面临的难题，理论体系是否扎实、完备，它能为实际应用带来什么价值等。能否回答这些问题，决定了我们研究方向的正确与否，决定了要开展的研究工作的价值大小。当然，回答了这些问题也只是认定了开展可重构计算研究的选题正确性，而要证明可重构计算方法的正确性则需长期、艰苦、系统和持之以恒的探索。

值得庆幸的是，2006 年我们获得了国家自然科学基金的支持。2009 年面向媒体处理的可重构计算关键技术研究被列入 863 计划重点研究计划。2012 年，863 计划决定继续支持我们开展通用可重构计算的研究。有了这些项目的支持，我和同事得以静下心来对前面提出的问题逐一进行探索，并最终得出了我们的答案。本书的写作正是基于大量的前期工作及取得的成果，应该说包含了自己的思想，是对我们研究工作的总结。也正因为如此，我才敢于启动本书的撰写。

本书写作完成后，我请王阳元、郑南宁、邬贺铨、许居衍和邬江兴几位院士对书的内容进行审阅并作序。他们都毫不犹豫地答应了我的请求，给了我们莫大的鼓舞。

王阳元院士是我国微电子领域的著名学者和前辈。虽然我没有机会成为他的学生，但我们之间的关系胜似师生。1995 年，我从国外回来到清华大学微电子所任教。1999 年，他邀请我担任北京大学微电子学研究所的兼职教授，让我有机会走进北京大学的讲堂。我在北京大学开设的《数字 VLSI 系统的高层次综合》成为北京大学微电子专业的研究生课程，至今已是第 16 个年头。他对我这个晚辈总是关爱有加，给了我很多的指导。我也将他看成是我的导师，有了困惑总是去麻烦他，请他为我解惑。当我请王阳元院士为本书作序的时候，他很高兴地答应了并提出了非常宝贵的意见。

郑南宁院士是知识渊博、造诣很高的战略型科学家。1996 年，我刚从国外回来不久就有幸在西安交通大学结识了他。这么多年来，他像兄长一样关心我、爱护我，我们之间的友谊随着时间的推移越来越深厚。回顾过去十几年我们的交往过程，在我顺利的时候他给我警示，在我遇到困难的时候他给我鼓励，是我人生道路上不可多得的良师益友。2008 年至今，我有幸在国家科技重大专项的框架内直接接受他的工作指导，他的严谨、宽厚及对信息技术发展的预见，不仅使得重大专项的工作少走了很多弯路，也让我受益匪浅。正是在郑南宁院士的鼓励下，我才最终下定决心启动本书的撰写。没有他的鼓励，写书这件事也许还只是我的一个愿望。所以，请他为本书作序是最顺理成章的事情了。

邬贺铨院士是我最敬仰的学者之一，这不仅是他宽厚的学识、卓越的战略思维、高超的沟通艺术和平易近人的风格折服了我，还因为我们之间有过一段令我终生难忘的工作交集。1996 年我在电信科学技术研究院兼职担任集成电路设计中心主任的时候，他还在邮电部第五研究所工作。在业务层面我曾多次聆听他的教诲，从他身上学到了很多的东西。他到中国工程院工作后，我在 2005 年接替他担任电信科学技术研究院的总工程师，成为他的继任者，但邬贺铨院士的学识、眼光和对信息技术发展趋势得心应手的把握能力让我感到自愧弗如。十几年来，不论他是当选工程院院士，还是担任工程院副院长，都没有因为声望和职位的变迁而对我提出的任何要求搪塞和敷衍。在我们之间的邮件和短信中，他总是称我为魏教授，让我诚恐诚惶，也让我对他高尚人格的景仰不断提升。本书写作基本完成的时候我请他为书作序，他爽快地答应了。

许居衍院士是中国微电子产业领域德高望重的长者。长期的产业工作经验让他在微电子技术产业的发展趋势上有着常人难以企及的洞察力。早在 20 世纪 80 年代，他就发现了集成电路在通过和专用之间循环往复、交替发展的规律，准确地预见到集成电路的发展必然会走向硬件和软件双双可编程。几年前，当我把开展可重构计算研究的设想讲给他听的时候，他大加赞赏，并鼓励我沿着这条路坚定不移地走下去。在从事可重构计算技术研究的过程中，他给了我们很多的指点，在研究思路上帮我们把关。在与许居衍院士的交往中，我为他的执著深深折服，为他的热情所感染。我们之间年龄差了 20 多岁，但年龄的差距并没有妨碍我们成为忘年交。他为提携我这个后生不遗余力，在各种场合宣传我的工作成果，给了我们巨大的鼓励。在我写作本书的时候，我请他为书作序，他也是毫不犹豫，让我十分感动。

邬江兴院士是我国通信领域的著名学者，为我国通信核心装备的自主发展做出了不可磨灭的贡献。他涉猎广泛，具有很高的洞察力和判断力。1998 年，我们在美国洛杉矶参加国际设计自动化年会的时候相识，并一直保持着紧密的接触，我把他当兄长，他把我当小弟。在长期的沟通和交往过程中，我们之间不乏争论，但更多的是共识。2008 年，他到北京出差，我到他下榻的酒店与他就集成电路技术的下一步发展趋势进行讨论。我们一致认为基于 IP 核的 SoC 设计方法虽然在性能、功耗和成本上具有优势，但资源的利用率太低，灵活性太差，应该寻找一种能够实现硬件灵活动态复用的新机制和新架构。后来，他领导解放军信息工程大学的团队在拟态计算上取得了突出的成果，我则带领团队在芯片层面上对可重构计算技术进行研究。我们两个团队的研究结果可以说是殊途同归。他评价我们的研究成果时认为，可重构计算技术的研究成果证明了拟态计算技术在芯片层面的可行性，解决了拟态计算技术实现上的基础性问题，是对拟态计算技术的巨大支持。我对拟态计算技术的了解不深，但得到他的如此评价还是很开心。邀请拟态计算技术的提出者来为本书作序也应该是理所当然之举。

几位院士为本书作序，是我们莫大的荣幸，也是鼓励和鞭策。我们对可重构计算技术的研究还只是刚刚起步，后面的工作还很多、很艰巨。利用本书介绍的可重构计算技术可以打造动态现场可编程逻辑器件，对传统的 FPGA 将是一个重大冲击，突破可重构计算处理器的通用性，则会对传统处理器的发展产生十分积极的推动作用。

我们深知这些探索不是一朝一夕的事情，也可能失败，但仍会义无反顾。科学探索永无止境。有这么多学者的支持，有团队上下一心的努力，我们坚信对可重构计算技术的探索一定可以结出丰硕的果实。

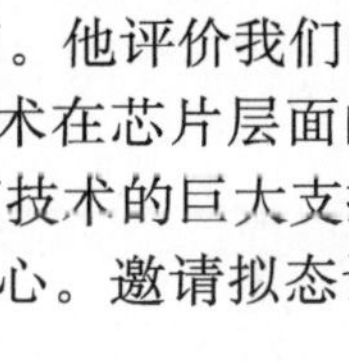

2014 年 7 月于清华园

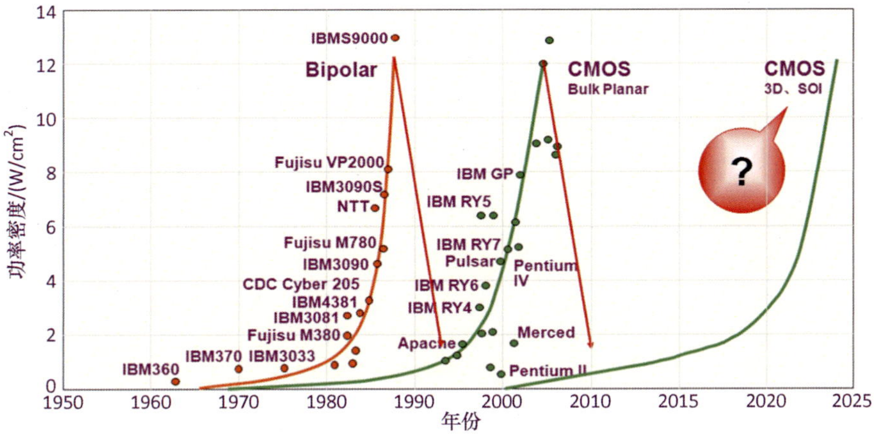

图 0.6　晶体管架构和功率密度

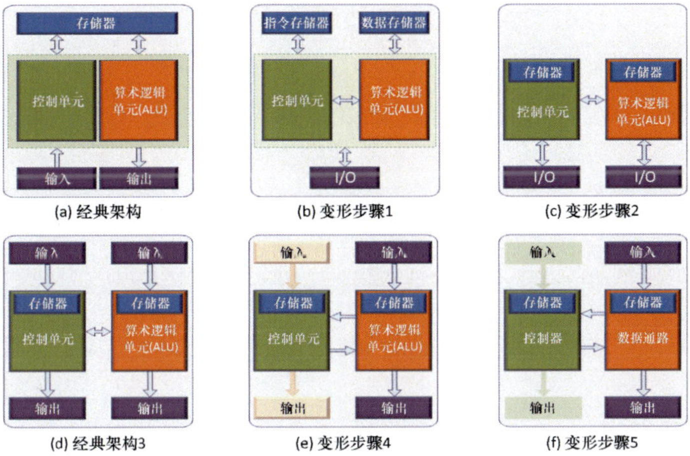

图 0.7　冯・诺依曼计算架构变形

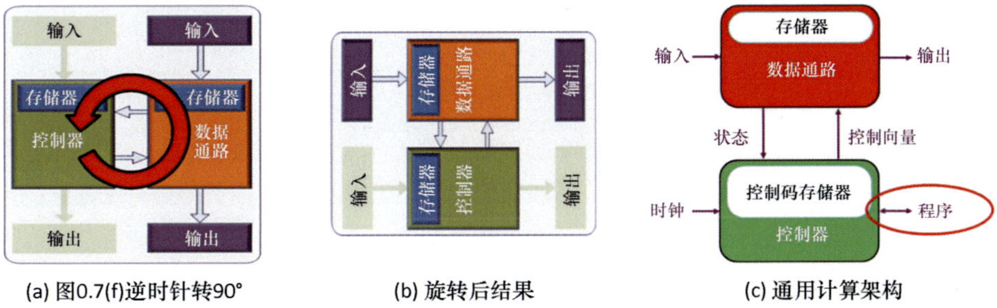

图 0.8　冯・诺依曼计算架构的进一步变形

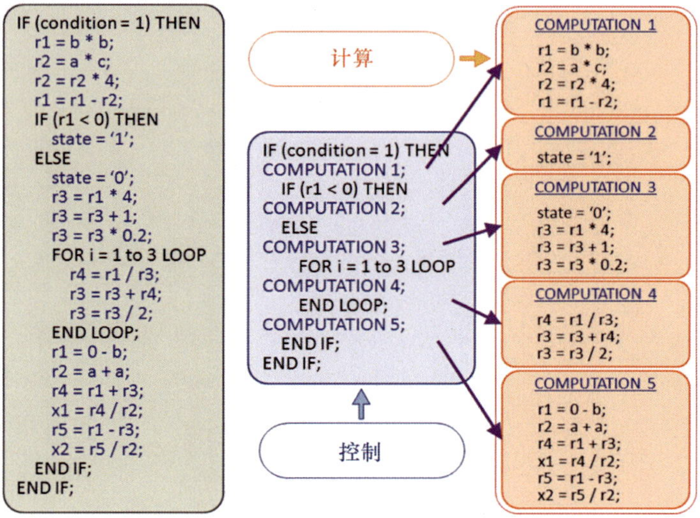

图 0.10 Program 中包含的计算流和控制流信息

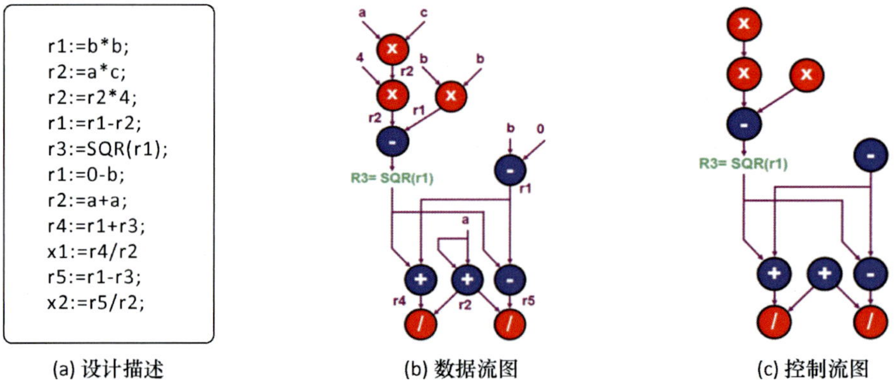

图 0.12 数据流图和控制流图

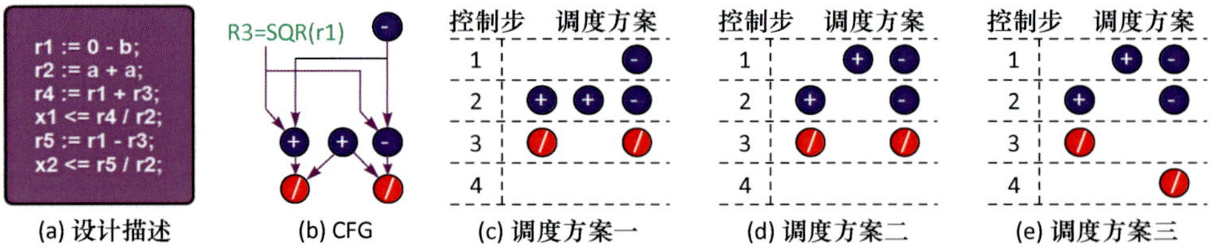

图 0.14 算子调度的基本原理

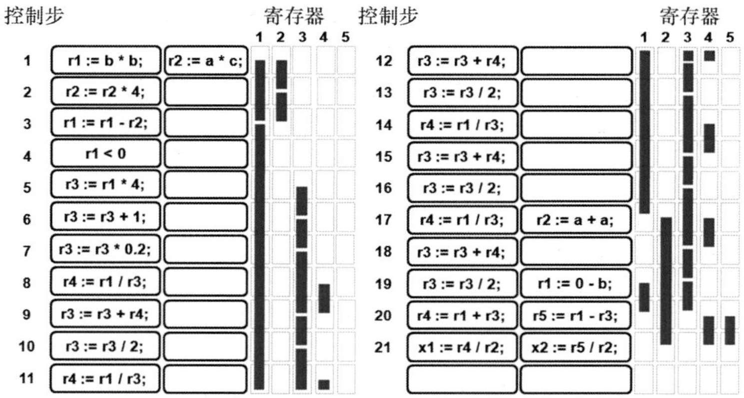

(a) 寄存器的“存活”和“死亡”时间分析

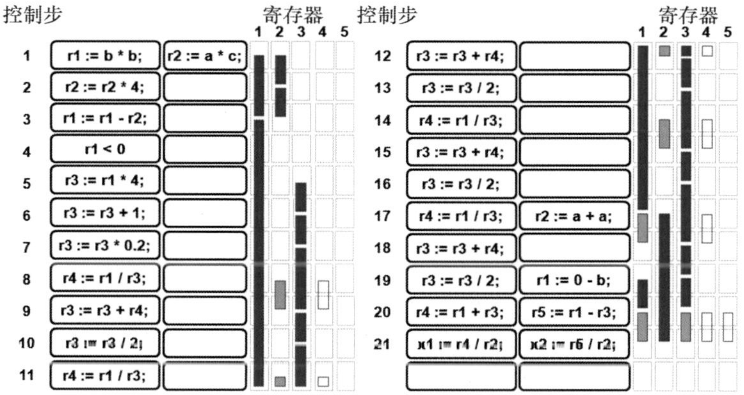

(b) 寄存器复用

图 0.16　寄存器优化

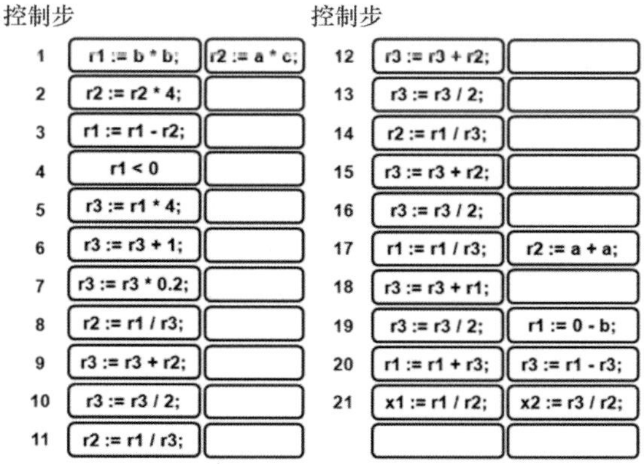

图 0.17　寄存器优化后的设计描述(经过算子调度)

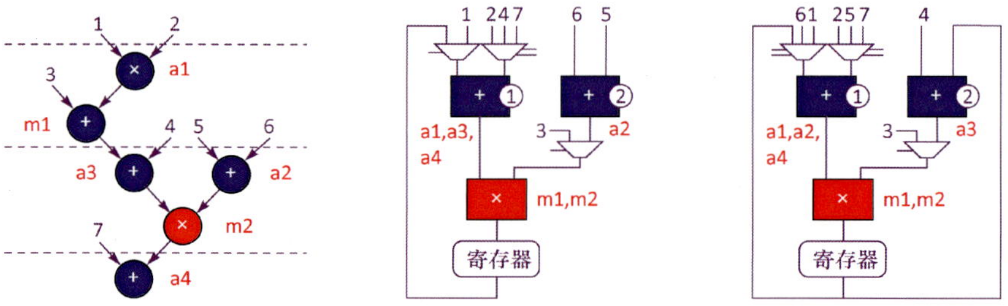

(a) 调度方案　　(b) 映射方案一　　(c) 映射方案二

图 0.18　资源分配

Step 01	r1 := b * b;	x ①	r2 := a * c;	x ②	Step 12	r3 := r3 + r2;	+		
Step 02	r2 := r2 * 4;	x ②			Step 13	r3 := r3 / 2;	/ ①		
Step 03	r1 := r1 - r2;	−			Step 14	r2 := r1 / r3;	/ ①		
Step 04	r1 < 0	<			Step 15	r3 := r3 + r2;	+		
Step 05	r3 := r1 * 4;	x ②			Step 16	r3 := r3 / 2;	/ ①		
Step 06	r3 := r3 + 1;	+			Step 17	r1 := r1 / r3;	/ ①	r2 := a + a;	+
Step 07	r3 := r3 * 0.2;	x ②			Step 18	r3 := r3 + r1;	+		
Step 08	r2 := r1 / r3;	/ ①			Step 19	r3 := r3 / 2;	/ ①	r1 := 0 - b;	−
Step 09	r3 := r3 + r2;	+			Step 20	r1 := r1 + r3;	+	r3 := r1 - r3;	−
Step 10	r3 := r3 / 2;	/ ①			Step 21	x1 := r1 / r2;	/ ①	x2 := r3 / r2;	/ ②
Step 11	r2 := r1 / r3;	/ ①							

图 0.19　图 0.17 所示设计描述的一个资源分配方案

Step 01	r1:=b*b;	×①	r2:=a*c;	×②	Step 12	r3:=r3+r2;	+		
Step 02	r2:=r2*4;	×②			Step 13	r3:=r3/2;	/①		
Step 03	r1:=r1-r2;	-			Step 14	r2:=r1/r3;	/①		
Step 04	r1<0	<			Step 15	r3:=r3+r2;	+		
Step 05	r3:=r1*4;	×②			Step 16	r3:=r3/2;	/①		
Step 06	r3:=r3+1;	+			Step 17	r1:=r1/r3;	/①	r2:=a+a;	+
Step 07	r3:=r3*0.2	×②			Step 18	r3:=r3+r1;	+		
Step 08	r2:=r1/r3;	/①			Step 19	r3:=r3/2;	/①	r1:=0-b;	-
Step 09	r3:=r3+r2;	+			Step 20	r1:=r1+r3;	+	r3:=r1-r3;	-
Step 10	r3:=r3/2;	/①			Step 21	x1:=r1/r2;	/①	x2:=r3/r2;	/②
Step 11	r2:=r1/r3;	/①							

(a) 经算子调度、寄存器优化和资源调度的设计

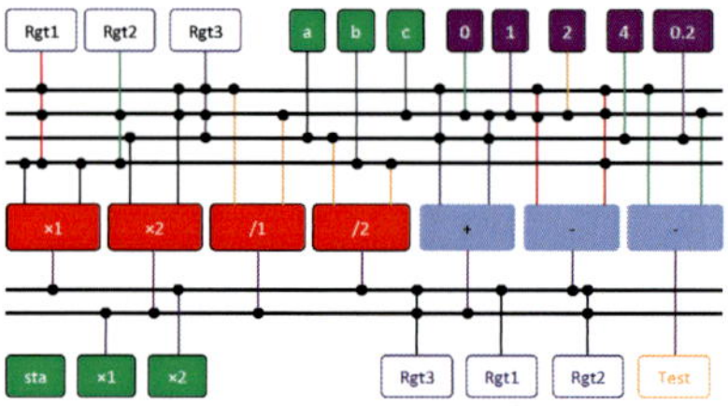

(b) 数据通路

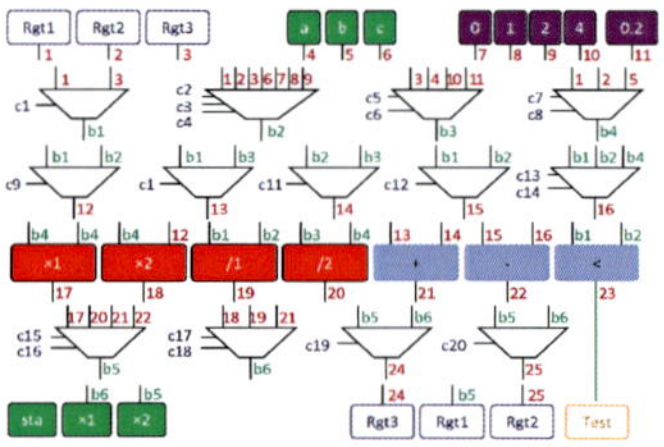

(c) 网表形式数据通路

图 0.21　图 0.15(a)所示设计描述的数据通路

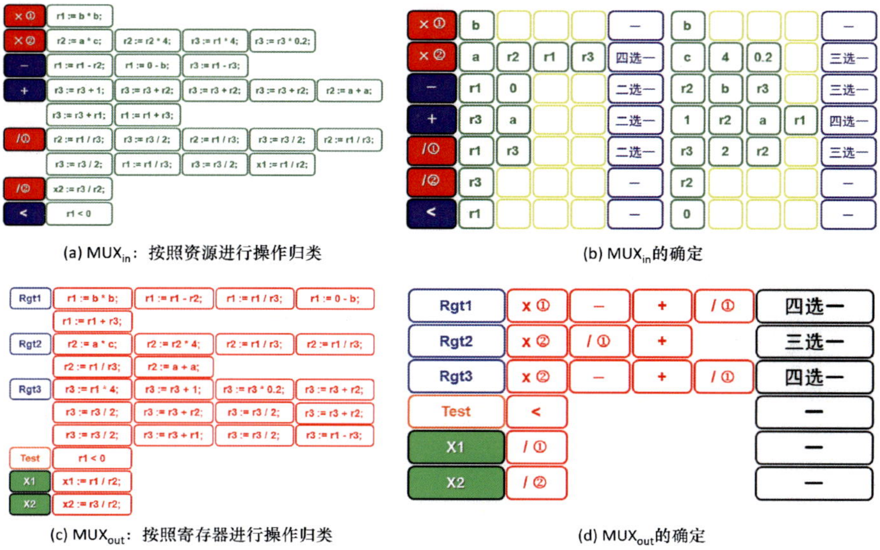

(a) MUX_{in}：按照资源进行操作归类

(b) MUX_{in}的确定

(c) MUX_{out}：按照寄存器进行操作归类

(d) MUX_{out}的确定

图 0.22　点对点架构中多路选择开关的确定方法

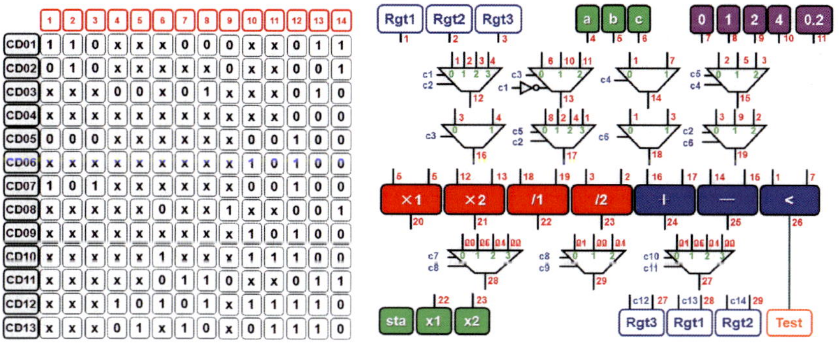

(a) $W_{\mathrm{CodeLength}}$优化后的码表

(b) 相应的数据通路

图 0.29　$W_{\mathrm{CodeLength}}$优化

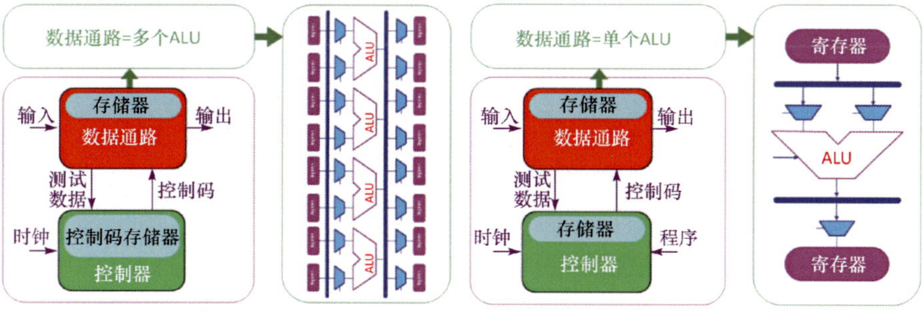

(a) 多ALU架构

(b) 单ALU处理器架构

图 0.33　高层次综合方法定义的电路架构

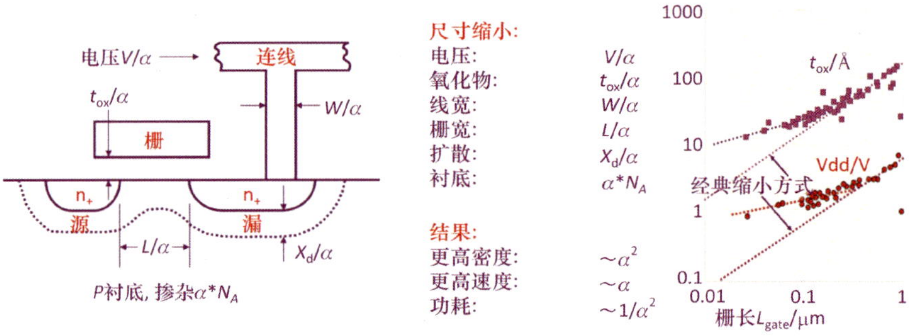

图 1.24　功耗和工艺尺寸的关系

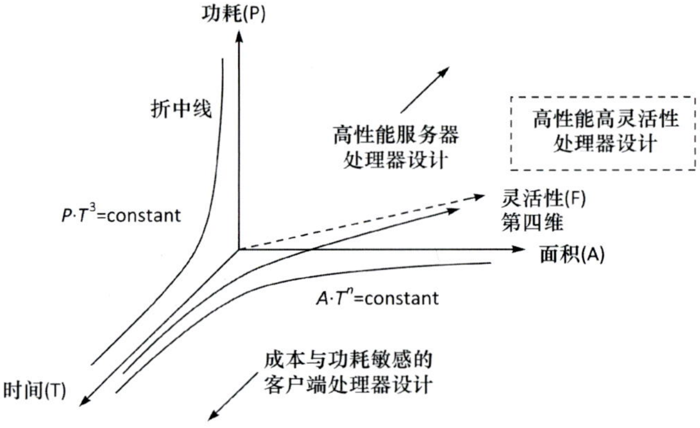

图 2.1　体系架构的设计空间探索

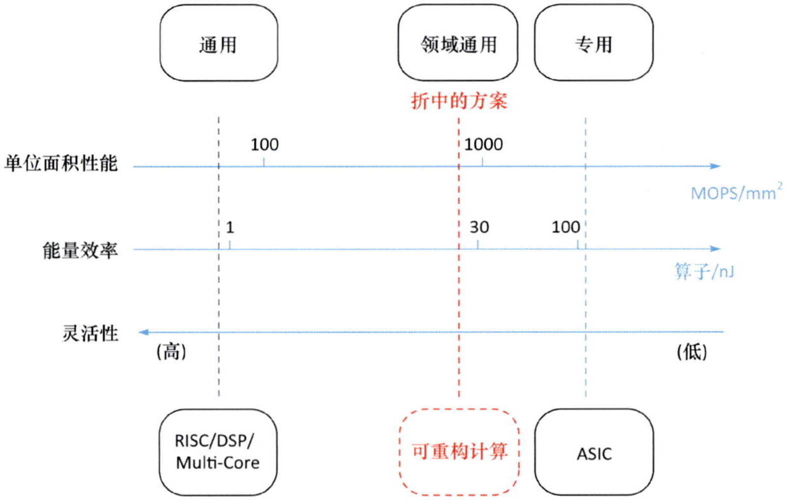

图 2.4　可重构计算的能量效率比较

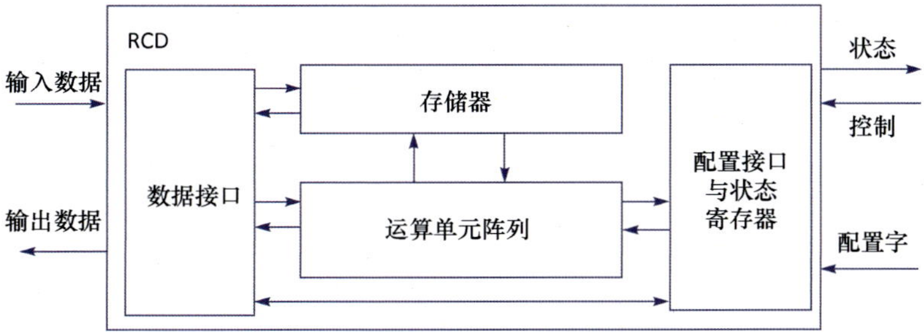

图 2.5　可重构数据通路硬件架构

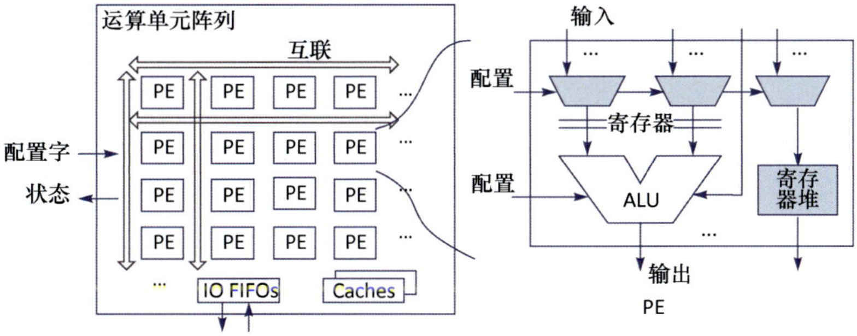

图 2.6　运算单元阵列和运算单元

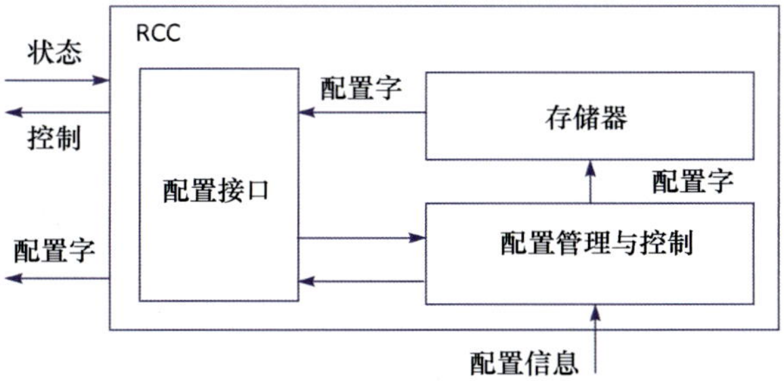

图 2.7　可重构控制器硬件架构

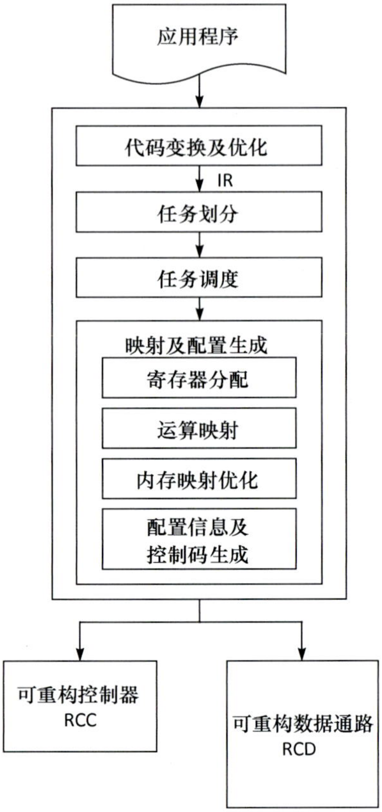

图 2.8　可重构计算处理器编译器的编译框架

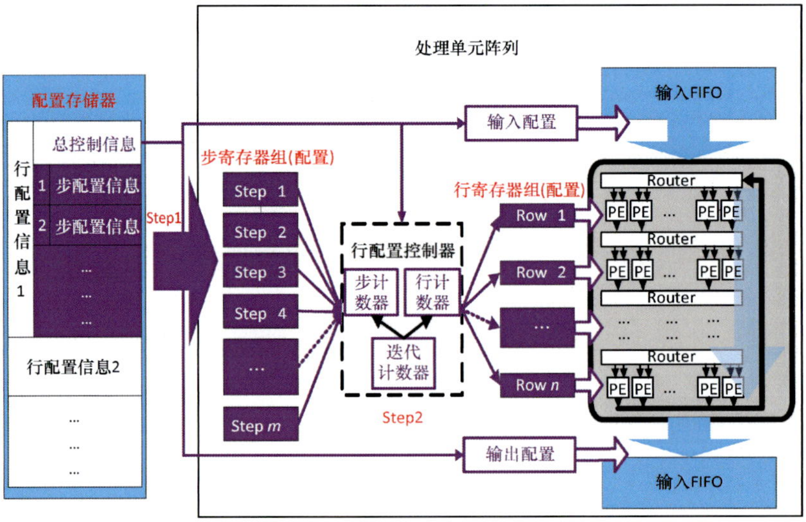

图 5.8　行配置技术的硬件结构

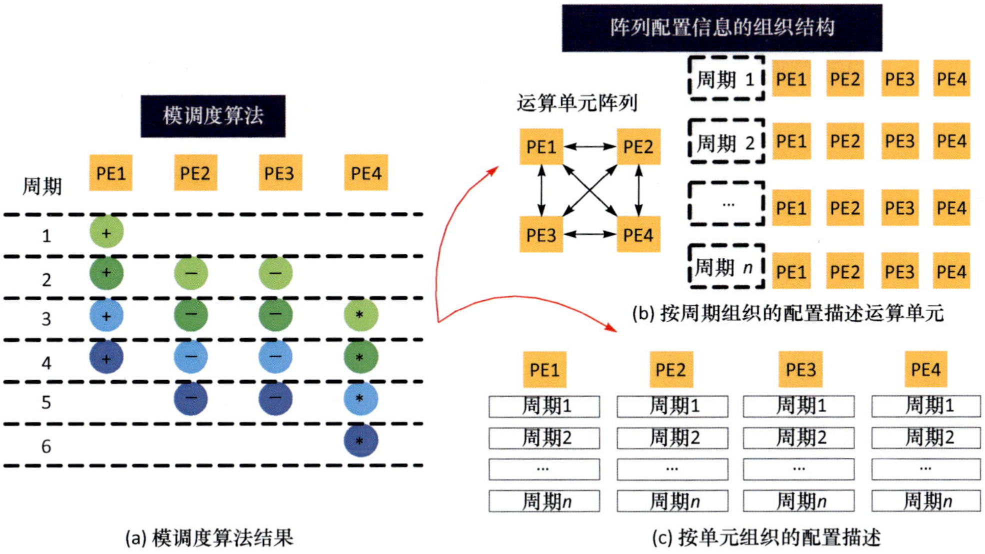

图 5.9　完全动态重构的运算单元阵列的配置信息的组织

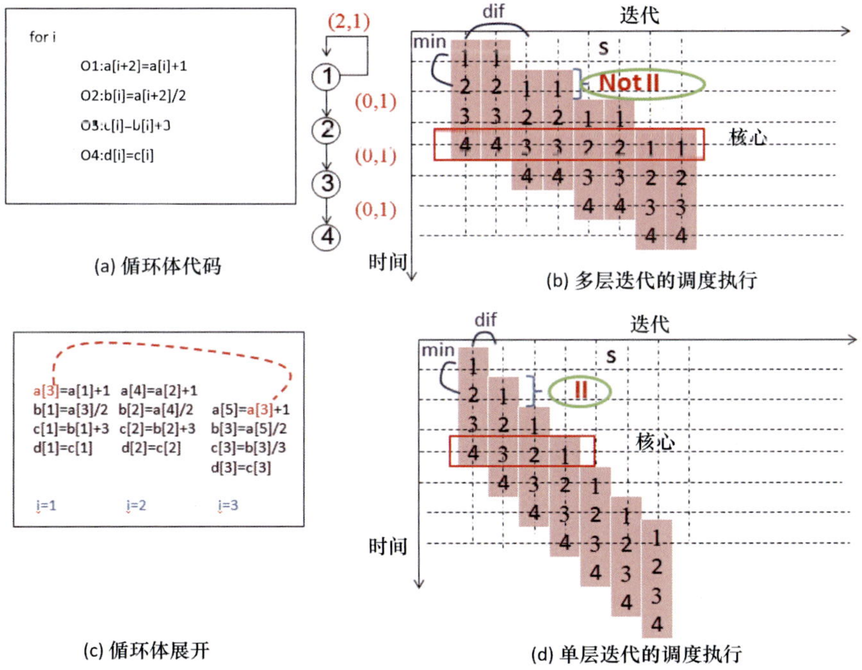

图 8.8　数据流图(dif min)权值的含义

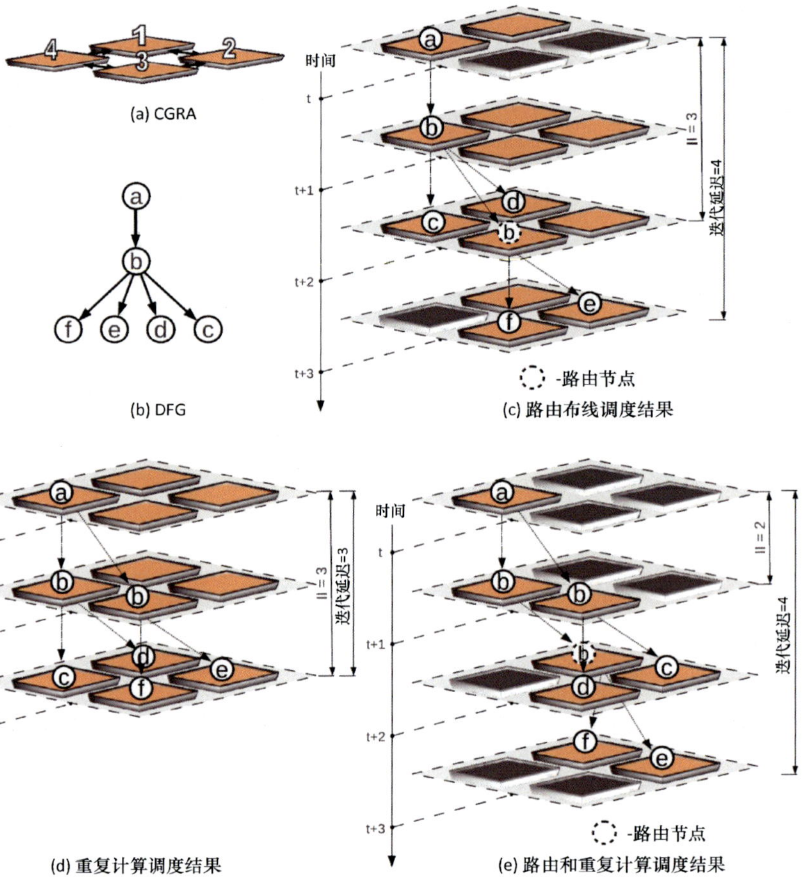

图 8.19　重复计算与路由布线技术

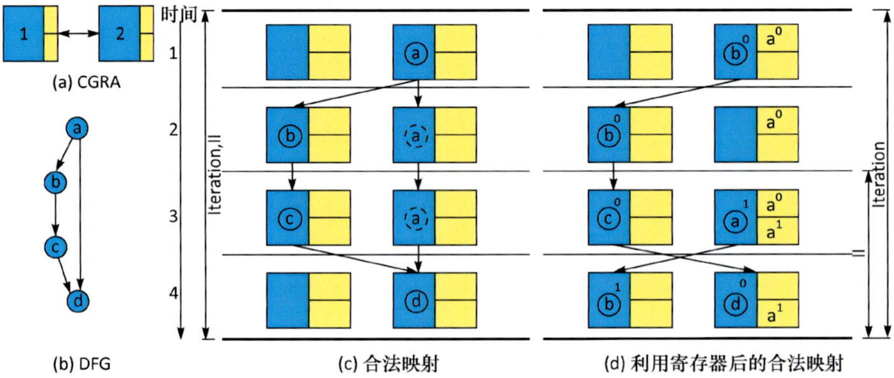

图 8.21　寄存器在调度中的应用

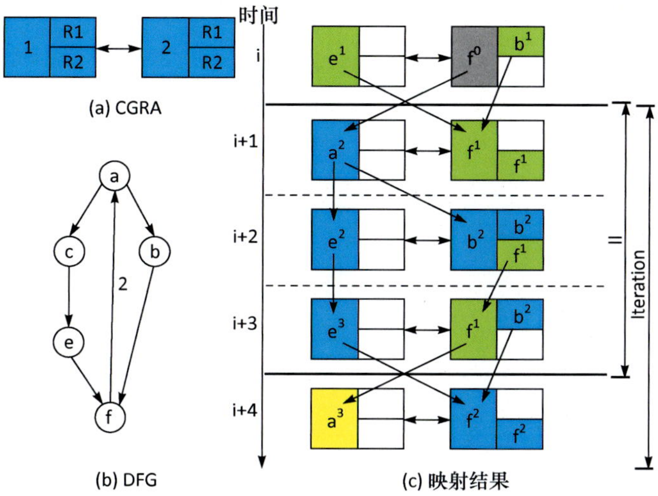

图 8.22　寄存器调度结果

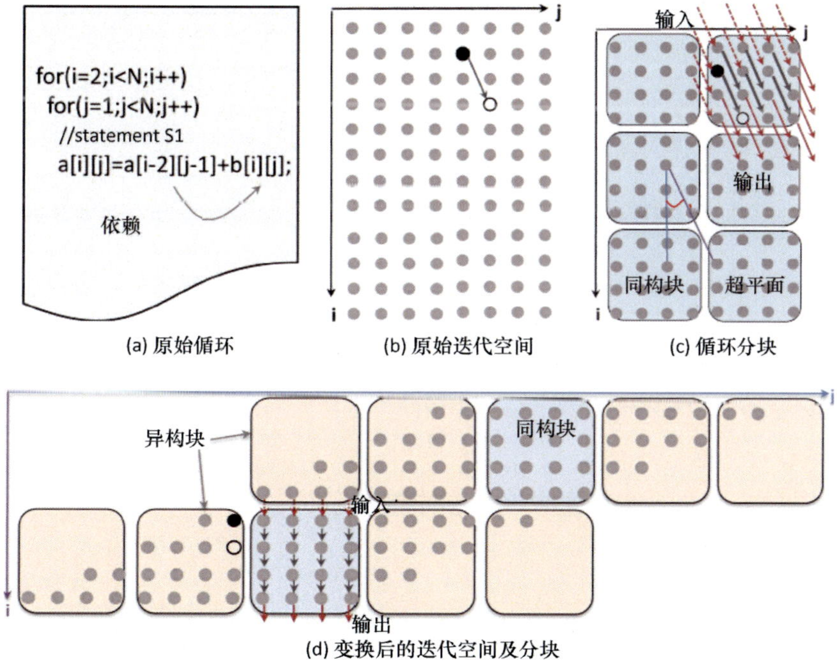

图 9.5　通信代价最小的划分示例

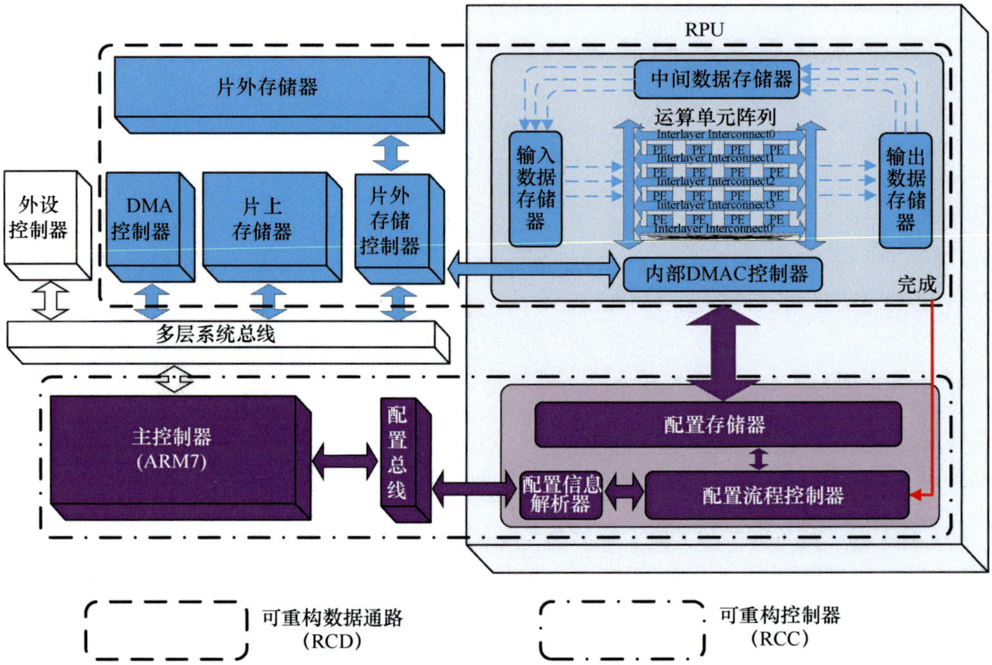

图 11.1　REMUS 的系统架构

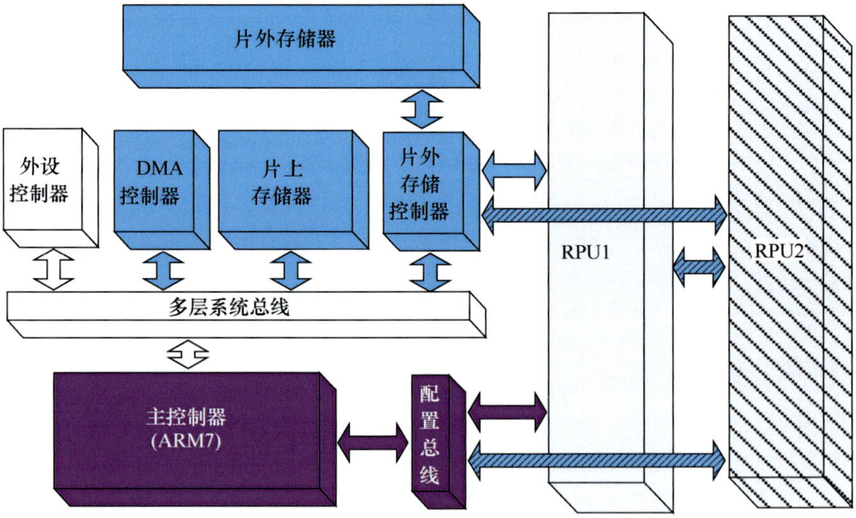

图 11.2　REMUS 的两个版本：REMUS_HPP RPU1 与 RPU2 同时接入系统和 REMUS_LPP 仅 RPU1 接入系统

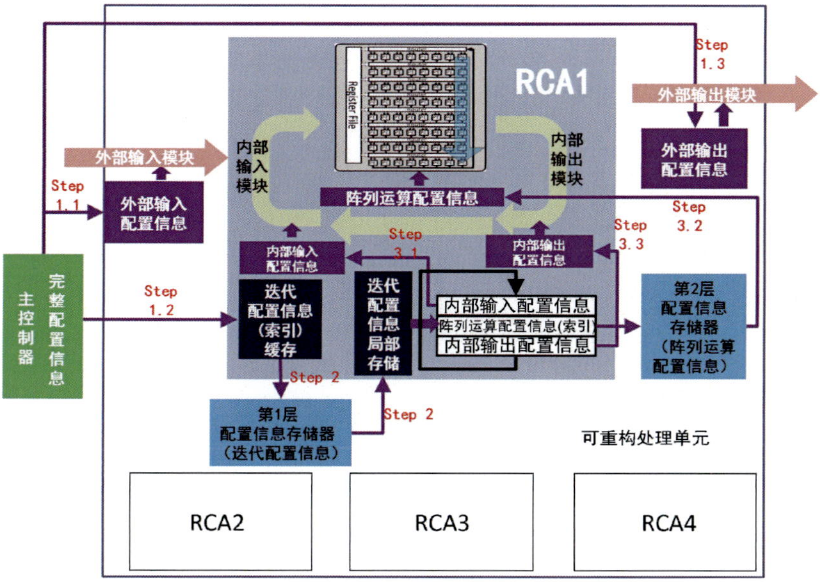

图 11.15　REMUS 内配置信息系统的层次化配置流程

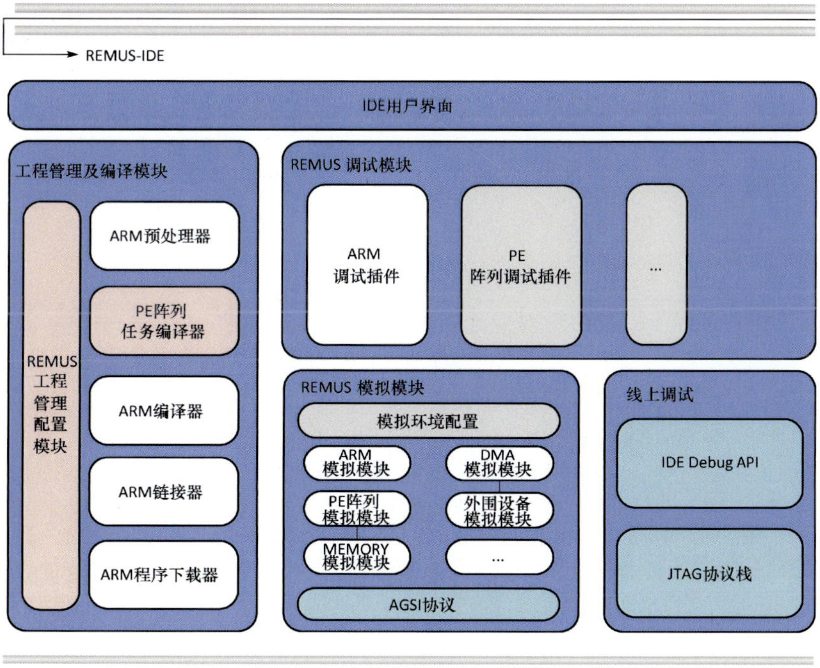

图 11.51　REMUS-IDE 组成

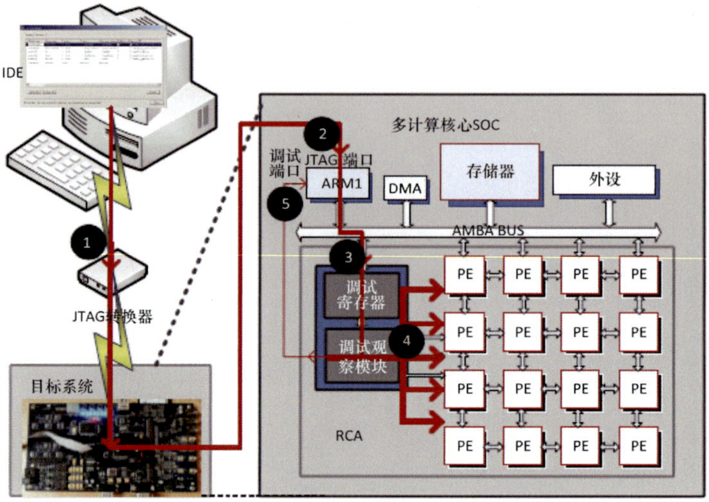

图 11.55　主动式断点触发的多计算核心调试方案的结构方案

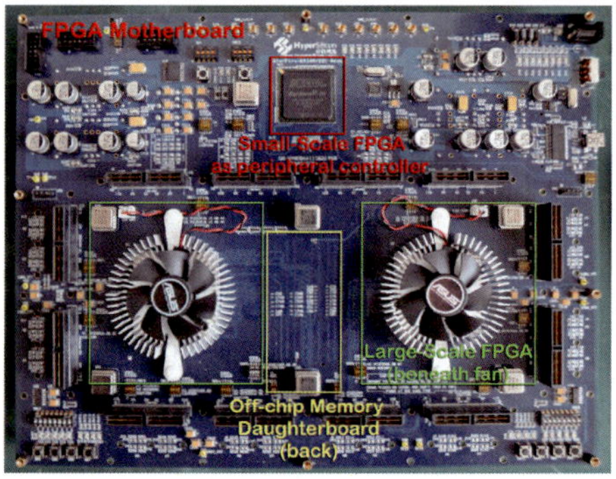

图 11.57　REMUS 验证板

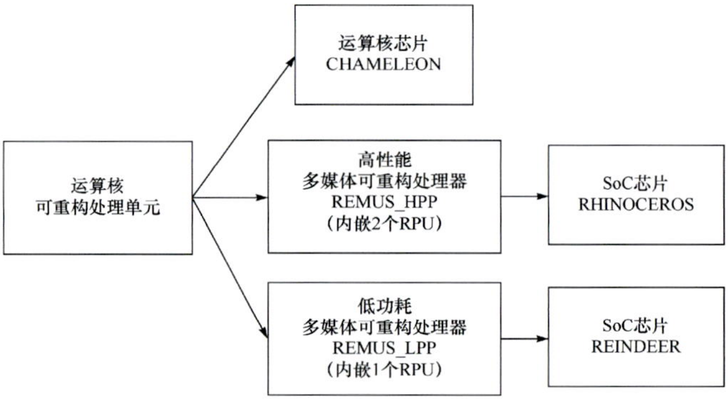

图 11.68　REMUS 验证芯片间的关系图

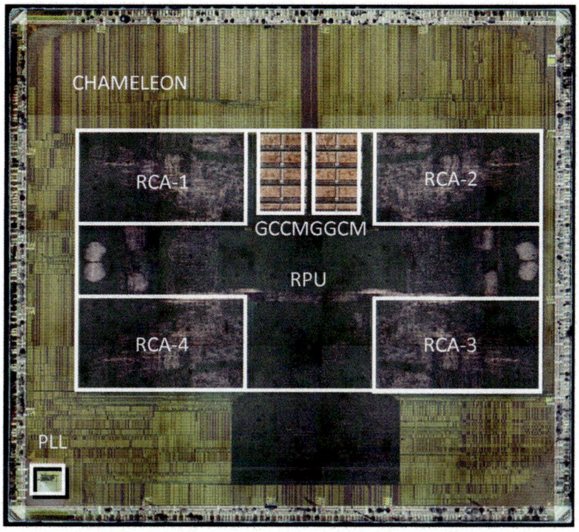

图 11.70　运算核验证芯片——CHAMELEON 的管芯照片

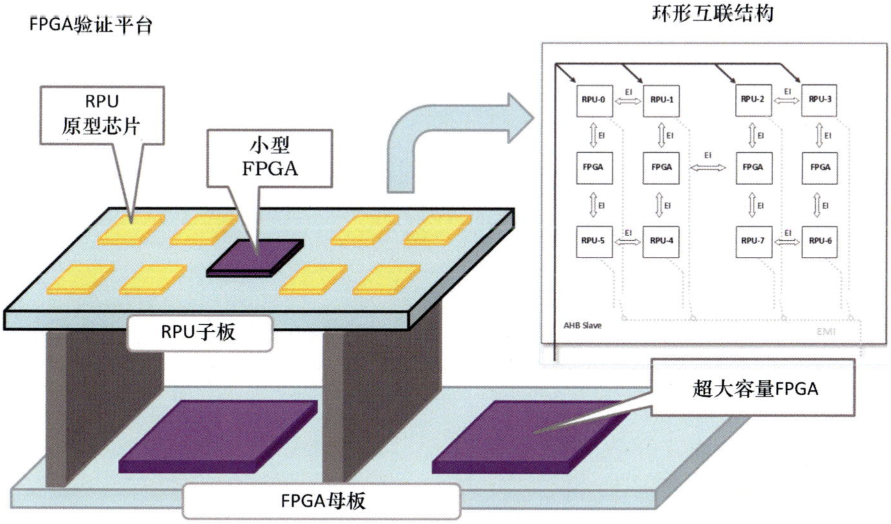

图 11.71　基于运算核验证芯片——CHAMELEON 的板级设计

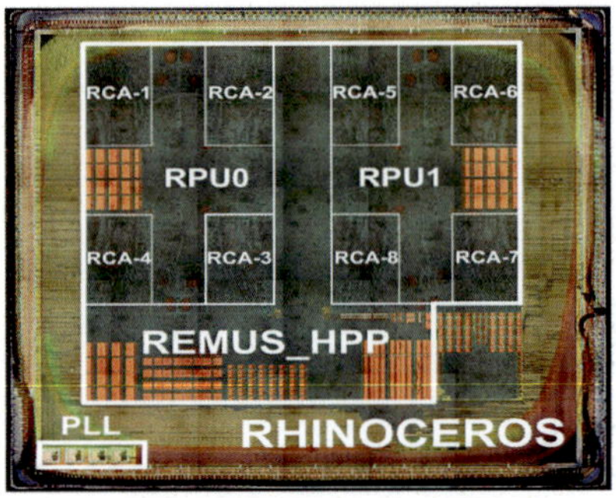

图 11.73 RHINOCEROS 管芯照片

图 11.74 高清视频机顶盒样机系统

图 11.75 REINDEER 管芯照片

图 11.76 手持移动媒体播放器样机系统